普通高等院校数学类规划教材配套用书

应用微积分同步辅导（第二版）

组编　大连理工大学城市学院基础教学部

主编　曹铁川

编者（以编写章节先后排序）

孙晓坤　高桂英　佟小华

刘怡娣　王淑娟　高旭彬

张　鹤　张宇红

大连理工大学出版社

DALIAN UNIVERSITY OF TECHNOLOGY PRESS

图书在版编目(CIP)数据

应用微积分同步辅导 / 大连理工大学城市学院基础教学部组编. —2版. —大连:大连理工大学出版社,2013.8(2023.7重印)

ISBN 978-7-5611-8131-7

Ⅰ. ①应… Ⅱ. ①大… Ⅲ. ①微积分—高等学校—教学参考资料 Ⅳ. O172

中国版本图书馆CIP数据核字(2013)第188915号

大连理工大学出版社出版

地址:大连市软件园路80号 邮政编码:116023

发行:0411-84708842 邮购:0411-84708943 传真:0411-84701466

E-mail:dutp@dutp.cn URL:https://www.dutp.cn

大连图腾彩色印刷有限公司印刷 大连理工大学出版社发行

幅面尺寸:140mm×203mm 印张:13.75 字数:497千字

2010年8月第1版 2013年8月第2版

2023年7月第13次印刷

责任编辑:王 伟 责任校对:李 慧

封面设计:熔点创意

ISBN 978-7-5611-8131-7 定 价:32.00元

前 言

高等数学是以经典微积分为主的数学基础课。学习该课程既为后续专业课奠定必需的数学基础，也是提高数学素养的必经途径。与初等数学相比，高等数学在研究内容与研究方法上有着许多本质差异，理论性更强，知识涵盖面更广。加之大学课堂教学密度大、进度快，对学生的自学能力要求较高。

为了帮助在校学生更好地学习这门课程，我们编写了这本《应用微积分同步辅导》。该书也可作为教师的教学参考用书，以及准备考研的同学全面复习高等数学的辅导用书。

《应用微积分同步辅导》是大连理工大学城市学院基础教学部组编的《应用微积分》的配套用书，其编写体例是以《应用微积分》的章节为序，按节编写，与教材保持同步。每节包括以下四个版块：

内容提要 言简意赅地提炼出该节的主要概念、定理、公式等重要结果，并对这些内容提出教学要求，使学习者清晰地把握要点。

释疑解惑 掌握好概念是学懂高等数学的前提。根据历年教学中出现的问题，我们选择一些理解起来似是而非、容易发生混淆的问题，进行释疑解惑，分析点拨。

例题解析 做习题是学好数学非常重要的环节。多做题才能深刻理解概念，熟练掌握内容。而如何分析题目，找出解题途径，是做数学题的首要问题。我们选择若干概念性、综合性、启发性较强的题目，对其剖析探究，以提升读者的解题水平，丰富解题经验。

习题精解 该部分内容选自教材的课后习题，约占40%，尽量注意题型齐全，具有典型性、代表性，以及一定的难度。解题过程保留解题依据和主要步骤，引导学生思考总结，做一题有一题的收获，并能触类旁通。

本书由大连理工大学城市学院基础教学部组织编写，曹铁川任主编，并负责统稿。参加第1版编写的教师有：孙晓坤、高桂英、佟小华、刘怡娣、王淑娟、高旭彬、张鹤。第2版是在《应用微积分同步辅导》第1版的基础上，根据近年来的教学实践修订而成。本次修订主要是对例题和习题做了较多的调整，删除了个别繁难的题目。修订工作由曹铁川、张宇红完成。

限于编者水平，对于书中疏漏与不足，恳请读者和同行给予指正。

编　者

2013年8月

目 录

第一章　函数、极限与连续

函数是微积分的研究对象，极限是微积分的基本运算，极限方法是研究函数的主要工具，连续性是函数的重要性质，本课程研究的函数主要是连续函数．本章的重点是极限，主要介绍函数的极限，而把数列的极限作为函数极限的特例来处理．

第一节　函　数

内容提要

1. 理解和掌握函数的概念与性质

设有非空数集 X 和实数集 $\mathbf{R}$，f 是一个确定的法则(或关系)，对于每个 $x\in X$，都有惟一的 $y\in\mathbf{R}$ 与之相对应，并且将与 x 对应的 y 记作 $y=f(x)$，则称 f 是定义在 X 上的一元函数，简称为函数，称 x 为自变量，y 为因变量．

定义域：x 的取值范围 X 称为 f 的定义域，记作 $D(f)$ 或 D．

值域：当 x 遍取 X 中的一切值，函数值 $y=f(x)$ 的变化范围称为函数 f 的值域，记作 $R(f)$．

经常讨论的函数的四种特性：有界性，单调性，奇偶性，周期性．

2. 理解复合函数与反函数的概念

复合函数：设函数 $y=f(u)$ 的定义域为 D_1，函数 $u=g(x)$ 在 D 上有定义，且 $R(g)\subset D_1$，则由 $y=f[g(x)]\,(x\in D)$ 确定的函数称为由函数 $u=g(x)$ 和函数 $y=f(u)$ 构成的复合函数，它的定义域为 D，变量 u 称为中间变量．函数 g 与 f 构成的复合函数通常记为 $f\circ g$，即

$$(f\circ g)(x)=f[g(x)]$$

两个函数能够构成复合函数的条件是函数 g 在 D 上的值域 $R(g)$ 必须含在 f 的定义域 D_1 内．

反函数：设函数 $y=f(x)$ 的定义域为 $D(f)$，值域为 $R(f)$，如果对每一个 $y\in R(f)$，都有惟一的 $x\in D(f)$，使 $y=f(x)$，则说 x 也是 y 的函数，我们将这个函数记作 $x=f^{-1}(y)$，并把它称为函数 $y=f(x)$ 的反函数．而 $y=f(x)$ 则称为反函数 $x=f^{-1}(y)$ 的直接函数．显然 $y=f(x)$ 与 $x=f^{-1}(y)$ 互为反函数．

习惯上将反函数 $x=f^{-1}(y)$ 记作 $y=f^{-1}(x)$．即 $y=f(x)$ 的反函数为 $y=f^{-1}(x)$．

反函数存在定理　若函数 $y=f(x)$ 在 $D(f)$ 上严格单调，则它必存在反函数 $y=f^{-1}(x)$，且反函数也是严格单调的.

直接函数和它的反函数的图形关于直线 $y=x$ 对称.

3. 理解初等函数与非初等函数的概念

基本初等函数包括：幂函数，指数函数，对数函数，三角函数，反三角函数.

由常数和基本初等函数经过有限次的四则运算和有限次的函数复合步骤所构成并可用一个式子表示的函数，称为初等函数.

函数的表现形式有：显函数，隐函数，由参数方程确定的函数.

释疑解惑

【问 1-1-1】　单调的函数必存在反函数，那么不单调的函数是不是一定没有反函数？

答　不是的.

一个函数是否存在反函数，取决于它的对应法则 f 在定义域 $D(f)$ 与值域 $R(f)$ 之间是否构成一一对应的关系. 如果是一一对应，那么必有反函数；否则就没有反函数. 函数在区间 I 上严格单调只是一种特殊的一一对应关系，因此，单调仅是存在反函数的充分条件，而不是必要条件.

例如，函数

$$f(x)=\begin{cases}\dfrac{1}{x}, & -\infty<x<0\\ 2x, & 0\leqslant x<+\infty\end{cases}$$

在区间 $(-\infty,+\infty)$ 上不单调（如图 1-1(a) 所示），但它却存在反函数（如图 1-1(b)）所示：

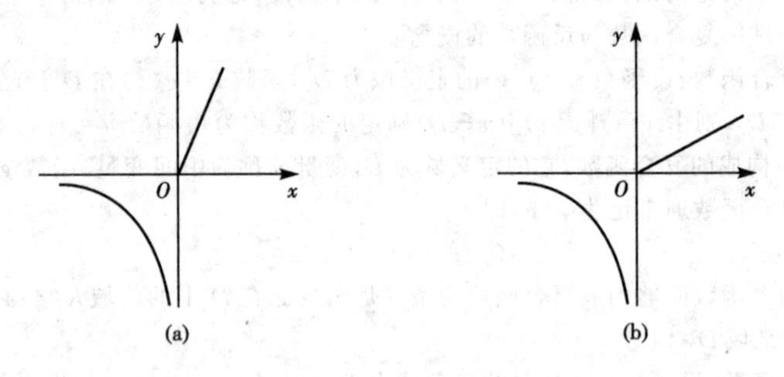

图 1-1

$$f^{-1}(x)=\begin{cases}\dfrac{1}{x}, & -\infty<x<0\\ \dfrac{1}{2}x, & 0\leqslant x<+\infty\end{cases}$$

【问 1-1-2】　函数 $f(x)=|x\sin x|\mathrm{e}^{\cos x}$ $(-\infty<x<+\infty)$ 是否是有界函数，

是否是单调函数，是否是周期函数，是否是偶函数？

答 由于$|f(x)|=|x||\sin x|e^{\cos x}$，其中$|\sin x|\not\equiv 0$，$e^{\cos x}>0$，故由因子$|x|$即可断定$f(x)$不是有界函数，也不可能是周期函数. 再由$f(0)=0$，$f\left(\frac{\pi}{2}\right)=\frac{\pi}{2}$，$f(\pi)=0$又可断定$f(x)$不是单调函数.

对任意$x\in(-\infty,+\infty)$，因为

$$f(-x)=|(-x)\sin(-x)|e^{\cos(-x)}=|x\sin x|e^{\cos x}=f(x)$$

所以$f(x)$为偶函数.

【问 1-1-3】 是否所有的周期函数都有最小正周期？

答 不是.

例如常值函数$y=f(x)=C$，对任意的正数a，都有$f(x+a)=f(x)=C$，因此任意正数都是它的周期，但它不存在最小正周期.

又如狄利克雷函数

$$y=D(x)=\begin{cases}1, & x\text{ 为有理数}\\ 0, & x\text{ 为无理数}\end{cases}$$

可以验证任意正的有理数都是它的周期，但是它也不存在最小正周期.

【问 1-1-4】 两个周期函数之和是否仍是周期函数？

答 不一定.

例如，函数$f_1(x)=\sin\frac{x}{2}$的周期是4π，函数$f_2(x)=\cos\frac{x}{3}$的周期是6π，所以这两个函数的和函数$y=\sin\frac{x}{2}+\cos\frac{x}{3}$是周期为$12\pi$的周期函数.

但是，函数$f_1(x)=\sin 2x$的周期是π，函数$f_2(x)=\cos\pi x$的周期是2，由于2和π没有最小的公倍数，因此这两个函数的和函数$y=\sin 2x+\cos\pi x$不是周期函数.

例题解析

【例 1-1-1】 设$f(x)$满足方程$2f(x)+f\left(\frac{1}{x}\right)=\frac{1}{x}$，求$f(x)$.

分析 对这类题，可利用变量代换得出所求函数的表达式.

解 设$\frac{1}{x}=t$，则$x=\frac{1}{t}$，代入方程有$2f\left(\frac{1}{t}\right)+f(t)=t$，即

$$2f\left(\frac{1}{x}\right)+f(x)=x$$

再联立原方程解方程组有

$$f(x)=\frac{2-x^2}{3x}$$

【例 1-1-2】 设 $f(\tan x)=\tan x+\sin 2x$,其中 $0<x\leqslant\frac{\pi}{2}$,求 $f(\cot x)$.

分析 这类题一般先求出函数 $f(x)$ 的表达式,再完成函数计算.

解 因为

$$\begin{aligned} f(\tan x)&=\tan x+\sin 2x=\tan x+2\sin x\cos x \\ &=\tan x+2\tan x\cos^2 x \\ &=\tan x+\frac{2\tan x}{\sec^2 x}=\tan x+\frac{2\tan x}{1+\tan^2 x} \end{aligned}$$

故

$$f(x)=x+\frac{2x}{1+x^2}$$

从而有

$$\begin{aligned} f(\cot x)&=\cot x+\frac{2\cot x}{1+\cot^2 x}=\cot x+\frac{2\cot x}{\csc^2 x} \\ &=\cot x+2\cot x\sin^2 x=\cot x+\sin 2x \end{aligned}$$

【例 1-1-3】 设 $f(x)=\sin x, f[\varphi(x)]=1-x^2$,求 $\varphi(x)$ 的定义域.

解 因为 $f[\varphi(x)]=\sin[\varphi(x)]=1-x^2$,则可知

$$\varphi(x)=\arcsin(1-x^2)$$

故 $\varphi(x)$ 满足

$$-1\leqslant 1-x^2\leqslant 1$$

即

$$0\leqslant x^2\leqslant 2$$

故 $|x|\leqslant\sqrt{2}$,从而可知 $\varphi(x)$ 的定义域为 $\{x\,|\,|x|\leqslant\sqrt{2}\}$.

【例 1-1-4】 求函数 $f(x)=\begin{cases}1-2x^2, & x\leqslant -1\\ x, & -1<x\leqslant 1\\ 5x-4, & x>1\end{cases}$ 的反函数.

分析 分段函数求反函数,分别求其在各个区间段上的反函数即可.

解 当 $x\leqslant -1$ 时,由 $y=1-2x^2$ 得

$$x=-\sqrt{\frac{1-y}{2}}\quad (y\leqslant -1)$$

当 $-1<x\leqslant 1$ 时,由 $y=x$ 得

$$x=y\quad (-1<y\leqslant 1)$$

当 $x>1$ 时,由 $y=5x-4$ 得

$$x=\frac{y}{5}+\frac{4}{5}\quad (y>1)$$

故所求的反函数为

$$y=\begin{cases}-\sqrt{\dfrac{1-x}{2}}, & x\leqslant -1\\ x, & -1<x\leqslant 1\\ \dfrac{x}{5}+\dfrac{4}{5}, & x>1\end{cases}$$

【例 1-1-5】 设 $f(x)=\begin{cases}e^x, & x<1\\ x, & x\geqslant 1\end{cases}$,$\varphi(x)=\begin{cases}x+2, & x<0\\ x^2-1, & x\geqslant 0\end{cases}$,求 $f[\varphi(x)]$.

分析 解决本题的关键是要正确理解 $f[\varphi(x)]$所表示的函数的结构.

解 由 $f(x)=\begin{cases}e^x, & x<1\\ x, & x\geqslant 1\end{cases}$,可得 $f[\varphi(x)]=\begin{cases}e^{\varphi(x)}, & \varphi(x)<1\\ \varphi(x), & \varphi(x)\geqslant 1\end{cases}$.

(1)$\varphi(x)<1$ 的条件

当 $x<0$ 时,由 $\varphi(x)=x+2<1$,得$\begin{cases}x<0\\ x<-1\end{cases}$,即 $x<-1$;

当 $x\geqslant 0$ 时,由 $\varphi(x)=x^2-1<1$,得$\begin{cases}x\geqslant 0\\ x^2<2\end{cases}$,即 $0\leqslant x<\sqrt{2}$.

(2)$\varphi(x)\geqslant 1$ 的条件

当 $x<0$ 时,由 $\varphi(x)=x+2\geqslant 1$,得$\begin{cases}x<0\\ x\geqslant -1\end{cases}$,即$-1\leqslant x<0$;

当 $x\geqslant 0$ 时,由 $\varphi(x)=x^2-1\geqslant 1$,得$\begin{cases}x\geqslant 0\\ x^2\geqslant 2\end{cases}$,即 $x\geqslant\sqrt{2}$.

综上所述

$$f[\varphi(x)]=\begin{cases}e^{x+2}, & x<-1\\ x+2, & -1\leqslant x<0\\ e^{x^2-1}, & 0\leqslant x<\sqrt{2}\\ x^2-1, & x\geqslant\sqrt{2}\end{cases}$$

【例 1-1-6】 设函数 $f(x)$定义在$(-\infty,+\infty)$上,且在该区间上恒有 $f(x+l)=\dfrac{1}{2}+\sqrt{f(x)-f^2(x)}$,其中 l 为正数,试证 $f(x)$是以 $2l$ 为周期的函数.

分析 关键是理解周期函数的意义,只需证明 $f(x+2l)=f(x)$.

证明 因为

$$\begin{aligned}f(x+2l)&=\frac{1}{2}+\sqrt{f(x+l)-f^2(x+l)}\\ &=\frac{1}{2}+\left\{\frac{1}{2}+\sqrt{f(x)-f^2(x)}-\right.\\ &\qquad\left.\left[\frac{1}{4}+\sqrt{f(x)-f^2(x)}+f(x)-f^2(x)\right]\right\}^{\frac{1}{2}}\end{aligned}$$

$$=\frac{1}{2}+\left[\frac{1}{4}-f(x)+f^2(x)\right]^{\frac{1}{2}}$$

$$=\frac{1}{2}+\left|f(x)-\frac{1}{2}\right| \qquad (*)$$

而

$$f(x)=f(x-l+l)=\frac{1}{2}+\sqrt{f(x-l)-f^2(x-l)}\geqslant\frac{1}{2}$$

故

$$\left|f(x)-\frac{1}{2}\right|=f(x)-\frac{1}{2}$$

代入式(＊)得

$$f(x+2l)=f(x)$$

即 $f(x)$是以 $2l$ 为周期的周期函数.

习题精解

4. 正圆柱体内接于高为 h，底半径为 r 的正圆锥体内，设圆柱体的高为 x，试将圆柱体的底半径 y 与体积 V 分别表示为 x 的函数.

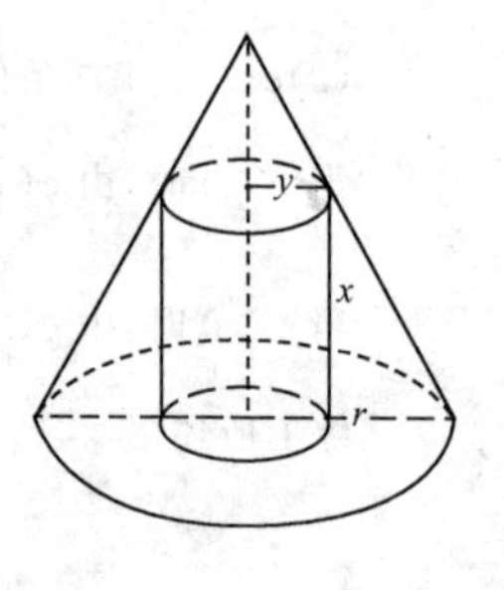

图 1-2

解 如图 1-2 所示，由于$\frac{y}{r}=\frac{h-x}{h}$，因此可以得到

$$y=\left(1-\frac{x}{h}\right)r,\quad x\in(0,h)$$

$$V=\pi y^2 x=\pi r^2 x\left(1-\frac{x}{h}\right)^2, x\in(0,h)$$

9. 判断下列函数在指定区间内的有界性：

(1) $f(x)=\tan x$ 在$\left(-\frac{\pi}{4},\frac{\pi}{4}\right)$及$\left(-\frac{\pi}{2},\frac{\pi}{2}\right)$内；

(2) $f(x)=\frac{1}{1+x^2}$在$(-\infty,+\infty)$内；

(3) $f(x)=\frac{x}{1+x^2}$在$(-\infty,+\infty)$内；

(4) $f(x)=\frac{x+2}{x-2}, x\in(2,4)$.

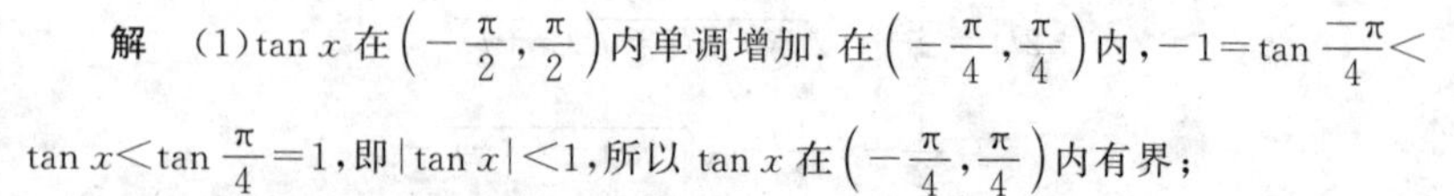

解 (1) $\tan x$ 在$\left(-\frac{\pi}{2},\frac{\pi}{2}\right)$内单调增加. 在$\left(-\frac{\pi}{4},\frac{\pi}{4}\right)$内，$-1=\tan\frac{-\pi}{4}<\tan x<\tan\frac{\pi}{4}=1$，即$|\tan x|<1$，所以 $\tan x$ 在$\left(-\frac{\pi}{4},\frac{\pi}{4}\right)$内有界；

又因为 $x\to\frac{\pi}{2}$ 时，$\tan x\to+\infty$，$x\to-\frac{\pi}{2}$时，$\tan x\to-\infty$，所以在

$\left(-\frac{\pi}{2},\frac{\pi}{2}\right)$内函数 $\tan x$ 无界.

(2)在$(-\infty,+\infty)$内,因为 $1+x^2\geqslant 1$,所以$|f(x)|\leqslant 1$,即 $f(x)$有界.

(3)$x=0$ 时,$f(0)=0$;$x\neq 0$ 时,$1+x^2\geqslant 2|x|$,故$\left|\frac{x}{1+x^2}\right|\leqslant\frac{1}{2}$. 所以在$(-\infty,+\infty)$内,$|f(x)|\leqslant\frac{1}{2}$,即 $f(x)$有界.

(4)$f(x)=\frac{x-2+4}{x-2}=1+\frac{4}{x-2}$

由于 $x\in(2,4)$,有 $0<x-2<2$,得$\frac{1}{2}<\frac{1}{x-2}<+\infty$. 则

$$2<\frac{4}{x-2}<+\infty$$

有 $3<f(x)<+\infty$,则 $f(x)$有下界,无上界,即无界.

11. 设 $f(x)=\frac{1+x}{1-x}$.

(1)证明 $f(x)$在$(-\infty,1)$与$(1,+\infty)$内均单调增加;

(2)根据(1),能否说 $f(x)$在$(-\infty,1)\cup(1,+\infty)$内单调增加?

解　(1)在$(-\infty,1)$内,设 $x_1<x_2$,又因为 $x_1<1,x_2<1$,所以 $1-x_1>1-x_2>0$.

要证$\frac{1+x_1}{1-x_1}<\frac{1+x_2}{1-x_2}$,只需证$(1+x_1)(1-x_2)<(1+x_2)(1-x_1)$,即证 $1+x_1-x_2-x_1x_2<1-x_1+x_2-x_1x_2$,亦即证 $2x_1<2x_2$. 又由假设知 $2x_1<2x_2$ 显然成立,即得 $f(x_1)<f(x_2)$,从而 $f(x)$在$(-\infty,1)$内单调增加;同理 $f(x)$在$(1,+\infty)$内单调增加.

(2)不能.

例如$\frac{1}{2}<\frac{3}{2}$,但

$$f\left(\frac{1}{2}\right)=\frac{1+\frac{1}{2}}{1-\frac{1}{2}}=3>f\left(\frac{3}{2}\right)=\frac{1+\frac{3}{2}}{1-\frac{3}{2}}=-5$$

显然不能说 $f(x)$在$(-\infty,1)\cup(1,+\infty)$内严格单调增加.

12. 判断下列函数的奇偶性:

(1)$f(x)=\sqrt{1-x+x^2}-\sqrt{1+x+x^2}$;　(2)$f(x)=2+|x|$;

(3)$f(x)=\lg(x+\sqrt{1+x^2})$;　(4)$f(x)=\frac{\sin^4 x\cos x}{1+x^2}$.

解　(1)因为 $f(-x)=\sqrt{1-(-x)+(-x)^2}-\sqrt{1-x+(-x)^2}=\sqrt{1+x+x^2}-\sqrt{1-x+x^2}=-f(x)$,

所以 $f(x)$ 为奇函数.

(2)因为

$$f(-x)=2+|-x|=2+|x|=f(x)$$

所以 $f(x)$ 为偶函数.

(3)因为

$$\begin{aligned}f(-x)&=\lg\left[-x+\sqrt{1+(-x)^2}\right]\\&=\lg\left[\frac{(\sqrt{1+x^2}+x)(\sqrt{1+x^2}-x)}{\sqrt{1+x^2}+x}\right]\\&=\lg\left(\frac{1}{\sqrt{1+x^2}+x}\right)\\&=-\lg(\sqrt{1+x^2}+x)\\&=-f(x)\end{aligned}$$

所以 $f(x)$ 为奇函数.

(4)因为

$$f(-x)=\frac{\sin^4(-x)\cos(-x)}{1+(-x)^2}=\frac{\sin^4 x\cos x}{1+x^2}=f(x)$$

所以 $f(x)$ 为偶函数.

13. 设 $f(x)$ 是定义在 $[-l,l]$ 上的任意一个函数,讨论 $\varphi(x)=f(x)+f(-x)$ 及 $\psi(x)=f(x)-f(-x)$ 的奇偶性,并证明 $f(x)$ 总可以表示为一个偶函数与一个奇函数之和.

解 因为 $\varphi(-x)=f(-x)+f(x)=\varphi(x)$,所以 $\varphi(x)$ 是偶函数.

因为 $\psi(-x)=f(-x)-f(x)=-\psi(x)$,所以 $\psi(x)$ 是奇函数.

显然 $f(x)=\frac{1}{2}[\varphi(x)+\psi(x)]$,故结论得证.

15. 设 $f(x)$ 是周期为 T 的周期函数,证明 $f(ax+b)$ 也是周期函数,其周期为 $\frac{T}{a}$,其中 a,b 为常数.

证明 设 $F(x)=f(ax+b)$,因为

$$\begin{aligned}F\left(x+\frac{T}{a}\right)&=f\left[a\left(x+\frac{T}{a}\right)+b\right]=f(ax+b+T)\\&=f(ax+b)=F(x)\end{aligned}$$

故 $f(ax+b)$ 也是周期函数,其周期为 $\frac{T}{a}$.

17. 求下列复合函数:

(1)设 $f(x)=x^2,g(x)=\sin x$,求 $f[g(x)]$ 及 $g[f(x)]$;

(2)设 $f(x)=\arctan x,g(x)=\sqrt{x},\varphi(x)=\lg x$,求 $f\{g[\varphi(x)]\}$;

(3)设 $f(x)=\begin{cases}2x, & x\leqslant 0\\ 0, & x>0\end{cases}$，$g(x)=x^2-1$，求 $f[g(x)]$及 $g[f(x)]$.

解　(1) $f[g(x)]=[g(x)]^2=\sin^2 x$；$g[f(x)]=\sin f(x)=\sin x^2$；

(2) $f\{g[\varphi(x)]\}=\arctan g[\varphi(x)]=\arctan\sqrt{\varphi(x)}=\arctan\sqrt{\lg x}$；

(3) $f[g(x)]=\begin{cases}2g(x), & g(x)\leqslant 0\\ 0, & g(x)>0\end{cases}=\begin{cases}2(x^2-1), & x^2-1\leqslant 0\\ 0, & x^2-1>0\end{cases}$

$$=\begin{cases}2(x^2-1), & |x|\leqslant 1\\ 0, & |x|>1\end{cases};$$

$$g[f(x)]=f^2(x)-1=\begin{cases}4x^2-1, & x\leqslant 0\\ -1, & x>0\end{cases}.$$

18. 已知 $f(x)=10^{x^2}$，$f[\varphi(x)]=1-x$，且 $\varphi(x)\geqslant 0$，求 $\varphi(x)$的表达式，并写出它的定义域.

解　$f[\varphi(x)]=10^{\varphi^2(x)}=1-x$，从而 $\varphi^2(x)=\lg(1-x)$. 即

$$\varphi(x)=\sqrt{\lg(1-x)}$$

其定义域为$\{x|x\leqslant 0\}$.

19. 求下列函数的反函数，并写出定义域：

(1) $y=3^{2x-5}$；　　(2) $y=\dfrac{1-x}{1+x}$；

(3) $y=\sqrt{10-3x}$；　　(4) $y=\log_4^{(x+3)}$.

解　(1)两边取对数可得 $y=\dfrac{\log_3 x+5}{2}$，定义域为 $x>0$.

(2) $y=\dfrac{1-x}{1+x}$，定义域为 $x\neq -1$.

(3) $y^2=10-3x$，x、y 互换得 $y=-\dfrac{1}{3}x^2+\dfrac{10}{3}$，定义域为 $x\geqslant 0$.

(4) $4^y=x+3$，x、y 互换得 $4^x=y+3$，则 $y=4^x-3$，定义域为$(-\infty,+\infty)$.

第二节　极　限

内容提要

1. 理解函数极限的定义，理解极限定义中 ε、δ、X、N 的含义，并会用"ε-δ"、"ε-X"、"ε-N"语言叙述极限的定义.

(1)设函数 $f(x)$在点 x_0 的某一去心邻域内有定义. 如果存在常数 a，对于任意给定的正数 ε(不论它多么小)，总存在正数 δ，使得当 x 满足不等式 $0<|x-x_0|<\delta$ 时，对应的函数值 $f(x)$都满足不等式$|f(x)-a|<\varepsilon$，那么常数 a 就

叫做函数 $f(x)$当 $x \to x_0$ 时的极限，记作 $\lim\limits_{x \to x_0} f(x)=a$ 或 $f(x) \to a(x \to x_0)$. 如果 a 不存在，则称 $x \to x_0$ 时，$f(x)$的极限不存在.

(2)设函数 $f(x)$当$|x|$大于某一正数时有定义. 如果存在常数 a，对于任意给定的正数 ε(不论它有多么小)，总存在着正数 X，使得当 x 满足不等式$|x|>X$时，对应的函数值 $f(x)$都满足不等式$|f(x)-a|<\varepsilon$，那么常数 a 就叫做函数 $f(x)$当 $x \to \infty$时的极限，记作$\lim\limits_{x \to \infty} f(x)=a$ 或 $f(x) \to a(x \to \infty)$. 如果 a 不存在，则称 $x \to \infty$时，$f(x)$的极限不存在.

(3)设$\{x_n\}$为一数列，如果存在常数 a，对于任意给定的正数 ε(不论它多么小)，总存在正整数 N，使得当 $n>N$ 时，不等式$|x_n-a|<\varepsilon$ 都成立，那么就称常数 a 是数列$\{x_n\}$的极限，或者称数列$\{x_n\}$收敛于 a，记为$\lim\limits_{n \to \infty} x_n=a$ 或 $x_n \to a(n \to \infty)$.

如果不存在这样的常数 a，则数列$\{x_n\}$没有极限，或者称该数列$\{x_n\}$发散，习惯上也称$\lim\limits_{n \to \infty} x_n$不存在.

2. 理解函数左、右极限的概念

3. 理解无穷小、无穷大的概念

释疑解惑

【问 1-2-1】 数列极限定义中的 N 是不是 ε 的函数?

答 N 与 ε 有关，但不是 ε 的函数. 因为对给定的 ε，如果存在一个满足要求的 N，就必然有无限多个满足要求的 N，因此，N 并不惟一确定. 所以按函数定义知，N 不是 ε 的函数.

【问 1-2-2】 下列说法是否正确? 为什么?

(1)无穷小是很小的数，无穷大是很大的数；

(2)无穷小实际上就是 0；

(3)无穷大是无界量；

(4)无界变量就是无穷大.

答 (1)都不正确.

无穷小是指极限为 0 的变量，任何很小的数(零除外)都不是无穷小；无穷大是指极限为无穷大的变量，任何很大的数都不是无穷大.

(2)不正确.

数 0 是无穷小，但无穷小不仅仅是数 0.

(3)正确.

由定义即知.

(4)不正确.

无界变量不一定是无穷大，例如，$y=\begin{cases}x, & x\text{为有理数}\\0, & x\text{为无理数}\end{cases}$，在$x\to+\infty$时，$y$是无界变量，但却不是无穷大，因为无穷大要求变量$u$从某时刻以后都毫无例外地有$|u|>M$，这里$M$是任意给定的正数.

【问 1-2-3】 数列$\{x_n\}$与数列$\{|x_n|\}$是否同敛散？

答 一般不同敛散.

若$\{x_n\}$收敛，则$\{|x_n|\}$也收敛，且当$\lim\limits_{n\to\infty}x_n=a$时，$\lim\limits_{n\to\infty}|x_n|=|a|$. 若$\{|x_n|\}$收敛，$\{x_n\}$可能收敛，也可能发散. 例如，$\{|(-1)^n|\}$是收敛的，但是$\{(-1)^n\}$是发散的. 但是若$\lim\limits_{n\to\infty}|x_n|=0$，则$\lim\limits_{n\to\infty}x_n=0$. 当$\{x_n\}$恒正或恒负时，$\{x_n\}$与$\{|x_n|\}$同敛散.

【问 1-2-4】 讨论函数极限时，在什么情况下要考虑左、右极限？

答 如果当$x\to x_0$时，$f(x)$在x_0邻近两侧变化趋势一致，则不必分别讨论左、右极限；如果在邻近两侧变化趋势不同，如对应关系不一样，则应分别讨论左、右极限.

在求分段函数分段点处极限时，必须讨论左、右极限.

有些三角函数和反三角函数在特殊点的左、右极限不一样，也须分别讨论.

例如，

$$\lim_{x\to0^-}\arctan\frac{1}{x}=-\frac{\pi}{2},\ \lim_{x\to0^+}\arctan\frac{1}{x}=\frac{\pi}{2}$$

$$\lim_{x\to\frac{\pi}{2}^-}\tan x=+\infty,\ \lim_{x\to\frac{\pi}{2}^+}\tan x=-\infty$$

例题解析

【例 1-2-1】 设数列$\{x_n\}$有界，且$\lim\limits_{n\to\infty}y_n=0$，证明$\lim\limits_{n\to\infty}x_ny_n=0$.

分析 利用极限定义证明.

证明 因为$\{x_n\}$有界，所以存在$M>0$，使得$|x_n|<M(n=1,2,\cdots)$.

设ε是任意给定的正数，因$\lim\limits_{n\to\infty}y_n=0$，所以对$\varepsilon_1=\dfrac{\varepsilon}{M}>0$，存在$N$，当$n>N$时，恒有$|y_n|=|y_n-0|<\varepsilon_1=\dfrac{\varepsilon}{M}$，故对上述$N$，当$n>N$时，有$|x_ny_n-0|=|x_ny_n|=|x_n||y_n|<M\cdot\dfrac{\varepsilon}{M}=\varepsilon$，故

$$\lim_{n\to\infty}x_ny_n=0$$

【例 1-2-2】 证明：当$|q|<1$时，等比数列$1,q,q^2,\cdots,q^{n-1},\cdots$的极限为0.

分析 用极限的定义证明.

证明 数列的一般项为$u_n=q^{n-1}$，由于$|u_n-0|=|q^{n-1}-0|=|q|^{n-1}$，为使$|u_n-0|<\varepsilon$，即$|q|^{n-1}<\varepsilon$，两边取自然对数有

$$(n-1)\ln|q|<\ln\varepsilon$$

又因 $|q|<1$，则 $\ln|q|<0$，从而有

$$n>\frac{\ln\varepsilon}{\ln|q|}+1$$

对任给的 $\varepsilon>0$，取 $N=\left[\frac{\ln\varepsilon}{\ln|q|}\right]+1$，则当 $n>N$ 时，恒有 $|u_n-0|=|q|^{n-1}<\varepsilon$. 故当 $|q|<1$ 时，有

$$\lim_{n\to\infty}q^{n-1}=0$$

【例 1-2-3】 用极限定义证明 $\lim\limits_{x\to 0}x\sin\frac{1}{x^2}=0$.

分析 用定义证明极限时，为简化分析，有时需要进行合理的放缩.

证明 $|f(x)-a|=\left|x\sin\frac{1}{x^2}-0\right|=|x|\left|\sin\frac{1}{x^2}\right|\leqslant|x|$，为使 $\left|x\sin\frac{1}{x^2}-0\right|\leqslant|x|<\varepsilon$，只要 $|x-0|<\varepsilon$ 即可. 则对任给的 $\varepsilon>0$，取 $\delta=\varepsilon$，则当 $0<|x-0|<\delta$ 时，必有

$$\left|x\sin\frac{1}{x^2}-0\right|<\varepsilon$$

从而有

$$\lim_{x\to 0}x\sin\frac{1}{x^2}=0$$

【例 1-2-4】 证明 $\lim\limits_{x\to 1}\frac{x-1}{x^2-1}=\frac{1}{2}$.

分析 这里讨论的是 $x\to x_0$ 时函数的性态，因此只需在 x_0 的某个小邻域内讨论即可.

证明 因

$$\left|\frac{x-1}{x^2-1}-\frac{1}{2}\right|=\left|\frac{1}{x+1}-\frac{1}{2}\right|=\frac{1}{2}\left|\frac{x-1}{x+1}\right|$$

不妨把 x 限制在点 $x=1$ 的邻域 $\{x\,|\,|x-1|<1\}$ 内，即 $0<x<2$，则有

$$\left|\frac{x-1}{x^2-1}-\frac{1}{2}\right|=\frac{1}{2}\left|\frac{x-1}{x+1}\right|<\frac{1}{2}|x-1|$$

从而对任给的 $\varepsilon>0$，取 $\delta=\min\{1,2\varepsilon\}$，则当 $0<|x-1|<\delta$ 时，必有 $\left|\frac{x-1}{x^2-1}-\frac{1}{2}\right|<\varepsilon$，因此

$$\lim_{x\to 1}\frac{x-1}{x^2-1}=\frac{1}{2}$$

【例 1-2-5】 函数 $y=x\sin x$ 在 $(-\infty,+\infty)$ 内是否有界？当 $x\to+\infty$ 时，这个函数是否为无穷大？为什么？

分析 解答本题需要正确理解无穷大及无界函数的概念.

解 $y=x\sin x$ 在 $x=2n\pi(n=1,2,\cdots)$ 时，$y=0$；在 $x=2n\pi+\frac{\pi}{2}(n=1,2,\cdots)$ 时，$y=2n\pi+\frac{\pi}{2}$. 即在 $x\to+\infty$ 时，y 是无界变量，但却不是无穷大，因为无穷大要求变量 u 从某时刻以后都毫无例外地有 $|u|>M$，这里 M 是任意给定的正数；而 y 在 $x\to+\infty$ 时，恒有零点.

【例 1-2-6】 对于数列 $\{x_n\}$，若 $x_{2k}\to a(k\to\infty)$，$x_{2k+1}\to a(k\to\infty)$，证明：$x_n\to a(n\to\infty)$.

证明 对任给的 $\varepsilon>0$，因为 $x_{2k}\to a(k\to\infty)$，所以存在 N_1，当 $k>N_1$ 时，有 $|x_{2k}-a|<\varepsilon$；又因为 $x_{2k+1}\to a(k\to\infty)$，所以存在 N_2，当 $k>N_2$ 时，有 $|x_{2k+1}-a|<\varepsilon$. 取 $N=\max\{2N_1,2N_2+1\}$，则当 $n>N$ 时，必有 $|x_n-a|<\varepsilon$，故 $x_n\to a(n\to\infty)$.

习题精解

1. 用函数极限的定义证明：

(2) $\lim\limits_{x\to 0}\sqrt[3]{x}=0$.

证明 对任给的 $\varepsilon>0$，要使 $\left|\sqrt[3]{x}-0\right|<\varepsilon$，只要 $|x|<\varepsilon^3$. 因此对任给的 $\varepsilon>0$，取 $\delta=\varepsilon^3$，当 $0<|x-0|<\delta$ 时，有 $\left|\sqrt[3]{x}-0\right|<\varepsilon$，由定义知 $\lim\limits_{x\to 0}\sqrt[3]{x}=0$.

2. 设 $f(x)=\begin{cases}3x+1, & x>0\\ 1, & x=0\\ 2x-2, & x<0\end{cases}$，求 $\lim\limits_{x\to 0^-}f(x)$，$\lim\limits_{x\to 0^+}f(x)$. 问极限 $\lim\limits_{x\to 0}f(x)$ 存在吗？

解 $\lim\limits_{x\to 0^-}f(x)=\lim\limits_{x\to 0^-}(2x-2)=-2$，$\lim\limits_{x\to 0^+}f(x)=\lim\limits_{x\to 0^+}(3x+1)=1$

因为 $\lim\limits_{x\to 0^-}f(x)\neq\lim\limits_{x\to 0^+}f(x)$，所以 $\lim\limits_{x\to 0}f(x)$ 不存在.

3. 讨论下列函数在指定点的极限的存在性，若存在，求出极限：

(1) $f(x)=\begin{cases}x+1, & x\geqslant 3\\ 4-x, & x<3\end{cases}$，$x=3$；

(2) $f(x)=\begin{cases}2x+3, & x<0\\ 3-x, & x>0\end{cases}$，$x=0$.

解 (1) 因为 $\lim\limits_{x\to 3^-}f(x)=\lim\limits_{x\to 3^-}(4-x)=1$，$\lim\limits_{x\to 3^+}f(x)=\lim\limits_{x\to 3^+}(x+1)=4$，可见 $\lim\limits_{x\to 3^-}f(x)\neq\lim\limits_{x\to 3^+}f(x)$，故 $\lim\limits_{x\to 3}f(x)$ 不存在；

(2) 因为 $\lim\limits_{x\to 0^-}f(x)=\lim\limits_{x\to 0^-}(2x+3)=3$，$\lim\limits_{x\to 0^+}f(x)=\lim\limits_{x\to 0^+}(3-x)=3$，故 $\lim\limits_{x\to 0}f(x)=3$.

4. 用函数极限的定义证明：

(1) $\lim\limits_{x\to\infty}\frac{1}{x}=0$；　　(2) $\lim\limits_{x\to\infty}\frac{x^2+2}{3x^2}=\frac{1}{3}$.

证明　(1)对任给的 $\varepsilon>0$，要使 $\left|\frac{1}{x}-0\right|<\varepsilon$，则 $|x|>\frac{1}{\varepsilon}$. 因此对任给的 $\varepsilon>0$，取 $X=\frac{1}{\varepsilon}$，当 $|x|>X$ 时，有 $\left|\frac{1}{x}-0\right|<\varepsilon$，由定义可知 $\lim\limits_{x\to\infty}\frac{1}{x}=0$.

(2)要使 $\left|\frac{x^2+2}{3x^2}-\frac{1}{3}\right|=\frac{2}{3|x|^2}<\varepsilon$，只要 $|x|>\sqrt{\frac{2}{3\varepsilon}}$. 因此对任给的 $\varepsilon>0$，取 $X=\sqrt{\frac{2}{3\varepsilon}}$，则当 $|x|>X$ 时，必有 $\left|\frac{x^2+2}{3x^2}-\frac{1}{3}\right|<\varepsilon$，由定义可知

$$\lim_{x\to\infty}\frac{x^2+2}{3x^2}=\frac{1}{3}$$

6. 猜想下列数列的极限，并用数列极限的定义加以证明：

(1) $\lim\limits_{n\to\infty}\frac{3n+1}{2n-1}$；　　(2) $\lim\limits_{n\to\infty}(0.\underbrace{99\cdots9}_{n个})$.

解　(1)极限为 $\frac{3}{2}$.

对任给的 $\varepsilon>0$，要使 $\left|\frac{3n+1}{2n-1}-\frac{3}{2}\right|=\left|\frac{5}{2(2n-1)}\right|<\frac{5}{2n}<\varepsilon$，取 $N=\left[\frac{5}{2\varepsilon}\right]$，则当 $n>N$ 时，有 $\left|\frac{3n+1}{2n-1}-\frac{3}{2}\right|<\varepsilon$，从而 $\lim\limits_{n\to\infty}\frac{3n+1}{2n-1}=\frac{3}{2}$.

(2)极限为1.

对任给的 $\varepsilon>0$，要使 $|0.99\cdots9-1|<\varepsilon$，只要 $\left|\frac{1}{10^n}\right|<\varepsilon$，则取 $N=\left[\lg\frac{1}{\varepsilon}\right]$ 即可，故当 $n>N$ 时，有 $|0.99\cdots9-1|<\varepsilon$，即 $\lim\limits_{n\to\infty}(0.\underbrace{99\cdots9}_{n个})=1$.

第三节　极限的性质与运算

内容提要

1. 了解极限的性质

局部有界性，局部保号性，惟一性.

2. 了解函数极限与无穷小的关系及无穷小的性质

(1)函数 $f(x)$ 具有极限 A 的充分必要条件是 $f(x)=A+\alpha$，其中 α 是无穷小.

(2)有限个无穷小的和也是无穷小.

(3)有界函数与无穷小的乘积是无穷小.

3. 掌握极限的运算法则

若 $\lim f(x)=a$，$\lim g(x)=b$，则

$$\lim[f(x)\pm g(x)]=\lim f(x)\pm \lim g(x)=a\pm b$$

$$\lim[f(x)\cdot g(x)]=\lim f(x)\cdot \lim g(x)=ab$$

$$\lim\frac{f(x)}{g(x)}=\frac{\lim f(x)}{\lim g(x)}=\frac{a}{b}\quad (b\neq 0)$$

若 $\lim\limits_{x\to x_0}g(x)=u_0$，而在 x_0 的某去心邻域内 $g(x)\neq u_0$，又 $\lim\limits_{u\to u_0}f(u)=A$，则 $\lim\limits_{x\to x_0}f[g(x)]=\lim\limits_{u\to u_0}f(u)=A$

4. 会用夹逼法则

如果(1) $x\in \mathring{U}(x_0,r)$（或 $|x|>M$）时，$g(x)\leqslant f(x)\leqslant h(x)$；

(2) $\lim\limits_{\substack{x\to x_0\\(x\to\infty)}} g(x)=A$，$\lim\limits_{\substack{x\to x_0\\(x\to\infty)}} h(x)=A$.

那么，$\lim\limits_{\substack{x\to x_0\\(x\to\infty)}} f(x)$ 存在，且等于 A.

夹逼法则对于数列的情形也成立，即如果数列 $\{x_n\}$、$\{y_n\}$ 及 $\{z_n\}$ 满足下列条件：

(1) $y_n\leqslant x_n\leqslant z_n\quad (n=1,2,\cdots)$；

(2) $\lim\limits_{n\to\infty}y_n=a$，$\lim\limits_{n\to\infty}z_n=a$.

那么，数列 $\{x_n\}$ 的极限存在，且 $\lim\limits_{n\to\infty}x_n=a$.

5. 掌握重要极限

$$\lim_{x\to 0}\frac{\sin x}{x}=1$$

释疑解惑

【问 1-3-1】 如果 $\lim\limits_{n\to\infty}x_n=a$，则 $\lim\limits_{n\to\infty}\frac{x_{n+1}}{x_n}=1$，对吗？

答　不对.

关于极限的运算法则，使用时一定要注意法则成立的条件. 因为虽然 $\lim\limits_{n\to\infty}x_{n+1}=a$，但 a 有可能为 0，从而 $\lim\limits_{n\to\infty}\frac{x_{n+1}}{x_n}\neq\frac{\lim\limits_{n\to\infty}x_{n+1}}{\lim\limits_{n\to\infty}x_n}$，所以 $\lim\limits_{n\to\infty}\frac{x_{n+1}}{x_n}$ 未必存在.

例如，数列 $x_n=\frac{1}{n}[2+(-1)^n]$ 有 $\lim\limits_{n\to\infty}x_n=0$，而极限 $\lim\limits_{n\to\infty}\frac{x_{n+1}}{x_n}=\lim\limits_{n\to\infty}\left(\frac{n}{n+1}\cdot\frac{2+(-1)^{n+1}}{2+(-1)^n}\right)$ 不存在.

又如，数列 $x_n=\left(\frac{1}{3}\right)^n$，有 $\lim\limits_{n\to\infty}x_n=0$，而 $\lim\limits_{n\to\infty}\frac{x_{n+1}}{x_n}=\frac{1}{3}$.

【问 1-3-2】 下列说法是否正确？为什么？

$$\lim_{n\to\infty}\frac{1^2+2^2+3^2+\cdots+n^2}{n^3}=\lim_{n\to\infty}\left(\frac{1^2}{n^3}+\frac{2^2}{n^3}+\frac{3^2}{n^3}+\cdots+\frac{n^2}{n^3}\right)$$

$$=\lim_{n\to\infty}\frac{1^2}{n^3}+\lim_{n\to\infty}\frac{2^2}{n^3}+\lim_{n\to\infty}\frac{3^2}{n^3}+\cdots+\lim_{n\to\infty}\frac{n^2}{n^3}=0$$

答 不正确.

有限个无穷小的和是无穷小，无限个无穷小的和却未必是无穷小. 在本题中，当 $n\to\infty$ 时，和式变成了无限项，因此，上式不成立. 实际上

$$\lim_{n\to\infty}\frac{1^2+2^2+3^2+\cdots+n^2}{n^3}=\lim_{n\to\infty}\frac{\frac{1}{6}n(n+1)(2n+1)}{n^3}$$

$$=\frac{1}{6}\lim_{n\to\infty}\left(1+\frac{1}{n}\right)\left(2+\frac{1}{n}\right)=\frac{1}{3}$$

【问 1-3-3】 当 $x\to0$ 时，函数 $\sin\frac{1}{x}$ 的极限是否存在？

答 不存在.

如果在 $x\to0$ 的过程中函数 $\sin\frac{1}{x}$ 的极限存在，则无论 x 以何种方式趋于 0，$\sin\frac{1}{x}$ 均趋于同一常数. 因此，如果 $\sin\frac{1}{x}$ 的极限存在，则 x 取到不同的数列的值且趋于 0 时，$\sin\frac{1}{x}$ 必定也能趋于同一常数.

取两个数列 $x_n=\dfrac{1}{2n\pi+\frac{\pi}{2}}$，$y_n=\dfrac{1}{2n\pi-\frac{\pi}{2}}$，当 $n\to\infty$ 时，有 $x_n\neq0$，$y_n\neq0$，且 $x_n\to0$，$y_n\to0$. 而

$$\lim_{n\to\infty}f(x_n)=\lim_{n\to\infty}\sin\left(2n\pi+\frac{\pi}{2}\right)=\lim_{n\to\infty}1=1$$

$$\lim_{n\to\infty}f(y_n)=\lim_{n\to\infty}\sin\left(2n\pi-\frac{\pi}{2}\right)=\lim_{n\to\infty}(-1)=-1$$

二者不等，可见当 $x\to0$ 时，函数 $\sin\frac{1}{x}$ 的极限不存在.

【问 1-3-4】 若 $\lim f(x)$ 存在，$\lim g(x)$ 不存在，问 $\lim[f(x)\pm g(x)]$ 是否存在？$\lim f(x)g(x)$，$\lim\frac{f(x)}{g(x)}$ 呢？

答 $\lim[f(x)\pm g(x)]$ 一定不存在. 这是因为如果 $\lim[f(x)+g(x)]$ 存在，由极限运算的法则有极限 $\lim\{[f(x)+g(x)]-f(x)\}=\lim g(x)$ 存在，与题设矛盾. 同理可知 $\lim[f(x)-g(x)]$ 一定不存在；若 $\lim f(x)\neq0$，则 $\lim f(x)g(x)$ 一定

不存在. 若$\lim f(x)=0$,则$\lim f(x)g(x)$不一定存在.

而极限$\lim\dfrac{f(x)}{g(x)}$不一定存在. 若 $f(x)=\dfrac{1}{x}$,$g(x)=x$,当 $x\to\infty$时,$f(x)\to 0$,$\lim\limits_{x\to\infty}g(x)$不存在,而$\lim\limits_{x\to\infty}\dfrac{f(x)}{g(x)}=\lim\limits_{x\to\infty}\dfrac{1}{x^2}=0$ 存在;但是,若 $f(x)=\dfrac{x}{x+1}$,$g(x)=\begin{cases}1, & x\geqslant 0\\ -1, & x<0\end{cases}$,当 $x\to\infty$时,$f(x)\to 1$, $\lim\limits_{x\to\infty}g(x)$不存在,而$\lim\dfrac{f(x)}{g(x)}$不存在.

例题解析

【例 1-3-1】 用夹逼法则证明下列极限:

(1)$\lim\limits_{n\to\infty}\sqrt{1+\dfrac{1}{n}}=1$; (2)$\lim\limits_{n\to\infty}\sqrt[n]{1+2^n+3^n}=3$.

证明 (1)由于

$$1<\sqrt{1+\frac{1}{n}}<\sqrt{1+\frac{2}{n}+\frac{1}{n^2}}=1+\frac{1}{n}$$

且

$$\lim_{n\to\infty}\left(1+\frac{1}{n}\right)=1$$

由夹逼法则可知

$$\lim_{n\to\infty}\sqrt{1+\frac{1}{n}}=1$$

(2)由于 $3^n<1+2^n+3^n<3\cdot 3^n$,则有 $3<\sqrt[n]{1+2^n+3^n}<\sqrt[n]{3}\cdot 3$,又因$\lim\limits_{n\to\infty}(\sqrt[n]{3}\cdot 3)=3$,由夹逼法则有

$$\lim_{n\to\infty}\sqrt[n]{1+2^n+3^n}=3$$

【例 1-3-2】 求$\lim\limits_{n\to\infty}(\sqrt{n^2+n}-n)$.

分析 若函数的表达式中包含 $a+\sqrt{b}$(或 $a-\sqrt{b}$),在运算前通常要在分子和分母上同乘以其共轭根式 $a-\sqrt{b}$(或 $a+\sqrt{b}$),然后再做有关的分析运算.

解
$$\begin{aligned}\lim_{n\to\infty}(\sqrt{n^2+n}-n)&=\lim_{n\to\infty}\frac{(\sqrt{n^2+n}-n)(\sqrt{n^2+n}+n)}{\sqrt{n^2+n}+n}\\&=\lim_{n\to\infty}\frac{n}{\sqrt{n^2+n}+n}=\lim_{n\to\infty}\frac{1}{\sqrt{1+\frac{1}{n}}+1}=\frac{1}{2}\end{aligned}$$

【例 1-3-3】 求极限$\lim\limits_{x\to 0}\left(\dfrac{2+10^{\frac{1}{x}}}{1+10^{\frac{4}{x}}}+\dfrac{\sin x}{|x|}\right)$.

分析 由于函数含 x 的绝对值$|x|$,故需讨论该函数在 $x=0$ 处的左右极

限.

解 由

$$\lim_{x\to0^+}\left(\frac{2+10^{\frac{1}{x}}}{1+10^{\frac{4}{x}}}+\frac{\sin x}{|x|}\right)=\lim_{x\to0^+}\left(\frac{2\cdot10^{-\frac{4}{x}}+10^{-\frac{3}{x}}}{10^{-\frac{4}{x}}+1}+\frac{\sin x}{x}\right)$$
$$=0+1=1$$

$$\lim_{x\to0^-}\left(\frac{2+10^{\frac{1}{x}}}{1+10^{\frac{4}{x}}}+\frac{\sin x}{|x|}\right)=\lim_{x\to0^-}\left(\frac{2+10^{\frac{1}{x}}}{1+10^{\frac{4}{x}}}-\frac{\sin x}{x}\right)$$
$$=2-1=1$$

可得
$$\lim_{x\to0}\left(\frac{2+10^{\frac{1}{x}}}{1+10^{\frac{4}{x}}}+\frac{\sin x}{|x|}\right)=1$$

【例 1-3-4】 求$\lim\limits_{n\to\infty}\left(1-\frac{1}{2^2}\right)\left(1-\frac{1}{3^2}\right)\cdots\left(1-\frac{1}{n^2}\right)$.

分析 对于 n 项积可以把通项拆开,使各项相乘过程中中间项相消.

解 因为

$$1-\frac{1}{k^2}=\frac{(k-1)(k+1)}{k^2}=\frac{k-1}{k}\cdot\frac{k+1}{k}$$

故可得

$$\lim_{n\to\infty}\left(1-\frac{1}{2^2}\right)\left(1-\frac{1}{3^2}\right)\cdots\left(1-\frac{1}{n^2}\right)$$
$$=\lim_{n\to\infty}\left(\frac{1}{2}\cdot\frac{3}{2}\right)\left(\frac{2}{3}\cdot\frac{4}{3}\right)\cdots\left(\frac{n-1}{n}\cdot\frac{n+1}{n}\right)$$
$$=\lim_{n\to\infty}\frac{1}{2}\cdot\frac{n+1}{n}=\frac{1}{2}$$

【例 1-3-5】 求$\lim\limits_{n\to\infty}\left(\cos\frac{x}{2}\cos\frac{x}{4}\cdots\cos\frac{x}{2^n}\right)$,其中 $x\neq0$.

解 原极限$=\lim\limits_{n\to\infty}\dfrac{\cos\frac{x}{2}\cos\frac{x}{4}\cdots\cos\frac{x}{2^n}\cdot2^n\sin\frac{x}{2^n}}{2^n\sin\frac{x}{2^n}}$

$$=\lim_{n\to\infty}\frac{\cos\frac{x}{2}\cos\frac{x}{4}\cdots\cos\frac{x}{2^{n-1}}\cdot2^{n-1}\sin\frac{x}{2^{n-1}}}{2^n\sin\frac{x}{2^n}}=\cdots$$

$$=\lim_{n\to\infty}\frac{\sin x}{2^n\sin\frac{x}{2^n}}=\lim_{n\to\infty}\left(\frac{\sin x}{x}\right)\left(\frac{x}{2^n}\Big/\sin\frac{x}{2^n}\right)=\frac{\sin x}{x}$$

【例 1-3-6】 确定 a 和 b 的值,使 $\lim\limits_{x\to+\infty}(\sqrt{x^2-x+1}-ax+b)=0$.

解 由极限与无穷小之间的关系可知,当 $x\to+\infty$时,$\sqrt{x^2-x+1}-ax+b$

$=\alpha$，其中 $\lim\limits_{x\to+\infty}\alpha=0$，则 $a=\dfrac{\sqrt{x^2-x+1}+b-\alpha}{x}$. 注意 a 为常数，则当 $x\to+\infty$ 时必有

$$a=\lim_{x\to+\infty}\frac{\sqrt{x^2-x+1}+b-\alpha}{x}=\lim_{x\to+\infty}\left(\frac{\sqrt{x^2-x+1}}{x}+\frac{b-\alpha}{x}\right)=1$$

再由题设，有

$$b=\lim_{x\to+\infty}(x-\sqrt{x^2-x+1})=\lim_{x\to+\infty}\frac{x-1}{x+\sqrt{x^2-x+1}}=\lim_{x\to+\infty}\frac{1-\frac{1}{x}}{1+\sqrt{1-\frac{1}{x}+\frac{1}{x^2}}}=\frac{1}{2}$$

综上，$a=1,b=\dfrac{1}{2}$.

习题精解

3. 计算下列极限：

(3) $\lim\limits_{x\to7}\dfrac{x^2-8x+7}{x^2-5x-14}$；　　(7) $\lim\limits_{x\to2}\left(\dfrac{1}{x-2}-\dfrac{4}{x^2-4}\right)$；

(8) $\lim\limits_{x\to\infty}\dfrac{1+\sin x}{x}$；　　(9) $\lim\limits_{x\to-1}\dfrac{x^2-4}{x^2-3x-4}$；

(10) $\lim\limits_{x\to2}\dfrac{x^3+2x^2}{(x-2)^2}$；　　(11) $\lim\limits_{x\to0}x^2\sin x\cos\dfrac{1}{x}$；

(12) $\lim\limits_{x\to\infty}\dfrac{(2x-1)^{30}(x+5)^{20}}{(2x+1)^{50}}$；　　(13) $\lim\limits_{n\to\infty}\left(\dfrac{1}{n+2}+\dfrac{2}{n+2}+\cdots+\dfrac{n}{n+2}-\dfrac{n}{2}\right)$；

(14) $\lim\limits_{n\to\infty}\dfrac{1+\frac{1}{2}+\frac{1}{4}+\cdots+\frac{1}{2^n}}{1+\frac{1}{3}+\frac{1}{9}+\cdots+\frac{1}{3^n}}$.

解 (3) $\lim\limits_{x\to7}\dfrac{x^2-8x+7}{x^2-5x-14}=\lim\limits_{x\to7}\dfrac{(x-7)(x-1)}{(x-7)(x+2)}=\lim\limits_{x\to7}\dfrac{x-1}{x+2}=\dfrac{2}{3}$；

(7) $\lim\limits_{x\to2}\left(\dfrac{1}{x-2}-\dfrac{4}{x^2-4}\right)=\lim\limits_{x\to2}\dfrac{x-2}{x^2-4}=\lim\limits_{x\to2}\dfrac{1}{x+2}=\dfrac{1}{4}$；

(8) 由于 $1+\sin x$ 有界，且 $\lim\limits_{x\to\infty}\dfrac{1}{x}=0$，因此 $\lim\limits_{x\to\infty}\dfrac{1+\sin x}{x}=0$；

(9) 由于 $\lim\limits_{x\to-1}(x^2-4)=1-4=-3$，$\lim\limits_{x\to-1}(x^2-3x-4)=1+3-4=0$，$\lim\limits_{x\to-1}\dfrac{1}{x^2-3x-4}=\infty$，因此 $\lim\limits_{x\to-1}\dfrac{x^2-4}{x^2-3x-4}=\infty$；

(10) 由于 $\lim\limits_{x\to2}\dfrac{(x-2)^2}{x^3+2x^2}=0$，因此 $\lim\limits_{x\to2}\dfrac{x^3+2x^2}{(x-2)^2}=\infty$；

(11) 由于 $\sin x\cos\dfrac{1}{x}$ 有界，而 $\lim\limits_{x\to0}x^2=0$，因此 $\lim\limits_{x\to0}x^2\sin x\cos\dfrac{1}{x}=0$；

(12) $\lim\limits_{x\to\infty}\dfrac{(2x-1)^{30}(x+5)^{20}}{(2x+1)^{50}}=\lim\limits_{x\to\infty}\dfrac{\left(2-\dfrac{1}{x}\right)^{30}\left(1+\dfrac{5}{x}\right)^{20}}{\left(2+\dfrac{1}{x}\right)^{50}}=\dfrac{1}{2^{20}}$；

(13) $\lim\limits_{n\to\infty}\left(\dfrac{1}{n+2}+\dfrac{2}{n+2}+\cdots+\dfrac{n}{n+2}-\dfrac{n}{2}\right)=\lim\limits_{n\to\infty}\left(\dfrac{\frac{1}{2}n(n+1)}{n+2}-\dfrac{n}{2}\right)$

$$=\lim_{n\to\infty}\frac{-n}{2(n+2)}=\lim_{n\to\infty}\frac{-1}{2\left(1+\dfrac{2}{n}\right)}=-\frac{1}{2};$$

(14) $\lim\limits_{n\to\infty}\dfrac{1+\dfrac{1}{2}+\dfrac{1}{4}+\cdots+\dfrac{1}{2^n}}{1+\dfrac{1}{3}+\dfrac{1}{9}+\cdots+\dfrac{1}{3^n}}=\lim\limits_{n\to\infty}\dfrac{\dfrac{1-\frac{1}{2^{n+1}}}{1-\frac{1}{2}}}{\dfrac{1-\frac{1}{3^{n+1}}}{1-\frac{1}{3}}}=\lim\limits_{n\to\infty}\dfrac{2\left(1-\dfrac{1}{2^{n+1}}\right)}{\dfrac{3}{2}\left(1-\dfrac{1}{3^{n+1}}\right)}=\dfrac{4}{3}$.

4. 利用夹逼法则证明：

(1) $\lim\limits_{n\to\infty}\left(\dfrac{n}{n^2+a}+\dfrac{n}{n^2+2a}+\cdots+\dfrac{n}{n^2+na}\right)=1\ (a\geqslant 0)$；

(2) $\lim\limits_{x\to 0}x\left[\dfrac{1}{x}\right]=1$.

证明 (1) 由于 $\dfrac{n^2}{n^2+na}\leqslant\dfrac{n}{n^2+a}+\dfrac{n}{n^2+2a}+\cdots+\dfrac{n}{n^2+na}\leqslant\dfrac{n^2}{n^2+a}$

而

$$\lim_{n\to\infty}\frac{n^2}{n^2+na}=1,\ \lim_{n\to\infty}\frac{n^2}{n^2+a}=1$$

因此

$$\lim_{n\to\infty}\left(\frac{n}{n^2+a}+\frac{n}{n^2+2a}+\cdots+\frac{n}{n^2+na}\right)=1$$

(2) 当 $x>0$ 时，

$$\frac{1}{x}-1<\left[\frac{1}{x}\right]\leqslant\frac{1}{x},\ x\left(\frac{1}{x}-1\right)<x\left[\frac{1}{x}\right]\leqslant x\cdot\frac{1}{x}=1$$

而

$$\lim_{x\to 0^+}x\left(\frac{1}{x}-1\right)=1,\ \lim_{x\to 0^+}1=1$$

故

$$\lim_{x\to 0^+}x\left[\frac{1}{x}\right]=1$$

当 $x<0$ 时，

$$\frac{1}{x}-1<\left[\frac{1}{x}\right]\leqslant\frac{1}{x},x\left(\frac{1}{x}-1\right)>x\left[\frac{1}{x}\right]\geqslant x\cdot\frac{1}{x}=1$$

而

$$\lim_{x\to 0^-}x\left(\frac{1}{x}-1\right)=1,\lim_{x\to 0^-}1=1$$

故

$$\lim_{x\to 0^-}x\left[\frac{1}{x}\right]=1$$

因此

$$\lim_{x\to 0}x\left[\frac{1}{x}\right]=1$$

5. 计算下列极限：

(3) $\lim\limits_{x\to 0}\dfrac{x^4+x^3}{\sin^3\left(\dfrac{x}{2}\right)}$；　　(4) $\lim\limits_{n\to\infty}2^n\sin\dfrac{x}{2^n}(x\neq 0)$；

(5) $\lim\limits_{x\to 1}\dfrac{\sin(x^2-1)}{x-1}$；　　(7) $\lim\limits_{x\to 64}\dfrac{\sqrt{x}-8}{\sqrt[3]{x}-4}$；

(8) $\lim\limits_{x\to 0}\dfrac{\sin 3x}{\sqrt{x+2}-\sqrt{2}}$；　　(9) $\lim\limits_{x\to 0}\dfrac{\sqrt{1+\tan x}-\sqrt{1-\tan x}}{x}$.

解 (3) $\lim\limits_{x\to 0}\dfrac{x^4+x^3}{\sin^3\left(\dfrac{x}{2}\right)}=\lim\limits_{x\to 0}\dfrac{x^3(x+1)}{\left(\dfrac{x}{2}\right)^3}\cdot\dfrac{\left(\dfrac{x}{2}\right)^3}{\sin^3\left(\dfrac{x}{2}\right)}=8$；

(4) $\lim\limits_{n\to\infty}2^n\sin\dfrac{x}{2^n}=\lim\limits_{n\to\infty}\dfrac{\sin\dfrac{x}{2^n}}{\dfrac{x}{2^n}}\cdot x=1\cdot x=x$；

(5) $\lim\limits_{x\to 1}\dfrac{\sin(x^2-1)}{x-1}=\lim\limits_{x\to 1}\dfrac{\sin(x^2-1)}{x^2-1}(x+1)=1\cdot 2=2$；

(7)
$$\begin{aligned}\lim_{x\to 64}\frac{\sqrt{x}-8}{\sqrt[3]{x}-4}&=\lim_{x\to 64}\frac{(\sqrt{x}-8)(\sqrt{x}+8)(\sqrt[3]{x^2}+4\sqrt[3]{x}+16)}{(\sqrt[3]{x}-4)(\sqrt[3]{x^2}+4\sqrt[3]{x}+16)(\sqrt{x}+8)}\\&=\lim_{x\to 64}\frac{(x-64)(\sqrt[3]{x^2}+4\sqrt[3]{x}+16)}{(x-64)(\sqrt{x}+8)}\\&=\lim_{x\to 64}\frac{\sqrt[3]{x^2}+4\sqrt[3]{x}+16}{\sqrt{x}+8}\\&=3;\end{aligned}$$

(8) $\lim\limits_{x\to 0}\dfrac{\sin 3x}{\sqrt{x+2}-\sqrt{2}}=\lim\limits_{x\to 0}\dfrac{\sin 3x(\sqrt{x+2}+\sqrt{2})}{(\sqrt{x+2}-\sqrt{2})(\sqrt{x+2}+\sqrt{2})}$

$$=\lim_{x\to 0}\frac{\sin 3x}{3x}\cdot 3(\sqrt{x+2}+\sqrt{2})$$

$$=3\cdot 2\sqrt{2}=6\sqrt{2};$$

(9) $\lim\limits_{x\to 0}\frac{\sqrt{1+\tan x}-\sqrt{1-\tan x}}{x}$

$$=\lim_{x\to 0}\frac{(\sqrt{1+\tan x}-\sqrt{1-\tan x})(\sqrt{1+\tan x}+\sqrt{1-\tan x})}{x(\sqrt{1+\tan x}+\sqrt{1-\tan x})}$$

$$=\lim_{x\to 0}\frac{2\tan x}{x(\sqrt{1+\tan x}+\sqrt{1-\tan x})}=1.$$

6. 设 S_n 是半径为 R 的圆内接正 n 边形的面积，证明：$\lim\limits_{n\to\infty}S_n=\pi R^2$.

证明

$$S_n=\frac{n}{2}R^2\sin\frac{2\pi}{n}$$

所以

$$\lim_{n\to\infty}S_n=\lim_{n\to\infty}\frac{n}{2}R^2\sin\frac{2\pi}{n}=R^2\lim_{n\to\infty}\pi\frac{\sin\frac{2\pi}{n}}{\frac{2\pi}{n}}=\pi R^2$$

第四节　单调有界原理和无理数 e

内容提要

1. 了解数列的单调有界原理

单调有界数列必有极限：单调增加且有上界的数列必有极限，单调减少且有下界的数列必有极限.

2. 掌握重要极限

$$\lim_{x\to\infty}\left(1+\frac{1}{x}\right)^x=\mathrm{e},\lim_{x\to 0}(1+x)^{\frac{1}{x}}=\mathrm{e},\lim_{n\to\infty}\left(1+\frac{1}{n}\right)^n=\mathrm{e}$$

释疑解惑

【问 1-4-1】 怎样证明数列无界？

答 找出它的一个无穷大子列即可.

例如，数列 $x_n=n^{(-1)^n}$，$x_{2k}=(2k)^{(-1)^{2k}}=2k$ 无界，从而 $x_n=n^{(-1)^n}$ 无界.

【问 1-4-2】 设 $x_n=\sqrt{2x_{n-1}}$，其中 $x_0=1$. 则由 $\lim\limits_{n\to\infty}x_n=\lim\limits_{n\to\infty}x_{n-1}$，可设 $\lim\limits_{n\to\infty}x_n=A$，则得 $A^2=2A$，解得 $A=0$（舍去）和 $A=2$，于是 $\lim\limits_{n\to\infty}x_n=2$，这种解法是否妥当？

答 这种解法欠妥，它忽略了对数列收敛性的讨论，因为 x_n 可能收敛，也可能不收敛. 本题首先要证明数列的收敛性，然后再利用上述解法解出 A.

由于 $x_0=1, x_1=\sqrt{2x_0}=\sqrt{2}>1=x_0$，假设 $x_n>x_{n-1}$，则 $x_{n+1}=\sqrt{2x_n}>\sqrt{2x_{n-1}}=x_n$，由归纳法可知 x_n 单调增加.

又 $x_n^2=2x_{n-1}$，故 $x_n=\dfrac{2x_{n-1}}{x_n}<2$，因此 x_n 有上界. 由单调有界原理知 $\{x_n\}$ 收敛.

设 $\lim\limits_{n\to\infty}x_n=A$，则得 $A^2=2A$，解得 $A=0$（舍去）和 $A=2$，于是 $\lim\limits_{n\to\infty}x_n=2$.

例题解析

【例 1-4-1】 对于数列 $\{x_n\}$，已知 $x_0>0, x_{n+1}=\dfrac{1}{2}\left(x_n+\dfrac{1}{x_n}\right)$，证明 $\lim\limits_{n\to\infty}x_n=1$.

分析 对于这种给出 x_n 的递推公式求数列极限的题型，可利用单调有界原理先证明其收敛，再利用递推公式及 $\lim\limits_{n\to\infty}x_n=\lim\limits_{n\to\infty}x_{n+1}$，得出极限值.

证明 由归纳法易证 $x_n>0$.

又 $x_n=\dfrac{1}{2}\left(x_{n-1}+\dfrac{1}{x_{n-1}}\right)\geqslant\dfrac{1}{2}\times2\sqrt{x_{n-1}\dfrac{1}{x_{n-1}}}=1$，即当 $n>1$ 时，$\{x_n\}$ 有下界. 同时 $x_{n+1}-x_n=\dfrac{1}{2}\left(x_n+\dfrac{1}{x_n}\right)-x_n=\dfrac{1-x_n^2}{2x_n}\leqslant0$，即 $\{x_n\}$ 单调减少，从而 $\{x_n\}$ 收敛.

设 $\lim\limits_{n\to\infty}x_n=a$，对递推式取极限得 $a=\dfrac{1}{2}\left(a+\dfrac{1}{a}\right)$，解得 $a=1, a=-1$（舍去）.

【例 1-4-2】 设 $x_1=a>0, y_1=b>a>0, x_{n+1}=\sqrt{x_ny_n}, y_{n+1}=\dfrac{x_n+y_n}{2}$，证明：$\lim\limits_{n\to\infty}x_n=\lim\limits_{n\to\infty}y_n$.

分析 根据两个数列一般项之间的关系，先证明这两个数列均是单调有界的，再证明二者的极限是相等的.

证明 由于 $\dfrac{x_n+y_n}{2}\geqslant\sqrt{x_ny_n}$，即 $y_{n+1}\geqslant x_{n+1}$，又

$$x_{n+1}=\sqrt{x_ny_n}\geqslant\sqrt{x_nx_n}=x_n,$$

$$y_{n+1}=\frac{x_n+y_n}{2}\leqslant\frac{y_n+y_n}{2}=y_n$$

故有

$$a=x_1\leqslant x_2\leqslant\cdots\leqslant x_n\leqslant\cdots\leqslant y_n\leqslant\cdots\leqslant y_2\leqslant y_1=b$$

因此$\{x_n\}$单调增加有上界，$\{y_n\}$单调减少有下界，从而$\lim\limits_{n\to\infty}x_n$和$\lim\limits_{n\to\infty}y_n$都存在.

设$\lim\limits_{n\to\infty}x_n=A$，$\lim\limits_{n\to\infty}y_n=B$，则$\lim\limits_{n\to\infty}y_{n+1}=\lim\limits_{n\to\infty}\frac{x_n+y_n}{2}$，即$B=\frac{A+B}{2}$，所以有$A=B$，也即$\lim\limits_{n\to\infty}x_n=\lim\limits_{n\to\infty}y_n$成立.

【例 1-4-3】 实数a和b满足什么条件，才使$\lim\limits_{x\to\infty}\left(\frac{x+b}{x+a}\right)^{(x+a)}=e^{-2}$.

分析 利用重要极限$\lim\limits_{\Delta\to\infty}\left(1+\frac{1}{\Delta}\right)^{\Delta}=e$.

解 由于

$$\lim_{x\to\infty}\left(\frac{x+b}{x+a}\right)^{(x+a)}=\lim_{x\to\infty}\left(1+\frac{b-a}{x+a}\right)^{(x+a)}$$
$$=\lim_{x\to\infty}\left[\left(1+\frac{b-a}{x+a}\right)^{\frac{x+a}{b-a}}\right]^{(b-a)}=e^{b-a}$$

即

$$e^{b-a}=e^{-2}$$

因此，$b-a=-2$.

习题精解

1. 在数列$\{x_n\}$中，$x_1=10$，$x_{n+1}=\sqrt{x_n+6}$ $(n=1,2,\cdots)$.

(1)用数学归纳法证明数列$\{x_n\}$单调减少；

(2)证明$\{x_n\}$有界；

(3)计算$\lim\limits_{n\to\infty}x_n$.

证明 (1)由$x_1=10$，$x_{n+1}=\sqrt{x_n+6}$ $(n=1,2,\cdots)$，得$x_2=\sqrt{10+6}=4$，即$x_1>x_2$；假设$n=k$时，$x_k>x_{k+1}$，由$x_{k+1}=\sqrt{x_k+6}>\sqrt{x_{k+1}+6}=x_{k+2}$，即$n=k+1$时不等式仍成立，所以$x_n>x_{n+1}$ $(n=1,2,\cdots)$.

(2)由$x_{n+1}=\sqrt{x_n+6}>0$知$\{x_n\}$有下界，故$\lim\limits_{n\to\infty}x_n$存在.

(3)设$\lim\limits_{n\to\infty}x_n=A$，由$\lim\limits_{n\to\infty}x_{n+1}=\sqrt{\lim\limits_{n\to\infty}x_n+6}$得$A=\sqrt{A+6}$，解出$A=3$或$A=-2$(舍去). 故

$$\lim_{n\to\infty}x_n=3$$

2. 计算下列极限：

(3)$\lim\limits_{x\to\infty}\left(\frac{2x+3}{2x+1}\right)^{4x+2}$；　　(5)$\lim\limits_{x\to 0}(1+3\tan^2 x)^{\cot^2 x}$；

(6)$\lim\limits_{n\to\infty}\left(\frac{2n+1}{2n-1}\right)^{n-\frac{1}{2}}$.

解 (3)$\lim\limits_{x\to\infty}\left(\frac{2x+3}{2x+1}\right)^{4x+2}=\lim\limits_{x\to\infty}\left[\left(1+\frac{2}{2x+1}\right)^{\frac{2x+1}{2}}\right]^4=e^4$；

(5) $\lim\limits_{x\to 0}(1+3\tan^2 x)^{\cot^2 x}=\lim\limits_{x\to 0}[(1+3\tan^2 x)^{\frac{1}{3\tan^2 x}}]^3=e^3$；

(6) $\lim\limits_{n\to\infty}\left(\dfrac{2n+1}{2n-1}\right)^{n-\frac{1}{2}}=\lim\limits_{n\to\infty}\left(1+\dfrac{2}{2n-1}\right)^{\frac{2n-1}{2}}=e$.

3. 已知 $\lim\limits_{x\to\infty}\left(\dfrac{x-2}{x}\right)^{kx}=\dfrac{1}{e}$，求常数 k.

解　$\lim\limits_{x\to\infty}\left(\dfrac{x-2}{x}\right)^{kx}=\lim\limits_{x\to\infty}\left[\left(1+\dfrac{2}{-x}\right)^{\frac{-x}{2}}\right]^{\frac{2}{-x}\cdot kx}=e^{-2k}=e^{-1}$

即 $2k=1$，所以 $k=\dfrac{1}{2}$.

第五节　无穷小的比较

内容提要

1. 理解无穷小的阶的概念，掌握比较无穷小的阶的方法

2. 记住一些常用的等价无穷小

当 $x\to 0$ 时，

$$x\sim\sin x\sim\tan x\sim\arcsin x\sim\arctan x,\ 1-\cos x\sim\frac{x^2}{2},\ (1+x)^\alpha-1\sim\alpha x$$

3. 会用等价无穷小代换求极限

若 $\alpha\sim\alpha'$，$\beta\sim\beta'$ 且 $\lim\dfrac{\beta'}{\alpha'}$ 存在，则

$$\lim\frac{\beta}{\alpha}=\lim\frac{\beta'}{\alpha'}.$$

释疑解惑

【问 1-5-1】 求极限时，分式的分子或分母是无穷小的和或差时，能否直接使用等价无穷小代换？

答　不能.

由等价无穷小代换的法则可以得出结论：

等价无穷小代换是在乘积因子中进行的，即分式的分子或分母是若干因子的乘积，则求极限时，可将乘积因子中的无穷小做等价无穷小代换. 但加减项中的无穷小不能任意代换. 例如，

$$\lim_{x\to 0}\frac{\tan x-\sin x}{\sqrt{1+x^3}-1}=\lim_{x\to 0}\frac{\tan x(1-\cos x)}{\frac{1}{2}x^3}$$

$$=\lim_{x\to 0}\frac{x\cdot\frac{1}{2}x^2}{\frac{1}{2}x^3}=1$$

若在分子上直接用等价无穷小代换进行计算，就会得到错误的结果：

$$\lim_{x\to 0}\frac{\tan x-\sin x}{\sqrt{1+x^3}-1}=\lim_{x\to 0}\frac{x-x}{\sqrt{1+x^3}-1}=0$$

【问 1-5-2】 下面运算是否正确？

$$\lim_{x\to 0}\frac{\sin\left(x^2\sin\frac{1}{x}\right)}{x}=\lim_{x\to 0}\frac{x^2\sin\frac{1}{x}}{x}=\lim_{x\to 0}x\sin\frac{1}{x}=0$$

答 结果正确，但方法不正确.

运算的第一步利用了等价无穷小代换 $\sin(x^2\sin\frac{1}{x})\sim x^2\sin\frac{1}{x}(x\to 0)$，这是不对的. 因为这里忽略了无穷小 $\alpha(x)$ 与 $\beta(x)$ 作比较的前提：分母 $\beta(x)$ 不能等于零. 这里 $\beta(x)=x^2\sin\frac{1}{x}$，当 x 取 $x_n=\frac{1}{n\pi}$（n 为正整数）时

$$\beta(x)=\frac{1}{(n\pi)^2}\sin n\pi=0$$

可知在 $x=0$ 的无论多么小的邻域内总有使 $\beta(x)=0$ 的点.

正确的解法应该是：当 $x\neq 0$ 且 $x\to 0$ 时，

$$\left|\sin\left(x^2\sin\frac{1}{x}\right)\right|\leqslant\left|x^2\sin\frac{1}{x}\right|\leqslant x^2$$

所以

$$\left|\frac{\sin\left(x^2\sin\frac{1}{x}\right)}{x}\right|\leqslant|x|\to 0\quad(x\to 0)$$

从而

$$\lim_{x\to 0}\frac{\sin\left(x^2\sin\frac{1}{x}\right)}{x}=0$$

例题解析

【例 1-5-1】 若 $x\to 0$ 的过程中，x^n 是比 $(\sqrt{1+x^2}-\sqrt{1-x^2})$ 的高阶无穷小，而 $1-\cos(x^2)$ 是比 $(\sin x)^n$ 的高阶无穷小，求自然数 n 的值.

解 因为

$$\lim_{x\to 0}\frac{x^n}{\sqrt{1+x^2}-\sqrt{1-x^2}}=\lim_{x\to 0}\frac{x^n(\sqrt{1+x^2}+\sqrt{1-x^2})}{2x^2}$$

$$=\lim_{x\to 0}x^{n-2}=0$$

则 $n-2>0$，故 $n>2$.

又因为

$$\lim_{x\to 0}\frac{1-\cos(x^2)}{(\sin x)^n}=\lim_{x\to 0}\frac{\frac{1}{2}x^4}{x^n}=\lim_{x\to 0}\frac{1}{2}x^{4-n}=0$$

则 $4-n>0$，故 $n<4$.

从而有 $2<n<4$，因此所求自然数是 3.

【例 1-5-2】 若 $\lim\limits_{x\to 0}\frac{\sqrt{1+xf(x)}-1}{x^3}=0$，求 $\lim\limits_{x\to 0^+}\frac{f(x)}{1-\cos\sqrt{x}}$.

解 由 $\lim\limits_{x\to 0}\frac{\sqrt{1+xf(x)}-1}{x^3}=0$，得 $\lim\limits_{x\to 0}\frac{\frac{x}{2}f(x)}{x^3}=\lim\limits_{x\to 0}\frac{f(x)}{2x^2}=0$，则

$$\lim_{x\to 0^+}\frac{f(x)}{1-\cos\sqrt{x}}=\lim_{x\to 0^+}\frac{f(x)}{\frac{1}{2}x}=\lim_{x\to 0^+}\frac{f(x)}{2x^2}\cdot 4x=0$$

【例 1-5-3】 设 $f(x)=\begin{cases}\frac{\arctan 2x}{x}, & x<0\\ 1, & x=0\\ \frac{x^2}{1-\cos x}, & x>0\end{cases}$，判断 $\lim\limits_{x\to 0}f(x)$ 是否存在？若存在，求 $\lim\limits_{x\to 0}f(x)$.

分析 $x=0$ 是分段函数 $f(x)$ 的分段点，且在 $x=0$ 的两侧函数的表达式不同，故需用左、右极限求 $\lim\limits_{x\to 0}f(x)$.

解 因为

$$\lim_{x\to 0^-}f(x)=\lim_{x\to 0^-}\frac{\arctan 2x}{x}=\lim_{x\to 0^-}\frac{2x}{x}=2$$

$$\lim_{x\to 0^+}f(x)=\lim_{x\to 0^+}\frac{x^2}{1-\cos x}=\lim_{x\to 0^+}\frac{x^2}{\frac{1}{2}x^2}=2$$

$$\lim_{x\to 0^-}f(x)=\lim_{x\to 0^+}f(x)$$

故 $\lim\limits_{x\to 0}f(x)$ 存在，且 $\lim\limits_{x\to 0}f(x)=2$.

【例 1-5-4】 $\lim\limits_{x\to\infty}(\sqrt[3]{1-x^6}-ax^2-b)=0$，求 a,b.

解 利用极限与无穷小的关系知，当 $x\to\infty$ 时，$\sqrt[3]{1-x^6}-ax^2-b=\alpha$，其中 $\lim\limits_{x\to\infty}\alpha=0$，则

$$a=\frac{\sqrt[3]{1-x^6}-b-\alpha}{x^2}=\frac{\sqrt[3]{1-x^6}}{x^2}-\frac{b+\alpha}{x^2}$$

于是有

$$a=\lim_{x\to\infty}\left(\frac{\sqrt[3]{1-x^6}}{x^2}-\frac{b+\alpha}{x^2}\right)=-1-0=-1$$

将 $a=-1$ 代入原式得

$$b=\lim_{x\to\infty}(\sqrt[3]{1-x^6}+x^2)=\lim_{x\to\infty}x^2\left(\sqrt[3]{\frac{1}{x^6}-1}+1\right)$$

$$=\lim_{x\to\infty}\left\{-x^2\left[(1-\frac{1}{x^6})^{\frac{1}{3}}-1\right]\right\}$$

$$=\lim_{x\to\infty}\left[-\frac{1}{3}x^2\left(-\frac{1}{x^6}\right)\right]=0$$

注意，在解题过程中，应用了等价无穷小代换 $(1+x)^\alpha-1\sim\alpha x$.

习题精解

1. 证明：

(1) $x\to1$ 时，$1-x$ 与 $1-\sqrt[3]{x}$ 是同阶无穷小；

(2) $x^2\arctan\frac{1}{x}$ 是 $x\to0$ 时的无穷小，并且是比 x^2+x 高阶的无穷小.

证明 (1) $\lim\limits_{x\to1}(1-x)=1-1=0$，$\lim\limits_{x\to1}(1-\sqrt[3]{x})=1-1=0$，所以 $1-x$ 和 $1-\sqrt[3]{x}$ 是 $x\to1$ 时的无穷小.

$$\lim_{x\to1}\frac{1-x}{1-\sqrt[3]{x}}=\lim_{x\to1}\frac{(1-x)(1+\sqrt[3]{x}+\sqrt[3]{x^2})}{(1-\sqrt[3]{x})(1+\sqrt[3]{x}+\sqrt[3]{x^2})}$$

$$=\lim_{x\to1}\frac{(1-x)(1+\sqrt[3]{x}+\sqrt[3]{x^2})}{1-x}=\lim_{x\to1}(1+\sqrt[3]{x}+\sqrt[3]{x^2})=3$$

所以 $1-x$ 与 $1-\sqrt[3]{x}$ 是同阶无穷小.

(2) 由于 $\arctan\frac{1}{x}$ 有界，而 x^2 是 $x\to0$ 时的无穷小，因此 $x^2\arctan\frac{1}{x}$ 是 $x\to0$ 时的无穷小. 因为 $\lim\limits_{x\to0}(x^2+x)=0+0=0$，因此 x^2+x 也是 $x\to0$ 时的无穷小.

又 $\lim\limits_{x\to0}\dfrac{x^2\arctan\frac{1}{x}}{x^2+x}=\lim\limits_{x\to0}\dfrac{x\arctan\frac{1}{x}}{x+1}=0$，从而 $x^2\arctan\frac{1}{x}$ 是比 x^2+x 高阶的无穷小.

2. 证明下列关系式：

(3) $\sqrt{1+\tan x}-\sqrt{1+\sin x}=\frac{x^3}{4}+o(x^3)\quad(x\to0)$.

证明 $\lim\limits_{x\to0}\dfrac{\sqrt{1+\tan x}-\sqrt{1+\sin x}-\frac{x^3}{4}}{x^3}$

$$=\lim_{x\to0}\left[\frac{(\sqrt{1+\tan x}-\sqrt{1+\sin x})(\sqrt{1+\tan x}+\sqrt{1+\sin x})}{x^3(\sqrt{1+\tan x}+\sqrt{1+\sin x})}-\frac{1}{4}\right]$$

$$=\lim_{x\to 0}\frac{\tan x-\sin x}{x^3(\sqrt{1+\tan x}+\sqrt{1+\sin x})}-\frac{1}{4}$$

$$=\lim_{x\to 0}\frac{\sin x}{x}\cdot\frac{1-\cos x}{x^2\cos x(\sqrt{1+\tan x}+\sqrt{1+\sin x})}=\frac{1}{4}-\frac{1}{4}=0$$

所以

$$\sqrt{1+\tan x}-\sqrt{1+\sin x}=\frac{x^3}{4}+o(x^3)\quad(x\to 0)$$

3. 利用极限的运算法则和等价无穷小代换求下列极限：

(2) $\lim\limits_{x\to 0^+}\dfrac{\sqrt{1+\sqrt{x}}-1}{\sin\sqrt{x}}$；　　(3) $\lim\limits_{x\to 0}\dfrac{\sqrt{1+2x^2}-1}{\sin\dfrac{x}{2}\arctan x}$；

(4) $\lim\limits_{x\to 0}\dfrac{\sqrt{1+x^2}-1}{1-\cos^2 x}$；　　(6) $\lim\limits_{x\to 0}\dfrac{\sqrt{1+3x\sin x}-1}{\arcsin 2x\cdot\tan x}$.

解　(2) $\lim\limits_{x\to 0^+}\dfrac{\sqrt{1+\sqrt{x}}-1}{\sin\sqrt{x}}=\lim\limits_{x\to 0^+}\dfrac{\frac{1}{2}\sqrt{x}}{\sqrt{x}}=\dfrac{1}{2}$；

(3) $\lim\limits_{x\to 0}\dfrac{\sqrt{1+2x^2}-1}{\sin\dfrac{x}{2}\arctan x}=\lim\limits_{x\to 0}\dfrac{\frac{1}{2}\cdot 2x^2}{\frac{x}{2}\cdot x}=2$；

(4) $\lim\limits_{x\to 0}\dfrac{\sqrt{1+x^2}-1}{1-\cos^2 x}=\lim\limits_{x\to 0}\dfrac{\frac{1}{2}x^2}{\sin^2 x}=\dfrac{1}{2}$；

(6) $\lim\limits_{x\to 0}\dfrac{\sqrt{1+3x\sin x}-1}{\arcsin 2x\cdot\tan x}=\lim\limits_{x\to 0}\dfrac{\frac{1}{2}\cdot 3x\sin x}{2x\cdot x}=\lim\limits_{x\to 0}\dfrac{3}{4}\cdot\dfrac{\sin x}{x}=\dfrac{3}{4}$.

4. 已知当 $x\to 1$ 时，$\sqrt{x+a}+b$ 与 x^2-1 是等价无穷小，试确定常数 a 和 b 的值.

解　因为

$$\lim_{x\to 1}(\sqrt{x+a}+b)=0$$

所以

$$b=-\sqrt{1+a}$$

$$\lim_{x\to 1}\frac{\sqrt{x+a}+b}{x^2-1}=\lim_{x\to 1}\frac{1}{x+1}\cdot\frac{\sqrt{x+a}-\sqrt{1+a}}{x-1}$$

$$=\frac{1}{2}\lim_{x\to 1}\frac{x-1}{(x-1)(\sqrt{x+a}+\sqrt{1+a})}$$

$$=\frac{1}{2}\lim_{x\to 1}\frac{1}{\sqrt{x+a}+\sqrt{1+a}}$$

$$=\frac{1}{4\sqrt{1+a}}=1$$

因此

$$a=-\frac{15}{16},b=-\frac{1}{4}$$

第六节 函数的连续性和间断点

内容提要

1. 理解函数的连续性的概念

设函数 $y=f(x)$在点 x_0 的某一邻域内有定义,如果

$$\lim_{\Delta x\to 0}\Delta y=\lim_{\Delta x\to 0}[f(x_0+\Delta x)-f(x_0)]=0 \text{ 或 } \lim_{x\to x_0}f(x)=f(x_0)$$

那么就称函数 $y=f(x)$在点 x_0 处连续.

在区间上每一点都连续的函数,叫做在该区间上的连续函数,或者说函数在该区间上连续.如果区间包含端点,那么函数在右端点连续指的是左连续,在左端点连续指的是右连续.

连续函数的图形是一条连续不断的曲线.

2. 了解函数间断点的定义及其类型

设函数 $f(x)$在点 x_0 的某去心邻域内有定义,如果 x_0 不是 $f(x)$的连续点,则称点 x_0 是 $f(x)$的间断点.在此前提下,如果函数 $f(x)$有下列三种情形之一:

(1)在 $x=x_0$ 处没有定义;

(2)虽在 $x=x_0$ 处有定义,但$\lim\limits_{x\to x_0}f(x)$不存在;

(3)虽在 $x=x_0$ 处有定义,且$\lim\limits_{x\to x_0}f(x)$存在,但$\lim\limits_{x\to x_0}f(x)\neq f(x_0)$,则点 x_0 为函数 $f(x)$的间断点.

左右极限都存在的间断点称为第一类间断点,不是第一类的间断点称为第二类间断点.

3. 掌握连续函数的和、差、积、商(分母不为零处)仍是连续函数的性质

4. 掌握反函数的连续性

如果函数 $y=f(x)$在区间 I_x 上严格单调增加(或严格单调减少)且连续,那么它的反函数 $x=f^{-1}(y)$也在对应的区间 $I_y=\{y|y=f(x),x\in I_x\}$上严格单调增加(或严格单调减少)且连续.

5. 掌握复合函数的连续性

连续函数的复合函数在其定义区间(即包含在定义域内的区间)内是连续的.

6. 掌握利用复合函数求极限的方法

设函数 $y=f[g(x)]$是由函数 $y=f(u)$与函数 $u=g(x)$复合而成,若$\lim\limits_{x\to x_0}g(x)=u_0$,而函数 $y=f(u)$在点 u_0 处连续,则$\lim\limits_{x\to x_0}f[g(x)]=\lim\limits_{u\to u_0}f(u)=$

$f(u_0)=f[\lim\limits_{x\to x_0} g(x)]$.

7. 了解初等函数的连续性

一切初等函数在其定义区间内都是连续的.由此我们得到求初等函数极限的方法:如果 $f(x)$ 是一个初等函数,则其在定义区间内任一点的极限值就是它在该点的函数值,即 $\lim\limits_{x\to x_0} f(x)=f(x_0)$.

8. 其他三个常用的等价无穷小

当 $x\to 0$ 时,$x\sim\ln(1+x)\sim e^x-1$,$a^x-1\sim x\ln a$

释疑解惑

【问 1-6-1】 (1)设函数 $f(x)$ 与 $g(x)$ 在 $x=x_0$ 处均不连续,则 $f(x)+g(x)$ 与 $f(x)\cdot g(x)$ 在 x_0 处是否一定不连续?

(2)设 $f(x)$ 在 x_0 处连续,而 $g(x)$ 在 x_0 处不连续,则 $f(x)+g(x)$ 与 $f(x)\cdot g(x)$ 在 x_0 处是否一定不连续?

答 (1)不一定.

例如,
$$f(x)=\begin{cases}1, & x\text{ 为无理数}\\ -1, & x\text{ 为有理数}\end{cases}$$
$$g(x)=\begin{cases}-1, & x\text{ 为无理数}\\ 1, & x\text{ 为有理数}\end{cases}$$
在 $(-\infty,+\infty)$ 内处处不连续,但 $f(x)+g(x)=0$ 在 $(-\infty,+\infty)$ 内处处连续.

再如,
$$f(x)=g(x)=\begin{cases}1, & x\geqslant 0\\ -1, & x<0\end{cases}$$
$f(x)$ 与 $g(x)$ 在 $x=0$ 处均不连续,但 $f(x)\cdot g(x)=1$ 却处处(当然包括 $x=0$)连续.

(2)若 $f(x)$ 在 x_0 处连续,$g(x)$ 在 x_0 处不连续,则 $f(x)+g(x)$ 一定在 x_0 处不连续.这是因为 $f(x)$ 连续,则 $-f(x)$ 也连续,假设 $f(x)+g(x)$ 连续,则 $[f(x)+g(x)]+[-f(x)]=g(x)$ 也应连续,显然与已知矛盾.

若 $f(x)$ 在 x_0 处连续,$g(x)$ 在 x_0 处不连续,则 $f(x)\cdot g(x)$ 在 x_0 处不一定不连续.

例如,$f(x)=0$ 处处连续,而 $g(x)=\begin{cases}1, & x\geqslant 0\\ -1, & x<0\end{cases}$ 在 $x=0$ 处不连续,但 $f(x)\cdot g(x)=0$ 处处连续.

【问 1-6-2】 为什么说初等函数在它的定义区间内连续,而不是在定义域上连续?

答 因为初等函数的定义域可能包括一些孤立点,在这些孤立点处谈不上连续.例如,$f(x)=\sqrt{\sin x-1}$ 是初等函数,其定义域为 $D=\left\{x\mid x=2n\pi+\dfrac{\pi}{2}\right\}$,它的每一点都是孤立点，而函数在某点连续要求在这点的邻域内有定义，因此，在这些孤立点不能讨论函数的连续性，当然也不能说函数在该点连续了.

例题解析

【例 1-6-1】 设函数 $f(x)$ 在 $x=0$ 处连续，且 $f(0)=0$. 已知 $|g(x)|\leqslant|f(x)|$，证明函数 $g(x)$ 在 $x=0$ 处也连续.

分析 利用函数连续的定义.

证明 因为 $|g(x)|\leqslant|f(x)|$，所以 $|g(0)|\leqslant|f(0)|=0$，可知

$$g(0)=0$$

又 $\lim\limits_{x\to 0}f(x)=f(0)=0$，所以 $\lim\limits_{x\to 0}|f(x)|=0$ 且

$$0\leqslant|g(x)|\leqslant|f(x)|$$

由夹逼法则知

$$\lim_{x\to 0}|g(x)|=0$$

故有

$$\lim_{x\to 0}g(x)=0=g(0)$$

所以 $g(x)$ 在 $x=0$ 处连续.

【例 1-6-2】 如果对于任意的 x 和 y，函数 $f(x)$ 满足 $f(x+y)=f(x)+f(y)$，且 $\lim\limits_{x\to 0}f(x)=0$，试证明 $f(x)$ 在 $(-\infty,+\infty)$ 内连续.

分析 用定义 $\lim\limits_{\Delta x\to 0}\Delta y=0$ 证明.

证明 任意的 $x\in(-\infty,+\infty)$，

$$\begin{aligned}\lim_{\Delta x\to 0}\Delta y&=\lim_{\Delta x\to 0}[f(x+\Delta x)-f(x)]\\&=\lim_{\Delta x\to 0}[f(x)+f(\Delta x)-f(x)]\\&=\lim_{\Delta x\to 0}f(\Delta x)=0\end{aligned}$$

故 $f(x)$ 在 x 处连续，从而在 $(-\infty,+\infty)$ 内连续.

【例 1-6-3】 设 $f(x)=\begin{cases}a+bx^2, & x\leqslant 0\\ \dfrac{\sin bx}{x}, & x>0\end{cases}$ 在 $x=0$ 处连续，求 a 与 b 的关系.

解 由于

$$\lim_{x\to 0^-}f(x)=\lim_{x\to 0^-}(a+bx^2)=a$$

$$\lim_{x\to 0^+}f(x)=\lim_{x\to 0^+}\frac{\sin bx}{x}=b$$

$$f(0)=a$$

又因 $f(x)$ 在 $x=0$ 处连续，因此，由函数在一点连续的充要条件 $\lim\limits_{x\to 0^+}f(x)=\lim\limits_{x\to 0^-}f(x)=f(0)$ 可知，$a=b$.

【例 1-6-4】 设 $f(x)$ 在 $(-\infty,+\infty)$ 内有定义，且 $\lim\limits_{x\to\infty}f(x)=a$，$g(x)=\begin{cases}f\left(\dfrac{1}{x}\right), & x\neq 0\\ 0, & x=0\end{cases}$，判断 $g(x)$ 在 $x=0$ 处的连续性.

解 由于 $\lim\limits_{x\to 0}g(x)=\lim\limits_{x\to 0}f\left(\dfrac{1}{x}\right)$，作变换 $\dfrac{1}{x}=t$，则 $x\to 0$ 时，$t\to\infty$，于是有

$$\lim_{x\to 0}g(x)=\lim_{t\to\infty}f(t)=a$$

则当 $a=0$ 时，$g(x)$ 在 $x=0$ 处是连续的；而当 $a\neq 0$ 时，$x=0$ 为 $g(x)$ 的第一类间断点(可去间断点).

【例 1-6-5】 确定 a,b 的值，使 $f(x)=\dfrac{e^x-b}{(x-a)(x-1)}$ 有无穷间断点 $x=0$，及可去间断点 $x=1$.

解 因为 $x=1$ 为可去间断点，所以 $\lim\limits_{x\to 1}f(x)$ 存在，从而

$$\lim_{x\to 1}(e^x-b)=\lim_{x\to 1}[(x-a)(x-1)]\lim_{x\to 1}f(x)=0$$

故

$$b=\lim_{x\to 1}e^x=e$$

又因为 $x=0$ 为无穷间断点，所以 $\lim\limits_{x\to 0}\dfrac{e^x-e}{(x-a)(x-1)}=\infty$，从而

$$\lim_{x\to 0}[(x-a)(x-1)]=0$$

$$a=0$$

综上，

$$a=0,b=e$$

【例 1-6-6】 已知 $\lim\limits_{x\to 0}\dfrac{f(x)}{1-\cos x}=4$，求 $\lim\limits_{x\to 0}\left[1+\dfrac{f(x)}{x}\right]^{\frac{1}{x}}$.

解 由已知，$\lim\limits_{x\to 0}\dfrac{f(x)}{\frac{1}{2}x^2}=4$，则有 $\lim\limits_{x\to 0}\dfrac{f(x)}{x^2}=2$.

解法 1 由极限与无穷小的关系可知 $f(x)=(2+\alpha)x^2$，其中 $\lim\limits_{x\to 0}\alpha=0$，则

$$\lim_{x\to 0}\left[1+\frac{f(x)}{x}\right]^{\frac{1}{x}}=\lim_{x\to 0}[1+(2+\alpha)x]^{\frac{1}{x}}$$

$$=\lim_{x\to 0}[1+(2+\alpha)x]^{\frac{1}{(2+\alpha)x}(2+\alpha)}=e^2$$

解法 2 因 $f(x)$ 与 x^2 是 $x\to 0$ 时的同阶无穷小，则有 $\lim\limits_{x\to 0}\dfrac{f(x)}{x}=0$，故

$$\lim_{x\to 0}\left[1+\frac{f(x)}{x}\right]^{\frac{1}{x}}=\lim_{x\to 0}\left[1+\frac{f(x)}{x}\right]^{\frac{x}{f(x)}\cdot\frac{f(x)}{x^2}}=e^2$$

习题精解

1. 讨论下列函数在指定点处的连续性：

(1) $f(x)=\begin{cases}\dfrac{\sin x}{x} & (x<0)\\ 1 & (x=0)\\ x^2+1 & (x>0)\end{cases}$ 在 $x=0$ 处；

(2) $f(x)=\begin{cases}\dfrac{\ln(1+2x)}{x} & (x\neq 0)\\ 1 & (x=0)\end{cases}$ 在 $x=0$ 处；

(3) $f(x)=\begin{cases}\dfrac{2x^2-5x-3}{x-3} & (x\neq 3)\\ 6 & (x=3)\end{cases}$ 在 $x=3$ 处；

(4) $f(x)=\begin{cases}\dfrac{x^2-x}{x^2-1} & (x\neq 1)\\ \dfrac{1}{2} & (x=1)\end{cases}$ 在 $x=1$ 处.

解 (1)由于 $\lim\limits_{x\to 0^-}f(x)=\lim\limits_{x\to 0^-}\dfrac{\sin x}{x}=1$，$\lim\limits_{x\to 0^+}f(x)=\lim\limits_{x\to 0^+}(x^2+1)=1$，即 $\lim\limits_{x\to 0}f(x)=1=f(0)$，从而 $f(x)$ 在 $x=0$ 处连续.

(2)由于 $\lim\limits_{x\to 0}f(x)=\lim\limits_{x\to 0}\dfrac{\ln(1+2x)}{x}=\lim\limits_{x\to 0}\dfrac{2x}{x}=2\neq f(0)$，因此 $f(x)$ 在 $x=0$ 处间断.

(3)由于 $\lim\limits_{x\to 3}f(x)=\lim\limits_{x\to 3}\dfrac{2x^2-5x-3}{x-3}=\lim\limits_{x\to 3}\dfrac{(x-3)(2x+1)}{x-3}=\lim\limits_{x\to 3}(2x+1)=7\neq f(3)$，从而 $f(x)$ 在 $x=3$ 处间断.

(4)由于 $\lim\limits_{x\to 1}f(x)=\lim\limits_{x\to 1}\dfrac{x^2-x}{x^2-1}=\lim\limits_{x\to 1}\dfrac{x(x-1)}{(x-1)(x+1)}=\lim\limits_{x\to 1}\dfrac{x}{x+1}=\dfrac{1}{2}=f(1)$，从而 $f(x)$ 在 $x=1$ 处连续.

3. 求下列函数的间断点，并指出其类型：

(2) $f(x)=\arctan\dfrac{1}{x}$；　　(3) $f(x)=\dfrac{3}{2-\dfrac{2}{x}}$；

(4) $f(x)=\begin{cases}x-1 & (x\leqslant 1)\\ 3-x & (x>1)\end{cases}$.

解 (2) $x=0$ 为间断点.

$$\lim_{x\to 0^-}f(x)=\lim_{x\to 0^-}\arctan\frac{1}{x}=-\frac{\pi}{2}$$

$$\lim_{x\to0^+}f(x)=\lim_{x\to0^+}\arctan\frac{1}{x}=\frac{\pi}{2}$$

故 $x=0$ 为跳跃间断点(第一类).

(3) $x=0$ 和 $x=1$ 为间断点.

$$\lim_{x\to0}f(x)=\lim_{x\to0}\frac{3}{2-\frac{2}{x}}=0,$$

故 $x=0$ 为可去间断点(第一类).

$$\lim_{x\to1^+}f(x)=\lim_{x\to1^+}\frac{3}{2-\frac{2}{x}}=+\infty,\ \lim_{x\to1^-}f(x)=\lim_{x\to1^-}\frac{3}{2-\frac{2}{x}}=-\infty$$

故 $x=1$ 是无穷间断点(第二类).

(4) $\lim\limits_{x\to1^-}f(x)=\lim\limits_{x\to1^-}(x-1)=1-1=0$, $\lim\limits_{x\to1^+}f(x)=\lim\limits_{x\to1^+}(3-x)=3-1=2$,
故 $x=1$ 为跳跃间断点(第一类).

4. 确定常数 a 及 b,使下列各函数在 $(-\infty,+\infty)$ 内连续:

(1) $f(x)=\begin{cases}e^x(\sin x+\cos x) & (x>0)\\ 2x+a & (x\leqslant0)\end{cases}$;

(3) $f(x)=\begin{cases}(1-x)^{\frac{1}{x}} & (x>0)\\ b & (x=0)\\ x\sin\frac{1}{x}+a & (x<0)\end{cases}$;

(4) $f(x)=\begin{cases}a-x^2 & (x<-1)\\ 1 & (x=-1)\\ \ln(x+x^2+e^{b+x^3}) & (x>-1)\end{cases}$.

解 (1)由于 $\lim\limits_{x\to0^+}f(x)=\lim\limits_{x\to0^+}e^x(\sin x+\cos x)=1$

$$\lim_{x\to0^-}f(x)=\lim_{x\to0^-}(2x+a)=a$$

又 $f(0)=a$,故 $a=1$ 时,$f(x)$ 在 $x=0$ 处连续. 又 $x>0$ 和 $x<0$ 时,$f(x)$ 均为初等函数,故连续,进而在 $(-\infty,+\infty)$ 内连续.

(3) $\lim\limits_{x\to0^-}f(x)=\lim\limits_{x\to0^-}\left(x\sin\frac{1}{x}+a\right)=a$, $\lim\limits_{x\to0^+}f(x)=\lim\limits_{x\to0^+}(1-x)^{\frac{1}{x}}=e^{-1}$,
$f(0)=b$,故当 $a=b=e^{-1}$ 时,$f(x)$ 在 $x=0$ 处连续. 又 $x>0$ 和 $x<0$ 时,$f(x)$ 均为初等函数,故连续,进而在 $(-\infty,+\infty)$ 内连续.

(4)由于 $\lim\limits_{x\to-1^-}f(x)=\lim\limits_{x\to-1^-}a-x^2=a-1$

$$\lim_{x\to-1^+}f(x)=\lim_{x\to-1^+}\ln(x+x^2+e^{b+x^3})=b-1,$$

故当 $a-1=b-1=1$,即 $a=b=2$ 时,$f(x)$ 在 $x=-1$ 处连续. 又 $x<-1$ 和 $x>$

-1时，$f(x)$均为初等函数，故连续，进而在$(-\infty,+\infty)$内连续.

5. 求下列极限：

(4) $\lim\limits_{x\to0}\dfrac{\arctan x}{\ln(1+\sin x)}$；　　(5) $\lim\limits_{x\to0}\dfrac{1}{x}\ln\sqrt{\dfrac{1+x}{1-x}}$；

(6) $\lim\limits_{x\to1}\dfrac{1-x}{\ln x}$；　　(7) $\lim\limits_{x\to+\infty}x(\sqrt{1+x^2}-x)$；

(8) $\lim\limits_{x\to-2}\dfrac{\sin(x^2-4)}{x^2+x-2}$；　　(10) $\lim\limits_{x\to0}\dfrac{\tan\pi x}{e^x-1}$.

解 (4) $\lim\limits_{x\to0}\dfrac{\arctan x}{\ln(1+\sin x)}=\lim\limits_{x\to0}\dfrac{x}{\sin x}=1$；

(5) $\lim\limits_{x\to0}\dfrac{1}{x}\ln\sqrt{\dfrac{1+x}{1-x}}=\lim\limits_{x\to0}\dfrac{1}{2x}\cdot\dfrac{2x}{1-x}\ln\left(1+\dfrac{2x}{1-x}\right)^{\frac{1-x}{2x}}=1$；

(6) $\lim\limits_{x\to1}\dfrac{1-x}{\ln x}=\lim\limits_{x\to1}\dfrac{1-x}{\ln(1+x-1)}=\lim\limits_{x\to1}\dfrac{1-x}{x-1}=-1$；

(7) $\lim\limits_{x\to+\infty}x(\sqrt{1+x^2}-x)=\lim\limits_{x\to+\infty}\dfrac{x}{\sqrt{1+x^2}+x}=\lim\limits_{x\to+\infty}\dfrac{1}{\sqrt{1+\dfrac{1}{x^2}}+1}=\dfrac{1}{2}$；

(8) $\lim\limits_{x\to-2}\dfrac{\sin(x^2-4)}{x^2+x-2}=\lim\limits_{x\to-2}\dfrac{x^2-4}{x^2+x-2}=\lim\limits_{x\to-2}\dfrac{(x+2)(x-2)}{(x+2)(x-1)}=\lim\limits_{x\to-2}\dfrac{(x-2)}{(x-1)}=\dfrac{4}{3}$；

(10) $\lim\limits_{x\to0}\dfrac{\tan\pi x}{e^x-1}=\lim\limits_{x\to0}\dfrac{\pi x}{x}=\lim\limits_{x\to0}\pi=\pi$.

第七节　闭区间上连续函数的性质

内容提要

1. 闭区间上连续函数的有界性与最值定理

在闭区间上连续的函数在该区间上有界，且一定能取得它的最大值与最小值.

2. 闭区间上连续函数的零点定理

设函数$f(x)$在闭区间$[a,b]$上连续，且$f(a)$与$f(b)$异号(即$f(a)\cdot f(b)<0$)，那么在开区间(a,b)内至少有一点ξ，使得$f(\xi)=0$.

3. 闭区间上连续函数的介值定理

设函数$f(x)$在闭区间$[a,b]$上连续，且在这个区间的端点取不同的函数值$f(a)=A$及$f(b)=B$，那么，对于A与B之间的任意一个数C，在开区间(a,b)内至少存在一点ξ，使得$f(\xi)=C$.

推论　在闭区间上连续的函数必取得介于最大值M与最小值m之间的任何值.

释疑解惑

【问 1-7-1】 下面的命题正确吗？

(1)设 $f(x)$在$[a,b]$上有定义，且 $f(a)f(b)<0$，则在(a,b)内至少存在一点 c，使 $f(c)=0$；

(2)设 $f(x)$在(a,b)内连续，则 $f(x)$在(a,b)内存在着最大值与最小值；

(3)设 $f(x)$在(a,b)内连续，且 $\lim\limits_{x\to a^+}f(x)$ 和 $\lim\limits_{x\to b^-}f(x)$存在，则 $f(x)$在(a,b)内有界；

(4)如果 $f(x)$在 x_0 处连续，则必存在 x_0 的一个充分小的邻域，在此邻域内 $f(x)$连续.

答 (1)不正确.

例如，$f(x)=\begin{cases}-1, & -1\leqslant x<0\\ 2, & 0\leqslant x<1\end{cases}$，有 $f(-1)\cdot f(1)=-2<0$，但在$[-1,1]$上 $f(x)$没有零点.

如果加上 $f(x)$在$[a,b]$上连续的条件，该命题就正确了.

(2)不正确.

例如，$f(x)=\tan x$ 在$\left(-\frac{\pi}{2},\frac{\pi}{2}\right)$内连续，但在$\left(-\frac{\pi}{2},\frac{\pi}{2}\right)$内既无最大值，也无最小值.

(3)正确.

令 $\varphi(x)=\begin{cases}f(x), & a<x<b\\ A, & x=a\\ B, & x=b\end{cases}$，其中 $A=\lim\limits_{x\to a^+}f(x)$，$B=\lim\limits_{x\to b^-}f(x)$，则 $\varphi(x)$在闭区间$[a,b]$上连续，所以 $\varphi(x)$在$[a,b]$上有界，即存在一个正数 M，使得在$[a,b]$上恒有

$$|\varphi(x)|\leqslant M$$

而 $f(x)$与 $\varphi(x)$仅差两端处的值，故有$|f(x)|\leqslant M(a<x<b)$，即$f(x)$在(a,b)内有界.

(4)不正确.

例如，$f(x)=\begin{cases}x, & x\text{ 为有理数}\\ -x, & x\text{ 为无理数}\end{cases}$，可以证明 $f(x)$在 $x=0$ 处连续，但除 $x=0$ 外，$f(x)$处处间断.

这说明 $f(x)$在 $x=x_0$ 处连续是函数在一个点上的属性，这种属性不能无条件地推广到一个区间上.

例题解析

【例 1-7-1】 设 $f(x)$在$[0,1]$上连续，且 $f(0)=f(1)$，证明存在 $x_0\in[0,1]$，使 $f(x_0)=f\left(x_0+\frac{1}{3}\right)$.

分析 此题是证明方程有根问题，可将其转化为讨论函数的零点问题，需应用闭区间上连续函数的介值定理.

证明 设 $F(x)=f(x)-f\left(x+\frac{1}{3}\right)\left(x\in\left[0,\frac{2}{3}\right]\right)$，则 $F(x)$在$\left[0,\frac{2}{3}\right]$上连续. 若 $F(x)>0$，则

$$F(0)=f(0)-f\left(\frac{1}{3}\right)>0$$

$$F\left(\frac{1}{3}\right)=f\left(\frac{1}{3}\right)-f\left(\frac{2}{3}\right)>0$$

$$F\left(\frac{2}{3}\right)=f\left(\frac{2}{3}\right)-f(1)>0$$

将以上三式相加，则有 $F(0)+F\left(\frac{1}{3}\right)+F\left(\frac{2}{3}\right)=f(0)-f(1)>0$，这与题设 $f(0)=f(1)$矛盾，即 $F(x)$不可能恒大于零.

同理 $F(x)$也不可能恒小于零，即 $F(x)$必既有大于零的点，又有小于零的点，由连续函数的介值定理知，必存在 $x_0\in\left[0,\frac{2}{3}\right]\subset[0,1]$，使 $F(x_0)=0$，即 $f(x_0)=f\left(x_0+\frac{1}{3}\right)$.

【例 1-7-2】 设 $f(x)$在$[a,+\infty)$上连续，且 $\lim\limits_{x\to+\infty}f(x)$存在，证明 $f(x)$在$[a,+\infty)$上有界.

分析 应用闭区间上连续函数的性质及极限的局部有界性.

证明 令 $\lim\limits_{x\to+\infty}f(x)=A$，由极限定义，对于 $\varepsilon=1$，存在正数 $X>0$，对于所有 $x\in(X,+\infty)$，都有 $|f(x)-A|<1$. 于是对于所有的 $x\in(X,+\infty)$，都有 $|f(x)|<|A|+1$.

另一方面，因为 $f(x)$在$[a,X]$上连续，所以必有界，即存在 $M>0$，对于所有 $x\in[a,X]$，都有 $|f(x)|\leqslant M$. 令 $K=\max\{M,|A|+1\}$，则对于所有 $x\in[a,+\infty)$，都有$|f(x)|\leqslant K$，故 $f(x)$在$[a,+\infty)$上有界.

【例 1-7-3】 设 $f(x)$在$(0,+\infty)$内连续，且满足 $f(x)=f(x^2)$，证明 $f(x)$恒为常数.

证明 由已知条件，任意的 $x>0$ 时，有

$$f(x)=f(x^{\frac{1}{2}})=f(x^{2^{\frac{1}{2}}})=\cdots=f(x^{2^{\frac{1}{n}}})$$

令 $n\to\infty$，则有

$$f(x)=f(x^0)=f(1)\quad (x>0)$$

因此在 $(0,+\infty)$ 内，$f(x)\equiv f(1)$，即 $f(x)$ 恒为常数.

【例 1-7-4】 证明 $x^3-9x-1=0$ 恰有三个实根.

分析 将讨论方程根的问题转化为讨论函数的零点问题.

证明 令 $f(x)=x^3-9x-1$，则 $f(x)$ 在 $(-\infty,+\infty)$ 上连续.

而 $\quad f(-3)=-1<0, f(-2)=9>0, f(0)=-1<0, f(4)=27>0$

由闭区间上连续函数的零点定理可知，存在 $x_1\in(-3,-2)$，$x_2\in(-2,0)$，$x_3\in(0,4)$，使

$$f(x_1)=0, f(x_2)=0, f(x_3)=0$$

即方程 $f(x)=0$ 至少有三个实根，又 $f(x)=0$ 是三次方程，至多有三个实根，故方程 $x^3-9x-1=0$ 恰有三个实根.

【例 1-7-5】 证明方程 $\dfrac{5}{x-1}+\dfrac{7}{x-2}+\dfrac{16}{x-3}=0$ 有一个根介于 1 和 2 之间，有一个根介于 2 和 3 之间.

证明 由于所给方程可表示为

$$\frac{28x^2-101x+83}{(x-1)(x-2)(x-3)}=0$$

设

$$f(x)=28x^2-101x+83$$

则 $f(x)$ 在 $(-\infty,+\infty)$ 内连续.

因为

$$f(1)=28-101+83=10>0$$
$$f(2)=112-202+83=-7<0$$
$$f(3)=252-303+83=32>0$$

在 $[1,2]$ 和 $[2,3]$ 上分别由零点定理得，存在 $\xi_1\in(1,2)$，$\xi_2\in(2,3)$，使得

$$f(\xi_1)=f(\xi_2)=0$$

从而可知原方程有一个根介于 1 和 2 之间，有一个根介于 2 和 3 之间.

习题精解

3. 证明方程 $x=2+\sin x$ 至少有一个小于 3 的正根.

证明 设 $f(x)=x-2-\sin x$，则 $f(x)$ 在 $[0,3]$ 上连续，又 $f(0)=-2<0$，而 $f(3)=1-\sin 3>0$，由零点定理可知，存在 $\xi\in(0,3)$，使 $f(\xi)=0$，即方程 $x=2+\sin x$ 至少有一个小于 3 的正根.

4. 证明方程 $x^4+4x^2-3x-1=0$ 在 $(-1,1)$ 内至少有两个实根.

证明 设 $f(x)=x^4+4x^2-3x-1$，则 $f(x)$ 在 $[-1,1]$ 上连续，又 $f(-1)=$

$7>0$，$f(0)=-1<0$ 且 $f(1)=1>0$，由零点定理知，$x^4+4x^2-3x-1=0$ 在 $(-1,1)$ 内至少有两个实根.

5. 设函数 $f(x)$ 在 $[a,b]$ 上连续，若 $f(a)<a$，$f(b)>b$，试证：在 (a,b) 内至少有一点 ξ，使得 $f(\xi)=\xi$.

证明 设 $F(x)=f(x)-x$，由已知，$F(x)$ 在 $[a,b]$ 上连续，又 $F(a)=f(a)-a<0$，$F(b)=f(b)-b>0$，由零点定理，在 (a,b) 内至少有一点 ξ，使得 $F(\xi)=f(\xi)-\xi=0$，即 $f(\xi)=\xi$.

7. 设 $f(x)$ 在 $[a,b]$ 上连续，且 $a<c<d<b$，试证：对任意的正数 p 与 q，在 $[a,b]$ 上必存在一点 ξ，使

$$pf(c)+qf(d)=(p+q)f(\xi)$$

证明 因为 $f(x)$ 在闭区间 $[a,b]$ 上连续，所以存在最大值 M 与最小值 m. 有

$$m<f(c)<M, m<f(d)<M$$

即

$$(p+q)m<pf(c)+qf(d)<(p+q)M$$

从而

$$m<\frac{pf(c)+qf(d)}{p+q}<M$$

由介值定理知，存在 $\xi\in(a,b)$ 使 $f(\xi)=\dfrac{pf(c)+qf(d)}{p+q}$，即

$$pf(c)+qf(d)=(p+q)f(\xi)$$

复习题一

1. 在下列空格中填入"充分而非必要"、"必要而非充分"、"充分必要"中正确的一项：

(1) $\lim\limits_{x\to x_0}f(x)$ 存在是 $f(x)$ 在 x_0 的一个邻域内(除 x_0 外)有界的____条件；$f(x)$ 在 x_0 的一个邻域内(除 x_0 外)有界是 $\lim\limits_{x\to x_0}f(x)$ 存在的____条件；

(2) $\lim\limits_{x\to x_0}f(x)$ 存在是 $f(x)$ 在 x_0 处连续的____条件；$f(x)$ 在 x_0 处连续是 $\lim\limits_{x\to x_0}f(x)$ 存在的____条件；

(3) 设在 x_0 的一个去心邻域内 $\alpha(x)\neq0$，那么 $\lim\limits_{x\to x_0}\alpha(x)=0$ 是 $\lim\limits_{x\to x_0}\dfrac{1}{\alpha(x)}=\infty$ 的____条件；

(4) $f(x)$ 在闭区间 $[a,b]$ 上连续是 $f(x)$ 在 $[a,b]$ 上有最大值、最小值的____条件.

解 (1)由局部有界性可知,若$\lim\limits_{x\to x_0}f(x)$存在,则$f(x)$在$x_0$的一个邻域内(除$x_0$外)有界,反之不一定成立.故第一个空填"充分而非必要",第二个空填"必要而非充分";

(2)若$f(x)$在x_0处连续,则$\lim\limits_{x\to x_0}f(x)$存在,反过来,若$\lim\limits_{x\to x_0}f(x)$存在,$f(x)$在$x_0$处不一定连续.故第一个空填"必要而非充分",第二个空填"充分而非必要";

(3)由无穷大与无穷小的关系,应填"充分必要";

(4)由最大值与最小值定理可知,若$f(x)$在闭区间$[a,b]$上连续,则$f(x)$在$[a,b]$上有最大值、最小值,反过来,若$f(x)$在$[a,b]$上有最大值、最小值,$f(x)$在闭区间$[a,b]$上不一定连续.故应填"充分而非必要".

2. 下列命题是否正确?若正确,请证明;若不正确,请举出反例.

(1)$\lim\limits_{x\to x_0}f(x)=a$,则$\lim\limits_{x\to x_0}|f(x)|=|a|$;反之如何?

(2)$\lim\limits_{x\to x_0}f(x)=a$,则$\lim\limits_{x\to x_0}[f(x)]^2=a^2$;反之如何?

(3)若$\lim\limits_{x\to x_0}f(x)$与$\lim\limits_{x\to x_0}f(x)g(x)$都存在,则极限$\lim\limits_{x\to x_0}g(x)$必存在.

(4)若$\lim\limits_{x\to x_0}f(x)\cdot g(x)=0$,且$x\to x_0$时$g(x)$有界,则$\lim\limits_{x\to x_0}f(x)=0$.

(5)$\lim\limits_{x\to x_0}[f(x)+g(x)]$存在,则$\lim\limits_{x\to x_0}f(x)$和$\lim\limits_{x\to x_0}g(x)$都存在.

(6)若$f(x)$和$g(x)$在x_0处均不连续,则$f(x)\cdot g(x)$在x_0处一定不连续.

解 (1)因为$\lim\limits_{x\to x_0}f(x)=a$,所以对任给的$\varepsilon>0$,存在$\delta>0$,当$0<|x-x_0|<\delta$时,有$|f(x)-a|<\varepsilon$,从而$||f(x)|-|a||\leqslant|f(x)-a|<\varepsilon$,即$\lim\limits_{x\to x_0}|f(x)|=|a|$.反之却未必成立,参见问1-2-3.

(2)因为$\lim\limits_{x\to x_0}f(x)=a$,所以$f(x)$局部有界,故存在常数$M>0$,使$|f(x)+a|<M$.又因为$\lim\limits_{x\to x_0}f(x)=a$,所以对任给的$\varepsilon>0$,存在$\delta>0$,当$0<|x-x_0|<\delta$时,有$|f(x)-a|<\dfrac{\varepsilon}{M}$,从而

$$|f^2(x)-a^2|=|f(x)-a||f(x)+a|<M|f(x)-a|<\varepsilon$$

即

$$\lim_{x\to x_0}[f(x)]^2=a^2$$

反之未必成立,例如

$$f(x)=\begin{cases}1, & x\text{为有理数}\\ -1, & x\text{为无理数}\end{cases}$$

$\lim\limits_{x\to x_0}[f(x)]^2=1$,而此函数在任何一点$x_0$处的极限$\lim\limits_{x\to x_0}f(x)$都不存在.

(3)错.

例如，$f(x)=x, g(x)=\frac{1}{x}$，则$\lim\limits_{x\to 0}f(x)$与$\lim\limits_{x\to 0}f(x)\cdot g(x)$都存在，而极限$\lim\limits_{x\to 0}g(x)$不存在.

(4)错.

例如，$f(x)=1, g(x)=\sin x$，则$\lim\limits_{x\to 0}f(x)g(x)=0$，而$\lim\limits_{x\to 0}f(x)=1$.

(5)错. 例如，$f(x)=\frac{1}{x}, g(x)=-\frac{1}{x}$，$\lim\limits_{x\to 0}[f(x)+g(x)]$存在，而$\lim\limits_{x\to 0}f(x)$和$\lim\limits_{x\to 0}g(x)$都不存在.

(6)错.

例如，$f(x)=\begin{cases}1, & x\text{ 为有理数}\\ 0, & x\text{ 为无理数}\end{cases}$，$g(x)=\begin{cases}0, & x\text{ 为有理数}\\ 1, & x\text{ 为无理数}\end{cases}$

$f(x)$和$g(x)$在x_0处均不连续，而$f(x)\cdot g(x)$在x_0处连续.

3. 单项选择题

(1)$f(x)=|x\sin x|e^{\cos x}(-\infty<x<+\infty)$是(　　).

A. 有界函数　　B. 单调函数　　C. 周期函数　　D. 偶函数

(2)设$g(x)=\begin{cases}2-x, & x\leqslant 0\\ x+2, & x>0\end{cases}$，$f(x)=\begin{cases}x^2, & x<0\\ -x, & x\geqslant 0\end{cases}$，则$g[f(x)]=$(　　).

A. $\begin{cases}2+x^2, & x<0\\ 2-x, & x\geqslant 0\end{cases}$　　B. $\begin{cases}2-x^2, & x<0\\ 2+x, & x\geqslant 0\end{cases}$

C. $\begin{cases}2+x^2, & x<0\\ 2+x, & x\geqslant 0\end{cases}$　　D. $\begin{cases}2-x^2, & x<0\\ 2-x, & x\geqslant 0\end{cases}$

(3)当$x\to 0$时，$(1-\cos x)\ln(1+x^2)$是比$x\sin x^n$高阶的无穷小，而$x\sin x^n$是比$(e^{x^2}-1)$高阶的无穷小，则正整数n等于(　　).

A. 1　　B. 2　　C. 3　　D. 4

解　(1)$f(-x)=|-x\sin(-x)|e^{\cos(-x)}=|x\sin x|e^{\cos x}=f(x)$

故应选 D.

(2)
$$g[f(x)]=\begin{cases}2-f(x), & f(x)\leqslant 0\\ f(x)+2, & f(x)>0\end{cases}=\begin{cases}2-(-x), & x\geqslant 0\\ x^2+2, & x<0\end{cases}=\begin{cases}2+x, & x\geqslant 0\\ x^2+2, & x<0\end{cases}$$

所以选 C.

(3)由于$(1-\cos x)\ln(1+x^2)\sim\frac{1}{2}x^4$，$e^{x^2}-1\sim x^2$，而$x\sin x^n\sim x^{n+1}$，由已知

有 $4>n+1>2$，即 $3>n>1$，即 $n=2$，所以选 B.

4. 有一个打工者，每天上午到培训基地 A 学习，下午到超市 B 工作，晚饭后再去酒店 C 服务，早、晚饭在宿舍吃，中午带饭在学习或工作的地方吃. A、B、C 位于一条平直的马路一侧，且酒店在基地与超市之间，基地和酒店相距 3 km，酒店与超市相距 5 km. 问打工者在这条马路 A 与 B 之间何处找一宿舍(假设随处可以找到)，才能使每天往返的路程最短.

解 如图 1-3 所示，假设所找宿舍 D 距基地 A 为 x km，并用 $f(x)$ 表示每天往返的路程函数.

当 D 位于 A 与 C 之间时，易知

$$f(x)=x+8+(8-x)+2(3-x)=22-2x$$

当 D 位于 C 与 B 之间时，则

$$f(x)=x+8+(8-x)+2(x-3)=10+2x$$

于是

$$f(x)=\begin{cases}22-2x, & 0\leqslant x<3\\ 10+2x, & 3\leqslant x\leqslant 8\end{cases}$$

这是一个分段函数，其图形如图 1-4 所示. $f(x)$ 在$[0,3]$和$[3,8]$上分别为严格单调减少和严格单调增加，因此，最小值在 $x=3$ 处取得. 这说明打工者在酒店 C 处找宿舍，每天走的路程最短.

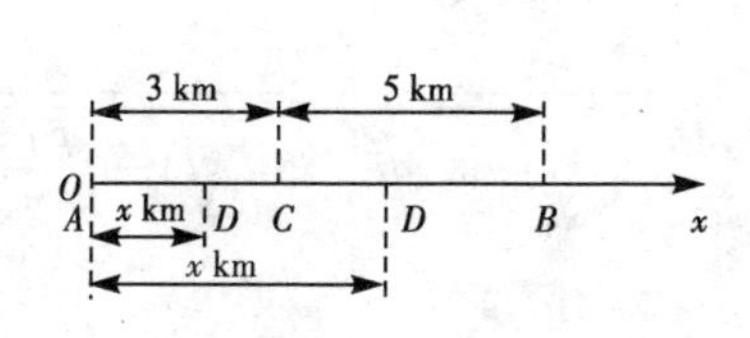

图 1-3

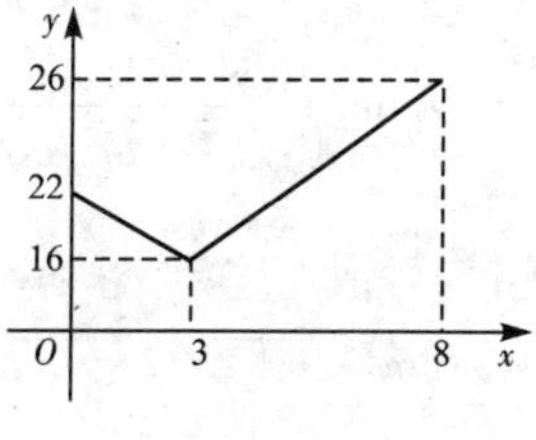

图 1-4

5. 在数列$\{x_n\}$中，$x_1=1$，$x_{n+1}=1+\dfrac{x_n}{1+x_n}$ $(n=1,2,\cdots)$，求极限$\lim\limits_{n\to\infty}x_n$.

解 $x_2=1+\dfrac{1}{2}>x_1$，假设 $x_k>x_{k-1}$，则

$$x_{k+1}=1+\frac{x_k}{1+x_k}=1+\frac{1}{1+\dfrac{1}{x_k}}>1+\frac{1}{1+\dfrac{1}{x_{k-1}}}=x_k$$

即$\{x_n\}$单调增加. 又 $x_{n+1}=1+\dfrac{x_n}{1+x_n}<2$，由单调有界原理知 $\lim\limits_{n\to\infty}x_n$ 存在，设 $\lim\limits_{n\to\infty}x_n=A$.

因 $x_{n+1}=1+\dfrac{x_n}{1+x_n}$，令 $n\to\infty$，则有 $A=1+\dfrac{A}{1+A}$，解出 $A=\dfrac{1-\sqrt{5}}{2}$(舍)，$A=$

$\dfrac{1+\sqrt{5}}{2}$. 故

$$\lim_{n\to\infty} x_n=\frac{1+\sqrt{5}}{2}.$$

6. 计算下列极限：

(1) $\displaystyle\lim_{x\to 0^+}\frac{1-\sqrt{\cos x}}{x(1-\cos\sqrt{x})}$； (2) $\displaystyle\lim_{n\to\infty}(\sqrt{n+3\sqrt{n}}-\sqrt{n-\sqrt{n}})$；

(3) $\displaystyle\lim_{n\to\infty}(\sqrt{n+2}-2\sqrt{n+1}+\sqrt{n})$.

解 (1) $\displaystyle\lim_{x\to 0^+}\frac{1-\sqrt{\cos x}}{x(1-\cos\sqrt{x})}=\lim_{x\to 0^+}\frac{1-\cos x}{x\cdot\frac{1}{2}(\sqrt{x})^2(1+\sqrt{\cos x})}$

$$=\lim_{x\to 0^+}\frac{\frac{1}{2}x^2}{\frac{1}{2}x^2}\cdot\frac{1}{2}=\frac{1}{2};$$

(2) $\displaystyle\lim_{n\to\infty}(\sqrt{n+3\sqrt{n}}-\sqrt{n-\sqrt{n}})$

$$=\lim_{n\to\infty}\frac{(\sqrt{n+3\sqrt{n}}-\sqrt{n-\sqrt{n}})(\sqrt{n+3\sqrt{n}}+\sqrt{n-\sqrt{n}})}{(\sqrt{n+3\sqrt{n}}+\sqrt{n-\sqrt{n}})}$$

$$=\lim_{n\to\infty}\frac{4\sqrt{n}}{(\sqrt{n+3\sqrt{n}}+\sqrt{n-\sqrt{n}})}=\lim_{n\to\infty}\frac{4}{\left(\sqrt{1+3\sqrt{\frac{1}{n}}}+\sqrt{1-\sqrt{\frac{1}{n}}}\right)}$$

$=2$；

(3) $\displaystyle\lim_{n\to\infty}(\sqrt{n+2}-2\sqrt{n+1}+\sqrt{n})$

$$=\lim_{n\to\infty}[(\sqrt{n+2}-\sqrt{n+1})-(\sqrt{n+1}-\sqrt{n})]$$

$$=\lim_{n\to\infty}\left(\frac{1}{\sqrt{n+2}+\sqrt{n+1}}-\frac{1}{\sqrt{n+1}+\sqrt{n}}\right)=0.$$

7. 试确定常数 a 的值，使下列函数在其定义域内处处连续：

(1) $f(x)=\begin{cases}\dfrac{\sin 2x+e^{2ax}-1}{x}, & x\neq 0\\ a, & x=0\end{cases}$；

(2) $f(x)=\begin{cases}\dfrac{1-e^{\tan x}}{\arcsin\dfrac{x}{2}}, & x>0\\ ae^{2x}, & x\leqslant 0\end{cases}$.

解 由题意只需讨论 $f(x)$ 在 $x=0$ 处的连续性即可.

(1) $$\lim_{x\to 0}f(x)=\lim_{x\to 0}\frac{\sin 2x+e^{2ax}-1}{x}=2+2a$$

令 $2+2a=f(0)=a$，得 $a=-2$.

(2)
$$\lim_{x\to 0^-} f(x)=\lim_{x\to 0^-} a\mathrm{e}^{2x}=a=f(0)$$

$$\lim_{x\to 0^+} f(x)=\lim_{x\to 0^+}\frac{1-\mathrm{e}^{\tan x}}{\arcsin\frac{x}{2}}=\lim_{x\to 0^+}\frac{-\tan x}{\frac{x}{2}}=-2$$

令 $\lim\limits_{x\to 0^+} f(x)=f(0)$，即得 $a=-2$.

8. 如图 1-5 所示，直线 AB 垂直于 Ox 轴，点 B（横坐标为 x）位于[0,2]之间，A 在线段 MN 或 PQ 上. 设在 AB 的左边，MN 或 MN 与 PQ 之下的阴影部分面积为 S. 试把 S 表示成 x 的函数，并证明函数 S 是[0,2]上的连续函数.

解 当 $0\leqslant x\leqslant 1$ 时，

$$S(x)=\frac{x}{2}[1+(1-x)]=x-\frac{1}{2}x^2$$

当 $1<x\leqslant 2$ 时，

$$S(x)=\frac{1}{2}+\frac{1}{2}(1+x)(x-1)=\frac{1}{2}x^2$$

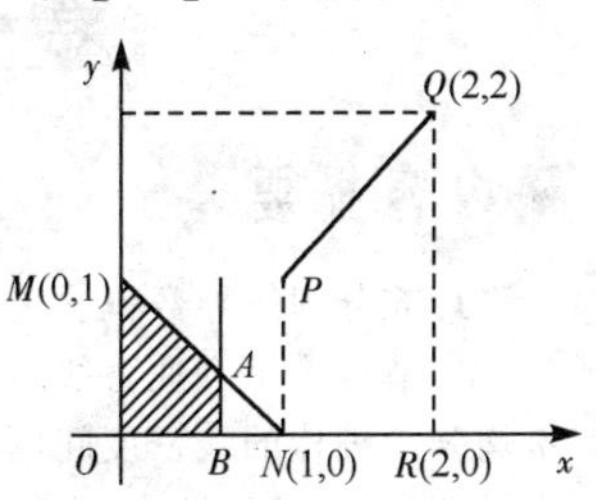

图 1-5

于是

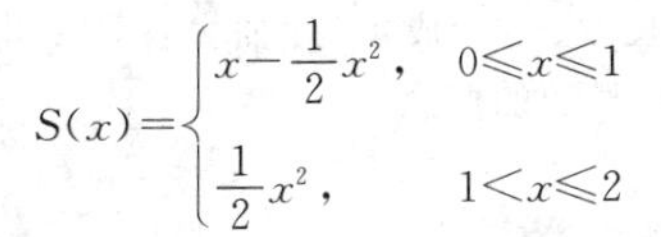

$$S(x)=\begin{cases} x-\frac{1}{2}x^2, & 0\leqslant x\leqslant 1 \\ \frac{1}{2}x^2, & 1<x\leqslant 2 \end{cases}$$

又

$$\lim_{x\to 1^-} S(x)=\lim_{x\to 1^-}\left(x-\frac{1}{2}x^2\right)=\frac{1}{2}=S(1)$$

$$\lim_{x\to 1^+} S(x)=\lim_{x\to 1^+}\left(\frac{1}{2}x^2\right)=\frac{1}{2}=S(1)$$

所以 $S(x)$ 在 $x=1$ 处连续，从而是[0,2]上的连续函数.

第二章　一元函数微分学及其应用

一元函数微分学是微积分学的主要组成部分. 本章的重点是理解导数与微分这两个重要概念,掌握以不同形式表示的函数的求导方法、导数求极限的洛必达法则以及微分中值定理,并在此基础上,对函数的性态进行全面地讨论.

第一节　导数的概念

内容提要

1. 充分理解导数概念建立的背景

本节讨论了变速直线运动的瞬时速度,平面曲线切线的斜率以及质量分布不均匀的细棒的线密度问题,还给出了其他学科的一些变化率问题,如化学反应速度、气体的压缩率、生物种群的增长率、边际成本等. 抽去各种变化率的实际含义,保留其共同的数学结构,就得出导数的概念.

2. 理解函数在一点处导数的定义

即函数在该点处关于自变量的变化率

$$f'(x_0)=\lim_{\Delta x\to 0}\frac{\Delta y}{\Delta x}=\lim_{\Delta x\to 0}\frac{f(x_0+\Delta x)-f(x_0)}{\Delta x}=\lim_{x\to x_0}\frac{f(x)-f(x_0)}{x-x_0}$$

3. 理解导数的几何意义

函数 $y=f(x)$ 在点 x_0 处的导数 $f'(x_0)$ 即为曲线 $y=f(x)$ 在点 $M(x_0,y_0)$ 处的切线的斜率,因此该曲线在点 $M(x_0,y_0)$ 处的切线方程与法线方程分别是

$$y-y_0=f'(x_0)(x-x_0)$$

和

$$y-y_0=-\frac{1}{f'(x_0)}(x-x_0)\quad (f'(x_0)\neq 0)$$

4. 理解函数 $f(x)$ 在点 x_0 处可导的充要条件

$$f'_+(x_0)=f'_-(x_0)$$

5. 理解函数的可导性与连续性之间的关系

即可导必连续,但连续未必可导.

6. 了解导函数的概念以及导函数 $f'(x)$ 与导数 $f'(x_0)$ 的关系

7. 会用导数定义求一些简单函数的导数

释疑解惑

【问 2-1-1】　设函数 $f(x)$ 在 $x=x_0$ 的某邻域内有定义,下面 4 个选项中,

哪一个可以作为 $f(x)$ 在 $x=x_0$ 处可导的充分条件？

A. $\lim\limits_{h\to+\infty} h\left[f\left(x_0+\dfrac{1}{h}\right)-f(x_0)\right]$ 存在

B. $\lim\limits_{h\to 0}\dfrac{f(x_0+2h)-f(x_0+h)}{h}$ 存在

C. $\lim\limits_{h\to 0}\dfrac{f(x_0+h)-f(x_0-h)}{2h}$ 存在

D. $\lim\limits_{h\to 0}\dfrac{f(x_0)-f(x_0-h)}{h}$ 存在

答　应选 D.

正确解答本题的关键是要对照导数的定义.

在选项 A 中，若令 $\dfrac{1}{h}=\Delta x$，则有 $\lim\limits_{h\to+\infty} h\left[f\left(x_0+\dfrac{1}{h}\right)-f(x_0)\right]=\lim\limits_{\Delta x\to 0^+}\dfrac{f(x_0+\Delta x)-f(x_0)}{\Delta x}$，它的存在只能表明 $f'_+(x_0)$ 存在，不足以说明 $f'(x_0)$ 存在.

在选项 B 中，未出现 $f(x_0)$，即 $f(x_0)$ 可以任意选定，若取 $f(x)=\begin{cases}1, & x\neq x_0\\ 0, & x=x_0\end{cases}$，则极限 $\lim\limits_{h\to 0}\dfrac{f(x_0+2h)-f(x_0+h)}{h}=\lim\limits_{h\to 0}\dfrac{1-1}{h}=0$ 存在，但 $f(x)$ 在 $x=x_0$ 处不连续，当然不可导. 因此 B 是错误的.

不过，若 $f(x)$ 在 $x=x_0$ 处可导，则 $\lim\limits_{h\to 0}\dfrac{f(x_0+2h)-f(x_0+h)}{h}=\lim\limits_{h\to 0}\dfrac{f(x_0+2h)-f(x_0)}{2h}\times 2-\lim\limits_{h\to 0}\dfrac{f(x_0+h)-f(x_0)}{h}=2f'(x_0)-f'(x_0)=f'(x_0)$. 这说明 B 中的极限存在是 $f(x)$ 在 $x=x_0$ 处可导的必要条件，而不是充分条件.

同理，选项 C 也是错误的.

在选项 D 中，令 $h=-\Delta x$，则

$$\lim_{h\to 0}\frac{f(x_0)-f(x_0-h)}{h}=\lim_{\Delta x\to 0}\frac{f(x_0+\Delta x)-f(x_0)}{\Delta x}=f'(x_0)$$

故 D 是正确的.

【问 2-1-2】　设函数 $f(x)=\begin{cases}\dfrac{1}{2}x^2+1, & x\leqslant 0\\ \dfrac{1}{3}x^3, & x>0\end{cases}$，试问下面求 $f'(0)$ 的方法是否正确？

当 $x<0$ 时，$f'(x)=x$.

当 $x>0$ 时，$f'(x)=x^2$.

在 $x=0$ 处，因为

$$f'_-(0)=\lim_{x\to 0^-}f'(x)=\lim_{x\to 0^-}x=0, f'_+(0)=\lim_{x\to 0^+}f'(x)=\lim_{x\to 0^+}x^2=0$$

即有 $f'_-(0)=f'_+(0)=0$，所以 $f'(0)=0$.

答　不正确.

错误出在求 $f'_-(0)$ 和 $f'_+(0)$ 的方法上. 一般地，$f'_-(0)\neq\lim\limits_{x\to 0^-}f'(x)$，这里 $f'_-(0)$ 是左导数，而 $\lim\limits_{x\to 0^-}f'(x)$ 是导函数的左极限. 这是两个不同的概念，不可混淆. 同理，求 $f'_+(0)$ 的方法也是错误的. 事实上，易知 $f(x)$ 在 $x=0$ 处是不连续的，因此，$f'(0)$ 不存在.

求 $f'_-(0)$ 和求 $f'_+(0)$ 的正确做法是按导数的定义，有

$$f'_-(0)=\lim_{\Delta x\to 0^-}\frac{f(0+\Delta x)-f(0)}{\Delta x}=\lim_{\Delta x\to 0^-}\frac{\left[\frac{1}{2}(\Delta x)^2+1\right]-1}{\Delta x}=0$$

$$f'_+(0)=\lim_{\Delta x\to 0^+}\frac{f(0+\Delta x)-f(0)}{\Delta x}=\lim_{\Delta x\to 0^+}\frac{\frac{1}{3}(\Delta x)^3-1}{\Delta x}$$

极限不存在，即 $f'_+(0)$ 不存在，故函数在 $x=0$ 处不可导.

【问 2-1-3】　如果在某区间内，函数 $f(x)$ 和 $g(x)$ 均可导，并且 $f(x)>g(x)$，是否能断定 $f'(x)>g'(x)$？

答　不能.

因为 $f'(x)$ 和 $g'(x)$ 是函数的变化率，它们的大小与函数值 $f(x)$、$g(x)$ 的大小并无直接关系. 例如，在 $\left(0,\frac{\pi}{4}\right)$ 内，$\cos x>\sin x$，但它们的导数 $-\sin x<\cos x$.

特别地，当 $f(x)>0$ 时，并不能推出一定有 $f'(x)>0$. 例如，在 $(0,+\infty)$ 内，$f(x)=\frac{1}{x}>0$，但 $f'(x)=-\frac{1}{x^2}<0$.

【问 2-1-4】　我们知道，如果函数在某点可导，则一定在该点连续. 是否可以说在该点的充分小的邻域内函数也连续呢？

答　不可以.

例如，对于函数 $f(x)=\begin{cases}0, & x\text{ 为有理数}\\ x^2, & x\text{ 为无理数}\end{cases}$，极限 $\lim\limits_{x\to 0}\frac{f(x)-f(0)}{x-0}=0$，即 $f'(0)$ 存在，且 $f'(0)=0$，于是 $f(x)$ 在 $x=0$ 处连续.

但是无论在 $x=0$ 的多么小的邻域内，任取 $x_0\neq 0$，当有理数 $x\to x_0$ 时 $f(x)=0\to 0$；当无理数 $x\to x_0$ 时，$f(x)=x^2\to x_0^2$，这说明 $f(x)$ 在 $x_0\neq 0$ 处是不

连续的.

【问 2-1-5】 若函数 $f(x)$ 在点 x_0 处的导数不存在,能否说明在该点处的左、右导数均不存在?

解 不一定.

例如 $y=|\sin x|$ 在 $x=0$ 处出现了"尖点"(图 2-1),在 $x=0$ 处不可导.但是

$$\lim_{\Delta x\to 0^+}\frac{|\sin(0+\Delta x)|-|\sin 0|}{\Delta x}=\lim_{\Delta x\to 0^+}\frac{\sin\Delta x}{\Delta x}=1$$

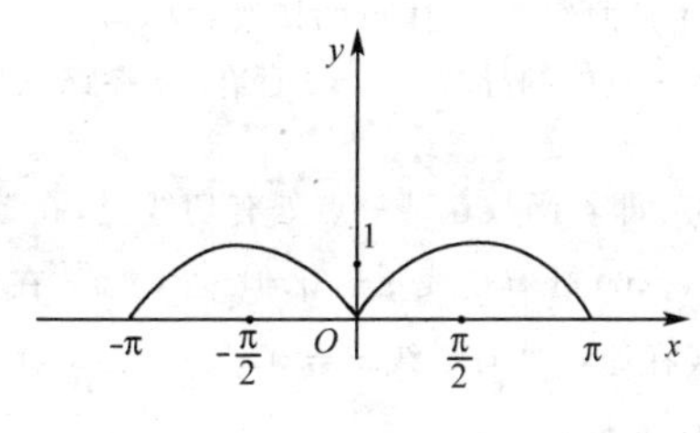

图 2-1

即

$$f'_+(0)=1$$

$$\lim_{\Delta x\to 0^-}\frac{|\sin(0+\Delta x)|-|\sin 0|}{\Delta x}=\lim_{\Delta x\to 0^-}\frac{-\sin\Delta x}{\Delta x}=-1$$

即

$$f'_-(0)=1$$

所以 $f(x)=|\sin x|$ 在 $x=0$ 处的导数不存在,但是在该点处的左、右导数均存在.

【问 2-1-6】 设函数 $f(x)$ 可导,下面结论是否成立?

(1) 若 $\lim\limits_{x\to\infty}f(x)=\infty$,则 $\lim\limits_{x\to\infty}f'(x)=\infty$;

(2) 若 $\lim\limits_{x\to x_0}f'(x)=\infty$,则 $\lim\limits_{x\to x_0}f(x)=\infty$.

答 (1) 不一定. 例如:设 $f(x)=x+\dfrac{1}{x}$,则 $f'(x)=1-\dfrac{1}{x^2}$,显然 $\lim\limits_{x\to\infty}\left(x+\dfrac{1}{x}\right)=\infty$,而 $\lim\limits_{x\to\infty}f'(x)=\lim\limits_{x\to\infty}\left(1-\dfrac{1}{x^2}\right)=1$,所以结论不成立.

(2) 不一定. 例如:设 $f(x)=x^{\frac{2}{3}}$,则 $f'(x)=\dfrac{2}{3}x^{-\frac{1}{3}}$,显然 $\lim\limits_{x\to 0}f'(x)=\lim\limits_{x\to 0}\dfrac{2}{3}x^{-\frac{1}{3}}=\infty$,而 $\lim\limits_{x\to 0}f(x)=\lim\limits_{x\to 0}x^{\frac{2}{3}}=0$.

【问 2-1-7】 导数定义 $\lim\limits_{\Delta x\to 0}\dfrac{\Delta y}{\Delta x}$ 中的 Δx 是正的还是负的?在左、右导数定义

中，Δx 的正、负情况又怎样？

答 导数定义 $\lim\limits_{\Delta x\to 0}\dfrac{\Delta y}{\Delta x}=\lim\limits_{\Delta x\to 0}\dfrac{f(x_0+\Delta x)-f(x_0)}{\Delta x}$，其中 Δx 可正、可负．在左导数 $f'_-(x_0)$ 定义中 Δx 是负数，在右导数 $f'_+(x_0)$ 定义中 Δx 是正数．

【问 2-1-8】 设函数 $y=f(x)$ 是曲线 L 的方程，$P(x_0,y_0)$ 为 L 上的一点，问：

(1) 导数 $f'(x_0)$ 与曲线 L 在 P 点的切线有何关系？

(2) 若函数在某一点处的导数存在，在该点是否一定有切线？反之又如何？

答 (1) $f'(x_0)$ 是曲线 L 在 P 点的切线斜率．

(2) 若函数在某一点处的导数 $f'(x_0)$ 存在，则在该点处一定有切线．切线方程为 $y-f(x_0)=f'(x_0)(x-x_0)$．

反之不一定成立．即若函数在某一点处有切线时，在该点不一定有导数．如抛物线 $y^2=x$ 在点 $(0,0)$ 处有切线 $x=0$，但 $y=\pm\sqrt{x}$ 在 $x=0$ 处导数不存在．同理 $y=x^{\frac{1}{3}}$ 的曲线在原点处有切线 $x=0$，但 $y=x^{\frac{1}{3}}$ 在 $x=0$ 处没有导数，因此 $y=x^{\frac{1}{3}}$ 在 $x=0$ 处不可导．

例题解析

【例 2-1-1】 已知 $f'(1)=\dfrac{1}{18}$，求极限 $\lim\limits_{x\to 0}\dfrac{x}{f(1+x)-f(1+2\sin x)}$．

分析 因没有给出 $f(x)$ 的具体表达式，所以要从导数定义入手，即凑出 $\lim\limits_{h\to 0}\dfrac{f(1+h)-f(1)}{h}$ 的形式，这里 h 既可以是简单的自变量，也可以是复杂的中间变量．

解
$$\text{原式}=\lim_{x\to 0}\frac{1}{\dfrac{f(1+x)-f(1)}{x}-2\,\dfrac{f(1+2\sin x)-f(1)}{2\sin x}\cdot\dfrac{\sin x}{x}}$$
$$=\frac{1}{-f'(1)}=-18$$

【例 2-1-2】 设函数 $f(x)$ 在区间 $(-\delta,\delta)$ 内有定义，若当 $x\in(-\delta,\delta)$ 时，恒有 $|f(x)|\leqslant x^2$，问 $f(x)$ 在 $x=0$ 处是否可导，若可导，求出 $f'(0)$ 的值．

分析 由题设条件 $|f(x)|\leqslant x^2$，可知 $f(0)=0$，进而用定义考查 $f(x)$ 在 $x=0$ 处的可导性．

解 由于当 $x\in(-\delta,\delta)$ 时，恒有 $|f(x)|\leqslant x^2$，因此 $f(0)=0$．当 $x\neq 0$ 时，恒有 $\left|\dfrac{f(x)}{x^2}\right|\leqslant 1$，于是

$$\lim_{x\to 0}\frac{f(x)-f(0)}{x}=\lim_{x\to 0}\frac{f(x)}{x}=\lim_{x\to 0}\frac{f(x)}{x^2}\cdot x=0$$

即 $f(x)$ 在 $x=0$ 处可导，且 $f'(0)=0$.

【例 2-1-3】 设函数 $f(x)$ 对任意的 x 均满足等式 $f(1+x)=af(x)$，且有 $f'(0)=b$，其中 a,b 为非零常数，求 $f'(1)$.

分析 用导数定义求 $f'(1)$，并注意利用关系式 $f(1+x)=af(x)$.

解
$$f'(1)=\lim_{x\to 0}\frac{f(1+x)-f(1)}{x}=\lim_{x\to 0}\frac{f(1+x)-f(1+0)}{x}$$
$$=\lim_{x\to 0}\frac{af(x)-af(0)}{x}=\lim_{x\to 0}a\frac{f(x)-f(0)}{x}=af'(0)=ab$$

【例 2-1-4】 设曲线 $y=f(x)$ 与 $y=\sin x$ 在原点相切，求 $\lim\limits_{n\to\infty}\sqrt{nf\left(\frac{2}{n}\right)}$.

解 因为曲线 $y=f(x)$ 与 $y=\sin x$ 在原点相切，所以 $f(0)=\sin 0=0$. 又

$$f'(0)=(\sin x)'\big|_{x=0}=\cos x\big|_{x=0}=1$$

从而

$$\lim_{n\to\infty}\sqrt{nf\left(\frac{2}{n}\right)}=\sqrt{\lim_{n\to\infty}nf\left(\frac{2}{n}\right)}=\sqrt{\lim_{n\to\infty}\frac{f\left(\frac{2}{n}\right)}{\frac{1}{n}}}$$
$$=\sqrt{\lim_{n\to\infty}2\frac{f\left(\frac{2}{n}\right)-f(0)}{\frac{2}{n}-0}}=\sqrt{2f'(0)}=\sqrt{2}$$

【例 2-1-5】 设函数 $f(x)$ 在 $x=0$ 处可导，且 $f(0)\neq 0,f'(0)=0$，证明

$$\lim_{n\to\infty}\left[\frac{f\left(\frac{1}{n}\right)}{f(0)}\right]^n=1$$

证明
$$\lim_{n\to\infty}\left[\frac{f\left(\frac{1}{n}\right)}{f(0)}\right]^n=\lim_{n\to\infty}\left[1+\frac{f\left(\frac{1}{n}\right)-f(0)}{f(0)}\right]^n$$
$$=\lim_{n\to\infty}\left[1+\frac{f\left(\frac{1}{n}\right)-f(0)}{f(0)}\right]^{\frac{f(0)}{f\left(\frac{1}{n}\right)-f(0)}\cdot\frac{f\left(\frac{1}{n}\right)-f(0)}{\frac{1}{n}}\cdot\frac{1}{f(0)}}$$

注意到
$$\lim_{n\to\infty}\frac{f\left(\frac{1}{n}\right)-f(0)}{\frac{1}{n}}=f'(0)$$

$$\lim_{n\to\infty}\left[1+\frac{f\left(\frac{1}{n}\right)-f(0)}{f(0)}\right]^{\frac{f(0)}{f\left(\frac{1}{n}\right)-f(0)}}=\mathrm{e}$$

所以
$$\lim_{n\to\infty}\left[\frac{f\left(\frac{1}{n}\right)}{f(0)}\right]^n = e^{\frac{f'(0)}{f(0)}} = e^0 = 1$$

【例 2-1-6】 设 $y = f(x) = |x-a|\varphi(x)$，其中 $\varphi(x)$ 在 $x = a$ 处连续，且 $\varphi(a) \neq 0$，证明 $f'(a)$ 不存在.

分析 利用左、右导数的定义，考查 $x = a$ 处的左、右导数情况.

证明
$$\lim_{x\to a^-}\frac{f(x)-f(a)}{x-a} = \lim_{x\to a^-}\frac{|x-a|\varphi(x)-0}{x-a} = \lim_{x\to a^-}\frac{-(x-a)\varphi(x)}{x-a} = -\varphi(a)$$

即
$$f'_-(a) = -\varphi(a)$$
$$\lim_{x\to a^+}\frac{f(x)-f(a)}{x-a} = \lim_{x\to a^+}\frac{|x-a|\varphi(x)-0}{x-a} = \lim_{x\to a^+}\frac{(x-a)\varphi(x)}{x-a} = \varphi(a)$$

即
$$f'_+(a) = \varphi(a)$$

因为 $\varphi(a) \neq 0$，所以 $f'_+(a) \neq f'_-(a)$，即 $f'(a)$ 不存在.

【例 2-1-7】 讨论函数 $f(x) = \begin{cases} \dfrac{x}{1-e^{\frac{1}{x}}}, & x \neq 0 \\ 0, & x = 0 \end{cases}$ 在 $x = 0$ 处的连续性与可导性.

分析 利用连续和导数的定义.

解
$$\lim_{x\to 0^+} f(x) = \lim_{x\to 0^+}\frac{x}{1-e^{\frac{1}{x}}} \xlongequal{x=\frac{1}{t}} \lim_{t\to+\infty}\frac{1}{t(1-e^t)} = 0$$
$$\lim_{x\to 0^-} f(x) = \lim_{x\to 0^-}\frac{x}{1-e^{\frac{1}{x}}} \xlongequal{x=\frac{1}{t}} \lim_{t\to-\infty}\frac{1}{t(1-e^t)} = 0$$

所以
$$\lim_{x\to 0} f(x) = f(0) = 0$$

即 $f(x)$ 在 $x = 0$ 处连续.

又
$$\lim_{x\to 0^+}\frac{f(x)-f(0)}{x-0} = \lim_{x\to 0^+}\frac{\frac{x}{1-e^{\frac{1}{x}}}}{x} = \lim_{x\to 0^+}\frac{1}{1-e^{\frac{1}{x}}} = 0$$

即 $f'_+(0) = 0$；

$$\lim_{x\to 0^-}\frac{f(x)-f(0)}{x-0}=\lim_{x\to 0^-}\frac{\frac{x}{1-e^{\frac{1}{x}}}}{x}=\lim_{x\to 0^-}\frac{1}{1-e^{\frac{1}{x}}}=1$$

即 $f'_-(0)=1$. 因为 $f'_+(0)\neq f'_-(0)$，所以 $f'(0)$ 不存在，即函数 $f(x)$ 在 $x=0$ 处连续但不可导.

习题精解

3. 高温物体在空气中会逐渐冷却，在冷却的过程中，其温度 T 是时刻 t 的函数，即 $T=f(t)$，试给出下列概念的表达式：

(1) 从时刻 t_0 到时刻 $t_0+\Delta t$ 这段时间内冷却的平均速度；

(2) 在时刻 t_0 的冷却速度.

解　(1) 从时刻 t_0 到时刻 $t_0+\Delta t$ 这段时间内冷却的平均速度为

$$\frac{\Delta T}{\Delta t}=\frac{f(t_0+\Delta t)-f(t_0)}{\Delta t}$$

(2) 在时刻 t_0 的冷却速度为

$$\lim_{\Delta t\to 0}\frac{\Delta T}{\Delta t}=f'(t_0)$$

4. 设 $y=ax^2+bx+c$，其中 a、b、c 为常数，试按导数定义证明 $y'=2ax+b$.

证明　按照导数定义

$$y'=\lim_{\Delta x\to 0}\frac{\Delta y}{\Delta x}=\lim_{\Delta x\to 0}\frac{a(x+\Delta x)^2+b(x+\Delta x)+c-ax^2-bx-c}{\Delta x}$$

$$=\lim_{\Delta x\to 0}\frac{(2ax+b+a\Delta x)\Delta x}{\Delta x}=\lim_{\Delta x\to 0}(2ax+b+a\Delta x)=2ax+b$$

即

$$y'=2ax+b$$

5. 求下列函数的导数：

(4) $y=\dfrac{1}{\sqrt{x}}$；　(5) $y=x^3\cdot\sqrt[5]{x}$；　(6) $y=\dfrac{x^2\cdot\sqrt[3]{x^2}}{\sqrt{x^5}}$

解　由教材 2.1 节中例 2-5 知 $(x^{\mu})'=\mu x^{\mu-1}$，则

(4) $\left(\dfrac{1}{\sqrt{x}}\right)'=(x^{-\frac{1}{2}})'=-\dfrac{1}{2}x^{-\frac{3}{2}}$

(5) $(x^3\cdot\sqrt[5]{x})'=(x^{\frac{16}{5}})'=\dfrac{16}{5}x^{\frac{11}{5}}$

(6) $\left(\dfrac{x^2\cdot\sqrt[3]{x^2}}{\sqrt{x^5}}\right)'=(\sqrt[6]{x})'=\dfrac{1}{6}x^{-\frac{5}{6}}$

6. 若函数 $f(x)$ 在 $x=a$ 处可导，求下列函数极限：

(2) $\lim\limits_{x\to a}\dfrac{xf(a)-af(x)}{x-a}$；　　(4) $\lim\limits_{n\to\infty}n[f(a+\dfrac{1}{n})-f(a)]$.

解　(2) $\lim\limits_{x\to a}\dfrac{xf(a)-af(x)}{x-a}=\lim\limits_{x\to a}\dfrac{[xf(a)-af(a)]-[af(x)-af(a)]}{x-a}$

$$=\lim_{x\to a}\frac{(x-a)f(a)-a[f(x)-f(a)]}{x-a}$$

$$=f(a)-a\lim_{x\to a}\frac{f(x)-f(a)}{x-a}$$

$$=f(a)-af'(a)$$

(4) $\lim\limits_{n\to\infty}n\left[f\left(a+\dfrac{1}{n}\right)-f(a)\right]=\lim\limits_{n\to\infty}\dfrac{f(a+\dfrac{1}{n})-f(a)}{\dfrac{1}{n}}=f'(a)$

8. 若正圆锥的高恒为3，求底半径 $r=2$ 时，圆锥体积 V 对底半径 r 的变化率.

解　$V=\dfrac{1}{3}\pi r^2h=\pi r^2$，则 V 对 r 的变化率为

$$V'(r)=\lim_{\Delta r\to 0}\frac{\pi(r+\Delta r)^2-\pi r^2}{\Delta r}=2\pi r$$

$$V'(2)=4\pi$$

10. 求曲线 $y=e^x$ 在点(0,1)处的切线方程与法线方程.

解　由教材2.1节中例2-7知 $(e^x)'=e^x$，于是

$y=e^x$ 在点(0,1)处的切线方程为 $y-1=e^0x$，即 $y=x+1$；

$y=e^x$ 在点(0,1)处的法线方程为 $y-1=-\dfrac{1}{e^0}x$，即 $y=-x+1$

11. 在抛物线 $y=x^2$ 上作割线 AB，其中点 A 与点 B 的横坐标分别是1与3，问抛物线上哪一点处的切线平行于 AB？

解　直线 AB 的斜率为 $\dfrac{3^2-1^2}{3-1}=4$.

又 $f'(x_0)=2x_0$，令 $f'(x_0)=4$，得 $x_0=2$，所以曲线 $y=x^2$ 在点(2,4)处的切线平行于 AB.

12. 抛物线 $y=x^2-5x+9$ 上哪一点处的法线平行于直线 $x+y-1=0$？并求该法线的方程.

解　曲线在 (x_0,y_0) 处的法线斜率为 $-\dfrac{1}{f'(x_0)}$，令 $-\dfrac{1}{f'(x_0)}=-1$，得 $f'(x_0)=1$，即 $2x_0-5=1$，解得 $x_0=3$，所以抛物线在点(3,3)处的法线平行于直线 $x+y-1=0$.

法线方程为 $y-3=-(x-3)$，即 $x+y-6=0$.

13. 如果 $f(x)$ 为偶函数，且 $f'(0)$ 存在，证明 $f'(0)=0$.

证明　因为 $f(x)$ 为偶函数，所以 $f(x)=f(-x)$，于是

$$f'(0)=\lim_{x\to 0}\frac{f(x)-f(0)}{x}=-\lim_{x\to 0}\frac{f(-x)-f(0)}{-x}=-f'(0)$$

故

$$f'(0)=0$$

15. 讨论下列函数在 $x=0$ 处的连续性与可导性：

(2) $y=\begin{cases}x^2\sin\dfrac{1}{x}, & x\neq 0\\ 0, & x=0\end{cases}$；　　(3) $y=\begin{cases}x^3, & x\leqslant 0\\ x^2, & x>0\end{cases}$

解　(2) 因为 $\lim\limits_{x\to 0}x^2\sin\dfrac{1}{x}=0=f(0)$，所以 $f(x)$ 在 $x=0$ 处连续.

又因为

$$\lim_{x\to 0}\frac{f(x)-f(0)}{x-0}=\lim_{x\to 0}\frac{x^2\sin\frac{1}{x}-0}{x}=0$$

所以 $f(x)$ 在 $x=0$ 处可导，且 $f'(0)=0$.

(3) 因为 $\lim\limits_{x\to 0^+}x^2=\lim\limits_{x\to 0^-}x^3=0=f(0)$，所以 $f(x)$ 在 $x=0$ 处连续.

又因为

$$\lim_{x\to 0^+}\frac{f(x)-f(0)}{x-0}=\lim_{x\to 0^+}\frac{x^2-0}{x-0}=0$$

$$\lim_{x\to 0^-}\frac{f(x)-f(0)}{x-0}=\lim_{x\to 0^-}\frac{x^3}{x}=0$$

有 $f'_-(0)=f'_+(0)$，所以 $f(x)$ 在 $x=0$ 处可导.

18. 试确定常数 a、b，使得函数

$$f(x)=\begin{cases}\cos x, & x\leqslant 0\\ ax+b, & x>0\end{cases}$$

在 $x=0$ 处可导.

解　因为函数可导一定连续，所以

$$\lim_{x\to 0^-}\cos x=1=\lim_{x\to 0^+}(ax+b)=b$$

有

$$b=1$$

又

$$f'_-(0)=\lim_{x\to 0^-}\frac{\cos x-1}{x-0}=\lim_{x\to 0^-}\frac{-\frac{1}{2}x^2}{x}=0$$

$$f'_+(0)=\lim_{x\to 0^+}\frac{ax+1-1}{x}=a$$

由 $f'_-(0)=f'_+(0)$，得 $a=0$.

19. 证明：双曲线 $xy=a^2$ 上任一点处的切线与两坐标轴围成的三角形的面

积等于常数.

证明 在双曲线 $xy=a^2$ 上任取一点 $\left(x_0,\frac{a^2}{x_0}\right)$,则在该点的切线方程为

$$y-\frac{a^2}{x_0}=-\frac{a^2}{x_0^2}(x-x_0)$$

切线与坐标轴交点分别为

$$(2x_0,0),\left(0,\frac{2a^2}{x_0}\right)$$

切线与坐标轴围成的三角形的面积为

$$\frac{1}{2}|2x_0|\cdot\left|2\frac{a^2}{x_0}\right|=2a^2$$

20. 设函数 $f(x)$ 在 $x=0$ 处可导,且 $f(0)=0,f'(0)=b$,若函数 $F(x)=\begin{cases}\dfrac{f(x)+a\sin x}{x}, & x\neq 0\\ A, & x=0\end{cases}$ 在 $x=0$ 处连续,试确定常数 A 的值.

解 因为函数 $F(x)$ 在 $x=0$ 处连续,所以 $\lim\limits_{x\to 0}F(x)=F(0)=A$,即

$$A=\lim_{x\to 0}F(x)=\lim_{x\to 0}\frac{f(x)+a\sin x}{x}=\lim_{x\to 0}\left(\frac{f(x)}{x}+a\frac{\sin x}{x}\right)$$

$$=\lim_{x\to 0}\frac{f(x)}{x}+a\lim_{x\to 0}\frac{\sin x}{x}$$

又因为 $f(0)=0,f'(0)=b$,所以

$$A=\lim_{x\to 0}\frac{f(x)-f(0)}{x}+a=f'(0)+a=b+a$$

第二节 求导法则

内容提要

1. 导数的四则运算法则

$$(u\pm v)'=u'\pm v';(uv)'=u'v+uv';\left(\frac{u}{v}\right)'=\frac{u'v-uv'}{v^2}$$

2. 复合函数的求导法则

$$\frac{dy}{dx}=\frac{dy}{du}\cdot\frac{du}{dx}$$

3. 反函数的求导法则

$$[f^{-1}(x)]'=\frac{1}{f'(x)}\text{ 或 }\frac{dy}{dx}=\frac{1}{\frac{dx}{dy}}$$

4. 隐函数的求导法则

设 $y=y(x)$ 是由方程 $F(x,y)=0$ 确定的隐函数，在方程两边对 x 求导，可解出其导数 $\dfrac{\mathrm{d}y}{\mathrm{d}x}$.

5. 参数式函数求导法

$y=y(x)$ 是由参数方程 $\begin{cases} x=\varphi(t) \\ y=\psi(t) \end{cases}$ 所确定的函数，则 $\dfrac{\mathrm{d}y}{\mathrm{d}x}=\dfrac{\frac{\mathrm{d}y}{\mathrm{d}t}}{\frac{\mathrm{d}x}{\mathrm{d}t}}=\dfrac{\psi'(t)}{\varphi'(t)}$.

6. 熟记基本初等函数的导数公式

包括 x^{μ}，a^x，e^x，$\log_a x$，$\ln x$，$\sin x$，$\cos x$，$\tan x$，$\cot x$，$\sec x$，$\csc x$，$\arcsin x$，$\arccos x$，$\arctan x$，$\mathrm{arccot}\, x$.

7. 在求导法则中，复合函数链式求导法则是求导法则的中心，应用时要弄清函数的复合层次，在每步求导时要明确是关于哪一个变量求导，做到对中间变量不要有遗漏.

释疑解惑

【问 2-2-1】 设函数 $f(x)$ 可导，x_0 为一定值，问下面几种表示方法有何区别：

(1) $f'(x_0)$ 与 $[f(x_0)]'$；

(2) $f'(2x)$ 与 $[f(2x)]'$；

(3) $f'(f(x))$ 与 $f[f'(x)]$ 及 $[f(f(x))]'$.

答 (1) $f'(x_0)$ 表示函数 $f(x)$ 在点 x_0 处的导数，即导函数在点 x_0 处的值，而 $[f(x_0)]'$ 则表示常数 $f(x_0)$ 的导数，即为零. 例如，对于 $f(x)=\sin x$，$x_0=\dfrac{\pi}{3}$，则

$$f'\left(\frac{\pi}{3}\right)=\cos x\big|_{x=\frac{\pi}{3}}=\frac{1}{2}, \quad \text{而} \quad \left[f\left(\frac{\pi}{3}\right)\right]'=\left(\frac{\sqrt{3}}{2}\right)'=0$$

(2) $f(2x)$ 为 $y=f(u)$ 与 $u=2x$ 复合而成的函数，$f'(2x)$ 表示 y 对中间变量 u 的导数，而 $[f(2x)]'$ 表示 y 对自变量 x 的导数. 例如，对于 $y=\sin x$，有

$$f'(2x)=\cos 2x$$

而

$$(f(2x))'=(\sin 2x)'=2\cos 2x$$

(3) $f'(f(x))$ 表示复合函数 $y=f(u)$，$u=f(x)$ 对中间变量的导数；$f[f'(x)]$ 表示由 $y=f(u)$，$u=f'(x)$ 复合而成的函数；$[f(f(x))]'$ 表示复合函数 $f(f(x))$ 对自变量 x 的导数. 例如，$y=\sin x$，则有

$$f'(f(x))=\cos f(x)=\cos(\sin x)$$

$$f[f'(x)] = f(\cos x) = \sin(\cos x)$$
$$[f(f(x))]' = [\sin(\sin x)]' = \cos x\cos(\sin x)$$

【问 2-2-2】 设 $f(x) = \begin{cases} x^2 \sin \dfrac{1}{x}, & x \neq 0 \\ 0, & x = 0 \end{cases}$，下列的几种说法是否正确：

(1) 因为 $f'(x) = 2x\sin \dfrac{1}{x} - \cos \dfrac{1}{x}$，这个表达式在 $x = 0$ 处无意义，所以 $f'(x)$ 在 $x = 0$ 处不存在；

(2) 因为$\lim\limits_{x\to 0} f'(x) = \lim\limits_{x\to 0}\left(2x\sin \dfrac{1}{x} - \cos \dfrac{1}{x}\right)$不存在，所以 $f'(0)$ 不存在；

(3) 当 $x \neq 0$ 时，$f'(x) = 2x\sin \dfrac{1}{x} - \cos \dfrac{1}{x}$，而当 $x = 0$ 时，$f(x)$ 为常数 0，根据"常数的导数等于零"，故有 $f'(0) = 0$.

答 以上说法都不正确.

(1) $f'(x) = 2x\sin \dfrac{1}{x} - \cos \dfrac{1}{x}$ 是在 $x \neq 0$ 时求得的，$f'(0)$ 是否存在并不由 $f'(x)$ 的表达式在 $x = 0$ 处是否有意义决定的. 在本题中，$x = 0$ 是分段函数的分段点，故应从定义出发讨论 $f'(0)$ 是否存在. 正确的做法是，因为

$$\lim_{x\to 0} \frac{f(x) - f(0)}{x - 0} = \lim_{x\to 0} \frac{x^2 \sin \frac{1}{x} - 0}{x} = 0$$

所以 $f(x)$ 在 $x = 0$ 处可导，且 $f'(0) = 0$.

(2) $f'(0)$ 和$\lim\limits_{x\to 0} f'(x)$ 是两个不同的概念，只有满足 $f'(x)$ 在 $x = 0$ 处连续的条件，才可以用$\lim\limits_{x\to 0} f'(x)$ 求 $f'(0)$，一般情况下，$f'(0) \neq \lim\limits_{x\to 0} f'(x)$.

(3)"常数的导数等于零"指的是函数在某一区间上恒为某一常数，则其变化率为零，导函数为零. 并不是说函数在某一点为常数，则在该点的导数为零. 事实上，函数在定义域内每一点的值均为常数，难道能说其导数都为零吗？

【问 2-2-3】 初等函数在其定义区间内是否一定可导？

答 不一定. 例如：$f(x) = x^{\frac{2}{3}} (x \in (-\infty, +\infty))$ 在 $x = 0$ 处不可导，这是因为极限$\lim\limits_{x\to 0} \dfrac{x^{\frac{2}{3}} - 0^{\frac{2}{3}}}{x} = \lim\limits_{x\to 0} x^{-\frac{1}{3}}$ 不存在.

【问 2-2-4】 判别下列说法是否正确？

(1) 若函数 $f(x) + g(x)$ 可导，则 $f(x)$，$g(x)$ 均可导；

(2) 若函数 $f(x)$ 在 $x = x_0$ 处不可导，$g(x)$ 在 $x = x_0$ 处可导，则 $f(x)g(x)$ 在 $x = x_0$ 处不可导；

(3) 若函数 $y = f(x)$ 在(a,b)内可导，则其反函数在相应点必定可导.

答 (1) 不正确. 例如：$|x| - |x| = 0$ 在任一点都可导，但 $|x|$ 在 $x = 0$ 处

不可导.

(2) 不正确. 例如：$f(x)=\begin{cases}1, & x\geqslant 0\\ -1, & x<0\end{cases}$，$g(x)\equiv 0$，由于 $f(x)$ 在 $x=0$ 处不连续，当然不可导，又 $g(x)$ 在 $x=0$ 处可导，且有 $f(x)g(x)\equiv 0$，所以 $f(x)g(x)$ 在 $x=0$ 处可导.

(3) 不正确. 例如：$y=x^3$ 在 $(-\infty,+\infty)$ 内可导，在 $x=0$ 处，$y'(0)=0$. 但其反函数 $y=x^{\frac{1}{3}}$ 在 $x=0$ 处却不可导.

【问 2-2-5】 判别下列说法是否正确？

(1) 若 $y(u)$ 在 $u=u_0$ 处可导，$u=u(x)$ 在 $x=x_0$ 处不可导，且 $u_0=u(x_0)$，则 $y=y(u(x))$ 在 $x=x_0$ 处必不可导；

(2) 若 $y(u)$ 在 $u=u_0$ 处不可导，$u=u(x)$ 在 $x=x_0$ 处可导，且 $u_0=u(x_0)$，则 $y=y(u(x))$ 在 $x=x_0$ 处必不可导；

答 (1) 不正确. 例如：$y(u)=u^2$ 在 $u=0$ 处可导，$u(x)=|x|$ 在 $x=0$ 处不可导，又 $u_0=u(0)=0$，而 $y=y(u(x))=|x|^2=x^2$ 在 $x=0$ 处可导.

(2) 不正确. 例如：$y(u)=|u|$ 在 $u=0$ 处不可导，$u=u(x)=x^2$ 在 $x=0$ 处可导，而 $y=y(u(x))=|u(x)|=x^2$ 在 $x=0$ 处可导.

例题解析

【例 2-2-1】 设 $f(x)$ 的导函数 $f'(x)$ 在 $x=\mathrm{e}$ 处连续，且 $f'(\mathrm{e})=-2\mathrm{e}^{-1}$，求极限 $\lim\limits_{x\to 0^+}\dfrac{\mathrm{d}}{\mathrm{d}x}f(\mathrm{e}^{\cos\sqrt{x}})$.

分析 先对复合函数 $f(\mathrm{e}^{\cos\sqrt{x}})$ 关于 x 求导，再对导函数取极限.

解
$$\frac{\mathrm{d}}{\mathrm{d}x}f(\mathrm{e}^{\cos\sqrt{x}})=f'(\mathrm{e}^{\cos\sqrt{x}})\cdot\mathrm{e}^{\cos\sqrt{x}}\cdot(-\sin\sqrt{x})\cdot\frac{1}{2\sqrt{x}}$$
$$=\frac{-\sin\sqrt{x}}{2\sqrt{x}}\mathrm{e}^{\cos\sqrt{x}}f'(\mathrm{e}^{\cos\sqrt{x}})$$

令 $x\to 0^+$，且由 $f'(x)$ 在 $x=\mathrm{e}$ 处的连续性，得
$$\lim_{x\to 0^+}\frac{\mathrm{d}}{\mathrm{d}x}f(\mathrm{e}^{\cos\sqrt{x}})=\lim_{x\to 0^+}\frac{-\sin\sqrt{x}}{2\sqrt{x}}\mathrm{e}^{\cos\sqrt{x}}f'(\mathrm{e}^{\cos\sqrt{x}})$$
$$=-\frac{1}{2}\mathrm{e}f'(\mathrm{e})=-\frac{1}{2}\mathrm{e}\cdot(-2\mathrm{e}^{-1})=1$$

【例 2-2-2】 若 $f(t)=\lim\limits_{x\to\infty}t(1+\dfrac{1}{x})^{2tx}$，求 $f'(t)$.

分析 先求出 $f(t)$ 的表达式，再对该表达式求导.

解 $f(t)=\lim\limits_{x\to\infty}t(1+\dfrac{1}{x})^{2tx}=t\lim\limits_{x\to\infty}[(1+\dfrac{1}{x})^{x}]^{2t}=t\mathrm{e}^{2t}$，则

$$f'(t)=\mathrm{e}^{2t}+2t\mathrm{e}^{2t}=(1+2t)\mathrm{e}^{2t}$$

【例 2-2-3】 已知函数 $f(x)$ 可导，且 $f\left(\frac{1}{x}\right)=\frac{x}{1+x}$，求 $f'(x)$，$f'(1)$.

分析 先求出 $f(x)$ 的表达式，再对该表达式求导.

解 设 $\frac{1}{x}=t$，则 $x=\frac{1}{t}$，于是 $f(t)=\frac{\frac{1}{t}}{1+\frac{1}{t}}=\frac{1}{1+t}$，所以 $f(x)=\frac{1}{1+x}$.

从而 $f'(x)=-\frac{1}{(1+x)^2}$，$f'(1)=-\frac{1}{4}$

【例 2-2-4】 已知 $y=f(\frac{3x-2}{3x+2})$，$f'(x)=\arctan x^2$，求 $\left.\frac{\mathrm{d}y}{\mathrm{d}x}\right|_{x=0}$.

分析 利用复合函数求导法则，$y'(0)=f'(g(0))g'(0)$.

解 设 $g(x)=\frac{3x-2}{3x+2}$，则 $g'(x)=\frac{12}{(3x+2)^2}$，从而 $g(0)=-1$，$g'(0)=3$，由复合函数求导法则知

$$\left.\frac{\mathrm{d}y}{\mathrm{d}x}\right|_{x=0}=f'(g(0))g'(0)=f'(-1)\times 3=3\arctan 1$$
$$=\frac{3}{4}\pi$$

【例 2-2-5】 设函数 $f(x)=x(x-1)(x-2)\cdots(x-999)$，求 $f'(0)$.

分析 用导数的定义求解.

解
$$f'(0)=\lim_{x\to 0}\frac{f(x)-f(0)}{x-0}=\lim_{x\to 0}\frac{x(x-1)(x-2)\cdots(x-999)}{x}$$
$$=\lim_{x\to 0}(x-1)(x-2)\cdots(x-999)=-999!$$

习题精解

2. 求下列函数在给定点处的导数：

(3) $\rho=\theta\sin\theta+\frac{1}{2}\cos\theta$，求 $\left.\frac{\mathrm{d}\rho}{\mathrm{d}\theta}\right|_{\theta=\frac{\pi}{4}}$.

解 因为

$$\frac{\mathrm{d}\rho}{\mathrm{d}\theta}=\sin\theta+\theta\cos\theta-\frac{1}{2}\sin\theta=\frac{1}{2}\sin\theta+\theta\cos\theta,$$

所以

$$\left.\frac{\mathrm{d}\rho}{\mathrm{d}\theta}\right|_{\theta=\frac{\pi}{4}}=\frac{1}{2}\sin\frac{\pi}{4}+\frac{\pi}{4}\cos\frac{\pi}{4}=\frac{1}{2}\cdot\frac{\sqrt{2}}{2}+\frac{\pi}{4}\cdot\frac{\sqrt{2}}{2}$$
$$=\frac{1}{8}(2\sqrt{2}+\sqrt{2}\pi)$$

3. 求曲线 $y=x\ln x$ 在(1,0)点处的切线方程和法线方程.

解 切线斜率$k_1 = y'|_{x=1} = (\ln x + 1)|_{x=1} = 1$，法线斜率 $k_2 = -\frac{1}{k_1} = -1$，于是 $y = x\ln x$ 在$(1,0)$处的切线方程为 $y = x - 1$，法线方程为 $y = -x + 1$.

5. 经过点$(0,-3)$及点$(5,-2)$的直线与曲线 $y = \frac{c}{x+1}$ 相切，试求 c 的值.

解 所给直线为 $y = \frac{x}{5} - 3$，因为它与曲线 $y = \frac{c}{x+1}$ 相切，所以它们相交，故

$$\frac{x}{5} - 3 = \frac{c}{x+1} \tag{1}$$

又它们相切，所以

$$-\frac{c}{(x+1)^2} = \frac{1}{5} \tag{2}$$

解式(1)和式(2)组成的方程组，得

$$c = -\frac{64}{5}$$

6. 求下列函数的导数：

(8) $y = \sqrt[6]{4-3x}$；　　(9) $y = \sqrt{a^2 - x^2}$.

解 (8) $y' = (\sqrt[6]{4-3x})' = \frac{1}{6}(4-3x)^{-\frac{5}{6}}(4-3x)' = -\frac{1}{2}(4-3x)^{-\frac{5}{6}}$

(9) $y' = (\sqrt{a^2 - x^2})' = \frac{1}{2\sqrt{a^2 - x^2}}(a^2 - x^2)' = \frac{-x}{\sqrt{a^2 - x^2}}$

7. 求下列函数的导数：

(5) $y = e^{-3x^2} + \ln(1-2x)$；　(7) $y = \cos^4(e^x)$；　(9) $y = 3^{\cos^2 x}$.

解 (5) $y' = [e^{-3x^2} + \ln(1-2x)]'$

$$= e^{-3x^2}(-3x^2)' + \frac{1}{1-2x}(1-2x)'$$

$$= -6xe^{-3x^2} - \frac{2}{1-2x}$$

(7) $y' = [\cos^4(e^x)]' = 4\cos^3(e^x)[\cos(e^x)]' = -4e^x\cos^3(e^x)\sin(e^x)$

(9) $y' = [3^{\cos^2 x}]' = \ln 3 \cdot 3^{\cos^2 x} \cdot 2\cos x(\cos x)' = -(\ln 3)3^{\cos^2 x}\sin 2x$

8. 求下列函数的导数：

(1) $y = \arcsin x^2 - xe^{x^2}$；　　(2) $y = \arccos\frac{1}{x}$；

(3) $y = x\arctan\sqrt{x^3 - 2x}$.

解 (1) $y' = (\arcsin x^2 - xe^{x^2})'$

$$= \frac{1}{\sqrt{1-(x^2)^2}}(x^2)' - [(x)'e^{x^2} + x(e^{x^2})']$$

$$= \frac{2x}{\sqrt{1-x^4}} - (e^{x^2} + 2x^2 e^{x^2})$$

(2) $y' = \left(\arccos \frac{1}{x}\right)' = \frac{-1}{\sqrt{1-\left(\frac{1}{x}\right)^2}}\left(\frac{1}{x}\right)' = \frac{1}{x^2\sqrt{1-\frac{1}{x^2}}}$

(3) $y' = (x\arctan\sqrt{x^3-2x})'$

$$= (x)'\arctan\sqrt{x^3-2x} + x(\arctan\sqrt{x^3-2x})'$$

$$= \arctan\sqrt{x^3-2x} + x\left[\frac{1}{1+(\sqrt{x^3-2x})^2}\right](\sqrt{x^3-2x})'$$

$$= \arctan\sqrt{x^3-2x} + \frac{x(3x^2-2)}{2(x^3-2x+1)\sqrt{x^3-2x}}$$

9. 设 $f(x)$ 可导，求下列函数的导数$\frac{dy}{dx}$：

(2) $y = f(e^x)e^{f(x)}$；　　　(3) $y = xf\left(\frac{1}{x}\right)$.

解　(2) $\frac{dy}{dx} = f'(e^x)\cdot e^x \cdot e^{f(x)} + f(e^x)\cdot e^{f(x)}\cdot f'(x)$

$$= e^{x+f(x)}f'(e^x) + e^{f(x)}f(e^x)f'(x)$$

(3) $\frac{dy}{dx} = f\left(\frac{1}{x}\right) + xf'\left(\frac{1}{x}\right)\cdot\left(-\frac{1}{x^2}\right) = f\left(\frac{1}{x}\right) - \frac{1}{x}f'\left(\frac{1}{x}\right)$

10. 试证明：

(1) 可导奇函数的导数是偶函数，可导偶函数的导数是奇函数；

(2) 可导周期函数的导数仍为周期函数，且周期不变.

证明　(1) 当 $f(x)$ 为可导奇函数时

$$f'(-x) = \lim_{\Delta x\to 0}\frac{f(-x+\Delta x)-f(-x)}{\Delta x} = \lim_{\Delta x\to 0}\frac{-f(x-\Delta x)+f(x)}{\Delta x}$$

$$= \lim_{\Delta x\to 0}\frac{f(x-\Delta x)-f(x)}{-\Delta x} = f'(x)$$

即 $f'(x)$ 为偶函数.

同理可证当 $f(x)$ 为可导偶函数时，$f'(x)$ 为奇函数.

(2) 当 $f(x)$ 为以 l 为周期的周期函数时

$$f'(x+l) = \lim_{\Delta x\to 0}\frac{f(x+l+\Delta x)-f(x+l)}{\Delta x} = \lim_{\Delta x\to 0}\frac{f(x+\Delta x)-f(x)}{\Delta x} = f'(x)$$

即 $f'(x)$ 为周期函数，且周期不变.

11. 求由下列方程所确定的隐函数的导数$\dfrac{dy}{dx}$：

(3)$x^3+y^3-3axy=0$；　　(6)$\arctan\dfrac{y}{x}=\ln\sqrt{x^2+y^2}$.

解　(3) 等式两边同时对 x 求导，得

$$3x^2+3y^2\frac{dy}{dx}-3a\left(y+x\frac{dy}{dx}\right)=0$$

整理得

$$\frac{dy}{dx}=\frac{ay-x^2}{y^2-ax}$$

(6) 等式两边同时对 x 求导，得

$$\frac{1}{1+\left(\dfrac{y}{x}\right)^2}\left(\frac{1}{x}\frac{dy}{dx}-\frac{y}{x^2}\right)=\frac{1}{\sqrt{x^2+y^2}}\left(\frac{1}{2}\frac{1}{\sqrt{x^2+y^2}}\right)\left(2x+2y\frac{dy}{dx}\right)$$

整理得

$$\frac{dy}{dx}=\frac{x+y}{x-y}$$

12. 试用对数求导法求下列函数的导数：

(1)$y=x^x(x>0)$；　　(4)$y=(\sin x)^{\cos x}$.

解　(1) 方程两边取对数

$$\ln y=x\ln x$$

上式两边同时对 x 求导，得

$$\frac{1}{y}\frac{dy}{dx}=\ln x+1$$

从而

$$\frac{dy}{dx}=y(\ln x+1)=x^x(\ln x+1)$$

(4) 方程两边取对数

$$\ln y=\cos x\ln\sin x$$

上式两边同时对 x 求导，得

$$\frac{1}{y}\cdot\frac{dy}{dx}=-\sin x\ln\sin x+\cos x\cdot\frac{1}{\sin x}\cdot\cos x$$

从而

$$\frac{dy}{dx}=\sin x^{1+\cos x}(\cot^2 x-\ln\sin x)$$

14. 求下列由参数方程所确定的函数的导数$\frac{dy}{dx}$：

(3) $\begin{cases} x = \ln(1+t^2) \\ y = 1 - \arctan t \end{cases}$.

解 $$\frac{dx}{dt} = \frac{2t}{1+t^2}, \quad \frac{dy}{dt} = -\frac{1}{1+t^2}$$

所以

$$\frac{dy}{dx} = \frac{\frac{dy}{dt}}{\frac{dx}{dt}} = -\frac{1}{2t}$$

15. 设$\begin{cases} x = f(t) - \pi \\ y = f(e^{3t} - 1) \end{cases}$,其中 f 可导,且 $f'(0) \neq 0$,求$\left.\frac{dy}{dx}\right|_{t=0}$.

解 $$\frac{dx}{dt} = f'(t) \quad, \frac{dy}{dt} = 3f'(e^{3t} - 1)e^{3t}$$

所以

$$\frac{dy}{dx} = \frac{\frac{dy}{dt}}{\frac{dx}{dt}} = \frac{3f'(e^{3t} - 1)e^{3t}}{f'(t)}$$

因为

$$f'(0) \neq 0$$

所以

$$\left.\frac{dy}{dx}\right|_{t=0} = \frac{3f'(e^0 - 1)e^0}{f'(0)} = 3$$

16. 求下列曲线在所给参数值相应点处的切线和法线方程：

(1) $\begin{cases} x = \sin t \\ y = \cos 2t \end{cases}$,在 $t = \frac{\pi}{4}$ 处.

解 由$\frac{dy}{dx} = \frac{-2\sin 2t}{\cos t} = -4\sin t$,得切线方程为

$$y - \cos 2t = -4\sin t(x - \sin t)$$

当 $t = \frac{\pi}{4}$ 时,切线方程为

$$2\sqrt{2}x + y - 2 = 0$$

法线方程为

$$y - \cos 2t = \frac{1}{4\sin t}(x - \sin t)$$

当 $t=\frac{\pi}{4}$ 时，法线方程为

$$x-2\sqrt{2}y-\frac{\sqrt{2}}{2}=0$$

17. 设一质点在 xOy 平面上的运动方程是 $\begin{cases} x=\dfrac{1}{\sqrt{1+t^2}} \\ y=\dfrac{t}{\sqrt{1+t^2}} \end{cases}$.

(1) 验证运动轨道是半圆周 $x^2+y^2=1(x>0)$；

(2) 求质点在时刻 t 的速度 $v(t)$；

(3) 求 $\lim\limits_{t\to-\infty}v(t)$ 及 $\lim\limits_{t\to+\infty}v(t)$ 的值.

解 (1) 由于 $x=\dfrac{1}{\sqrt{1+t^2}}>0, y=\dfrac{t}{\sqrt{1+t^2}}$，则

$$x^2+y^2=\left(\frac{1}{\sqrt{1+t^2}}\right)^2+\left(\frac{t}{\sqrt{1+t^2}}\right)^2=\frac{1}{1+t^2}+\frac{t^2}{1+t^2}=1$$

即 $x^2+y^2=1(x>0)$.

(2) 水平方向上的速度

$$\frac{\mathrm{d}x}{\mathrm{d}t}=\left(\frac{1}{\sqrt{1+t^2}}\right)'=\frac{-t}{(1+t^2)^{3/2}}$$

竖直方向上的速度

$$\frac{\mathrm{d}y}{\mathrm{d}t}=\left(\frac{t}{\sqrt{1+t^2}}\right)'=\frac{\sqrt{1+t^2}-t\dfrac{2t}{2\sqrt{1+t^2}}}{1+t^2}=\frac{1}{(1+t^2)^{3/2}}$$

$$v(t)=\sqrt{\left(\frac{\mathrm{d}x}{\mathrm{d}t}\right)^2+\left(\frac{\mathrm{d}y}{\mathrm{d}t}\right)^2}=\sqrt{\left(\frac{-t}{(1+t^2)^{3/2}}\right)^2+\left(\frac{1}{(1+t^2)^{3/2}}\right)^2}=\frac{1}{1+t^2}$$

即质点在时刻 t 的速度 $v(t)=\dfrac{1}{1+t^2}$.

(3) $\lim\limits_{t\to-\infty}v(t)=\lim\limits_{t\to-\infty}\dfrac{1}{1+t^2}=0,\quad \lim\limits_{t\to+\infty}v(t)=\lim\limits_{t\to+\infty}\dfrac{1}{1+t^2}=0$

第三节 高阶导数与相关变化率

内容提要

1. 了解高阶导数的一些背景

如讨论加速度、自感电动势、曲线弯曲方向时，将分别涉及运动物体的位置函数、通过导体截面电荷量、函数、曲线方程的二阶导数.

2. 理解高阶导数的概念

$$y^{(n)}=(y^{(n-1)})',\text{即}\frac{\mathrm{d}^n y}{\mathrm{d}x^n}=\frac{\mathrm{d}}{\mathrm{d}x}\left(\frac{\mathrm{d}^{n-1}y}{\mathrm{d}x^{n-1}}\right)$$

3. 熟记以下高阶导数

$$(\mathrm{e}^x)^{(n)}=\mathrm{e}^x;\quad (\sin x)^{(n)}=\sin\left(x+\frac{n\pi}{2}\right);(\cos x)^{(n)}=\cos\left(x+\frac{n\pi}{2}\right)$$

$$\left(\frac{1}{x}\right)^{(n)}=\frac{(-1)^n n!}{x^{n+1}};(\ln x)^{(n)}=\frac{(-1)^{n-1}(n-1)!}{x^n}$$

4. 会求相关变化率问题

变量 x 与 y 满足某关系式 $F(x,y)=0$，且 $x=x(t)$，$y=y(t)$ 均可导，在等式 $F(x(t),y(t))=0$ 两边同时对 t 求导，可得到 $x'(t)$ 与 $y'(t)$ 的关系，从而由其中一个变化率求得另一个变化率.

释疑解惑

【问 2-3-1】 函数 $y=y(x)$ 由参数方程 $\begin{cases}x=a\left(\ln\tan\dfrac{t}{2}+\cos t\right)\\ y=a\sin t\end{cases}$ 所确定，在求 $\dfrac{\mathrm{d}^2y}{\mathrm{d}x^2}$ 时，有人这样做：

$$\frac{\mathrm{d}y}{\mathrm{d}x}=\frac{y'(t)}{x'(t)}=\frac{a\cos t}{a\left[\dfrac{1}{\tan\dfrac{t}{2}}\cdot\sec^2\dfrac{t}{2}\cdot\dfrac{1}{2}-\sin t\right]}=\tan t$$

于是

$$\frac{\mathrm{d}^2y}{\mathrm{d}x^2}=(\tan t)'=\sec^2 t$$

此结果是否正确.

答 不正确.

其中第一步按求导公式得 $\dfrac{\mathrm{d}y}{\mathrm{d}x}=\tan t$ 是正确的. 问题出在第二步，$\dfrac{\mathrm{d}^2y}{\mathrm{d}x^2}$ 是 $\dfrac{\mathrm{d}}{\mathrm{d}x}\left(\dfrac{\mathrm{d}y}{\mathrm{d}x}\right)$，是函数 $\dfrac{\mathrm{d}y}{\mathrm{d}x}$ 对 x 求导数，而 $(\tan t)'=\sec^2 t$ 是对 t 求导数，这两者是不能混淆的. 要注意 $\dfrac{\mathrm{d}y}{\mathrm{d}x}=\tan t$ 是 t 的函数，若设 $Y=\dfrac{\mathrm{d}y}{\mathrm{d}x}$，则求 $\dfrac{\mathrm{d}^2y}{\mathrm{d}x^2}$ 相当于由参数方程 $\begin{cases}x=a\left(\ln\tan\dfrac{t}{2}+\cos t\right)\\ Y=\tan t\end{cases}$ 来求 $\dfrac{\mathrm{d}Y}{\mathrm{d}x}$. 正确做法如下：

$$\frac{d^2y}{dx^2}=\frac{d}{dx}\left(\frac{dy}{dx}\right)=\frac{\frac{d}{dt}\left(\frac{dy}{dx}\right)}{\frac{dx}{dt}}=\frac{\sec^2 t}{a\left[\frac{1}{\tan\frac{t}{2}}\cdot\sec^2\frac{t}{2}\cdot\frac{1}{2}-\sin t\right]}=\frac{\sin t}{a\cos^4 t}$$

例题解析

【例 2-3-1】 设 $f(x)=\frac{x^3}{x^2-1}$,求 $f^{(n)}(0)$.

分析 将 $f(x)$ 变形为整函数与真分式之和,再分别求导.

解 $f(x)=\frac{x^3}{x^2-1}=\frac{(x^3-x)+x}{x^2-1}=x+\frac{1}{2}\left(\frac{1}{x-1}+\frac{1}{x+1}\right)$

则有

$$f'(x)=1-\frac{1}{2}\left[\frac{1}{(x-1)^2}+\frac{1}{(x+1)^2}\right]$$

$$f^{(n)}(x)=\frac{(-1)^n n!}{2}\left[\frac{1}{(x-1)^{n+1}}+\frac{1}{(x+1)^{n+1}}\right]\quad(n\geqslant 2)$$

取 $x=0$,得

$$f^{(n)}(0)=\begin{cases}-n!, & n\text{ 为奇数}\\ 0, & n\text{ 为偶数}\end{cases}\quad(n>1)$$

【例 2-3-2】 设有一锥形容器,高为 8 米,上顶直径也为 8 米,现往该容器内注水,速度为每分钟 4 立方米,求当水深为 5 米时,其表面上升的速度为多少?(图 2-2)

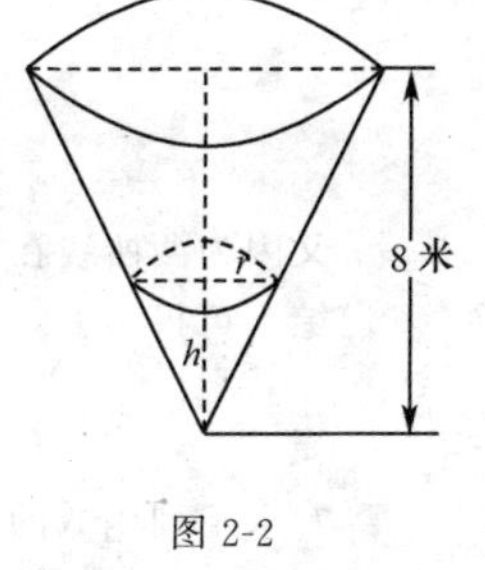

图 2-2

解 圆锥体的体积为 $V=\frac{1}{3}\pi r^2 h$,已知 $\frac{r}{h}=\frac{4}{8}$,所以 $r=\frac{1}{2}h$,于是 $V=\frac{1}{3}\pi r^2 h=\frac{1}{12}\pi h^3$,而 $\frac{dV}{dt}=\frac{dV}{dh}\frac{dh}{dt}=\frac{1}{4}\pi h^2\frac{dh}{dt}$,且已知 $\frac{dV}{dt}=4$(立方米/分钟),所以 $\frac{dh}{dt}=\frac{16}{\pi\cdot 5^2}=\frac{16}{25\pi}=0.2037$(米/分钟),即当水深为 5 米时,

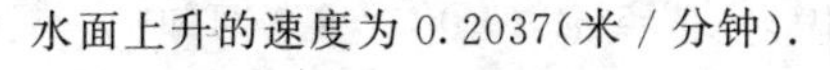
水面上升的速度为 0.2037(米/分钟).

习题精解

1. 求下列函数的二阶导数:

(2) $y=e^{-t}\sin t$; (3) $y=\sqrt{a^2-x^2}$;

(7) $y=(1+x^2)\arctan x$; (8) $y=\ln(1-x^2)$.

解 (2) $y'=-e^{-t}\sin t+e^{-t}\cos t$

$$y'' = e^{-t}\sin t - e^{-t}\cos t - e^{-t}\cos t - e^{-t}\sin t = -2e^{-t}\cos t$$

(3)
$$y' = \frac{-x}{\sqrt{a^2 - x^2}}$$

$$y'' = \frac{-\sqrt{a^2 - x^2} + x\left(\frac{-x}{\sqrt{a^2 - x^2}}\right)}{a^2 - x^2} = -\frac{a^2}{(a^2 - x^2)^{\frac{3}{2}}}$$

(7)
$$y' = 2x\arctan x + (1 + x^2)\frac{1}{1 + x^2} = 2x\arctan x + 1$$

$$y'' = 2\arctan x + \frac{2x}{1 + x^2}$$

(8)
$$y' = -\frac{2x}{(1 - x^2)}$$

$$y'' = -2 \cdot \frac{(1 - x^2) - x \cdot (-2x)}{(1 - x^2)^2} = -\frac{2(1 + x^2)}{(1 - x^2)^2}$$

4. 设抛物线 $y = ax^2 + bx + c$ 与曲线 $y = e^x$ 在点(0,1)处相交，且在交点处有相同的一阶、二阶导数，试确定 a、b、c 的值.

解 对抛物线 $y = ax^2 + bx + c$，有 $y' = 2ax + b$，$y'' = 2a$；

对曲线 $y = e^x$，有 $y' = e^x$， $y'' = e^x$.

由题意知，当 $x = 0$ 时，有 $\begin{cases} 2ax + b = e^x \\ 2a = e^x \end{cases}$，解得

$$\begin{cases} a = \dfrac{1}{2} \\ b = 1 \end{cases}$$

又因为两曲线在 $x = 0$ 处相交，所以 $c = 1$.

综上可得

$$a = \frac{1}{2}, b = 1, c = 1$$

7. 求下列函数的 n 阶导数：

(1) $y = x^n + x^{n-1} + \cdots + x + 1$； (4) $y = \dfrac{1}{x^2 - 3x + 2}$

解 (1) 由教材 2.3 节例 2-46 中 $(x^n)^{(n)} = n!$，$(x^n)^{(n+1)} = 0$ 可知

$$y^{(n)} = (x^n + x^{n-1} + \cdots + x + 1)^{(n)} = n!$$

(4) $y = \dfrac{1}{x^2 - 3x + 2} = \dfrac{1}{x - 2} - \dfrac{1}{x - 1}$

由教材 2.3 节例 2-46 有 $(x^\mu)^{(n)} = \mu(\mu - 1)\cdots(\mu - n + 1)x^{\mu - n}$，本题中 $\mu = -1$，所以

$$y^{(n)} = [(x - 2)^{-1}]^{(n)} - [(x - 1)^{-1}]^{(n)} = (-1)^n n!\left[\frac{1}{(x - 2)^{n+1}} - \frac{1}{(x - 1)^{n+1}}\right]$$

8. 求由下列方程所确定的隐函数的二阶导数：

(1) $y=\tan(x+y)$，求 $\dfrac{d^2y}{dx^2}$；　　(2) $e^y+xy=e$，求 $\left.\dfrac{d^2y}{dx^2}\right|_{x=0}$.

解　(1) 方程两边同时对 x 求导，得

$$\frac{dy}{dx}=\sec^2(x+y)\left(1+\frac{dy}{dx}\right)$$

故

$$\frac{dy}{dx}=-\csc^2(x+y)$$

再在上式两边同时对 x 求导，得

$$\frac{d^2y}{dx^2}=-\left[-\frac{2}{\sin^3(x+y)}\right]\cos(x+y)\left(1+\frac{dy}{dx}\right)$$

$$=2\frac{\cos(x+y)}{\sin^3(x+y)}[-\cot^2(x+y)]$$

$$=-2\csc^2(x+y)\cot^3(x+y)$$

(2) 由原式可知，当 $x=0$ 时，$y=1$.

方程两边同时对 x 求导，得 $e^y y'+y+xy'=0$

故

$$y'=-\frac{y}{x+e^y}$$

再在上式两边同时对 x 求导，得

$$y''=\frac{-y'(x+e^y)+y(1+e^y y')}{(x+e^y)^2}$$

$$=\frac{\dfrac{y}{x+e^y}(x+e^y)+y\left[1+e^y\left(-\dfrac{y}{x+e^y}\right)\right]}{(x+e^y)^2}$$

把 $x=0$，$y=1$ 代入上式，得

$$\left.\frac{d^2y}{dx^2}\right|_{x=0}=\frac{1}{e^2}$$

10. 求下列参数方程所确定的函数的二阶导数：

(1) $\begin{cases}x=\ln(1+t^2)\\ y=t-\arctan t\end{cases}$；　　(2) $\begin{cases}x=f'(t)\\ y=tf'(t)-f(t)\end{cases}$，其中 f 二阶可导.

解　(1) 由 $\dfrac{dx}{dt}=\dfrac{2t}{1+t^2}$，$\dfrac{dy}{dt}=1-\dfrac{1}{1+t^2}=\dfrac{t^2}{1+t^2}$，得 $\dfrac{dy}{dx}=\dfrac{t}{2}$.

所以

$$\frac{d^2y}{dx^2}=\frac{\frac{d}{dt}\left(\frac{dy}{dx}\right)}{\frac{dx}{dt}}=\frac{\frac{1}{2}}{\frac{2t}{1+t^2}}=\frac{1+t^2}{4t}$$

(2) 由$\frac{dx}{dt}=f''(t)$，$\frac{dy}{dt}=f'(t)+tf''(t)-f'(t)=tf''(t)$ 得$\frac{dy}{dx}=t$.

所以

$$\frac{d^2y}{dx^2}=\frac{\frac{d}{dt}\left(\frac{dy}{dx}\right)}{\frac{dx}{dt}}=\frac{1}{f''(t)}$$

12. 一动点 P 在曲线 $9y=4x^2$ 上运动，并知点 P 横坐标的速率为 30 cm/s，当点 P 过点(3,4)时，从原点到点 P 的距离的变化率是多少(设坐标轴的单位长度为 1 cm)?

解 如图 2-3 所示.

当 $x=3,y=4$ 时，$l=5$. 又 $l^2=x^2+y^2=x^2+\frac{16}{81}x^4$，两边同时对 t 求导，有

$$2l\frac{dl}{dt}=2x\frac{dx}{dt}+\frac{16}{81}\cdot 4x^3\cdot\frac{dx}{dt}$$

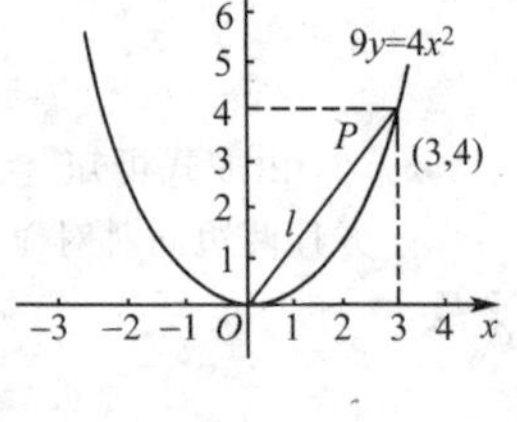

图 2-3

将 $x=3,\frac{dx}{dt}=30,l=5$ 代入有

$$10\frac{dl}{dt}=2\times 3\times 30+\frac{16}{81}\times 4\times 3^3\times 30$$

解得$\frac{dl}{dt}=82$ cm/s，即从原点到点 P 的距离的变化率为 82 cm/s.

第四节 函数的微分与函数的局部线性逼近

内容提要

1. 了解微分产生的背景

即对函数在局部范围内进行线性逼近.

2. 理解微分的概念

设函数 $y=f(x)$ 在点 x_0 的某邻域内有定义，如果函数增量 $\Delta y=f(x_0+\Delta x)-f(x_0)$ 可表示为 $\Delta y=A\Delta x+o(\Delta x)$，其中 A 与 Δx 无关，则称函数 $f(x)$ 在点 x_0 处可微，称 $A\Delta x$ 为函数 $y=f(x)$ 在点 x_0 处相应于自变量增量 Δx 的微分，记作 dy.

3. 函数 $f(x)$ 在点 x_0 处可微的充分必要条件

即 $f(x)$ 在点 x_0 处可导，且 $\mathrm{d}y=f'(x_0)\Delta x$ 或记 $\mathrm{d}y=f'(x_0)\mathrm{d}x$.

一般地，$f(x)$ 在点 x 处可微，其微分 $\mathrm{d}y=f'(x)\mathrm{d}x$，导数 $f'(x)=\dfrac{\mathrm{d}y}{\mathrm{d}x}$，即等于函数的微分与自变量微分之商.

4. 掌握微分运算法则

$$\mathrm{d}(u\pm v)=\mathrm{d}u\pm\mathrm{d}v$$
$$\mathrm{d}(uv)=u\mathrm{d}v+v\mathrm{d}u$$
$$\mathrm{d}(cu)=c\mathrm{d}u\quad(c\text{ 为常数})$$
$$\mathrm{d}\left(\frac{u}{v}\right)=\frac{v\mathrm{d}u-u\mathrm{d}v}{v^2}\quad(v\neq 0)$$

复合函数的微分法则（一阶微分形式不变性）：若 $y=f(u)$，$u=g(x)$，则

$$\mathrm{d}y=f'(u)\mathrm{d}u=f[g(x)]'_x\mathrm{d}x$$

5. 了解微分的几何意义

函数 $f(x)$ 在点 x_0 处的微分 $\mathrm{d}y$，是曲线 $y=f(x)$ 在点 $(x_0,f(x_0))$ 处切线纵坐标的增量，从而有

$$f(x)\approx f(x_0)+f'(x_0)(x-x_0)$$

即曲线 $y=f(x)$ 在点 x_0 附近，可用该点的切线 $y=f(x_0)+f'(x_0)(x-x_0)$ 近似代替，即“以直代曲”.

6. 会用微分进行近似计算和误差估计

当 $\Delta x=x-x_0$ 足够小时，由 $\Delta y\approx \mathrm{d}y$ 得到

$$\Delta y\approx f'(x_0)\Delta x$$
$$f(x_0+\Delta x)\approx f(x_0)+f'(x_0)\Delta x$$
$$f(x)\approx f(x_0)+f'(x_0)(x-x_0)$$

应用这些近似公式时，应选择适当的函数 $f(x)$ 和 x_0，使 $f(x_0)$ 及 $f'(x_0)$ 容易计算.

释疑解惑

【问 2-4-1】 函数 $y=f(x)$ 在点 x_0 处的微分 $\mathrm{d}y=f'(x_0)\Delta x$ 中的 $|\Delta x|$ 是否必须很小？

答　不必.

函数 $y=f(x)$ 在点 x_0 处可微，则有 $\Delta y=f'(x_0)\Delta x+o(\Delta x)$，$\mathrm{d}y=f'(x_0)\Delta x$，这一表达式并不只有当 $|\Delta x|$ 很小时才成立，而是无论 $|\Delta x|$ 是大还是小都成立. 只是当 $\Delta x\to 0$ 时，$\Delta y-\mathrm{d}y=\Delta y-f'(x_0)\Delta x$ 是比 Δx 更高阶的无穷小. 当利用微分作近似计算，即 $\Delta y\approx \mathrm{d}y$ 时，应将 $|\Delta x|$ 取得小一些，否则误差将变大，失去“近似”的意义.

【问 2-4-2】 下面计算 $\sqrt[6]{65}$ 近似值的方法是否合理：

应用近似计算公式$(1+x)^{\mu} \approx 1+\mu x$，有

$$\sqrt[6]{65}=(1+64)^{\frac{1}{6}} \approx 1+\frac{1}{6} \times 64 \approx 11.6667$$

答 这种解法不合理.

在公式$(1+x)^{\mu} \approx 1+\mu x$ 中，要求 $|x| \ll 1$，显然取 $x=64$ 不妥. 正确的解法应为

$$\sqrt[6]{65}=\sqrt[6]{1+64}=2\left(1+\frac{1}{64}\right)^{\frac{1}{6}} \approx 2\left(1+\frac{1}{6} \times \frac{1}{64}\right) \approx 2.0052$$

【问 2-4-3】 导数与微分的区别与联系是什么？

答 导数和微分在概念上有本质的不同. 函数 $y=f(x)$ 在点 x 处的导数 $f'(x)$ 是函数 $y=f(x)$ 在该点处关于自变量的变化率，反映了函数 $y=f(x)$ 在点 x 处随自变量变化的快慢程度；而微分 $\mathrm{d}y=f'(x)\Delta x$ 是在以 x 和 $x+\Delta x$ 为端点的区间上，函数增量 Δy 的关于 Δx 的线性近似. 当然，在近似计算时，若以 $\mathrm{d}y$ 近似代替 Δy，则应要求 $|\Delta x|$ 取得小一些，否则误差将可能很大，失去近似意义. 当函数 $y=f(x)$ 给定后，该函数在点 x 处的导数 $f'(x)$ 的大小一般仅与 x 有关；而微分 $\mathrm{d}y=f'(x)\Delta x$ 一般与 x 和 Δx 有关. 从性质上看，函数在某点的导数是常数，而微分是变量. 从几何上看，导数是表示曲线在该点处的切线斜率，而微分表示在该点切线上的函数增量.

另一方面，可导与可微是等价的，即可导必可微，可微必可导. 导数可以看成是函数的微分与自变量微分之商.

【问 2-4-4】 函数 $y=f(x)$ 的微分 $\mathrm{d}y$ 是否一定为正？当 $\mathrm{d}x>0$ 时，$\mathrm{d}y$ 是否一定为正？

答 $\mathrm{d}y$ 是一个代数量，未必为正数，即使当 $\mathrm{d}x>0$ 时，$\mathrm{d}y$ 也未必是一个正数. 一般说来，当 $y=f(x)$ 是一个单调增的可微函数时，$\mathrm{d}y$ 与 $\mathrm{d}x$ 正负号相同，当 $y=f(x)$ 是一个单调减的可微函数时，$\mathrm{d}y$ 与 $\mathrm{d}x$ 正负号相反.

【问 2-4-5】 分别指出下列各图中表示 $\mathrm{d}y$ 与 Δy 的线段，并说明它们之间的大小关系(图 2-4).

答 Δy 表示曲线 $y=f(x)$ 在点 P 处当 x 有增量 Δx 时的曲线纵坐标的增量，$\mathrm{d}y$ 表示曲线在点 P 处的切线当 x 有增量 Δx 时，它的纵坐标的增量. 根据这个准则，在图 2-4(a) 中，曲线与切线重合，故 $\Delta y=\mathrm{d}y=NP_1$. 在图 2-4(b) 中，$\Delta y=NP_1=$ 曲线的纵坐标的增量，$\mathrm{d}y=NT=$ 切线的纵坐标的增量，这里 $\Delta y>\mathrm{d}y$. 在图 2-4(c) 中，$\Delta y=NP_1=$ 曲线的纵坐标的增量，$\mathrm{d}y=NT=$ 切线的纵坐标的增量，这里 $\mathrm{d}y>\Delta y$.

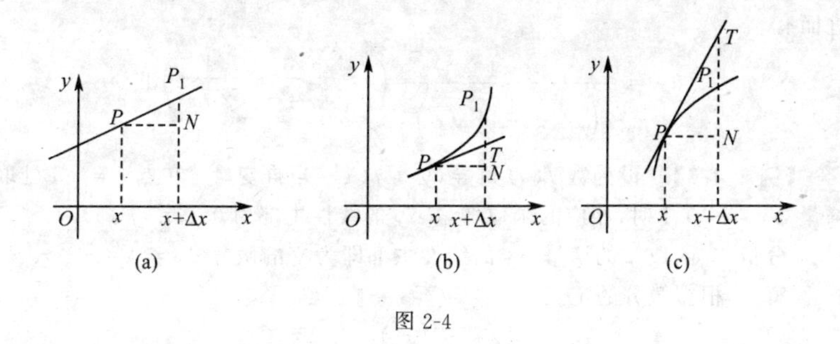

图 2-4

例题解析

【例 2-4-1】 利用微分计算 $\sqrt{\dfrac{99.9^2-1}{99.9^2+1}}$ 的近似值.

分析 如果仅根据 $\sqrt{\dfrac{99.9^2-1}{99.9^2+1}}$ 的形式,考虑 $f(x)=\sqrt{\dfrac{x^2-1}{x^2+1}}$,取 $x_0=100,\Delta x=-0.1$,用公式 $f(x)\approx f(x_0)+f'(x_0)\Delta x$ 计算,虽无错误,但存在明显不足.因为 $f(x_0)$ 和 $f'(x_0)$ 的值都不容易计算,所以先把 $\sqrt{\dfrac{99.9^2-1}{99.9^2+1}}$ 变形为 $\sqrt{1-\dfrac{2}{99.9^2+1}}$,然后利用近似公式 $(1+x)^\mu\approx 1+\mu x$ 计算.

解 在近似公式 $(1+x)^{\frac{1}{2}}\approx 1+\dfrac{1}{2}x$ 中,令 $x=-\dfrac{2}{99.9^2+1}$,则得

$$\sqrt{\frac{99.9^2-1}{99.9^2+1}}=\left(1-\frac{2}{99.9^2+1}\right)^{\frac{1}{2}}\approx 1-\frac{1}{2}\times\frac{2}{99.9^2+1}$$

$$=1-\frac{1}{(100-0.1)^2+1}\approx 1-\frac{1}{100^2-20+1}=\frac{9\ 980}{9\ 981}$$

【例 2-4-2】 设 $y=\mathrm{e}^{-u},u=\dfrac{1}{2}\ln t,t=x^3-\dfrac{1}{x^3}+\sqrt{x}$,试将微分 $\mathrm{d}y$ 表示成 $f(t)\mathrm{d}t$ 及 $g(x)\mathrm{d}x$ 的形式.

分析 根据微分形式的不变性,对于 $y=\varphi(u)$,无论 u 是自变量还是中间变量,都有微分形式 $\mathrm{d}y=\varphi'(u)\mathrm{d}u$.

解 直接对题设各式求微分,则有

$$\mathrm{d}y=-\mathrm{e}^{-u}\mathrm{d}u,\ \mathrm{d}u=\frac{1}{2t}\mathrm{d}t,\mathrm{d}t=\left(3x^2+\frac{3}{x^4}+\frac{1}{2\sqrt{x}}\right)\mathrm{d}x$$

所以

$$\mathrm{d}y=-\mathrm{e}^{-u}\mathrm{d}u=\frac{-1}{2t}\mathrm{e}^{-\frac{1}{2}\ln t}\mathrm{d}t=\frac{-1}{2\sqrt{t^3}}\mathrm{d}t$$

进而有

$$dy = \frac{-1}{2\left(x^3 - \frac{1}{x^3} + \sqrt{x}\right)^{\frac{3}{2}}}\left(3x^2 + \frac{3}{x^4} + \frac{1}{2\sqrt{x}}\right)dx$$

【例 2-4-3】 设函数 $f(u)$ 可导，$y = f(x^2)$ 当自变量 x 在点 $x = -1$ 处取得增量 $\Delta x = -0.1$ 时，相应的函数增量 Δy 的线性主部为 0.1，求 $f'(1)$.

分析 函数 y 的增量 Δy 的线性主部即为 y 的微分 $dy = y'(x)\Delta x$.

解 根据微分的定义

$$dy = f'(x^2) \cdot 2x\Delta x$$

$$dy\Big|_{\substack{x=-1 \\ \Delta x=-0.1}} = [f'(x^2) \cdot 2x\Delta x]\Big|_{\substack{x=-1 \\ \Delta x=-0.1}} = f'(1) \cdot (-2) \cdot (-0.1) = 0.1$$

所以

$$f'(1) = 0.5$$

习题精解

1. 设有一正方形 $ABCD$，边长为 x，面积为 S，如图 2-5 所示.

(1) 当边长由 x 增加到 $x + \Delta x$ 时，正方形面积 S 的增加量 ΔS 是多少？

(2) ΔS 关于 Δx 的线性部分是什么？在图形上表示哪块面积？

(3) ΔS 与这个线性部分相差多少？这个差在图形上表示什么？是不是 Δx 的高阶无穷小？

(4) 面积 S 的微分 dS 等于什么？在图形上表示什么？

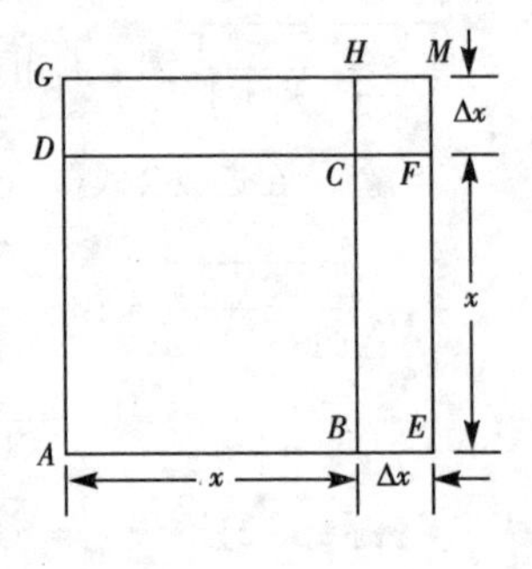

图 2-5

解 (1) 如图 2-5 所示，

$$\Delta S = 2x \cdot \Delta x + (\Delta x)^2$$

ΔS 在图上表示新正方形的面积减去原正方形的面积剩下的部分.

(2) ΔS 关于 Δx 的线性部分是 $2x \cdot \Delta x$，在图形上表示两个小长方形 $BEFC$ 和 $CHGD$ 的面积之和.

(3) 相差 $(\Delta x)^2$，在图形上表示小正方形 $CFMH$ 的面积.

$\lim\limits_{\Delta x \to 0} \frac{(\Delta x)^2}{\Delta x} = \lim\limits_{\Delta x \to 0} \Delta x = 0$，所以它是 Δx 的高阶无穷小.

(4) 面积 S 的微分 $2x \cdot \Delta x$，在图形上表示两个小长方形 $BEFC$ 和 $CHGD$ 的面积之和.

2. 求下列函数的微分：

(2) $y = (a^2 - x^2)^5$； (4) $y = \frac{x}{\sqrt{1 + x^2}}$；

(6) $y = \ln^2(1-x)$.

解 (2) $y = (a^2 - x^2)^5$

$$dy = d[(a^2 - x^2)^5] = 5(a^2 - x^2)^4(-2x)dx$$
$$= -10x(a^2 - x^2)^4 dx$$

(4) $$dy = d\left(\frac{x}{\sqrt{1+x^2}}\right) = \frac{\sqrt{1+x^2} - x\cdot\frac{2x}{2\sqrt{1+x^2}}}{1+x^2}dx = (1+x^2)^{-\frac{3}{2}}dx$$

(6) $$dy = d[\ln^2(1-x)] = 2\ln(1-x)\cdot\frac{-1}{1-x}dx = \frac{2\ln(1-x)}{x-1}dx$$

4. 求下列方程所确定的函数 y 的微分 dy：

(2) $y = \tan(x+y)$.

解 由 $y = \tan(x+y)$，得 $y' = \sec^2(x+y)\cdot(1+y')$，于是

$$y' = \frac{\sec^2(x+y)}{1-\sec^2(x+y)} = -1 + \frac{1}{1-\sec^2(x+y)}$$
$$= -[1+\cot^2(x+y)] = -\csc^2(x+y)$$

所以

$$dy = -\csc^2(x+y)dx$$

5. 利用微分形式不变性，求由下列方程确定的隐函数 $y = y(x)$ 的微分 dy 及导数 $\frac{dy}{dx}$.

(1) $x^3 + y^2\sin x - y = 6$.

解 (1) 对方程两边求微分，得

$$3x^2 dx + 2y\sin x dy + y^2\cos x dx - dy = 0$$

解得

$$\frac{dy}{dx} = y' = \frac{3x^2 + y^2\cos x}{1 - 2y\sin x}, dy = \frac{3x^2 + y^2\cos x}{1-2y\sin x}dx$$

6. 计算下列函数的近似值：

(1) $\sqrt[3]{998}$；　　(4) $\tan 136°$

解 (1) $\sqrt[3]{998} = \sqrt[3]{1\,000 - 2} = 10\sqrt[3]{1 - \frac{1}{500}}$

设 $f(x) = \sqrt[3]{1+x}$，利用

$$f(x) \approx f(0) + f'(0)x = 1 + \frac{1}{3}x \quad \left(这里取\ x = -\frac{1}{500}\right)$$

得

$$\sqrt[3]{998} \approx 10\left[1 + \frac{1}{3}\left(-\frac{1}{500}\right)\right] \approx 9.993\,3$$

(4)$136° = \frac{3}{4}\pi + \frac{\pi}{180}$

设 $f(x) = \tan x$,取 $x = \frac{3}{4}\pi + \frac{\pi}{180}$,$x_0 = \frac{3}{4}\pi$,利用

$$f(x) \approx f(x_0) + f'(x_0)(x - x_0)$$

得

$$\tan 136° = \tan\left(\frac{3}{4}\pi + \frac{\pi}{180}\right)$$

$$\approx \tan\frac{3}{4}\pi + \sec^2\left(\frac{3}{4}\pi\right) \times \frac{\pi}{180} = -1 + 2 \times \frac{\pi}{180} \approx -0.965$$

7. 由物理学知道,单摆的周期 T 与摆长 l 的函数关系是 $T = 2\pi\sqrt{\frac{l}{g}}$,其中 g 是重力加速度(常数),现欲将单摆的摆长 l 由 100 cm 调长 1 cm,试求周期 T 的增量与微分(取 $g = 980\ \mathrm{cm/s^2}$).

解 当 $l = 100$,$\Delta l = 1$ 时,T 的增量

$$\Delta T = 2\pi\sqrt{\frac{101}{g}} - 2\pi\sqrt{\frac{100}{g}} \approx 0.010\ 005\ 4$$

由于

$$T'(100) = \frac{\pi}{\sqrt{gl}}\bigg|_{l=100} = \frac{\pi}{10\sqrt{g}}$$

因此所求微分

$$\mathrm{d}T = T'(100)\Delta l = \left(\frac{\pi}{10\sqrt{g}}\right) \times 1 \approx 0.010\ 030\ 4$$

8. 有一批半径为 1 cm 的球,为了提高球面的光洁度,要镀上一层铜,厚度定为 0.01 cm,估计一下每只球需要用铜多少克?(铜的密度是 $8.9\ \mathrm{g/cm^3}$).

解 先求出镀层的体积,再乘上密度就得到每只球需用铜的质量.

因为镀层的体积等于两个球体体积之差,所以它就是球体体积 $V = \frac{4}{3}\pi R^3$ 当 R 自 R_0 取得增量 ΔR 时的增量为 ΔV. 我们求 V 对 R 的导数:

$$V'\bigg|_{R=R_0} = \left(\frac{4}{3}\pi R^3\right)'\bigg|_{R=R_0} = 4\pi R_0^2,$$

$$\Delta V \approx 4\pi R_0^2 \Delta R$$

将 $R_0 = 1$,$\Delta R = 0.01$ 代入上式,得

$$\Delta V \approx 4 \times 3.14 \times 1^2 \times 0.01 \approx 0.13(\mathrm{cm^3})$$

于是镀每只球需用的铜约为

$$0.13 \times 8.9 \approx 1.16(\mathrm{g})$$

第五节 利用导数求极限——洛必达法则

内容提要

1. $\frac{0}{0}$ 型未定式的洛必达法则

设函数 $f(x)$ 和 $g(x)$ 都在点 x_0 的某去心邻域内有定义,且满足条件:

(1) $\lim\limits_{x\to x_0} f(x) = \lim\limits_{x\to x_0} g(x) = 0$;

(2) 在该去心邻域内,$f'(x)$ 及 $g'(x)$ 都存在,且 $g'(x) \neq 0$;

(3) $\lim\limits_{x\to x_0} \frac{f'(x)}{g'(x)}$ 存在(或无穷大).

则有
$$\lim_{x\to x_0} \frac{f(x)}{g(x)} = \lim_{x\to x_0} \frac{f'(x)}{g'(x)}$$

2. $\frac{\infty}{\infty}$ 型未定式的洛必达法则

设函数 $f(x)$ 和 $g(x)$ 在点 x_0 的某去心邻域内有定义,且满足条件:

(1) $\lim\limits_{x\to x_0} f(x) = \infty$,$\lim\limits_{x\to x_0} g(x) = \infty$;

(2) $f'(x)$、$g'(x)$ 在该去心邻域内存在,且 $g'(x) \neq 0$;

(3) $\lim\limits_{x\to x_0} \frac{f'(x)}{g'(x)}$ 存在(或无穷大).

则有
$$\lim_{x\to x_0} \frac{f(x)}{g(x)} = \lim_{x\to x_0} \frac{f'(x)}{g'(x)}$$

说明 在以上求 $\frac{0}{0}$ 型和 $\frac{\infty}{\infty}$ 型未定式极限中,把 $x \to x_0$ 改为 $x \to x_0^+$,$x \to x_0^-$,$x \to \infty$,$x \to +\infty$,$x \to -\infty$ 时,公式仍成立.

3. $\frac{0}{0}$ 型和 $\frac{\infty}{\infty}$ 型未定式是用洛必达法则求极限的基本类型,对于 $0 \cdot \infty$,$\infty - \infty$ 型未定式,可通过代数变形化作 $\frac{0}{0}$ 型或 $\frac{\infty}{\infty}$ 型.

4. 对于 0^0,1^∞,∞^0 型未定式,可通过取对数或利用公式 $u^v = e^{v\ln u}$ 变形后,化作 $\frac{0}{0}$ 型或 $\frac{\infty}{\infty}$ 型.

5. 要注意,对于 $\frac{0}{0}$ 型与 $\frac{\infty}{\infty}$ 型未定式,只有当 $\lim\limits_{x\to x_0} \frac{f'(x)}{g'(x)}$ 存在(或无穷大),即 $\lim\limits_{x\to x_0} \frac{f'(x)}{g'(x)}$ 有确定意义时用洛必达法则求 $\lim\limits_{x\to x_0} \frac{f(x)}{g(x)}$ 才是正确的.换言之,洛必达

法则的条件是未定式极限存在的充分而非必要条件.

6. 采用洛必达法则是求未定式极限的有效方法,但并不是唯一方法. 对于较复杂的求极限的题目,可结合其他求极限的方法综合运用.

释疑解惑

【问 2-5-1】 指出用洛必达法则求下列极限的错误:

(1) $\lim\limits_{x\to 0}\dfrac{x^2+1}{x-1}=\lim\limits_{x\to 0}\dfrac{(x^2+1)'}{(x-1)'}=\lim\limits_{x\to 0}\dfrac{2x}{1}=0$;

(2) $\lim\limits_{x\to\infty}\dfrac{\sin x+x}{x}=\lim\limits_{x\to\infty}\dfrac{(\sin x+x)'}{(x)'}=\lim\limits_{x\to\infty}\dfrac{\cos x+1}{1}$,极限不存在;

(3) $\lim\limits_{x\to\infty}x\mathrm{e}^{\frac{1}{x^2}}=\lim\limits_{x\to\infty}\dfrac{\mathrm{e}^{\frac{1}{x^2}}}{\frac{1}{x}}=\lim\limits_{x\to\infty}\dfrac{-\frac{2}{x^3}\mathrm{e}^{\frac{1}{x^2}}}{-\frac{1}{x^2}}=\lim\limits_{x\to\infty}\dfrac{2\mathrm{e}^{\frac{1}{x^2}}}{x}=0$.

答 (1) 原题目所给的极限既不是$\dfrac{0}{0}$型,也不是$\dfrac{\infty}{\infty}$型,所以不能用洛必达法则. 正确的做法是:$\lim\limits_{x\to 0}\dfrac{x^2+1}{x-1}=\lim\limits_{x\to 0}\dfrac{0^2+1}{0-1}=-1$.

(2) 用洛必达法则后极限不存在,不能推知原式的极限就不存在. 正确的做法是:

$$\lim_{x\to\infty}\frac{\sin x+x}{x}=\lim_{x\to\infty}\left(\frac{\sin x}{x}+1\right)=0+1=1$$

(3) $x\mathrm{e}^{\frac{1}{x^2}}$ 不是 $x\to\infty$ 时的$\dfrac{0}{0}$型未定式,故不能用洛必达法则,由于$\lim\limits_{x\to\infty}\mathrm{e}^{\frac{1}{x^2}}=1$,$\lim\limits_{x\to\infty}\dfrac{1}{x}=0$,故正确结果应是$\lim\limits_{x\to\infty}x\mathrm{e}^{\frac{1}{x^2}}=\infty$.

【问 2-5-2】 下面求极限的过程中都用到了洛必达法则,解法是否正确?

(1) 设 $\varphi(x)$ 在 $x=x_0$ 的某邻域内可导,则

$$\lim_{h\to 0}\frac{\varphi(x_0+h)-\varphi(x_0-h)}{2h}=\lim_{h\to 0}\frac{\varphi'(x_0+h)+\varphi'(x_0-h)}{2}=\varphi'(x_0)$$

(2) 设 $f(x)$ 在 $x=x_0$ 处有二阶导数,则

$$\lim_{h\to 0}\frac{f(x_0+h)-2f(x_0)+f(x_0-h)}{h^2}=\lim_{h\to 0}\frac{f'(x_0+h)-f'(x_0-h)}{2h}$$

$$=\lim_{h\to 0}\frac{f''(x_0+h)+f''(x_0-h)}{2}=\frac{1}{2}[f''(x_0)+f''(x_0)]=f''(x_0)$$

答 (1) 不正确.

这里虽然当 $h\to 0$ 时,$\dfrac{\varphi(x_0+h)-\varphi(x_0-h)}{2h}$ 是$\dfrac{0}{0}$型,但我们无从知道极限

$\lim\limits_{h\to 0}[\varphi'(x_0+h)+\varphi'(x_0-h)]$ 是否有确定的意义，即缺少洛必达法则中"$\lim\limits_{x\to x_0}\dfrac{f'(x)}{g'(x)}$ 存在(或无穷大)"的条件，因此不能用洛必达法则.正确的解法应是从导数定义入手：

$$\begin{aligned}&\lim_{h\to 0}\frac{\varphi(x_0+h)-\varphi(x_0-h)}{2h}\\&=\lim_{h\to 0}\left[\frac{\varphi(x_0+h)-\varphi(x_0)}{2h}+\frac{\varphi(x_0-h)-\varphi(x_0)}{-2h}\right]\\&=\frac{1}{2}\varphi'(x_0)+\frac{1}{2}\varphi'(x_0)=\varphi'(x_0)\end{aligned}$$

(2) 不正确.

错误发生在第二次使用洛必达法则

$$\lim_{h\to 0}\frac{f'(x_0+h)-f'(x_0-h)}{2h}=\lim_{h\to 0}\frac{f''(x_0+h)+f''(x_0-h)}{2}$$

因为题设中只给出函数在 x_0 一点有二阶导数，并没有给出在 x_0 的邻域内也有二阶导数，所以不满足洛必达法则中的条件"在 x_0 的某去心邻域内，$f'(x)$ 及 $g'(x)$ 都存在"，这里与 $f(x)$ 和 $g(x)$ 对应的是函数 $\varphi(h)=f'(x_0+h)-f'(x_0-h)$ 和 $\varphi(h)=2h$.至于第三步计算还需要求 $f''(x)$ 连续，这就更不符合题设条件了.正确的做法是在第二步用导数的定义求极限：

$$\begin{aligned}&\lim_{h\to 0}\frac{f(x_0+h)-2f(x_0)+f(x_0-h)}{h^2}=\lim_{h\to 0}\frac{f'(x_0+h)-f'(x_0-h)}{2h}\\&=\frac{1}{2}\left[\lim_{h\to 0}\frac{f'(x_0+h)-f'(x_0)}{h}+\lim_{h\to 0}\frac{f'(x_0-h)-f'(x_0)}{-h}\right]\\&=\frac{1}{2}[f''(x_0)+f''(x_0)]=f''(x_0)\end{aligned}$$

【问 2-5-3】 是否求 $\dfrac{0}{0}$ 型或 $\dfrac{\infty}{\infty}$ 型未定式都能用洛必达法则呢?

答 不一定.只有满足洛必达法则的三个条件才可以.

例如，$\lim\limits_{x\to 0}\dfrac{x^2\cos\frac{1}{x}}{\tan x}$ 属于 $\dfrac{0}{0}$ 型，若使用洛必达法则，则有

$$\lim_{x\to 0}\frac{x^2\cos\frac{1}{x}}{\tan x}=\lim_{x\to 0}\frac{2x\cos\frac{1}{x}+\sin\frac{1}{x}}{\sec^2 x}$$

此式右端极限不存在，故用洛必达法则得不出结果.

对于一些 $\dfrac{0}{0}$ 型或 $\dfrac{\infty}{\infty}$ 型未定式，用洛必达法则求不出极限，并不意味着极限一定不存在.本题可用下面方法求解：

因为 $\cos\dfrac{1}{x}$ 有界，所以 $\lim\limits_{x\to 0}x\cos\dfrac{1}{x}=0$，而 $\lim\limits_{x\to 0}\dfrac{\tan x}{x}=1$，故有

$$\lim_{x\to 0}\frac{x^2\cos\frac{1}{x}}{\tan x}=\lim_{x\to 0}\frac{x\cos\frac{1}{x}}{\frac{\tan x}{x}}=0$$

【问 2-5-4】 使用洛必达法则可很快求得

$$\lim_{x\to 0}\frac{x}{\sin x}=\lim_{x\to 0}\frac{\cos x}{1}=1$$

$$\lim_{x\to\infty}\left(1+\frac{1}{x}\right)^x=\mathrm{e}^{\lim\limits_{x\to\infty}\frac{\ln(1+\frac{1}{x})}{\frac{1}{x}}}=\mathrm{e}^{\lim\limits_{x\to\infty}\frac{x}{1+x}}=\mathrm{e}$$

如果以此替代两个重要极限的证明，可以吗？

答 不可以.由于在使用洛必达法则时，所用的导数公式 $(\sin x)'=\cos x$，$(\ln x)'=\dfrac{1}{x}$ 都是在这两个重要极限的基础上建立起来的，如果要用洛必达法则证明这两个重要极限，就犯了逻辑上循环论证的错误.

【问 2-5-5】 数列极限可以直接用洛必达法则求吗？

答 不可以.因为数列没有导数，所以不能直接使用洛必达法则求数列的极限.但对于 $\dfrac{0}{0}$ 和 $\dfrac{\infty}{\infty}$ 型的数列极限可以间接地使用洛必达法则求.

例如，求 $\lim\limits_{n\to\infty}\dfrac{\ln n}{n}$，因为 $\lim\limits_{x\to+\infty}\dfrac{\ln x}{x}=\lim\limits_{x\to+\infty}\dfrac{1}{x}=0$，所以根据数列极限与函数极限的关系可得 $\lim\limits_{n\to\infty}\dfrac{\ln n}{n}=0$.

为了运算方便，可以将数列极限 $\lim\limits_{n\to\infty}f(n)$ 作为函数极限 $\lim\limits_{x\to+\infty}f(x)$ 的特殊情形来求.因为计算函数极限 $\lim\limits_{x\to+\infty}f(x)$ 的方法较多，可以带来计算上的方便.

例题解析

【例 2-5-1】 已知 $\lim\limits_{x\to a}\dfrac{x^2+bx+3b}{x-a}=8$，求 a、b 的值.

分析 由于该极限存在，且分母极限为零，因此应为 $\dfrac{0}{0}$ 型未定式，可用洛必达法则求解.

解 因为 $x\to a$ 时，分母 $(x-a)\to 0$，所以分子 $x^2+bx+3b$ 也应趋向于零，即

$$\lim_{x\to a}(x^2+bx+3b)=a^2+ab+3b=0$$

又由洛必达法则，得

$$\lim_{x\to a}\frac{x^2+bx+3b}{x-a}=\lim_{x\to a}(2x+b)=2a+b=8$$

解得

$$a=6, b=-4, \text{或 } a=-4, b=16$$

【例 2-5-2】 设函数 $f(x)$ 在 $x=0$ 处的某邻域内具有二阶连续导数，且 $\lim\limits_{x\to 0}\frac{f(x)}{x}=0, f''(0)=4$，求：(1) $f(0)$；(2) $f'(0)$；(3) $\lim\limits_{x\to 0}(1+\frac{f(x)}{x})^{\frac{1}{x}}$.

解 (1) 由于 $\lim\limits_{x\to 0}\frac{f(x)}{x}=0$ 得，$\lim\limits_{x\to 0}f(x)=f(0)=0$，故 $f(0)=0$.

(2) $\lim\limits_{x\to 0}\frac{f(x)}{x}=\lim\limits_{x\to 0}\frac{f(x)-f(0)}{x-0}=f'(0)=0$，即 $f'(0)=0$.

(3)
$$\lim_{x\to 0}\left(1+\frac{f(x)}{x}\right)^{\frac{1}{x}}=\lim_{x\to 0}\left(1+\frac{f(x)}{x}\right)^{\frac{x}{f(x)}\cdot\frac{f(x)}{x}\cdot\frac{1}{x}}$$
$$=\lim_{x\to 0}\left(1+\frac{f(x)}{x}\right)^{\frac{x}{f(x)}\cdot\frac{f(x)}{x^2}}$$

而

$$\lim_{x\to 0}\frac{f(x)}{x^2}=\lim_{x\to 0}\frac{f'(x)}{2x}=\lim_{x\to 0}\frac{f''(x)}{2}$$
$$=\frac{f''(0)}{2}=\frac{1}{2}\times 4=2$$

所以

$$\lim_{x\to 0}(1+\frac{f(x)}{x})^{\frac{1}{x}}=e^2$$

【例 2-5-3】 如果 $\lim\limits_{x\to+\infty}\frac{\ln(1+ce^x)}{\sqrt{1+cx^2}}=4$，求 c.

分析 用 $\frac{\infty}{\infty}$ 型未定式的洛必达法则.

解
$$\text{原式}=\lim_{x\to+\infty}\frac{ce^x}{1+ce^x}\Big/\frac{cx}{\sqrt{1+cx^2}}$$
$$=\lim_{x\to+\infty}\frac{ce^x}{1+ce^x}\lim_{x\to+\infty}\frac{\sqrt{1+cx^2}}{cx}$$
$$=\lim_{x\to+\infty}\frac{c}{e^{-x}+c}\cdot\frac{\sqrt{c}}{c}=\frac{\sqrt{c}}{c}=4$$

解得

$$c=\frac{1}{16}$$

【例 2-5-4】 求 $\lim\limits_{x\to 0}\frac{\sqrt{1+\tan x}-\sqrt{1+\sin x}}{x\ln(1+x)-x^2}$.

分析 本题为求 $\frac{0}{0}$ 型未定式极限，显然若直接用洛必达法则，计算将很烦琐. 可先用有理化分子的方法将其变形为“乘积的极限”，再用洛必达法则解之.

解 原式$=\lim\limits_{x\to 0}\dfrac{\tan x-\sin x}{x[\ln(1+x)-x]}\cdot\dfrac{1}{\sqrt{1+\tan x}+\sqrt{1+\sin x}}$

$$=\lim_{x\to 0}\frac{\tan x}{x}\lim_{x\to 0}\frac{1-\cos x}{\ln(1+x)-x}\lim_{x\to 0}\frac{1}{\sqrt{1+\tan x}+\sqrt{1+\sin x}}$$

$$=\frac{1}{2}\lim_{x\to 0}\frac{\sin x}{\dfrac{-x}{1+x}}=-\frac{1}{2}$$

习题精解

1. 求下列极限

(4) $\lim\limits_{x\to 0}\dfrac{\tan x-x}{x^2\sin x}$； (6) $\lim\limits_{x\to 0}\dfrac{2^x-3^x}{x}$；

(10) $\lim\limits_{x\to 0}\dfrac{e^x-e^{-x}-2x}{x-\sin x}$； (11) $\lim\limits_{x\to\frac{\pi}{2}}\dfrac{\ln\sin x}{(\pi-2x)^2}$.

解 (4) $\lim\limits_{x\to 0}\dfrac{\tan x-x}{x^2\sin x}=\lim\limits_{x\to 0}\dfrac{\tan x-x}{x^3}=\lim\limits_{x\to 0}\dfrac{\sec^2 x-1}{3x^2}$

$$=\lim_{x\to 0}\frac{\tan^2 x}{3x^2}=\frac{1}{3}$$

(6) $\lim\limits_{x\to 0}\dfrac{2^x-3^x}{x}=\lim\limits_{x\to 0}\dfrac{2^x\ln 2-3^x\ln 3}{1}=\ln 2-\ln 3$

(10) $\lim\limits_{x\to 0}\dfrac{e^x-e^{-x}-2x}{x-\sin x}=\lim\limits_{x\to 0}\dfrac{e^x+e^{-x}-2}{1-\cos x}=\lim\limits_{x\to 0}\dfrac{e^x-e^{-x}}{\sin x}$

$$=\lim_{x\to 0}\frac{e^x-e^{-x}}{x}=\lim_{x\to 0}\frac{(e^x-1)-(e^{-x}-1)}{x}$$

$$=\lim_{x\to 0}\frac{e^x-1}{x}+\lim_{x\to 0}\frac{e^{-x}-1}{-x}=1+1=2$$

(11) $\lim\limits_{x\to\frac{\pi}{2}}\dfrac{\ln\sin x}{(\pi-2x)^2}=\lim\limits_{x\to\frac{\pi}{2}}\dfrac{\dfrac{1}{\sin x}\cos x}{2(\pi-2x)(-2)}=-\dfrac{1}{4}\lim\limits_{x\to\frac{\pi}{2}}\dfrac{\cot x}{\pi-2x}$

$$=-\frac{1}{4}\lim_{x\to\frac{\pi}{2}}\frac{-\csc^2 x}{-2}=-\frac{1}{4}\times\frac{1}{2}=-\frac{1}{8}$$

2. 求下列极限：

(1) $\lim\limits_{x\to\infty}\dfrac{\ln x}{\sqrt{x}}$； (6) $\lim\limits_{x\to+\infty}\dfrac{\ln(1+e^{x^2})}{x}$.

解 (1) $\lim\limits_{x\to\infty}\dfrac{\ln x}{\sqrt{x}}=\lim\limits_{x\to\infty}\dfrac{2}{\sqrt{x}}=0$

(6) 原式$=\lim\limits_{x\to+\infty}\dfrac{2xe^{x^2}}{1+e^{x^2}}=\lim\limits_{x\to+\infty}\dfrac{2x}{1+\dfrac{1}{e^{x^2}}}=+\infty$，所以极限不存在.

3. 求下列极限：

(3) $\lim\limits_{x\to 0}\left(\dfrac{1}{x}-\cot x\right)$；　　(8) $\lim\limits_{x\to 1}\left(\dfrac{1}{\ln x}-\dfrac{1}{x-1}\right)$.

解　(3) $\lim\limits_{x\to 0}\left(\dfrac{1}{x}-\cot x\right)=\lim\limits_{x\to 0}\dfrac{\sin x-x\cos x}{x\sin x}=\lim\limits_{x\to 0}\dfrac{x\sin x}{2x}=0$

(8) $\lim\limits_{x\to 1}\left(\dfrac{1}{\ln x}-\dfrac{1}{x-1}\right)=\lim\limits_{x\to 1}\dfrac{(x-1)-\ln x}{(x-1)\ln x}=\lim\limits_{x\to 1}\dfrac{1-\dfrac{1}{x}}{\dfrac{x-1}{x}+\ln x}$

$$=\lim_{x\to 1}\frac{x-1}{x-1+x\ln x}=\frac{1}{1+1+\ln 1}=\frac{1}{2}$$

4. 求下列极限：

(3) $\lim\limits_{x\to 0^+}x^x$；　　(4) $\lim\limits_{x\to 0^+}(\tan x)^{\sin x}$.

解　(3) $\lim\limits_{x\to 0^+}x^x=\lim\limits_{x\to 0^+}e^{x\ln x}=e^{\lim\limits_{x\to 0^+}\frac{\ln x}{\frac{1}{x}}}=e^{\lim\limits_{x\to 0^+}\frac{\frac{1}{x}}{-\frac{1}{x^2}}}=e^{-\lim\limits_{x\to 0^+}x}=1$

(4) $\lim\limits_{x\to 0^+}(\tan x)^{\sin x}=\lim\limits_{x\to 0^+}e^{\sin x\ln(\tan x)}=e^{\lim\limits_{x\to 0^+}\sin x\ln(\tan x)}$

$$=e^{\lim\limits_{x\to 0^+}\frac{\ln(\tan x)}{\csc x}}=e^{\lim\limits_{x\to 0^+}\frac{\frac{1}{\tan x}\sec^2 x}{-\csc x\cot x}}$$

$$=e^{-\lim\limits_{x\to 0^+}\frac{\sin x}{\cos^2 x}}=e^0=1$$

5. 试论证下列极限存在，但不能用洛必达法则来求：

(2) $\lim\limits_{x\to+\infty}\dfrac{x+\sin x}{x+\cos x}$；　　(4) $\lim\limits_{x\to\frac{\pi}{2}}\dfrac{\sec x}{\tan x}$.

解　(2) $\lim\limits_{x\to+\infty}\dfrac{x+\sin x}{x+\cos x}=\lim\limits_{x\to+\infty}\dfrac{1+\dfrac{\sin x}{x}}{1+\dfrac{\cos x}{x}}=1.$

若用洛必达法则求，则有 $\lim\limits_{x\to+\infty}\dfrac{x+\sin x}{x+\cos x}=\lim\limits_{x\to+\infty}\dfrac{1+\cos x}{1-\sin x}$，不能求出.

(4) $\lim\limits_{x\to\frac{\pi}{2}}\dfrac{\sec x}{\tan x}=\lim\limits_{x\to\frac{\pi}{2}}\dfrac{1}{\sin x}=1$，若使用洛必达法则，则有

$$\lim_{x\to\frac{\pi}{2}}\frac{\sec x}{\tan x}=\lim_{x\to\frac{\pi}{2}}\frac{\sec x\tan x}{\sec^2 x}=\lim_{x\to\frac{\pi}{2}}\frac{\tan x}{\sec x}=\lim_{x\to\frac{\pi}{2}}\frac{\sec x}{\tan x}$$

原式将往复出现，所以无法求出.

6. 讨论函数 $f(x)=\begin{cases}\left[\dfrac{(1+x)^{\frac{1}{x}}}{e}\right]^{\frac{1}{x}}, & x>0\\ e^{-\frac{1}{2}}, & x\leqslant 0\end{cases}$ 在 $x=0$ 处的连续性.

解 由于 $\lim\limits_{x\to0^+}\left[\dfrac{(1+x)^{\frac{1}{x}}}{\mathrm{e}}\right]^{\frac{1}{x}} = \lim\limits_{x\to0^+}\mathrm{e}^{\frac{\ln(1+x)-x}{x^2}} = \mathrm{e}^{\lim\limits_{x\to0^+}\frac{\ln(1+x)-x}{x^2}}$

$$= \mathrm{e}^{\lim\limits_{x\to0^+}\frac{\frac{1}{1+x}-1}{2x}} = \mathrm{e}^{\lim\limits_{x\to0^+}\frac{-1}{2(1+x)}}$$

$$= \mathrm{e}^{-\frac{1}{2}} = \lim_{x\to0^-} f(x) f(0)$$

因此 $f(x)$ 在 $x=0$ 处连续.

第六节 微分中值定理

内容提要

1. 理解罗尔中值定理

设函数 $f(x)$ 在闭区间 $[a,b]$ 上连续,在开区间 (a,b) 内可导,且 $f(a)=f(b)$,则至少存在一点 $\xi\in(a,b)$,使得

$$f'(\xi)=0$$

2. 理解拉格朗日中值定理

设函数 $f(x)$ 在闭区间 $[a,b]$ 上连续,在开区间 (a,b) 内可导,则至少存在一点 $\xi\in(a,b)$,使得

$$f'(\xi)=\frac{f(b)-f(a)}{b-a} \text{ 或 } f(b)-f(a)=f'(\xi)(b-a)$$

3. 了解柯西中值定理

设函数 $f(x)$ 和 $g(x)$ 在闭区间 $[a,b]$ 上连续,在开区间 (a,b) 内可导,且 $g'(x)\neq0$,则至少存在一点 $\xi\in(a,b)$,使得

$$\frac{f(b)-f(a)}{g(b)-g(a)}=\frac{f'(\xi)}{g'(\xi)}$$

罗尔中值定理是拉格朗日中值定理的特例,柯西中值定理是拉格朗日中值定理的推广.

释疑解惑

【问 2-6-1】 拉格朗日中值定理的条件“$f(x)$ 在 $[a,b]$ 上连续,在 (a,b) 内可导”是结论成立的必要条件吗?

答 不是必要条件,只是充分条件.

例如,设函数 $f(x)=\begin{cases}x^2, & x<2\\ x^3, & x\geqslant2\end{cases}$ 在 $[2,4]$ 上,由 $f(2-0)=4$,$f(2+0)=8$,知 $f(x)$ 在 $x=2$ 处不连续,当然也不可导,但

$$f'(x)=3x^2,3\xi^2=\frac{f(4)-f(2)}{4-2}=\frac{4^3-2^3}{4-2}=28$$

取 $\xi=\sqrt{\frac{28}{3}}=2\sqrt{\frac{7}{3}}\in(2,4)$ 即可.

事实上，罗尔、拉格朗日、柯西微分中值定理的条件均是充分条件，而非必要条件.

但是当中值定理的条件不全满足时，结论可能不对. 下面以图 2-6 举例说明. 图 2-6 所对应的函数，罗尔定理的结论均不成立，即在 (a,b) 内不存在这样的点 ξ，使 $f'(\xi)=0$.

图 2-7 中，确定存在 $\xi\in(a,b)$，使 $f'(\xi)=0$，但罗尔定理的条件不全满足，这再一次说明罗尔定理的条件与拉格朗日定理的条件一样，是充分的，但不是必要的.

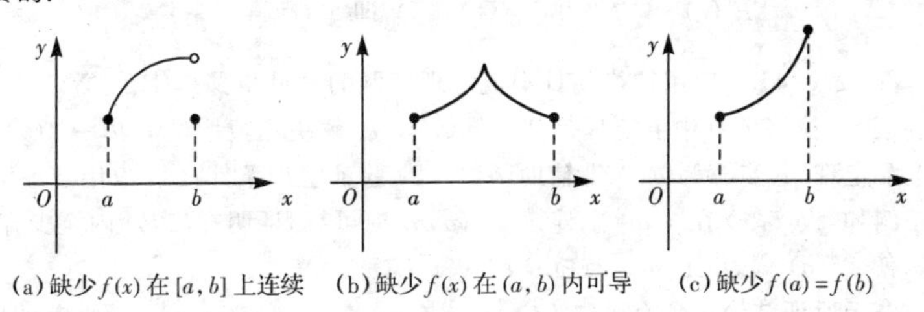

(a) 缺少 $f(x)$ 在 $[a,b]$ 上连续　(b) 缺少 $f(x)$ 在 (a,b) 内可导　(c) 缺少 $f(a)=f(b)$

图 2-6

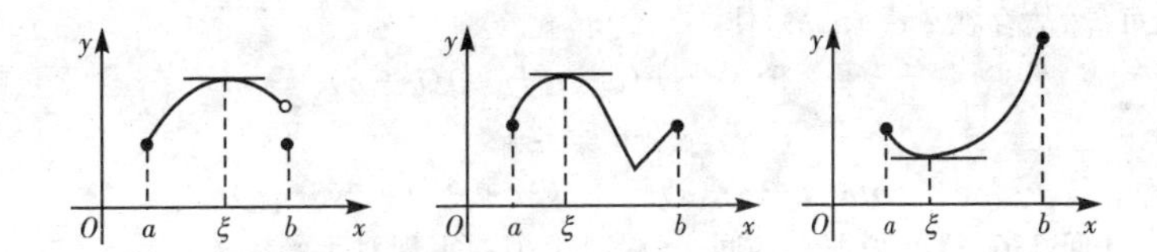

(a) 缺少 $f(x)$ 在 $[a,b]$ 上连续　(b) 缺少 $f(x)$ 在 (a,b) 内可导　(c) 缺少 $f(a)=f(b)$

图 2-7

【问 2-6-2】　试找出罗尔定理三个条件都不满足的函数，却在其定义域里有点 x_0，使得 $f'(x_0)=0$.

答　例如函数 $f(x)=\begin{cases}\sin x, & 0\leqslant x\leqslant\frac{3}{4}\pi\\ \cos x, & \frac{3}{4}\pi<x\leqslant\frac{5}{4}\pi\end{cases}$，在 $x=\frac{\pi}{2}$ 与 $x=\pi$ 处，有 $f'\left(\frac{\pi}{2}\right)=f'(\pi)=0$. 此例说明罗尔定理的三个条件仅仅是充分的.

【问 2-6-3】 应用罗尔定理证题的常用步骤是什么？

答 当所讨论的问题为$f'(x)=0$根的存在性时，常用罗尔定理证明.其步骤为：(1) 从所证结论出发，作出辅助函数；(2) 验证定理的条件；(3) 应用定理结论.

例如，设$f(x)$在$[0,1]$上连续，在$(0,1)$内可导，且$f(1)=0$，证明至少存在一点$c\in(0,1)$，使$f'(c)=-\dfrac{f(c)}{c}$.

由$f'(c)=-\dfrac{f(c)}{c}$可知，只要证$cf'(c)+f(c)=[xf(x)]'\big|_{x=c}=0$，故取辅助函数$F(x)=xf(x)$，由$F(0)=F(1)=0$，及$F(x)$在$[0,1]$上连续，在$(0,1)$内可导，应用罗尔定理，存在一点$c\in(0,1)$使

$$F'(c)=cf'(c)+f(c)=0,\text{即 } f'(c)=-\frac{f(c)}{c}$$

【问 2-6-4】 应用拉格朗日中值定理证题的常见步骤是什么？

答 拉格朗日中值定理是利用导数$f'(\xi)$解决函数增量$f(b)-f(a)$问题的重要定理.其步骤为：(1) 设辅助函数；(2) 验证定理条件；(3) 应用定理结论.

例如，设$f(x)$在$[a,b]$上连续，在(a,b)内可导，证明在(a,b)内至少存在一点ξ，使$bf(b)-af(a)=[f(\xi)+\xi f'(\xi)](b-a)$.

由于所证结论中含有函数$F(x)=xf(x)$在$x=b$和$x=a$两点差的形式，故考虑应用拉格朗日中值定理.

设辅助函数$F(x)=xf(x)$，$x\in[a,b]$，显然$F(x)$在$[a,b]$上连续，在(a,b)内可导，故存在$\xi\in(a,b)$，使

$$F(b)-F(a)=F'(\xi)(b-a)$$

即

$$bf(b)-af(a)=[f(\xi)+\xi f'(\xi)](b-a)$$

【问 2-6-5】 说明在区间$[-1,1]$上柯西定理对于函数$f(x)=x^2$及$g(x)=x^3$为何不成立？

答 $f(x)$，$g(x)$在区间$[-1,1]$上虽然有连续的导函数，且$g(-1)\neq g(1)$，但是当$x=0$时，$[f'(x)]^2+[g'(x)]^2=4x^2+9x^4=0$.因此对于函数$f(x)$和$g(x)$不满足柯西定理的条件.事实上，$\dfrac{f(1)-f(-1)}{g(1)-g(-1)}=0$，而$\dfrac{f'(\xi)}{g'(\xi)}=\dfrac{2\xi}{3\xi^2}\neq 0$，$\xi\in(-1,1)$，且$\xi\neq 0$，它们是不相等的.

【问 2-6-6】 若函数$f(x)$，$g(x)$满足柯西中值定理条件，有人用下面的方法证明柯西中值定理

$$\frac{f(b)-f(a)}{g(b)-g(a)}\xlongequal[\text{中值定理}]{\text{应用拉格朗日}}\frac{f'(\xi)(b-a)}{g'(\xi)(b-a)}=\frac{f'(\xi)}{g'(\xi)}$$

问该证法是否正确?

答 不正确.

根据拉格朗日中值定理

$$f(b)-f(a)=f'(\xi_1)(b-a),\quad a<\xi_1<b$$

$$g(b)-g(a)=g'(\xi_2)(b-a),\quad a<\xi_2<b$$

但点 ξ_1 与点 ξ_2 不一定相等,故原来的证明中用一个点 ξ 是错误的.

例题解析

【例 2-6-1】 设 $f(x)$、$g(x)$ 在$[a,b]$上连续,在(a,b)内可导,又设对(a,b)内所有的 x,$g'(x)\neq 0$,则在(a,b)内至少有一点 ξ,使得

$$\frac{f'(\xi)}{g'(\xi)}=\frac{f(\xi)-f(a)}{g(b)-g(\xi)}$$

分析 将欲证结论变形为 $f'(\xi)[g(b)-g(\xi)]-g'(\xi)[f(\xi)-f(a)]=0$,故考虑辅助函数$[f(x)-f(a)][g(b)-g(x)]$,应用罗尔定理证明.

证明 令 $F(x)=[f(x)-f(a)][g(b)-g(x)]$,则 $F(x)$ 在$[a,b]$上连续,在(a,b)内可导,且 $F(a)=F(b)=0$,故用罗尔定理知,在(a,b)内至少存在一点 ξ,故得 $F'(\xi)=0$,即

$$f'(\xi)[g(b)-g(\xi)]+[f(\xi)-f(a)]\cdot[-g'(\xi)]=0$$

故有

$$\frac{f'(\xi)}{g'(\xi)}=\frac{f(\xi)-f(a)}{g(b)-g(\xi)}$$

【例 2-6-2】 已知 $f(x)$ 在$(-\infty,+\infty)$内可导,$\lim\limits_{x\to\infty}f'(x)=\mathrm{e}$,且 $\lim\limits_{x\to\infty}\left(\frac{x+c}{x-c}\right)^x=\lim\limits_{x\to\infty}[f(x)-f(x-1)]$,求常数 c.

分析 已知等式左端 $=\mathrm{e}^{2c}$,右端 $f(x)-f(x-1)$ 为函数值增量,考虑用拉格朗日中值定理.

解

$$\lim_{x\to\infty}\left(\frac{x+c}{x-c}\right)^x=\mathrm{e}^{2c}$$

$$\begin{aligned}\lim_{x\to\infty}[f(x)-f(x-1)]&=\lim_{\xi\to\infty}f'(\xi)[x-(x-1)]\quad \xi\in(x-1,x)\\&=\lim_{\xi\to\infty}f'(\xi)=\mathrm{e}\end{aligned}$$

即 $\mathrm{e}^{2c}=\mathrm{e}$,故 $c=\frac{1}{2}$

【例 2-6-3】 设 $f(x)$ 在$[0,x](x>0)$上连续,在$(0,x)$内可导,且 $f(0)=0$,证明存在一点 $\xi\in(0,x)$,使 $f(x)=(1+\xi)f'(\xi)\ln(1+x)$.

分析 所证等式变形为

$$\frac{f(x)}{\ln(1+x)}=(1+\xi)f'(\xi)=\frac{f'(\xi)}{\frac{1}{1+\xi}} \qquad (*)$$

注意到 $1+\xi=[\ln(1+x)]'|_{x=\xi}$，式(*)左端为两函数 $f(x)$ 与 $\ln(1+x)$ 之比，故可用柯西中值定理证明.

证明 函数 $f(x)$，$\ln(1+x)$ 在 $[0,x]$ 上满足柯西中值定理，故

$$\frac{f(x)-f(0)}{\ln(1+x)-\ln(1+0)}=\frac{f(x)}{\ln(1+x)}=\frac{f'(\xi)}{\frac{1}{1+\xi}}=(1+\xi)f'(\xi)$$

$\xi\in(0,x)$，得证.

【例 2-6-4】 设函数 $f(x)$ 在区间 $[0,3]$ 上连续，在 $(0,3)$ 内可导，且 $f(0)+f(1)+f(2)=3$，$f(3)=1$，试证必存在 $\xi\in(0,3)$，使得 $f'(\xi)=0$.

分析 本题关键是证明存在一点 $c\in(0,3)$，使 $f(c)=1$，再用罗尔定理证明即可.

证明 因为函数 $f(x)$ 在区间 $[0,3]$ 上连续，所以 $f(x)$ 在区间 $[0,2]$ 上连续，且在 $[0,2]$ 上必有最大值 M 和最小值 m，于是 $m<f(0)<M$，$m<f(1)<M$，$m<f(2)<M$，故 $m<\frac{f(0)+f(1)+f(2)}{3}=1<M$，这表明 $\frac{1}{3}[f(0)+f(1)+f(2)]$ 是函数 $f(x)$ 当 $x\in[0,2]$ 时值域 $[m,M]$ 上的一个点. 由闭区间上连续函数的最大值最小值定理与介值定理知，至少存在一点 $c\in[0,2]$，使 $f(c)=\frac{1}{3}[f(0)+f(1)+f(2)]=1$.

因为 $f(c)=1=f(3)$，且 $f(x)$ 在区间 $[c,3]$ 上连续，在 $(c,3)$ 内可导，所以由罗尔定理知，必存在 $\xi\in(c,3)\subset(0,3)$，使得 $f'(\xi)=0$.

【例 2-6-5】 证明：若函数 $f'(x)=\lambda f(x)$（λ 为常数），$x\in(-\infty,+\infty)$，则 $f(x)$ 为指数函数.

证明 任取一点 $x\neq0$，函数 $f(x)e^{-\lambda x}$ 在以 x 与 0 为端点的区间上满足拉格朗日中值定理的条件，所以

$f(x)e^{-\lambda x}-f(0)e^{-\lambda\cdot 0}=[f'(\xi)e^{-\lambda\xi}-\lambda f(\xi)e^{-\lambda\xi}](x-0)$，$\xi$ 介于 x 与 0 之间.

因为 $f'(\xi)=\lambda f(\xi)$，所以 $f(x)e^{-\lambda x}-f(0)e^{-\lambda\cdot 0}=0$. 所以 $f(x)=f(0)e^{\lambda x}$ $(x\neq0)$，此式在 $x=0$ 时亦成立. 所以 $f(x)=f(0)e^{\lambda x}$，$x\in(-\infty,+\infty)$ 为指数函数.

习题精解

4. 如果 $a_0,a_1\cdots,a_n$ 是满足 $a_0+\frac{a_1}{2}+\cdots+\frac{a_n}{n+1}=0$ 的实数，证明方程 $a_0+a_1x+\cdots+a_nx^n=0$ 在 $(0,1)$ 内至少有一个实根.

证明 令 $f(x)=a_0x+\frac{a_1}{2}x^2+\cdots+\frac{a_n}{n+1}x^{n+1}$,则 $f(x)$ 可导,$f'(x)=a_0+a_1x+\cdots+a_nx^n$,又 $f(0)=0$,$f(1)=a_0+\frac{a_1}{2}+\cdots+\frac{a_n}{n+1}=0$,即有 $f(0)=f(1)$,根据罗尔定理,可知至少有一个 $\xi\in(0,1)$,使 $f'(\xi)=0$,即方程 $a_0+a_1x+\cdots+a_nx^n=0$ 在 $(0,1)$ 内至少有一个实根.

5. 证明方程 $x^3+x-1=0$ 在区间 $(0,1)$ 内只有一个实根.

证明 存在性 设函数 $f(x)=x^3+x-1$,有 $f(0)=-1<0$,$f(1)=1>0$,依零点定理知,存在 $x_1\in(0,1)$,使得 $f(x_1)=0$,即 $x_1^3+x_1-1=0$.

唯一性 用反证法,若还存在 $x_2\in(0,1)$,$x_2\neq x_1$,使得 $f(x_2)=0$,则由罗尔定理,在 x_1 与 x_2 之间存在一点 ξ,使得 $f'(\xi)=3\xi^2+1=0$. 这与 $f'(x)=3x^2+1>0$ 矛盾,故在 $(0,1)$ 内有唯一一点 x,满足 $f(x)=0$,即方程 $x^3+x-1=0$ 在区间 $(0,1)$ 内只有一个实根.

6. 证明下列恒等式:

(1) $\arctan x+\arctan\frac{1}{x}=\frac{\pi}{2}(x>0)$

证明 令 $f(x)=\arctan x+\arctan\frac{1}{x}$,则

$$f'(x)=\frac{1}{1+x^2}+\frac{1}{1+\frac{1}{x^2}}\left(-\frac{1}{x^2}\right)=0$$

所以 $f(x)$ 为常数. 由 $f(1)=\arctan 1+\arctan 1=\frac{\pi}{4}+\frac{\pi}{4}=\frac{\pi}{2}$,可知

$$\arctan x+\arctan\frac{1}{x}=\frac{\pi}{2}$$

8. 证明:对函数 $f(x)=px^2+qx+r$ 在某区间上应用拉格朗日中值定理所求得的 ξ 必位于该区间的中点,这里 p,q,r 是常数.

证明 对函数 $f(x)=px^2+qx+r$ 在区间 $[x_1,x_2]$ 上应用拉格朗日中值定理,则

$$f(x_2)-f(x_1)=f'(\xi)(x_2-x_1)$$

即

$$(px_2^2+qx_2+r)-(px_1^2+qx_1+r)=(2p\xi+q)(x_2-x_1)$$

整理得

$$p(x_2^2-x_1^2)+q(x_2-x_1)=(2p\xi+q)(x_2-x_1)$$

$$2p\xi+q=p(x_2+x_1)+q$$

$$\xi=\frac{x_2+x_1}{2}$$

即 ξ 位于区间 $[x_1,x_2]$ 的中点.

9. 证明下列不等式：

(2) $\dfrac{\alpha-\beta}{\cos^2\beta}\leqslant\tan\alpha-\tan\beta\leqslant\dfrac{\alpha-\beta}{\cos^2\alpha}$，其中 $0<\beta\leqslant\alpha<\dfrac{\pi}{2}$.

证明 当 $\alpha=\beta$ 时，等号显然成立. 以下设 $\alpha>\beta$，设 $f(x)=\tan x$，则 $f(x)$ 在 $[\beta,\alpha]$ 上连续，在 (β,α) 内可导，由拉格朗日中值定理可知，至少有一点 $\xi\in(\beta,\alpha)$，使得

$$\tan\alpha-\tan\beta=\frac{1}{\cos^2\xi}(\alpha-\beta)$$

因为 $\cos x$ 在 $\left[0,\dfrac{\pi}{2}\right]$ 上单调减少，所以

$$\frac{\alpha-\beta}{\cos^2\beta}\leqslant\tan\alpha-\tan\beta\leqslant\frac{\alpha-\beta}{\cos^2\alpha}$$

10. 设 $f(x)$ 在 $[a,b]$ 上连续，在 (a,b) 内可导 $(0<a<b)$. 证明：方程 $f(b)-f(a)=\ln\left(\dfrac{b}{a}\right)xf'(x)$ 在 (a,b) 内至少有一个根.

证明 设 $g(x)=\ln x$，显然 $g(x)$ 在 $[a,b]$ 上连续，在 (a,b) 内可导，从而 $f(x)$，$g(x)$ 在 $[a,b]$ 上满足柯西中值定理的条件. 由柯西中值定理，至少存在一点 $\xi\in(a,b)$，使

$$\frac{f(b)-f(a)}{g(b)-g(a)}=\frac{f'(\xi)}{g'(\xi)}$$

即

$$\frac{f(b)-f(a)}{\ln b-\ln a}=\frac{f'(\xi)}{\dfrac{1}{\xi}}$$

$$f(b)-f(a)=\ln\left(\frac{b}{a}\right)\xi f'(\xi)$$

ξ 即为方程 $f(b)-f(a)=\ln\left(\dfrac{b}{a}\right)xf'(x)$ 的一个根.

11. 设函数 $f(x)$ 在区间 $[a,b]$ 上连续 $(a>0)$，在 (a,b) 内可导，证明存在 ξ，$\eta\in(a,b)$，使得 $f'(\xi)=\dfrac{a+b}{2\eta}f'(\eta)$.

证明 设 $g(x)=x^2$，则 $f(x)$，$g(x)$ 在 $[a,b]$ 上满足柯西中值定理的条件，则至少存在一点 $\xi\in(a,b)$，使 $\dfrac{f(b)-f(a)}{b^2-a^2}=\dfrac{f'(\eta)}{2\eta}$. 又 $f(x)$ 在区间 $[a,b]$ 上满足拉格朗日中值定理，则

$$f(b)-f(a)=f'(\xi)(b-a)$$

代入上式，有

$$\frac{f'(\xi)(b-a)}{b^2-a^2}=\frac{f'(\eta)}{2\eta}$$

即

$$f'(\xi)=\frac{(a+b)}{2\eta}f'(\eta)$$

第七节　泰勒公式——用多项式逼近函数

内容提要

1. 理解泰勒公式

设函数 $f(x)$ 在点 x_0 处有 n 阶导数，则有

$$f(x)=f(x_0)+f'(x_0)(x-x_0)+\cdots+\frac{f^{(n)}(x_0)}{n!}(x-x_0)^n+o((x-x_0)^n)$$

其中 $R_n(x)=o((x-x_0)^n)$ 称为皮亚诺余项.

若 $f(x)$ 在 (a,b) 内具有直到 $n+1$ 阶导数，$x,x_0\in(a,b)$，且 $x\neq x_0$，则在 x_0 与 x 之间至少有一点 ξ，使得

$$f(x)=f(x_0)+f'(x_0)(x-x_0)+\cdots+\frac{f^{(n)}(x_0)}{n!}(x-x_0)^n+R_n(x)$$

其中 $R_n(x)=\dfrac{f^{(n+1)}(\xi)}{(n+1)!}(x-x_0)^{n+1}$ 称为拉格朗日型余项.

上式中，令 $n=0$，则得 $f(x)=f(x_0)+f'(\xi)(x-x_0)$，这恰好是拉格朗日中值定理；若令 $x_0=0$，可得

$$f(x)=f(0)+f'(0)x+\frac{f''(0)}{2!}x^2+\cdots+\frac{f^{(n)}(0)}{n!}x^n+R_n(x)$$

其中 $R_n(x)=\dfrac{f^{(n+1)}(\theta x)}{(n+1)!}x^{n+1}\quad(0<\theta<1)$，上式称为麦克劳林公式.

2. 几个常用函数的麦克劳林公式

(1) $e^x=1+x+\dfrac{x^2}{2!}+\cdots+\dfrac{x^n}{n!}+\dfrac{e^{\theta x}}{(n+1)!}x^{n+1}$，$(0<\theta<1,-\infty<x<+\infty)$

(2) $$\sin x=x-\frac{x^3}{3!}+\frac{x^5}{5!}-\cdots+(-1)^{m-1}\frac{x^{2m-1}}{(2m-1)!}+(-1)^m\frac{\cos\theta x}{(2m+1)!}x^{2m+1}\qquad(0<\theta<1,-\infty<x<+\infty)$$

(3) $$\cos x=1-\frac{x^2}{2!}+\frac{x^4}{4!}-\cdots+(-1)^m\frac{x^{2m}}{(2m)!}+(-1)^{m+1}\frac{\cos\theta x}{(2m+2)!}x^{2m+2}\qquad(0<\theta<1,-\infty<x<+\infty)$$

(4) $\ln(1+x)=x-\dfrac{x^2}{2}+\dfrac{x^3}{3}-\cdots+(-1)^{n-1}\dfrac{x^n}{n}+$

$$\frac{(-1)^n}{(n+1)(1+\theta x)^{n+1}}x^{n+1} \qquad (0<\theta<1,-1<x<+\infty)$$

(5) $$(1+x)^m = 1+mx+\frac{m(m-1)}{2!}x^2+\cdots+\frac{m(m-1)\cdots(m-n+1)}{n!}x^n+$$

$$\frac{m(m-1)\cdots(m-n)}{(n+1)!}\frac{x^{n+1}}{(1+\theta x)^{n+1-m}} \quad (0<\theta<1,-1<x<+\infty)$$

其中 m 为任意常数

上面各式给出的是拉格朗日余项,读者不难对应写出以上几个初等函数带皮亚诺余项的麦克劳林公式.

释疑解惑

【问 2-7-1】 设 $f(x)$ 在 (a,b) 内有 $n+1$ 阶导数,$x_0 \in (a,b)$ 则对任意的 $x \in (a,b)$,有

$$f(x)=f(x_0)+f'(x_0)(x-x_0)+\frac{f''(x_0)}{2!}(x-x_0)^2+\cdots+$$

$$\frac{f^{(n)}(x_0)}{n!}(x-x_0)^n+R_n(x) \tag{1}$$

其中 $R_n(x)=\dfrac{f^{(n+1)}(\xi)}{(n+1)!}(x-x_0)^{n+1}$($\xi$ 介于 x_0 与 x 之间),问下列两个等式是否成立?

(1) 当 x 固定时,$\lim\limits_{n\to\infty}R_n(x)=0$;

(2) 当 n 固定时,$\lim\limits_{x\to x_0}R_n(x)=0$.

答 (1) 等式不一定成立.

因为当 x 确定后,$R_n(x)=\dfrac{f^{(n+1)}(\xi)}{(n+1)!}(x-x_0)^{n+1}$ 与 n,ξ 有关,而 ξ 又与 n 有关,当 $n\to\infty$ 时,$R_n(x)$ 不一定趋于 0.

例如,$f(x)=\dfrac{1}{1-x}$ 在 $(-\infty,1)$ 内有任意阶导数,且

$$\frac{1}{1-x}=1+x+x^2+\cdots+x^n+R_n(x)$$

取 $x=-2$,则 $R_n(-2)=\dfrac{1}{3}-[1-2+2^2-\cdots+(-1)^n 2^n]=(-1)^{n+1}\dfrac{2^{n+1}}{3}$,显然,当 $n\to\infty$ 时,$R_n(-2)$ 不趋于 0.

(2) 等式成立.

因为由式(1)

$$R_n(x)=f(x)-[f(x_0)+f'(x_0)(x-x_0)+\frac{f''(x_0)}{2!}(x-x_0)^2+\cdots+$$

$$\frac{f^{(n)}(x_0)}{n!}(x-x_0)^n]$$

对于固定的 n，有

$$\lim_{x\to x_0}R_n(x)=\lim_{x\to x_0}\{f(x)-[f(x_0)+f'(x_0)(x-x_0)+\frac{f''(x_0)}{2!}(x-x_0)^2+\cdots+\frac{f^{(n)}(x_0)}{n!}(x-x_0)^n]\}=0$$

【问 2-7-2】　应用泰勒公式证题应注意些什么？

答　从泰勒公式的形式知，当讨论函数与其高阶导数的关系时，可考虑应用泰勒公式.

应用泰勒公式时，应考虑下面三个要素：① 在何处展开；② 展成几阶泰勒公式；③ 展开后 x 取何值.

例如，设 $f(x)$ 在 $x=0$ 的某邻域内具有二阶连续导数，且 $f(0)\neq 0$，$f'(0)\neq 0$，$f''(0)\neq 0$，证明存在唯一的一组实数 $\lambda_1,\lambda_2,\lambda_3$，使得当 $h\to 0$ 时，$\lambda_1 f(h)+\lambda_2 f(2h)+\lambda_3 f(3h)-f(0)$ 是比 h^2 高阶的无穷小.

证明　考虑到已知条件，选择在 $x_0=0$ 处展开，再将 $x=h,2h,3h$ 代入得

$$f(h)=f(0)+f'(0)h+\frac{f''(0)}{2!}h^2+o(h^2)$$

$$f(2h)=f(0)+2f'(0)h+2f''(0)h^2+o(h^2)$$

$$f(3h)=f(0)+3f'(0)h+\frac{9}{2}f''(0)h^2+o(h^2)$$

则有

$$\begin{aligned}&\lambda_1 f(h)+\lambda_2 f(2h)+\lambda_3 f(3h)-f(0)\\=&(\lambda_1+\lambda_2+\lambda_3-1)f(0)+(\lambda_1+2\lambda_2+3\lambda_3)f'(0)h+\\&\frac{1}{2}(\lambda_1+4\lambda_2+9\lambda_3)f''(0)h^2+o(h^2)\end{aligned}$$

所以，$\lambda_1,\lambda_2,\lambda_3$ 满足

$$\begin{cases}\lambda_1+\lambda_2+\lambda_3=1\\\lambda_1+2\lambda_2+3\lambda_3=0\\\lambda_1+4\lambda_2+9\lambda_3=0\end{cases}$$

由于其系数行列式 $\begin{vmatrix}1&1&1\\1&2&3\\1&4&9\end{vmatrix}=2\neq 0$，因此，方程组有唯一解，得证.

例题解析

【例 2-7-1】　已知 $\lim\limits_{x\to 0}\frac{f(x)}{x}=1$，且 $f''(x)>0$，证明 $f(x)>x$.

证明　由 $\lim\limits_{x\to 0}\frac{f(x)}{x}=1$，得

$$\lim_{x\to 0}f(x)=f(0)=0$$

又

$$f'(0)=\lim_{x\to 0}\frac{f(x)-f(0)}{x-0}=\lim_{x\to 0}\frac{f(x)}{x}=1$$

由麦克劳林公式

$$f(x)=f(0)+f'(0)x+\frac{f''(\theta x)}{2!}x^2, 0<\theta<1$$

由于 $f''(x)>0$，所以 $f''(\theta x)>0$，从而 $f(x)>f(0)+f'(0)x=0+x=x$，即 $f(x)>x$.

【例 2-7-2】 设 $x\to 0$ 时，$e^x-(ax^2+bx+c)$ 比 x^2 是高阶无穷小，试求常数 a,b,c 的值.

解 利用 e^x 的麦克劳林展开式 $e^x=1+x+\dfrac{x^2}{2!}+o(x^2)$，代入原式得

$$e^x-(ax^2+bx+c)=(1-c)+(1-b)x+\left(\frac{1}{2}-a\right)x^2+o(x^2)$$

该式是比 x^2 高阶无穷小，所以 $1-c=0,1-b=0,\dfrac{1}{2}-a=0$，故 $a=\dfrac{1}{2},b=1,c=1$.

习题精解

1. 求函数 $f(x)=x^4-5x^3+x^2-3x+4$ 在 $x_0=4$ 处的 4 阶泰勒多项式.

解 由 $f(x)=x^4-5x^3+x^2-3x+4$，得

$$f'(x)=4x^3-15x^2+2x-3$$
$$f''(x)=12x^2-30x+2$$
$$f'''(x)=24x-30, f^{(4)}(x)=24$$

因此

$$f(4)=-56, f'(4)=21, f''(4)=74, f'''(4)=66, f^{(4)}(4)=24$$

故有

$$f(x)=-56+21(x-4)+37(x-4)^2+11(x-4)^3+(x-4)^4$$

4. 求函数 $f(x)=\tan x$ 的带拉格朗日型余项的 2 阶麦克劳林公式.

解 由 $f(x)=\tan x$，得

$$f'(x)=\sec^2 x, f''(x)=2\sec^2 x\tan x=2(\tan^3 x+\tan x)$$
$$f'''(x)=2(3\tan^2 x+1)\sec^2 x$$

因此

$$f(0)=0, f'(0)=1, f''(0)=0$$

于是

$$f(x)=x+\frac{2(3\tan^2\xi+1)\sec^2\xi}{3!}x^3$$

$$= x + \frac{1 + 2\sin^2 \xi}{3\cos^4 \xi} x^3 \quad (\xi \text{介于} 0 \text{与} x \text{之间})$$

7. 应用泰勒公式求下列极限：

(2) $\lim\limits_{x \to 0} \dfrac{x - \sin x}{x^2(e^x - 1)}$；　　(3) $\lim\limits_{x \to 0} \dfrac{\sin x - x\cos x}{\sin^3 x}$.

解　(2) $\lim\limits_{x \to 0} \dfrac{x - \sin x}{x^2(e^x - 1)} = \lim\limits_{x \to 0} \dfrac{x - \sin x}{x^3}$,由于 $\sin x = x - \dfrac{x^3}{3!} + o(x^3)(x \to 0)$，则

$$\text{上式} = \lim_{x \to 0} \frac{x - \left[x - \frac{x^3}{3!} + o(x^3)\right]}{x^3} = \lim_{x \to 0}\left(\frac{1}{3!} - \frac{o(x^3)}{x^3}\right) = \frac{1}{6}$$

(3) $\lim\limits_{x \to 0} \dfrac{\sin x - x\cos x}{\sin^3 x} = \lim\limits_{x \to 0} \dfrac{\sin x - x\cos x}{x^3}$，由于 $\sin x = x - \dfrac{x^3}{3!} + o(x^3)(x \to 0)$, $\cos x = 1 - \dfrac{x^2}{2!} + o(x^2)(x \to 0)$,则

$$\text{上式} = \lim_{x \to 0} \frac{\left[x - \frac{x^3}{3!} + o(x^3)\right] - x\left[1 - \frac{x^2}{2!} + o(x^2)\right]}{x^3}$$

$$= \lim_{x \to 0}\left[-\frac{1}{3!} + \frac{1}{2!} + \frac{o(x^3)}{x^3}\right] = \frac{1}{3}$$

8. 设函数 $f(x)$ 在点 x_0 处存在二阶导数 $f''(x_0)$,求

$$\lim_{h \to 0} \frac{f(x_0 + 2h) - 2f(x_0 + h) + f(x_0)}{h^2}$$

解　$f(x_0 + 2h) = f(x_0) + f'(x_0) \cdot 2h + \dfrac{f''(x_0)}{2!} \cdot (2h)^2 + o(h^2)$

$$f(x_0 + h) = f(x_0) + f'(x_0) \cdot h + \frac{f''(x_0)}{2!} \cdot h^2 + o(h^2)$$

将以上两式代入原式,化简后得

$$\lim_{h \to 0} \frac{f(x_0 + 2h) - 2f(x_0 + h) + f(x_0)}{h^2}$$

$$= \lim_{h \to 0} \frac{-f(x_0) + f''(x_0)h^2 + f(x_0) + o(h^2)}{h^2}$$

$$= f''(x_0) + \lim_{h \to 0} \frac{o(h^2)}{h^2} = f''(x_0)$$

9. 用四阶泰勒公式计算下列各式的近似值,并估计误差：

(1) $\sqrt{e}$

解　e^x 的四阶麦克劳林展开式为

$$e^x = 1 + x + \frac{x^2}{2!} + \frac{x^3}{3!} + \frac{x^4}{4!} + R_4(x)$$

令 $x=\frac{1}{2}$,有

$$\sqrt{e}\approx 1+\frac{1}{2}+\frac{1}{2!}\left(\frac{1}{2}\right)^{2}+\frac{1}{3!}\left(\frac{1}{2}\right)^{3}+\frac{1}{4!}\left(\frac{1}{2}\right)^{4}\approx 1.648$$

误差为 $|R_4(x)|=\frac{|e^{\frac{1}{2}\theta}|}{5!}\times\left(\frac{1}{2}\right)^{5}<\frac{3}{5!}\times\left(\frac{1}{2}\right)^{5}<0.001$ (其中 $0<\theta<1$)

11. 当 $x\to 0$ 时,下列无穷小量是 x 的几阶无穷小?

(2) $e^x\sin x-x(1+x)$.

解 因为 $e^x=1+x+\frac{x^2}{2!}+o(x^2)$, $\sin x=x-\frac{x^3}{3!}+o(x^3)$,所以

$$e^x\sin x-x(1+x)=x+x^2+\frac{x^3}{2!}-\frac{x^3}{3!}+o(x^3)-x-x^2$$

$$=\left(\frac{1}{2!}-\frac{1}{3!}\right)x^3+o(x^3)=\frac{1}{3}x^3+o(x^3)$$

从而

$$\lim_{x\to 0}\frac{e^x\sin x-x(1+x)}{x^3}=\lim_{x\to 0}\frac{\frac{1}{3}x^3+o(x^3)}{x^3}=\frac{1}{3}$$

即 $e^x\sin x-x(1+x)$ 是 x 的 3 阶无穷小(当 $x\to 0$ 时).

第八节 利用导数研究函数的性态

内容提要

1. 掌握函数单调性判别准则

设 $f(x)$ 在 $[a,b]$ 上连续,在 (a,b) 内可导,则 $f(x)$ 在 $[a,b]$ 内单调增加(减少)的充要条件是 $f'(x)\geqslant 0$ ($f'(x)\leqslant 0$),若在 (a,b) 内 $f'(x)>0$ ($f'(x)<0$),则 $f(x)$ 在 $[a,b]$ 内严格单调增加(严格单调减少).

2. 利用函数单调性证明不等式

例如,若 $f(x)$,$g(x)$ 在 $[a,b]$ 上连续,在 (a,b) 内可导,要证在 (a,b) 内 $f(x)>g(x)$,可设辅助函数 $F(x)=f(x)-g(x)$,若能证得 $F'(x)>0$,且 $F(a)\geqslant 0$,则有 $F(x)>F(a)\geqslant 0$,即有 $f(x)>g(x)$.

3. 掌握判断函数极值的方法

(1) 一阶充分条件

设函数 $f(x)$ 在点 x_0 的某邻域 $(x_0-\delta,x_0+\delta)$ 内连续,在 $(x_0-\delta,x_0)$ 和 $(x_0,x_0+\delta)$ 内可导,x_0 是 $f(x)$ 的驻点或不可导点,若在 $(x_0-\delta,x_0)$ 内 $f'(x)<0$,而在 $(x_0,x_0+\delta)$ 内 $f'(x)>0$,则 x_0 是极小值点;若在 $(x_0-\delta,x_0)$ 内 $f'(x)>0$,而在 $(x_0,x_0+\delta)$ 内 $f'(x)<0$,则 x_0 是极大值点;若 $f'(x)$ 在这两个区间内不变号,则 x_0 不是极值点.

(2) 二阶充分条件

设函数 $f(x)$ 在点 x_0 处二阶可导，且 $f'(x_0)=0$，而 $f''(x_0)\neq 0$，当 $f''(x)>0$ 时，$f(x)$ 在点 x_0 处取得极小值；当 $f''(x)<0$ 时，$f(x)$ 在点 x_0 处取得极大值.

4. 明确函数的最值与极值的区别，掌握最值的求法

当求 $f(x)$ 在 $[a,b]$ 上的最大值和最小值时，可先求出 $f(x)$ 在 (a,b) 上的驻点及不可导点，再考虑端点 $x=a$，$x=b$ 处的函数值，比较驻点、不可导点和端点处函数值便得最值. 函数的最值是函数的整体概念，即函数在某一范围内全体函数值中的最大者和最小者，而极值是函数在某一点附近的局部概念.

5. 会利用函数最大(小)值证明某些不等式

例如，若证 $f(x)\geqslant g(x)(x\in I)$，可设 $F(x)=f(x)-g(x)$，只要证 $F(x)$ 在区间 I 上的最小值大于或等于 0 即可.

6. 掌握判断曲线凹凸性的充分条件，会求曲线的凹凸区间及拐点

设函数 $f(x)$ 在 $[a,b]$ 上连续，在 (a,b) 内具有一阶和二阶导数，那么若在 (a,b) 内，$f''(x)>0$，则 $f(x)$ 在 $[a,b]$ 上的图形是向上凹的；若在 (a,b) 内，$f''(x)<0$，则 $f(x)$ 在 $[a,b]$ 上的图形是向上凸的.

曲线的拐点 $(x_0,f(x_0))$ 是曲线 $y=f(x)$ 上凹凸性的分界点，它对应着 $f''(x_0)=0$ 或 $f''(x_0)$ 不存在.

7. 会求曲线的渐近线

(1) 若 $\lim\limits_{x\to\infty}f(x)=c$ (c 为常数)，则 $y=c$ 为水平渐近线；

(2) 若 $\lim\limits_{x\to x_0}f(x)=\infty$，则 $x=x_0$ 为铅直渐近线.

8. 掌握用导数全面研究函数性态的方法，并能描绘较简单函数的图形

释疑解惑

【问 2-8-1】 什么是驻点?是否只有驻点才能是极值点?怎样寻找可能极值点?

答 满足 $f'(x)=0$ 的点，叫做 $f(x)$ 的驻点. 不是只有驻点才是极值点. 例如，$f(x)=|x|$，$x=0$ 是 $f(x)$ 的极小值点，但它不是驻点.

可导函数的极值点一定是驻点，因此可导函数的极值点应从驻点中寻找. 但不可导点也可能是极值点，因此函数的极值点一定是驻点或不可导点.

【问 2-8-2】 如果 $f'(x)=0$，$f(x)$ 是否一定在点 x_0 处取得极值?反之，如果 $f(x)$ 在点 x_0 处取得极值，是否一定有 $f'(x_0)=0$?

答 在 $f'(x)=0$ 的点 x_0 处，$f(x)$ 不一定取得极值. 例如，$f(x)=x^3$，$f'(0)=3x^2\big|_{x=0}=0$，但 $f(0)=0$ 不是 $f(x)$ 的极值.

反之，若 $f(x)$ 在点 x_0 处取得极值，也不一定有 $f'(x_0)=0$. 例如，$f(x)=|x-x_0|$ 在 $x=x_0$ 处取得极小值，但 $f'(x_0)$ 不存在，更谈不上有 $f'(x_0)=0$ 了.

又如，$f(x)=\begin{cases}1, & x\neq 0\\ 2, & x=0\end{cases}$，该函数在 $x=0$ 处取得极大值，但 $f'(x)$ 不存在. 一般地，极值点未必是驻点，只有可导函数的极值点才是驻点.

【问 2-8-3】 若函数 $f(x)$ 在 $x=x_0$ 处有 $f'(x_0)>0$，则 $f(x)$ 在点 x_0 的某个邻域 $U(x_0)$ 内单调增加，对吗?

答 不对.

在一点 x_0，$f'(x_0)>0$，不能得出在点 x_0 的邻域 $U(x_0)$ 内单调增加. 事实上，$f'(x_0)=\lim\limits_{x\to x_0}\dfrac{f(x)-f(x_0)}{x-x_0}>0$，由极限的保号性得，当 $x>x_0$ 时，$f(x)>f(x_0)$，当 $x<x_0$ 时，$f(x)<f(x_0)$，而在 $(x_0-\delta,x_0+\delta)$ 内任意两点 $x_1<x_2$，不能得到 $f(x_1)<f(x_2)$，故不能断定 $f(x)$ 是单调增加的.

例如，函数 $f(x)=\begin{cases}\dfrac{x}{2}+x^2\sin\dfrac{1}{x}, & x\neq 0\\ 0, & x=0\end{cases}$

可得 $f'(0)=\dfrac{1}{2}>0$，当 $x\neq 0$ 时，$f'(x)=\dfrac{1}{2}-\cos\dfrac{1}{x}+2x\sin\dfrac{1}{x}$.

因为 $\lim\limits_{x\to 0}2x\sin\dfrac{1}{x}=0$，所以当 $|x|$ 充分小时，$f'(x)$ 的符号由 $\dfrac{1}{2}-\cos\dfrac{1}{x}$ 的符号确定. 当 $x=\dfrac{1}{2k\pi}(k=\pm 1,\pm 2,\cdots)$，$|k|$ 充分大时，$\dfrac{1}{2k\pi}\in(-\delta,\delta)$，有 $f'\left(\dfrac{1}{2k\pi}\right)=\dfrac{1}{2}-1=-\dfrac{1}{2}<0$；而当 $x=\dfrac{1}{(2k+1)\pi}$，$|k|$ 充分大时，$\dfrac{1}{(2k+1)\pi}\in(-\delta,\delta)$，有 $f'\left[\dfrac{1}{(2k+1)\pi}\right]=\dfrac{1}{2}+1=\dfrac{3}{2}>0$. 所以，无论 δ 多么小，$f'(x)$ 在 $x=0$ 的邻域 $(-\delta,\delta)$ 内总有小于 0 的点，也总有大于 0 的点，故 $f(x)$ 不是单调的.

【问 2-8-4】 如果可导函数 $f(x)$ 在区间 $[a,b]$ 上单调，那么其导函数 $f'(x)$ 也一定单调吗?

答 不一定.

可导函数 $f(x)$ 在 $[a,b]$ 内单调增加(减少)，只能保证 $f'(x)\geqslant 0(\leqslant 0)$，而 $f'(x)$ 的正负号与 $f'(x)$ 的单调性无关.

例如，函数 $f(x)=x^3$ 在 $[-1,1]$ 内单调增加，但其导函数 $f'(x)=3x^2$ 却在 $[-1,0]$ 内单调减少，在 $[0,1]$ 上单调增加，即 $f'(x)$ 在 $[-1,1]$ 内不具有单调性.

【问 2-8-5】 讨论函数 $f(x)=\ln(x^2-1)$ 的极值点，下面解法是否正确?

由于 $f'(x)=\dfrac{2x}{x^2-1}$，令 $f'(x)=0$，得 $x=0$. 又 $x=\pm 1$ 为一阶导数不存在点，根据极值存在的一阶充分条件判定有，点 $x=\pm 1$ 处函数取得极小值，点 $x=0$ 处函数取得极大值.

答　不正确. 函数 $f(x)$ 的定义域为 $(-\infty,-1)\cup(1,+\infty)$. 此例中虽有使 $f'(x)=0$ 的点 $x=0$，也有使 $f'(x)$ 无定义的点，$x=\pm1$，但是这些点都不在定义域内，所以不可能是极值点.

所以考虑极值点应该在函数的定义域范围内考虑.

【问 2-8-6】　函数 $f(x)$ 在闭区间 $[a,b]$ 上的最大值点(或最小值点)一定是 $f(x)$ 的极值点吗?

答　不一定. 例如 $f(x)=x, x\in[0,1]$，显然 $f(x)$ 在 $x=1$ 处取得最大值，但 $x=1$ 是区间的端点，不在 $(0,1)$ 之内，故不是极值点；又如 $f(x)=\begin{cases}x, & 0\leqslant x<1\\ 1, & 1\leqslant x\leqslant 2\end{cases}$，显然在 $x=1$ 处取得最大值，但 $x=1$ 不在任何邻域内，$f(1)=1$ 不是局部最大，故不是极大值点.

根据以上分析，可得出下面的结论：

(1) 当最大(小)值点 x_0 在区间端点时，点 x_0 一定不是极值点. 因为极值点必须在点 x_0 的 δ 邻域内，而此时只有邻域的左半部或右半部.

(2) 当最大(小)值点 x_0 在区间内部时，点 x_0 不一定是极值点. 如图 2-8 所示，点 x_0 是最大值点，但不是极大值点；点 x_1 是极小值点，但不是最小值点.

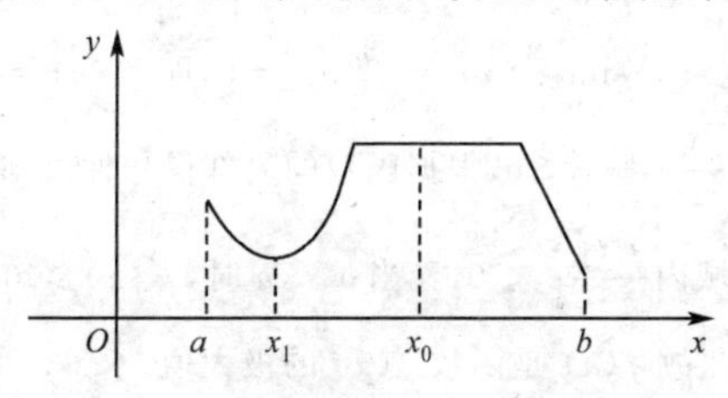

图 2-8

例题解析

【例 2-8-1】　当 $x\in(0,1)$ 时，证明

$$(1+x)\ln^2(1+x)<x^2$$

分析　作辅助函数 $f(x)=x^2-(1+x)\ln^2(1+x)$，求 $f'(x)$ 并判别其单调性，从而用单调性证明.

证明　令 $f(x)=x^2-(1+x)\ln^2(1+x)$，则

$$f'(x)=2x-\ln^2(1+x)-2\ln(1+x), f'(0)=0$$

又

$$f''(x)=2-\frac{2\ln(1+x)}{1+x}-\frac{2}{x+1}=\frac{2}{x+1}[x-\ln(1+x)]$$

又令 $\varphi(x)=x-\ln(1+x)$，则

$$\varphi(0)=0,\varphi'(x)=1-\frac{1}{x+1}=\frac{x}{1+x}>0,x\in(0,1)$$

所以 $\varphi(x)$ 单调增加，$\varphi(x)>\varphi(0)=0$，即 $x-\ln(1+x)>0$. 故 $f''(x)>0$，从而 $f'(x)$ 单调增加，有 $f'(x)>f'(0)=0$. 所以 $f(x)$ 单调增加，有 $f(x)>f(0)=0$，即 $(1+x)\ln^2(1+x)<x^2,x\in(0,1)$.

【例 2-8-2】 设 $\lim\limits_{x\to a}\frac{f(x)-f(a)}{(x-a)^2}=-1$，证明：$f(a)$ 是函数 $f(x)$ 的极值.

证明 由于 $\lim\limits_{x\to a}\frac{f(x)-f(a)}{(x-a)^2}=-1<0$，由极限的保号性可知，存在点 a 的某去心邻域，在此去心邻域内 $\frac{f(x)-f(a)}{(x-a)^2}<0$，又 $(x-a)^2>0$，则 $f(x)-f(a)<0$，即 $f(x)<f(a)$. 由极值的定义可知，$f(a)$ 是函数 $f(x)$ 的极大值.

【例 2-8-3】 设函数 $f(x)$ 具有连续导数，且 $\lim\limits_{x\to a}\frac{f'(x)}{x-a}=-1$.

(1) 求 $f'(a)$ 的值；

(2) 证明 $f(a)$ 是函数 $f(x)$ 的极值.

解 (1) 因为 $x\to a$ 时，$x-a\to 0$，又 $\lim\limits_{x\to a}\frac{f'(x)}{x-a}=-1$，从而必有 $\lim\limits_{x\to a}f'(x)=0$. 又因为 $f'(x)$ 连续，故 $\lim\limits_{x\to a}f'(x)=f'(a)=0$，即 $f'(a)=0$.

(2) 由 $\lim\limits_{x\to a}\frac{f'(x)}{x-a}=-1<0$，根据函数的局部保号性可知，存在点 a 的某去心邻域，在此去心邻域内 $\frac{f'(x)}{x-a}<0$，又当 $x<a$ 时，$f'(x)>0$；当 $x>a$ 时，$f'(x)<0$. 又 $f'(a)=0$，故 $f(a)$ 是函数 $f(x)$ 的极大值.

【例 2-8-4】 一商家销售某种商品的价格满足关系 $p=7-0.2x$（万元/吨），x 为销售量（单位：吨），商品的成本函数是 $C=3x+1$（万元）.

(1) 若每销售一吨商品，政府要征税 t（万元），求该商家获得最大利润时的销售量；

(2) t 为何值时，政府征税总额最大？

分析 要求获得最大利润时的销售量，需写出利润与销售量之间的关系 $\pi(x)$，它是商品销售总收入减去成本和政府税收. 正确写出 $\pi(x)$ 后，满足 $\pi'(x_0)=0$ 的点 x_0 即为利润最大时的销售量，此时 $x_0(t)$ 是关于 t 的函数，当商家获得最大利润时，政府税收总额 $T=tx(t)$，再由导数的知识即可求出既保证商家获利最多，又保证政府税收总额达到最大的税值 t_0.

解 (1) 设 T 为总税额，则 $T=tx$，商品销售总收入为

$$R=px=(7-0.2x)x=7x-0.2x^2$$

利润函数为

$$\pi=R-C-T=7x-0.2x^2-3x-1-tx=-0.2x^2+(4-t)x-1$$

令 $\pi'(x)=0$，即 $-0.4x+4-t=0$，得 $x=\dfrac{4-t}{0.4}=\dfrac{5}{2}(4-t)$，由于 $\pi''(x)=-0.4<0$，因此 $x=\dfrac{5}{2}(4-t)$ 即为利润最大时的销售量.

(2) 将 $x=\dfrac{5}{2}(4-t)$ 代入 $T=tx$，得 $T=t\cdot\dfrac{5(4-t)}{2}=10t-\dfrac{5}{2}t^2$，有 $T'(t)=10-5t=0$，得唯一驻点 $t=2$；由于 $T''(t)=-5<0$，可见 $t=2$ 时，T 有极大值，这时也是最大值，此时政府税收总额最大.

【例 2-8-5】 设函数 $y=f(x)=\dfrac{x^3}{(x-1)^2}$，求：

(1) 函数 $f(x)$ 的单调区间和极值；

(2) 曲线 $f(x)$ 的凹凸区间和拐点.

分析 先求出 $f'(x)$，$f''(x)$，再令其为零，得驻点及可导的拐点，再按极值与拐点的判别方法求解.

解 $f(x)$ 的定义域为 $(-\infty,1)\cup(1,+\infty)$，令 $f'(x)=\dfrac{x^2(x-3)}{(x-1)^3}=0$，得 $x_1=0$，$x_2=3$；$f''(x)=\dfrac{6x}{(x-1)^4}=0$，得 $x=0$.

列表如下：

x	$(-\infty,0)$	0	$(0,1)$	1	$(1,3)$	3	$(3,+\infty)$
$f'(x)$	+	0	+	不存在	−	0	+
$f''(x)$	−	0	+	不存在	+	+	+
$f(x)$	↗(凸)	拐点	↗(凹)		↘(凹)	极小值	↗(凹)

由表知，$f(x)$ 在 $(-\infty,0]$，$[0,1)$，$[3,+\infty)$ 内单调增加，在 $(1,3]$ 内单调减少，$f(3)=\dfrac{27}{4}$ 为极小值；曲线 $y=f(x)$ 在 $(-\infty,0]$ 内是向上凸的，在 $[0,1)$，$(1,+\infty)$ 内是向上凹的，$(0,f(0))$ 即 $(0,0)$ 是拐点.

【例 2-8-6】 讨论曲线 $y=4\ln x+k$ 与 $y=4x+\ln^4 x$ 的交点个数.

分析 问题等价于讨论方程 $\ln^4 x-4\ln x+4x-k=0$ 有几个不同的实根. 先求出函数 $f(x)=\ln^4 x-4\ln x+4x-k$ 的极值(或最值)，再讨论极值的正负号.

解 令 $f(x)=\ln^4 x-4\ln x+4x-k$，则

$$f'(x)=\frac{4(\ln^3 x-1+x)}{x}$$

知 $x=1$ 是 $f(x)$ 惟一的驻点.

当 $0<x<1$ 时，$f'(x)<0$；当 $x>1$ 时，$f'(x)>0$. 故知 $f(1)=4-k$ 为 $f(x)$ 的极小值，也是最小值.

当 $4-k>0$ 时，$f(x)=0$ 无实根，两曲线无交点；

当 $4-k=0$ 时，$f(x)=0$ 有惟一实根，两曲线只有一个交点；

当 $4-k<0$ 时，由 $\lim\limits_{x\to 0^+} f(x)=+\infty$，$\lim\limits_{x\to+\infty} f(x)=+\infty$. 故 $f(x)=0$ 有两个实根，位于 $(0,1)$ 与 $(1,+\infty)$ 内，即两曲线有两个交点.

【例 2-8-7】 设函数 $f(x)$ 具有三阶导数，且 $\lim\limits_{x\to 3}\dfrac{f''(x)}{x-3}=4$，

(1) 求 $f''(3)$；

(2) 证明点 $(3,f(3))$ 是曲线 $y=f(x)$ 的拐点.

解 (1) 由于 $\lim\limits_{x\to 3}\dfrac{f''(x)}{x-3}=4$，所以 $\lim\limits_{x\to 3}f''(x)=0$，又 $f(x)$ 具有三阶导数，因此 $f''(x)$ 必为连续函数，从而 $\lim\limits_{x\to 3}f''(x)=f''(3)=0$，即 $f''(3)=0$.

(2) 由于 $\lim\limits_{x\to 3}\dfrac{f''(x)}{x-3}=4>0$，根据函数极限的局部保号性知，$\exists\,\delta>0$，当 $x\in\mathring{U}(3,\delta)$ 时，$\dfrac{f''(x)}{x-3}>0$. 故当 $x>3$ 时，$f''(x)>0$；当 $x<3$ 时，$f''(x)<0$. 从而点 $(3,f(3))$ 是曲线 $y=f(x)$ 的拐点.

【例 2-8-8】 设函数 $y=y(x)$ 由方程 $y\ln y-x+y=0$ 确定，试判断曲线 $y=y(x)$ 在点 $(1,1)$ 附近的凹凸性.

分析 问题的关键是要确定在点 $(1,1)$ 附近函数 $y=y(x)$ 的二阶导数 $y''(x)$ 的正负.

解 方程 $y\ln y-x+y=0$ 两端对 x 求导得

$$y'\ln y+2y'-1=0$$

解得

$$y'=\frac{1}{2+\ln y}$$

再对 x 求导得

$$y''=\frac{-y'}{y(2+\ln y)^2}=\frac{-1}{y(2+\ln y)^3}$$

将 $(x,y)=(1,1)$ 代入上式得

$$y''(1)=-\frac{1}{8}<0$$

由于二阶导数 $y''(x)$ 在 $x=1$ 附近连续，因此，在 $x=1$ 附近，$y''(x)<0$，故曲线 $y=y(x)$ 在 $(1,1)$ 附近是向上凸的.

习题精解

1. 求下列函数的单调区间：

(2) $y=1-(x-2)^{2/3}$.

解　函数的定义域为$(-\infty,+\infty)$，又 $y'=-\dfrac{2}{3}(x-2)^{-1/3}=-\dfrac{2}{3}\dfrac{1}{\sqrt[3]{x-2}}$，$x=2$ 为一阶导数不存在的点，列表讨论如下：

x	$(-\infty,2)$	2	$(2,+\infty)$
y'	+	不存在	−
y	↗		↘

即函数 $y=1-(x-2)^{2/3}$ 在$(-\infty,2]$上单调增加，在$[2,+\infty)$上单调递减.

2. 证明下列不等式：

(3)$2\sqrt{x}>3-\dfrac{1}{x}\quad(x>1)$.

证明　令

$$f(x)=2\sqrt{x}-3+\frac{1}{x}$$

则

$$f'(x)=\frac{1}{\sqrt{x}}-\frac{1}{x^2}>0(\text{当 } x>1\text{ 时})$$

即 $f(x)$ 在$(1,+\infty)$上单调增加. 又 $f(x)$ 在 $x=1$ 处连续，且 $f(1)=0$，因此当 $x>1$ 时，有 $f(x)>f(1)=0$，故 $2\sqrt{x}-3+\dfrac{1}{x}>0$，即

$$2\sqrt{x}>3-\frac{1}{x}(x>1)$$

3. 求下列函数的极值：

(2)$y=\arctan x-\dfrac{1}{2}\ln(1+x^2)$；　　(8)$y=2-(x-1)^{\frac{2}{3}}$.

解　(2) 令 $y'=\dfrac{1-x}{1+x^2}=0$，求得驻点 $x=1$. 当 $x>1$ 时，$y'<0$；当 $x<1$ 时，$y'>0$. 从而在 $x=1$ 处，$f(x)$ 取得极大值，极大值为 $y(1)=\dfrac{\pi}{4}-\dfrac{1}{2}\ln 2$.

(8)$y'=-\dfrac{2}{3}(x-1)^{-\frac{1}{3}}$，$x=1$ 为不可导点，当 $x>1$ 时，$y'<0$，当 $x<1$ 时，$y'>0$，从而 $x=1$ 为 $f(x)$ 的极大值点，极大值为 $f(1)=2$.

5. 设 $y=ax^3+bx$ 在 $x=1$ 处取得极大值 4，求常数 a,b 的值.

解　由于 $y=ax^3+bx$ 在 $x=1$ 处取得极大值 4，则有

$$\begin{cases}y'|_{x=1}=0\\y(1)=4\end{cases}$$

即

$$\begin{cases}(3ax^2+b)\mid_{x=1}=0\\a+b=4\end{cases}$$

整理得

$$\begin{cases}3a+b=0\\a+b=4\end{cases}$$

解得

$$\begin{cases}a=-2\\b=6\end{cases}$$

6. 求函数在指定区间上的最大值与最小值：

(1) $y=x+2\sqrt{x}$，$[0,4]$；　(2) $y=x^4-2x^2+5$，$[-2,2]$.

解　(1) $y'=1+\dfrac{1}{\sqrt{x}}>0$，即 $f(x)$ 在 $[0,4]$ 上单调增加，从而最小值为 $f(0)=0$，最大值为 $f(4)=8$.

(2) 令 $y'=4x^3-4x=4x(x^2-1)=0$，则得驻点 $x=0$，$x=\pm1$. 又 $f(\pm2)=13$，$f(\pm1)=4$，$f(0)=5$，所以最大值为 $f(\pm2)=13$，最小值为 $f(\pm1)=4$.

7. 求函数 $f(x)=x^p+(1-x)^p\ (p>1)$ 在 $[0,1]$ 上的最大值和最小值，并证明不等式

$$\frac{1}{2^{p-1}}\leqslant x^p+(1-x)^p\leqslant1\quad(x\in[0,1],p>1)$$

证明　由 $f(x)=x^p+(1-x)^p$，得

$$f'(x)=px^{p-1}-p(1-x)^{p-1}=p[x^{p-1}-(1-x)^{p-1}]$$

令 $f'(x)=0$，得驻点 $x=\dfrac{1}{2}$.

当 $x>\dfrac{1}{2}$ 时，$f'(x)>0$，从而 $f(x)$ 单调增加；当 $x<\dfrac{1}{2}$ 时，$f'(x)<0$，从而 $f(x)$ 单调减少. 于是 $f\left(\dfrac{1}{2}\right)=\dfrac{1}{2^{p-1}}$ 为最小值，而 $f(0)=f(1)=1$ 为最大值，由此可得

$$\frac{1}{2^{p-1}}\leqslant x^p+(1-x)^p\leqslant1\quad(x\in[0,1],p>1)$$

9. 讨论方程 $\ln x=\dfrac{1}{3}x$ 有几个实根？

解　令 $f(x)=\ln x-\dfrac{1}{3}x$，则 $f'(x)=\dfrac{1}{x}-\dfrac{1}{3}$，驻点为 $x=3$. 当 $x>3$ 时，$f'(x)<0$，从而 $f(x)$ 单调减少；当 $x<3$ 时，$f'(x)>0$，从而 $f(x)$ 单调增加. 故 $f(3)=-1-\ln\dfrac{1}{3}>0$ 为极大值. 又 $\lim\limits_{x\to0^+}f(x)=-\infty$，$\lim\limits_{x\to+\infty}f(x)=-\infty$，所以

方程 $\ln x = \frac{1}{3}x$ 有两个实根.

10. 求 y 轴上的定点 $(0,b)(b>0)$ 到抛物线 $x^2 = 4y$ 上的点之间的最短距离.

解　如图 2-9 所示，点 $(0,b)$ 与点 (x,y) 之间的距离为 l，则 $p = l^2 = x^2 + (y-b)^2 = 4y + (y-b)^2$，令 $p' = 4 + 2(y-b) = 0$，则 $y = b-2$，从而 $x = 2\sqrt{b-2}(b>2)$，此时

$$l = \sqrt{x^2 + (y-b)^2} = \sqrt{(2\sqrt{b-2})^2 + (b-2-b)^2} = 2\sqrt{b-1}$$

当 $0 < b \leqslant 2$ 时，$l = b$，即

$$l = \begin{cases} b, & 0 < b \leqslant 2 \\ 2\sqrt{b-1}, & b > 2 \end{cases}$$

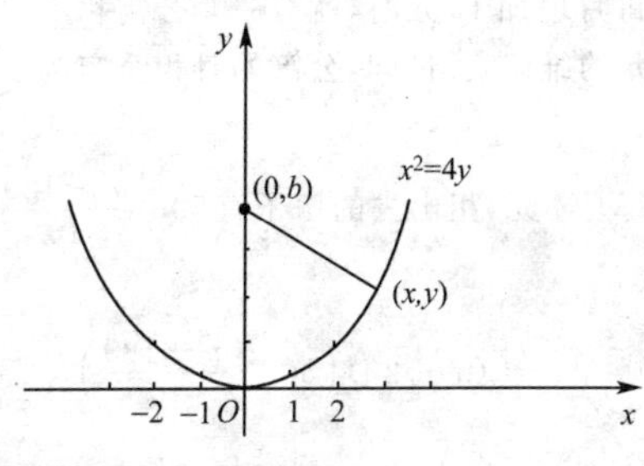

图 2-9

12. 铁路线上 AB 段的距离为 100km，工厂 C 距 A 处为 20km，并且 AC 垂直于 AB（图 2-10）. 为了运输需要，要在 AB 线上选定一点 D，向工厂修筑一条公路. 已知铁路每千米货运的运费与公路每千米的运费之比为 3∶5. 为了使货物从供应站 B 运到工厂 C 的运费最省，问点 D 应选在何处？

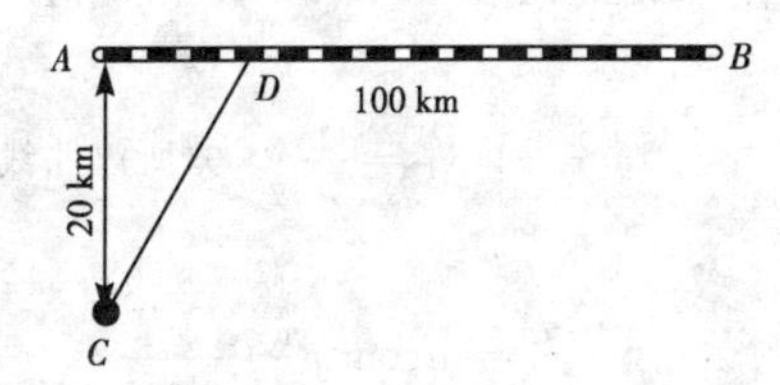

图 2-10

解　设 $AD = x$km，则

$$DB = (100 - x)\text{km}$$

$$CD = \sqrt{20^2 + x^2} = \sqrt{400 + x^2}\ \text{km}$$

由于铁路每千米货运的运费与公路每千米货运的运费之比为 3∶5，因此，我

们不妨设铁路每千米的运费为 $3k$，公路每千米的运费为 $5k(k>0)$. 设从点 B 到点 C 需要的总运费为 y，则

$$y=5k\sqrt{400+x^2}+3k(100-x)\quad(0\leqslant x\leqslant 100)$$

现在问题就归结为 x 在 $[0,100]$ 内取何值时，目标函数 y 的值最小.

$$y'=k\left(\frac{5x}{\sqrt{400+x^2}}-3\right)$$

令 $y'=0$，得 $x=15\text{km}$.

由于 $y|_{x=0}=400k$，$y|_{x=15}=380k$，$y|_{x=100}=500k\sqrt{1+\frac{1}{5^2}}$，其中以 $y|_{x=15}=380k$ 为最小，因此，当 $AD=x=15\text{km}$ 时，总运费最省.

13. 一房地产公司有 50 套公寓要出租，当租金为每月 180 元时，公寓可以全部租出去；当月租金每月增加 10 元时，就有一套公寓租不出去，而租出去的公寓每套每月需花费 20 元的维修费. 试问：公寓的月租金定为多少时，房地产公司可获得最大的收益？

解 设房租为每月 x 元，租出去的房子有 $50-\frac{x-180}{10}$ 套，若每月的总收入用 y 来表示，则

$$y=(x-20)\left(50-\frac{x-180}{10}\right)$$

$$y'=\left(68-\frac{x}{10}\right)+(x-20)\left(-\frac{1}{10}\right)=70-\frac{x}{5}$$

令 $y'=0$，得唯一驻点 $x=350$. 故每月每套租金为 350 元时收入最高，最大收入为

$$y=(350-20)\left(68-\frac{350}{10}\right)=10\,890(\text{元})$$

14. 证明曲线 $y_1=x\ln x(x>0)$ 和 $y_2=x\arctan x(-\infty<x<+\infty)$ 都是向上凹的.

证明 因为 $y_1'=\ln x+1$，$y_1''=\frac{1}{x}>0$，所以曲线 y_1 向上凹.

同理，因为

$$y_2'=\arctan x+\frac{x}{1+x^2}$$

$$y_2''=\frac{1}{1+x^2}+\frac{1-x^2}{(1+x^2)^2}=\frac{2}{(1+x^2)^2}>0$$

所以曲线 y_2 也是向上凹的.

15. 求下列曲线的凹凸区间及拐点：

(1) $y=1+x^2-\frac{1}{2}x^4$

解 $y' = 2x - 2x^3, y'' = 2 - 6x^2 = 2(1-3x^2)$，令 $y'' = 0$，得 $x = \pm\frac{1}{\sqrt{3}}$.

在 $\left(-\infty, -\frac{1}{\sqrt{3}}\right]$ 内，$f''(x) < 0$，曲线向上凸；在 $\left[-\frac{1}{\sqrt{3}}, \frac{1}{\sqrt{3}}\right]$ 内，$f''(x) > 0$，曲线向上凹. 同理，在 $\left[\frac{1}{\sqrt{3}}, +\infty\right)$ 内，曲线向上凸，因而拐点为 $\left(\pm\frac{1}{\sqrt{3}}, \frac{23}{18}\right)$.

16. 试确定 a、b、c 的值，使三次曲线 $y = ax^3 + bx^2 + cx$ 有一拐点 $(1,2)$，且在拐点处切线斜率为 -1.

解 $y = ax^3 + bx^2 + cx, y' = 3ax^2 + 2bx + c, y'' = 6ax + 2b$，将 $x = 1, y = 2$ 代入上面三式，并令 $y' = -1, y'' = 0$，得

$$\begin{cases} a + b + c = 2 \\ 3a + 2b + c = -1 \\ 3a + b = 0 \end{cases}$$

解之得 $a = 3, b = -9, c = 8$. 容易验证 $(1,2)$ 曲线的拐点.

17. 全面讨论下列函数的性态，并描绘它们的图形：

(2) $y = \frac{x^2}{1+x^2}$；　(4) $y = 1 + \frac{36x}{(x+3)^2}$.

解 (2) 函数的定义域为 $(-\infty, +\infty)$.

$y' = \frac{2x}{(1+x^2)^2}$，令 $y' = 0$，则 $x = 0$；

$y'' = \frac{2(1-3x^2)}{(1+x^2)^3}$，令 $y'' = 0$，则 $x_1 = -\frac{\sqrt{3}}{3}, x_2 = \frac{\sqrt{3}}{3}$，列表讨论如下：

x	$\left(-\infty, -\frac{\sqrt{3}}{3}\right)$	$-\frac{\sqrt{3}}{3}$	$\left(-\frac{\sqrt{3}}{3}, 0\right)$	0	$\left(0, \frac{\sqrt{3}}{3}\right)$	$\frac{\sqrt{3}}{3}$	$\left(\frac{\sqrt{3}}{3}, +\infty\right)$
y'	−	−	−	0	+	+	+
y''	−	0	+	+	+	0	−
y	↘	拐点	↘	极小值	↗	拐点	↗

由此可见，函数的单调递减区间为 $(-\infty, 0]$，单调递增区间为 $[0, +\infty)$，极小值点 $(0,0)$. 曲线在 $\left(-\infty, -\frac{\sqrt{3}}{3}\right]$，$\left[\frac{\sqrt{3}}{3}, +\infty\right)$ 上向上凸，在 $\left[-\frac{\sqrt{3}}{3}, \frac{\sqrt{3}}{3}\right]$ 上向上凹，拐点 $\left(-\frac{\sqrt{3}}{3}, \frac{1}{4}\right)$，$\left(\frac{\sqrt{3}}{3}, \frac{1}{4}\right)$. 又 $\lim\limits_{x\to\infty}\frac{x^2}{1+x^2} = 1$，故 $y = 1$ 为曲线的水平渐近线. 补充点 $(0,0)$，$\left(-1, \frac{1}{2}\right)$，$\left(1, \frac{1}{2}\right)$. 绘图如下(图 2-11)：

(4) 函数的定义域为 $(-\infty, -3) \cup (-3, +\infty)$.

$y' = \frac{36(3-x)}{(x+3)^3}$，令 $y' = 0$，则 $x = 3$；

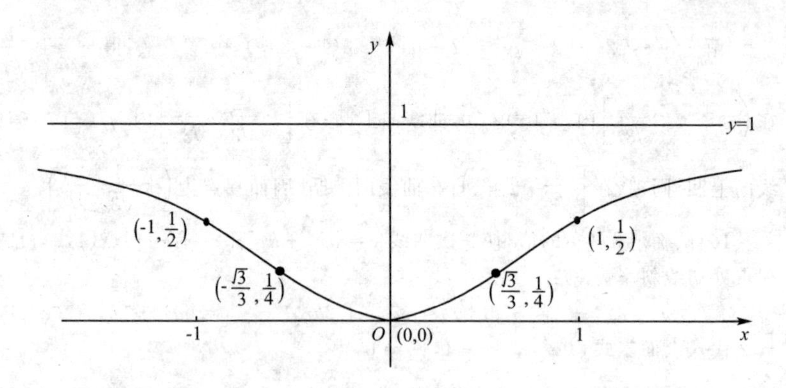

图 2-11

$y''=\dfrac{72(x-6)}{(x+3)^4}$,令 $y''=0$,则 $x=6$,列表讨论如下:

x	$(-\infty,-3)$	$(-3,3)$	3	$(3,6)$	6	$(6,+\infty)$
y'	−	+	0	−	−	−
y''	−	−	−	−	0	+
y	↘	↗	极大值	↘	拐点	↘

由此可见,函数的单调递减区间为$(-\infty,-3)$,$[3,6]$,$[6,+\infty)$;单调递增区间为$(-3,3]$,极大值点$(3,4)$.曲线在$[6,+\infty)$上向上凹,在$(-\infty,-3)$、$(-3,6]$上向上凸,拐点$(6,3\dfrac{2}{3})$.又$\lim\limits_{x\to-3}\left[1+\dfrac{36x}{(x+3)^2}\right]=-\infty$,故$x=-3$为铅直渐近线;$\lim\limits_{x\to\infty}\left[1+\dfrac{36x}{(x+3)^2}\right]=1$,故$y=1$为水平渐近线.再补充点$(0,1)$,绘图如下(图 2-12):

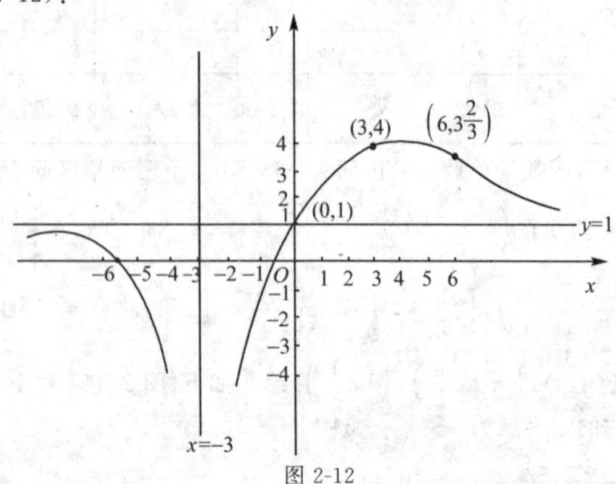

图 2-12

复习题二

1. 判断下列命题的正确性. 若正确,请予以证明;若不正确,请举出反例.

(1) 若 $f(x)+g(x)$ 在 $x=x_0$ 处可导,则 $f(x)$ 与 $g(x)$ 在 $x=x_0$ 处也一定可导;

(2) 若 $f(x)$ 在 $x=x_0$ 处可导,$g(x)$ 在 $x=x_0$ 处不可导,则 $f(x)+g(x)$ 在 $x=x_0$ 处必不可导;

(3) 若可导函数 $f(x)$ 与 $g(x)$,当 $x>a$ 时,有 $f'(x)>g'(x)$,则 $x>a$ 时,必有 $f(x)>g(x)$;

(4) 若可导函数 $f(x)$ 与 $g(x)$,当 $x>a$ 时,有 $f'(x)>g'(x)$,并且 $f(a)=g(a)$,则当 $x>a$ 时,必有 $f(x)>g(x)$.

解 (1) 不正确.

例如,$f(x)=|x|,g(x)=-|x|$ 在 $x=0$ 处都不可导,但 $f(x)+g(x)=0$ 在 $x=0$ 处可导.

(2) 正确.

因为如果 $f(x)+g(x)$ 在 $x=x_0$ 处可导,则由可导函数的差仍是可导的,将得到 $g(x)=[f(x)+g(x)]-f(x)$ 也可导的矛盾结果.

(3) 不正确.

例如 $f(x)=2x,g(x)=x$,则 $f'(x)=2>g'(x)=1$,则 $x>-1$ 时,$f'(x)>g'(x)$,但 $-1<-\frac{1}{2}$,也就是 $f\left(-\frac{1}{2}\right)<g\left(-\frac{1}{2}\right)$.

(4) 正确.

因为设 $F(x)=f(x)-g(x)$,则由 $f'(x)>g'(x)$ 得 $F'(x)>0$,即有 $F(x)$ 单调增加,故当 $x>a$ 时,$F(x)>F(a)$,而 $F(a)=f(a)-g(a)=0$,从而 $F(x)>0$.

2. 单项选择题:

(1) 设 $f(x)$ 在开区间 $(-\delta,\delta)$ 内有定义,且恒有 $|f(x)|\leqslant x^2$,则 $x=0$ 必是 $f(x)$ 的(　　).

A. 间断点　　　　B. 连续,但不可导点

C. 可导点,且 $f'(0)=0$　　　　D. 可导点,但 $f'(0)\neq 0$

(2) 设在 $[0,1]$ 上 $f''(x)>0$,则 $f'(0),f'(1),f(1)-f(0)$ 或 $f(0)-f(1)$ 的大小顺序为(　　).

A. $f'(1)>f'(0)>f(1)-f(0)$

B. $f'(1)>f(1)-f(0)>f'(0)$

C. $f(1)-f(0)>f'(1)>f'(0)$

D. $f'(1) > f(0) - f(1) > f'(0)$

(3) 设函数 $f(x)$ 在 $(-\infty, \infty)$ 内连续，其导函数的图形如图 2-13 所示，则 $f(x)$ 有 (　　).

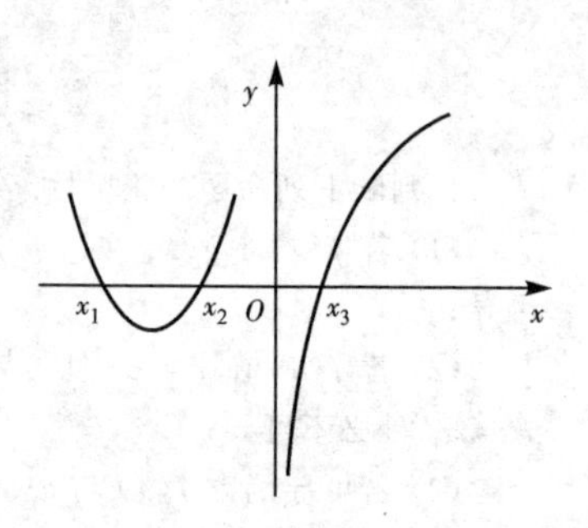

图 2-13

A. 一个极小值点和两个极大值点

B. 两个极小值点和一个极大值点

C. 两个极小值点和两个极大值点

D. 三个极小值点和一个极大值点

解　(1) 选 C.

因为 $|f(x)| \leqslant x^2$，从而 $f(0) = 0$. 又 $\dfrac{f(x) - f(0)}{x} = \dfrac{f(x)}{x}$，当 $x > 0$ 时，$-x < \dfrac{f(x) - f(0)}{x} < x$，从而 $\lim\limits_{x \to 0^+} \dfrac{f(x) - f(0)}{x} = 0$；当 $x < 0$ 时，$-x > \dfrac{f(x) - f(0)}{x} > x$，从而 $\lim\limits_{x \to 0^-} \dfrac{f(x) - f(0)}{x} = 0$. 故 $\lim\limits_{x \to 0} \dfrac{f(x) - f(0)}{x} = 0$.

(2) 选 B.

因为由拉格朗日中值定理，有 $f(1) - f(0) = f'(\xi)(0 < \xi < 1)$，而 $f''(x) > 0$，所以 $f'(1) > f(1) - f(0) > f'(0)$.

(3) 选 C.

在点 x_1 左边 $f'(x) > 0$，有 $f(x)$ 单调增加，在点 x_1 右边，$f'(x) < 0$，有 $f(x)$ 单调减少，从而 $x = x_1$ 为极大值点. 同理可知 $x = x_2$ 为极小值点，$x = x_3$ 为极小值点.

$x = 0$ 是 $f(x)$ 的不可导点，但在 $x = 0$ 点左边，$f'(x) > 0$，有 $f(x)$ 单调增加，在 $x = 0$ 右边，$f'(x) < 0$，有 $f(x)$ 单调减少，从而 $x = 0$ 为极大值点，由此可知 $f(x)$ 有两个极小值点和两个极大值点.

3. 已知 $f(x)$ 是周期为 5 的连续函数，它在 $x = 1$ 的某邻域内满足关系式

$$f(1 + \sin x) - 3f(1 - \sin x) = 8x + \alpha(x)$$

其中，$\alpha(x)$ 是当 $x \to 0$ 时比 x 高阶的无穷小，且 $f(x)$ 在 $x = 1$ 处可导，求曲线 $y = f(x)$ 在点 $(6, f(6))$ 处的切线方程.

解　由已知，可得　　$f(1) = 0$

$$\lim_{x \to 0} \frac{f(1 + \sin x) - 3f(1 - \sin x)}{x}$$

$$= \lim_{x \to 0} \frac{f(1 + \sin x) - f(1)}{x} - 3 \lim_{x \to 0} \frac{f(1 - \sin x) - f(1)}{x}$$

$$= \lim_{x \to 0} \frac{f(1 + \sin x) - f(1)}{\sin x} \cdot \frac{\sin x}{x} + 3 \lim_{x \to 0} \frac{f(1 - \sin x) - f(1)}{-\sin x} \cdot \frac{\sin x}{x}$$

$$= 4f'(1) = \lim_{x \to 0} \frac{8x + \alpha(x)}{x} = 8$$

从而 $f'(6) = f'(1) = 2$. 又 $f(6) = f(1) = 0$,故切线方程为

$$y - f(6) = f'(6)(x - 6)$$

即

$$y = 2(x - 6)$$

4. 设曲线 $y = x^n$ 在点$(1,1)$处的切线与 x 轴的交点为$(\xi_n, 0)$ 求$\lim\limits_{n \to \infty} \xi_n^n$.

解 曲线在点$(1,1)$处的切线为 $y - 1 = n(x - 1)$,由此可知与 x 轴的交点横坐标 $\xi_n = 1 - \dfrac{1}{n}$,故$\lim\limits_{n \to \infty} \xi_n^n = \lim\limits_{n \to \infty} \left(1 - \dfrac{1}{n}\right)^n = \dfrac{1}{\mathrm{e}}$.

5. 已知 $y = f\left(\dfrac{x+1}{x-1}\right)$满足 $f'(x) = \arctan\sqrt{x}$,求$\left.\dfrac{\mathrm{d}y}{\mathrm{d}x}\right|_{x=2}$.

解

$$\frac{\mathrm{d}y}{\mathrm{d}x} = f'\left(\frac{x+1}{x-1}\right)\frac{-2}{(x-1)^2}$$

从而

$$\left.\frac{\mathrm{d}y}{\mathrm{d}x}\right|_{x=2} = f'(3)\frac{-2}{(2-1)^2} = -2\arctan\sqrt{3} = -\frac{2\pi}{3}$$

6. 求曲线$\begin{cases} x = t^2 - 2t + 3 \\ \mathrm{e}^y \sin t - y + 1 = 0 \end{cases}$在 $t = 0$ 时所对应点处的切线方程.

解 方程两边同时对 t 求导,则

$$\begin{cases} \dfrac{\mathrm{d}x}{\mathrm{d}t} = 2t - 2 \\ \dfrac{\mathrm{d}y}{\mathrm{d}t}\mathrm{e}^y \sin t + \mathrm{e}^y \cos t - \dfrac{\mathrm{d}y}{\mathrm{d}t} = 0 \end{cases}$$

在 $t = 0$ 处,$\begin{cases} x = 3 \\ y = 1 \end{cases}$,$\dfrac{\mathrm{d}x}{\mathrm{d}t} = -2$,$\dfrac{\mathrm{d}y}{\mathrm{d}t} = \mathrm{e}$,从而$\dfrac{\mathrm{d}y}{\mathrm{d}x} = -\dfrac{\mathrm{e}}{2}$,故切线方程为

$$y - 1 = -\frac{\mathrm{e}}{2}(x - 3)$$

7. 试从$\dfrac{\mathrm{d}x}{\mathrm{d}y} = \dfrac{1}{y'}$ 导出:

(1) $\dfrac{\mathrm{d}^2 x}{\mathrm{d}y^2} = -\dfrac{y''}{(y')^3}$; (2) $\dfrac{\mathrm{d}^3 x}{\mathrm{d}y^3} = \dfrac{3(y'')^2 - y'y'''}{(y')^5}$.

解 (1) $\dfrac{\mathrm{d}^2 x}{\mathrm{d}y^2} = \dfrac{\mathrm{d}}{\mathrm{d}y}\left(\dfrac{\mathrm{d}x}{\mathrm{d}y}\right) = \dfrac{\mathrm{d}}{\mathrm{d}y}\left(\dfrac{1}{y'}\right) = \dfrac{\mathrm{d}}{\mathrm{d}x}\left(\dfrac{1}{y'}\right)\dfrac{\mathrm{d}x}{\mathrm{d}y} = -\dfrac{y''}{(y')^3}$

(2) $\dfrac{\mathrm{d}^3 x}{\mathrm{d}y^3} = \dfrac{\mathrm{d}}{\mathrm{d}y}\left(\dfrac{\mathrm{d}^2 x}{\mathrm{d}y^2}\right) = \dfrac{\mathrm{d}}{\mathrm{d}y}\left[-\dfrac{y''}{(y')^3}\right] = \dfrac{\mathrm{d}}{\mathrm{d}x}\left[-\dfrac{y''}{(y')^3}\right]\dfrac{\mathrm{d}x}{\mathrm{d}y}$

$$= -\frac{y'''(y')^3 - 3(y')^2(y'')^2}{(y')^6}\frac{1}{y'} = \frac{3(y'')^2 - y'y'''}{y'^5}$$

8. 设雨滴为球状体，若雨滴凝聚水分的速率与表面成正比，且雨滴在形成过程中一直保持球体状，试证雨滴半径增加的速率为一常数.

证明 设在 t 时刻雨滴的半径为 r，其体积 $V(t)=\frac{4}{3}\pi r^3$，则

$$\frac{\mathrm{d}V}{\mathrm{d}t}=\frac{4}{3}\pi 3r^2\ \frac{\mathrm{d}r}{\mathrm{d}t}=4\pi r^2\ \frac{\mathrm{d}r}{\mathrm{d}t}=k4\pi r^2$$

从而 $\frac{\mathrm{d}r}{\mathrm{d}t}=k$ 为一常数.

9. 求下列极限：

(1) $\lim\limits_{x\to1}\frac{\ln\cos(x-1)}{1-\sin\frac{\pi}{2}x}$； (2) $\lim\limits_{x\to+\infty}(x+\sqrt{1+x^2})^{\frac{1}{x}}$；

(3) $\lim\limits_{x\to0}\left(\frac{1}{\sin^2x}-\frac{\cos^2x}{x^2}\right)$； (4) $\lim\limits_{x\to0}\left(\frac{\mathrm{e}^x+\mathrm{e}^{2x}+\cdots+\mathrm{e}^{nx}}{n}\right)^{\frac{1}{x}}$.

解 (1) $\lim\limits_{x\to1}\frac{\ln\cos(x-1)}{1-\sin\frac{\pi}{2}x}=\lim\limits_{x\to1}\frac{2\sin(x-1)}{\pi\cos(x-1)\cos\frac{\pi}{2}x}$

$$=\frac{2}{\pi}\lim_{x\to1}\frac{2\cos(x-1)}{-\pi\sin\frac{\pi}{2}x}=-\frac{4}{\pi^2}$$

(2) $\lim\limits_{x\to+\infty}(x+\sqrt{1+x^2})^{\frac{1}{x}}=\mathrm{e}^{\lim\limits_{x\to+\infty}\frac{\ln(x+\sqrt{1+x^2})}{x}}=\mathrm{e}^{\lim\limits_{x\to+\infty}\frac{1}{\sqrt{1+x^2}}}=1$

(3) $\lim\limits_{x\to0}\left(\frac{1}{\sin^2x}-\frac{\cos^2x}{x^2}\right)=\lim\limits_{x\to0}\left(\frac{x^2-\sin^2x\cos^2x}{x^2\sin^2x}\right)$

$=\lim\limits_{x\to0}\left(\frac{x+\sin x\cos x}{x}\right)\left(\frac{x-\sin x\cos x}{x^3}\right)$

$=2\lim\limits_{x\to0}\frac{1-\cos^2x+\sin^2x}{3x^2}=\frac{4}{3}$

(4) $\lim\limits_{x\to0}\left(\frac{\mathrm{e}^x+\mathrm{e}^{2x}+\cdots+\mathrm{e}^{nx}}{n}\right)^{\frac{1}{x}}=\mathrm{e}^{\lim\limits_{x\to0}\frac{\ln\frac{\mathrm{e}^x+\mathrm{e}^{2x}+\cdots+\mathrm{e}^{nx}}{n}}{x}}$

$$=\mathrm{e}^{\lim\limits_{x\to0}\frac{\mathrm{e}^x+2\mathrm{e}^{2x}+\cdots+n\mathrm{e}^{nx}}{\mathrm{e}^x+\mathrm{e}^{2x}+\cdots+\mathrm{e}^{nx}}}=\mathrm{e}^{\frac{n+1}{2}}$$

10. 设函数 $f(x)$，$g(x)$ 在$[a,b]$连续，在(a,b)内具有二阶导数且存在相等的最大值，$f(a)=g(a)$，$f(b)=g(b)$，证明：存在 $\xi\in(a,b)$，使得 $f''(\xi)=g''(\xi)$.

证明 构造辅助函数 $F(x)=f(x)-g(x)$，由题设有 $F(a)=F(b)=0$. 又 $f(x)$，$g(x)$ 在(a,b)内具有相等的最大值，不妨设存在 $x_1\leqslant x_2$，$x_1,x_2\in(a,b)$ 使得

$$f(x_1)=M=\max_{[a,b]}f(x),\ g(x_2)=M=\max_{[a,b]}g(x)$$

若 $x_1=x_2$，令 $c=x_1$，则 $F(c)=0$.

若 $x_1<x_2$，因 $F(x_1)=f(x_1)-g(x_1)\geqslant 0$，$F(x_2)=f(x_2)-g(x_2)\leqslant 0$，从而存在 $c\in[x_1,x_2]\subset(a,b)$，使 $F(c)=0$.

在区间$[a,c]$，$[c,b]$上分别利用罗尔定理知，存在 $\xi_1\in(a,c)$，$\xi_2\in(c,b)$，使得

$$F'(\xi_1)=F'(\xi_2)=0$$

再对 $F'(x)$ 在区间$[\xi_1,\xi_2]$上应用罗尔定理，知存在 $\xi\in(\xi_1,\xi_2)\subset(a,b)$，有

$$F''(\xi)=0，即\ f''(\xi)=g''(\xi)$$

11. 证明下列不等式：

(1) 若 $0<x<1$，则 $\dfrac{1-x}{1+x}<e^{-2x}$；

(2) 若 $x\geqslant 0$，则 $\ln(1+x)\geqslant\dfrac{\arctan x}{1+x}$；

(3) 证明：当 $0<a<b<\pi$ 时，$b\sin b+2\cos b+\pi b>a\sin a+2\cos a+\pi a$.

证明 (1) 等同于证明 $1-x<(1+x)e^{-2x}$.

令 $f(x)=1-x-(1+x)e^{-2x}$，则 $f'(x)=-1+(1+2x)e^{-2x}$，$f''(x)=-4xe^{-2x}<0$，从而 $f'(x)$ 单调减少. 又 $f'(0)=0$，从而 $f'(x)<0$，故 $f(x)$ 单调减少. 又 $f(0)=0$，故 $f(x)<f(0)=0$，即

$$1-x<(1+x)e^{-2x}$$

(2) 等同于证明$(1+x)\ln(1+x)\geqslant\arctan x$.

令 $f(x)=(1+x)\ln(1+x)-\arctan x$，则 $f'(x)=\ln(1+x)+1-\dfrac{1}{1+x^2}$，

$f''(x)=\dfrac{1}{1+x}+\dfrac{2x}{(1+x^2)^2}>0$，从而 $f'(x)$ 单调增加，故当 $x\geqslant 0$ 时，$f'(x)\geqslant f'(0)$. 又 $f'(0)=0$，从而 $f'(x)\geqslant 0$，故 $f(x)$ 单调增加. 又 $f(0)=0$，从而 $f(x)\geqslant 0$，即$(1+x)\ln(1+x)\geqslant\arctan x$.

(3) 证法一：设 $f(x)=x\sin x+2\cos x+\pi x$，$x\in[0,\pi]$，则

$$f'(x)=\sin x+x\cos x-2\sin x+\pi=x\cos x-\sin x+\pi$$

$$f''(x)=\cos x-x\sin x-\cos x=-x\sin x<0,\ x\in(0,\pi)$$

故 $f'(x)$ 在$[0,\pi]$上单调减少，从而

$$f'(x)>f'(\pi)=0,\ x\in(0,\pi)$$

因此 $f(x)$ 在$[0,\pi]$上单调增加. 当 $0<a<b<\pi$ 时，有 $f(b)>f(a)$，即

$$b\sin b+2\cos b+\pi b>a\sin a+2\cos a+\pi a$$

证法二：设 $\varphi(x)=x\sin x+2\cos x$，$x\in[0,\pi]$.

在$[a,b]$上应用拉格朗日中值定理，有

$$\varphi(b)-\varphi(a)=\varphi'(\xi)(b-a),\ \xi\in(a,b)\subset(0,\pi)$$

即 $$b\sin b+2\cos b-a\sin a-2\cos a=(\xi\cos\xi-\sin\xi)(b-a)$$

设 $g(x)=x\cos x-\sin x,\ x\in[0,\pi]$,则

$$g'(x)=\cos x-x\sin x-\cos x=-x\sin x<0,\ x\in(0,\pi)$$

因此 $g(x)$ 在 $[0,\pi]$ 上单调减少，故 $(\xi\cos\xi-\sin\xi)>g(\pi)=-\pi$. 于是

$$b\sin b+2\cos b-a\sin a-2\cos a>-\pi(b-a)$$

移项得 $$b\sin b+2\cos b+\pi b>a\sin a+2\cos a+\pi a$$

12. 已知函数 $y=\dfrac{x^2}{x^2-4}$,求：

(1) 函数的单调区间及极值；

(2) 函数图形的凹凸区间及拐点；

(3) 函数图形的渐近线；

(4) 作出函数的图形.

解 函数的定义域为 $(-\infty,-2)\cup(-2,2)\cup(2,+\infty)$.

$y'=\dfrac{-8x}{(x^2-4)^2}$,令 $y'=0$,则 $x=0$;

$y''=\dfrac{8(3x^2+4)}{(x^2-4)^3}$,不存在使得二阶导数为 0 的点;列表讨论如下：

x	$(-\infty,-2)$	$(-2,0)$	0	$(0,2)$	$(2,+\infty)$
y'	+	+	0	−	−
y''	+	−	−	−	+
y	↗	↗	极大值	↘	↘

(1) 函数的单调递增区间为 $(-\infty,-2)$,$(-2,0]$;单调递减区间为 $[0,2)$,$(2,+\infty)$. 极大值为 $y|_{x=0}=0$.

(2) 函数图形在 $(-\infty,-2)$,$(2,+\infty)$ 内是向上凹的,在 $(-2,2)$ 内是向上凸的;无拐点.

(3) $\lim\limits_{x\to\infty}\dfrac{x^2}{x^2-4}=1$,故 $y=1$ 为函数图形的水平渐近线；

$\lim\limits_{x\to\pm 2}\dfrac{x^2}{x^2-4}=\infty$,故 $x=\pm 2$ 为函数图形的铅直渐近线.

(4) 补充点:$(0,0)$,$\left(1,-\dfrac{1}{3}\right)$,$\left(-1,-\dfrac{1}{3}\right)$,$\left(3,-\dfrac{9}{5}\right)$,$\left(-3,-\dfrac{9}{5}\right)$.

绘图如下(图 2-14):

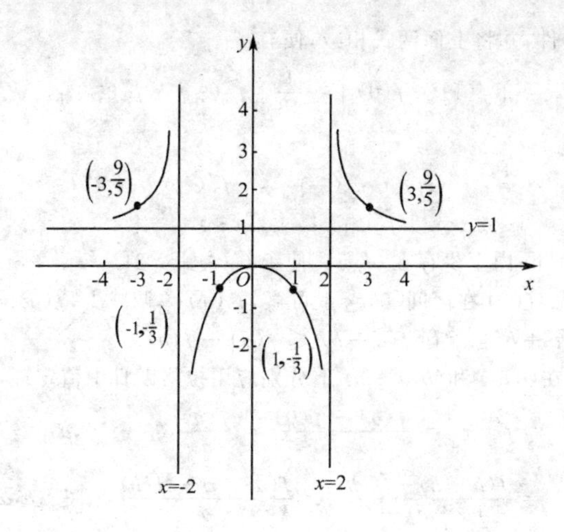

图 2-14

13. 求函数 $y=(1+x+\frac{x^2}{2!}+\cdots+\frac{x^n}{n!})e^{-x}$ 的极值.

解 $y'=(1+x+\frac{x^2}{2!}+\cdots+\frac{x^{n-1}}{(n-1)!})e^{-x}-(1+x+\frac{x^2}{2!}+\cdots+\frac{x^n}{n!})e^{-x}$ $=-\frac{x^n}{n!}e^{-x}$,令 $y'=0$,得 $x=0$.若 n 为偶数时,无论 $x>0$,还是 $x<0$,均有 $y'(x)<0$,故无极值;若 n 为奇数时,当 $x<0$ 时,$y'(x)>0$;当 $x>0$ 时,$y'(x)<0$,即当 $x=0$ 时,函数取得极大值 1.

14. 设函数 $f(x)$ 在 $[0,1]$ 上具有三阶导数,且 $f(0)=1,f(1)=2$,$f'\left(\frac{1}{2}\right)=0$,证明在 $(0,1)$ 内至少存在一点 ξ,使 $|f'''(\xi)|\geqslant 24$.

证明 把 $f(x)$ 在 $x_0=\frac{1}{2}$ 处展开的二阶泰勒公式,有

$$f(x)=f\left(\frac{1}{2}\right)+f'\left(\frac{1}{2}\right)\left(x-\frac{1}{2}\right)+\frac{1}{2!}f''\left(\frac{1}{2}\right)\left(x-\frac{1}{2}\right)^2+\frac{1}{3!}f'''(\xi)\left(x-\frac{1}{2}\right)^3$$

则有

$$f(0)=f\left(\frac{1}{2}\right)+f'\left(\frac{1}{2}\right)\left(0-\frac{1}{2}\right)+\frac{1}{2!}f''\left(\frac{1}{2}\right)\left(0-\frac{1}{2}\right)^2+\frac{1}{3!}f'''(\xi_1)\left(0-\frac{1}{2}\right)^3\quad\left(0<\xi_1<\frac{1}{2}\right)$$

$$f(1)=f\left(\frac{1}{2}\right)+f'\left(\frac{1}{2}\right)\left(1-\frac{1}{2}\right)+\frac{1}{2!}f''\left(\frac{1}{2}\right)\left(1-\frac{1}{2}\right)^2+\frac{1}{3!}f'''(\xi_2)\left(1-\frac{1}{2}\right)^3\quad\left(\frac{1}{2}<\xi_2<1\right)$$

注意到题设条件，并将上面两式相减，便有

$$|f(1)-f(0)|=\frac{1}{48}|f'''(\xi_1)+f'''(\xi_2)|$$

即

$$\begin{aligned}48=|f'''(\xi_1)+f'''(\xi_2)|&\leqslant|f'''(\xi_1)|+|f'''(\xi_2)|\\&\leqslant 2\max\{|f'''(\xi_1)|,|f'''(\xi_2)|\}\end{aligned}$$

亦即得证在$(0,1)$内至少存在一点ξ，使$|f'''(\xi)|\geqslant 24$.

15. 设函数$f(x)$在区间$[0,c]$上可微，$f'(x)$单调减少，$f(0)=0$，证明对于$0<a\leqslant b<a+b\leqslant c$，有$f(a+b)\leqslant f(a)+f(b)$.

证明　在$(0,a)$和$(b,a+b)$上分别应用拉格朗日中值定理，有

$$f'(\xi_1)=\frac{f(a)-f(0)}{a-0}=\frac{f(a)}{a},\xi_1\in(0,a)$$

$$f'(\xi_2)=\frac{f(a+b)-f(b)}{(a+b)-b}=\frac{f(a+b)-f(b)}{a},\xi_2\in(b,a+b)$$

且$\xi_1<\xi_2$. 由于$f'(x)$单调减少，因此$f'(\xi_1)\geqslant f'(\xi_2)$，从而有$\dfrac{f(a)}{a}\geqslant\dfrac{f(a+b)-f(b)}{a}$，因为$a>0$，故有$f(a+b)\leqslant f(a)+f(b)$.

16.（光的折射定律）设在x轴的上下两侧有两种不同的介质Ⅰ和Ⅱ，光在介质Ⅰ和Ⅱ中的传播速度分别是v_1和v_2. 如图2-15所示，当光线以最速路径从A传播到B（从A到B耗时最少）时，证明

$$\frac{\sin\alpha}{v_1}=\frac{\sin\beta}{v_2}$$

其中，α、β分别是光线的入射角与折射角.

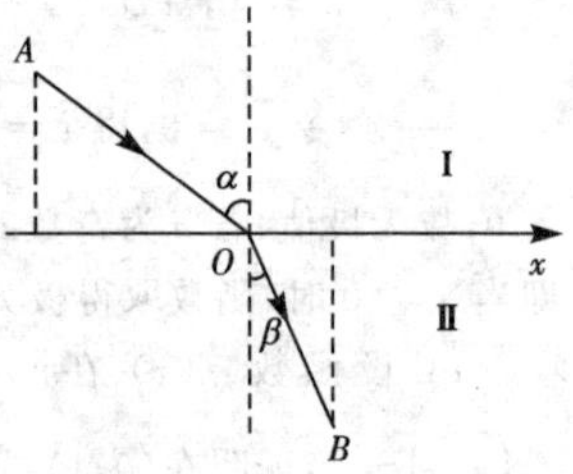

图2-15

证明　设A到x轴的距离为a，B到x轴的距离为b，从A到B的水平距离为c，设$OA=x$，则从A到B所需的时间为

$$t=f(x)=\frac{\sqrt{a^2+x^2}}{v_1}+\frac{\sqrt{b^2+(c-x)^2}}{v_2}$$

$$f'(x)=\frac{x}{v_1\sqrt{a^2+x^2}}-\frac{c-x}{v_2\sqrt{b^2+(c-x)^2}}$$

当$t=f(x)$取最小值时，有$f'(x)=0$，即$\dfrac{x}{v_1\sqrt{a^2+x^2}}=\dfrac{c-x}{v_2\sqrt{b^2+(c-x)^2}}$，

而$\sin\alpha=\dfrac{x}{\sqrt{a^2+x^2}}$，$\sin\beta=\dfrac{c-x}{\sqrt{b^2+(c-x)^2}}$，从而得到

$$\frac{\sin\alpha}{v_1}=\frac{\sin\beta}{v_2}$$

17. 设函数 $f(x)$ 在区间$[a,b]$上具有二阶导数，且 $f(a)=f(b)=0$，$f'(a)f'(b)>0$，证明存在点 $\xi\in(a,b)$，使得 $f''(\xi)=0$.

证明　因为 $f'(a)f'(b)>0$，所以不妨假设 $f'(a)>0$，$f'(b)>0$，由于

$$f'_+(a)=\lim_{x\to a^+}\frac{f(x)-f(a)}{x-a}=\lim_{x\to a^+}\frac{f(x)}{x-a}>0$$

$$f'_-(b)=\lim_{x\to b^-}\frac{f(x)-f(b)}{x-b}=\lim_{x\to b^-}\frac{f(x)}{x-b}>0$$

根据极限保号性，存在 a_1,b_1，使 $a<a_1<b_1<b$，$\dfrac{f(a_1)}{a_1-a}>0$，$\dfrac{f(b_1)}{b_1-b}>0$，从而有 $f(a_1)>0$，$f(b_1)<0$，根据连续函数的零点定理知，存在 $x_0\in(a_1,b_1)$，使 $f(x_0)=0$. 分别在区间$[a,x_0]$和$[x_0,b]$上应用罗尔定理，得 $f'(\xi_1)=0$，$a<\xi_1<x_0$，$f'(\xi_2)=0$，$x_0<\xi_2<b$. 再在区间$[\xi_1,\xi_2]$上应用罗尔定理，得 $f''(\xi)=0$，$\xi\in(\xi_1,\xi_2)\subset(a,b)$.

18. 设奇函数 $f(x)$ 在$[-1,1]$上具有 2 阶导数，且 $f(1)=1$，证明：

(1) 存在 $\xi\in(0,1)$，使得 $f'(\xi)=1$.

(2) 存在 $\eta\in(-1,1)$，使得 $f''(\eta)+f'(\eta)=1$.

证明　(1) 因为 $f(x)$ 是区间$[-1,1]$上的奇函数，所以 $f(0)=0$.

因为函数 $f(x)$ 在区间$[0,1]$上可导，根据微分中值定理，存在 $\xi\in(0,1)$，使得

$$f(1)-f(0)=f'(\xi)$$

又因为 $f(1)=1$，所以 $f'(\xi)=1$.

(2) 因为 $f(x)$ 是奇函数，所以 $f'(x)$ 是偶函数，故 $f'(\xi)=f'(-\xi)=1$. 令 $F(x)=[f'(x)-1]e^x$，则 $F(x)$ 可导，有 $F(-\xi)=F(\xi)=0$.

根据罗尔定理，存在 $\eta\in(-\xi,\xi)\in(-1,1)$，使得 $F'(\eta)=0$.

由 $F'(\eta)=[f''(\eta)+f'(\eta)-1]e^\eta$ 且 $e^\eta\neq0$，得 $f''(\eta)+f'(\eta)=1$.

第三章　一元函数积分学及其应用

积分学是微积分学的重要组成部分，包括定积分与不定积分.定积分借助极限方法处理非均匀、非线性的微小量的累加问题，是解决科学技术与工程实际问题的有力工具.在一定条件下，定积分的计算要归结为原函数的计算，这就是不定积分的内容.本章主要学习定积分的概念、基本理论、不定积分与定积分的计算方法以及定积分在几何、物理、力学和工程技术中的应用实例，最后还要学习定积分的推广 —— 反常积分.

第一节　定积分的概念、性质、可积准则

内容提要

1. 通过讨论求曲边梯形面积、非均匀细棒的质量等典型问题，揭示定积分产生的背景.

2. 定积分的定义，即

$$\int_a^b f(x)\mathrm{d}x = \lim_{\lambda\to 0}\sum_{i=1}^{n} f(\xi_i)\Delta x_i$$

这里有几点需特别注意：

(1) 定积分是通过分划 — 代替 — 求和 — 取极限 4 个步骤得到的一个确定的数.该数是由被积函数和积分区间所确定的.

(2) 定积分定义中的极限不同于前面学过的函数极限，也不同于数列极限.这一极限中的自变量是 λ，当 λ 值确定时，对应的和式 $\sum_{i=1}^{n} f(\xi_i)\Delta x_i$ 的取值可以是无穷多个(除非 $f(x)$ 是常数).一旦这个极限存在，它与 $[a,b]$ 的分划无关，也与 ξ_i 的取法无关.$\lambda\to 0$ 意味着将区间 $[a,b]$"无限细分".

3. 定积分的几何意义

当 $f(x)$ 是 $[a,b]$ 上非负可积函数时，$\int_a^b f(x)\mathrm{d}x$ 表示由曲线 $y=f(x)$，$x=a$，$x=b$ 以及 x 轴所围的曲边梯形的面积.若可积函数 $f(x)$ 在 $[a,b]$ 上有时取正值，有时取负值，则 $\int_a^b f(x)\mathrm{d}x$ 表示曲边梯形在 x 轴上方部分的面积减去在 x 轴下方部分的面积.

4. 函数可积的必要条件和一些充分条件

若函数 $f(x)$ 在区间 $[a,b]$ 上可积，则 $f(x)$ 在 $[a,b]$ 上必有界.

如果函数 $f(x)$ 在 $[a,b]$ 上连续，或只有有限个第一类间断点，那么定积分 $\int_a^b f(x)\mathrm{d}x$ 一定存在.

5. 定积分的基本性质

若函数 $f(x)$ 与 $g(x)$ 在 $[a,b]$ 上可积，则有如下基本性质：

(1) 线性性质：$\int_a^b [\alpha f(x)+\beta g(x)]\mathrm{d}x = \alpha\int_a^b f(x)\mathrm{d}x+\beta\int_a^b g(x)\mathrm{d}x$

(2) 区间可加性质：$\int_a^b f(x)\mathrm{d}x = \int_a^c f(x)\mathrm{d}x+\int_c^b f(x)\mathrm{d}x$

(3) 单调性质：若 $f(x)\leqslant g(x)$，则 $\int_a^b f(x)\mathrm{d}x\leqslant\int_a^b g(x)\mathrm{d}x(a<b)$

(4) 积分中值定理：若 $f(x)$ 在 $[a,b]$ 上连续，则至少存在一点 $\xi\in[a,b]$，使得

$$\int_a^b f(x)\mathrm{d}x = f(\xi)\cdot(b-a)$$

释疑解惑

【问 3-1-1】　在定积分定义 $\int_a^b f(x)\mathrm{d}x = \lim\limits_{\lambda\to 0}\sum\limits_{i=1}^{n} f(\xi_i)\Delta x_i$ 中，$\lambda\to 0$ 表明把区间 $[a,b]$ 分得“无限细密”，可否将 $\lambda\to 0$ 换成将 $[a,b]$ 分成小区间的个数 $n\to\infty$ 呢？

答　不可以.

因为 $n\to\infty$ 并不能保证把 $[a,b]$ 分得无限细密. 例如，只在 $\left[a,\dfrac{a+b}{2}\right]$ 上添加分点，而 $\left(\dfrac{a+b}{2},b\right]$ 保持不变，这也可以认为是 $n\to\infty$，结果显然是不成立的. 但是若在 $f(x)$ 可积的前提下，将 $[a,b]$ n 等分，则此时 $\lambda\to 0$ 与 $n\to\infty$ 是等价的.

【问 3-1-2】　若 $f(x)$ 在 $[a,b]$ 上连续，且 $\int_a^b f(x)\mathrm{d}x=0$，则下列结论是否正确？

(1) 在 $[a,b]$ 上的某个小区间必有 $f(x)=0$；

(2) 在 $[a,b]$ 上的一切 x，都有 $f(x)=0$；

(3) 在 $[a,b]$ 内不一定有 x，使 $f(x)=0$；

(4) 在 $[a,b]$ 上至少有一点 x，使 $f(x)=0$.

答　(1) 不正确.

例如 $\int_{-1}^1 x\mathrm{d}x=0$，但 $f(x)=x$ 在 $[-1,1]$ 上只在 $x=0$ 一点 $f(0)=0$.

(2) 不正确.

由(1) 中的反例也可说明(2) 结论不正确，因为除 $x=0$ 处，在 $[-1,1]$ 上，

$f(x)=x\neq 0$.

(3) 不正确.

若在$[a,b]$内不存在x使$f(x)=0$,则由$f(x)$的连续性可知,$f(x)$必保持一种符号.例如,若$f(x)>0$,则可推出$\int_a^b f(x)\mathrm{d}x>0$,与假设矛盾.由此也就推出(4)的结论是正确的.

(4) 正确.

【问 3-1-3】 设$f(x)$在$[a,b]$上有定义,若取$[a,b]$的一种特殊类型的分划,或在$[x_{i-1},x_i]$上按特殊方式取ξ_i,得到积分和$S_n(f;\Delta)=\sum_{i=1}^{n}f(\xi_i)\Delta x_i$,若极限$\lim\limits_{\lambda\to 0}S_n(f;\Delta)$存在,是否可断言$f(x)$在$[a,b]$上可积?

答 不能断定.

例如,函数$f(x)=\begin{cases}1, & x\text{ 为有理数}\\ 0, & x\text{ 为无理数}\end{cases}$,$x\in[0,1]$,不论采用什么样的分划,若只选有理点作为$\xi_i$,则积分和恒为1,极限$\lim\limits_{\lambda\to 0}S_n=1$存在,然而这个函数在$[0,1]$上是不可积的.因为若只选无理点作为$\xi_i$,则积分和就恒为0,极限$\lim\limits_{\lambda\to 0}S_n=0$.

【问 3-1-4】 定积分$\int_a^b f(x)\mathrm{d}x$与哪些因素有关?与哪些因素无关?

答 定积分$\int_a^b f(x)\mathrm{d}x$与被积函数$f(x)$及积分上下限a,b有关,与积分变量x的写法无关,亦即$\int_a^b f(x)\mathrm{d}x=\int_a^b f(t)\mathrm{d}t$,把积分变量$x$改写为$t$或别的什么字母,不改变定积分的值.

【问 3-1-5】 试将图 3-1 中各曲边梯形的面积用定积分来表示.

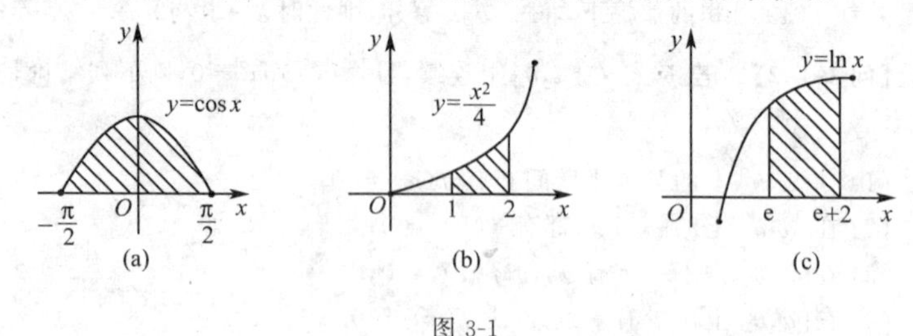

图 3-1

答 (a) 的面积 $=\int_{-\frac{\pi}{2}}^{\frac{\pi}{2}}\cos x\mathrm{d}x$;

(b) 的面积 $=\int_1^2\frac{x^2}{4}\mathrm{d}x$;

(c) 的面积 $= \int_{e}^{e+2} \ln x \mathrm{d}x$.

例题解析

【例 3-1-1】 用定积分定义计算$\int_1^2 \frac{1}{x}\mathrm{d}x$ 的值.

分析 因为$f(x)=\frac{1}{x}$在[1,2]上连续,所以定积分$\int_1^2 \frac{1}{x}\mathrm{d}x$存在. 因而在用定义计算定积分时,允许我们对[1,2] 实施特殊的分割,也允许在小区间$[x_{i-1},x_i]$上用特殊的方法选取ξ_i,计算出积分和S_n,再求极限$\lim\limits_{\lambda\to 0}S_n$即可.

解 用分点$x_0=1,x_1=q,x_2=q^2,\cdots,x_n=q^n=2$,即$q=2^{\frac{1}{n}}$.
于是小区间长为

$$\Delta x_i = x_i - x_{i-1} = q^i - q^{i-1} = q^{i-1}(q-1)$$

且

$$\lim_{n\to\infty}(q-1)=\lim_{n\to\infty}(2^{\frac{1}{n}}-1)=0$$

故当$n\to\infty$时能保证最大小区间长

$$q^n - q^{n-1} = q^{n-1}(q-1)\to 0$$

在每个小区间$[x_{i-1},x_i]$上选取$\xi_i = x_{i-1} = q^{i-1}$,则

$$\int_1^2 \frac{\mathrm{d}x}{x} = \lim_{\lambda\to 0}\sum_{i=1}^{n} f(\xi_i)\cdot\Delta x_i = \lim_{n\to\infty}\sum_{i=1}^{n}\frac{1}{q^{i-1}}\cdot q^{i-1}(q-1)$$

$$=\lim_{n\to\infty}n(q-1)=\lim_{n\to\infty}\frac{2^{\frac{1}{n}}-1}{\frac{1}{n}}=\ln 2$$

【例 3-1-2】 利用定积分的几何意义,确定定积分$\int_0^2 \min\{1,x\}\mathrm{d}x$ 的值.

分析 定积分的几何意义是曲边梯形面积的代数和. 因此本题需将$\int_0^2 \min\{1,x\}\mathrm{d}x$对应的图形作出,并求其面积.

解 被积函数为

$$f(x)=\min\{1,x\}=\begin{cases} x, & 0\leqslant x\leqslant 1 \\ 1, & 1< x\leqslant 2\end{cases}$$

其图形如图 3-2 所示,积分值为梯形面积

$$S=\frac{1}{2}(1+2)\times 1=\frac{3}{2}$$

于是

$$\int_0^2 \min\{1,x\}\mathrm{d}x=\frac{3}{2}$$

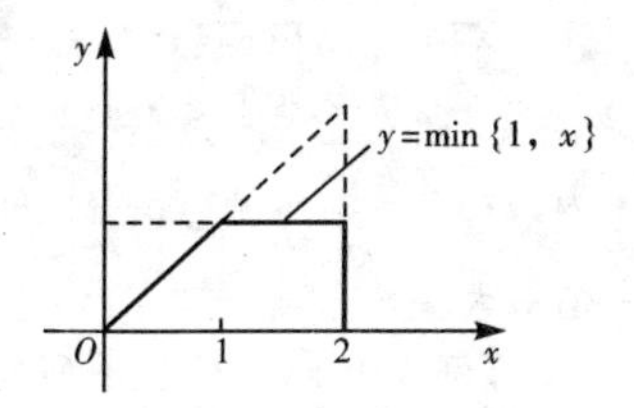

图 3-2

【例 3-1-3】 求极限$\lim\limits_{n\to\infty}\int_0^{\frac{\pi}{4}}\sin^n x\,dx$.

分析 为求极限需去掉积分号,因此先将被积函数进行“放缩”,并利用求极限的夹逼法则.

解 在区间$\left[0,\frac{\pi}{4}\right]$上,$0\leqslant\sin^n x\leqslant\left(\frac{\sqrt{2}}{2}\right)^n$,由定积分性质,可知

$$0\leqslant\int_0^{\frac{\pi}{4}}\sin^n x\,dx\leqslant\int_0^{\frac{\pi}{4}}\left(\frac{\sqrt{2}}{2}\right)^n dx=\frac{\pi}{4}\cdot\left(\frac{\sqrt{2}}{2}\right)^n$$

又因为

$$\lim_{n\to\infty}\frac{\pi}{4}\cdot\left(\frac{\sqrt{2}}{2}\right)^n=0$$

所以由极限的夹逼法则可得

$$\lim_{n\to\infty}\int_0^{\frac{\pi}{4}}\sin^n x\,dx=0$$

【例 3-1-4】 证明极限$\lim\limits_{n\to\infty}\int_n^{n+1}\frac{\sin x}{x}dx=0$.

分析 利用积分中值定理去掉积分号是证明本题的关键.

证明 由积分中值定理可知,对任一正整数n,存在$\xi_n\in[n,n+1]$,使得

$$\int_n^{n+1}\frac{\sin x}{x}dx=\frac{\sin\xi_n}{\xi_n}\int_n^{n+1}dx=\frac{\sin\xi_n}{\xi_n}$$

于是

$$\left|\int_n^{n+1}\frac{\sin x}{x}dx\right|=\left|\frac{\sin\xi_n}{\xi_n}\right|\leqslant\frac{1}{\xi_n}\leqslant\frac{1}{n}$$

令$n\to\infty$,由夹逼法则知

$$\lim_{n\to\infty}\int_n^{n+1}\frac{\sin x}{x}dx=0$$

【例 3-1-5】 求区间$[a,b]$,使得定积分$\int_a^b(2+x-x^2)dx$的值最大.

分析 根据定积分的性质,需求出$(2+x-x^2)$的非负区间.

解 被积函数$f(x)=2+x-x^2=(1+x)(2-x)$,其定义域为$(-\infty,+\infty)$,但只有在区间$[-1,2]$上,$f(x)\geqslant0$,而在$(-\infty,-1)$和$(2,+\infty)$内,$f(x)<0$.可见当积分区间$[a,b]$取做$[-1,2]$时,定积分$\int_a^b(2+x-x^2)dx$的值最大.

【例 3-1-6】 比较下列各对积分的大小:

(1)$\int_0^1 x\,dx$和$\int_0^1 x^2\,dx$;

(2)$\int_0^{-2}e^x\,dx$和$\int_0^{-2}x\,dx$;

(3) $\int_1^e \ln x\mathrm{d}x$ 和 $\int_1^e \ln^2 x\mathrm{d}x$；

(4) $\int_1^{\frac{1}{e}} \ln x\mathrm{d}x$ 和 $\int_1^{\frac{1}{e}} \ln^2 x\mathrm{d}x$.

解 (1) 当 $0 < x < 1$ 时，$x > x^2$，故 $\int_0^1 x\mathrm{d}x \geqslant \int_0^1 x^2\mathrm{d}x$；

(2) 当 $-2 < x < 0$ 时，$e^x > 0, x < 0$，所以 $x < e^x$，则

$$\int_{-2}^0 e^x\mathrm{d}x \geqslant \int_{-2}^0 x\mathrm{d}x$$

两边乘以 -1，得

$$-\int_{-2}^0 e^x\mathrm{d}x \leqslant -\int_{-2}^0 x\mathrm{d}x$$

即

$$\int_0^{-2} e^x\mathrm{d}x \leqslant \int_0^{-2} x\mathrm{d}x$$

(3) 当 $1 < x < e$ 时，$0 < \ln x < 1$，故 $\ln^2 x < \ln x$，从而有 $\int_1^e \ln x\mathrm{d}x \geqslant \int_1^e \ln^2 x\mathrm{d}x$；

(4) 当 $\frac{1}{e} < x < 1$ 时，$\ln x < 0, \ln^2 x > 0$，则 $\ln^2 x > \ln x$，从而

$$\int_{\frac{1}{e}}^1 \ln x\mathrm{d}x \leqslant \int_{\frac{1}{e}}^1 \ln^2 x\mathrm{d}x$$

两边乘以 -1，得

$$\int_1^{\frac{1}{e}} \ln x\mathrm{d}x \geqslant \int_1^{\frac{1}{e}} \ln^2 x\mathrm{d}x.$$

【例 3-1-7】 求极限 $\lim\limits_{n\to\infty}\left(\frac{1}{n^2}+\frac{2}{n^2}+\cdots+\frac{n}{n^2}\right)$.

解

$$\lim_{n\to\infty}\left(\frac{1}{n^2}+\frac{2}{n^2}+\cdots+\frac{n}{n^2}\right)=\lim_{n\to\infty}\frac{1}{n}\left(\frac{1}{n}+\frac{2}{n}+\cdots+\frac{n}{n}\right)$$

$$=\lim_{n\to\infty}\sum_{i=1}^n \frac{i}{n}\cdot\frac{1}{n}$$

由于函数 $y = x$ 在区间 $[0,1]$ 上连续，故可积，从而

$$\lim_{n\to\infty}\left(\frac{1}{n^2}+\frac{2}{n^2}+\cdots+\frac{n}{n^2}\right)=\int_0^1 x\mathrm{d}x=\frac{1}{2}.$$

习题精解

1. 已知某物体以速度 $v(t) = 3t+5$(m/s) 作直线运动，试用定积分表示物体在 $T_1 = 1$ s 到 $T_2 = 3$ s 期间所运动的距离，并用定积分求出该距离.

解 作直线运动物体的速度 $v(t)$ 是时间 t 的连续函数，$t \in [T_1, T_2]$，

$v(t)>0$. 为计算该物体在时间间隔$[T_1,T_2]$内所运动的距离,可采用以下步骤:

① 分划　将$[T_1,T_2]$任意分为n个小区间,其分点为

$$T_1=t_0<t_1<t_2<\cdots<t_{n-1}<t_n=T_2$$

小区间长度为　$\Delta t_i=t_i-t_{i-1}\quad(i=1,2,\cdots,n)$

② 近似　在每个小时间段$[t_{i-1},t_i]$上,将速度近似地看做是匀速的,任取一时刻τ_i的瞬时速度看做$[t_{i-1},t_i]$内每一时刻的速度,即以$v(\tau_i)\Delta t_i$近似代替在第i个时间区间$[t_{i-1},t_i]$内物体所运动的距离.

③ 求和　以$S_n=\sum\limits_{i=1}^{n}v(\tau_i)\Delta t_i$作为该物体在时间间隔$[T_1,T_2]$内所运动距离的近似值.

④ 取极限　记$\lambda=\max\limits_{1\leqslant i\leqslant n}\{\Delta t_i\}$,则极限

$$\lim_{\lambda\to 0}\sum_{i=1}^{n}v(\tau_i)\Delta t_i=\int_{T_1}^{T_2}v(t)\mathrm{d}t$$

即为物体在时间间隔$[T_1,T_2]$内所运动的距离.

按照以上分析,本题所求距离用定积分表示为

$$s=\int_1^3(3t+5)\mathrm{d}t$$

如图 3-3 所示,距离即梯形的面积

$$S=\frac{1}{2}(8+14)\times 2=22$$

即

$$s=\int_1^3(3t+5)\mathrm{d}t=22$$

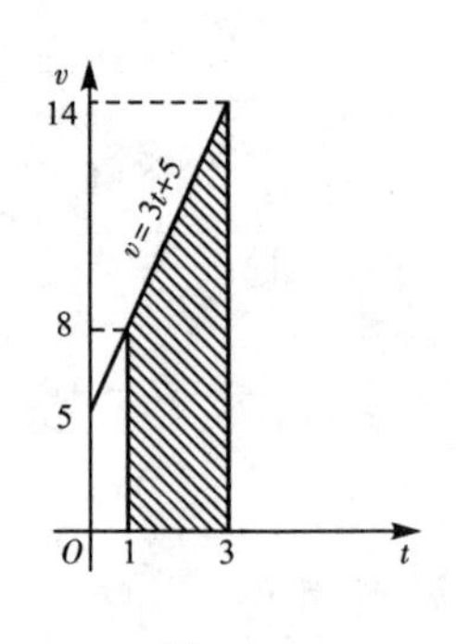

图 3-3

4. 利用定积分定义,求下列定积分:

(2)$\int_0^1 x^2\mathrm{d}x$.

解　由于被积函数$f(x)=x^2$在$[0,1]$上连续,故可积.现将区间$[0,1]$ n等分,等分点为

$$x_i=\frac{i}{n}\quad(i=0,1,2,\cdots,n)$$

则

$$\Delta x_i=\frac{1}{n}$$

取

$$\xi_i=\frac{i}{n}\in\left[\frac{i-1}{n},\frac{i}{n}\right]\quad(i=1,2,\cdots,n)$$

于是

$$\int_0^1 x^2\,dx=\lim_{n\to\infty}\sum_{i=1}^{n}\left(\frac{i}{n}\right)^2\cdot\frac{1}{n}=\lim_{n\to\infty}\frac{1}{n^3}\cdot(1^2+2^2+\cdots+n^2)$$
$$=\lim_{n\to\infty}\frac{1}{n^3}\cdot\frac{n(n+1)(2n+1)}{6}$$
$$=\frac{1}{3}$$

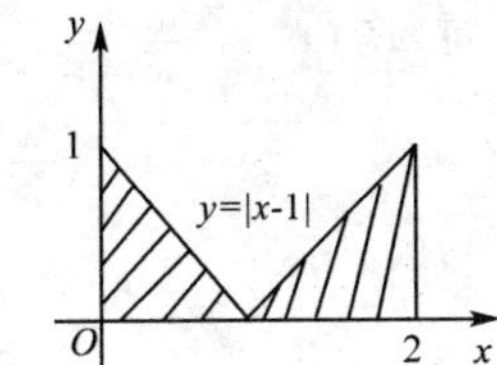

图 3-4

5. 填空(利用定积分的几何意义).

(4) $\int_0^2 |x-1|\,dx=$ ______.

解　作出曲线 $y=|x-1|,x\in[0,2]$.
所求定积分为图 3-4 中阴影部分的面积,即

$$\int_0^2 |x-1|\,dx=1$$

6. 利用定积分表示下列极限:

(2) $\lim\limits_{n\to\infty}\left(\frac{1}{\sqrt{4n^2-1^2}}+\frac{1}{\sqrt{4n^2-2^2}}+\cdots+\frac{1}{\sqrt{4n^2-n^2}}\right)$.

解　原式$=\lim\limits_{n\to\infty}\frac{1}{n}\left(\frac{1}{\sqrt{4-\left(\frac{1}{n}\right)^2}}+\frac{1}{\sqrt{4-\left(\frac{2}{n}\right)^2}}+\cdots+\frac{1}{\sqrt{4-\left(\frac{n}{n}\right)^2}}\right)$

$$=\lim_{n\to\infty}\sum_{i=1}^{n}\frac{1}{\sqrt{4-\left(\frac{i}{n}\right)^2}}\cdot\frac{1}{n}=\int_0^1\frac{1}{\sqrt{4-x^2}}\,dx.$$

7. 比较定积分的大小:

(4) $\int_0^1 e^x\,dx$ 与 $\int_0^1\left(1+x+\frac{x^2}{2!}+\cdots+\frac{x^n}{n!}\right)dx$.

解　由泰勒公式知

$$e^x=1+x+\frac{x^2}{2!}+\cdots+\frac{x^n}{n!}+\frac{e^{\xi}}{(n+1)!}x^{n+1}\quad(\xi\text{介于}0\text{和}x\text{之间})$$

在[0,1]区间上

$$e^x\geqslant 1+x+\frac{x^2}{2!}+\cdots+\frac{x^n}{n!}$$

因而

$$\int_0^1 e^x\,dx\geqslant\int_0^1\left(1+x+\frac{x^2}{2!}+\cdots+\frac{x^n}{n!}\right)dx$$

8. 证明下列不等式:

(1) $\frac{1}{2}\leqslant\int_{\frac{\pi}{4}}^{\frac{\pi}{2}}\frac{\sin x}{x}\,dx\leqslant\frac{\sqrt{2}}{2}$

证明　由　$\left(\frac{\sin x}{x}\right)'=\frac{x\cos x-\sin x}{x^2}$

$$= \frac{\cos x(x-\tan x)}{x^2} < 0 \quad x \in \left(\frac{\pi}{4}, \frac{\pi}{2}\right)$$

可知 $f(x) = \frac{\sin x}{x}$ 在 $\left[\frac{\pi}{4}, \frac{\pi}{2}\right]$ 上单调减少,故

$$f\left(\frac{\pi}{2}\right) \leqslant f(x) \leqslant f\left(\frac{\pi}{4}\right) \quad x \in \left(\frac{\pi}{4}, \frac{\pi}{2}\right)$$

所以

$$\int_{\frac{\pi}{4}}^{\frac{\pi}{2}} \frac{2}{\pi} \mathrm{d}x \leqslant \int_{\frac{\pi}{4}}^{\frac{\pi}{2}} \frac{\sin x}{x} \mathrm{d}x \leqslant \int_{\frac{\pi}{4}}^{\frac{\pi}{2}} \frac{4}{\pi} \times \frac{\sqrt{2}}{2} \mathrm{d}x$$

即

$$\frac{1}{2} \leqslant \int_{\frac{\pi}{4}}^{\frac{\pi}{2}} \frac{\sin x}{x} \mathrm{d}x \leqslant \frac{\sqrt{2}}{2}$$

第二节　微积分基本定理

内容提要

1. 原函数概念

设 $f(x)$ 是定义在区间 I 上的函数,若存在函数 $F(x)$,满足

$$F'(x) = f(x), x \in I$$

则称 $F(x)$ 是 $f(x)$ 在区间 I 上的一个原函数.

2. 微积分基本定理(牛顿 - 莱布尼兹公式)

设 $f(x)$ 是$[a,b]$上的可积函数,$F(x)$ 是 $f(x)$ 在$[a,b]$上的一个原函数,则

$$\int_a^b f(x)\mathrm{d}x = F(b) - F(a)$$

3. 积分上限函数(变上限定积分)

设 $f(x)$ 在$[a,b]$上连续,则 $\Phi(x) = \int_a^x f(t)\mathrm{d}t$ 在$[a,b]$上可导,且

$$\Phi'(x) = f(x)$$

这表明,若 $f(x)$ 连续,则它的原函数一定存在,$\int_a^x f(t)\mathrm{d}t$ 就是其中之一.

更一般,设 $f(x)$ 在$[a, b]$上连续,$u(x),v(x)$ 为可导函数,且 $u(x),v(x) \in [a,b]$,则有

$$\frac{\mathrm{d}}{\mathrm{d}x}\int_{v(x)}^{u(x)} f(t)\mathrm{d}t = f(u(x))u'(x) - f(v(x))v'(x)$$

释疑解惑

【问 3-2-1】 当 $f(x)$ 在$[a,b]$上可积时,$\Phi(x) = \int_a^x f(t)\mathrm{d}t$ 是否一定是 $f(x)$

在$[a,b]$上的原函数？

答　不一定.

例如，对函数

$$f(x)=\begin{cases}0, & -1\leqslant x\leqslant 0\\ 1, & 0<x\leqslant 1\end{cases}$$

易算得

$$\Phi(x)=\int_{-1}^{x}f(t)\mathrm{d}t=\begin{cases}0, & -1\leqslant x\leqslant 0\\ x, & 0<x\leqslant 1\end{cases}$$

但是$\Phi(x)$在$x=0$不可导，当然不能成为$f(x)$在$[-1,1]$上的原函数.

当$f(x)$在$[a,b]$上连续时，结论成立.

【问 3-2-2】　若$f(x)$不是连续函数，是否$f(x)$就一定没有原函数？

答　不一定.

例如，

$$f(x)=\begin{cases}2x\sin\dfrac{1}{x}-\cos\dfrac{1}{x}, & x\neq 0\\ 0, & x=0\end{cases}$$

$$F(x)=\begin{cases}x^2\sin\dfrac{1}{x}, & x\neq 0\\ 0, & x=0\end{cases}$$

当$x\neq 0$时，

$$F'(x)=2x\sin\frac{1}{x}-\cos\frac{1}{x}$$

在$x=0$时，

$$\lim_{x\to 0}\frac{F(x)-F(0)}{x-0}=\lim_{x\to 0}\frac{x^2\sin\frac{1}{x}-0}{x}=0$$

即

$$F'(0)=0$$

可见$F(x)$是$f(x)$的一个原函数，但是$f(x)$在$x=0$处却不连续.

【问 3-2-3】　设$f(x)$在$[a,b]$上可积，若$[c,d]\subseteq[a,b]$，则必有$\int_c^d f(x)\mathrm{d}x\leqslant\int_a^b f(x)\mathrm{d}x$吗？

答　不一定.

例如，$[0,1]\subseteq[-1,1]$，对于$f(x)=x$，根据牛顿-莱布尼兹公式

$$\int_0^1 x\mathrm{d}x=\frac{1}{2}x^2\Big|_0^1=\frac{1}{2}$$

而

$$\int_{-1}^1 x\mathrm{d}x=\frac{1}{2}x^2\Big|_{-1}^1=0$$

结论显然不对.

【问 3-2-4】 试问 $x\int_a^{x^2} f(x)\mathrm{d}x,\int_a^{x^2} xf(t)\mathrm{d}t,\int_a^{x^2} xf(x)\mathrm{d}x$ 这几种写法之间有何区别?当 $f(x)$ 连续时,由这几个表达式所定义的函数应当如何求导?

答 第一种写法 $x\int_a^{x^2} f(x)\mathrm{d}x$ 中,位于积分号外面的 x 与积分上限 x^2 中的 x 是同一变量,它的取值直接影响到积分值. 而积分号里 $f(x)\mathrm{d}x$ 中的 x 是积分变量,它们可以改用其他字母,如 t 等,而不会影响到积分值. 因此,$x\int_a^{x^2} f(x)\mathrm{d}x = x\int_a^{x^2} f(t)\mathrm{d}t$. 而后者中 x 与积分变量无关,所以积分号外的 x 可视为常数移至积分号里,即

$$x\int_a^{x^2} f(x)\mathrm{d}x = \int_a^{x^2} xf(t)\mathrm{d}t$$

即第一种写法与第二种写法含义相同.

在第三种写法 $\int_a^{x^2} xf(x)\mathrm{d}x$ 中,只有积分上限 x^2 中的 x 才是函数的自变量,而积分表达式 $xf(x)\mathrm{d}x$ 中的 x 都是积分变量,可以用其他字母(如 t)来代替,即有

$$\int_a^{x^2} xf(x)\mathrm{d}x = \int_a^{x^2} tf(t)\mathrm{d}t$$

可见,第三种写法定义的是与前两种写法不同的另一个函数.

当 $f(x)$ 为连续函数时,按照积分上限函数求导公式,有

$$\left(x\int_a^{x^2} f(x)\mathrm{d}x\right)' = \left(x\int_a^{x^2} f(t)\mathrm{d}t\right)' = \int_a^{x^2} f(t)\mathrm{d}t + x\left(\int_a^{x^2} f(t)\mathrm{d}t\right)'$$

$$= \int_a^{x^2} f(t)\mathrm{d}t + 2x^2 f(x^2)$$

$$\left(\int_a^{x^2} xf(x)\mathrm{d}x\right)' = \left(\int_a^{x^2} tf(t)\mathrm{d}t\right)' = 2x\cdot x^2 f(x^2) = 2x^3 f(x^2)$$

【问 3-2-5】 由于 $\frac{1}{1-x}$ 是 $\frac{1}{(x-1)^2}$ 的一个原函数,所以根据牛顿 - 莱布尼兹公式

$$\int_0^2 \frac{1}{(x-1)^2}\mathrm{d}x = \frac{1}{1-x}\Bigg|_0^2 = -1-1 = -2$$

此答案对吗?为什么?

答 这个答案不对,在 $x=1$ 处 $\frac{1}{1-x}$ 不可导,所以不能说 $\frac{1}{1-x}$ 在[0,2]上

是$\frac{1}{(x-1)^2}$的一个原函数，而且$\frac{1}{(x-1)^2}$在$[0,2]$上不连续，可见，运用牛顿-莱布尼兹公式需要的条件都没有满足，故对积分$\int_0^2 \frac{1}{(x-1)^2}dx$不能按照牛顿-莱布尼兹公式计算.

【问 3-2-6】　根据牛顿-莱布尼兹公式

$$\int_0^\pi \sqrt{\frac{1+\cos 2x}{2}}dx = \int_0^\pi \sqrt{\cos^2 x}dx = \sin x\Big|_0^\pi = 0$$

但被积函数$\int_0^\pi \sqrt{\frac{1+\cos 2x}{2}}dx$在区间$[0,\pi]$上不小于零，且不恒等于零，因此积分不应为零，问错误在哪里？

答　错在第二个等号

$$\int_0^\pi \sqrt{\cos^2 x}dx \neq \sin x\Big|_0^\pi$$

正确的计算是

$$\int_0^\pi \sqrt{\cos^2 x}dx = \int_0^\pi |\cos x|dx = \int_0^{\frac{\pi}{2}} \cos x dx - \int_{\frac{\pi}{2}}^\pi \cos x dx$$

$$= \sin x\Big|_0^{\frac{\pi}{2}} - \sin x\Big|_{\frac{\pi}{2}}^\pi = 2$$

例题解析

【例 3-2-1】　求极限$\lim\limits_{x\to 0}\frac{x^2}{\int_{\cos x}^1 e^{-t^2}dt}$.

分析　这是一个$\frac{0}{0}$型的极限问题，因此，可考虑用洛必达法则求解，因为分母是积分上限函数，求导时用到积分上限函数的求导法则.

解　$\lim\limits_{x\to 0}\frac{x^2}{\int_{\cos x}^1 e^{-t^2}dt} = \lim\limits_{x\to 0}\frac{x^2}{-\int_1^{\cos x} e^{-t^2}dt} = \lim\limits_{x\to 0}\frac{2x}{-e^{-\cos^2 x}(-\sin x)}$

$$= \lim_{x\to 0}\frac{2x}{\sin x \cdot e^{-\cos^2 x}} = \lim_{x\to 0}\frac{2}{e^{-\cos^2 x}} = \frac{2}{e^{-1}} = 2e$$

【例 3-2-2】　问a,b,c为何实数时，才能使$\lim\limits_{x\to 0}\frac{1}{\sin x - ax}\int_b^x \frac{t^2}{\sqrt{1+t^2}}dt = c$成立？

分析　这是一个含积分上限函数的$\frac{0}{0}$型未定式求极限问题，故用洛必达法则.

解　无论a取何值都有$\lim\limits_{x\to 0}(\sin x - ax) = 0$，只有当$\lim\limits_{x\to 0}\int_b^x \frac{t^2}{\sqrt{1+t^2}}dt = 0$

时，原极限才有可能存在，故 $b=0$，根据洛必达法则及积分上限函数求导法则，有

$$\lim_{x\to 0}\frac{1}{\sin x-ax}\int_0^x\frac{t^2}{\sqrt{1+t^2}}\mathrm{d}t=\lim_{x\to 0}\frac{\frac{x^2}{\sqrt{1+x^2}}}{\cos x-a}=\begin{cases}0, & a\neq 1\\ -2, & a=1\end{cases}$$

则有 $a=1,b=0,c=-2$ 或 $a\neq 1,b=0,c=0$.

【例 3-2-3】 设 $f(x)$ 是连续函数，且 $f(x)=x+2\int_0^1 f(t)\mathrm{d}t$，求 $f(x)$ 的表达式.

分析 明确定积分$\int_0^1 f(t)\mathrm{d}t$ 为一个常数是解决本题的关键.

解 因为定积分是一个确定的数，故可设$\int_0^1 f(t)\mathrm{d}t=a$ 代入题设等式，则有

$$f(x)=x+2a$$

对此作积分，得

$$a=\int_0^1 f(t)\mathrm{d}t=\int_0^1(x+2a)\mathrm{d}x=\left(\frac{x^2}{2}+2ax\right)\Big|_0^1=\frac{1}{2}+2a$$

所以

$$a=-\frac{1}{2}$$

即

$$f(x)=x-1$$

【例 3-2-4】 已知 $f(x)=\int_a^x(x-t)\sin t\mathrm{d}t$，求函数 $f(x)$ 的导数 $f'(x)$ 和 $f''(x)$.

分析 被积函数中的 x 可看作常值，拿到积分号外，故可利用乘法求导法则求解.

解
$$\begin{aligned}f(x)&=\int_a^x(x-t)\sin t\mathrm{d}t=\int_a^x x\sin t\mathrm{d}t-\int_a^x t\sin t\mathrm{d}t\\&=x\int_a^x\sin t\mathrm{d}t-\int_a^x t\sin t\mathrm{d}t\end{aligned}$$

故

$$\begin{aligned}f'(x)&=(x\int_a^x\sin t\mathrm{d}t-\int_a^x t\sin t\mathrm{d}t)'\\&=(x\int_a^x\sin t\mathrm{d}t)'-(\int_a^x t\sin t\mathrm{d}t)'\\&=\int_a^x\sin t\mathrm{d}t+x\sin x-x\sin x\\&=\int_a^x\sin t\mathrm{d}t\end{aligned}$$

$$f''(x) = \sin x$$

【例 3-2-5】 已知两曲线 $y = f(x)$ 与 $y = \int_0^{\arctan x} e^{-t^2} dt$ 在点 $(0,0)$ 处的切线相同，写出此切线方程，并求极限 $\lim\limits_{n\to\infty} nf\left(\frac{2}{n}\right)$.

分析 由题设条件知两曲线所对应的函数在 $x = 0$ 处有相同的函数值及导数值，这是求解本题的切入点.

解

$$f(0) = \int_0^{\arctan 0} e^{-t^2} dt = 0$$

$$f'(0) = \left(\int_0^{\arctan x} e^{-t^2} dt\right)'\Bigg|_{x=0} = \frac{e^{-(\arctan x)^2}}{1+x^2}\Bigg|_{x=0} = 1$$

故所求切线方程为

$$y = x$$

$$\lim_{n\to\infty} nf\left(\frac{2}{n}\right) = \lim_{n\to\infty} 2 \cdot \frac{f\left(\frac{2}{n}\right) - 0}{\frac{2}{n}} = \lim_{n\to\infty} 2 \cdot \frac{f\left(\frac{2}{n}\right) - f(0)}{\frac{2}{n} - 0} = 2f'(0) = 2$$

说明 这里最后求极限时，用到了函数极限与数列极限的关系. 由于

$$\lim_{x\to 0} \frac{f(x) - f(0)}{x - 0} = \lim_{x\to 0} \frac{f(x)}{x} = f'(0)$$

因此

$$\lim_{n\to\infty} \frac{f\left(\frac{2}{n}\right)}{\frac{2}{n}} = f'(0)$$

【例 3-2-6】 设函数 $f(x)$ 在闭区间 $[a,b]$ 上连续，且 $f(x) > 0$，试讨论方程

$$\int_a^x f(t)dt + \int_b^x \frac{1}{f(t)} dt = 0$$

在开区间 (a,b) 内根的个数.

分析 利用闭区间上连续函数的零点定理讨论根的存在性；利用函数的单调性讨论根的个数.

解 令 $\varphi(x) = \int_a^x f(t)dt + \int_b^x \frac{1}{f(t)} dt$，则 $\varphi(x)$ 在闭区间 $[a,b]$ 上连续，且

$$\varphi(a) = 0 + \int_b^a \frac{1}{f(t)} dt = -\int_a^b \frac{1}{f(t)} dt < 0$$

$$\varphi(b) = \int_a^b f(t)dt + 0 > 0$$

由闭区间上连续函数的零点定理可知，至少存在一点 $\xi \in (a,b)$，使 $\varphi(\xi) = 0$，即方程 $\int_a^x f(t)dt + \int_b^x \frac{1}{f(t)} dt = 0$ 在开区间 (a,b) 内至少有一个根. 又在 (a,b)

内

$$\varphi'(x)=f(x)+\frac{1}{f(x)}\geqslant 2\sqrt{f(x)}\cdot\frac{1}{\sqrt{f(x)}}=2>0$$

故 $\varphi(x)$ 在$[a,b]$上严格单调增加，因此 $\varphi(x)$ 在(a,b)内的零点不多于一个.

综上可知，方程$\int_a^x f(t)\mathrm{d}t+\int_b^x\frac{1}{f(t)}\mathrm{d}t=0$ 在开区间(a,b)内有且只有一个根.

【例 3-2-7】 设 $f(x)$ 在$[0,+\infty)$上连续，且单调增加，试证对任何 $b>a>0$，都有

$$\int_a^b xf(x)\mathrm{d}x\geqslant\frac{1}{2}\left[b\int_0^b f(x)\mathrm{d}x-a\int_0^a f(x)\mathrm{d}x\right]$$

分析 本题即证明$\int_a^b xf(x)\mathrm{d}x-\frac{1}{2}\left[b\int_0^b f(x)\mathrm{d}x-a\int_0^a f(x)\mathrm{d}x\right]\geqslant 0$.

证明 构造函数

$$F(x)=\int_a^x tf(t)\mathrm{d}t-\frac{1}{2}\left[x\int_0^x f(t)\mathrm{d}t-a\int_0^a f(t)\mathrm{d}t\right]$$

则

$$F'(x)=xf(x)-\frac{1}{2}xf(x)-\frac{1}{2}\int_0^x f(t)\mathrm{d}t$$
$$=\frac{1}{2}\left[xf(x)-\int_0^x f(t)\mathrm{d}t\right]$$

由于 $f(x)$ 单调增加，所以$\int_0^x f(t)\mathrm{d}t\leqslant\int_0^x f(x)\mathrm{d}t=xf(x)$，即

$$F'(x)\geqslant 0$$

则 $F(x)$ 单调增加，从而由 $b>a$ 知 $F(b)\geqslant F(a)$，因为 $F(a)=0$，所以 $F(b)\geqslant 0$，原不等式得证.

习题精解

1. 用牛顿 - 莱布尼兹公式计算下列定积分：

(3)$\int_{\frac{1}{\sqrt{3}}}^{\sqrt{3}}\frac{1}{1+x^2}\mathrm{d}x$；　　(4)$\int_0^{2\pi}|\sin x|\mathrm{d}x$.

解 (3) 因为 $\arctan x$ 是$\frac{1}{1+x^2}$的一个原函数，所以

$$\int_{\frac{1}{\sqrt{3}}}^{\sqrt{3}}\frac{1}{1+x^2}\mathrm{d}x=\arctan x\Big|_{\frac{1}{\sqrt{3}}}^{\sqrt{3}}=\arctan\sqrt{3}-\arctan\frac{1}{\sqrt{3}}$$
$$=\frac{\pi}{3}-\frac{\pi}{6}=\frac{\pi}{6}$$

(4) 因为 $-\cos x$ 是 $\sin x$ 的一个原函数，并注意到在$[\pi,2\pi]$上 $\sin x\leqslant 0$，所以

$$\int_0^{2\pi} |\sin x|\,dx = \int_0^{\pi} \sin x dx - \int_{\pi}^{2\pi} \sin x dx$$

$$= (-\cos x)\Big|_0^{\pi} - (-\cos x)\Big|_{\pi}^{2\pi}$$

$$= 2-(-2) = 4$$

3. 设 $f(x)=\begin{cases} x+1, & x<0 \\ x, & x\geqslant 0 \end{cases}$,求 $F(x)=\int_{-1}^{x} f(t)\,dt$ 的表达式,并讨论 $F(x)$ 在 $x=0$ 处的连续性与可导性.

解 当 $x<0$ 时,

$$F(x)=\int_{-1}^{x} f(t)\,dt=\int_{-1}^{x}(t+1)\,dt$$

$$=\left(\frac{1}{2}t^2+t\right)\Big|_{-1}^{x}=\frac{1}{2}x^2+x+\frac{1}{2}$$

当 $x=0$ 时,

$$F(0)=\int_{-1}^{0}(t+1)\,dt=\frac{1}{2}$$

当 $x>0$ 时,

$$F(x)=\int_{-1}^{x} f(t)\,dt=\int_{-1}^{0} f(t)\,dt+\int_{0}^{x} f(t)\,dt$$

$$=\int_{-1}^{0}(t+1)\,dt+\int_{0}^{x} t\,dt=\frac{1}{2}+\frac{1}{2}x^2$$

得

$$F(x)=\begin{cases} \dfrac{1}{2}x^2+x+\dfrac{1}{2}, & x<0 \\ \dfrac{1}{2}x^2+\dfrac{1}{2}, & x\geqslant 0 \end{cases}$$

因为

$$\lim_{x\to 0^-} F(x)=\lim_{x\to 0^-}\left(\frac{1}{2}x^2+x+\frac{1}{2}\right)=\frac{1}{2}=F(0)$$

$$\lim_{x\to 0^+} F(x)=\lim_{x\to 0^+}\left(\frac{1}{2}x^2+\frac{1}{2}\right)=\frac{1}{2}=F(0)$$

所以

$$\lim_{x\to 0} F(x)=F(0)$$

即 $F(x)$ 在 $x=0$ 处连续.

又因为

$$\lim_{x\to 0^-}\frac{F(x)-F(0)}{x-0}=\lim_{x\to 0^-}\frac{\frac{1}{2}x^2+x+\frac{1}{2}-\frac{1}{2}}{x-0}=1$$

$$\lim_{x\to0^+}\frac{F(x)-F(0)}{x-0}=\lim_{x\to0^+}\frac{\frac{1}{2}x^2+\frac{1}{2}-\frac{1}{2}}{x-0}=0$$

所以,$F(x)$ 在 $x=0$ 处不可导.

5. 设 $F(x)=\int_x^{x+2\pi}e^{\sin t}\sin t\mathrm{d}t$,证明 $F(x)$ 是常值函数.

证明 由于

$$\begin{aligned}F'(x)&=\frac{\mathrm{d}}{\mathrm{d}x}\int_x^{x+2\pi}e^{\sin t}\sin t\mathrm{d}t\\&=\frac{\mathrm{d}}{\mathrm{d}x}\left(\int_0^{x+2\pi}e^{\sin t}\sin t\mathrm{d}t-\int_0^x e^{\sin t}\sin t\mathrm{d}t\right)\\&=e^{\sin(x+2\pi)}\sin(x+2\pi)-e^{\sin x}\sin x\\&=e^{\sin x}\sin x-e^{\sin x}\sin x=0\end{aligned}$$

所以 $F(x)$ 是常值函数.

6. 求由方程 $x^3-\int_0^{y^2}e^{-t^2}\mathrm{d}t+y=0$ 确定的隐函数 $y=y(x)$ 的导数$\frac{\mathrm{d}y}{\mathrm{d}x}$.

解 在方程两边对 x 求导数,并注意到 y 是 x 的函数,有

$$3x^2-e^{-y^4}\cdot2y\frac{\mathrm{d}y}{\mathrm{d}x}+\frac{\mathrm{d}y}{\mathrm{d}x}=0$$

解得

$$\frac{\mathrm{d}y}{\mathrm{d}x}=\frac{3x^2}{2ye^{-y^4}-1}$$

10. 设 $f(x)$ 和 $g(x)$ 均为$[a,b]$上的连续函数,证明至少存在一点 $\xi\in(a,b)$,使

$$f(\xi)\int_\xi^b g(x)\mathrm{d}x=g(\xi)\int_a^\xi f(x)\mathrm{d}x$$

证明 考虑函数 $F(x)=\left(\int_a^x f(t)\mathrm{d}t\right)\left(\int_b^x g(t)\mathrm{d}t\right)$,则 $F(x)$ 在$[a,b]$上连续,在$[a,b]$内可导,又

$$F(a)=\left(\int_a^a f(t)\mathrm{d}t\right)\left(\int_b^a g(t)\mathrm{d}t\right)=0$$

$$F(b)=\left(\int_a^b f(t)\mathrm{d}t\right)\left(\int_b^b g(t)\mathrm{d}t\right)=0$$

根据罗尔定理,知至少存在一点 $\xi\in(a,b)$ 使 $F'(\xi)=0$,即

$$\left[f(x)\int_b^x g(t)\mathrm{d}t+g(x)\int_a^x f(t)\mathrm{d}t\right]\Bigg|_{x=\xi}=0$$

也就是

$$f(\xi)\int_b^\xi g(t)\mathrm{d}t+g(\xi)\int_a^\xi f(t)\mathrm{d}t=0$$

于是

$$f(\xi)\int_\xi^b g(x)\mathrm{d}x=g(\xi)\int_a^\xi f(x)\mathrm{d}x$$

第三节　不定积分

内容提要

1. 不定积分$\int f(x)\mathrm{d}x$是函数$f(x)$在区间I上的所有原函数的表达式，它表示的是一类函数族，而非某一个特定的原函数.

2. 不定积分具有线性运算法则

$$\int[k_1 f(x)+k_2 g(x)]\mathrm{d}x = k_1\int f(x)\mathrm{d}x + k_2\int g(x)\mathrm{d}x$$

3. 不定积分具有积分形式不变性

若$\int f(x)\mathrm{d}x = F(x)+c$，则对任意可微函数$u=\varphi(x)$，有

$$\int f(u)\mathrm{d}u = F(u)+c$$

或

$$\int f(\varphi(x))\varphi'(x)\mathrm{d}x = \int f(\varphi(x))\mathrm{d}\varphi(x) = F(\varphi(x))+c$$

此性质也称为第一类换元法或凑微分法，是常用的积分方法.

4. 换元积分法

设$f(x)$是连续函数，$x=\varphi(t)$有连续导数，且$\varphi'(t)$不变号，则有

$$\int f(x)\mathrm{d}x = \int f(\varphi(t))\varphi'(t)\mathrm{d}t\bigg|_{t=\varphi^{-1}(x)}$$

其中$t=\varphi^{-1}(x)$是$x=\varphi(t)$的反函数.

换元积分法也称第二类换元法.

5. 分部积分法

设$u=u(x)$，$v=v(x)$都有连续导数，则

$$\int u\mathrm{d}v = uv - \int v\mathrm{d}u$$

换元积分法与分部积分法是计算不定积分的两种最基本方法，在实际计算时，经常交替使用.

释疑解惑

【问 3-3-1】　判断等式$\left(\int f(x)\mathrm{d}x\right)' = \int f'(x)\mathrm{d}x$是否正确？

答　不正确. 由不定积分的性质知：

$$\int f'(x)\mathrm{d}x = f(x)+c \quad \text{（函数族）}$$

$$\left(\int f(x)\mathrm{d}x\right)' = f(x) \quad （一个函数）$$

故它们不相等.

【问 3-3-2】 用不同方法求同一个积分 $I=\int \sin 2x\mathrm{d}x$，得到如下三种不同答案：

$$I = 2\int \sin x\cos x\mathrm{d}x = 2\int \sin x\mathrm{d}\sin x = \sin^2 x + c$$

$$I = 2\int \sin x\cos x\mathrm{d}x = -2\int \cos x\mathrm{d}\cos x = -\cos^2 x + c$$

$$I = \frac{1}{2}\int \sin 2x\mathrm{d}(2x) = -\frac{1}{2}\cos 2x + c$$

这里是否有矛盾?如何解释这种现象.

答 没有矛盾.为了方便用 c_1, c_2, c_3 代表题目中的 c，亦就是要说明等式 $I=\sin^2 x + c_1 = -\cos^2 x + c_2 = -\frac{1}{2}\cos 2x + c_3$ 成立.

因为

$$-\cos^2 x + c_2 = -(1-\sin^2 x) + c_2 = \sin^2 x + c_2 - 1$$

可见

$$c_1 = c_2 - 1$$

又因为

$$-\frac{1}{2}\cos 2x + c_3 = -\frac{1}{2}(1-2\sin^2 x) + c_3 = -\frac{1}{2} + \sin^2 x + c_3$$

$$= \sin^2 x + c_3 - \frac{1}{2}$$

可见

$$c_1 = c_3 - \frac{1}{2}$$

所以

$$c_2 - 1 = c_3 - \frac{1}{2}$$

即

$$c_2 = \frac{1}{2} + c_3$$

用不同方法求同一个积分得到形式上不同的答案，是由于积分常数在不同方法中以不同的方法表示的缘故，我们看到 c_2, c_3 可用 c_1 表示出来，c_1, c_3 可用 c_2 表示出来，c_1, c_2 可用 c_3 表示，它们之间可以相互转化，没有任何矛盾.

【问 3-3-3】 在计算不定积分$\int \frac{1}{x\sqrt{x^2-1}}\mathrm{d}x$ 时，可采用下面 4 种方法：

$$(1)\int\frac{1}{x\sqrt{x^2-1}}\mathrm{d}x=\int\frac{1}{x^2\sqrt{1-\frac{1}{x^2}}}\mathrm{d}x=-\int\frac{1}{\sqrt{1-\frac{1}{x^2}}}\mathrm{d}\left(\frac{1}{x}\right)$$

$$=-\arcsin\frac{1}{x}+c$$

$$(2)\int\frac{1}{x\sqrt{x^2-1}}\mathrm{d}x\xlongequal{x=\sec t}\int\frac{1}{\sec t\cdot\tan t}\mathrm{d}(\sec t)$$

$$=\int\mathrm{d}t=t+c=\arccos\frac{1}{x}+c$$

$$(3)\int\frac{1}{x\sqrt{x^2-1}}\mathrm{d}x=\int\frac{1}{x^2}\mathrm{d}(\sqrt{x^2-1})$$

$$=\int\frac{1}{1+(\sqrt{x^2-1})^2}\mathrm{d}(\sqrt{x^2-1})$$

$$=\arctan\sqrt{x^2-1}+c$$

$$(4)\int\frac{1}{x\sqrt{x^2-1}}\mathrm{d}x=\int\frac{1}{x(x-1)\sqrt{\frac{x+1}{x-1}}}\mathrm{d}x\left(\text{设}\ \sqrt{\frac{x+1}{x-1}}=t\right)$$

$$=\int\frac{1}{\frac{t^2+1}{t^2-1}\cdot\frac{2}{t^2-1}\cdot t}\mathrm{d}\left(\frac{t^2+1}{t^2-1}\right)=-2\int\frac{1}{1+t^2}\mathrm{d}t$$

$$=-2\arctan t+c=-2\arctan\sqrt{\frac{x+1}{x-1}}+c$$

这 4 种解法的结果在形式上都不一样，试加以解释.

答 上面各种解法繁简不同，但都是正确的，结果中出现的函数都是 $\frac{1}{x\sqrt{x^2-1}}$ 的原函数，只需对这些函数求导即可验证. 其中(1)、(3) 用的是第一类换元法，(2)、(4) 用的是第二类换元法. 这些算法也存在着一些差异，除(3)以外，其余算法都涉及到了开方后取符号的问题. 由于被积函数的自然定义域是$(-\infty,1)\cup(1,+\infty)$，故(1)、(2)、(4) 所得的结果实际上只是 $\frac{1}{x\sqrt{x^2-1}}$ 在区间$(1,+\infty)$内带有任意常数的原函数，如果在区间$(-\infty,-1)$内，则分别应为 $\arcsin\frac{1}{x}+c$，$-\arccos\frac{1}{x}+c$ 及 $2\arctan\sqrt{\frac{x+1}{x-1}}+c$.

【问 3-3-4】 在应用分部积分法计算不定积分时，如何选择 u 和 v？

答 当被积函数是不同类型的基本初等函数乘积时，一般用分部积分法计算：

$$\int u\mathrm{d}v=uv-\int v\mathrm{d}u$$

通常按"反、对、幂、三、指"即反函数、对数函数、幂函数、三角函数、指数函数的先后顺序选择 u. 例如

$$\int 2x\ln x\mathrm{d}x = \int \ln x\mathrm{d}(x^2) = x^2\ln x - \int x^2 \cdot \frac{1}{x}\mathrm{d}x$$

$$= x^2\ln x - \frac{1}{2}x^2 + c$$

$$\int x\mathrm{e}^{2x}\mathrm{d}x = \frac{1}{2}\int x\mathrm{d}\mathrm{e}^{2x} = \frac{1}{2}\left[x\mathrm{e}^{2x} - \int \mathrm{e}^{2x}\mathrm{d}x\right]$$

$$= \frac{1}{2}x\mathrm{e}^{2x} - \frac{1}{4}\mathrm{e}^{2x} + c$$

例题解析

【例 3-3-1】 已知 $f'(x) = \sin x$，求 $\int f(ax+b)\mathrm{d}x\,(a \neq 0)$.

分析 为求 $f(ax+b)$ 的不定积分，应先求出 $f(x)$ 的表达式.

解 由 $f'(x) = \sin x$，知

$$f(x) = \int \sin x\mathrm{d}x = -\cos x + c_1$$

于是

$$\int f(ax+b)\mathrm{d}x = \int [-\cos(ax+b) + c_1]\mathrm{d}x$$

$$= -\frac{1}{a}\int \cos(ax+b)\mathrm{d}(ax+b) + c_1\int \mathrm{d}x$$

$$= -\frac{1}{a}\sin(ax+b) + c_1x + c_2$$

【例 3-3-2】 设 $f'(\cos^2 x) = \sin^2 x$，且 $f(0) = 0$，求 $f(x)$.

分析 用变量代换简化题设关系式.

解 记号 $f'(\cos^2 x)$ 表示函数 f 对 $\cos^2 x$ 整体求导，故可设 $u = \cos^2 x$，于是有

$$f'(u) = 1 - u$$

$$f(u) = \int (1-u)\mathrm{d}u = u - \frac{1}{2}u^2 + c$$

即有

$$f(x) = x - \frac{1}{2}x^2 + c$$

又 $f(0) = 0$，可知 $c = 0$，于是得

$$f(x) = x - \frac{1}{2}x^2$$

【例 3-3-3】 设 $F(x)$ 为 $f(x)$ 的原函数，且当 $x \geqslant 0$ 时，$f(x)F(x) = 2x^3 +$

$2x$,若 $F(0)=1$,$F(x)>0$,求 $F(x)$ 及 $f(x)$.

解　注意到 $f(x)=F'(x)$,$f(x)F(x)=\frac{1}{2}[F^2(x)]'$

则有

$$[F^2(x)]'=2f(x)F(x)=4x^3+4x$$

$$F^2(x)=\int(4x^3+4x)\mathrm{d}x=x^4+2x^2+c$$

由 $F(0)=1$,知 $c=1$,故 $F^2(x)=x^4+2x^2+1$. 再由 $F(x)>0$,得 $F(x)=x^2+1$,从而 $f(x)=F'(x)=2x$.

【例 3-3-4】　试找出有关不定积分 $\int\frac{\cos x}{\sin x}\mathrm{d}x$ 演算中的错误:

用分部积分法,设 $u=\frac{1}{\sin x}$,$\mathrm{d}v=\cos x\mathrm{d}x$,则

$$\mathrm{d}u=-\frac{\cos x}{\sin^2 x}\mathrm{d}x,v=\sin x$$

故
$$\int\frac{\cos x}{\sin x}\mathrm{d}x=\frac{1}{\sin x}\cdot\sin x+\int\sin x\cdot\frac{\cos x}{\sin^2 x}\mathrm{d}x=1+\int\frac{\cos x}{\sin x}\mathrm{d}x$$

$$=2+\int\frac{\cos x}{\sin x}\mathrm{d}x=\cdots=n+\int\frac{\cos x}{\sin x}\mathrm{d}x \qquad (*)$$

由此可得
$$0=1=2=\cdots=n \qquad (**)$$

答　得到等式(*)是正确的,但将 $\int\frac{\cos x}{\sin x}\mathrm{d}x$ 看做一个数进行运算而得到式(**)是错误的. 因不定积分不是一个数,而是被积函数的原函数集合,将集合之间的运算视之为普通的数或函数间的代数运算是不妥的.

【例 3-3-5】　求不定积分 $\int\max\{1,|x|\}\mathrm{d}x$.

分析　把被积函数表示为分段函数,并注意其原函数在分段点上的连续性.

解　设 $f(x)=\max\{1,|x|\}$,则

$$f(x)=\begin{cases}-x, & x<-1\\ 1, & -1\leqslant x\leqslant 1\\ x, & x>1\end{cases}$$

由于 $f(x)$ 在 $(-\infty,+\infty)$ 上连续,则必存在原函数 $F(x)$.

$$F(x)=\begin{cases}-\frac{1}{2}x^2+c_1, & x<-1\\ x+c_2, & -1\leqslant x\leqslant 1\\ \frac{1}{2}x^2+c_3, & x>1\end{cases}$$

又因为 $F(x)$ 处处连续，故可取 $c_1=0$，则 $c_2=\frac{1}{2}$，$c_3=1$，所以

$$\int\max\{1,|x|\}\mathrm{d}x=F(x)+c=\begin{cases}-\dfrac{x^2}{2}+c, & x<-1\\ x+\dfrac{1}{2}+c, & -1\leqslant x\leqslant 1\\ \dfrac{x^2}{2}+1+c, & x>1\end{cases}$$

本题是一个分段函数的不定积分，这类问题关键是分段求出每段上的原函数后，要适当调整每一段上的常数，使其原函数在分段函数的分界点处连续.

习题精解

6. 一曲线通过点$(\mathrm{e}^2,3)$，且在任一点处的切线斜率等于该点横坐标的倒数，求该曲线方程.

解 设曲线方程为 $y=f(x)$，由题意对曲线上的任意一点$(x,f(x))$有

$$f'(x)=\frac{1}{x}$$

积分得

$$f(x)=\int\frac{1}{x}\mathrm{d}x=\ln|x|+c$$

再由 $f(\mathrm{e}^2)=3$，得 $3=\ln\mathrm{e}^2+c$，故 $c=1$.

所以所求曲线方程为

$$y=\ln|x|+1$$

8. 求下列不定积分：

(5) $\int\frac{1}{1-2x}\mathrm{d}x$；　(11) $\int\frac{1}{\sin x\cos x}\mathrm{d}x$；　(14) $\int\tan^3 x\sec x\mathrm{d}x$；

(15) $\int\tan^{10}x\sec^2 x\mathrm{d}x$；　(18) $\int\tan^{-1}3x\mathrm{d}x$；　(28) $\int\frac{\mathrm{d}x}{\sqrt{1-2x^2}}$；

(30) $\int\frac{\mathrm{e}^{\sqrt{x}}+\cos\sqrt{x}}{\sqrt{x}}\mathrm{d}x$；　(31) $\int\frac{\mathrm{e}^{\sqrt{x+1}}}{\sqrt{x+1}}\mathrm{d}x$；　(32) $\int\frac{\arctan\sqrt{x}}{\sqrt{x}(1+x)}\mathrm{d}x$；

(33) $\int\mathrm{e}^x\sin\mathrm{e}^x\mathrm{d}x$.

解 (5) $\int\frac{1}{1-2x}\mathrm{d}x=-\frac{1}{2}\int\frac{1}{1-2x}\mathrm{d}(1-2x)=-\frac{1}{2}\ln|1-2x|+c$

(11) $\int\frac{1}{\sin x\cos x}\mathrm{d}x=\int\frac{\sin^2 x+\cos^2 x}{\sin x\cos x}\mathrm{d}x=\int\frac{\sin x}{\cos x}\mathrm{d}x+\int\frac{\cos x}{\sin x}\mathrm{d}x$

$$=-\ln|\cos x|+\ln|\sin x|+c=\ln|\tan x|+c$$

(14) $\int\tan^3 x\sec x\mathrm{d}x=\int\tan^2 x\mathrm{d}\sec x=\int(\sec^2 x-1)\mathrm{d}\sec x$

$$= \frac{1}{3}\sec^3 x - \sec x + c$$

(15) $\int \tan^{10} x \sec^2 x \mathrm{d}x = \int \tan^{10} x \mathrm{d}\tan x = \frac{1}{11}\tan^{11} x + c$

(18) $\int \tan^{-1} 3x \mathrm{d}x = \frac{1}{3}\int \frac{\cos 3x}{\sin 3x}\mathrm{d}(3x) = \frac{1}{3}\int \frac{1}{\sin 3x}\mathrm{d}\sin 3x$

$$= \frac{1}{3}\ln|\sin 3x| + c$$

(28) $\int \frac{\mathrm{d}x}{\sqrt{1-2x^2}} = \frac{1}{\sqrt{2}}\int \frac{1}{\sqrt{1-(\sqrt{2}x)^2}}\mathrm{d}(\sqrt{2}x) = \frac{1}{\sqrt{2}}\arcsin\sqrt{2}x + c$

(30) $\int \frac{\mathrm{e}^{\sqrt{x}} + \cos\sqrt{x}}{\sqrt{x}}\mathrm{d}x = 2\int (\mathrm{e}^{\sqrt{x}} + \cos\sqrt{x})\mathrm{d}\sqrt{x} = 2\mathrm{e}^{\sqrt{x}} + 2\sin\sqrt{x} + c$

(31) $\int \frac{\mathrm{e}^{\sqrt{x+1}}}{\sqrt{x+1}}\mathrm{d}x = 2\int \mathrm{e}^{\sqrt{x+1}}\mathrm{d}\sqrt{x+1} = 2\mathrm{e}^{\sqrt{x+1}} + c$

(32) $\int \frac{\arctan\sqrt{x}}{\sqrt{x}(1+x)}\mathrm{d}x = 2\int \frac{\arctan\sqrt{x}}{1+(\sqrt{x})^2}\mathrm{d}\sqrt{x} = 2\int \arctan\sqrt{x}\,\mathrm{d}(\arctan\sqrt{x})$

$$= (\arctan\sqrt{x})^2 + c$$

(33) $\int \mathrm{e}^x \sin \mathrm{e}^x \mathrm{d}x = \int \sin \mathrm{e}^x \mathrm{d}\mathrm{e}^x = -\cos \mathrm{e}^x + c$

9. 求下列不定积分：

(4) $\int \frac{\sqrt{x^2-9}}{x}\mathrm{d}x$；　(5) $\int \frac{\mathrm{d}x}{1+\sqrt{1-x^2}}$；　(6) $\int \frac{\mathrm{d}x}{\sqrt{(x^2+1)^3}}$.

解　(4) 设 $x = 3\sec t$，则

$$\int \frac{\sqrt{x^2-9}}{x}\mathrm{d}x = \int \frac{3\tan t}{3\sec t}\cdot 3\sec t\tan t\mathrm{d}t = 3\int(\sec^2 t - 1)\mathrm{d}t = 3\tan t - 3t + c$$

$$= \sqrt{x^2-9} - 3\arccos\frac{3}{x} + c$$

(5) 设 $x = \sin t$，则

$$\int \frac{\mathrm{d}x}{1+\sqrt{1-x^2}} = \int \frac{\cos t}{1+\cos t}\mathrm{d}t = \int \frac{\cos t(1-\cos t)}{\sin^2 t}\mathrm{d}t$$

$$= \int \frac{\cos t}{\sin^2 t}\mathrm{d}t - \int \frac{1-\sin^2 t}{\sin^2 t}\mathrm{d}t$$

$$= -\frac{1}{\sin t} + \cot t + t + c$$

$$= -\frac{1}{x} + \frac{\sqrt{1-x^2}}{x} + \arcsin x + c$$

(6) 设 $x = \tan t$，则

$$\int \frac{\mathrm{d}x}{\sqrt{(x^2+1)^3}} = \int \frac{\sec^2 t}{\sec^3 t}\mathrm{d}t = \int \cos t\mathrm{d}t = \sin t + c = \frac{x}{\sqrt{1+x^2}} + c$$

10. 求下列不定积分：

(5) $\int (t+1)\mathrm{e}^{3t}\mathrm{d}t$； (8) $\int x\tan^2 x\mathrm{d}x$； (15) $\int \arctan x\mathrm{d}x$；

(17) $\int x^2\ln x\mathrm{d}x$.

解 (5) $\int (t+1)\mathrm{e}^{3t}\mathrm{d}t = \frac{1}{3}\int (t+1)\mathrm{d}\mathrm{e}^{3t} = \frac{1}{3}(t+1)\mathrm{e}^{3t} - \frac{1}{3}\int \mathrm{e}^{3t}\mathrm{d}t$

$$= \frac{1}{3}(t+1)\mathrm{e}^{3t} - \frac{1}{9}\mathrm{e}^{3t} + c = \frac{1}{9}(3t+2)\mathrm{e}^{3t} + c$$

(8) $\int x\tan^2 x\mathrm{d}x = \int x(\sec^2 x - 1)\mathrm{d}x = \int x\mathrm{d}\tan x - \int x\mathrm{d}x$

$$= x\tan x - \int \tan x\mathrm{d}x - \frac{1}{2}x^2$$

$$= x\tan x + \ln|\cos x| - \frac{1}{2}x^2 + c$$

(15) $\int \arctan x\mathrm{d}x = x\arctan x - \int \frac{x}{1+x^2}\mathrm{d}x$

$$= x\arctan x - \frac{1}{2}\int \frac{1}{1+x^2}\mathrm{d}(1+x^2)$$

$$= x\arctan x - \frac{1}{2}\ln(1+x^2) + c$$

(17) $\int x^2\ln x\mathrm{d}x = \frac{1}{3}\int \ln x\mathrm{d}x^3 = \frac{1}{3}(x^3\ln x - \int x^3\mathrm{d}\ln x)$

$$= \frac{1}{3}(x^3\ln x - \int x^3 \cdot \frac{1}{x}\mathrm{d}x)$$

$$= \frac{1}{3}x^3\ln x - \frac{1}{9}x^3 + c$$

11. 求下列不定积分：

(2) $\int \frac{t^3}{t^2+1}\mathrm{d}t$； (7) $\int \frac{2x+3}{x^2+3x-10}\mathrm{d}x$； (10) $\int \frac{\mathrm{d}t}{1+\sqrt[3]{t+1}}$；

(12) $\int \sqrt{\frac{1-t}{1+t}}\mathrm{d}t$； (13) $\int \frac{1}{x^2+2x+2}\mathrm{d}x$； (15) $\int \frac{1}{\sqrt{1+\mathrm{e}^x}}\mathrm{d}x$.

解 (2) $\int \frac{t^3}{t^2+1}\mathrm{d}t = \int \frac{t^3+t-t}{t^2+1}\mathrm{d}t = \int t\mathrm{d}t - \int \frac{t}{t^2+1}\mathrm{d}t$

$$= \frac{1}{2}t^2 - \frac{1}{2}\ln(t^2+1) + c$$

(7) 设

$$\frac{2x+3}{x^2+3x-10} = \frac{2x+3}{(x+5)(x-2)} = \frac{A}{x+5} + \frac{B}{x-2}$$

$$= \frac{(A+B)x + 5B - 2A}{(x+5)(x-2)}$$

比较系数知 $A+B=2, 5B-2A=3$，解得 $A=1, B=1$. 所以

$$\int \frac{2x+3}{x^2+3x-10}\mathrm{d}x = \int \frac{1}{x+5}\mathrm{d}x + \int \frac{1}{x-2}\mathrm{d}x$$

$$= \ln|x+5| + \ln|x-2| + c$$

(10) 设 $\sqrt[3]{t+1} = u$，则 $t = u^3 - 1$，于是

$$\int \frac{\mathrm{d}t}{1+\sqrt[3]{t+1}} = \int \frac{3u^2}{1+u}\mathrm{d}u = 3\int \left[(u-1) + \frac{1}{1+u}\right]\mathrm{d}u$$

$$= 3\left(\frac{1}{2}u^2 - u + \ln|1+u|\right) + c$$

$$= \frac{3}{2}\sqrt[3]{(t+1)^2} - 3\sqrt[3]{t+1} + 3\ln|1+\sqrt[3]{t+1}| + c$$

(12) $\displaystyle\int \sqrt{\frac{1-t}{1+t}}\mathrm{d}t = \int \frac{1-t}{\sqrt{1-t^2}}\mathrm{d}t = \int \frac{1}{\sqrt{1-t^2}}\mathrm{d}t - \int \frac{t}{\sqrt{1-t^2}}\mathrm{d}t$

$$= \arcsin t + \frac{1}{2}\int \frac{1}{\sqrt{1-t^2}}\mathrm{d}(1-t^2)$$

$$= \arcsin t + \sqrt{1-t^2} + c$$

(13) $\displaystyle\int \frac{1}{x^2+2x+2}\mathrm{d}x = \int \frac{1}{(x+1)^2+1}\mathrm{d}(x+1) = \arctan(x+1) + c$

(15) 设 $\sqrt{1+\mathrm{e}^x} = t$，则 $x = \ln(t^2-1)$，于是

$$\int \frac{1}{\sqrt{1+\mathrm{e}^x}}\mathrm{d}x = \int \frac{1}{t}\cdot\frac{2t}{t^2-1}\mathrm{d}t = \int \left(\frac{1}{t-1} - \frac{1}{t+1}\right)\mathrm{d}t$$

$$= \ln\left|\frac{t-1}{t+1}\right| + c = \ln\frac{\sqrt{1+\mathrm{e}^x}-1}{\sqrt{1+\mathrm{e}^x}+1} + c$$

12. 用适当方法求下列积分：

(3) $\displaystyle\int \frac{x\mathrm{e}^x}{\sqrt{\mathrm{e}^x-1}}\mathrm{d}x$；　(5) $\displaystyle\int \mathrm{e}^{\sin x}\sin 2x\mathrm{d}x$；　(7) $\displaystyle\int \frac{1}{\mathrm{e}^x+\mathrm{e}^{-x}}\mathrm{d}x$；

(8) $\displaystyle\int \frac{\sin x\cos x}{1+\sin^4 x}\mathrm{d}x$；　(10) $\displaystyle\int \frac{\sqrt{x-1}}{x}\mathrm{d}x$.

解　(3) $\displaystyle\int \frac{x\mathrm{e}^x}{\sqrt{\mathrm{e}^x-1}}\mathrm{d}x = \int x\mathrm{d}(2\sqrt{\mathrm{e}^x-1})$

$$= 2x\sqrt{\mathrm{e}^x-1} - \int 2\sqrt{\mathrm{e}^x-1}\mathrm{d}x$$

$$= 2x\sqrt{\mathrm{e}^x-1} - 2\int \sqrt{\mathrm{e}^x-1}\mathrm{d}x$$

对于积分 $\int \sqrt{\mathrm{e}^x-1}\mathrm{d}x$，设 $\sqrt{\mathrm{e}^x-1} = t$，则

$$x=\ln(t^2+1)$$

故

$$\int\sqrt{e^x-1}\,dx=\int t\,d\ln(t^2+1)=\int t\cdot\frac{2t}{1+t^2}dt$$

$$=2\int\frac{t^2}{1+t^2}dt=2\int\left(1-\frac{1}{1+t^2}\right)dt$$

$$=2t-2\arctan t+c$$

$$=2\sqrt{e^x-1}-2\arctan\sqrt{e^x-1}+c$$

即

$$\int\frac{xe^x}{\sqrt{e^x-1}}dx=2x\sqrt{e^x-1}-4\sqrt{e^x-1}+4\arctan\sqrt{e^x-1}+c$$

(5) $\int e^{\sin x}\sin 2x\,dx=2\int e^{\sin x}\sin x\cos x\,dx$

$$=2\int\sin x\,de^{\sin x}=2\sin x e^{\sin x}-2\int e^{\sin x}d\sin x$$

$$=2\sin x e^{\sin x}-2e^{\sin x}+c$$

(7) $\int\frac{1}{e^x+e^{-x}}dx=\int\frac{e^x}{e^{2x}+1}dx=\int\frac{1}{e^{2x}+1}de^x=\arctan e^x+c$

(8) $\int\frac{\sin x\cos x}{1+\sin^4 x}dx=\int\frac{\sin x}{1+\sin^4 x}d(\sin x)=\frac{1}{2}\int\frac{1}{1+\sin^4 x}d\sin^2 x$

$$=\frac{1}{2}\arctan(\sin^2 x)+c$$

(10) 设 $\sqrt{x-1}=u$，则 $x=u^2+1$，$dx=2u\,du$.

$$\int\frac{\sqrt{x-1}}{x}dx=\int\frac{u}{u^2+1}\cdot 2u\,du=2\int\frac{u^2}{u^2+1}du$$

$$=2\int(1-\frac{1}{u^2+1})du=2(u-\arctan u)+c$$

$$=2(\sqrt{x-1}-\arctan\sqrt{x-1})+c$$

15. 设 $F(x)$ 为 $f(x)$ 的原函数，当 $x>0$ 时，$f(x)F(x)=\sin^2 2x$，且 $F(0)=1$，$F(x)\geqslant 0$，求 $f(x)$.

解 由题意可知 $f(x)=F'(x)$，则

$$f(x)F(x)=F'(x)F(x)=\frac{1}{2}[F^2(x)]'$$

则有

$$[F^2(x)]'=2f(x)F(x)=2\sin^2 2x$$

$$F^2(x)=\int 2\sin^2 2x\mathrm{d}x=\int(1-\cos 4x)\mathrm{d}x=\left(x-\frac{1}{4}\sin 4x\right)+c$$

由 $F(0)=1$，知 $c=1$，则 $F^2(x)=x-\frac{1}{4}\sin 4x+1$，又 $F(x)\geqslant 0$，故

$$F(x)=\sqrt{x-\frac{1}{4}\sin 4x+1}$$

从而

$$f(x)=\frac{\sin^2 2x}{\sqrt{x-\frac{1}{4}\sin 4x+1}}$$

16. 设函数 $f(x)$ 的一个原函数为 $\frac{\cos x}{x}$，求 $\int xf'(x)\mathrm{d}x$.

解　$\int xf'(x)\mathrm{d}x=\int x\mathrm{d}f(x)=xf(x)-\int f(x)\mathrm{d}x$

其中

$$f(x)=\left(\frac{\cos x}{x}\right)'=\frac{-x\sin x-\cos x}{x^2}$$

则

$$\int xf'(x)\mathrm{d}x=-\sin x-\frac{\cos x}{x}-\frac{\cos x}{x}+c$$

$$=-\sin x-\frac{2\cos x}{x}+c$$

第四节　定积分的计算

内容提要

1. 掌握定积分的换元积分法

设函数 $f(x)$ 在 $[a,b]$ 上连续，对于变换 $x=\varphi(t)$，若有常数 α、β 满足：① $\varphi(\alpha)=a$，$\varphi(\beta)=b$；② 在以 α 和 β 为端点的闭区间上，$a\leqslant\varphi(t)\leqslant b$；③ $\varphi(t)$ 有连续的导数，则

$$\int_a^b f(x)\mathrm{d}x=\int_\alpha^\beta f[\varphi(t)]\varphi'(t)\mathrm{d}t$$

上述计算公式也常反过来使用，即

$$\int_a^b f[\varphi(x)]\varphi'(x)\mathrm{d}x=\int_\alpha^\beta f(t)\mathrm{d}t$$

2. 掌握定积分的分部积分法

设函数 $u=u(x)$，$v=v(x)$ 在 $[a,b]$ 上具有连续导数，则

$$\int_a^b u\mathrm{d}v=[uv]_a^b-\int_a^b v\mathrm{d}u$$

3. 常用结论

(1) 设 $f(x)$ 在 $[-a,a]$ 上连续,则

$$\int_{-a}^{a}f(x)\mathrm{d}x=\begin{cases}0, & \text{当 } f(x) \text{ 为奇函数}\\ 2\int_0^a f(x)\mathrm{d}x, & \text{当 } f(x) \text{ 为偶函数}\end{cases}$$

(2) $\int_0^{\frac{\pi}{2}}\sin^n x\mathrm{d}x=\int_0^{\frac{\pi}{2}}\cos^n x\mathrm{d}x$

$$=\begin{cases}\dfrac{n-1}{n}\cdot\dfrac{n-3}{n-2}\cdot\cdots\cdot\dfrac{1}{2}\cdot\dfrac{\pi}{2}, & \text{当 } n \text{ 为正偶数}\\ \dfrac{n-1}{n}\cdot\dfrac{n-3}{n-2}\cdot\cdots\cdot\dfrac{4}{5}\cdot\dfrac{2}{3}, & \text{当 } n \text{ 为大于 1 的正奇数}\end{cases}$$

(3) 设 $f(x)$ 是以 T 为周期的连续函数,a 为任意实数,则

$$\int_a^{a+T}f(x)\mathrm{d}x=\int_0^T f(x)\mathrm{d}x$$

释疑解惑

【问 3-4-1】 在计算定积分 $\int_0^3 x\sqrt[3]{1-x^2}\mathrm{d}x$ 时,是否可以作代换 $x=\sin t$?

答 不可以.

因为在定积分换元公式中,对于 $x=\varphi(t)$ 要求 $\varphi(\alpha)=a,\varphi(\beta)=b,a\leqslant\varphi(t)\leqslant b$,而 $x=\sin t$ 中的 t 在任何区间上连续变化,x 均不能在 $(1,3]$ 上取值.

本题可用下面方法求解

$$\int_0^3 x\sqrt[3]{1-x^2}\mathrm{d}x=-\frac{1}{2}\int_0^3(1-x^2)^{1/3}\mathrm{d}(1-x^2)$$

$$=-\frac{1}{2}\cdot\frac{3}{4}(1-x^2)^{\frac{4}{3}}\Big|_0^3=-\frac{45}{8}$$

【问 3-4-2】 计算定积分 $\int_0^1\sqrt{1-x^2}\mathrm{d}x$ 一般用变量代换 $x=\sin t(0\leqslant t\leqslant\frac{\pi}{2})$,是否可用 $x=\sin t(\frac{\pi}{2}\leqslant t\leqslant\pi)$ 呢?

答 可以.

但要注意 $\sqrt{1-x^2}=\sqrt{1-\sin^2 t}=-\cos t$,这是因为在 $\left(\frac{\pi}{2},\pi\right)$ 内,$\cos t<0$. 另外还要注意,原来的积分下限 $x=0$ 对应着 $t=\pi$,积分上限 $x=1$ 对应着 $t=\frac{\pi}{2}$,即有

$$\int_0^1\sqrt{1-x^2}\mathrm{d}x=-\int_{\pi}^{\frac{\pi}{2}}\cos t\cdot\cos t\mathrm{d}t=\int_{\frac{\pi}{2}}^{\pi}\frac{1+\cos 2t}{2}\mathrm{d}t$$

$$= \frac{1}{2}\left(\frac{\pi}{2}+0\right)= \frac{\pi}{4}$$

【问 3-4-3】 下列的运算是否正确

$$\int_{-1}^{1} \frac{1}{1+x^2}dx =-\int_{-1}^{1} \frac{d\left(\frac{1}{t}\right)}{1+\frac{1}{t^2}} =\int_{-1}^{1} \frac{-dt}{1+t^2} =-\int_{-1}^{1} \frac{dx}{1+x^2}$$

从而

$$\int_{-1}^{1} \frac{1}{1+x^2}dx = 0$$

答 不正确.由于采用的换元 $x=\frac{1}{t}$ 在区间$[-1,1]$上是不连续的.故不满足换元法条件,正确的解法应该是:

$$\int_{-1}^{1} \frac{1}{1+x^2}dx = 2\int_{0}^{1} \frac{1}{1+x^2}dx = 2\arctan x\Big|_{0}^{1}$$

$$= 2\cdot\frac{\pi}{4} = \frac{\pi}{2}$$

【问 3-4-4】 设 $F(x)=\int_{x}^{x+2\pi} e^{\sin t}\sin t dt$,试问 $F(x)$ 是变量还是常量,若是常量,它的符号可否确定?

答 因为被积函数 $e^{\sin t}\sin t$ 是以 2π 为周期的周期函数,所以

$$F(x)=\int_{x}^{x+2\pi} e^{\sin t}\sin t dt = \int_{0}^{2\pi} e^{\sin t}\sin t dt$$

是常量.

用分部积分法求解,上式变为

$$-\int_{0}^{2\pi} e^{\sin t} d\cos t =-\cos t e^{\sin t}\Big|_{0}^{2\pi}+\int_{0}^{2\pi} e^{\sin t}\cos^2 t dt$$

$$= \int_{0}^{2\pi} e^{\sin t}\cos^2 t dt$$

又因 $e^{\sin t}\cdot\cos^2 t \geqslant 0(0\leqslant t\leqslant 2\pi)$,且不恒为零,故上述积分为正的常数.

例题解析

【例 3-4-1】 计算定积分$\int_{-1}^{1} \frac{2x^2+x\cos x}{1+\sqrt{1-x^2}}dx$.

分析 利用定积分中奇、偶函数在对称区间上的性质.

解 原式 $=\int_{-1}^{1} \frac{2x^2}{1+\sqrt{1-x^2}}dx+\int_{-1}^{1} \frac{x\cos x}{1+\sqrt{1-x^2}}dx$

由于$\frac{2x^2}{1+\sqrt{1-x^2}}$是偶函数,$\frac{x\cos x}{1+\sqrt{1-x^2}}$是奇函数,所以

$$原式 = 4\int_0^1 \frac{x^2}{1+\sqrt{1-x^2}}dx = 4\int_0^1 \frac{x^2(1-\sqrt{1-x^2})}{x^2}dx$$
$$= 4\int_0^1 dx - 4\int_0^1 \sqrt{1-x^2}dx = 4 - 4\cdot\frac{\pi}{4} = 4-\pi$$

其中由定积分的几何意义可直接得知 $4\int_0^1 \sqrt{1-x^2}dx$ 是单位圆的面积 π.

【例 3-4-2】 计算定积分 $\int_{-2}^2 \min\left\{\frac{1}{|x|}, x^2\right\}dx$.

分析 将被积函数化作分段函数后分别积分.

解 由于 $\min\left\{\frac{1}{|x|}, x^2\right\} = \begin{cases} x^2, & |x| \leqslant 1 \\ \frac{1}{|x|}, & |x| > 1 \end{cases}$ 是偶函数,因此

$$原式 = 2\int_0^2 \min\left\{\frac{1}{|x|}, x^2\right\}dx = 2\int_0^1 x^2 dx + 2\int_1^2 \frac{1}{x}dx = \frac{2}{3} + 2\ln 2$$

【例 3-4-3】 计算定积分 $\int_0^1 \frac{x^2 \arcsin x}{\sqrt{1-x^2}}dx$.

解 令 $x = \sin t$,则 $dx = \cos t dt$.

$$\int_0^1 \frac{x^2 \arcsin x}{\sqrt{1-x^2}}dx = \int_0^{\frac{\pi}{2}} \frac{t\sin^2 t\cos t}{\cos t}dt = \int_0^{\frac{\pi}{2}} t\sin^2 t dt$$
$$= \int_0^{\frac{\pi}{2}} \left(\frac{t}{2} - \frac{t\cos 2t}{2}\right)dt$$
$$= \frac{t^2}{4}\Big|_0^{\frac{\pi}{2}} - \frac{1}{4}\int_0^{\frac{\pi}{2}} t d\sin 2t$$
$$= \frac{\pi^2}{16} - \frac{t\sin 2t}{4}\Big|_0^{\frac{\pi}{2}} + \frac{1}{4}\int_0^{\frac{\pi}{2}} \sin 2t dt$$
$$= \frac{\pi^2}{16} - \frac{1}{8}\cos 2t\Big|_0^{\frac{\pi}{4}} = \frac{\pi^2}{16} + \frac{1}{8}$$

【例 3-4-4】 设 $f(x)$ 为 $(-\infty, +\infty)$ 上的连续函数,且 $F(x) = \int_0^x (2t-x)f(t)dt$. 证明:若 $f(x)$ 为偶函数,则 $F(x)$ 也是偶函数;

证明 $f(x)$ 为偶函数,则 $f(-x) = f(x)$.

$$F(-x) = \int_0^{-x} (2t+x)f(t)dt \xlongequal{t=-u} \int_0^x (-2u+x)f(-u)d(-u)$$
$$= \int_0^x (2u-x)f(u)du = F(x)$$

所以 $F(x)$ 是偶函数.

【例 3-4-5】 计算定积分 $\int_{\frac{\pi}{2}}^{\frac{3\pi}{2}} \frac{\sin x}{\sqrt{1-\cos 2x}}dx$.

解法 1 $\int_{\frac{\pi}{2}}^{\frac{3\pi}{2}} \frac{\sin x}{\sqrt{1-\cos 2x}}\mathrm{d}x = \int_{\frac{\pi}{2}}^{\frac{3\pi}{2}} \frac{\sin x}{\sqrt{2\sin^2 x}}\mathrm{d}x = \int_{\frac{\pi}{2}}^{\frac{3\pi}{2}} \frac{1}{\sqrt{2}} \cdot \frac{\sin x}{|\sin x|}\mathrm{d}x$

$$= \frac{1}{\sqrt{2}}\left[\int_{\frac{\pi}{2}}^{\pi} \mathrm{d}x + \int_{\pi}^{\frac{3\pi}{2}} (-1)\mathrm{d}x\right] = 0$$

解法 2 令 $x = t + \pi$，当 $x = \frac{\pi}{2}$ 时，$t = -\frac{\pi}{2}$；当 $x = \frac{3\pi}{2}$ 时，$t = \frac{\pi}{2}$

$$\int_{\frac{\pi}{2}}^{\frac{3\pi}{2}} \frac{\sin x}{\sqrt{1-\cos 2x}}\mathrm{d}x = \int_{-\frac{\pi}{2}}^{\frac{\pi}{2}} \frac{\sin t}{\sqrt{1-\cos 2t}}\mathrm{d}t = 0$$

解法 3 令 $\sin x = t$，则 $\mathrm{d}x = \frac{\mathrm{d}t}{\cos x} = \frac{\mathrm{d}t}{\sqrt{1-t^2}}$，代入得

$$\int_{\frac{\pi}{2}}^{\frac{3\pi}{2}} \frac{\sin x}{\sqrt{1-\cos 2x}}\mathrm{d}x = \int_{1}^{-1} \frac{t}{\sqrt{2} \cdot \sqrt{1-t^2}} \cdot \frac{\mathrm{d}t}{|t|} = 0$$

习题精解

1. 计算下列定积分：

(13) $\int_1^{\mathrm{e}} \frac{\mathrm{d}y}{y\sqrt{1-(\ln y)^2}}$

解 $\int_1^{\mathrm{e}} \frac{\mathrm{d}y}{y\sqrt{1-(\ln y)^2}} = \int_1^{\mathrm{e}} \frac{1}{\sqrt{1-(\ln y)^2}}\mathrm{d}(\ln y)$

$$= \arcsin(\ln y)\Big|_1^{\mathrm{e}} = \arcsin 1$$

2. 计算下列定积分：

(2) $\int_0^{\pi} \sqrt{1+\cos 2x}\,\mathrm{d}x$；　　(7) $\int_0^1 \frac{\mathrm{d}x}{(4-x^2)^{\frac{3}{2}}}$.

解 (2) 原式 $= \int_0^{\pi} \sqrt{2\cos^2 x}\,\mathrm{d}x = \sqrt{2}\left(\int_0^{\frac{\pi}{2}} \cos x\mathrm{d}x - \int_{\frac{\pi}{2}}^{\pi} \cos x\mathrm{d}x\right) = 2\sqrt{2}$

注意：$\int_0^{\pi} \sqrt{\cos^2 x}\,\mathrm{d}x = \int_0^{\pi} |\cos x|\,\mathrm{d}x$

(7) 设 $x = 2\sin t$，则

$$\mathrm{d}x = 2\cos t\mathrm{d}t$$

$$\text{原式} = \int_0^{\frac{\pi}{6}} \frac{2\cos t}{8\cos^3 t}\mathrm{d}t = \frac{1}{4}\tan t\Big|_0^{\frac{\pi}{6}} = \frac{\sqrt{3}}{12}$$

4. 计算下列定积分：

(2) $\int_1^2 t\ln\sqrt{t}\,\mathrm{d}t$；　　(5) $\int_{\frac{\pi}{4}}^{\frac{\pi}{3}} \frac{x}{\cos^2 x}\mathrm{d}x$；　　(8) $\int_0^1 \arcsin x\mathrm{d}x$.

解 (2) 设 $\sqrt{t} = x$，则 $t = x^2$，$\mathrm{d}t = 2x\mathrm{d}x$，则

$$原式=\int_1^{\sqrt{2}} x^2(\ln x)\cdot 2x\mathrm{d}x=\frac{1}{2}\int_1^{\sqrt{2}}\ln x\mathrm{d}(x^4)$$

$$=\frac{1}{2}x^4\ln x\Big|_1^{\sqrt{2}}-\frac{1}{2}\int_1^{\sqrt{2}}x^4\cdot\frac{1}{x}\mathrm{d}x=\ln 2-\frac{3}{8}$$

(5) $\int_{\frac{\pi}{4}}^{\frac{\pi}{3}}\frac{x}{\cos^2 x}\mathrm{d}x=\int_{\frac{\pi}{4}}^{\frac{\pi}{3}}x\sec^2 x\mathrm{d}x=\int_{\frac{\pi}{4}}^{\frac{\pi}{3}}x\mathrm{d}\tan x$

$$=x\tan x\Big|_{\frac{\pi}{4}}^{\frac{\pi}{3}}-\int_{\frac{\pi}{4}}^{\frac{\pi}{3}}\tan x\mathrm{d}x$$

$$=\frac{\sqrt{3}}{3}\pi-\frac{\pi}{4}+\ln|\cos x|\Big|_{\frac{\pi}{4}}^{\frac{\pi}{3}}$$

$$=\frac{\sqrt{3}}{3}\pi-\frac{\pi}{4}-\frac{1}{2}\ln 2$$

(8) $\int_0^1\arcsin x\mathrm{d}x=x\arcsin x\Big|_0^1-\int_0^1\frac{x}{\sqrt{1-x^2}}\mathrm{d}x$

$$=\frac{\pi}{2}+\frac{1}{2}\int_0^1(1-x^2)^{-\frac{1}{2}}\mathrm{d}(1-x^2)$$

$$=\frac{\pi}{2}-1$$

5. 证明 $\int_0^{\frac{\pi}{2}}\frac{\sin^3 x}{\sin x+\cos x}\mathrm{d}x=\int_0^{\frac{\pi}{2}}\frac{\cos^3 x}{\sin x+\cos x}\mathrm{d}x$,并求其值.

解 令 $x=\frac{\pi}{2}-t$,则

$$\int_0^{\frac{\pi}{2}}\frac{\sin^3 x}{\sin x+\cos x}\mathrm{d}x=-\int_{\frac{\pi}{2}}^0\frac{\cos^3 t}{\sin t+\cos t}\mathrm{d}t$$

$$=\int_0^{\frac{\pi}{2}}\frac{\cos^3 x}{\sin x+\cos x}\mathrm{d}x$$

从而

$$\int_0^{\frac{\pi}{2}}\frac{\sin^3 x}{\sin x+\cos x}\mathrm{d}x=\frac{1}{2}\int_0^{\frac{\pi}{2}}\frac{\sin^3 x+\cos^3 x}{\sin x+\cos x}\mathrm{d}x$$

$$=\frac{1}{2}\int_0^{\frac{\pi}{2}}(\sin^2 x-\sin x\cos x+\cos^2 x)\mathrm{d}x$$

$$=\frac{1}{2}\int_0^{\frac{\pi}{2}}(1-\sin x\cos x)\mathrm{d}x$$

$$=\frac{1}{2}\left(\frac{\pi}{2}-\frac{1}{2}\sin^2 x\Big|_0^{\frac{\pi}{2}}\right)=\frac{\pi}{4}-\frac{1}{4}$$

6. 设 $f(x)$ 在 $[a,b]$ 上连续,且 $\int_a^b f(x)\mathrm{d}x=1$,求 $\int_a^b f(a+b-x)\mathrm{d}x$.

解 设 $a+b-x=t$,则

$$\int_a^b f(a+b-x)\mathrm{d}x = -\int_b^a f(t)\mathrm{d}t = \int_a^b f(t)\mathrm{d}t = 1$$

8. 若 $f(x)$ 以 T 为周期的连续函数,证明对任意实数 a,有

$$\int_a^{a+T} f(x)\mathrm{d}x = \int_0^T f(x)\mathrm{d}x$$

证明 $\int_a^{a+T} f(x)\mathrm{d}x = \int_a^0 f(x)\mathrm{d}x + \int_0^T f(x)\mathrm{d}x + \int_T^{a+T} f(x)\mathrm{d}x$

设 $x = t + T$,则

$$\int_T^{a+T} f(x)\mathrm{d}x = \int_0^a f(t+T)\mathrm{d}t = \int_0^a f(t)\mathrm{d}t$$
$$= -\int_a^0 f(x)\mathrm{d}x$$

于是

$$\int_a^{a+T} f(x)\mathrm{d}x = \int_0^T f(x)\mathrm{d}x$$

9. 若 $f(t)$ 连续且为奇函数,证明$\int_0^x f(t)\mathrm{d}t$ 是偶函数;若 $f(t)$ 连续且为偶函数,证明$\int_0^x f(t)\mathrm{d}t$ 是奇函数.

证明 设 $F(x) = \int_0^x f(t)\mathrm{d}t$,若 $f(t)$ 为奇函数,则有

$$F(-x) = \int_0^{-x} f(t)\mathrm{d}t \xlongequal{t=-s} -\int_0^x f(-s)\mathrm{d}s = \int_0^x f(s)\mathrm{d}s$$
$$= F(x)$$

可知 $F(x)$ 是偶函数.

若 $f(t)$ 为偶函数,则

$$F(-x) = \int_0^{-x} f(t)\mathrm{d}t \xlongequal{t=-s} -\int_0^x f(-s)\mathrm{d}s = -\int_0^x f(s)\mathrm{d}s$$
$$= -F(x)$$

可知 $F(x)$ 是奇函数.

10. 设 $f(x) = \begin{cases} x\mathrm{e}^{-x^2}, & x \geqslant 0 \\ \dfrac{1}{1+\cos x}, & -\pi < x < 0 \end{cases}$,求$\int_1^4 f(x-2)\mathrm{d}x$.

解 设 $x-2 = t$,则

$$\int_1^4 f(x-2)\mathrm{d}x = \int_{-1}^2 f(t)\mathrm{d}t = \int_{-1}^0 \frac{\mathrm{d}t}{1+\cos t} + \int_0^2 t\mathrm{e}^{-t^2}\,\mathrm{d}t$$
$$= \frac{1}{2}\int_{-1}^0 \frac{1}{\cos^2\frac{t}{2}}\mathrm{d}t - \frac{1}{2}\int_0^2 \mathrm{e}^{-t^2}\,\mathrm{d}(-t^2)$$
$$= \tan\frac{t}{2}\Big|_{-1}^0 - \frac{1}{2}\mathrm{e}^{-t^2}\Big|_0^2$$

$$= \tan\frac{1}{2} - \frac{1}{2}e^{-4} + \frac{1}{2}$$

第五节 定积分应用举例

内容提要

1. 理解微元法的思想，学会用定积分解决实际问题. 微元法是应用定积分求具有可加性几何量与物理量的重要方法，具体步骤如下：

(1) 根据实际问题，先作草图，选取适当的坐标系和积分变量，例如，以 x 为积分变量，确定其取值区间；

(2) 在积分区间 $[a,b]$ 上，任取一小区间 $[x,x+\mathrm{d}x]$，运用"以直代曲"，"不变代变"等思想，求出欲求量 Q 在该区间上相应部分量 ΔQ 的近似表达式，即量 Q 的微元 $\mathrm{d}Q = f(x)\mathrm{d}x$. 此时 $\Delta Q - \mathrm{d}Q$ 是当 $\mathrm{d}x \to 0$ 时比 $\mathrm{d}x$ 高阶的无穷小.

(3) 对元素进行积分，即得 $Q = \int_a^b f(x)\mathrm{d}x$.

2. 掌握用定积分求下面几何量与物理量的方法

(1) 平面图形的面积；

(2) 立体的体积(包括旋转体体积与平行截面为已知函数的立体体积)；

(3) 平面曲线的弧长；

(4) 旋转体的侧面积；

(5) 变力沿直线做功；

(6) 液体的静压力；

(7) 引力问题.

3. 了解函数平均值的概念，并能用定积分计算

释疑解惑

【问 3-5-1】 以下求曲线 $y = x^3$ 与 $y = x^{\frac{1}{3}}$ 所围成的平面图形的面积的运算对不对？

$$S = \int_{-1}^{1}(x^3 - x^{\frac{1}{3}})\mathrm{d}x = 0 \quad (因被积函数为奇函数)$$

答 不对.

在应用公式 $\int_a^b [g(x) - f(x)]\mathrm{d}x$ 求曲线 $y = f(x)$，$y = g(x)$ 及 $x = a$，$x = b$ 所围图形面积时，要求 $f(x) \leqslant g(x)$.

对于曲线 $y = x^3$ 及 $y = x^{\frac{1}{3}}$，虽然围成的图形介于区间 $[-1,1]$ 之中，但在 $[-1,0]$ 上 $x^3 \geqslant x^{\frac{1}{3}}$，而在 $[0,1]$ 上，$x^3 \leqslant x^{\frac{1}{3}}$，因而正确的解法应是

$$S=\int_{-1}^{0}(x^3-x^{\frac{1}{3}})\mathrm{d}x+\int_{0}^{1}(x^{\frac{1}{3}}-x^3)\mathrm{d}x=1$$

【问 3-5-2】 什么是“柱壳法”?

答 在求平面图形 $0\leqslant a\leqslant x\leqslant b,0\leqslant y\leqslant f(x)$,绕 y 轴旋转所得的旋转体体积时,可在$[a,b]$上任取一个小区间$[x,x+\mathrm{d}x]$,以此小区间为底的窄曲边梯形绕 y 轴旋转得到一个薄层的圆筒“柱壳”,其体积近似等于长为 $2\pi x$,宽为 $f(x)$,厚为 $\mathrm{d}x$ 的矩形薄片体积.由此得到体积元

$$\mathrm{d}V=2\pi xf(x)\mathrm{d}x$$

于是所求旋转体的体积为

$$V=2\pi\int_a^b xf(x)\mathrm{d}x$$

这就是所谓的“柱壳法”,它与“切片法”一样,是微元法在不同情况下的具体体现.有时用“柱壳法”解题较为简便.例如,计算正弦曲线 $y=\sin x$ 在 $0\leqslant x\leqslant\pi$ 的一段与 x 轴围成的图形,绕 y 轴旋转所得旋转体体积时,可用下面两种方法:

解法 1
$$\begin{aligned}V&=\pi\int_0^1(\pi-\arcsin y)^2\mathrm{d}y-\pi\int_0^1(\arcsin y)^2\mathrm{d}y\\&=\pi\int_0^1(\pi^2-2\pi\arcsin y)\mathrm{d}y\\&=\pi^3-2\pi^2\left(y\arcsin y\Big|_0^1-\int_0^1\frac{y}{\sqrt{1-y^2}}\mathrm{d}y\right)\\&=\pi^3-2\pi^2\cdot\frac{\pi}{2}-2\pi^2\sqrt{1-y^2}\Big|_0^1=2\pi^2\end{aligned}$$

解法 2(柱壳法)

$$\begin{aligned}V&=2\pi\int_0^{\pi}x\sin x\mathrm{d}x=-2\pi\int_0^{\pi}x\mathrm{d}\cos x\\&=-2\pi\left(x\cos x\Big|_0^{\pi}-\int_0^{\pi}\cos x\mathrm{d}x\right)=2\pi^2\end{aligned}$$

例题解析

【例 3-5-1】 考虑函数 $y=x^2(0\leqslant x\leqslant 1)$,如图 3-5 所示,直线 PMQ 平行于 x 轴.

问:(1)t 取何值时,图中阴影部分的面积 A_1 与 A_2 之和 $A=A_1+A_2$ 最小;(2)t 取何值时,$A=A_1+A_2$ 最大?

解 直线 PMQ 的方程为 $y=t^2(0\leqslant t\leqslant 1)$,故

$$A_1=\int_0^t(t^2-x^2)\mathrm{d}x=\frac{2}{3}t^3$$

$$A_2=\int_t^1(x^2-t^2)\mathrm{d}x=\frac{2}{3}t^3-t^2+\frac{1}{3}$$

从而

$$A = A_1 + A_2 = \frac{4}{3}t^3 - t^2 + \frac{1}{3}$$

令 $A'(t) = 4t^2 - 2t = 0$,得驻点 $t = 0, t = \frac{1}{2}$. 在$(0,1)$内. 只有唯一驻点 $t = \frac{1}{2}$,因为 $A\left(\frac{1}{2}\right) = \frac{1}{4}$,$A(0) = \frac{1}{3}$,$A(1) = \frac{2}{3}$,所以当 $t = \frac{1}{2}$ 时,A 取得最小值$\frac{1}{4}$;

图 3-5

当 $t = 1$ 时,A 取得最大值$\frac{2}{3}$.

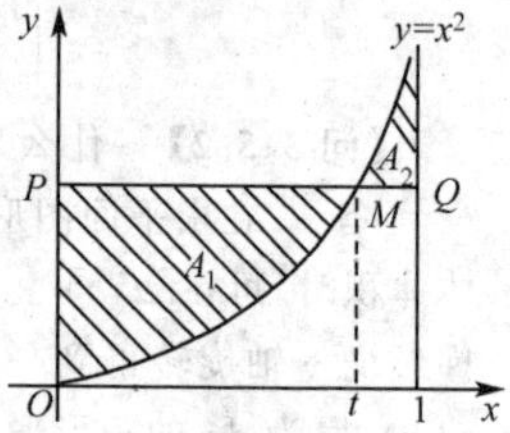

【例 3-5-2】 过坐标原点作曲线 $y = \ln x$ 的切线,该切线与曲线 $y = \ln x$ 及 x 轴围成平面图形 D.

(1) 求 D 的面积;

(2) 求 D 绕直线 $x = \mathrm{e}$ 旋转一周所得旋转体的体积 V.

分析 从求切点入手,得到切线方程,再利用定积分计算平面图形面积及旋转体体积.

解 D 的图形如图 3-6 所示.

(1) 设切点的横坐标为 x_0,则曲线 $y = \ln x$ 在点$[x_0, \ln x_0]$处的切线方程为

$$y = \ln x_0 + \frac{1}{x_0}(x - x_0)$$

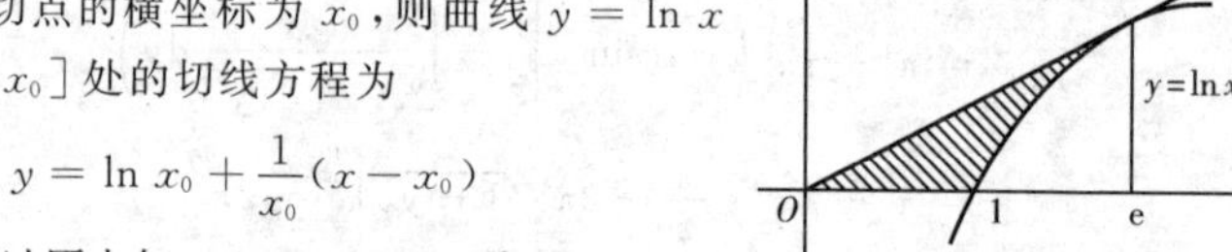

由切线过原点知 $0 = \ln x_0 - 1$,从而

$$x_0 = \mathrm{e}$$

图 3-6

故切线方程为 $y = \frac{1}{\mathrm{e}}x$

平面图形 D 的面积

$$A = \int_0^1 (\mathrm{e}^y - \mathrm{e}y)\,\mathrm{d}y = \frac{1}{2}\mathrm{e} - 1$$

(2) 直线 $y = \frac{1}{\mathrm{e}}x$ 与 x 轴及直线 $x = \mathrm{e}$ 所围成的三角形绕直线 $x = \mathrm{e}$ 旋转所得圆锥体的体积为

$$V_1 = \frac{1}{3}\pi\mathrm{e}^2$$

曲线 $y = \ln x$ 与 x 轴及直线 $x = \mathrm{e}$ 所围成的图形绕直线 $x = \mathrm{e}$ 旋转所得旋转体的体积为

$$V_2 = \pi\int_0^1 (\mathrm{e} - \mathrm{e}^y)^2\,\mathrm{d}y$$

因此所求旋转体的体积为

$$V = V_1 - V_2 = \frac{1}{3}\pi e^2 - \pi\int_0^1 (e - e^y)^2 dy = \frac{\pi}{6}(5e^2 - 12e + 3)$$

【例 3-5-3】 一弹簧原长为 1 cm,把它压缩 1 cm 时,所用的功为 0.05 N,求把弹簧从 80 cm 压缩到 60 cm 时所做的功.

解 在弹性范围内,弹簧弹力 F 的大小与弹簧伸长(或缩短)的长度 x 成正比,即 $F = kx$,由所设条件 $x = 0.01$ cm 时,$F = 0.05$N.
所以

$$k = 5 \text{ N/m}$$

从而 $F = 5x$,因此所求功的微元

$$dW = 5x dx$$

所以

$$W = \int_{0.2}^{0.4} 5x dx = \frac{5}{2}x^2 \Big|_{0.2}^{0.4} = 0.3(\text{J})$$

【例 3-5-4】 设星形线 $x = a\cos^3 t, y = a\sin^3 t$ 上每一点处的线密度等于该点到坐标原点的距离的立方. 求星形线位于第一象限的弧段对位于坐标原点处的单位质点的引力($a > 0$).

分析 用微元法讨论该问题. 由于每一个介于$[t, t + \Delta t]$,$t \in \left[0, \frac{\pi}{2}\right]$的小弧段对原点处的单位质点的引力方向不同,故不能直接对引力微元积分,而应将引力微元分别投影在 x、y 轴上再积分.

解 星形线位于第一象限的弧段对应于 $0 \leqslant t \leqslant \frac{\pi}{2}$ 如图 3-7 所示. 在 $\left[0, \frac{\pi}{2}\right]$ 上任取一小区间 $[t, t + dt]$,在此小区间上,小弧段长度近似为

$$\sqrt{x'^2(t) + y'^2(t)}\, dt = 3a\cos t\sin t dt$$

其质量近似为

$$[x^2(t) + y^2(t)]^{\frac{3}{2}} \cdot 3a\cos t\sin t dt$$

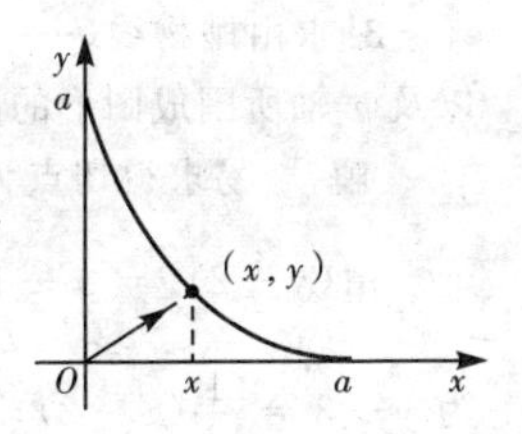

图 3-7

由此得到小弧段对单位质点的引力在 x 轴方向的分量微元

$$dF_x = K\frac{[x^2(t) + y^2(t)]^{\frac{3}{2}} \cdot 3a\cos t\sin t dt}{x^2(t) + y^2(t)} \cdot \frac{x(t)}{\sqrt{x^2(t) + y^2(t)}}$$

$$= K \cdot 3a^2\cos^4 t\sin t dt$$

其中 K 为引力常数,于是引力在 x 轴方向的分量为

$$F_x = \int_0^{\frac{\pi}{2}} K \cdot 3a^2\cos^4 t\sin t dt = \frac{3}{5}Ka^2$$

由于星形线及密度分布关于直线 $y=x$ 均对称,故有

$$F_y = F_x = \frac{3}{5}Ka^2$$

习题精解

1. 求下列曲线所围图形的面积.

(9) $y=\ln x$,y 轴与 $y=\ln a$,$y=\ln b(b>a>0)$

解　题设图形如图 3-8 所示,由 $y=\ln x$ 得 $x=\mathrm{e}^y$,选取 y 为积分变量,则所求面积

$$S=\int_{\ln a}^{\ln b}\mathrm{e}^y\mathrm{d}y=\mathrm{e}^y\Big|_{\ln a}^{\ln b}=\mathrm{e}^{\ln b}-\mathrm{e}^{\ln a}=b-a$$

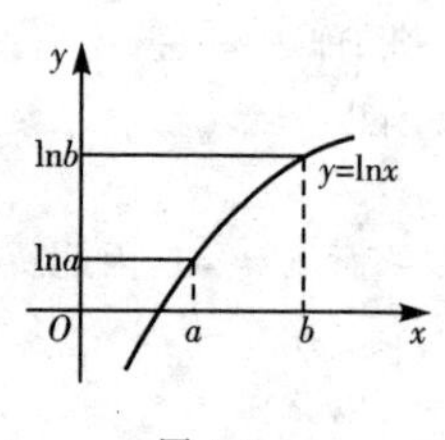

图 3-8

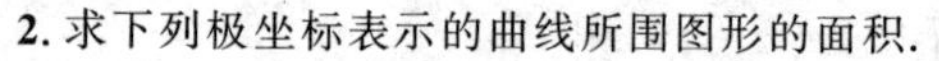

2. 求下列极坐标表示的曲线所围图形的面积.

(5) 三叶玫瑰线"一瓣" $r=a\cos 3\theta\left(-\frac{\pi}{6}\leqslant\theta\leqslant\frac{\pi}{6}\right)$.

解　$$S=\frac{1}{2}a^2\int_{-\frac{\pi}{6}}^{\frac{\pi}{6}}\cos^2 3\theta\mathrm{d}\theta=\frac{a^2}{2}\int_{-\frac{\pi}{6}}^{\frac{\pi}{6}}\frac{\cos 6\theta+1}{2}\mathrm{d}\theta$$

$$=\frac{a^2}{4}\left(\frac{1}{6}\sin 6\theta\Big|_{-\frac{\pi}{6}}^{\frac{\pi}{6}}+\theta\Big|_{-\frac{\pi}{6}}^{\frac{\pi}{6}}\right)$$

$$=\frac{a^2\pi}{12}$$

3. 求由抛物线 $(y-2)^2=x-1$ 和此抛物线相切于纵坐标 $y_0=3$ 处的切线以及 x 轴所围成图形的面积.

解　易求得切点为(2,3).

由 $(y-2)^2=x-1$,得 $2(y-2)\cdot\frac{\mathrm{d}y}{\mathrm{d}x}=1$ 知 $\frac{\mathrm{d}y}{\mathrm{d}x}\Big|_{(2,3)}=\frac{1}{2}$,故切线方程为 $y-3=\frac{1}{2}(x-2)$,即 $x=2y-4$.

所求图形如图 3-9 所示,其面积为

$$S=\int_0^3[1+(y-2)^2-2y+4]\mathrm{d}y=9$$

10. 有一立体,底面是长轴为 $2a$,短轴为 $2b$ 的椭圆,而垂直于长轴的截面都是等边三角形,求其体积.

解　建立如图 3-10 所示坐标系,则椭圆方程为 $\frac{x^2}{a^2}+\frac{y^2}{b^2}=1$.过 x 轴上的点 $x(-a\leqslant x\leqslant a)$ 作垂直于 x 轴的平面截得等边三角形,其面积

$$S(x)=\frac{1}{2}\mid 2y\mid^2\sin\frac{\pi}{3}=\sqrt{3}y^2=\sqrt{3}\cdot\frac{b^2}{a^2}(a^2-x^2)$$

于是所求体积为

$$V=\frac{\sqrt{3}\,b^2}{a^2}\int_{-a}^{a}(a^2-x^2)\,\mathrm{d}x=\frac{4\sqrt{3}}{3}ab^2$$

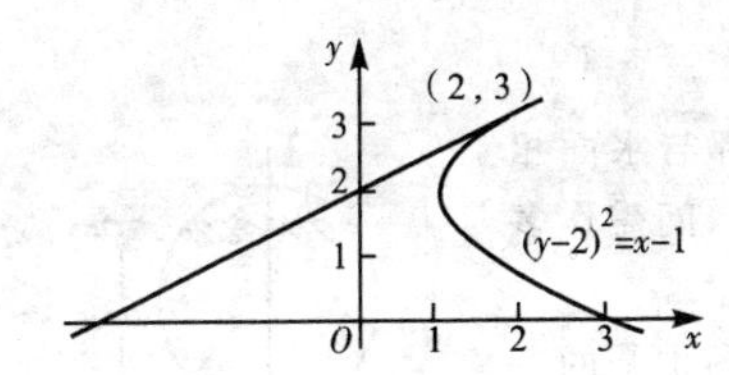

图 3-9

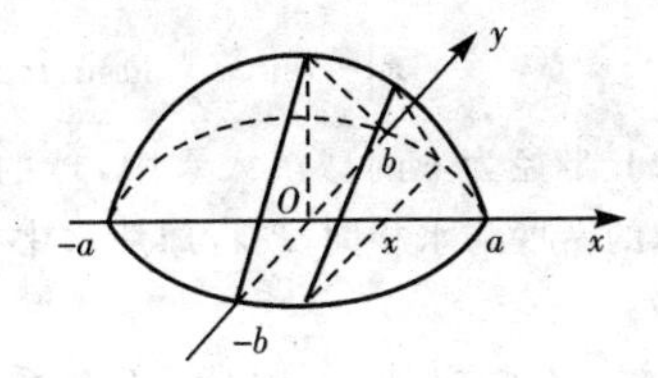

图 3-10

18. 设星形线的方程为 $\begin{cases}x=a\cos^3 t\\ y=a\sin^3 t\end{cases}(a>0)$.

(1) 求它所围的面积;

(2) 求它的弧长;

(3) 求它绕 x 轴旋转而成的旋转体的体积和表面积.

解　星形线的图形如图 3-11 所示.

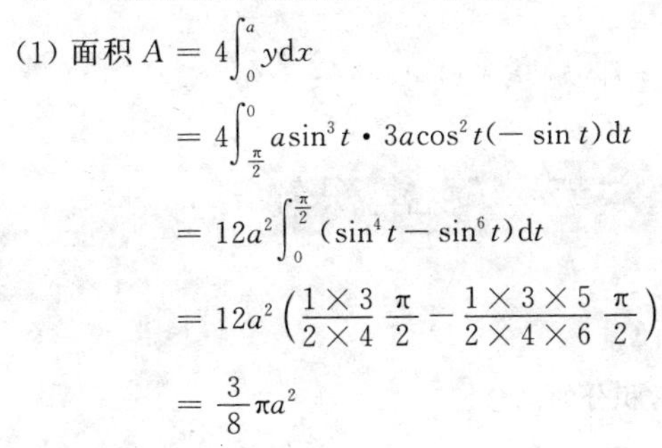

(1) 面积 $A=4\int_0^a y\,\mathrm{d}x$

$$=4\int_{\frac{\pi}{2}}^{0}a\sin^3 t\cdot 3a\cos^2 t(-\sin t)\,\mathrm{d}t$$

$$=12a^2\int_0^{\frac{\pi}{2}}(\sin^4 t-\sin^6 t)\,\mathrm{d}t$$

$$=12a^2\left(\frac{1\times 3}{2\times 4}\,\frac{\pi}{2}-\frac{1\times 3\times 5}{2\times 4\times 6}\,\frac{\pi}{2}\right)$$

$$=\frac{3}{8}\pi a^2$$

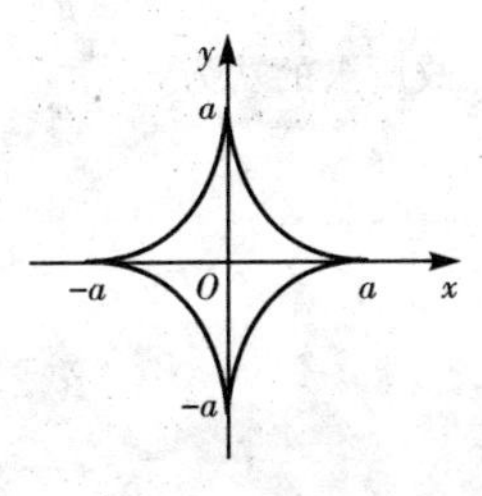

图 3-11

(2) 弧长　$L=4\int_0^{\frac{\pi}{2}}\sqrt{x'^2+y'^2}\,\mathrm{d}t=4\int_0^{\frac{\pi}{2}}3a\cos t\sin t\,\mathrm{d}t$

$$=6a\sin^2 t\Big|_0^{\frac{\pi}{2}}=6a$$

(3) 旋转体体积

$$V=2\int_0^a\pi y^2\,\mathrm{d}x=2\pi\int_{\frac{\pi}{2}}^{0}a^2\sin^6 t\cdot 3a\cos^2 t(-\sin t)\,\mathrm{d}t$$

$$=6\pi a^3\int_0^{\frac{\pi}{2}}(\sin^7 t-\sin^9 t)\,\mathrm{d}t$$

$$=6\pi a^3\left(\frac{2\times 4\times 6}{3\times 5\times 7}-\frac{2\times 4\times 6\times 8}{3\times 5\times 7\times 9}\right)=\frac{32}{105}\pi a^3$$

旋转体的表面积

$$S=2\int_0^a 2\pi y\ \sqrt{1+y'^2}\,\mathrm{d}x=4\pi\int_0^{\frac{\pi}{2}} y\ \sqrt{x'^2+y'^2}\,\mathrm{d}t$$

$$=4\pi\int_0^{\frac{\pi}{2}} a\sin^3 t\cdot 3a\sin t\cos t\mathrm{d}t=\frac{12}{5}\pi a^2$$

20. 半径为 r 的球沉入水中，球的顶部与水面相切，球的密度与水相同，现将球从水中提出，问需作多少功？

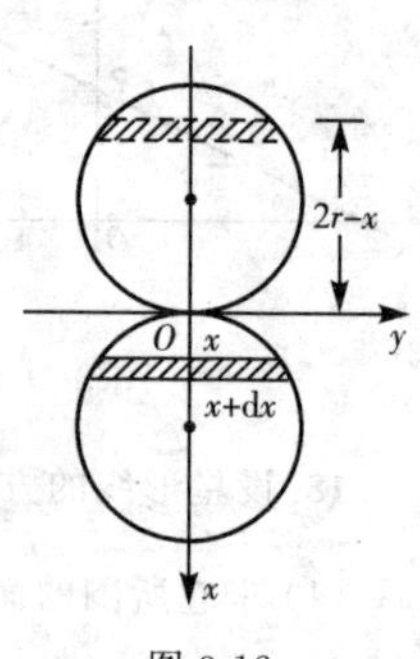

图 3-12

解 建立如图 3-12 所示坐标系，则图中圆的方程为 $y^2+(x-r)^2=r^2$. 利用微元法，将球体分层，并考虑将介于 $[x,x+\mathrm{d}x]$ 的薄层提出水面所做功微元. 注意到球的密度与水的密度相同，故球在水中移动不做功. 这一薄层在水面上行程为 $2r-x$，故做功微元为

$$\begin{aligned}\mathrm{d}W&=(\pi y^2\mathrm{d}x)\cdot(2r-x)g\\&=\pi(2r-x)[r^2-(x-r)^2]g\mathrm{d}x\\&=\pi gx(2r-x)^2\mathrm{d}x\end{aligned}$$

故所求的功为

$$W=\pi g\int_0^{2r} x(2r-x)^2\mathrm{d}x=\frac{4}{3}\pi r^4 g$$

第六节　反常积分

内容提要

1. 理解无穷区间上反常积分的概念

设对任何大于 a 的实数 b，$f(x)$ 在 $[a,b]$ 上均可积，则称极限 $\lim\limits_{b\to+\infty}\int_a^b f(x)\mathrm{d}x$ 为 $f(x)$ 在无穷区间 $[a,+\infty)$ 上的反常积分，或广义积分，记为 $\int_a^{+\infty} f(x)\mathrm{d}x$，即

$$\int_a^{+\infty} f(x)\mathrm{d}x=\lim_{b\to+\infty}\int_a^b f(x)\mathrm{d}x$$

当此极限存在时，称反常积分 $\int_a^{+\infty} f(x)\mathrm{d}x$ 收敛，否则称其发散.

类似地定义

$$\int_{-\infty}^b f(x)\mathrm{d}x=\lim_{a\to-\infty}\int_a^b f(x)\mathrm{d}x$$

$$\int_{-\infty}^{+\infty} f(x)\mathrm{d}x=\int_{-\infty}^c f(x)\mathrm{d}x+\int_c^{+\infty} f(x)\mathrm{d}x\quad(c\text{ 为任意实数})$$

2. 理解无界函数的反常积分

如果函数 $f(x)$ 在点 x_0 附近无界，则称 x_0 为 $f(x)$ 的奇点.

设函数 $f(x)$ 在$[a,b)$上连续，b为奇点. 若对任意的$\varepsilon>0$，且$b-\varepsilon>a$，称极限 $\lim\limits_{\varepsilon\to0^+}\int_a^{b-\varepsilon}f(x)\mathrm{d}x$ 为无界函数 $f(x)$ 在$[a,b)$上的反常积分或瑕积分，记作 $\int_a^b f(x)\mathrm{d}x$，即

$$\int_a^b f(x)\mathrm{d}x=\lim_{\varepsilon\to0^+}\int_a^{b-\varepsilon}f(x)\mathrm{d}x$$

当这个极限存在时，则称反常积分$\int_a^b f(x)\mathrm{d}x$ 收敛，若极限不存在，则称反常积分$\int_a^b f(x)\mathrm{d}x$ 发散.

类似地定义

$$\int_a^b f(x)\mathrm{d}x=\lim_{\varepsilon\to0^+}\int_{a+\varepsilon}^b f(x)\mathrm{d}x\quad(\text{设 }a\text{ 为奇点})$$

$$\int_a^b f(x)\mathrm{d}x=\lim_{\varepsilon_1\to0^+}\int_a^{c-\varepsilon_1}f(x)\mathrm{d}x+\lim_{\varepsilon_2\to0^+}\int_{c+\varepsilon_2}^b f(x)\mathrm{d}x\quad(\text{设 }c\text{ 为奇点})$$

释疑解惑

【问 3-6-1】　利用牛顿 - 莱布尼兹公式$\int_{-1}^1\frac{1}{x^2}\mathrm{d}x=-\frac{1}{x}\Big|_{-1}^1=-1-1=-2$，这样计算正确吗?

答　不正确

首先，$\frac{1}{x^2}$ 在$[-1,1]$上是一个无界函数，$\int_{-1}^1\frac{1}{x^2}\mathrm{d}x$ 不是通常意义下的积分，它是一个广义积分，不能按照通常定积分去计算.

另外，$-\frac{1}{x}$ 在$[-1,1]$上无定义，不连续，不可导，函数$-\frac{1}{x}$不满足牛顿-莱布尼兹公式中的条件，在$[-1,1]$上$-\frac{1}{x}$不是$\frac{1}{x^2}$的原函数，所以像题目中的计算不正确.

如何改正呢?首先检查广义积分$\int_{-1}^1\frac{1}{x^2}\mathrm{d}x$ 是否收敛.

$$\begin{aligned}\int_{-1}^1\frac{1}{x^2}\mathrm{d}x&=\lim_{\varepsilon_1\to0^+}\int_{-1}^{-\varepsilon_1}\frac{1}{x^2}\mathrm{d}x+\lim_{\varepsilon_2\to0^+}\int_{\varepsilon_2}^1\frac{1}{x^2}\mathrm{d}x\\&=\lim_{\varepsilon_1\to0^+}\left(-\frac{1}{x}\Big|_{-1}^{-\varepsilon_1}\right)+\lim_{\varepsilon_2\to0^+}\left(-\frac{1}{x}\Big|_{\varepsilon_2}^1\right)\\&=\lim_{\varepsilon_1\to0^+}\left(\frac{1}{\varepsilon_1}-1\right)+\lim_{\varepsilon_2\to0^+}\left(-1+\frac{1}{\varepsilon_2}\right)\end{aligned}$$

极限 $\lim\limits_{\varepsilon_1\to0^+}\dfrac{1}{\varepsilon_1}$，$\lim\limits_{\varepsilon_2\to0^+}\dfrac{1}{\varepsilon_2}$ 不存在，故$\int_{-1}^{1}\dfrac{1}{x^2}\mathrm{d}x$ 发散，因此$\int_{-1}^{1}\dfrac{1}{x^2}\mathrm{d}x$ 没有数值.

【问 3-6-2】 在定积分计算中，若 $f(x)$ 在$[-a,a]$上连续，则有

$$\int_{-a}^{a}f(x)\mathrm{d}x=\begin{cases}0, & f(x)\text{ 为奇函数}\\ 2\int_{0}^{a}f(x)\mathrm{d}x, & f(x)\text{ 为偶函数}\end{cases}$$

这一性质是否可推广至反常积分中？例如，若 $f(x)$ 连续，且为奇函数，是否一定有$\int_{-\infty}^{+\infty}f(x)\mathrm{d}x=0$？

答 不可以.

例如，$\dfrac{x}{\sqrt{1+x^2}}$ 是奇函数，$\int_{-\infty}^{+\infty}\dfrac{x}{\sqrt{1+x^2}}\mathrm{d}x$ 发散，当然不会等于0，事实上

$$\int_{-\infty}^{+\infty}\frac{x}{\sqrt{1+x^2}}\mathrm{d}x=\int_{-\infty}^{0}\frac{x}{\sqrt{1+x^2}}\mathrm{d}x+\int_{0}^{+\infty}\frac{x}{\sqrt{1+x^2}}\mathrm{d}x$$

而 $\int_{-\infty}^{0}\dfrac{x}{\sqrt{1+x^2}}\mathrm{d}x=\lim\limits_{a\to-\infty}\int_{a}^{0}\dfrac{x}{\sqrt{1+x^2}}\mathrm{d}x=\lim\limits_{a\to-\infty}(1-\sqrt{1+a^2})=-\infty$

即$\int_{-\infty}^{0}\dfrac{x}{\sqrt{1+x^2}}\mathrm{d}x$ 发散，同理$\int_{0}^{+\infty}\dfrac{x}{\sqrt{1+x^2}}\mathrm{d}x$ 也发散.

【问 3-6-3】 下面运算过程应当怎样理解？

$$\int_{0}^{+\infty}\frac{1}{\sqrt{(1+x^2)^3}}\mathrm{d}x\xlongequal{x=\tan t}\int_{0}^{\frac{\pi}{2}}\frac{\sec^2 t}{|\sec^3 t|}\mathrm{d}t=\int_{0}^{\frac{\pi}{2}}\cos t\mathrm{d}t=1$$

答 本题经过变量代换之后，经化简将反常积分转换成常义下的定积分.它应按下面的含义理解：

对任一大于零的实数 b，由定积分换元积分法得

$$\int_{0}^{b}\frac{1}{\sqrt{(1+x^2)^3}}\mathrm{d}x\xlongequal{x=\tan t}\int_{0}^{\arctan b}\cos t\mathrm{d}t$$

因 $b\to+\infty$ 时，$\arctan b\to\dfrac{\pi}{2}$，又

$$\lim_{b\to+\infty}\int_{0}^{b}\frac{1}{\sqrt{(1+x^2)^3}}\mathrm{d}x=\int_{0}^{+\infty}\frac{1}{\sqrt{(1+x^2)^3}}\mathrm{d}x$$

$$\lim_{\arctan b\to\frac{\pi}{2}}\int_{0}^{\arctan b}\cos t\mathrm{d}t=\int_{0}^{\frac{\pi}{2}}\cos t\mathrm{d}t$$

所以

$$\int_{0}^{+\infty}\frac{1}{\sqrt{(1+x^2)^3}}\mathrm{d}x=\int_{0}^{\frac{\pi}{2}}\cos t\mathrm{d}t=1$$

【问 3-6-4】 判断积分$\int_{1}^{+\infty}\dfrac{1}{x(1+x)}\mathrm{d}x$ 的敛散性时，下面做法是否正确？

由于 $\int_1^{+\infty}\frac{1}{x(1+x)}\mathrm{d}x=\int_1^{+\infty}\left(\frac{1}{x}-\frac{1}{1+x}\right)\mathrm{d}x$

$$=\lim_{b\to+\infty}\ln x\Big|_1^b-\lim_{b\to+\infty}\ln(1+x)\Big|_1^b=\lim_{b\to+\infty}\ln b-\lim_{b\to+\infty}\ln(1+b)$$

而上面两个极限均不存在,所以积分 $\int_1^{+\infty}\frac{1}{x(1+x)}\mathrm{d}x$ 发散.

答　不对.

虽然 $\lim\limits_{b\to+\infty}\ln b=+\infty$, $\lim\limits_{b\to+\infty}\ln(1+b)=+\infty$,但并不意味着 $\lim\limits_{b\to+\infty}[\ln b-\ln(1+b)]$ 不存在,事实上

$$\int_1^{+\infty}\frac{1}{x(1+x)}\mathrm{d}x=\int_1^{+\infty}\left(\frac{1}{x}-\frac{1}{1+x}\right)\mathrm{d}x=\lim_{b\to+\infty}\left(\ln\frac{x}{1+x}\right)\Big|_1^b=\ln 2$$

例题解析

【例 3-6-1】　已知 $\int_0^{+\infty}\frac{\sin x}{x}\mathrm{d}x=\frac{\pi}{2}$,求 $\int_0^{+\infty}\frac{\sin^2 x}{x^2}\mathrm{d}x$.

分析　利用分部积分法和换元积分法,建立题设积分之间的联系.

解　利用分部积分法

$$\int_0^{+\infty}\frac{\sin^2 x}{x^2}\mathrm{d}x=-\int_0^{+\infty}\sin^2 x\mathrm{d}\left(\frac{1}{x}\right)$$

$$=-\frac{\sin^2 x}{x}\Big|_0^{+\infty}+\int_0^{+\infty}\frac{2\sin x\cos x}{x}\mathrm{d}x$$

$$=\int_0^{+\infty}\frac{2\sin 2x}{2x}\mathrm{d}x\xlongequal{2x=t}\int_0^{+\infty}\frac{\sin t}{t}\mathrm{d}t=\frac{\pi}{2}$$

【例 3-6-2】　设 A 是位于曲线 $y^2=x\mathrm{e}^{-3x}(0\leqslant x<+\infty)$ 下方,x 轴上方的无界图形,求 A 绕 x 轴旋转所生成的旋转体的体积.

分析　将所求体积表示为无穷区间上的反常积分,再求之.

解　任取 $x\in(0,+\infty)$,则旋转体介于区间 $[x,x+\mathrm{d}x]$ 上的薄片体积近似等于

$$\mathrm{d}V=\pi y^2\mathrm{d}x$$

于是所求体积为

$$V=\int_0^{+\infty}\pi y^2\mathrm{d}x=\pi\int_0^{+\infty}x\mathrm{e}^{-3x}\mathrm{d}x=\pi\left[-\frac{x}{3\mathrm{e}^{3x}}\Big|_0^{+\infty}+\frac{1}{3}\int_0^{+\infty}\mathrm{e}^{-3x}\mathrm{d}x\right]$$

$$=\pi\left[-\frac{1}{9}\mathrm{e}^{-3x}\right]\Big|_0^{+\infty}=\frac{\pi}{9}$$

习题精解

1. 判断下列反常积分的敛散性,如果积分收敛,则计算其值:

(5) $\int_{-\infty}^{0} \frac{e^x}{1+e^x}dx$； (7) $\int_{2}^{+\infty} \frac{1}{x\ln x}dx$； (10) $\int_{0}^{+\infty} \frac{dx}{(1+x^2)^2}$.

解 (5) $\int_{-\infty}^{0} \frac{e^x}{1+e^x}dx = \lim\limits_{a\to-\infty}\int_{a}^{0} \frac{e^x}{1+e^x}dx = \lim\limits_{a\to-\infty}[\ln(1+e^x)]_a^0$

$$= \lim_{a\to-\infty}[\ln 2 - \ln(1+e^a)] = \ln 2$$

(7) $\int_{2}^{+\infty} \frac{1}{x\ln x}dx = \lim\limits_{b\to+\infty}\int_{2}^{b} \frac{1}{x\ln x}dx = \lim\limits_{b\to+\infty}[\ln(\ln x)]_2^b$

$$= \lim_{b\to+\infty}[\ln(\ln b) - \ln(\ln 2)] = +\infty$$

所以$\int_{2}^{+\infty} \frac{1}{x\ln x}dx$ 发散.

(10) $\int_{0}^{+\infty} \frac{dx}{(1+x^2)^2} \xlongequal{x=\tan t} \int_{0}^{\frac{\pi}{2}} \frac{\sec^2 t}{\sec^4 t}dt = \int_{0}^{\frac{\pi}{2}} \cos^2 t dt = \frac{1}{2}\cdot\frac{\pi}{2} = \frac{\pi}{4}$

2. 判别下列反常积分的敛散性,如果积分收敛,则计算其值.

(3) $\int_{0}^{4} \frac{dx}{\sqrt{16-x^2}}$

解 $$\int_{0}^{4} \frac{dx}{\sqrt{16-x^2}} \xlongequal{x=4\sin t} \int_{0}^{\frac{\pi}{2}} \frac{4\cos t}{4\cos t}dt = \frac{\pi}{2}$$

或

$$\int_{0}^{4} \frac{dx}{\sqrt{16-x^2}} = \lim_{\varepsilon\to 0^+}\int_{0}^{4-\varepsilon} \frac{dx}{\sqrt{16-x^2}} = \lim_{\varepsilon\to 0^+}\arcsin\frac{\pi}{4}\Big|_0^{4-\varepsilon}$$

$$= \arcsin 1 - \arcsin 0 = \frac{\pi}{2}$$

3. 当 λ 为何值时,反常积分$\int_{2}^{+\infty} \frac{dx}{x(\ln x)^\lambda}$收敛?当 λ 为何值时,该反常积分发散?

解 $$\int_{2}^{+\infty} \frac{dx}{x(\ln x)^\lambda} = \lim_{b\to+\infty}\int_{2}^{b} \frac{1}{(\ln x)^\lambda}d(\ln x)$$

$$= \begin{cases} \lim\limits_{b\to+\infty}\ln(\ln x)\Big|_2^b, & \lambda = 1 \\ \lim\limits_{b\to+\infty}\frac{1}{1-\lambda}(\ln x)^{1-\lambda}\Big|_2^b, & \lambda \neq 1 \end{cases}$$

由此可知,当 $\lambda > 1$ 时该反常积分收敛,且收敛于$\frac{1}{(\lambda-1)(\ln 2)^{\lambda-1}}$;而当 $\lambda \leqslant 1$ 时,该反常积分发散.

复习题三

1. 选择题

(1) 在区间(a,b) 内,如果 $f'(x) = \varphi'(x)$,则一定有(   ).

A. $f(x)=\varphi(x)$　　B. $f(x)=\varphi(x)+c$

C. $\left[\int f(x)\mathrm{d}x\right]'=\left[\int \varphi(x)\mathrm{d}x\right]'$　　D. $\mathrm{d}\int f(x)\mathrm{d}x=\mathrm{d}\int \varphi(x)\mathrm{d}x$

(2) 若$\int f(x)\mathrm{d}x=x^2\mathrm{e}^{2x}+c$,则 $f(x)=$(　　).

A. $2x\mathrm{e}^{2x}$　　B. $2x^2\mathrm{e}^{2x}$　　C. $x\mathrm{e}^{2x}$　　D. $2x\mathrm{e}^{2x}(1+x)$

(3) $\dfrac{1}{\sqrt{x^2-1}}$的原函数是(　　).

A. $\arcsin x$　B. $\ln\left|x+\sqrt{x^2-1}\right|$　C. $-\arcsin x$　D. $\ln\left|x-\sqrt{x^2-1}\right|$

(4) 若$\int f(x)\mathrm{d}x=F(x)+c$,则$\int \mathrm{e}^{-x}f(\mathrm{e}^{-x})\mathrm{d}x=$(　　).

A. $F(\mathrm{e}^{x})+c$　　B. $-F(\mathrm{e}^{-x})+c$　　C. $F(\mathrm{e}^{-x})+c$　　D. $\dfrac{F(\mathrm{e}^{-x})}{x}+c$

(5) 下列各式中正确的是(　　).

A. $\mathrm{d}\int_a^x f(t)\mathrm{d}t=f(x)$　　B. $\dfrac{\mathrm{d}}{\mathrm{d}x}\int_a^b f(t)\mathrm{d}t=f(x)$

C. $\dfrac{\mathrm{d}}{\mathrm{d}x}\int_x^b f(t)\mathrm{d}t=-f(x)$　　D. $\dfrac{\mathrm{d}}{\mathrm{d}x}\int_x^b f(t)\mathrm{d}t=f(x)$

解　(1) 由 $f'(x)=\varphi'(x)$,有 $f(x)=\varphi(x)+c$,故 A 不正确. 应选 B.

C 选项中由$\left[\int f(x)\mathrm{d}x\right]'=\left[\int \varphi(x)\mathrm{d}x\right]'$,可得到 $f(x)=\varphi(x)$,故 C 不正确.

D 选项中由 $\mathrm{d}\int f(x)\mathrm{d}x=\mathrm{d}\int \varphi(x)\mathrm{d}x$,可得 $f(x)\mathrm{d}x=\varphi(x)\mathrm{d}x$,故 D 不正确.

(2) $f(x)=(x^2\mathrm{e}^{2x})'=2x\mathrm{e}^{2x}+2x^2\mathrm{e}^{2x}$,故应选 D

(3) 设 $x=\sec t(0<t<\frac{\pi}{2})$, $\mathrm{d}x=\sec t\cdot\tan t\mathrm{d}t$,则

$$\int\frac{1}{\sqrt{x^2-1}}\mathrm{d}x=\int\frac{1}{\tan t}\sec t\cdot\tan t\mathrm{d}t=\int\sec t\mathrm{d}t=\ln|\sec t+\tan t|+c$$

由 $x=\sec t$,得 $\tan t=\sqrt{x^2-1}$,因此$\int\dfrac{1}{\sqrt{x^2-1}}\mathrm{d}x=\ln\left|x+\sqrt{x^2-1}\right|+c$.

故应选 B.

(4) $\int\mathrm{e}^{-x}f(\mathrm{e}^{-x})\mathrm{d}x=-\int f(\mathrm{e}^{-x})\mathrm{d}\mathrm{e}^{-x}=-F(\mathrm{e}^{-x})+c$

故应选 B.

(5) $\mathrm{d}\int_a^x f(t)\mathrm{d}t=f(x)\mathrm{d}x$,故 A 不正确.

$\int_a^b f(t)dt$ 为定积分,所以$\dfrac{\mathrm{d}}{\mathrm{d}x}\int_a^b f(t)\mathrm{d}t=0$,故 B 不正确.

$\int_x^b f(t)dt$ 为变下限积分,所以$\dfrac{\mathrm{d}}{\mathrm{d}x}\int_x^b f(t)\mathrm{d}t=-f(x)$,故应选 C.

2. 判断下列命题是否正确，正确的给予证明，不正确的举出反例：

(1) 若$\int_a^b f(x)\mathrm{d}x = 0$，则在$[a,b]$上有$f(x) \equiv 0$；

(2) 若$f(x)$与$g(x)$在$[a,b]$上都不可积，则$f(x)+g(x)$在$[a,b]$上必定不可积；

(3) 若$f(x)$连续且$f(x) \geqslant 0, x \in [a,b]$，则$\int_a^b f(x)\mathrm{d}x \geqslant 0$；

(4) 若$\int_a^b f(x)\mathrm{d}x \geqslant 0$，则$f(x) \geqslant 0, x \in [a,b]$；

(5) 若$f(x)$、$g(x)$在$[a,b]$上可积，且$\int_a^b f(x)\mathrm{d}x = \int_a^b g(x)\mathrm{d}x$，则在$[a,b]$上$f(x) = g(x)$；

(6) 设$f(x)$是连续函数，$F(x)$是$f(x)$的原函数，当$f(x)$为奇函数时，$F(x)$必为偶函数.

答 (1) 不正确.

例如$\int_0^{\pi} \cos x\mathrm{d}x = 0$，但在$[0,\pi]$上$\cos x \not\equiv 0$.

(2) 不正确.

例如，Dirichlet 函数

$$D(x) = \begin{cases} 1, & x\text{为有理数} \\ 0, & x\text{为无理数} \end{cases} \text{与} E(x) = \begin{cases} 0, & x\text{为有理数} \\ 1, & x\text{为无理数} \end{cases}$$

在$[a,b]$上均不可积，但$f(x) = D(x) + E(x) = 1$在$[a,b]$上可积，且

$$\int_a^b [D(x) + E(x)]\mathrm{d}x = b - a$$

(3) 正确.

因为$f(x)$连续，所以$f(x)$在$[a,b]$上可积. 再由定积分的单调性质可知结论正确.

(4) 不正确.

例如$\int_{-1}^2 x\mathrm{d}x = \frac{3}{2} > 0$，但在$[-1,0] \subset [-1,2]$上$f(x) = x \leqslant 0$.

(5) 不正确.

例如$f(x) = x, g(x) = \frac{1}{2}$，在$[0,1]$上$\int_0^1 f(x)\mathrm{d}x = \frac{1}{2}$，$\int_0^1 g(x)\mathrm{d}x = \frac{1}{2}$，但$f(x) \neq g(x)$.

(6) 正确.

因为$f(x)$连续，所以它的原函数可写做

$$F(x) = \int_0^x f(t)\mathrm{d}t + c$$

而

$$F(-x)=\int_0^{-x}f(t)\mathrm{d}t+c\xlongequal{u=-t}-\int_0^{x}f(-u)\mathrm{d}u+c$$

注意到 $f(x)$ 是奇函数，所以 $f(-u)=-f(u)$，这样

$$F(-x)=\int_0^{x}f(u)\mathrm{d}u+c=\int_0^{x}f(t)\mathrm{d}t+c=F(x)$$

即 $f(x)$ 的原函数是偶函数.

3. 指出下列算式中的错误：

(1) $\int_1^{+\infty}\frac{1}{x(1+x)}\mathrm{d}x=\int_1^{+\infty}(\frac{1}{x}-\frac{1}{1+x})\mathrm{d}x=\lim\limits_{b\to+\infty}\ln x\Big|_1^b-\lim\limits_{b\to+\infty}\ln(1+x)\Big|_1^b$，这两个极限都不存在，因而 $\int_1^{+\infty}\frac{1}{x(1+x)}\mathrm{d}x$ 发散.

(2) 因为 $\left(\arctan\frac{1}{x}\right)'=-\frac{1}{1+x^2}$，所以

$$\int_{-1}^{1}\frac{1}{1+x^2}\mathrm{d}x=-\left[\arctan\frac{1}{x}\right]_{-1}^{1}=-\frac{\pi}{2}$$

答 (1) 虽然 $\lim\limits_{b\to+\infty}\ln x\Big|_1^b=\lim\limits_{b\to+\infty}\ln b=+\infty$

$$\lim_{b\to+\infty}\ln(1+x)\Big|_1^b=\lim_{b\to+\infty}\ln(1+b)-\ln 2=+\infty$$

但并不意味着 $\lim\limits_{b\to+\infty}\ln x\Big|_1^b-\lim\limits_{b\to+\infty}\ln(1+x)\Big|_1^b$ 不存在.

正确解法为 $\int_1^{+\infty}\frac{1}{x(1+x)}\mathrm{d}x=\int_1^{+\infty}(\frac{1}{x}-\frac{1}{1+x})\mathrm{d}x=\lim\limits_{b\to+\infty}\ln\frac{x}{1+x}\Big|_1^b=\ln 2.$

(2) $\arctan\frac{1}{x}$ 在 $x=0$ 处无定义，更谈不上可导，在用求导公式计算 $\left(\arctan\frac{1}{x}\right)'=-\frac{1}{1+x^2}$ 过程中，并不包含 $x=0$ 这一点，因此 $-\arctan\frac{1}{x}$ 不是 $\frac{1}{1+x^2}$ 在区间[−1,1]上的原函数，故不能用牛顿－莱布尼兹公式计算.

正确解法为 $\int_{-1}^{1}\frac{1}{1+x^2}\mathrm{d}x=\int_{-1}^{0}\frac{1}{1+x^2}\mathrm{d}x+\int_0^{1}\frac{1}{1+x^2}\mathrm{d}x=\frac{\pi}{2}.$

4. 计算下列不定积分：

(1) 已知 $\int f(x)\mathrm{d}x=x\cos x+c$，求 $f(x)$，$f'(x)$；

(2) 设 $f(\ln x)=\frac{\ln(1+x)}{x}$，求 $\int f(x)\mathrm{d}x$；

(3) 已知 $\int f(x)\mathrm{d}x=\frac{1}{1+x^2}+c$，求 $\int f(\sin x)\cos x\mathrm{d}x$；

(4) 设 $f(x)=\begin{cases}x^2, & -1\leqslant x<0\\ \sin x, & 0\leqslant x\leqslant 1\end{cases}$，求 $\int f(x)\mathrm{d}x$；

(5) 设函数 $f(x)$ 满足关系式 $\lim\limits_{h\to 0}\frac{1}{h}[f(x-3h)-f(x)]=9x^2$，求 $f(x)$.

解 (1) $$f(x)=(x\cos x+c)'=\cos x-x\sin x$$
$$f'(x)=(\cos x-x\sin x)'=-2\sin x-x\cos x$$

(2) 设 $\ln x=t$，则 $x=e^t$，$f(t)=\frac{\ln(1+e^t)}{e^t}$，于是

$$\begin{aligned}\int f(x)dx&=\int\frac{\ln(1+e^x)}{e^x}dx=-\int\ln(1+e^x)de^{-x}\\&=-e^{-x}\ln(1+e^x)+\int\frac{dx}{1+e^x}\\&=-e^{-x}\ln(1+e^x)-\int\frac{d(1+e^{-x})}{1+e^{-x}}\\&=-e^{-x}\ln(1+e^x)-\ln(1+e^{-x})+c\end{aligned}$$

(3) $\int f(\sin x)\cos x dx=\int f(\sin x)d\sin x=\frac{1}{1+\sin^2 x}+c$

(4) $$\int f(x)dx=\begin{cases}\int x^2dx, & -1\leqslant x<0\\ \int\sin x dx, & 0\leqslant x\leqslant 1\end{cases}=\begin{cases}\frac{1}{3}x^3+c, & -1\leqslant x<0\\ -\cos x+c_1, & 0\leqslant x\leqslant 1\end{cases}$$

由于 $\int f(x)dx$ 在 $x=0$ 处连续，故有

$$\lim_{x\to 0^-}\left(\frac{1}{3}x^3+c\right)=\lim_{x\to 0^+}(-\cos x+c_1)$$

得

$$c_1=1+c$$

所以

$$\int f(x)dx=\begin{cases}\frac{1}{3}x^3+c, & -1\leqslant x<0\\ 1-\cos x+c, & 0\leqslant x\leqslant 1\end{cases}$$

(5) 由 $\lim\limits_{h\to 0}\frac{1}{h}[f(x-3h)-f(x)]=(-3)\lim\limits_{h\to 0}\frac{1}{-3h}[f(x-3h)-f(x)]=-3f'(x)=9x^2$，得 $f'(x)=-3x^2$，所以 $f(x)=-x^3+c$.

5. 求下列各题：

(1) $\frac{d}{dx}\int_0^x\sin(x-t)^2dt$；

(2) $\frac{d}{dx}\int_0^x tf(x^2-t^2)dt$，其中 $f(x)$ 是连续函数.

解 (1) 设 $x-t=u$，则 $t=x-u$，$dt=-du$，于是

$$\frac{d}{dx}\int_0^x\sin(x-t)^2dt=-\frac{d}{dx}\int_x^0\sin u^2du=\frac{d}{dx}\int_0^x\sin u^2du=\sin x^2$$

(2) 设 $x^2-t^2=u$,则 $-2t\mathrm{d}t=\mathrm{d}u$

$$\frac{\mathrm{d}}{\mathrm{d}x}\int_0^x tf(x^2-t^2)\mathrm{d}t=\frac{\mathrm{d}}{\mathrm{d}x}\left[-\frac{1}{2}\int_{x^2}^0 f(u)\mathrm{d}u\right]$$

$$=\frac{1}{2}\frac{\mathrm{d}}{\mathrm{d}x}\int_0^{x^2} f(u)\mathrm{d}u=\frac{1}{2}\cdot 2xf(x^2)=xf(x^2)$$

6. 设 $F(x)=\int_0^x tf(x^2-t^2)\mathrm{d}t$,其中 $f(x)$ 在 $x=0$ 点的某邻域内可导,且 $f(0)=0,f'(0)=1$,求 $\lim\limits_{x\to 0}\frac{F(x)}{x^4}$.

解 设 $x^2-t^2=u$,则 $-2t\mathrm{d}t=\mathrm{d}u$,于是

$$F(x)=-\frac{1}{2}\int_{x^2}^0 f(u)\mathrm{d}u=\frac{1}{2}\int_0^{x^2} f(u)\mathrm{d}u$$

应用洛必达法则及导数的定义,有

$$\lim_{x\to 0}\frac{F(x)}{x^4}=\lim_{x\to 0}\frac{F'(x)}{4x^3}=\lim_{x\to 0}\frac{xf(x^2)}{4x^3}=\lim_{x\to 0}\frac{f(x^2)}{4x^2}$$

$$=\frac{1}{4}\lim_{x\to 0}\frac{f(x^2)-f(0)}{x^2-0}=\frac{1}{4}f'(0)=\frac{1}{4}$$

7. 利用积分,求下列极限:

(1) $\lim\limits_{n\to\infty}\left(\frac{n}{n^2+1}+\frac{n}{n^2+2^2}+\cdots+\frac{n}{n^2+n^2}\right)$; (2) $\lim\limits_{n\to\infty}\frac{\sqrt[n]{n!}}{n}$

解 (1) 原式 $=\lim\limits_{n\to\infty}\left(\frac{1}{1+\frac{1}{n^2}}\cdot\frac{1}{n}+\frac{1}{1+\left(\frac{2}{n}\right)^2}\cdot\frac{1}{n}+\cdots+\frac{1}{1+\left(\frac{n}{n}\right)^2}\cdot\frac{1}{n}\right)$

$$=\lim_{n\to\infty}\sum_{k=1}^n\frac{1}{1+\left(\frac{k}{n}\right)^2}\cdot\frac{1}{n}=\int_0^1\frac{1}{1+x^2}\mathrm{d}x=\frac{\pi}{4}$$

(2) 设 $S_n=\frac{\sqrt[n]{n!}}{n}=\left(\frac{1}{n}\cdot\frac{2}{n}\cdot\cdots\cdot\frac{n}{n}\right)^{\frac{1}{n}}$,则

$$\ln S_n=\frac{1}{n}\left(\ln\frac{1}{n}+\ln\frac{2}{n}+\cdots+\ln\frac{n}{n}\right)=\sum_{k=1}^n\left(\ln\frac{k}{n}\right)\cdot\frac{1}{n}$$

于是

$$\lim_{n\to\infty}(\ln S_n)=\lim_{n\to\infty}\sum_{k=1}^n\left(\ln\frac{k}{n}\right)\cdot\frac{1}{n}$$

$$=\int_0^1\ln x\mathrm{d}x=x\ln x\Big|_0^1-1=-1$$

这里

$$x\ln x\Big|_0^1=0-\lim_{x\to 0^+}x\ln x=-\lim_{x\to 0^+}\frac{\ln x}{\frac{1}{x}}=\lim_{x\to 0^+}\frac{\frac{1}{x}}{-\frac{1}{x^2}}=0$$

所以

$$\lim_{n\to\infty}\frac{\sqrt[n]{n!}}{n}=\mathrm{e}^{-1}$$

8. 设 $f(x)$、$g(x)$ 都是$[a,b]$上的连续函数且 $g(x)$ 在$[a,b]$上不变号，证明：至少存在一点 $\xi\in[a,b]$，使下列等式成立

$$\int_a^b f(x)g(x)\mathrm{d}x=f(\xi)\int_a^b g(x)\mathrm{d}x$$

这一结果称为积分第一中值定理.

证明 不妨设在$[a,b]$上 $g(x)>0$，由于 $f(x)$ 连续，故在$[a,b]$上 $f(x)$ 必有最大值 M 和最小值 m，从而

$$mg(x)\leqslant f(x)g(x)\leqslant Mg(x)$$

故有

$$m\int_a^b g(x)\mathrm{d}x\leqslant\int_a^b f(x)g(x)\mathrm{d}x\leqslant M\int_a^b g(x)\mathrm{d}x$$

两边除以$\int_a^b g(x)\mathrm{d}x(>0)$，得

$$m\leqslant\frac{\int_a^b f(x)g(x)\mathrm{d}x}{\int_a^b g(x)\mathrm{d}x}\leqslant M$$

由连续函数的介值定理知，至少存在一点 $\xi\in[a,b]$，使

$$f(\xi)=\frac{\int_a^b f(x)g(x)\mathrm{d}x}{\int_a^b g(x)\mathrm{d}x}$$

即

$$\int_a^b f(x)g(x)\mathrm{d}x=f(\xi)\int_a^b g(x)\mathrm{d}x$$

同理，若 $g(x)<0$，上式也成立. 若 $g(x)\equiv 0$，结论显然成立.

9. 设 $M=\int_{-\frac{\pi}{2}}^{\frac{\pi}{2}}\frac{\sin x}{1+x^2}\cos^4 x\mathrm{d}x$，$N=\int_{-\frac{\pi}{2}}^{\frac{\pi}{2}}(\sin^3 x+\cos^4 x)\mathrm{d}x$，$P=\int_{-\frac{\pi}{2}}^{\frac{\pi}{2}}(x^4\sin^3 x-\cos^4 x)\mathrm{d}x$，试比较 M,N,P 的大小关系.

解 由$\frac{\sin x}{1+x^2}\cos^4 x$ 为奇函数，得 $M=\int_{-\frac{\pi}{2}}^{\frac{\pi}{2}}\frac{\sin x}{1+x^2}\cos^4 x\mathrm{d}x=0$.

因为 $\sin^3 x$ 为奇函数，$\cos^4 x$ 为偶函数，所以

$$N=\int_{-\frac{\pi}{2}}^{\frac{\pi}{2}}(\sin^3 x+\cos^4 x)\mathrm{d}x=2\int_0^{\frac{\pi}{2}}\cos^4 x\mathrm{d}x\geqslant 0$$

因为 $x^4\sin^3 x$ 为奇函数，$\cos^4 x$ 为偶函数，所以

$$P=\int_{-\frac{\pi}{2}}^{\frac{\pi}{2}}(x^4\sin^3 x-\cos^4 x)\mathrm{d}x=-2\int_0^{\frac{\pi}{2}}\cos^4 x\mathrm{d}x\leqslant 0$$

因此有 $P<M<N$.

10. 设 $f(x)$ 是连续函数，且 $F(x)=\int_a^x (x^2-t^2)f(t)\mathrm{d}t$，求 $F''(x)$.

解 $F(x)=\int_a^x (x^2-t^2)f(t)\mathrm{d}t=x^2\int_a^x f(t)\mathrm{d}t-\int_a^x t^2 f(t)\mathrm{d}t$

则
$$F'(x)=2x\int_a^x f(t)\mathrm{d}t+x^2 f(x)-x^2 f(x)=2x\int_a^x f(t)\mathrm{d}t$$

则
$$F''(x)=2\left[\int_a^x f(t)\mathrm{d}t+xf(x)\right]$$

11. 设 $f(x)$ 是连续函数，且 $f(x)=x+2\int_0^1 f(x)\mathrm{d}x$，求 $f(x)$.

解 设$\int_0^1 f(x)\mathrm{d}x=a$，则 $f(x)=x+2a$.

对此作积分，得

$$a=\int_0^1 f(x)\mathrm{d}x=\int_0^1 (x+2a)\mathrm{d}x=\left(\frac{x^2}{2}+2ax\right)\Big|_0^1=\frac{1}{2}+2a$$

所以

$$a=-\frac{1}{2}$$

即

$$f(x)=x-1$$

12. 设抛物线 $L:y=-bx^2+a(a>0,b>0)$，确定常数 a、b 的值，使得

(1) L 与直线 $y=x+1$ 相切；

(2) L 与 x 轴所围图形绕 y 轴旋转所得旋转体的体积为最大.

解 (1) 由题设知抛物线 L 与直线 $y=x+1$ 有公共点(切点)，且在该点相切，即抛物线的切线与直线的斜率相同，从而得方程组

$$\begin{cases}-bx^2+a=x+1\\-2bx=1\end{cases}$$

解得

$$b=-\frac{1}{4(a-1)}$$

(2) 旋转体的体积为

$$V=\pi\int_0^a x^2\mathrm{d}y=\pi\int_0^a \frac{a-y}{b}\mathrm{d}y=\pi\left(\frac{a^2}{b}-\frac{a^2}{2b}\right)$$

$$=\frac{\pi a^2}{2b}=-2\pi a^2(a-1)=-2\pi(a^3-a^2)$$

令 $\frac{\mathrm{d}V}{\mathrm{d}a}=-2\pi(3a^2-2a)=0$，得 $a=\frac{2}{3}$. $a=\frac{2}{3}$ 是 $-2\pi(a^3-a^2)$ 在 $(0,+\infty)$ 内惟一驻点，由题意知，$V\Big|_{a=\frac{2}{3}}$ 为最大值，此时 $b=-\frac{1}{4\left(\frac{2}{3}-1\right)}=\frac{3}{4}$.

13. 求曲线 $y=\ln x(2\leqslant x\leqslant 6)$ 的一条切线，使得该切线与直线 $x=2,x=6$ 及曲线 $y=\ln x$ 所围成的图形面积 A 最小.

解 设 $(x_0,\ln x_0)$ 为曲线 $y=\ln x$ 上任意一点，则此点的切线方程为

$$y=\frac{1}{x_0}(x-x_0)+\ln x_0$$

于是

$$\begin{aligned}A&=\int_2^6\left[\frac{1}{x_0}(x-x_0)+\ln x_0-\ln x\right]\mathrm{d}x\\&=\frac{1}{2x_0}(x-x_0)^2\Big|_2^6+4\ln x_0-\int_2^6\ln x\mathrm{d}x\\&=\frac{16}{x_0}-4+4\ln x_0-\int_2^6\ln x\mathrm{d}x\end{aligned}$$

令 $\frac{\mathrm{d}A}{\mathrm{d}x_0}=-\frac{16}{x_0^2}+\frac{4}{x_0}=0$，解得 $x_0=4$.

又当 $x_0<4$ 时，$\frac{\mathrm{d}A}{\mathrm{d}x_0}<0$；$x_0>4$ 时，$\frac{\mathrm{d}A}{\mathrm{d}x_0}>0$，故 $x_0=4$ 时，A 取得极小值，也是最小值，从而得所求切线方程为

$$y-\ln 4=\frac{1}{4}(x-4)$$

14. 若 $f(x)$、$g(x)$ 都在 $[a,b]$ 上可积，证明

$$\left(\int_a^b f(x)g(x)\mathrm{d}x\right)^2\leqslant\left(\int_a^b f^2(x)\mathrm{d}x\right)\left(\int_a^b g^2(x)\mathrm{d}x\right)$$

(此不等式称为**柯西-施瓦茨不等式**).

证明 对任一实数 t，考虑二次三项式

$$\begin{aligned}&t^2\int_a^b f^2(x)\mathrm{d}x+2t\int_a^b f(x)g(x)\mathrm{d}x+\int_a^b g^2(x)\mathrm{d}x\\=&\int_a^b[tf(x)+g(x)]^2\mathrm{d}x\geqslant 0\end{aligned}$$

因而其判别式 $\Delta\leqslant 0$，即

$$\left[2\int_a^b f(x)g(x)\mathrm{d}x\right]^2-4\int_a^b f^2(x)\mathrm{d}x\int_a^b g^2(x)\mathrm{d}x\leqslant 0$$

化简得

$$\left(\int_a^b f(x)g(x)\mathrm{d}x\right)^2\leqslant\left(\int_a^b f^2(x)\mathrm{d}x\right)\left(\int_a^b g^2(x)\mathrm{d}x\right)$$

15. 设 $f(x)$ 是 $[a,+\infty)$ 上的正值连续函数，$V(t)$ 表示平面图形 $0\leqslant y\leqslant$

$f(x), a \leqslant x \leqslant t$ 绕直线 $x = t$ 旋转所得的旋转体的体积，试证 $V''(t) = 2\pi f(t)$.

证明 在 $[a,t]$ 上任取一小区间 $[x, x+\mathrm{d}x]$，则该区间对应的曲边梯形绕 $x = t$ 旋转，所得旋转体的体积近似为

$$\mathrm{d}V = 2\pi(t-x)f(x)\mathrm{d}x$$

于是

$$V(t) = \int_a^t 2\pi(t-x)f(x)\mathrm{d}x$$
$$= 2\pi\left[t\int_a^t f(x)\mathrm{d}x - \int_a^t xf(x)\mathrm{d}x\right]$$

从而

$$V'(t) = 2\pi\left(\int_a^t f(x)\mathrm{d}x + tf(t) - tf(t)\right) = 2\pi\int_a^t f(x)\mathrm{d}x$$
$$V''(t) = 2\pi f(t)$$

16. 一块质量为 1 000kg 的冰块要被吊起 100 m 高，而这块冰以 4 kg/min 的速率融化. 假设冰块以 1 m/min 的速度被吊起，吊索的线密度为 8 kg/m. 求把这块冰吊到指定高度需做的功.

解 设 W_1 为克服吊索所受重力所做的功，将其由距地面 x 处提升至 $x + \mathrm{d}x$ 处所做的功为

$$\mathrm{d}W_1 = 8(100-x)g\mathrm{d}x \quad (g \text{ 为重力加速度})$$

故

$$W_1 = \int_0^{100} 8(100-x)g\mathrm{d}x = 4\times 10^4 g \text{ J}$$

记 W_2 为提升冰块至指定高度所做的功. 在时间间隔 $[t, t+\mathrm{d}t]$ 内提升冰块所做的功为

$$\mathrm{d}W_2 = 1\cdot(1\,000 - 4t)g\mathrm{d}t$$

冰块从地面提升至 100 m 高，共需 $\dfrac{100}{1} = 100$ min. 故

$$W_2 = \int_0^{100}(1\,000-4t)g\mathrm{d}t = (10^5 - 2\times 10^4)g$$
$$= 8\times 10^4 g \text{ J}$$

所以所求总功为

$$W = W_1 + W_2 = 12\times 10^4 g \approx 1.176\times 10^6 \text{ J}$$

17. 油通过油管时，中间流速大，越靠近管壁流速越小. 实验测定：油管圆形横截面的某点处的流速 v 与该点到油管中心距离 r 之间有如下关系：$v = K(a^2 - r^2)$，其中 K 为比例常数，a 为油管半径. 求单位时间内通过油管横截面的油的流量 Q.

解 在单位时间内，通过距油管中心 r 和 $r + \mathrm{d}r$ 之间的圆环域的油的流量近似为

$$dQ = K(a^2 - r^2) \cdot 2\pi r dr = 2K\pi(a^2 r - r^3)dr$$

于是

$$Q = \int_0^a 2K\pi(a^2 r - r^3)dr = \frac{1}{2}K\pi a^4$$

18. 由经验知道，一般来说城市人口的分布密度 $P(r)$ 随着与市中心距离 r 的增加而减少. 设某城市的人口密度为 $P(r) = \frac{4}{r^2 + 20}$（10 万人 /km^2），试求该市距离市中心 2 km 的范围内的人口数.

解　距市中心 r 到 $r + dr$ 的同心圆环域的人口

$$dN = \frac{4}{r^2 + 20} \cdot 2\pi r dr = \frac{8\pi r}{r^2 + 20}dr$$

故所求人数为

$$\begin{aligned} N &= \int_0^2 \frac{8\pi r}{r^2 + 20}dr = 4\pi\int_0^2 \frac{1}{r^2 + 20}d(r^2 + 20) \\ &= 4\pi(\ln 24 - \ln 20) = 4\pi \ln\frac{6}{5} \\ &\approx 2.291\text{（10 万人）} \end{aligned}$$

19. 设曲线 $y = \frac{e^x + e^{-x}}{2}$ 与直线 $x = 0, x = t(t > 0)$ 及 $y = 0$ 围成一曲边梯形，该曲边梯形绕 x 轴旋转一周得一旋转体，其体积为 $V(t)$，侧面积为 $S(t)$，在 $x = t$ 处的底面积为 $F(t)$.

(1) 求 $\frac{S(t)}{V(t)}$ 的值；(2) 计算极限 $\lim\limits_{t \to +\infty} \frac{S(t)}{F(t)}$.

解　(1)
$$\begin{aligned} S(t) &= \int_0^t 2\pi y\sqrt{1 + y'^2}dx = 2\pi\int_0^t \frac{e^x + e^{-x}}{2}\sqrt{1 + \frac{e^{2x} - 2 + e^{-2x}}{4}}dx \\ &= 2\pi\int_0^t \left(\frac{e^x + e^{-x}}{2}\right)^2 dx \end{aligned}$$

$$V(t) = \pi\int_0^t y^2 dx = \pi\int_0^t \left(\frac{e^x + e^{-x}}{2}\right)^2 dx$$

所以 $\frac{S(t)}{V(t)} = 2$.

(2)
$$F(t) = \pi y^2\Big|_{x=t} = \pi\left(\frac{e^t + e^{-t}}{2}\right)^2$$

$$\begin{aligned} \lim_{t \to +\infty}\frac{S(t)}{F(t)} &= \lim_{t \to +\infty}\frac{2\pi\int_0^t \left(\frac{e^x + e^{-x}}{2}\right)^2 dx}{\pi\left(\frac{e^t + e^{-t}}{2}\right)^2} = \lim_{t \to +\infty}\frac{2\left(\frac{e^t + e^{-t}}{2}\right)^2}{2\left(\frac{e^t + e^{-t}}{2}\right)\left(\frac{e^t - e^{-t}}{2}\right)} \\ &= \lim_{t \to +\infty}\frac{e^t + e^{-t}}{e^t - e^{-t}} = 1 \end{aligned}$$

第四章　微分方程

微分方程理论伴随着微积分的发展不断丰富和完善，是数学联系其他学科的主要途径之一.本章只介绍微分方程的一些初步知识，包括微分方程的基本概念，一阶微分方程及某些可降阶的微分方程的初等积分法，高阶线性微分方程解的结构及高阶常系数线性微分方程的一些解法，以及微分方程应用举例.

第一节　微分方程的基本概念

内容提要

1. 通过曲线切线斜率、放射性元素的衰变和弹簧振动这三个问题，引出微分方程的基本概念.

2. 了解微分方程与方程阶的概念

包含自变量、未知函数及其导数或微分的等式称为微分方程.微分方程中未知函数的导数的最高阶数称为该微分方程的阶.

3. 了解微分方程的解与通解的概念

当微分方程中的未知函数由已知函数代替时，方程变为恒等式，则该已知函数称为方程的解；含有任意常数(其个数与方程的阶相同)的解，称为方程的通解；微分方程解的图形称为积分曲线.

4. 了解定解条件、特解与初值问题的概念

从通解中确定特解的条件称为定解条件；由定解条件确定了通解中的常数后的解，称为方程的特解.

5. 利用导数的几何意义及物理、力学原理，建立简单的微分方程

释疑解惑

【问 4-1-1】　什么叫微分方程?下列各方程中哪些是微分方程?哪些不是微分方程?

(1) $x\frac{dy}{dx}+y=3x$；　　(2) $(y')^2+y=1$；

(3) $y^2+2y+3=0$；　　(4) $\frac{d^2y}{dx^2}+y=\tan x$；

(5) $dy=\sin x dx$；　　(6) $x^2dx+dy=d\cos x$.

答 (1),(2),(4),(5),(6) 均为微分方程.

在一个等式中,如果含有未知函数、已知函数,以及未知函数的导数或微分,就称此等式为微分方程.这里,已知函数与未知函数可以在方程中直接出现,也可以不直接出现,但未知函数的导数或微分是不可缺少的.用这个标准去判断,便知方程(1),(2),(4),(5),(6) 均为微分方程.

【问 4-1-2】 是否所有的微分方程都存在通解?

答 不一定.

例如,方程$(y')^2+1=0$和$|y'|+|y|+4=0$不存在实函数解,因而更谈不上什么通解.而方程$(y')^2+y^2=0$只有解$y=0$,它的解中不含任意常数,故也不存在通解.

【问 4-1-3】 微分方程的通解是否包含了微分方程的所有解?

答 不一定.

例如,方程$(y')^2=4y$有通解$y=(x+c)^2$,而$y=0$也是方程的解,后者并不包含在通解中,即无论通解中的c取什么值,都不可能得到$y=0$.

例题解析

【例 4-1-1】 试求以下列函数为通解的微分方程:

(1)$y=ce^{\arcsin x}$;　　(2)$y^2=c_1x+c_2$.

其中c,c_1,c_2为任意常数.

分析 求以含任意常数的函数为通解的微分方程,就是求一方程,使所给函数满足该方程,且所求微分方程的阶数与函数中任意常数的个数相等.

解 (1) 在函数$y=ce^{\arcsin x}$两边对x求导,得

$$y'=ce^{\arcsin x}\frac{1}{\sqrt{1-x^2}}$$

消去常数c,得

$$y'=y\cdot\frac{1}{\sqrt{1-x^2}},\text{即 } y'\sqrt{1-x^2}-y=0$$

微分方程$y'\sqrt{1-x^2}-y=0$即为所求.

(2) 在函数$y^2=c_1x+c_2$两边连续对x求导两次,得

$$2yy'=c_1,2(y')^2+2yy''=0$$

故$yy''+(y')^2=0$为所求微分方程.

【例 4-1-2】 消去下列各式中的任意常数c,c_1,c_2,写出相应的微分方程.

(1)$y=x\tan(x+c)$;　　(2)$(y-c_1)^2=c_2x$.

解 (1)$y'=\tan(x+c)+x+x\tan^2(x+c)$.

用$\tan(x+c)=\dfrac{y}{x}$代入上式消去c得

$$y' = \frac{y}{x} + x + \frac{y^2}{x}$$

化简得

$$xy' = x^2 + y + y^2$$

(2) 在 $(y-c_1)^2 = c_2 x$ 两边对 x 求导,得

$$2(y-c_1)y' = c_2$$

用 $c_2 = \frac{(y-c_1)^2}{x}$ 代入上式可得

$$2xy' = y - c_1 \quad (y \neq c_1)$$

对 x 求导,得 $y' + 2xy'' = 0$.

【例 4-1-3】 验证 $y = \frac{c}{x}$ 是一阶微分方程 $\frac{\mathrm{d}y}{\mathrm{d}x} = -\frac{y}{x}$ 的通解,并说明它的几何意义.

解 由 $y = \frac{c}{x}$ 可得

$$\frac{\mathrm{d}y}{\mathrm{d}x} = -\frac{c}{x^2}$$

将 $y, \frac{\mathrm{d}y}{\mathrm{d}x}$ 代入方程 $\frac{\mathrm{d}y}{\mathrm{d}x} = -\frac{y}{x}$ 中,得

$$-\frac{c}{x^2} = -\frac{\frac{c}{x}}{x}$$

所以函数 $y = \frac{c}{x}$ 是方程的解.又因为方程是一阶的,而 $y = \frac{c}{x}$ 只含一个任意常数.所以 $y = \frac{c}{x}$ 为方程 $\frac{\mathrm{d}y}{\mathrm{d}x} = -\frac{y}{x}$ 的通解.

函数 $y = \frac{c}{x}$ 在 xOy 面上表示一簇等轴双曲线,如图 4-1 所示.

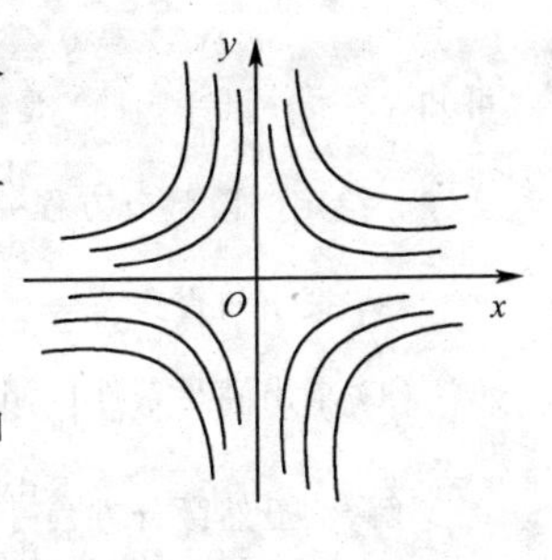

图 4-1

【例 4-1-4】 试求微分方程 $x^2 y'' - 2y = 0$ 的形如 $y = x^k$ 的解.

分析 函数 $y = x^k$ 是方程的解,即将它代入题设方程使之成为恒等式,从而可解出 k 的值.

解 由 $y = x^k$ 知,$y' = kx^{k-1}$,$y'' = k(k-1)x^{k-2}$,代入方程 $x^2 y'' - 2y = 0$,得

$$k(k-1)x^k - 2x^k = 0$$

消去 x^k,有 $k(k-1) - 2 = 0$,从而 $k = 2$ 及 $k = -1$,于是得

$$y = x^2, y = \frac{1}{x}$$

习题精解

1. 指出下列微分方程哪些是线性的?哪些是非线性的?并指出阶数.

(2) $x^2 y'' - xy' + y = 0$;　　　(4) $(7x - 6y)\mathrm{d}x + (x + y)\mathrm{d}y = 0$;

(8) $\dfrac{\mathrm{d}\rho}{\mathrm{d}\theta} + \rho = \sin^2\theta$.

解　(2) 由于方程是关于 y, y' 及 y'' 的一次方程,故它是线性微分方程,其阶数为 2.

(4) 将原方程化为

$$\frac{\mathrm{d}y}{\mathrm{d}x} + \frac{7x - 6y}{x + y} = 0$$

显然它不是关于 y, y' 的一次方程,故为非线性微分方程,其阶数为 1.

(8) 这是一阶线性微分方程.

2. 验证下列给定的函数是对应的微分方程的解.

(2) $y = c_1 e^{\lambda_1 x} + c_2 e^{\lambda_2 x}$, $y'' - (\lambda_1 + \lambda_2)y' + \lambda_1\lambda_2 y = 0$.

解　$y' = c_1\lambda_1 e^{\lambda_1 x} + c_2\lambda_2 e^{\lambda_2 x}$, $y'' = c_1\lambda_1{}^2 e^{\lambda_1 x} + c_2\lambda_2^2 e^{\lambda_2 x}$

代入方程 $y'' - (\lambda_1 + \lambda_2)y' + \lambda_1\lambda_2 y = 0$,得

左边 $= c_1\lambda_1^2 e^{\lambda_1 x} + c_2\lambda_2^2 e^{\lambda_2 x} - (\lambda_1 + \lambda_2)(c_1\lambda_1 e^{\lambda_1 x} + c_2\lambda_2 e^{\lambda_2 x}) + \lambda_1\lambda_2(c_1 e^{\lambda_1 x} + c_2 e^{\lambda_2 x}) = 0$

可知 $y = c_1 e^{\lambda_1 x} + c_2 e^{\lambda_2 x}$ 是微分方程 $y'' - (\lambda_1 + \lambda_2)y' + \lambda_1\lambda_2 y = 0$ 的解.

3. 给定一阶微分方程 $\dfrac{\mathrm{d}y}{\mathrm{d}x} = 2x$,

(3) 求出与直线 $y = 2x + 3$ 相切的积分曲线方程;

(4) 求出满足条件 $\int_0^1 y\mathrm{d}x = 2$ 的解.

解　显然微分方程 $\dfrac{\mathrm{d}y}{\mathrm{d}x} = 2x$ 的通解是 $y = x^2 + c$.

(3) 由于曲线 $y = x^2 + c$ 与 $y = 2x + 3$ 相切,则在切点 (x_0, y_0) 处,有 $y'|_{x=x_0} = (x^2 + c)'|_{x=x_0} = 2x_0 = 2$,解得 $x_0 = 1$,代入 $y = 2x + 3$,知切点为(1,5),因而 $5 = 1^2 + c, c = 4$,故所求积分曲线为 $y = x^2 + 4$.

(4) 令 $\int_0^1 y\mathrm{d}x = \int_0^1 (x^2 + c)\mathrm{d}x = \dfrac{1}{3} + c = 2$,得 $c = \dfrac{5}{3}$,故所求微分方程的特解是 $y = x^2 + \dfrac{5}{3}$.

4. 写出由下列条件确定的曲线所满足的微分方程.

(2) 曲线上点 $P(x,y)$ 处的法线与 x 轴的交点为Q,且线段 PQ 被 y 轴平分.

解 曲线 $y=f(x)$ 在点 $P(x,y)$ 处的法线方程为

$$Y-y=-\frac{1}{y'}(X-x)$$

其中(X,Y) 为法线上任意一点的坐标. 令 $Y=0$,则

$$X=x+yy'$$

故点 Q 坐标为$(x+yy',0)$. 由题设知

$$(x+yy')+x=0$$

即所求微分方程为

$$yy'+2x=0$$

第二节 某些简单微分方程的初等积分法

内容提要

1. 熟练掌握一阶变量分离方程$\frac{\mathrm{d}y}{\mathrm{d}x}=h(x)g(y)$ 和一阶线性微分方程$\frac{\mathrm{d}y}{\mathrm{d}x}+p(x)y=q(x)$ 的解法.

2. 能够用变量代换的方法,求解齐次方程$\frac{\mathrm{d}y}{\mathrm{d}x}=f\left(\frac{y}{x}\right)$及伯努利方程$\frac{\mathrm{d}y}{\mathrm{d}x}+P(x)y=Q(x)y^n$.

3. 利用降阶法求解形如 $F(x,y',y'')=0$、$F(y,y',y'')=0$ 类的二阶微分方程,以及简单的高阶微分方程.

释疑解惑

【问 4-2-1】 对于可分离变量型的微分方程 $f(x)\mathrm{d}x=g(y)\mathrm{d}y$,两边积分则可得到该方程的通解

$$\int f(x)\mathrm{d}x=\int g(y)\mathrm{d}y+c$$

有的同学表示不好理解,认为左边对 x 积分,右边对 y 积分,似乎不够合理. 对此应如何理解?

答 假定方程 $f(x)\mathrm{d}x=g(y)\mathrm{d}y$ 的解存在,设 $y=\varphi(x)$ 是它的任意一个解,代入原方程,有

$$f(x)\mathrm{d}x=g[\varphi(x)]\varphi'(x)\mathrm{d}x$$

两边对 x 积分,得

$$\int f(x)\mathrm{d}x=\int g[\varphi(x)]\varphi'(x)\mathrm{d}x+c$$

在等式右边，将 $\varphi(x)$ 换成 y，则 $\varphi'(x)\mathrm{d}x=\mathrm{d}y$，根据换元积分法即有 $\int g[\varphi(x)]\varphi'(x)\mathrm{d}x=\int g(y)\mathrm{d}y$. 由此可知可分离变量型方程的这种解法是合理的.

也可以这样解释：微分具有形式不变性，例如 $u=f(y)$，$y=\varphi(x)$，则 u 的微分既可记作 $\mathrm{d}u=f'(y)\mathrm{d}y$，也可记作 $\mathrm{d}u=f'[\varphi(x)]\varphi'(x)\mathrm{d}x$，可知题设中的微分 $f(x)\mathrm{d}x$ 等于 $g(y)\mathrm{d}y$，则它们的原函数要么相等，要么相差一个常数，故有

$$\int f(x)\mathrm{d}x=\int g(y)\mathrm{d}y+c$$

【问 4-2-2】 一阶线性微分方程 $y'+p(x)y=q(x)$ 的通解 $y=\mathrm{e}^{-\int p(x)\mathrm{d}x}\left(\int q(x)\mathrm{e}^{\int p(x)\mathrm{d}x}\mathrm{d}x+c\right)$ 中是否包含了该方程的所有解？

答 答案是肯定的，即通解中包含了该方程的所有解.

先考虑一阶线性微分方程是齐次的情形：$y'+p(x)y=0$，用分离变量法即得到其通解

$$y=c\mathrm{e}^{-\int p(x)\mathrm{d}x}$$

如果 y_1 是方程 $y'+p(x)y=0$ 的解，只要证明一定存在某常数 c_1，使 $y_1=c_1\mathrm{e}^{-\int p(x)\mathrm{d}x}$ 即可. 考虑

$$\left[\frac{y_1}{\mathrm{e}^{-\int p(x)\mathrm{d}x}}\right]'=\frac{y_1'\mathrm{e}^{-\int p(x)\mathrm{d}x}+y_1p(x)\mathrm{e}^{-\int p(x)\mathrm{d}x}}{(\mathrm{e}^{-\int p(x)\mathrm{d}x})^2}$$

$$=\frac{y_1'+y_1p(x)}{\mathrm{e}^{-\int p(x)\mathrm{d}x}}=\frac{0}{\mathrm{e}^{-\int p(x)\mathrm{d}x}}=0$$

于是 $\frac{y_1}{\mathrm{e}^{-\int p(x)\mathrm{d}x}}=c_1$，即有 $y_1=c_1\mathrm{e}^{-\int p(x)\mathrm{d}x}$.

一般地，若一阶线性微分方程是非齐次的：$y'+p(x)y=q(x)$，则有通解

$$y=\mathrm{e}^{-\int p(x)\mathrm{d}x}\left[\int q(x)\mathrm{e}^{\int p(x)\mathrm{d}x}\mathrm{d}x+c\right]$$

特别 $y^*=\mathrm{e}^{-\int p(x)\mathrm{d}x}\int q(x)\mathrm{e}^{\int p(x)\mathrm{d}x}\mathrm{d}x$ 也是解，如果 y_2 是 $y'+p(x)y=q(x)$ 的一个解，则由线性微分方程解的结构易知 y_2-y^* 是齐次线性微分方程 $y'+p(x)y=0$ 的一个解，由前面分析知，必存在常数 c_2，使 $y_2-y^*=c_2\mathrm{e}^{-\int p(x)\mathrm{d}x}$，即

$$y_2=y^*+c_2\mathrm{e}^{-\int p(x)\mathrm{d}x}=\mathrm{e}^{-\int p(x)\mathrm{d}x}\left[\int q(x)\mathrm{e}^{\int p(x)\mathrm{d}x}\mathrm{d}x+c_2\right]$$

这就证明了方程 $y'+p(x)y=q(x)$ 的通解包含了该方程的所有解.

【问 4-2-3】 如何将含有变上(下)限定积分的方程化为微分方程？转化时又应注意什么？

答 一般情况下，通过求导数的方法就可将含有变上(下)限定积分的方程化为微分方程. 我们应注意原方程中积分上(下)限中，隐藏有初始条件. 以方

程 $y=\int_0^x y\mathrm{d}x$ 为例，y 是连续函数，故方程两端可通过求导转化为微分方程 $y'=y$. 但原式还意味着 $y(0)=0$. 所以此类方程是带有初值问题的微分方程.

例题解析

【例 4-2-1】 求下列微分方程的通解：

(1) $(\tan x)\dfrac{\mathrm{d}y}{\mathrm{d}x}-y=5$；

(2) $(1+y^2)y\mathrm{d}x+2(2xy^2-1)\mathrm{d}y=0$.

解 (1) 将方程变形为 $y'-(\cot x)y=5\cot x$，可用一阶线性微分方程公式求解.

$$\begin{aligned}y&=\mathrm{e}^{\int\cot x\mathrm{d}x}\left[\int 5\cot x\mathrm{e}^{-\int\cot x\mathrm{d}x}\mathrm{d}x+c\right]\\&=\mathrm{e}^{\ln\sin x}\left[\int 5\cot x\mathrm{e}^{-\ln\sin x}\mathrm{d}x+c\right]\\&=\sin x\left[\int 5\cot x\cdot\csc x\mathrm{d}x+c\right]\\&=\sin x(-5\csc x+c)\end{aligned}$$

即

$$y=c\sin x-5$$

本题也可直接用分离变量法求解. 将原方程变为

$$\frac{\mathrm{d}y}{y+5}=\frac{\cos x\mathrm{d}x}{\sin x}$$

积分得

$$\ln|y+5|=\ln|\sin x|+\ln c_1$$

即有

$$y+5=c\sin x\quad(c=\pm c_1)$$

或

$$y=c\sin x-5$$

(2) **分析** 若视 x 为自变量，y 为未知函数，则这个方程是非线性的. 若视 x 为未知函数，则它是线性的.

解 将方程化为

$$\frac{\mathrm{d}x}{\mathrm{d}y}+\frac{4y}{1+y^2}x=\frac{2}{y(1+y^2)}$$

应用通解公式，便得

$$x=\mathrm{e}^{-\int\frac{4y}{1+y^2}\mathrm{d}y}\left[\int\frac{2}{y(1+y^2)}\mathrm{e}^{\int\frac{4y}{1+y^2}\mathrm{d}y}\mathrm{d}y+c\right]$$

$$=\frac{1}{(1+y^2)^2}\left[2\int\frac{1+y^2}{y}\mathrm{d}y+c\right]=\frac{1}{(1+y^2)^2}[\ln y^2+y^2+c]$$

从而求得方程通解为

$$(1+y^2)^2x=\ln y^2+y^2+c$$

【例 4-2-2】 求微分方程 $xy'=y+x\tan\frac{y}{x}$ 满足 $y(1)=\frac{\pi}{2}$ 的特解.

解 方程变形为 $y'=\frac{y}{x}+\tan\frac{y}{x}$,这是齐次方程.

令 $u=\frac{y}{x}$,则 $y=xu$,$y'=xu'+u$,代入原方程,化简得 $xu'=\tan u$,这是可分离变量的微分方程.分离变量

$$\cot u\mathrm{d}u=\frac{\mathrm{d}x}{x}$$

两边积分

$$\ln\sin u=\ln x+\ln c \text{ 或 } \sin\frac{y}{x}=cx$$

将 $x=1$,$y=\frac{\pi}{2}$ 代入,得 $c=1$.故方程的特解为 $\sin\frac{y}{x}=x$.

【例 4-2-3】 求微分方程$\frac{\mathrm{d}y}{\mathrm{d}x}=\frac{y}{x}-\frac{1}{2}(\frac{y}{x})^3$ 满足 $y|_{x=1}=1$ 的特解.

解 令$\frac{y}{x}=u$,则原方程变为

$$u+x\frac{\mathrm{d}u}{\mathrm{d}x}=u-\frac{1}{2}u^3$$

整理得

$$\frac{\mathrm{d}u}{u^3}=-\frac{\mathrm{d}x}{2x}$$

两边积分得

$$-\frac{1}{2u^2}=-\frac{1}{2}\ln x-\frac{1}{2}\ln C$$

即 $x=\frac{1}{c}\mathrm{e}^{\frac{1}{u^2}}$,将 $u=\frac{y}{x}$ 代入,得 $x=\frac{1}{c}\mathrm{e}^{\frac{x^2}{y^2}}$.

将 $y|_{x=1}=1$ 代入上式得 $c=\mathrm{e}$.

故满足条件的方程的特解为 $\mathrm{e}x=\mathrm{e}^{\frac{x^2}{y^2}}$.

【例 4-2-4】 求 $4y^3y''=y^4-1$ 满足初始条件 $y(0)=\sqrt{2}$,$y'(0)=\frac{1}{2\sqrt{2}}$ 的特解.

解 本题是不显含 x 的高阶方程.令 $y'=p$,则

$$\frac{d^2y}{dx^2}=p\frac{dp}{dy}$$

原方程可化为

$$4y^3p\frac{dp}{dy}=y^4-1$$

分离变量得

$$pdp=\frac{1}{4}(y-y^{-3})dy$$

积分得

$$p^2=\frac{1}{4}(y^2+y^{-2})+2c_1$$

代入初始条件 $y(0)=\sqrt{2}$,$y'(0)=\frac{1}{2\sqrt{2}}$,得 $c_1=-\frac{1}{4}$,从而

$$p^2=\frac{1}{4}(y^2+y^{-2})-\frac{1}{2}=\frac{1}{4}(y-y^{-1})^2$$

于是

$$p=\frac{1}{2}(y-y^{-1})$$

再将 $y'=p$ 代入,有

$$\frac{dy}{dx}=\frac{1}{2}(y-y^{-1})$$

即

$$\frac{2y}{y^2-1}dy=dx$$

积分得

$$\ln(y^2-1)=x+c$$

将 $y(0)=\sqrt{2}$ 代入,得 $c=0$,故所求解为 $y^2-1=e^x$.

【例 4-2-5】 设 $f(x)$ 是一个连续函数,且满足 $f(x)=\int_0^x tf(t)dt+x^2$,求 $f(x)$.

分析 这是一个积分式中含有未知函数的方程,称为积分方程. 为了求解积分方程,通常先把它化为微分方程的初值问题. 注意到 $f(x)$ 连续,故方程右端可导,从而 $f(x)$ 可导.

解 在方程两端对自变量 x 求导,得

$$f'(x)=xf(x)+2x$$

又注意到 $f(0)=0$,于是转化为一阶线性微分方程的初值问题

$$\begin{cases}f'(x)=xf(x)+2x\\ f(0)=0\end{cases}$$

求解方程得到通解为

$$f(x)=-2+ce^{\frac{x^2}{2}}$$

代入初始条件,确定 $c=2$,故所求函数为

$$f(x)=-2+2e^{\frac{x^2}{2}}$$

【例 4-2-6】 在上半平面求一条向上凹的曲线,其上任一点 $P(x,y)$ 处的曲率等于此曲线在该点的法线段 PQ 长度的倒数(Q是法线与 x 轴的交点),且曲线在点(1,1) 处的切线与 x 轴平行.

分析 按题意先建立微分方程,再求解.

解 曲线 $y=y(x)$ 在点 $P(x,y)$ 处的法线方程是

$$Y-y=-\frac{1}{y'}(X-x) \quad (y'\neq 0)$$

它与 x 轴的交点为 $Q(x+yy',0)$,从而法线段 PQ 的长度为 $\sqrt{(yy')^2+y^2}=y(1+y'^2)^{1/2}$($y'=0$ 也满足上式),根据题意得微分方程

$$\frac{y''}{[1+(y')^2]^{3/2}}=\frac{1}{y[1+(y')^2]^{1/2}}$$

即

$$yy''=1+(y')^2$$

且当 $x=1$ 时,$y=1$,$y'=0$. 令 $y'=p$,则 $y''=p\frac{\mathrm{d}p}{\mathrm{d}y}$,代入方程,得

$$yp\frac{\mathrm{d}p}{\mathrm{d}y}=1+p^2 \text{ 或 } \frac{p}{1+p^2}\mathrm{d}p=\frac{\mathrm{d}y}{y}$$

积分并注意到 $y=1$ 时,$p=0$,便得

$$y=\sqrt{1+p^2}$$

代入$\frac{\mathrm{d}y}{\mathrm{d}x}=p$,得

$$y'=\pm\sqrt{y^2-1}$$

或

$$\frac{\mathrm{d}y}{\sqrt{y^2-1}}=\pm\,\mathrm{d}x$$

再对上式积分,并注意到 $x=1$ 时,$y=1$,得

$$\ln(y+\sqrt{y^2-1})=\pm(x-1)$$

因此所求曲线方程为

$$y+\sqrt{y^2-1}=e^{\pm(x-1)}$$

由此

$$y^2-1=[e^{\pm(x-1)}-y]^2$$

整理可得

$$y=\frac{1}{2}[e^{x-1}+e^{-(x-1)}]$$

习题精解

1. 求解下列方程或初值问题：

(3) $\frac{dy}{dx}=\frac{\sqrt{x}}{e^y}$；

(4) $2ye^{y^2}y'=2x+3\sqrt{x}$；

(5) $yy'=(1+y^2)\cos x$；

(6) $\frac{du}{dt}=2+2u+t+tu$；

(7) $y^2dx+(x+1)dy=0$；

(8) $\frac{dy}{dx}=\frac{1+y^2}{xy+x^3y}$；

(9) $\begin{cases}\frac{dy}{dx}=\frac{y\cos x}{1+y^2}\\ y(0)=1\end{cases}$；

(10) $\begin{cases}x\cos x=(2y+e^{3y})y'\\ y(0)=0\end{cases}$.

解 (3) 整理得 $e^y dy=\sqrt{x}dx$

两边积分

$$\int e^y dy=\int\sqrt{x}dx$$

通解

$$e^y=\frac{2}{3}x^{\frac{3}{2}}+c$$

(4) 整理等式并两边积分

$$\int 2ye^{y^2}dy=\int(2x+3\sqrt{x})dx$$

$$\int e^{y^2}dy^2=\int(2x+3\sqrt{x})dx$$

通解

$$e^{y^2}=x^2+2x^{\frac{3}{2}}+c$$

(5) 整理等式并两边积分

$$\int\frac{y}{1+y^2}dy=\int\cos x dx$$

通解

$$\frac{1}{2}\ln(1+y^2)=\sin x+c_1$$

$$y^2=ce^{2\sin x}-1$$

(6) 整理 $\frac{du}{dt}=2(1+u)+t(1+u)$

$$\frac{du}{dt} = (2+t)(1+u)$$

再整理得

$$\frac{du}{1+u} = (2+t)dt$$

两边积分

$$\int \frac{du}{1+u}du = \int (2+t)dt$$

通解

$$\ln|1+u| = 2t + \frac{t^2}{2} + c$$

(7) 变量分离,得

$$\frac{dy}{y^2} = -\frac{dx}{x+1}$$

两边积分

$$\int \frac{dy}{y^2} = -\int \frac{dx}{x+1}$$

得

$$-\frac{1}{y} = -\ln|x+1| + c$$

即

$$y = \frac{1}{\ln|x+1| - c}$$

另外 $y=0$ 也是该方程的解,它没有包含在通解中.

(8) 将方程化作

$$\frac{ydy}{1+y^2} = \frac{dx}{x(1+x^2)}$$

两边积分,得

$$\int \frac{ydy}{1+y^2} = \int \left(\frac{1}{x} - \frac{x}{1+x^2}\right)dx$$

得

$$\frac{1}{2}\ln(1+y^2) = \ln|x| - \frac{1}{2}\ln(1+x^2) + \ln c_1$$

整理得

$$(1+x^2)(1+y^2) = cx^2 \quad (c = c_1^2)$$

(9) 整理 $$\frac{(1+y^2)}{y}dy = \cos x dx$$

$$(\frac{1}{y}+y)\mathrm{d}y=\cos x\mathrm{d}x$$

两边积分

$$\int(\frac{1}{y}+y)\mathrm{d}y=\int\cos\,\mathrm{d}x$$

通解

$$\ln|y|+\frac{1}{2}y^2=\sin x+c$$

代入初始条件 $y(0)=1$ 得 $c=\frac{1}{2}$.

特解

$$\ln|y|+\frac{1}{2}y^2=\sin x+\frac{1}{2}$$

(10) 整理
$$(2y+\mathrm{e}^{3y})\mathrm{d}y=x\cos x\mathrm{d}x$$

两边积分

$$\int(2y+\mathrm{e}^{3y})\mathrm{d}y=\int x\cos x\mathrm{d}x$$

通解

$$y^2+\frac{1}{3}\mathrm{e}^{3y}=x\sin x+\cos x+c$$

代入初始条件 $y(0)=0$ 得 $c=-\frac{2}{3}$.

特解

$$y^2+\frac{1}{3}\mathrm{e}^{3y}=x\sin x+\cos x-\frac{2}{3}$$

2. 求解下列方程或初值问题：

(1) $xy'-2y=x^2$；　　(2) $y'=x+5y$；

(3) $x^2y'+2xy=\cos^2 x$；　　(4) $\frac{\mathrm{d}y}{\mathrm{d}x}+\frac{1}{x}y=\mathrm{e}^{-x}$；

(7) $\begin{cases}xy'=y+x^2\sin x\\ y(\pi)=0\end{cases}$；　　(8) $\begin{cases}\frac{\mathrm{d}v}{\mathrm{d}t}-2tv=3t^2\mathrm{e}^{t^2}\\ v(0)=5\end{cases}$；

(9) $\begin{cases}xy'-y=x\ln x\\ y(1)=2\end{cases}$；　　(10) $\begin{cases}\frac{\mathrm{d}y}{\mathrm{d}x}=-y\cos x+\frac{1}{2}\sin 2x\\ y(0)=0\end{cases}$.

解　(1) 整理

$$\frac{\mathrm{d}y}{\mathrm{d}x}-\frac{2}{x}y=x,\quad p(x)=-\frac{2}{x},\quad q(x)=x$$

$$y=\mathrm{e}^{\int\frac{2}{x}\mathrm{d}x}\left[\int x\mathrm{e}^{\int-\frac{2}{x}\mathrm{d}x}\mathrm{d}x+c\right]=x^2\left[\int x^{-1}\mathrm{d}x+c\right]$$

$$= x^2(\ln|x| + c) = x^2\ln|x| + cx^2$$

(2) 整理

$$\frac{dy}{dx} - 5y = x, \quad p(x) = -5, \quad q(x) = x$$

$$y = e^{\int 5dx}\left[\int xe^{\int -5dx}dx + c\right] = e^{5x}\left[\int xe^{-5x}dx + c\right]$$

$$= e^{5x}\left[-\frac{1}{5}xe^{-5x} - \frac{1}{25}e^{-5x} + c\right] = -\frac{1}{5}x - \frac{1}{25} + ce^{5x}$$

(3) 整理

$$\frac{dy}{dx} + \frac{2}{x}y = \frac{\cos^2 x}{x^2}, p(x) = \frac{2}{x}, q(x) = \frac{\cos^2 x}{x^2}$$

$$y = e^{-\int \frac{2}{x}dx}\left[\int \frac{\cos^2 x}{x^2}e^{\int \frac{2}{x}dx}dx + c\right] = x^{-2}\left[\int \cos^2 x dx + c\right]$$

$$= x^{-2}\left[\int \frac{1 + \cos 2x}{2}dx + c\right] = x^{-2}\left[\frac{1}{2}x + \frac{1}{4}\sin 2x + c\right]$$

$$= \frac{1}{2}x^{-1} + \frac{1}{4}x^{-2}\sin 2x + cx^{-2}$$

(4) 这是一阶线性微分方程

$$\frac{dy}{dx} + \frac{1}{x}y = e^{-x}$$

$$y = e^{-\int \frac{1}{x}dx}\left(\int e^{-x}e^{\int \frac{1}{x}dx}dx + c\right)$$

$$= \frac{1}{x}(\int xe^{-x}dx + c)$$

$$= \frac{1}{x}(-xe^{-x} - \int de^{-x} + c)$$

$$= \frac{1}{x}(-xe^{-x} - e^{-x} + c)$$

$$= -e^{-x} - \frac{1}{x}e^{-x} + \frac{c}{x}$$

$$= \left(-1 - \frac{1}{x}\right)e^{-x} + \frac{c}{x}$$

(7) 整理得

$$\frac{dy}{dx} - \frac{1}{x}y = x\sin x, \quad p(x) = -\frac{1}{x}, \quad q(x) = x\sin x$$

$$y = e^{\int \frac{1}{x}dx}\left[\int x\sin x e^{\int -\frac{1}{x}dx}dx + c\right] = x[\int \sin x dx + c]$$

$$= x(-\cos x + c) = -x\cos x + cx$$

代入初始条件 $y(\pi) = 0$，得 $-\pi\cos\pi + c\pi = 0, c = -1$.

特解为 $$y = -x\cos x - x$$

(8) $$p(t)=-2t,q(t)=3t^2e^{t^2}$$

$$v=e^{\int 2t\mathrm{d}t}\left[\int 3t^2e^{t^2}e^{\int -2t\mathrm{d}x}\mathrm{d}t+c\right]=e^{t^2}\left[\int 3t^2\mathrm{d}t+c\right]$$

$$=e^{t^2}(t^3+c)=t^3e^{t^2}+ce^{t^2}$$

代入初始条件 $v(0)=5,\quad 5=ce^0,\quad c=5$

特解为 $$v=t^3e^{t^2}+5e^{t^2}$$

(9) $\dfrac{\mathrm{d}y}{\mathrm{d}x}-\dfrac{1}{x}y=\ln x,\quad p(x)=-\dfrac{1}{x},\quad q(x)=\ln x$

$$y=e^{\int\frac{1}{x}\mathrm{d}x}\left[\int\ln xe^{\int-\frac{1}{x}\mathrm{d}x}\mathrm{d}x+c\right]=x\left[\int x^{-1}\ln x\mathrm{d}x+c\right]$$

$$=x\left[\int\ln x\mathrm{d}(\ln x)+c\right]=x\left[\frac{1}{2}\ln^2x+c\right]=\frac{1}{2}x\ln^2x+cx$$

代入初始条件 $y(1)=2$，得 $c=2$.

特解为 $$y=\frac{1}{2}x\ln^2x+2x$$

(10) 本题即求一阶线性微分方程

$$\frac{\mathrm{d}y}{\mathrm{d}x}+y\cos x=\frac{1}{2}\sin 2x$$

满足初始条件 $y(0)=0$ 的特解. 先用公式求通解

$$y=e^{-\int\cos x\mathrm{d}x}\left(\int\frac{1}{2}\sin 2xe^{\int\cos x\mathrm{d}x}\mathrm{d}x+c\right)$$

$$=e^{-\sin x}\left(\int e^{\sin x}\sin x\mathrm{d}\sin x+c\right)$$

因为

$$\int te^t\mathrm{d}t=te^t-\int e^t\mathrm{d}t$$

$$=te^t-e^t+c,$$

故通解为

$$y=e^{-\sin x}(\sin xe^{\sin x}-e^{\sin x}+c)$$

$$=\sin x-1+ce^{-\sin x}$$

由 $y(0)=0$，知 $c=1$，故所求特解为

$$y=\sin x-1+e^{-\sin x}$$

4. 求下列伯努利方程的通解：

(2) $\dfrac{\mathrm{d}y}{\mathrm{d}x}-3xy=xy^2$；

(4) $x\mathrm{d}y-[y+xy^3(1+\ln x)]\mathrm{d}x=0$.

解 (2) 将方程变形为 $y^{-2}\dfrac{\mathrm{d}y}{\mathrm{d}x}-3xy^{-1}=x$

令 $y^{-1}=z$，则 $\frac{\mathrm{d}z}{\mathrm{d}x}=-y^{-2}\frac{\mathrm{d}y}{\mathrm{d}x}$，代入原方程得

$$\frac{\mathrm{d}z}{\mathrm{d}x}+3xz=-x$$

于是

$$\begin{aligned}z&=\mathrm{e}^{-\int 3x\mathrm{d}x}\left(\int(-x)\mathrm{e}^{\int 3x\mathrm{d}x}\mathrm{d}x+c_1\right)\\&=\mathrm{e}^{-\frac{3}{2}x^2}\left(\int(-x)\mathrm{e}^{\frac{3}{2}x^2}\mathrm{d}x+c_1\right)\\&=\mathrm{e}^{-\frac{3}{2}x^2}\left(-\frac{1}{3}\mathrm{e}^{\frac{3}{2}x^2}+c_1\right)\\&=-\frac{1}{3}+c_1\mathrm{e}^{-\frac{3}{2}x^2}=\frac{1}{y}\end{aligned}$$

所以

$$\frac{3}{2}x^2+\ln\left|\frac{1}{y}+\frac{1}{3}\right|=c$$

(4) 将原方程化作 $\frac{\mathrm{d}y}{\mathrm{d}x}-\frac{y}{x}=y^3(1+\ln x)$

$$y^{-3}\frac{\mathrm{d}y}{\mathrm{d}x}-\frac{1}{x}y^{-2}=1+\ln x$$

令 $z=y^{-2}$，则上面方程化作

$$\frac{\mathrm{d}z}{\mathrm{d}x}+\frac{2}{x}z=-2(1+\ln x)$$

解得

$$\begin{aligned}z&=\mathrm{e}^{-\int\frac{2}{x}\mathrm{d}x}\left(-\int 2(1+\ln x)\mathrm{e}^{\int\frac{2}{x}\mathrm{d}x}\mathrm{d}x+c\right)\\&=\frac{1}{x^2}\left(-2\int x^2(1+\ln x)\mathrm{d}x+c\right)\\&=\frac{1}{x^2}\left(-\frac{2}{3}x^3\ln x-\frac{4}{9}x^3+c\right)=\frac{1}{y^2}\end{aligned}$$

于是求得通解

$$\frac{x^2}{y^2}=-\frac{2}{3}x^3\left(\ln x+\frac{2}{3}\right)+c$$

5. 求下列方程的通解：

(3) $xy''=y'\ln\frac{y'}{x}$；　　(4) $(1+x^2)y''+2xy'=x$；

(5) $y''=y'+x$；　　(6) $yy''+y'^2=0$.

解 (3) 设 $y'=p$，则原方程化为 $x\frac{\mathrm{d}p}{\mathrm{d}x}=p\ln\frac{p}{x}$，即

$$\frac{\mathrm{d}p}{\mathrm{d}x}=\frac{p}{x}\ln\frac{p}{x}$$

这是一个齐次方程，再设 $z=\frac{p}{x}$，则$\frac{\mathrm{d}p}{\mathrm{d}x}=z+x\frac{\mathrm{d}z}{\mathrm{d}x}$，上述方程变为

$$z+x\frac{\mathrm{d}z}{\mathrm{d}x}=z\ln z$$

则有

$$\frac{\mathrm{d}z}{z(\ln z-1)}=\frac{\mathrm{d}x}{x}$$

两边积分，得

$$\ln|\ln z-1|=\ln|x|+\ln c'$$

或

$$\ln z-1=cx，即 z=\mathrm{e}^{1+cx}$$

从而

$$\frac{p}{x}=\frac{1}{x}\frac{\mathrm{d}y}{\mathrm{d}x}=\mathrm{e}^{1+cx}$$

$$\frac{\mathrm{d}y}{\mathrm{d}x}=x\mathrm{e}^{1+c_1x}$$

积分得

$$y=\frac{1}{c_1}\mathrm{e}^{1+c_1x}\left(x-\frac{1}{c_1}\right)+c_2$$

(4) 方程中不显含 y. 令 $y'=p$，则原方程化为

$$(1+x^2)p'+2xp=x$$

这是一阶线性微分方程，化为标准形式有

$$p'+\frac{2x}{(1+x^2)}p=\frac{x}{(1+x^2)}$$

其通解为

$$p=\frac{x^2}{2(1+x^2)}+\frac{c_1}{(1+x^2)}$$

即

$$y'=\frac{x^2}{2(1+x^2)}+\frac{c_1}{(1+x^2)}$$

再积分可得

$$y=\frac{1}{2}x-\frac{1}{2}\arctan x+c_1\arctan x+c_2$$

(5) 令 $y'=p$, $y''=p'$ ，整理得 $p'-p=x$.

$$p=\mathrm{e}^{\int 1\mathrm{d}x}\left[\int x\mathrm{e}^{\int -1\mathrm{d}x}\mathrm{d}x+c_1\right]=\mathrm{e}^{x}\left[\int x\mathrm{e}^{-x}\mathrm{d}x+c_1\right]$$

$$= e^x[-xe^{-x} - e^{-x} + c_1] = -x - 1 + c_1 e^x$$

$$y = -\frac{1}{2}x^2 - x + c_1 e^x + c_2$$

(6) 令 $y' = p$, $y'' = p\frac{dp}{dy}$,整理得 $yp\frac{dp}{dy} + p^2 = 0$.

整理
$$\frac{dp}{p} = -\frac{dy}{y}$$

两边积分
$$\int \frac{dp}{p} = \int -\frac{dy}{y}$$

$$\ln|p| = -\ln|y| + \ln c', \quad y' = p = \frac{c'}{y}, ydy = c'dx$$

两边积分
$$\int ydy = \int c'dx$$

$$\frac{1}{2}y^2 = c'x + c''$$

通解
$$y^2 = c_1 x + c_2$$

6. 求解下列方程或初值问题:

(4) $y'' - e^{2y}y' = 0$ 满足 $y'|_{x=0} = \frac{1}{2}e, y|_{x=0} = \frac{1}{2}$ 的特解.

解 方程中不显含自变量 x,设 $y' = p$,则 $y'' = p\frac{dp}{dy}$.

原方程化为

$$p\frac{dp}{dy} - e^{2y}p = 0$$

$p = 0$ 不符合初始条件,故方程变形为

$$\frac{dp}{dy} = e^{2y}$$

这是可分离变量的微分方程,通解为

$$p = \frac{1}{2}e^{2y} + c_1$$

即

$$y' = \frac{1}{2}e^{2y} + c_1$$

代入初始条件可确定 $c_1 = 0$,所以

$$y' = \frac{1}{2}e^{2y}$$

求得通解为

$$-\frac{1}{2}e^{-2y} = \frac{1}{2}x + c_2$$

将 $y|_{x=0}=\frac{1}{2}$ 代入确定 $c_2=-\frac{1}{2e}$.

故方程特解为

$$-\frac{1}{2}e^{-2y}=\frac{1}{2}x-\frac{1}{2e}$$

第三节　建立微分方程方法简介

内容提要

了解建立微分方程解决应用问题的常用方法：利用几何、物理、力学、化学等学科的有关结论，列出未知函数变化率所满足的方程；或利用微元法，利用"增量 = 输入量 − 输出量"，得到增量满足的关系式，进而建立微分方程.

释疑解惑

【问 4-3-1】 怎样用微分方程解决应用问题?

答 微分方程与代数方程、三角方程不同，它是未知函数及其导数与已知函数之间的等式，是描述某一事物在任何位置、任何时刻都必须满足的表达式. 它所含的导数都是实际问题中的各种变化率.

为建立微分方程，必须熟悉导数所表示的常见的变化率，如切线的斜率 $k=\frac{dy}{dx}$，速度 $v=\frac{ds}{dt}$，加速度 $a=\frac{d^2s}{dt^2}$，角速度 $\omega=\frac{d\varphi}{dt}$，温度的升降率$\frac{dT}{dt}$，电流强度 $i=\frac{dq}{dt}$ 等. 还需熟悉各个领域中与问题本身有关且必须遵循的定律、原理、原则等. 如牛顿第二定律、万有引力定律；热学中的牛顿冷却定律、傅里叶传热定律；弹性变形中的虎克定律；电学中的基尔霍夫定律；放射性问题中的衰变率；生物学及人口问题的增长率等. 还有一些问题可根据其背景，用微小增量分析法列出方程，其遵循的原则是"增量 = 输入量 − 输出量". 在建立微分方程时，我们总假设一切变量都是连续的并且可导，否则就无所谓变量的"微分"及"微分方程"了，同时又省去了严格的烦琐的分析过程.

用微分方程解应用问题的一般步骤为：① 分析问题，建立微分方程，导出定解条件，注意单位一致；② 求出微分方程的通解，根据定解条件，确定积分常数(包括比例系数)；③ 回答问题，必要时对结果作解释.

例题解析

【例 4-3-1】 有一平底容器，其内侧壁是由曲线 $x=\varphi(y)(y\geqslant 0)$ 绕 y 轴旋

转而成的旋转曲面(图 4-2),容器的底面圆的半径为 2 m. 根据设计要求,当以 $3\ \mathrm{m^3/min}$ 的速率向容器内注入液体时,液面的面积将以 $\pi\ \mathrm{m^2/min}$ 的速率均匀扩大(假设注入液体前,容器内无液体). 求曲线 $x=\varphi(y)$ 的方程.

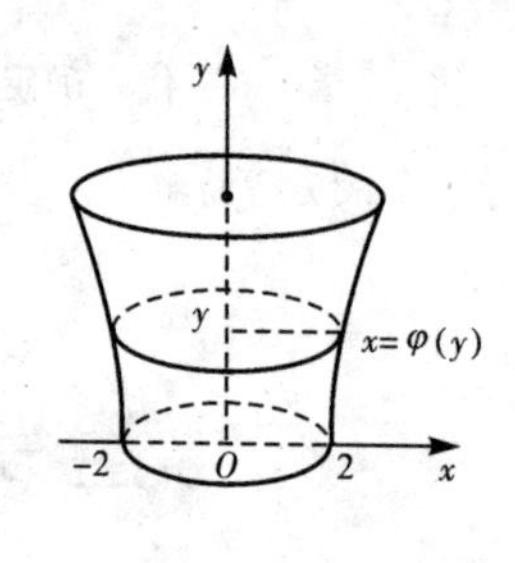

图 4-2

分析 先根据任意时刻 t 时的液面的面积,写出 t 与 $\varphi(y)$ 之间的关系,再列出 $\varphi(y)$ 满足的微分方程.

解 设在 t 时刻,液面的高度为 y,则由题意知此时液面的面积为 $\pi\varphi^2(y)=4\pi+\pi t$,从而 $t=\varphi^2(y)-4$.

液面高度为 y 时,液体的体积为

$$\pi\int_0^y\varphi^2(u)\mathrm{d}u=3t=3\varphi^2(y)-12$$

上式两边同时对 y 求导,得

$$\pi\varphi^2(y)=6\varphi(y)\varphi'(y),\text{即 }\pi\varphi(y)=6\varphi'(y)$$

解此微分方程,得

$$\varphi(y)=c\mathrm{e}^{\frac{\pi}{6}y}$$

注意到 $\varphi(0)=2$,可知 $c=2$,故所求曲线方程为

$$x=2\mathrm{e}^{\frac{\pi}{6}y}$$

【例 4-3-2】 某种飞机在机场降落时,为了减少滑行距离,在触地的瞬间,飞机尾部张开减速伞,以增大阻力,使飞机迅速减速并停下.

现有一质量为 9 000 kg 的飞机,着陆时的水平速度为 700 km/h. 经测试,减速伞打开后,飞机所受总阻力与飞机的速度成正比(比例系数 $k=6.0\times10^6$ kg/h). 问从着陆点算起,飞机滑行的最长距离是多少?

分析 根据牛顿第二定律列出微分方程.

解 由题设,飞机的质量 $m=9\ 000$ kg,着陆时水平速度 $v_0=700$ km/h,从飞机接触跑道开始计时,设 t 时刻飞机的滑行距离为 $x(t)$、速度为 $v(t)$,根据牛顿第二定律得

$$m\frac{\mathrm{d}v}{\mathrm{d}t}=-kv$$

又

$$\frac{\mathrm{d}v}{\mathrm{d}t}=\frac{\mathrm{d}v}{\mathrm{d}x}\cdot\frac{\mathrm{d}x}{\mathrm{d}t}=v\frac{\mathrm{d}v}{\mathrm{d}x}$$

由以上二式得

$$\mathrm{d}x=-\frac{m}{k}\mathrm{d}v$$

积分得 $x(t)=-\frac{m}{k}v(t)+c$，由于 $v(0)=v_0$，$x(0)=0$，故得 $c=\frac{m}{k}v_0$，从而

$$x(t)=\frac{m}{k}[v_0-v(t)]$$

当 $v(t)\to 0$ 时

$$x(t)\to\frac{m}{k}v_0=\frac{9\,000\times 700}{6.0\times 10^6}=1.05\ \mathrm{km}$$

所以飞机滑行的最长距离为 1.05 km.

【例 4-3-3】 设 $y=f(x)$ 是第一象限内连接点 $A(0,1)$，$B(1,0)$ 的一段连续曲线，$M(x,y)$ 为该曲线上任意一点，点 C 为 M 在 x 轴上的投影，O 为坐标原点. 若梯形 $OCMA$ 的面积与曲边三角形 CBM 的面积之和为 $\frac{x^3}{6}+\frac{1}{3}$，求 $f(x)$ 的表达式.

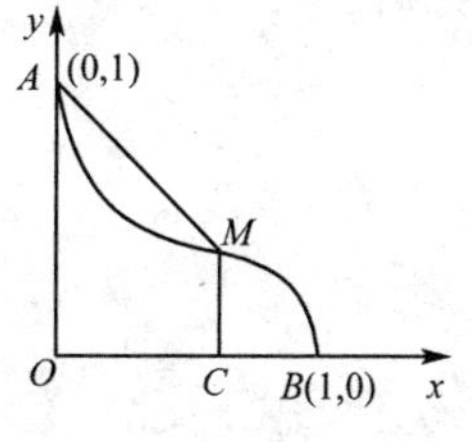

图 4-3

解　如图 4-3 所示，由题意得

$$\frac{x}{2}[1+f(x)]+\int_x^1 f(t)\mathrm{d}t=\frac{x^3}{6}+\frac{1}{3}$$

两边对 x 求导，有

$$\frac{1}{2}[1+f(x)]+\frac{1}{2}xf'(x)-f(x)=\frac{1}{2}x^2$$

当 $x\neq 0$ 时，得

$$f'(x)-\frac{1}{x}f'(x)-f(x)=\frac{x^2-1}{x}$$

此为一阶线性非齐次微分方程，其通解为

$$\begin{aligned}f(x)&=\mathrm{e}^{-\int-\frac{1}{x}\mathrm{d}x}\left[\int\frac{x^2-1}{x}\mathrm{e}^{\int-\frac{1}{x}\mathrm{d}x}\mathrm{d}x+c\right]\\&=\mathrm{e}^{\ln x}\left[\int\frac{x^2-1}{x}\mathrm{e}^{-\ln x}\mathrm{d}x+c\right]\\&=x\left(\int\frac{x^2-1}{x^2}\mathrm{d}x+c\right)\\&=x^2+1+cx\end{aligned}$$

当 $x=0$ 时，$f(0)=1$；$x=1$ 时，$f(1)=0$. 故 $2+c=0$，$c=-2$，于是

$$f(x)=x^2+1-2x=(x-1)^2$$

【例 4-3-4】 一子弹以速度 $v_0=200$ m/s 打进一厚度为 10 m 的板，然后穿透它，以速度 $v_1=80$ m/s 离开板，设板对子弹的阻力与运动速度的平方成正比，求子弹穿透板所需时间？

解　设 $x(t)$，$x(0)=0$，$v_0=x'(0)=200$；

设子弹穿透板所需时间为 t_1，由题意得

$$x'(t_1)=80,\ x(t_1)=0.1$$

由牛顿第二定律得

$$mx'' = -k(x')^2$$

其中 m 为子弹的质量，k 为常数. 令 $x' = v$，则 $x'' = v\dfrac{\mathrm{d}v}{\mathrm{d}x}$，代入上式得

$$\frac{\mathrm{d}v}{\mathrm{d}x} = -\frac{k}{m}v$$

积分得

$$v = c_1 \mathrm{e}^{-\frac{k}{m}x}$$

当 $x = 0$ 时，$v = v_0 = 200$，当 $x = 0.1$ 时，$v = v_1 = 80$，得

$$c_1 = 200, \frac{k}{m} = 10\ln 2.5$$

所以

$$\frac{\mathrm{d}x}{\mathrm{d}t} = v = 200\mathrm{e}^{-10(\ln 2.5)x}$$

分离变量得

$$\frac{1}{10\ln 2.5}\mathrm{e}^{10(\ln 2.5)x} = 200t + c_2$$

$t = 0$ 时，$x = 0$，$c_2 = \dfrac{1}{10\ln 2.5}$，$t = \dfrac{1}{2\,000\ln 2.5}[\mathrm{e}^{10(\ln 2.5)x} - 1]$.

令 $x = 0.1$，子弹穿过板所需的时间为 $t = \dfrac{3}{4\,000\ln 2.5} \approx 0.000\,82(\mathrm{s})$

【例 4-3-5】 如果以一定速率将葡萄糖注入静脉，则血液中葡萄糖的浓度 $c(t)$ 对时间的变化率可用微分方程

$$\frac{\mathrm{d}c}{\mathrm{d}t} = \frac{G}{100V} - Kc$$

描述，其中 G、V、K 为正常数，G 为葡萄糖进入的速率(mg/min)，V 为身体中血液的体积(每一成人大约为 5 L). 浓度 $c(t)$ 以每 0.01 kg 的 mg 数度量，方程式中 $-Kc$ 项表示葡萄糖以 Kc 的速率变成其他物质.

(1) 解出 $c(t)$，以 c_0 代表 $c(0)$；

(2) 求浓度的稳定状态：$\lim\limits_{t\to+\infty} c(t)$.

解 (1) 原方程可写为 $\dfrac{\mathrm{d}c}{\mathrm{d}t} + Kc = \dfrac{G}{100V}$，这是一阶线性微分方程，解得

$$c(t) = \mathrm{e}^{-\int K\mathrm{d}t}\left[M + \int \frac{G}{100V}\mathrm{e}^{\int K\mathrm{d}t}\mathrm{d}t\right] = M\mathrm{e}^{-Kt} + \frac{G}{100KV}$$

其中 M 为任意常数，由初始条件 $c(0) = c_0$，得 $M = c_0 - \dfrac{G}{100KV}$，因此

$$c(t) = \left(c_0 - \frac{G}{100KV}\right)\mathrm{e}^{-Kt} + \frac{G}{100KV}$$

(2) 浓度的稳定状态 $\lim\limits_{t\to+\infty} c(t) = \dfrac{G}{100KV}$.

习题精解

1. 镭的衰变有如下规律:镭的衰变速度与它的现存量 R 成正比.由经验知,镭经过 1 600 年后,只余原始量 R_0 的一半.试求镭的量 R 与时间 t 的函数关系.

解 由题设知,镭在 t 时刻的量 R 与其导数 $\dfrac{dR}{dt}$ 满足微分方程

$$\frac{dR}{dt} = -\lambda R$$

其中 $\lambda(\lambda > 0)$ 是常数. λ 前加负号是由于当 t 增加时 R 单调减少,即 $\dfrac{dR}{dt} < 0$ 的缘故.

将方程分离变量得

$$\frac{dR}{R} = -\lambda dt$$

两边积分,得

$$R = ce^{-\lambda t}$$

又由 $R(0) = R_0$,知 $c = R_0$,于是

$$R = R_0 e^{-\lambda t}$$

又 $R(1\,600) = \dfrac{1}{2}R_0$,代入上式 $\dfrac{1}{2}R_0 = R_0 e^{-1\,600\lambda}$,解得

$$\lambda \approx 0.000\,433$$

于是

$$R = R_0 e^{-0.000\,433t}$$

3. 设 L 是一条平面曲线,其上任一点 $P(x,y)(x > 0)$ 到坐标原点的距离恒等于该点处的切线在 y 轴上的截距.且 L 经过点 $\left(\dfrac{1}{2},0\right)$,求曲线 L 的方程.

解 曲线 L 过点 $P(x,y)$ 处的切线方程为

$$Y - y = y'(X - x)$$

令 $X = 0$,则得该切线在 y 轴上的截距 $y - xy'$.

由题设知 $\sqrt{x^2 + y^2} = y - xy'$.这是齐次方程,令 $u = \dfrac{y}{x}$,则此方程化为

$$\frac{du}{\sqrt{1+u^2}} = -\frac{dx}{x}$$

解得

$$y + \sqrt{x^2 + y^2} = c$$

由 L 经过点 $\left(\frac{1}{2},0\right)$ 知，$c=\frac{1}{2}$. 于是 L 的方程为

$$y+\sqrt{x^2+y^2}=\frac{1}{2}, 即\ y=\frac{1}{4}-x^2$$

5. 一车间体积为 10 800 m^3，开始时空气中含有 0.12% 的 CO_2. 为保证工人健康，用一台风量为 1 500 m^3/min 的鼓风机通入新鲜空气，它含 0.04% 的 CO_2. 设通入空气与原有空气混合均匀后以相同的风量排出，问鼓风机开动 10 min 后，车间中含有 CO_2 的百分比降到多少？

解 设在时刻 t 车间内含 CO_2 为 $x(t)$ m^3，在 $[t,t+dt]$ 的时间段内，CO_2 的含量由 $x(t)$ 降到 $x(t)+dx$(其中 $dx<0$)，则有

$$CO_2\ 的改变量 = 输入量 - 排出量$$

而输入量 $=1\ 500dt\times 0.04\%$，排出量 $=1\ 500dt\times\frac{x}{10\ 800}$，于是

$$dx=0.6dt-\frac{5}{36}xdt$$

即得初值问题

$$\begin{cases}\frac{dx}{dt}+\frac{5}{36}x=0.6\\ x\mid_{t=0}=10\ 800\times 0.12\%=12.96\end{cases}$$

解得

$$x=e^{-\int\frac{5}{36}dt}\left[\int 0.6e^{\int\frac{5}{36}dt}dt+c\right]$$

$$=ce^{-\frac{5}{36}t}+4.32$$

由 $x\mid_{t=0}=12.96$，得 $c=8.64$，于是

$$x(t)=8.64e^{-\frac{5}{36}t}+4.32$$

故

$$x(10)=8.64e^{-\frac{25}{18}}+4.32\approx 6.474$$

这时 CO_2 的百分比降至

$$\frac{6.474}{10\ 800}\approx 0.06\%$$

8. 一受害者的尸体于晚上 7:30 被发现，法医于晚上 8:20 赶到凶案现场，测得尸体温度为 32.6℃. 1 h 后，当尸体被抬走时，测得尸体温度为 31.4℃，室温在几小时内始终保持 21.1℃. 设受害者死亡时体温是正常的，即 $T=37$℃. 此案最大的嫌疑犯是张某，但张某声称自己是无罪的，并有证人说："下午张某一直在办公室上班，5:00 时打了一个电话，打完电话后就离开了办公室." 从张某的办公室到受害者家(凶案现场) 步行需 5 min. 问张某不在凶案现场的证言能否使他被排除在嫌疑犯之外？

解 本题用到牛顿冷却定律：温度为 T 的物体在温度为 T_0($T_0<T$) 的环

境下冷却的速度与温差 $T-T_0$ 成正比.

根据张某的证人证词,若能推断被杀者是在 5:05 之前被杀的,则张某不是嫌疑犯;若死者是在 5:05 后被杀的,则张某不能排除在嫌疑犯之外. 以晚上7:30为开始记时时刻,单位为分,由题意及牛顿冷却定律得

$$\frac{dT}{dt}=-k(T-21.1)$$

且 $T(50)=32.6, T(110)=31.4$.

将方程分离变量,得 $\frac{dT}{T-21.1}=-k dt$,积分得

$$T=ce^{-kt}+21.1$$

代入定解条件

$$\begin{cases}32.6=ce^{-50k}+21.1\\31.4=ce^{-110k}+21.1\end{cases}$$

解得

$$k=\frac{1}{60}\ln\frac{11.5}{10.3}, c=11.5e^{\frac{50}{60}\ln\frac{11.5}{10.3}}$$

所以

$$T=11.5e^{\frac{50-t}{60}\ln\frac{115}{103}}+21.1$$

将死者正常体温 37℃ 代入上式,则可求出被害时间,则有

$$37=11.5e^{\frac{50-t}{60}\ln\frac{115}{103}}+21.1$$

解得

$$t=50-60\times\left(\frac{\ln\frac{159}{115}}{\ln\frac{115}{103}}\right)\approx 50-60\times 2.94$$

$$=-126.4\ \text{min}$$

于是死者被害时间为

$$t_0=7.50-\frac{126.4}{60}=5.393\ \text{h}$$

即死者是 5:24 被害的,因而张某不能被排除在嫌疑犯之外.

第四节　二阶线性微分方程

内容提要

1. 了解线性微分方程的叠加原理

设 $y_1(x), y_2(x)$ 是二阶齐次线性方程

$$y'' + p(x)y' + q(x)y = 0 \quad (1)$$

的解，则它们的线性组合 $c_1y_1(x) + c_2y_2(x)$ 也是该方程的解，其中 c_1, c_2 是任意常数.

设 $\tilde{y}(x)$ 是二阶非齐次线性方程

$$y'' + p(x)y' + q(x)y = f(x) \quad (2)$$

的一个解，$y_1(x), y_2(x)$ 是它对应齐次方程(1)的解，则 $c_1y_1(x) + c_2y_2(x) + \tilde{y}(x)$ 也是方程(2)的解，其中 c_1, c_2 是任意常数.

2. 掌握二阶线性微分方程通解的结构，相应结论可推广至 n 阶的情形.

设 $y_1(x)$ 和 $y_2(x)$ 是二阶齐次线性微分方程

$$y'' + p(x)y' + q(x)y = 0$$

的两个线性无关的特解，那么

$$y = c_1y_1(x) + c_2y_2(x) \quad (c_1、c_2 \text{ 是任意常数})$$

是方程(1)的通解.

设 y^* 是二阶非齐次线性微分方程

$$y'' + p(x)y' + q(x)y = f(x)$$

的一个特解，$y_1(x), y_2(x)$ 是它对应的齐次方程(1)的两个线性无关的解，则

$$y(x) = c_1y_1(x) + c_2y_2(x) + y^*(x) \quad (c_1、c_2 \text{ 是任意常数})$$

是方程(2)的通解.

3. 掌握二阶常系数线性微分方程的解法

(1) 二阶常系数齐次线性微分方程 $y'' + py' + qy = 0$，其特征方程是 $\lambda^2 + p\lambda + q = 0$，特征根为 $\lambda_{1,2} = \dfrac{-p \pm \sqrt{p^2 - 4q}}{2}$.

当有实根 $\lambda_1 \neq \lambda_2$ 时，通解为 $y = c_1e^{\lambda_1 x} + c_2e^{\lambda_2 x}$；

当有实根 $\lambda_1 = \lambda_2$ 时，通解为 $y = c_1e^{\lambda_1 x} + c_2xe^{\lambda_1 x}$；

当有复根 $\alpha \pm i\beta$ 时，通解为 $y = e^{\alpha x}(c_1\cos\beta x + c_2\sin\beta x)$.

以上结论可推广至 n 阶常系数齐次线性微分方程.

(2) 二阶常系数非齐次线性微分方程 $y'' + py' + qy = f(x)$.

由非齐次线性微分方程通解的结构 $y = Y + y^*$ 可知，其中 Y 是对应的齐次线性微分方程的通解，只需求出特解 y^* 即可. 求 y^* 常用待定系数法.

若自由项 $f(x) = e^{\alpha x}P_m(x)$，其中 α 是常数，$P_m(x)$ 是 x 的 m 次多项式，则可设

$$y^* = x^k e^{\alpha x} Q_m(x)$$

其中 $Q_m(x)$ 是与 $P_m(x)$ 同次的多项式，并按 α 不是特征根、是特征单根或是特征重根，取 k 为 0,1 或 2.

若自由项 $f(x) = e^{\alpha x}[A_l(x)\cos\beta x + B_n(x)\sin\beta x]$，其中 α、β 是常数，$A_l(x)$ 和 $B_n(x)$ 分别是 l 次和 n 次多项式. 则设

$$y^* = x^k e^{\alpha x}[P_m(x)\cos\beta x + Q_m(x)\sin\beta x]$$

其中 $P_m(x)$、$Q_m(x)$ 是 m 次多项式，$m = \max\{l, n\}$，并按 $\alpha \pm i\beta$ 不是特征根或是特征根，取 k 为 0 或 1.

以上结论可推广至 n 阶常系数非齐次线性微分方程.

释疑解惑

【问 4-4-1】 如果已知 $y_1(x)$ 和 $y_2(x)$ 是二阶齐次线性微分方程的两个解，那么是否可以认为 $c_1y_1(x) + c_2y_2(x)$ 就是该方程的通解？

答 不能.

因为当 $y_1(x)$ 与 $y_2(x)$ 线性相关时，不妨设 $y_2 = ky_1$，则 $c_1y_1(x) + c_2y_2(x) = (c_1 + c_2k)y_1(x) = cy_1(x)$，实际上只含有一个任意常数，此时 $c_1y_1(x) + c_2y_2(x)$ 不是通解. 但若 $y_1(x)$ 与 $y_2(x)$ 线性无关，则可断言 $c_1y_1(x) + c_2y_2(x)$ 就是该方程的通解. 对于两个函数 $y_1(x)$、$y_2(x)$，判断它们的线性相关性，只需看它们的比是否为常数：若比是常数，$y_1(x)$ 与 $y_2(x)$ 线性相关，否则就线性无关.

【问 4-4-2】 二阶齐次线性微分方程的通解是否包含了该方程的一切解？

答 是的.

设 $y_1(x)$、$y_2(x)$ 是二阶齐次线性方程

$$y'' + p(x)y' + q(x)y = 0 \tag{1}$$

的两个线性无关的解，则它的通解是

$$y = c_1y_1(x) + c_2y_2(x)$$

要证明此通解包含了方程的一切解，只需证明，如果 y_3 是(1) 的解，则 y_3 必能用 $y_1(x)$ 与 $y_2(x)$ 的某个线性组合表示.

事实上，因为 y_1 与 y_2 都是方程(1) 的解，故有

$$y_1'' + p(x)y_1' + q(x)y_1 = 0 \tag{2}$$

$$y_2'' + p(x)y_2' + q(x)y_2 = 0 \tag{3}$$

$(3) \times y_1 - (2) \times y_2$ 得

$$(y_1y_2'' - y_2y_1'') + p(x)(y_1y_2' - y_2y_1') = 0$$

令 $u = y_1y_2' - y_2y_1'$，注意到 $u' = y_1y_2'' - y_2y_1''$，于是上式成为

$$u' + p(x)u = 0$$

解得

$$u = y_1y_2' - y_2y_1' = \widetilde{c_1}e^{-\int p(x)dx}$$

其中 $\widetilde{c_1}$ 是非零常数(若 $\widetilde{c_1} = 0$，则 $u = y_1y_2' - y_2y_1' \equiv 0$，即 $\dfrac{y_1'}{y_1} - \dfrac{y_2'}{y_2} \equiv 0$，即 $\left(\ln\dfrac{y_1}{y_2}\right)' \equiv 0$，推得 $\dfrac{y_1}{y_2} \equiv$ 常数，这与 y_1，y_2 线性无关矛盾).

同样,对于 y_1 与 y_3,y_2 与 y_3 有

$$\begin{cases} y_1 y_3' - y_3 y_1' = \widetilde{c_2} e^{-\int p(x)dx} \\ y_2 y_3' - y_3 y_2' = \widetilde{c_3} e^{-\int p(x)dx} \end{cases}$$

这里假设 y_1 与 y_3,y_2 与 y_3 线性无关,否则 y_3 自然可以表示为 y_1 与 y_2 的线性组合了.

解此方程组,得

$$y_3 = \frac{\widetilde{c_3} y_1 e^{-\int p(x)dx} - \widetilde{c_2} y_2 e^{-\int p(x)dx}}{-\widetilde{c_1} e^{-\int p(x)dx}}$$

$$= -\frac{\widetilde{c_3}}{\widetilde{c_1}} y_1 + \frac{\widetilde{c_2}}{\widetilde{c_1}} y_2$$

可见 y_3 包含在通解之中,这就证明了二阶齐次线性微分方程的通解包含了该方程的一切解.

【问 4-4-3】 二阶非齐次线性微分方程的通解是否包含了该方程的一切解?

答 是的.

设 $y = c_1 y_1 + c_2 y_2 + y^*$ 是二阶非齐次线性微分方程 $y'' + p(x)y' + q(x)y = f(x)$ 的通解,其中 $c_1 y_1 + c_2 y_2$ 是对应的齐次线性微分方程 $y'' + p(x)y' + q(x)y = 0$ 的通解,y^* 是非齐次线性微分方程的某个特解.

设 y^{**} 是该方程的任意一个解,由叠加原理知 $y^{**} - y^*$ 是对应齐次线性微分方程的解.由问 4-4-2 可知,有

$$y^{**} - y^* = -\frac{\widetilde{c_3}}{\widetilde{c_1}} y_1 + \frac{\widetilde{c_2}}{\widetilde{c_1}} y_2$$

即

$$y^{**} = -\frac{\widetilde{c_3}}{\widetilde{c_1}} y_1 + \frac{\widetilde{c_2}}{\widetilde{c_1}} y_2 + y^*$$

这说明了二阶非齐次线性微分方程的一切解包含在通解之中.

例题解析

【例 4-4-1】 判定下列各组函数哪些是线性相关的,哪些是线性无关的?

(1) e^{px}, e^{qx} ($p \neq q$);

(2) $\cos^2 x, \sin^2 x - 1$.

解 (1) $\frac{e^{px}}{e^{qx}} = e^{(p-q)x} \neq$ 常数,故 e^{px}, e^{qx} 线性无关.

(2) $\frac{\cos^2 x}{\sin^2 x - 1} = -1$,故 $\cos^2 x$ 与 $\sin^2 x - 1$ 线性相关.

【例 4-4-2】 已知 $y_1 = 3, y_2 = 3 + x^2, y_3 = 3 + x^2 + e^x$ 都是微分方程(x^2

$-2x)y''-(x^2-2)y'+(2x-2)y=6x-6$ 的解，求此方程的通解.

分析　按二阶非齐次线性微分方程的通解结构，只需知道所给方程的一个特解，及其对应齐次线性微分方程两个线性无关的解，就可以写出所给方程的通解.

解　因为 y_1,y_2,y_3 是所给非齐次线性微分方程的解，所以 $y_2-y_1=(3+x^2)-3=x^2$，$y_3-y_2=(3+x^2+e^x)-(3+x^2)=e^x$ 是相应齐次线性微分方程的两个解.

又 $\dfrac{y_3-y_2}{y_2-y_1}=\dfrac{e^x}{x^2}\neq$ 常数，可知，e^x 与 x^2 线性无关，而 $y=3$ 是原非齐次线性微分方程的一个特解，故所求的通解为

$$y=c_1e^x+c_2x^2+3$$

【例 4-4-3】　设 $y_1=x$，$y_2=x+e^{2x}$，$y_3=x(1+e^{2x})$ 均为某二阶常系数非齐次线性微分方程的特解，求该方程的通解及该方程.

解　设该方程为 $y''+py'+qy=f(x)$，由非齐次与其对应的齐次方程解之间的关系，有 $y_2-y_1=e^{2x}$，$y_3-y_1=xe^{2x}$ 是齐次方程 $y''+py'+qy=0$ 的解. 又由于 e^{2x} 与 xe^{2x} 线性无关，故齐次方程的通解为 $Y(x)=(c_1+c_2x)e^{2x}$. 再由线性方程解的结构定理可知，原方程的通解为 $y=(c_1+c_2x)e^{2x}+x$.

由齐次方程通解的形式可知，$r=2$ 是特征方程 $r^2+pr+q=0$ 重根. 由根与系数的关系，有 $p=-4$，$q=4$. 即该方程为 $y''-4y'+4y=f(x)$，再将特解 $y_1=x$ 代入上方程，得 $f(x)=4(x-1)$. 故所求方程为

$$y''-4y'+4y=4(x-1)$$

【例 4-4-4】　设有方程 $y''+(4x+e^{2y})(y')^3=0$.

(1) 若把 x 看做因变量，y 看做自变量，则方程将化成什么形式？

(2) 求所给方程的通解.

分析　对(1)需引用 $x'_y\cdot y'_x=1$ 这一关系式，变换所给方程；对(2)则只需按固定解法求解.

解　(1) 由 $y'(x)=\dfrac{1}{x'(y)}$，两边对 x 求导，得

$$y''(x)=\frac{-1}{[x'(y)]^2}x''(y)\cdot\frac{1}{x'(y)}=-\frac{x''(y)}{[x'(y)]^3}$$

于是原方程化为

$$-\frac{x''(y)}{[x'(y)]^3}+(4x+e^{2y})\frac{1}{[x'(y)]^3}=0$$

即

$$x''(y)-4x=e^{2y}$$

这是关于未知函数 $x(y)$ 的常系数非齐次线性微分方程.

(2)$x''(y)-4x=\mathrm{e}^{2y}$ 的通解为

$$x=c_1\mathrm{e}^{-2y}+c_2\mathrm{e}^{2y}+\frac{1}{4}y\mathrm{e}^{2y}$$

也是原方程的通解.

【例 4-4-5】 若二阶常系数线性齐次微分方程 $y''+ay'+by=0$ 的通解为 $y=(c_1+c_2x)\mathrm{e}^x$,求非齐次方程 $y''+ay'+by=x$ 满足条件 $y(0)=2,y'(0)=0$ 的特解.

解 由二阶常系数线性齐次微分方程的通解为 $y=(c_1+c_2x)\mathrm{e}^x$,得对应特征方程的两个特征根为 $\lambda_1=\lambda_2=1$,故 $a=-2,b=1$;对应非齐次微分方程为 $y''-2y'+y=x$,设其特解为 $y^*=Ax+B$,代入得 $-2A+Ax+B=x$,有 $A=1,B=2$.所以特解为 $y^*=x+2$,因而非齐次微分方程的通解为 $y=(c_1+c_2x)\mathrm{e}^x+x+2$,把 $y(0)=2,y'(0)=0$ 代入,得 $c_1=0,c_2=-1$.所求特解为 $y=-x\mathrm{e}^x+x+2$.

习题精解

2. 若二阶非齐次线性微分方程的两个解为 $\mathrm{e}^{-x},x^2+\mathrm{e}^{-x}$,而对应的齐次方程的一个解为 x,试写出该非齐次线性微分方程的通解.

解 由线性微分方程解的性质知 $(x^2+\mathrm{e}^{-x})-\mathrm{e}^{-x}=x^2$ 是题设非齐次线性微分方程对应的齐次线性微分方程的一个解.

又 $\dfrac{x^2}{x}=x\neq$ 常数,可见 x^2 与 x 线性无关,于是得所求方程的通解为

$$y=c_1x+c_2x^2+\mathrm{e}^{-x}$$

3. 求解下列二次常系数齐次线性微分方程的通解:

(2)$y''+y'-2y=0$; (4)$y''+2y'+10y=0$

(7)$9\dfrac{\mathrm{d}^2y}{\mathrm{d}x^2}-12\dfrac{\mathrm{d}y}{\mathrm{d}x}+4y=0$; (8)$5y''-2y'-3y=0$.

解 (2) 特征方程为 $\lambda^2+\lambda-2=0$,特征根为 $\lambda_1=1,\lambda_2=-2$,故通解为

$$y=c_1\mathrm{e}^x+c_2\mathrm{e}^{-2x}$$

(4) 特征方程为 $\lambda^2+2\lambda+10=0$,特征根为 $\lambda_{1,2}=-1\pm 3\mathrm{i}$,故通解为

$$y=\mathrm{e}^{-x}(c_1\cos 3x+c_2\sin 3x)$$

(7) 特征方程 $9\lambda^2-12\lambda+4=0$,特征根为 $\lambda_1=\lambda_2=\dfrac{2}{3}$,故通解为

$$y=(c_1+c_2x)\mathrm{e}^{\frac{2}{3}x}$$

(8) 特征方程 $5\lambda^2-2\lambda-3=0$,即 $(5\lambda+3)(\lambda-1)=0$,特征根为 $\lambda_1=-\dfrac{3}{5}$,$\lambda_2=1$,故通解为

$$y=c_1\mathrm{e}^{-\frac{3}{5}x}+c_2\mathrm{e}^x$$

4. 求下列二阶常系数非齐次线性微分方程：

(3) $y''+6y'+5y=e^{2x}$； (4) $y''+y'-2y=8\sin 2x$；

(5) $y''+3y'+2y=e^{-x}\cos x$； (7) $y''+3y'+2y=x^2$；

(8) $\dfrac{d^2y}{dx^2}+9y=e^{3x}$； (9) $y''+4y'+4y=4e^{-2x}$.

解 (3) 特征方程为 $\lambda^2+6\lambda+5=0$，特征根为 $\lambda_1=-1,\lambda_2=-5$，设原方程特解为 $y^*=ae^{2x}$，则

$y^{*\prime}=2ae^{2x}, y^{*\prime\prime}=4ae^{2x}$，代入原方程，有

$$4ae^{2x}+12ae^{2x}+5ae^{2x}=e^{2x}$$

解得 $a=\dfrac{1}{21}$，所以原方程的通解为

$$y=c_1e^{-x}+c_2e^{-5x}+\frac{1}{21}e^{2x}$$

(4) 特征方程为 $\lambda^2+\lambda-2=0$，特征根为 $\lambda_1=1,\lambda_2=-2$.

设原方程特解 $y^*=a\cos 2x+b\sin 2x$，则

$$y^{*\prime}=-2a\sin 2x+2b\cos 2x$$

$$y^{*\prime\prime}=-4a\cos 2x-4b\sin 2x$$

代入原方程，有

$$-4a\cos 2x-4b\sin 2x-2a\sin 2x+2b\cos 2x-2a\cos 2x-2b\sin 2x=8\sin 2x$$

比较系数，得

$$\begin{cases}-4a+2b-2a=0\\-4b-2a-2b=8\end{cases}$$

解得

$$a=-\frac{2}{5},b=-\frac{6}{5}$$

故通解为

$$y=c_1e^{x}+c_2e^{-2x}-\frac{2}{5}\cos 2x-\frac{6}{5}\sin 2x$$

(5) 特征方程为 $\lambda^2+3\lambda+2=0,\lambda_1=-1,\lambda_2=-2$. 故对应的齐次方程的通解为

$$Y=c_1e^{-x}+c_2e^{-2x}$$

设原方程特解为

$$y^*=x^0e^{-x}(a\cos x+b\sin x)$$

即

$$y^*=e^{-x}(a\cos x+b\sin x)$$

则

$$y^{*\prime}=e^{-x}[(b-a)\cos x-(a+b)\sin x]$$

$$y^{*\prime\prime}=e^{-x}[-2b\cos x+2a\sin x]$$

代入原方程，有

$$(b-a)\cos x-(a+b)\sin x=\cos x$$

比较系数，得

$$\begin{cases}-a+b=1\\ a+b=0\end{cases}$$

解得 $a=-\dfrac{1}{2},b=\dfrac{1}{2}$，故特解为

$$y^{*}=e^{-x}\left(-\frac{1}{2}\cos x+\frac{1}{2}\sin x\right)$$

故通解为

$$y=c_1e^{-x}+c_2e^{-2x}+\frac{1}{2}e^{-x}(-\cos x+\sin x)$$

(7) 特征方程 $\lambda^2+3\lambda+2=0,\lambda_1=-2,\lambda_2=-1,\alpha=0$ 不是特征根.

设方程特解为 $$y^{*}=ax^2+bx+c$$

则 $$y^{*\prime}=2ax+b\ ,y^{*\prime\prime}=2a$$

代入原方程得 $$a=\frac{1}{2},b=-\frac{3}{2},c=\frac{7}{4}$$

故通解为

$$y=c_1e^{-2x}+c_2e^{-x}+\frac{1}{2}x^2-\frac{3}{2}x+\frac{7}{4}$$

(8) 特征方程 $\lambda^2+9=0,\lambda_1=\lambda_2=\pm 3i,\alpha=3$ 不是特征根.

设方程特解为 $$y^{*}=Ae^{3x},$$

则 $$y^{*\prime}=3Ae^{3x},y^{*\prime\prime}=9Ae^{3x}$$

代入原方程得 $$A=\frac{1}{18}$$

故通解为

$$y=c_1\cos 3x+c_2\sin 3x+\frac{1}{18}e^{3x}$$

(9) 特征方程 $\lambda^2+4\lambda+4=0,\lambda_1=\lambda_2=-2,\alpha=-2$ 是二重根.

设方程特解为 $$y^{*}=Ax^2e^{-2x},$$

则 $$y^{*\prime}=2Axe^{-2x}-2Ax^2e^{-2x}$$

$$y^{*\prime\prime}=2Ae^{-2x}-4Axe^{-2x}-4Axe^{-2x}+4Ax^2e^{-2x}$$

代入原方程得 $$A=2$$

故通解为

$$y=(c_1+c_2x)e^{-2x}+2x^2e^{-2x}$$

5. 求下列初值问题的解：

(1) $\begin{cases}2y''+5y'-3y=0\\ y(0)=1,y'(0)=4\end{cases}$； (2) $\begin{cases}y''+12y'+36y=0\\ y(1)=0,y'(0)=1\end{cases}$；

(3) $\begin{cases} y'' + 16y = 0 \\ y(\frac{\pi}{4}) = -3, y'(\frac{\pi}{4}) = 4 \end{cases}$; (4) $\begin{cases} 4y'' + 4y' + y = 0 \\ y(0) = 1, y'(0) = -\frac{3}{2} \end{cases}$;

(5) $y'' + 9y = 6e^{3x}, y(0) = y'(0) = 0$.

解 (1) 特征方程 $2\lambda^2 + 5\lambda - 3 = 0, \lambda_1 = \frac{1}{2}, \lambda_2 = -3$. 通解为

$$y = c_1 e^{\frac{1}{2}x} + c_2 e^{-3x}, y' = \frac{1}{2}c_1 e^{\frac{1}{2}x} - 3c_2 e^{-3x}$$

代入初始条件 $\begin{cases} c_1 + c_2 = 1 \\ \frac{1}{2}c_1 - 3c_2 = 4 \end{cases}$, 得 $\begin{cases} c_1 = 2 \\ c_2 = -1 \end{cases}$. 故特解为

$$y = 2e^{\frac{1}{2}x} - e^{-3x}$$

(2) 特征方程 $\lambda^2 + 12\lambda + 36 = 0, \lambda_1 = \lambda_2 = -6$. 通解为

$$y = (c_1 + c_2 x)e^{-6x}, y' = c_2 e^{-6x} - 6(c_1 + c_2 x)e^{-6x}$$

代入初始条件 $\begin{cases} c_1 + c_2 = 0 \\ c_2 - 6c_1 = 1 \end{cases}$, 得 $\begin{cases} c_1 = -\frac{1}{7} \\ c_2 = \frac{1}{7} \end{cases}$. 故特解为

$$y = (-\frac{1}{7} + \frac{1}{7}x)e^{-6x}$$

(3) 特征方程 $\lambda^2 + 16 = 0, \lambda_1 = \lambda_2 = \pm 4i$. 通解为

$$y = c_1 \cos 4x + c_2 \sin 4x, y' = -4c_1 \sin 4x + 4c_2 \cos 4x$$

代入初始条件 $\begin{cases} -c_1 = -3 \\ -4c_2 = 4 \end{cases}$, 得 $\begin{cases} c_1 = 3 \\ c_2 = -1 \end{cases}$. 故特解为

$$y = 3\cos 4x - \sin 4x$$

(4) 特征方程 $4\lambda^2 + 4\lambda + 1 = 0, \lambda_1 = \lambda_2 = -\frac{1}{2}$. 通解为

$$y = (c_1 + c_2 x)e^{-\frac{1}{2}x}, y' = c_2 e^{-\frac{1}{2}x} - \frac{1}{2}(c_1 + c_2 x)e^{-\frac{1}{2}x}$$

代入初始条件 $\begin{cases} c_1 = 1 \\ c_2 - \frac{1}{2}c_1 = -\frac{3}{2} \end{cases}$, 得 $\begin{cases} c_1 = 1 \\ c_2 = -1 \end{cases}$. 故特解为

$$y = (1 - x)e^{-\frac{1}{2}x}$$

(5) 特征方程为 $\lambda^2 + 9 = 0, \lambda_{1,2} = \pm 3i$, 设原方程的特解为 $y^* = ae^{3x}$, 则

$$y^{*\prime} = 3ae^{3x}, y^{*\prime\prime} = 9ae^{3x}$$

代入原方程,有

$$9ae^{3x} + 9ae^{3x} = 6e^{3x}$$

解得 $a = \frac{1}{3}$, 故方程的通解为

$$y = c_1 \cos 3x + c_2 \sin 3x + \frac{1}{3}e^{3x}$$

代入初始条件 $y(0)=0, y'(0)=0$，解得 $c_1 = -\frac{1}{3}, c_2 = -\frac{1}{3}$，故所求特解为

$$y = \frac{1}{3}(e^{3x} - \cos 3x - \sin 3x)$$

7. 已知 $y = e^x$ 是方程 $xy'' - 2(x+1)y' + (x+2)y = 0$ 的一个特解，求方程的通解.

解　令 $y = u(x)e^x$，则 $y' = u'(x)e^x + u(x)e^x$

$y'' = u''(x)e^x + 2u'(x)e^x + u(x)e^x$，代入方程并消去 e^x，得

$$xu'' - 2u' = 0$$

此为可降阶的二阶方程. 令 $u' = p$，则方程化为

$$xp' - 2p = 0$$

解得
$$u' = p = \bar{c}_1 x^2$$

积分得
$$u = \frac{1}{3}\bar{c}_1 x^3 + c_2$$

故得通解

$$y = c_1 x^3 e^x + c_2 e^x$$

复习题四

1. 填空题

(1) 函数 $y_1(x)$ 与 $y_2(x)$ 线性无关的充要条件是__________.

(2) 微分方程 $y'' = xe^x$ 的通解为________.

(3) $y' = 10^{x+y}$ 满足初始条件 $y|_{x=1} = 0$ 的特解为________.

(4) 过点(1,3)且切线斜率为 $2x$ 的曲线方程为________.

解　(1) $\frac{y_1(x)}{y_2(x)} \neq$ 常数（符号应该为不恒等于）

(2) $y = (x-2)e^x + c_1 x + c_2$

(3) $10^x + 10^{-y} = 11$

(4) $y = x^2 + 2$

2. 选择题

(1) 已知函数 $y = y(x)$ 在任意点 x 处的增量 $\Delta y = \frac{y\Delta x}{1+x^2} + \alpha$，且当 $\Delta x \to 0$ 时，α 是比 Δx 高阶的无穷小，$y(0) = \pi$，则 $y(1) = $ (　　).

A. 2π　　B. π　　C. $e^{\frac{\pi}{4}}$　　D. $\pi e^{\frac{\pi}{4}}$

(2) 若连续函数 $f(x)$ 满足关系式

$$f(x)=\int_0^{2x} f\left(\frac{t}{2}\right)\mathrm{d}t+\ln 2$$

则 $f(x)$ 等于(　　).

A. $e^x\ln 2$　　B. $e^{2x}\ln 2$　　C. $e^x+\ln 2$　　D. $e^{2x}+\ln 2$

(3) 设线性无关的函数 y_1,y_2,y_3 都是二阶非齐次线性微分方程 $y''+p(x)y'+q(x)y=f(x)$ 的解，c_1,c_2 是任意常数，则该非齐次线性微分方程的通解是(　　).

A. $c_1y_1+c_2y_2+y_3$　　B. $c_1y_1+c_2y_2-(c_1+c_2)y_3$

C. $c_1y_1+c_2y_2+(1-c_1-c_2)y_3$　　D. $c_1y_1+c_2y_2-(1-c_1-c_2)y_3$

(4) 一阶线性非齐次微分方程 $y'=P(x)y+Q(x)$ 的通解是(　　).

A. $y=e^{-\int P(x)\mathrm{d}x}\left[\int Q(x)e^{\int P(x)\mathrm{d}x}\mathrm{d}x+c\right]$　B. $y=e^{-\int Q(x)\mathrm{d}x}\left[\int P(x)e^{\int Q(x)\mathrm{d}x}\mathrm{d}x+c\right]$

C. $y=e^{\int P(x)\mathrm{d}x}\left[\int Q(x)e^{-\int P(x)\mathrm{d}x}\mathrm{d}x+c\right]$　D. $y=e^{\int Q(x)\mathrm{d}x}\left[\int P(x)e^{-\int Q(x)\mathrm{d}x}\mathrm{d}x+c\right]$

(5) 方程 $y''-3y'+2y=e^x\cos 2x$ 的一个特解形式是(　　).

A. $y=A_1e^x\cos 2x$；　　B. $y=A_1xe^x\cos 2x+B_1xe^x\sin 2x$

C. $y=A_1e^x\cos 2x+B_1e^x\sin 2x$；　D. $y=A_1x^2e^x\cos 2x+B_1x^2e^x\sin 2x$

(6) 求微分方程 $4y''+4y'+y=0$ 满足初始条件 $y|_{x=0}=2,y'|_{x=0}=0$的特解为(　　).

A. $y=e^{\frac{x}{2}}(2+x)$　　B. $y=e^{-\frac{x}{2}}(2-x)$

C. $y=e^{-\frac{x}{2}}(2+x)$　　D. $y=e^{\frac{x}{2}}(2-x)$

(7) $y=e^{2x}$ 是微分方程 $y''+py'+6y=0$ 的一个特解，则此方程的通解为(　　).

A. $y=c_1e^{2x}$　　B. $y=(c_1+xc_2)e^{2x}$

C. $y=c_1e^{2x}+c_2e^{3x}$　　D. $y=e^{2x}(c_1\sin 3x+c_2\cos 3x)$

解　(1) 由题设可知 $\frac{\Delta y}{\Delta x}=\frac{y}{1+x^2}+\frac{\alpha}{\Delta x}$，令 $\Delta x\to 0$，则得微分方程 $\frac{\mathrm{d}y}{\mathrm{d}x}=\frac{y}{1+x^2}$，解得 $y=ce^{\arctan x}$. 再由 $y(0)=\pi$，可定出 $c=\pi$，于是 $y(1)=\pi e^{\frac{\pi}{4}}$，故选 D.

(2) 在题设关系式两边对 x 求导，则得到

$$f'(x)=2f(x)，且 f(0)=\ln 2$$

解此初值问题，得 $f(x)=e^{2x}\ln 2$，故选 B.

(3) 记算子 $L=\frac{\mathrm{d}^2}{\mathrm{d}x^2}+P(x)\frac{\mathrm{d}}{\mathrm{d}x}+q(x)$，以下逐个检验各个选项. 首先注意到 $L(y_1)=L(y_2)=L(y_3)=f(x)$.

A 项：$L[c_1y_1+c_2y_2+y_3]=c_1L(y_1)+c_2L(y_2)+L(y_3)=(c_1+c_2+1)f(x)\neq f(x)$，故排除.

B 项：$L[c_1y_1+c_2y_2-(c_1+c_2)y_3]=c_1L(y_1)+c_2L(y_2)-(c_1+c_2)L(y_3)=(c_1+c_2-c_1-c_2)f(x)=0\neq f(x)$，故排除.

C 项：$L[c_1y_1+c_2y_2+(1-c_1-c_2)y_3]=(c_1+c_2+1-c_1-c_2)f(x)=f(x)$，故选 C.

D 项：$L[c_1y_1+c_2y_2-(1-c_1-c_2)y_3]=(2c_1+2c_2-1)f(x)\neq f(x)$，故排除.

(4) 由一线线性微分方程 $y'+P(x)y=Q(x)$ 的通解公式

$$y=e^{-\int P(x)dx}\left[\int Q(x)e^{\int P(x)dx}dx+c\right]$$

故应选 C.

(5) 特征方程为 $\lambda^2-3\lambda+2=0$，特征根为 $\lambda_1=1,\lambda_2=2$，由于 $1+2i$ 不是特征方程的根，$\max\{0,0\}=0$. 因此设原方程的特解为 $y=e^x(A_1\cos 2x+B_1\sin 2x)$，故应选 C.

(6) 特征方程为 $4\lambda^2+4\lambda+1=0$，特征根为 $\lambda_1=\lambda_2=-\frac{1}{2}$. 则原方程的通解为

$$y=(c_1+c_2x)e^{-\frac{1}{2}x}$$

将 $y|_{x=0}=2$ 代入，得 $c_1=2$.

对 $y=(2+c_2x)e^{-\frac{1}{2}x}$ 求导，得 $y'=(c_2x-1-\frac{c_2}{2}x)e^{-\frac{1}{2}x}$.

将 $y'|_{x=0}=0$ 代入，得 $c_2=1$.

即特解为 $y=(2+x)e^{-\frac{1}{2}x}$. 故应选 C.

(7) 特征方程为 $\lambda^2+p\lambda+6=0$.

由于 $y=e^{2x}$ 是一个特解，因此 $\lambda=2$ 是特征方程的根.

将 $\lambda=2$ 代入 $\lambda^2+p\lambda+6=0$，得 $p=-5$.

因此特征根为 $\lambda_1=2,\lambda_2=3$.

因此方程的通解为 $y=c_1e^{2x}+c_2e^{3x}$. 故应选 C.

3. 求下列微分方程的通解：

(1) $\frac{dy}{dx}=2xy^2$； (2) $(4x+xy^2)dx+(y+x^2y)dy=0$；

(3) $y^2dx=(xy-x^2)dy$； (4) $x^2y'+xy=y^2$；

(5) $xy'+y=0$； (6) $xy'-y=-4$；

(7) $y''=\frac{1}{x}y'+xe^x$；； (8) $yy''-(y')^2=0$；

(9) $y''-2y'+5y=0$； (10) $y''-3y'+3y=0$；

(11) $y''+4y'+4y=0$； (12) $y''-3y'+2y=xe^{2x}$；

(13) $y''+y+\sin x=0$.

解 (1) 变量分离，得$\frac{1}{y^2}\mathrm{d}y = 2x\mathrm{d}x$.

两边积分
$$\int \frac{1}{y^2}\mathrm{d}y = \int 2x\mathrm{d}x$$
得
$$-\frac{1}{y} = x^2 + c$$
即
$$y = -\frac{1}{x^2 + c}$$

(2) 变量分离，得$\frac{y}{4+y^2}\mathrm{d}y = -\frac{x}{1+x^2}\mathrm{d}x$.

两边积分
$$\int \frac{y}{4+y^2}\mathrm{d}y = -\int \frac{x}{1+x^2}\mathrm{d}x$$
得
$$\frac{1}{2}\ln(4+y^2) = -\frac{1}{2}\ln(1+x^2) + c_1$$
即
$$y^2 = \frac{c}{1+x^2} - 4$$

(3) 将原方程化为$\frac{\mathrm{d}y}{\mathrm{d}x} = \frac{(\frac{y}{x})^2}{\frac{y}{x}-1}$，此方程为齐次方程. 令$u = \frac{y}{x}$，则原方程化为$u + x\frac{\mathrm{d}u}{\mathrm{d}x} = \frac{u^2}{u-1}$，即
$$x\frac{\mathrm{d}u}{\mathrm{d}x} = \frac{u}{u-1}$$
分离变量，得
$$\frac{u-1}{u}\mathrm{d}u = \frac{1}{x}\mathrm{d}x$$
两边积分
$$\int \frac{u-1}{u}\mathrm{d}u = \int \frac{1}{x}\mathrm{d}x$$
得
$$u - \ln u = \ln x + c_1$$
即
$$\ln y = \frac{y}{x} + c$$

(4) 将原方程化为$x^2y^{-2}\frac{\mathrm{d}y}{\mathrm{d}x} + xy^{-1} = 1$，这是伯努利方程. 设$z = y^{-1}$，则方程化为
$$\frac{\mathrm{d}z}{\mathrm{d}x} - \frac{1}{x}z = -\frac{1}{x^2}$$
解得
$$z = \mathrm{e}^{\int \frac{1}{x}\mathrm{d}x}\left[\int\left(-\frac{1}{x^2}\right)\mathrm{e}^{-\int \frac{1}{x}\mathrm{d}x}\mathrm{d}x + c_1\right]$$
$$= x\left[\int\left(-\frac{1}{x^3}\right)\mathrm{d}x + c_1\right]$$

$$= \frac{1}{2x} + c_1 x$$

即

$$y = \frac{2x}{1+2c_1x^2} = \frac{2x}{1+cx^2} \quad (c = 2c_1)$$

本题也可按齐次方程求解.将原方程化为

$$y' = \left(\frac{y}{x}\right)^2 - \frac{y}{x}$$

令 $u = \frac{y}{x}$,有

$$xu' + u = u^2 - u,\text{即 } xu' = u^2 - 2u$$

分离变量后得$\frac{\mathrm{d}u}{u^2-2u} = \frac{\mathrm{d}x}{x}$,积分得

$$\frac{1}{2}[\ln(u-2) - \ln u] = \ln x + c_2$$

或

$$\frac{u-2}{u} = c_2 x^2,\text{即}\frac{y-2x}{y} = c_2 x^2$$

整理得

$$y = \frac{2x}{1+cx^2} \quad (c = -c_2)$$

(5) 变量分离,得$\frac{1}{y}\mathrm{d}y = -\frac{1}{x}\mathrm{d}x$.

两边积分
$$\int \frac{1}{y}\mathrm{d}y = -\int \frac{1}{x}\mathrm{d}x$$

得
$$\ln y = -\ln x + \ln c$$

即
$$y = \frac{c}{x}$$

(6) 变量分离,得$\frac{1}{y-4}\mathrm{d}y = \frac{1}{x}\mathrm{d}x$.

两边积分
$$\int \frac{1}{y-4}\mathrm{d}y = \int \frac{1}{x}\mathrm{d}x$$

得
$$\ln(y-4) = \ln x + \ln c$$

即
$$y = cx + 4$$

(7) 设 $y' = p$,则 $y'' = p'$,原方程化为

$$p' = \frac{1}{x}p + xe^x$$

这是一阶线性微分方程,其通解为

$$p = xe^x + c_1 x$$

即 $y' = xe^x + c_1 x$,通解为

$$y = xe^x - e^x + \frac{c_1}{2}x^2 + c_2$$

(8) 设 $y' = p$,则 $y'' = p\frac{dp}{dy}$,原方程化为

$$yp\frac{dp}{dy} = p^2$$

当 $p \neq 0$ 时,$y\frac{dp}{dy} = p$,这是可分离变量的微分方程,其通解为

$$p = c_1 y$$

即$\frac{dy}{dx} = c_1 y$,这是可分离变量的微分方程,其通解为

$$y = c_2 e^{c_1 x}$$

(9) 特征方程为 $\lambda^2 - 2\lambda + 5 = 0$,特征根为 $\lambda_{1,2} = 1 \pm 2i$,其通解为

$$y = e^x(c_1\cos 2x + c_2\sin 2x)$$

(10) 特征方程为 $\lambda^2 - 3\lambda + 3 = 0$,特征根为 $\lambda_{1,2} = \frac{3}{2} \pm \frac{\sqrt{3}}{2}i$,其通解为

$$y = e^{\frac{3}{2}x}\left(c_1\cos\frac{\sqrt{3}}{2}x + c_2\sin\frac{\sqrt{3}}{2}x\right)$$

(11) 特征方程为 $\lambda^2 + 4\lambda + 4 = 0$,特征根为 $\lambda_1 = \lambda_2 = -2$,其通解为

$$y = (c_1 + c_2 x)e^{-2x}$$

(12) 特征方程为 $\lambda^2 - 3\lambda + 2 = 0$,$\lambda_1 = 1$,$\lambda_2 = 2$.

设原方程特解为 $y^* = x(ax + b)e^{2x}$,则

$$y^{*\prime} = e^{2x}[2ax^2 + (2a + 2b)x + b]$$

$$y^{*\prime\prime} = e^{2x}[4ax^2 + (8a + 4b)x + 2a + 4b]$$代入原方程有

$$2ax + b + 2a = x$$

对比系数,得

$$a = \frac{1}{2}, b = -1$$

故特解为

$$y^* = x\left(\frac{1}{2}x - 1\right)e^{2x}$$

故通解为

$$y = c_1 e^x + c_2 e^{2x} + x\left(\frac{1}{2}x - 1\right)e^{2x}$$

(13) 特征方程为 $\lambda^2 + 1 = 0$,特征根为 $\lambda_{1,2} = \pm i$.

设原方程的特解为 $y^* = x(a\cos x + b\sin x)$,则

$$y^{*\prime} = (a + bx)\cos x + (b - ax)\sin x$$

$$y^{*\prime\prime} = (2b - ax)\cos x + (-2a - bx)\sin x$$

代入原方程有 $2b\cos x - 2a\sin x = -\sin x$.

对比系数,得 $a = \frac{1}{2}, b = 0$.

故特解为
$$y^* = \frac{1}{2}x\cos x$$

故通解为
$$y = c_1\cos x + c_2\sin x + \frac{1}{2}x\cos x$$

4. 设函数 $y = y(x)$ 满足微分方程 $y'' - 3y' + 2y = 2e^x$,且其图形在点$(0,1)$处的切线与曲线 $y = x^2 - x + 1$ 在该点的切线重合,求函数 $y = y(x)$.

解 特征方程 $\lambda^2 - 3\lambda + 2 = 0$,由此得特征根 $\lambda_1 = 1, \lambda_2 = 2$,对应齐次线性微分方程的通解为

$$\tilde{y} = c_1 e^x + c_2 e^{2x}$$

设原方程的特解为 $y^* = Axe^x$,代入原方程可得 $A = -2$,故原方程通解为

$$y = c_1 e^x + c_2 e^{2x} - 2xe^x$$

由于此方程所代表的曲线与曲线 $y = x^2 - x + 1$ 在点$(0,1)$处有公切线,因此

$$y\Big|_{x=0} = 1, y'\Big|_{x=0} = -1$$

从而得 $c_1 = 1, c_2 = 0$,于是

$$y = (1 - 2x)e^x$$

5. 设 $f(x) = \sin x - \int_0^x (x - t)f(t)\mathrm{d}t$,其中 $f(x)$ 为连续函数,求 $f(x)$.

分析 由于所给关系式含有未知函数的积分,故通过求导得出相应的微分方程,并注意关系式中隐含的初始条件.

解
$$\begin{aligned} f(x) &= \sin x - \int_0^x (x - t)f(t)\mathrm{d}t \\ &= \sin x - x\int_0^x f(t)\mathrm{d}t + \int_0^x tf(t)\mathrm{d}t \end{aligned}$$

两边对 x 求导得

$$f'(x) = \cos x - \int_0^x f(t)\mathrm{d}t$$

再求导,则有

$$f''(x) = -\sin x - f(x) \qquad (*)$$

这是一个二阶非齐次线性微分方程,且初始条件为

$$f(0) = 0, f'(0) = \cos 0 = 1$$

相应齐次线性微分方程通解为

$$\tilde{y} = c_1\sin x + c_2\cos x$$

非齐次线性微分方程(*)的特解可设为

$$y^* = x(a\sin x + b\cos x)$$

用待定系数法求得 $a = 0, b = \frac{1}{2}$,于是非齐次线性微分方程(*)的通解为

$$y = c_1 \sin x + c_2 \cos x + \frac{x}{2}\cos x$$

再由初始条件定出 $c_1 = \frac{1}{2}, c_2 = 0$,从而

$$f(x) = \frac{1}{2}\sin x + \frac{x}{2}\cos x$$

6. 有一架敌机沿水平方向(y 轴)以常速 v 飞行,经过 $Q_0(0, y_0)$ 时,被我们设在 $M_0(x_0, 0)$ 处的导弹基地(图 4-4)发现,当即发射导弹追击.如果导弹在每时刻的方向都指向敌机,且飞行的速度是敌机的 2 倍,求导弹的追踪路线.如果 $x_0 = 16$, $y_0 = 0$,问飞机到何处被导弹击中?

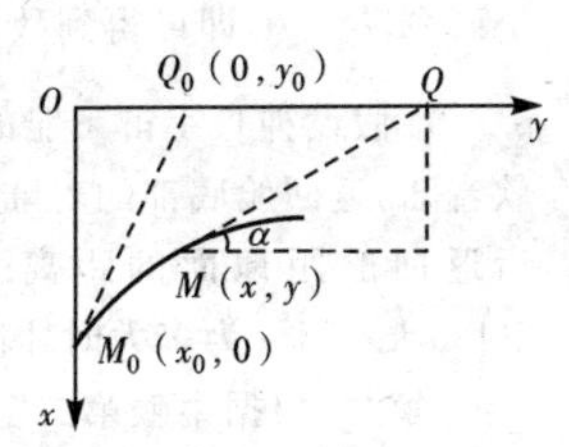

图 4-4

解 设导弹的追踪路线为 $y = y(x)$,从发现敌机时刻起,经过时间 t,导弹位于 $M(x, y)$ 处,此时敌机的位置是$(0, y_0 + vt)$.根据题意有

$$\frac{\mathrm{d}y}{\mathrm{d}x} = -\frac{y_0 + vt - y}{x} \tag{1}$$

又

$$2vt = \int_x^{x_0} \sqrt{1 + y'^2}\,\mathrm{d}x, \text{或 } vt = -\frac{1}{2}\int_{x_0}^{x} \sqrt{1 + y'^2}\,\mathrm{d}x \tag{2}$$

将方程(2)代入方程(1),并对 x 求导,经整理得

$$2xy'' = \sqrt{1 + y'^2}$$

其初始条件为 $y(16) = 0, y'(16) = 0$

下面求解.令 $y' = p$,则 $y'' = p'$,方程变为

$$2xp' = \sqrt{1 + p^2}$$

分离变量

$$\frac{\mathrm{d}p}{\sqrt{1 + p^2}} = \frac{\mathrm{d}x}{2x}$$

两边积分并化简,得

$$p = \frac{c_1\sqrt{x}}{2} - \frac{1}{2c_1\sqrt{x}}$$

由 $y'(16) = 0$,得 $c_1^2 = \frac{1}{16}$,由图看出,应有 $y' < 0$,故取 $c_1 = \frac{1}{4}$,此时

$$\frac{\mathrm{d}y}{\mathrm{d}x}=p=\frac{1}{8}\sqrt{x}-\frac{2}{\sqrt{x}}$$

再积分，得

$$y=\frac{1}{12}x^{\frac{3}{2}}-4x^{\frac{1}{2}}+c_2$$

由 $y(16)=0$，定出 $c_2=\frac{32}{3}$. 所以导弹的追踪路线为

$$y=\frac{1}{12}x^{\frac{3}{2}}-4x^{\frac{1}{2}}+\frac{32}{3}$$

令 $x=0$，即可得到敌机被击中的位置为点 $\left(0,\frac{32}{3}\right)$ 处.

7. 假设神舟宇宙飞船的返回舱距地面 1.5 m 时，下降速度为 14 m/s，为平稳软着陆，返回舱底部的着陆缓冲发动机喷出烈焰，产生反推力 $F=\mu y$，y 为喷焰后返回舱距地面的距离. 为使返回舱作减速直线运动，设返回舱质量为 2 400 kg，问 μ 为多大时才能使返回舱着陆时速度为零？

解 根据牛顿第二定律，有

$$\mu y-mg=m\frac{\mathrm{d}v}{\mathrm{d}t}$$

而 $\frac{\mathrm{d}v}{\mathrm{d}t}=\frac{\mathrm{d}v}{\mathrm{d}y}\cdot\frac{\mathrm{d}y}{\mathrm{d}t}=v\frac{\mathrm{d}v}{\mathrm{d}y}$，于是得到

$$\mu y-mg=mv\frac{\mathrm{d}v}{\mathrm{d}y}$$

分离变量

$$(\mu y-mg)\mathrm{d}y=mv\mathrm{d}v$$

两边积分，得

$$\frac{1}{\mu}(\mu y-mg)^2=mv^2+c$$

由题意得，$v\Big|_{y=0}=0$，得 $c=m^2g^2$，故得

$$(\mu y-mg)^2=\mu mv^2+m^2g^2$$

又 $v\Big|_{y=1.5}=14$，将 $y=1.5, v=14, m=2\ 400$ 代入上式，解得

$$\mu\approx 240\ 427\ \mathrm{kg/s^2}$$

第五章　向量代数与空间解析几何

向量代数与空间解析几何在许多领域中都有广泛的应用，它既是独立的知识体系，也是学习多元函数微积分的基础. 学习本章要重点掌握向量的运算及这些运算的坐标表示. 要掌握平面与直线的各种方程，熟悉常用的柱面、锥面、旋转曲面，通过截痕法了解二次曲面的图形特点.

第一节　向量及其运算

内容提要

1. 向量概念

具有大小和方向的量称为向量(或矢量).

向量的大小(或长度)称为向量的模.

模为1的向量称为单位向量.

模为0的向量称为零向量.

2. 向量的运算

(1) 加法

两向量相加满足平行四边形法则和三角形法则.

(2) 向量与数的乘法

① 向量 $\boldsymbol{a}$ 与数 λ 的乘积 $\lambda\boldsymbol{a}$ 为向量，它的模 $|\lambda\boldsymbol{a}|=|\lambda||\boldsymbol{a}|$；

② $\lambda\boldsymbol{a}$ 的方向：

$\lambda>0$ 时，$\lambda\boldsymbol{a}$ 与 $\boldsymbol{a}$ 的方向一致；

$\lambda<0$ 时，$\lambda\boldsymbol{a}$ 与 $\boldsymbol{a}$ 的方向相反；

$\lambda=0$ 时，$\lambda\boldsymbol{a}$ 为零向量，方向任意.

(3) 向量的数量积

两向量 $\boldsymbol{a}$ 与 $\boldsymbol{b}$ 的数量积是一个数量：

$$\boldsymbol{a}\cdot\boldsymbol{b}=|\boldsymbol{a}||\boldsymbol{b}|\cos\theta\quad(\theta\text{为}\boldsymbol{a}\text{与}\boldsymbol{b}\text{的夹角})$$

(4) 向量的向量积

两向量 $\boldsymbol{a}$ 与 $\boldsymbol{b}$ 的向量积 $\boldsymbol{a}\times\boldsymbol{b}$ 是一个向量，它的模 $|\boldsymbol{a}\times\boldsymbol{b}|=|\boldsymbol{a}||\boldsymbol{b}|\sin\theta$，$\theta$ 为 $\boldsymbol{a}$ 与 $\boldsymbol{b}$ 的夹角. 它的方向垂直于 $\boldsymbol{a}$ 与 $\boldsymbol{b}$，并且 $\boldsymbol{a}$、$\boldsymbol{b}$、$\boldsymbol{a}\times\boldsymbol{b}$ 的方向符合右手法则.

(5) 向量的混合积

三向量 $\boldsymbol{a}$、$\boldsymbol{b}$、$\boldsymbol{c}$ 的混合积

$$[\boldsymbol{abc}] = (\boldsymbol{a} \times \boldsymbol{b}) \cdot \boldsymbol{c}$$

3. 重要结论

(1) 设向量 $\boldsymbol{a} \neq \boldsymbol{0}$，则向量 $\boldsymbol{b} \parallel \boldsymbol{a}$ 的充分必要条件是：存在实数 λ，使得 $\boldsymbol{b} = \lambda\boldsymbol{a}$；

(2) 向量 $\boldsymbol{a}$ 与 $\boldsymbol{b}$ 垂直的充分必要条件是 $\boldsymbol{a} \cdot \boldsymbol{b} = 0$；

(3) 两个非零向量 $\boldsymbol{a}$ 与 $\boldsymbol{b}$ 平行的充分必要条件是 $\boldsymbol{a} \times \boldsymbol{b} = \boldsymbol{0}$；

(4) 与非零向量 $\boldsymbol{a}$ 平行的单位向量 $\boldsymbol{e}_a = \pm \dfrac{1}{|\boldsymbol{a}|}\boldsymbol{a}$；

(5) 任何向量 $\boldsymbol{a}$ 可表示为 $\boldsymbol{a} = |\boldsymbol{a}|\boldsymbol{e}_a$，其中 $\boldsymbol{e}_a$ 是与 $\boldsymbol{a}$ 同方向的单位向量.

释疑解惑

【问 5-1-1】 下列各题中的二式是否等价？

(1) $\boldsymbol{a} = \boldsymbol{b}$ 与 $\boldsymbol{a} + \boldsymbol{c} = \boldsymbol{b} + \boldsymbol{c}$；

(2) $\boldsymbol{a} = \boldsymbol{b}$ 与 $\boldsymbol{a} \cdot \boldsymbol{c} = \boldsymbol{b} \cdot \boldsymbol{c}$；

(3) $\boldsymbol{a} = \boldsymbol{b}$ 与 $\boldsymbol{a} \times \boldsymbol{c} = \boldsymbol{b} \times \boldsymbol{c}$；

(4) $\boldsymbol{a} = \boldsymbol{b}$ 与 $\boldsymbol{a} \cdot \boldsymbol{c} = \boldsymbol{b} \cdot \boldsymbol{c}$ 和 $\boldsymbol{a} \times \boldsymbol{c} = \boldsymbol{b} \times \boldsymbol{c}$ 同时成立.

答 (1) 等价.

(2) 不等价.

因为由 $\boldsymbol{a} \cdot \boldsymbol{c} = \boldsymbol{b} \cdot \boldsymbol{c}$ 得 $\boldsymbol{a} \cdot \boldsymbol{c} - \boldsymbol{b} \cdot \boldsymbol{c} = 0$，即 $(\boldsymbol{a} - \boldsymbol{b}) \cdot \boldsymbol{c} = 0$，但 $\boldsymbol{a} - \boldsymbol{b}$ 不一定是零向量，可能 $\boldsymbol{c} = \boldsymbol{0}$，也可能 $(\boldsymbol{a} - \boldsymbol{b}) \perp \boldsymbol{c}$.

(3) 不等价.

因为由 $\boldsymbol{a} \times \boldsymbol{c} = \boldsymbol{b} \times \boldsymbol{c}$ 得 $(\boldsymbol{a} - \boldsymbol{b}) \times \boldsymbol{c} = \boldsymbol{0}$，但 $\boldsymbol{a} - \boldsymbol{b}$ 不一定是零向量，可能 $\boldsymbol{c} = \boldsymbol{0}$，也可能 $(\boldsymbol{a} - \boldsymbol{b}) \parallel \boldsymbol{c}$.

(4) 在 $\boldsymbol{c} \neq \boldsymbol{0}$ 的情况下等价.

因为由 $\boldsymbol{a} \cdot \boldsymbol{c} = \boldsymbol{b} \cdot \boldsymbol{c}$ 得出 $(\boldsymbol{a} - \boldsymbol{b}) \cdot \boldsymbol{c} = 0$，由 $\boldsymbol{a} \times \boldsymbol{c} = \boldsymbol{b} \times \boldsymbol{c}$ 得出 $(\boldsymbol{a} - \boldsymbol{b}) \times \boldsymbol{c} = \boldsymbol{0}$. 如果 $\boldsymbol{c} \neq \boldsymbol{0}$，$\boldsymbol{a} - \boldsymbol{b} \neq \boldsymbol{0}$，则 $(\boldsymbol{a} - \boldsymbol{b}) \parallel \boldsymbol{c}$，$(\boldsymbol{a} - \boldsymbol{b}) \perp \boldsymbol{c}$ 不可能同时成立，故只有 $\boldsymbol{a} - \boldsymbol{b} = \boldsymbol{0}$，或 $\boldsymbol{c} = \boldsymbol{0}$. 因此当 $\boldsymbol{c} \neq \boldsymbol{0}$ 时，(4) 等价.

【问 5-1-2】 设 $\boldsymbol{a}$、$\boldsymbol{b}$ 为非零向量，当它们具有什么几何特征时，下列各式成立？

(1) $|\boldsymbol{a} + \boldsymbol{b}| = |\boldsymbol{a} - \boldsymbol{b}|$；　　(2) $|\boldsymbol{a} + \boldsymbol{b}| < |\boldsymbol{a} - \boldsymbol{b}|$；

(3) $|\boldsymbol{a} - \boldsymbol{b}| = |\boldsymbol{a}| + |\boldsymbol{b}|$.

答 由向量加、减法的平行四边形法则知，当 $\boldsymbol{a} \perp \boldsymbol{b}$ 时，(1) 式成立（如图 5-1(a) 所示）；当 $\boldsymbol{a}$、$\boldsymbol{b}$ 的夹角 $\theta > \dfrac{\pi}{2}$ 时，(2) 式成立（如图 5-1(b) 所示）；当 $\boldsymbol{a}$、$\boldsymbol{b}$ 的夹角 $\theta = \pi$ 时，(3) 式成立（如图 5-1(c) 所示）.

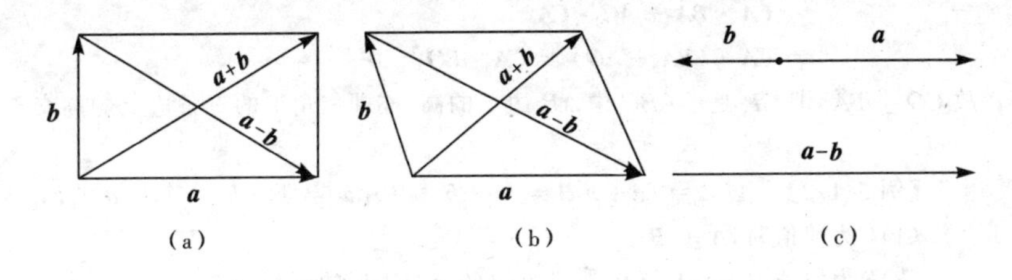

图 5-1

【问 5-1-3】 (1) 一个向量在另一个向量上的投影是向量还是数量?(2) 如果两个向量在给定的一个向量上投影相等,这两个向量是否相等?(3) 一个向量平移前后在另一个向量上的投影是否相同?

答 (1) 一个向量在另一个向量上的投影是一个带有正负号的实数,它是数量,不是向量.

(2) 两个向量即使在给定的一个向量上投影相等,这两个向量可以方向不同,长度不同,如图 5-2 所示,向量 $\boldsymbol{AB}$ 与 $\boldsymbol{MN}$ 在轴 l 上的投影相等,但是 $\boldsymbol{AB} \neq \boldsymbol{MN}$.

(3) 无论向量如何平移,它在另一个向量上的投影都是同一个数,即具有唯一性.

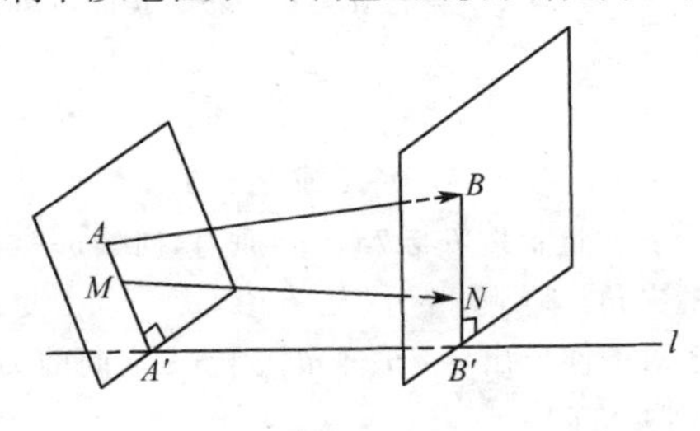

图 5-2

例题解析

【例 5-1-1】 用向量的方法证明:三角形三条边上的高交于一点.

证明 如图 5-3 所示,设 AD,BE 分别垂直于 BC 及 AC,且 AD,BE 相交于点 O,连接 OC. 因 $\boldsymbol{AO} \perp \boldsymbol{BC}$,故 $\boldsymbol{AO} \cdot \boldsymbol{BC} = 0$;$\boldsymbol{BO} \perp \boldsymbol{AC}$,故 $\boldsymbol{BO} \cdot \boldsymbol{AC} = 0$. 于是

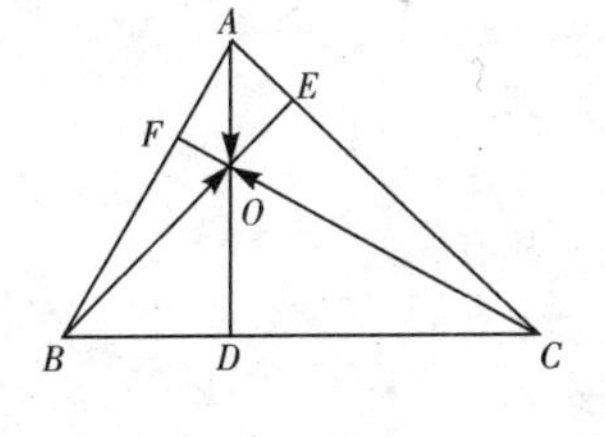

图 5-3

$$\begin{aligned}\boldsymbol{CO} \cdot \boldsymbol{BA} &= (\boldsymbol{CA} + \boldsymbol{AO}) \cdot \boldsymbol{BA} \\ &= \boldsymbol{CA} \cdot \boldsymbol{BA} + \boldsymbol{AO} \cdot \boldsymbol{BA} \\ &= \boldsymbol{CA} \cdot \boldsymbol{BA} + \boldsymbol{AO} \cdot (\boldsymbol{BC} + \boldsymbol{CA}) \\ &= \boldsymbol{CA} \cdot \boldsymbol{BA} + \boldsymbol{AO} \cdot \boldsymbol{BC} + \boldsymbol{AO} \cdot \boldsymbol{CA}\end{aligned}$$

$$= \boldsymbol{CA} \cdot \boldsymbol{BA} + \boldsymbol{AO} \cdot \boldsymbol{CA}$$
$$= \boldsymbol{CA} \cdot (\boldsymbol{BA} + \boldsymbol{AO}) = \boldsymbol{CA} \cdot \boldsymbol{BO} = 0$$

故 $\boldsymbol{CO} \perp \boldsymbol{BA}$，即 $\boldsymbol{CF}$ 是 $\triangle ABC$ 中 AB 边上的高，亦即三角形的三条边上的高交于一点.

【例 5-1-2】 设 $\boldsymbol{A} = 2\boldsymbol{a} + \boldsymbol{b}, \boldsymbol{B} = k\boldsymbol{a} + \boldsymbol{b}$，其中 $|\boldsymbol{a}| = 1, |\boldsymbol{b}| = 2$，且 $\boldsymbol{a} \perp \boldsymbol{b}$，问：

(1) k 为何值时，$\boldsymbol{A} \perp \boldsymbol{B}$；

(2) k 为何值时，以 $\boldsymbol{A}$ 与 $\boldsymbol{B}$ 为邻边的平行四边形的面积为 6.

分析 利用两向量垂直的充要条件是它们的数量积为零，以及两向量向量积模的几何意义.

解 (1)
$$\begin{aligned}\boldsymbol{A} \cdot \boldsymbol{B} &= (2\boldsymbol{a} + \boldsymbol{b}) \cdot (k\boldsymbol{a} + \boldsymbol{b}) \\ &= 2k|\boldsymbol{a}|^2 + (2+k)\boldsymbol{a} \cdot \boldsymbol{b} + |\boldsymbol{b}|^2 \\ &= 2k + 4\end{aligned}$$

若 $\boldsymbol{A} \perp \boldsymbol{B}$，则 $\boldsymbol{A} \cdot \boldsymbol{B} = 0$，从而知 $k = -2$.

(2) 以 $\boldsymbol{A}$、$\boldsymbol{B}$ 为邻边的平行四边形的面积为

$$\begin{aligned}|\boldsymbol{A} \times \boldsymbol{B}| &= |(2\boldsymbol{a} + \boldsymbol{b}) \times (k\boldsymbol{a} + \boldsymbol{b})| \\ &= |2\boldsymbol{a} \times \boldsymbol{b} + k\boldsymbol{b} \times \boldsymbol{a}| \\ &= |4 - 2k| = 6\end{aligned}$$

故

$$k = -1 \text{ 或 } k = 5$$

【例 5-1-3】 若向量 $\boldsymbol{a} + 3\boldsymbol{b}$ 与 $7\boldsymbol{a} - 5\boldsymbol{b}$ 垂直，向量 $\boldsymbol{a} - 4\boldsymbol{b}$ 与 $7\boldsymbol{a} - 2\boldsymbol{b}$ 垂直，试求非零向量 $\boldsymbol{a}, \boldsymbol{b}$ 的夹角.

分析 由已知条件导出 $\boldsymbol{a} \cdot \boldsymbol{b}$、$|\boldsymbol{a}|$、$|\boldsymbol{b}|$ 之间的关系，从而从 $\boldsymbol{a} \cdot \boldsymbol{b} = |\boldsymbol{a}||\boldsymbol{b}|\cos\theta$ 得到夹角 θ.

解 由已知条件得

$$\begin{cases}(\boldsymbol{a} + 3\boldsymbol{b}) \cdot (7\boldsymbol{a} - 5\boldsymbol{b}) = 7|\boldsymbol{a}|^2 + 16\boldsymbol{a} \cdot \boldsymbol{b} - 15|\boldsymbol{b}|^2 = 0 \\ (\boldsymbol{a} - 4\boldsymbol{b}) \cdot (7\boldsymbol{a} - 2\boldsymbol{b}) = 7|\boldsymbol{a}|^2 - 30\boldsymbol{a} \cdot \boldsymbol{b} + 8|\boldsymbol{b}|^2 = 0\end{cases}$$

由此可得

$$2\boldsymbol{a} \cdot \boldsymbol{b} = |\boldsymbol{b}|^2 = |\boldsymbol{a}|^2$$

即

$$|\boldsymbol{a}| = |\boldsymbol{b}|$$

故有

$$\cos\theta = \frac{\boldsymbol{a} \cdot \boldsymbol{b}}{|\boldsymbol{a}||\boldsymbol{b}|} = \frac{1}{2} \quad (\theta \text{ 为 } \boldsymbol{a} \text{ 与 } \boldsymbol{b} \text{ 的夹角})$$

所以 $\boldsymbol{a}$、$\boldsymbol{b}$ 的夹角是 $\frac{\pi}{3}$.

【例 5-1-4】 已知 $\boldsymbol{a}, \boldsymbol{b}, \boldsymbol{c}$ 都是单位向量，且满足 $\boldsymbol{a} + \boldsymbol{b} + \boldsymbol{c} = \boldsymbol{0}$，求 $\boldsymbol{a} \cdot \boldsymbol{b} + \boldsymbol{b} \cdot$

$\boldsymbol{c}+\boldsymbol{c}\cdot\boldsymbol{a}$.

解　因为 $\boldsymbol{a}+\boldsymbol{b}+\boldsymbol{c}=\boldsymbol{0}$,所以

$$(\boldsymbol{a}+\boldsymbol{b}+\boldsymbol{c})\cdot(\boldsymbol{a}+\boldsymbol{b}+\boldsymbol{c})=0$$

即

$$\boldsymbol{a}\cdot\boldsymbol{a}+\boldsymbol{b}\cdot\boldsymbol{b}+\boldsymbol{c}\cdot\boldsymbol{c}+2(\boldsymbol{a}\cdot\boldsymbol{b}+\boldsymbol{b}\cdot\boldsymbol{c}+\boldsymbol{c}\cdot\boldsymbol{a})=0$$

亦即
$$|\boldsymbol{a}|^2+|\boldsymbol{b}|^2+|\boldsymbol{c}|^2+2(\boldsymbol{a}\cdot\boldsymbol{b}+\boldsymbol{b}\cdot\boldsymbol{c}+\boldsymbol{c}\cdot\boldsymbol{a})=0$$

$$3+2(\boldsymbol{a}\cdot\boldsymbol{b}+\boldsymbol{b}\cdot\boldsymbol{c}+\boldsymbol{c}\cdot\boldsymbol{a})=0$$

故有

$$\boldsymbol{a}\cdot\boldsymbol{b}+\boldsymbol{b}\cdot\boldsymbol{c}+\boldsymbol{c}\cdot\boldsymbol{a}=-\frac{3}{2}$$

习题精解

4. 用向量法证明:对角线互相平分的四边形是平行四边形.

证明　如图 5-4 所示,设四边形 $ABCD$ 的对角线 AC 与 BD 交于点 E,由已知有 $AE=EC$,$DE=EB$,于是有

$$\boldsymbol{AB}=\boldsymbol{AE}+\boldsymbol{EB}=\boldsymbol{EC}+\boldsymbol{DE}=\boldsymbol{DC}$$

这说明 $\boldsymbol{AB}$ 与 $\boldsymbol{DC}$ 平行且 $|\boldsymbol{AB}|=|\boldsymbol{DC}|$.

所以四边形 $ABCD$ 为平行四边形.

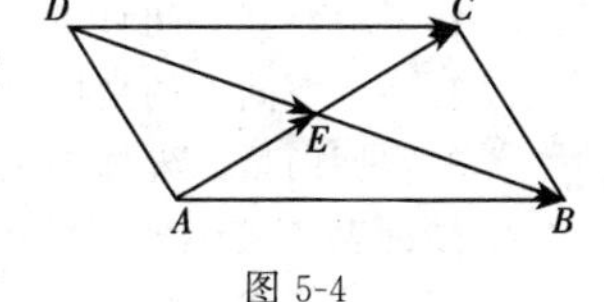

图 5-4

6. 设向量 $\boldsymbol{r}$ 的模为 4,它与向量 $\boldsymbol{u}$ 的夹角为 $\frac{\pi}{3}$,求 $\boldsymbol{r}$ 在 $\boldsymbol{u}$ 上的投影.

解
$$\mathrm{Prj}_{\boldsymbol{u}}\boldsymbol{r}=|\boldsymbol{r}|\cos\frac{\pi}{3}=4\times\frac{1}{2}=2$$

9. 已知 $|\boldsymbol{a}|=3$, $|\boldsymbol{b}|=26$, $|\boldsymbol{a}\times\boldsymbol{b}|=72$,求 $\boldsymbol{a}\cdot\boldsymbol{b}$.

解　由
$$|\boldsymbol{a}\times\boldsymbol{b}|=|\boldsymbol{a}||\boldsymbol{b}|\sin(\widehat{\boldsymbol{a},\boldsymbol{b}})=3\times26\sin(\widehat{\boldsymbol{a},\boldsymbol{b}})=72$$

得

$$\sin(\widehat{\boldsymbol{a},\boldsymbol{b}})=\frac{12}{13}$$

由此可得

$$\cos(\widehat{\boldsymbol{a},\boldsymbol{b}})=\pm\frac{5}{13}$$

所以

$$\boldsymbol{a}\cdot\boldsymbol{b}=|\boldsymbol{a}||\boldsymbol{b}|\cos(\widehat{\boldsymbol{a},\boldsymbol{b}})=3\times26\times\left(\pm\frac{5}{13}\right)=\pm30$$

11. 设向量 $\boldsymbol{a}$、$\boldsymbol{b}$、$\boldsymbol{c}$ 满足 $\boldsymbol{a}+\boldsymbol{b}+\boldsymbol{c}=\boldsymbol{0}$,证明

$$\boldsymbol{a}\times\boldsymbol{b}=\boldsymbol{b}\times\boldsymbol{c}=\boldsymbol{c}\times\boldsymbol{a}$$

证明 因为 $\boldsymbol{a}+\boldsymbol{b}+\boldsymbol{c}=\boldsymbol{0}$，所以 $\boldsymbol{a}+\boldsymbol{b}=-\boldsymbol{c}$，于是

$$\boldsymbol{a}\times(\boldsymbol{a}+\boldsymbol{b})=\boldsymbol{0}+\boldsymbol{a}\times\boldsymbol{b}=-\boldsymbol{a}\times\boldsymbol{c}$$

从而

$$\boldsymbol{a}\times\boldsymbol{b}=\boldsymbol{c}\times\boldsymbol{a}$$

同理

$$\boldsymbol{b}\times\boldsymbol{c}=\boldsymbol{c}\times\boldsymbol{a}$$

所以

$$\boldsymbol{a}\times\boldsymbol{b}=\boldsymbol{b}\times\boldsymbol{c}=\boldsymbol{c}\times\boldsymbol{a}$$

第二节　点的坐标与向量的坐标

内容提要

1. 了解建立空间直角坐标系的必要性和重要性.

2. 掌握空间点的坐标以及两点间的距离公式.

3. 掌握向量的坐标表达式及标准分解式

坐标表达式　$\boldsymbol{a}=(a_x,a_y,a_z)$

标准分解式　$\boldsymbol{a}=a_x\boldsymbol{i}+a_y\boldsymbol{j}+a_z\boldsymbol{k}$

4. 掌握向量运算的坐标表示

设　$\boldsymbol{a}=(a_x,a_y,a_z),\boldsymbol{b}=(b_x,b_y,b_z)$

$$\boldsymbol{a}+\boldsymbol{b}=(a_x+b_x,a_y+b_y,a_z+b_z)$$

$$\lambda\boldsymbol{a}=(\lambda a_x,\lambda a_y,\lambda a_z)$$

$$|\boldsymbol{a}|=\sqrt{a_x^2+a_y^2+a_z^2}$$

$$\boldsymbol{a}\cdot\boldsymbol{b}=a_xb_x+a_yb_y+a_zb_z$$

$$\boldsymbol{a}\times\boldsymbol{b}=\begin{vmatrix}\boldsymbol{i}&\boldsymbol{j}&\boldsymbol{k}\\a_x&a_y&a_z\\b_x&b_y&b_z\end{vmatrix}$$

$\boldsymbol{a}$ 的方向余弦

$$\cos\alpha=\frac{a_x}{|\boldsymbol{a}|},\cos\beta=\frac{a_y}{|\boldsymbol{a}|},\cos\gamma=\frac{a_z}{|\boldsymbol{a}|}$$

与向量 $\boldsymbol{a}$ 同向的单位向量

$$\boldsymbol{e}_a=(\cos\alpha,\cos\beta,\cos\gamma)$$

$\boldsymbol{a}$ 与 $\boldsymbol{b}$ 平行的充要条件

$$\frac{a_x}{b_x}=\frac{a_y}{b_y}=\frac{a_z}{b_z}$$

$\boldsymbol{a}$ 与 $\boldsymbol{b}$ 垂直的充要条件

$$a_xb_x + a_yb_y + a_zb_z = 0$$

释疑解惑

【问 5-2-1】 下列命题是否成立?为什么?

(1)$(\boldsymbol{a}\times\boldsymbol{b})\times\boldsymbol{c} = \boldsymbol{a}\times(\boldsymbol{b}\times\boldsymbol{c})$;

(2) 若 $\boldsymbol{a}\times\boldsymbol{b}+\boldsymbol{b}\times\boldsymbol{c}+\boldsymbol{c}\times\boldsymbol{a} = \boldsymbol{0}$,则$[\boldsymbol{abc}] = 0$.

答 (1) 不成立.

可用反例说明. 取 $\boldsymbol{a} = (1,0,0)$,$\boldsymbol{b} = (0,1,0)$,$\boldsymbol{c} = (1,1,0)$,则

$$(\boldsymbol{a}\times\boldsymbol{b})\times\boldsymbol{c} = (-1,1,0)$$

而

$$\boldsymbol{a}\times(\boldsymbol{b}\times\boldsymbol{c}) = (0,1,0) \neq (-1,1,0)$$

注:由本例可知向量积不满足结合律.

(2) 成立.

等式 $\boldsymbol{a}\times\boldsymbol{b}+\boldsymbol{b}\times\boldsymbol{c}+\boldsymbol{c}\times\boldsymbol{a} = \boldsymbol{0}$ 两边分别与 $\boldsymbol{c}$ 作数量积,有

$$(\boldsymbol{a}\times\boldsymbol{b})\cdot\boldsymbol{c}+(\boldsymbol{b}\times\boldsymbol{c})\cdot\boldsymbol{c}+(\boldsymbol{c}\times\boldsymbol{a})\cdot\boldsymbol{c} = 0$$

注意到$(\boldsymbol{b}\times\boldsymbol{c})$、$(\boldsymbol{c}\times\boldsymbol{a})$ 均与 $\boldsymbol{c}$ 垂直,故$(\boldsymbol{b}\times\boldsymbol{c})\cdot\boldsymbol{c} = 0$,$(\boldsymbol{c}\times\boldsymbol{a})\cdot\boldsymbol{c} = 0$,于是

$$(\boldsymbol{a}\times\boldsymbol{b})\cdot\boldsymbol{c} = 0,\text{即}[\boldsymbol{abc}] = 0.$$

【问 5-2-2】 设向量 $\boldsymbol{a}$ 的方向余弦为 $\cos\alpha_1$,$\cos\beta_1$,$\cos\gamma_1$,向量 $\boldsymbol{b}$ 的方向余弦为 $\cos\alpha_2$,$\cos\beta_2$,$\cos\gamma_2$. 问下式是否成立

$$\cos(\widehat{\boldsymbol{a},\boldsymbol{b}}) = \cos\alpha_1\cos\alpha_2 + \cos\beta_1\cos\beta_2 + \cos\gamma_1\cos\gamma_2$$

答 成立.

这是因为

$$\begin{aligned}\cos(\widehat{\boldsymbol{a},\boldsymbol{b}}) &= \frac{\boldsymbol{a}\cdot\boldsymbol{b}}{|\boldsymbol{a}||\boldsymbol{b}|} = \frac{a_xb_x + a_yb_y + a_zb_z}{\sqrt{a_x^2+a_y^2+a_z^2}\sqrt{b_x^2+b_y^2+b_z^2}} \\ &= \frac{a_x}{\sqrt{a_x^2+a_y^2+a_z^2}}\cdot\frac{b_x}{\sqrt{b_x^2+b_y^2+b_z^2}} + \\ &\quad \frac{a_y}{\sqrt{a_x^2+a_y^2+a_z^2}}\cdot\frac{b_y}{\sqrt{b_x^2+b_y^2+b_z^2}} + \\ &\quad \frac{a_z}{\sqrt{a_x^2+a_y^2+a_z^2}}\cdot\frac{b_z}{\sqrt{b_x^2+b_y^2+b_z^2}} \\ &= \cos\alpha_1\cos\alpha_2 + \cos\beta_1\cos\beta_2 + \cos\gamma_1\cos\gamma_2\end{aligned}$$

【问 5-2-3】 一向量与三坐标面 xOy,zOx,yOz 的夹角分别为φ,θ,ω,问是否有

$$\cos^2\varphi + \cos^2\theta + \cos^2\omega = 2$$

答 是.

设该向量的方向角为 α,β,γ,则有

$$\varphi=\frac{\pi}{2}-\gamma,\qquad \theta=\frac{\pi}{2}-\beta,\qquad \omega=\frac{\pi}{2}-\alpha$$

因为

$$\cos^2\alpha+\cos^2\beta+\cos^2\gamma=1$$

所以有

$$\begin{aligned}&\cos^2\varphi+\cos^2\theta+\cos^2\omega=\sin^2\gamma+\sin^2\beta+\sin^2\alpha\\&=(1-\cos^2\gamma)+(1-\cos^2\beta)+(1-\cos^2\alpha)\\&=3-(\cos^2\gamma+\cos^2\beta+\cos^2\alpha)=3-1=2\end{aligned}$$

例题解析

【例 5-2-1】 设 $\boldsymbol{a}=(3,-1,-2)$,$\boldsymbol{b}=(1,2,-1)$,求 $(-2\boldsymbol{a})\cdot 3\boldsymbol{b}$,$\boldsymbol{a}\times 2\boldsymbol{b}$,$\boldsymbol{a}$ 与 $\boldsymbol{b}$ 的夹角余弦.

解 (1) 利用数量积的运算规律,有

$$\begin{aligned}(-2\boldsymbol{a})\cdot 3\boldsymbol{b}&=-6(\boldsymbol{a}\cdot\boldsymbol{b})\\&=-6[3\times 1+(-1)\times 2+(-2)\times(-1)]\\&=-18\end{aligned}$$

(2) 根据向量积的计算公式,有

$$\boldsymbol{a}\times\boldsymbol{b}=\begin{vmatrix}\boldsymbol{i}&\boldsymbol{j}&\boldsymbol{k}\\3&-1&-2\\1&2&-1\end{vmatrix}=5\boldsymbol{i}+\boldsymbol{j}+7\boldsymbol{k}=(5,1,7)$$

从而

$$\boldsymbol{a}\times(2\boldsymbol{b})=2(\boldsymbol{a}\times\boldsymbol{b})=2(5,1,7)=(10,2,14)$$

$$(3)\cos(\widehat{\boldsymbol{a},\boldsymbol{b}})=\frac{3\times 1+(-1)\times 2+(-2)\times(-1)}{\sqrt{3^2+(-1)^2+(-2)^2}\ \sqrt{1^2+2^2+(-1)^2}}=\frac{3}{2\sqrt{21}}$$

【例 5-2-2】 一向量的终点在点 $B(-2,1,3)$,它在 x、y、z 轴上的投影依次为 $3,2,-1$,求该向量起点 A 的坐标.

解 设起点为 $A(x,y,z)$,则

$$\boldsymbol{AB}=(-2-x,1-y,3-z)=(3,2,-1)$$

故有

$$-2-x=3,1-y=2,3-z=-1$$

解得

$$x=-5,y=-1,z=4$$

即 A 的坐标为 $(-5,-1,4)$.

【例 5-2-3】 设 $\boldsymbol{a}=2\boldsymbol{i}+\boldsymbol{j}+\boldsymbol{k}$,$\boldsymbol{b}=\boldsymbol{i}-2\boldsymbol{j}+2\boldsymbol{k}$,$\boldsymbol{c}=3\boldsymbol{i}-4\boldsymbol{j}+2\boldsymbol{k}$,求 $\boldsymbol{a}+\boldsymbol{b}$ 在 $\boldsymbol{c}$ 上的投影.

解 $\boldsymbol{a}+\boldsymbol{b}=3\boldsymbol{i}-\boldsymbol{j}+3\boldsymbol{k}$

$$\mathrm{Prj}_{c}(\boldsymbol{a}+\boldsymbol{b})=\frac{(\boldsymbol{a}+\boldsymbol{b})\cdot\boldsymbol{c}}{|\boldsymbol{c}|}=(\boldsymbol{a}+\boldsymbol{b})\cdot\boldsymbol{e}_{c}$$

$$=(3\boldsymbol{i}-\boldsymbol{j}+3\boldsymbol{k})\cdot\left(\frac{3}{\sqrt{29}}\boldsymbol{i}-\frac{4}{\sqrt{29}}\boldsymbol{j}+\frac{2}{\sqrt{29}}\boldsymbol{k}\right)$$

$$=\frac{1}{\sqrt{29}}(9+4+6)=\frac{19}{\sqrt{29}}$$

【例 5-2-4】 已知单位向量 $\boldsymbol{OA}$ 的三个方向角相等，点 B 与点 $M(1,-3,2)$ 关于点 $N(-1,2,1)$ 对称，求 $\boldsymbol{OA}\times\boldsymbol{OB}$.

解 设 $\boldsymbol{OA}=(\cos\alpha,\cos\beta,\cos\gamma)$，因为

$$\cos^2\alpha+\cos^2\beta+\cos^2\gamma=1 \text{ 且 } \cos\alpha=\cos\beta=\cos\gamma$$

所以

$$\cos\alpha=\cos\beta=\cos\gamma=\pm\frac{\sqrt{3}}{3}$$

故

$$\boldsymbol{OA}=(\cos\alpha,\cos\beta,\cos\gamma)=\pm\frac{\sqrt{3}}{3}(1,1,1)$$

设 $B(x,y,z)$，则由题意，点 $N(-1,2,1)$ 为线段 BM 的中点，所以有

$$-1=\frac{1+x}{2},2=\frac{-3+y}{2},1=\frac{2+z}{2}$$

解得 $x=-3,y=7,z=0$，故 $\boldsymbol{OB}=(-3,7,0)$，则

$$\boldsymbol{OA}\times\boldsymbol{OB}=\pm\begin{vmatrix}\boldsymbol{i}&\boldsymbol{j}&\boldsymbol{k}\\\frac{\sqrt{3}}{3}&\frac{\sqrt{3}}{3}&\frac{\sqrt{3}}{3}\\-3&7&0\end{vmatrix}=\pm\frac{\sqrt{3}}{3}(-7,-3,10)$$

习题精解

2. 求点 (a,b,c) 关于(1) 各坐标面，(2) 各坐标轴，(3) 坐标原点的对称点的坐标.

解 (1) 关于 xOy,yOz,zOx 平面对称点的坐标分别为 $(a,b,-c),(-a,b,c),(a,-b,c)$.

(2) 关于 x,y,z 轴对称点的坐标分别为 $(a,-b,-c),(-a,b,-c),(-a,-b,c)$.

(3) 与坐标原点对称的点的坐标为 $(-a,-b,-c)$.

5. 已知两点 $A(x_1,y_1,z_1)$ 和 $B(x_2,y_2,z_2)$ 以及实数 $\lambda\neq-1$，点 M 在直线 AB 上，且满足 $\boldsymbol{AM}=\lambda\boldsymbol{MB}$，称点 M 为有向线段 $\boldsymbol{AB}$ 的 λ 分点.

(1) 证明点 M 的坐标为

$$M\left(\frac{x_1+\lambda x_2}{1+\lambda},\frac{y_1+\lambda y_2}{1+\lambda},\frac{z_1+\lambda z_2}{1+\lambda}\right)$$

(2) 求线段 AB 的中点 $M_0(x_0,y_0,z_0)$ 的坐标.

解 设点 $M(x,y,z)$,如图 5-5 所示.

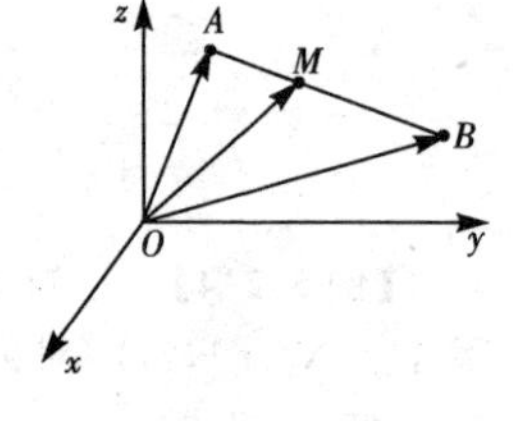

图 5-5

(1) 因为

$$\boldsymbol{AM}=\lambda\boldsymbol{MB}$$

由 $$\boldsymbol{AM}=\boldsymbol{OM}-\boldsymbol{OA},\quad \boldsymbol{MB}=\boldsymbol{OB}-\boldsymbol{OM}$$

得

$$\boldsymbol{OM}-\boldsymbol{OA}=\lambda(\boldsymbol{OB}-\boldsymbol{OM})$$

即

$$\boldsymbol{OM}=\frac{1}{1+\lambda}(\boldsymbol{OA}+\lambda\boldsymbol{OB})$$

将 A,B,M 的坐标代入,并注意 $\boldsymbol{OM}=(x,y,z)$,得

$$(x,y,z)=\left(\frac{x_1+\lambda x_2}{1+\lambda},\frac{y_1+\lambda y_2}{1+\lambda},\frac{z_1+\lambda z_2}{1+\lambda}\right)$$

(2) 设 M_0 为 AB 的中点,取 $\lambda=1$,即 $\boldsymbol{AM_0}=\boldsymbol{M_0B}$,得

$$x_0=\frac{x_1+x_2}{2},y_0=\frac{y_1+y_2}{2},z_0=\frac{z_1+z_2}{2}$$

6. 设向量 $\boldsymbol{a}=(3,1,2)$,$\boldsymbol{b}=(3,0,4)$,$\boldsymbol{c}=(1,1,1)$,求向量 $\boldsymbol{a}-2\boldsymbol{b}+3\boldsymbol{c}$.

解
$$\begin{aligned}\boldsymbol{a}-2\boldsymbol{b}+3\boldsymbol{c}&=(3,1,2)-2(3,0,4)+3(1,1,1)\\&=(3,1,2)-(6,0,8)+(3,3,3)=(0,4,-3)\end{aligned}$$

7. 设点 $A(1,0,2)$ 和向量 $\boldsymbol{AB}=(2,1,-4)$,求点 B 的坐标.

解 设点 $B(x,y,z)$,则 $\boldsymbol{AB}=(x-1,y,z-2)$.

由于

$$(x-1,y,z-2)=(2,1,-4)$$

得 $x-1=2,y=1,z-2=-4$,所以 $x=3,y=1,z=-2$,故点 B 的坐标为 $(3,1,-2)$.

8. 已知向量 $\boldsymbol{a}=\mu\boldsymbol{i}+5\boldsymbol{j}-\boldsymbol{k}$,$\boldsymbol{b}=3\boldsymbol{i}+\boldsymbol{j}+\lambda\boldsymbol{k}$ 共线,求系数 μ 和 λ.

解 因 $\boldsymbol{a}$ 与 $\boldsymbol{b}$ 共线,所以对应坐标成比例,有

$$\frac{\mu}{3}=\frac{5}{1}=\frac{-1}{\lambda}$$

得

$$\mu=15,\lambda=-\frac{1}{5}$$

12. 已知 $\boldsymbol{a}=2\boldsymbol{i}+2\boldsymbol{j}+\boldsymbol{k}$,$\boldsymbol{b}=4\boldsymbol{i}+5\boldsymbol{j}+3\boldsymbol{k}$.

(1) 求与 $\boldsymbol{a}$ 同方向的单位向量 $\boldsymbol{e}_a$;

(2) 求同时垂直于向量 $\boldsymbol{a}$ 和向量 $\boldsymbol{b}$ 的单位向量.

解 (1) $$|\boldsymbol{a}| = \sqrt{2^2+2^2+1^2} = 3$$

$$\boldsymbol{e}_a = \frac{1}{|\boldsymbol{a}|}\boldsymbol{a} = \frac{1}{3}(2\boldsymbol{i}+2\boldsymbol{j}+\boldsymbol{k}) = \frac{2}{3}\boldsymbol{i}+\frac{2}{3}\boldsymbol{j}+\frac{1}{3}\boldsymbol{k}$$

(2) $$\boldsymbol{a}\times\boldsymbol{b} = \begin{vmatrix} \boldsymbol{i} & \boldsymbol{j} & \boldsymbol{k} \\ 2 & 2 & 1 \\ 4 & 5 & 3 \end{vmatrix} = \boldsymbol{i}-2\boldsymbol{j}+2\boldsymbol{k}$$

$$|\boldsymbol{a}\times\boldsymbol{b}| = 3$$

同时垂直于 $\boldsymbol{a}$ 与 $\boldsymbol{b}$ 的单位向量有两个，即

$$\pm\frac{1}{|\boldsymbol{a}\times\boldsymbol{b}|}\boldsymbol{a}\times\boldsymbol{b} = \pm\frac{1}{3}(\boldsymbol{i}-2\boldsymbol{j}+2\boldsymbol{k})$$

14. 已知 $\triangle ABC$ 的顶点坐标是 $A(1,2,3)$，$B(2,0,6)$，$C(0,3,1)$，求其面积 S.

解 $$\boldsymbol{AB} = (1,-2,3),\qquad \boldsymbol{AC} = (-1,1,-2)$$

$$\boldsymbol{AB}\times\boldsymbol{AC} = (1,-1,-1)$$

$$S = \frac{1}{2}|\boldsymbol{AB}\times\boldsymbol{AC}| = \frac{1}{2}\sqrt{3}$$

16. 设有空间四点 $O(0,0,0)$，$A(5,2,0)$，$B(2,5,0)$，$C(1,2,4)$.

(1) 求以 OA、OB、OC 为棱的平行六面体的体积；

(2) 求以 O、A、B、C 为顶点的四面体的体积.

解 (1) 向量 $\boldsymbol{OA}$、$\boldsymbol{OB}$、$\boldsymbol{OC}$ 的混合积为

$$\begin{vmatrix} 5 & 2 & 0 \\ 2 & 5 & 0 \\ 1 & 2 & 4 \end{vmatrix} = 4\begin{vmatrix} 5 & 2 \\ 2 & 5 \end{vmatrix} = 84$$

即所求平行六面体的体积为 84.

(2) 以 O、A、B、C 为顶点的四面体的体积是(1)中平行六面体的体积的 $\frac{1}{6}$，即 14.

第三节 空间的平面与直线

内容提要

掌握平面方程和直线方程，注意平面和直线方程中各常数的几何意义. 确定平面的法向量和直线的方向向量是确定平面方程和直线方程的关键. 判断平面、直线及其相互间的关系，常常要从讨论平面法向量、直线方向向量及其相互关系入手.

1. 平面的点法式方程

$$A(x-x_0)+B(y-y_0)+C(z-z_0)=0$$

这里向量 $\boldsymbol{n}=(A,B,C)$ 为平面的法向量，平面过点 $M_0(x_0,y_0,z_0)$.

2. 平面的一般方程

$$Ax+By+Cz+D=0$$

3. 平面的截距式方程

$$\frac{x}{a}+\frac{y}{b}+\frac{z}{c}=1$$

4. 直线的一般方程

$$\begin{cases}A_1x+B_1y+C_1z+D_1=0\\A_2x+B_2y+C_2z+D_2=0\end{cases}$$

5. 直线的点向式方程

$$\frac{x-x_0}{m}=\frac{y-y_0}{n}=\frac{z-z_0}{p}$$

这里向量 $\boldsymbol{s}=(m,n,p)$ 为直线的方向向量，点 (x_0,y_0,z_0) 为直线上的点.

6. 直线的参数方程

$$\begin{cases}x=x_0+mt\\y=y_0+nt\quad(t\text{ 为参数})\\z=z_0+pt\end{cases}$$

释疑解惑

【问 5-3-1】 平面的一般方程 $Ax+By+Cz+D=0$ 中包含 4 个常数 A、B、C、D，为了确定平面方程，是否需要根据平面的几何特征列出包含 A、B、C、D 的 4 个方程？

答 不需要.

因为 A、B、C、D 不同时为零，例如，若 $A\neq0$，则平面方程可化为 $x+\frac{B}{A}y+\frac{C}{A}z+\frac{D}{A}=0$. 记 $B'=\frac{B}{A}$、$C'=\frac{C}{A}$、$D'=\frac{D}{A}$，则平面方程为

$$x+B'y+C'z+D'=0$$

因而只需 3 个几何条件就可以确定平面方程.

类似的理由，为确定平面的法向量 $\boldsymbol{n}=(A,B,C)$ 和直线的方向向量 $\boldsymbol{s}=(m,n,p)$，也只需列出两个相关方程即可.

【问 5-3-2】 设有直线

$$L_1:\begin{cases}x=2t\\y=-3+3t\\z=4t\end{cases}\qquad L_2:\begin{cases}x=1+t\\y=-2+t\\z=2+2t\end{cases}$$

如果 L_1 与 L_2 相交，那么交点一定既在 L_1 上又在 L_2 上. 应有

$$\begin{cases} 2t = 1 + t \\ -3 + 3t = -2 + t \\ 4t = 2 + 2t \end{cases} \quad 即 \begin{cases} t = 1 \\ t = \dfrac{1}{2} \\ t = 1 \end{cases}$$

为矛盾方程组,故两直线不相交,这个结论正确吗?

答 不正确.

可将两直线的参数式方程化为点向式,两直线若相交,则方程组

$$\begin{cases} \dfrac{x}{2} = \dfrac{y+3}{3} = \dfrac{z}{4} \\ x - 1 = y + 2 = \dfrac{z-2}{2} \end{cases}$$

应有解,直线 L_2 的点向式方程可变形为

$$\frac{x}{2} = \frac{y+3}{2} = \frac{z}{4}$$

故有

$$\frac{y+3}{3} = \frac{y+3}{2}$$

解得 $y = -3, x = 0, z = 0$,故两直线的交点为$(0, -3, 0)$.

设 L_1 与 L_2 的交点为 M_0,M_0 对应 L_1 的参数方程 $t = t_1$,对应 L_2 的参数方程 $t = t_2$,这里 t_1, t_2 不一定相等. 前述解答误认为 $t_1 = t_2$,从而得出不相交的错误结论.

本题的交点为$(0, -3, 0)$. 它对应 L_1 的参数 $t = 0$,对应 L_2 的参数 $t = -1$.

例题解析

【例 5-3-1】 求平行于平面 $2x + y + 2z + 5 = 0$,且与三坐标轴所围成的四面体的体积为 1 的平面.

分析 由于所求平面平行于平面 $2x + y + 2z + 5 = 0$,故可设其方程为 $2x + y + 2z + D = 0$,只要求出常数 D 即可.

解 设

$$2x + y + 2z + D = 0$$

即有

$$\frac{x}{-\dfrac{D}{2}} + \frac{y}{-D} + \frac{z}{-\dfrac{D}{2}} = 1$$

可知该平面在三个坐标轴上的截距分别为 $-\dfrac{D}{2}$, $-D$ 和 $-\dfrac{D}{2}$. 于是

$$\frac{1}{6}\left|\left(-\frac{D}{2}\right)\cdot(-D)\cdot\left(-\frac{D}{2}\right)\right| = 1$$

解得 $D = \pm 2\sqrt[3]{3}$,故所求平面为

$$2x+y+2z\pm 2\sqrt[3]{3}=0$$

【例 5-3-2】 求通过两条平行直线：$\frac{x-3}{2}=\frac{y}{1}=\frac{z-1}{2}$ 和 $\frac{x+1}{2}=\frac{y-1}{1}=\frac{z}{2}$ 的平面方程.

解 平面通过点(3,0,1)和(−1,1,0)，则平面既平行于向量(−4,1,−1)，又平行于向量(2,1,2)，故平面法向量为

$$\begin{vmatrix} \boldsymbol{i} & \boldsymbol{j} & \boldsymbol{k} \\ 2 & 1 & 2 \\ -4 & 1 & -1 \end{vmatrix} = -3\boldsymbol{i}-6\boldsymbol{j}+6\boldsymbol{k}=-3(1,2,-2)$$

由平面的点法式方程得平面方程为

$$x+2y-2z-1=0$$

【例 5-3-3】 求原点关于平面 $6x+2y-9z+121=0$ 对称的点.

分析 利用对称点与原点到平面等距离这一特点.

解 平面的法向量为(6,2,−9)，过原点作平面的垂线，则垂线的参数方程为 $x=6t, y=2t, z=-9t$，所求点 $P(x,y,z)$ 在此垂线上，且它到平面的距离等于原点到平面的距离，因此有

$$\frac{|6\cdot 6t+2\cdot 2t-9\cdot(-9t)+121|}{\sqrt{6^2+2^2+(-9)^2}}$$

$$=\frac{|6\cdot 0+2\cdot 0-9\cdot 0+121|}{\sqrt{6^2+2^2+(-9)^2}}$$

解得 $t=-2$，所以 $x=-12, y=-4, z=18$. 故所求点为(−12,−4,18).

【例 5-3-4】 一平面过点(1,2,3)，它在 x 轴，y 轴正向上的截距相等，问当平面的截距为何值时，它与三个坐标面所围成的空间体的体积最小，并写出此平面的方程.

分析 这是求最小值问题，先写出体积表达式，再利用求最值的方法求解.

解 设此平面的截距式方程为 $\frac{x}{a}+\frac{y}{b}+\frac{z}{c}=1$，由题意，$a=b$，故平面方程为

$$\frac{x}{a}+\frac{y}{a}+\frac{z}{c}=1$$

因为点(1,2,3)在平面上，所以

$$\frac{1}{a}+\frac{2}{a}+\frac{3}{c}=1$$

解得 $c=\frac{3a}{a-3}$.

设此平面与三个坐标面所围成的空间体的体积为 V，则

$$V=\frac{1}{6}\cdot a\cdot a\cdot\frac{3a}{a-3}=\frac{1}{2}\cdot\frac{a^3}{a-3}$$

令 $V'_a=\frac{1}{2}\cdot\frac{2a^3-9a^2}{(a-3)^2}=0$,解得 $a=0$(舍去)或 $a=\frac{9}{2}$.

所以当 $a=b=\frac{9}{2},c=9$ 时,此平面与三个坐标面所围成的空间体的体积最小,此平面方程为$\frac{2x}{9}+\frac{2y}{9}+\frac{z}{9}=1$.

【例 5-3-5】 确定 k 的值,使三个平面:$kx-3y+z=2,3x+2y+4z=1,x-8y-2z=3$ 通过同一条直线.

解 平面 $3x+2y+4z=1,x-8y-2z=3$ 的交线的方向向量

$$\boldsymbol{s}=\begin{vmatrix}\boldsymbol{i}&\boldsymbol{j}&\boldsymbol{k}\\3&2&4\\1&-8&-2\end{vmatrix}=(28,10,-26)$$

要使平面 $kx-3y+z=2$ 通过两平面的交线,必有平面法向量 $\boldsymbol{n}\perp\boldsymbol{s}$,即$(k,-3,1)\cdot(28,10,-26)=0$,解得 $k=2$.

习题精解

2. 求经过已知点 M_0,且平行于已知平面 Π 的平面方程.

(1)$M_0(-1,3,-8)$,Π:$3x-4y-6z+1=0$;

(2)$M_0(2,-4,5)$,Π:$z=2x+3y$;

(3)$M_0(3,2,-7)$,Π:yOz 平面.

解 (1) 所求平面经过点 $M_0(-1,3,-8)$,法向量为$(3,-4,-6)$,由点法式方程知,其方程为 $3(x+1)-4(y-3)-6(z+8)=0$.

同理可得:(2) 所求平面方程为 $2(x-2)+3(y+4)-(z-5)=0$.

(3)Π 的方程为 $x=0$,法向量为$(1,0,0)$,故所求平面方程为 $x=3$.

4. 求满足下列条件的平面方程.

(2) 过点$(3,5,-2)$及 z 轴;

(3) 过点$(1,2,3)$及$(3,-1,0)$且平行于 y 轴.

解 (2) 设所求的平面方程为 $Ax+By=0$.

将点$(3,5,-2)$代入得　　$3A+5B=0$

得

$$A=-\frac{5}{3}B$$

代入所设平面方程得

$$-\frac{5}{3}Bx+By=0$$

即

$$5x-3y=0$$

即为所求的平面方程.

(3) 设所求的平面方程为

$$Ax+Cz+D=0$$

将点(1,2,3) 及点(3,−1,0) 代入得

$$\begin{cases}A+3C+D=0\\3A+D=0\end{cases}$$

解得

$$\begin{cases}A=-\dfrac{D}{3}\\C=-\dfrac{2}{9}D\end{cases}$$

代入所设平面方程得

$$-\frac{D}{3}x-\frac{2}{9}Dz+D=0$$

化简得

$$3x+2z-9=0$$

即为所求平面方程.

5. 求满足下列条件的直线方程：

(1) 经过点 $M(0,1,2)$，且以 $\boldsymbol{s}=(3,-1,2)$ 为方向向量；

(2) 经过点$(2,3,-4)$ 且垂直于平面 $4x-2y+z=5$；

(3) 经过点 $M_1(-1,0,5)$ 和 $M_2(4,-3,3)$；

(4) 经过点 $M(3,0,-1)$ 且平行于直线$\begin{cases}x+y+z-4=0\\2y-z+1=0\end{cases}$.

解 (1) 直线方程为$\dfrac{x-0}{3}=\dfrac{y-1}{-1}=\dfrac{z-2}{2}$.

(2) 可取直线的方向向量 $\boldsymbol{s}=(4,-2,1)$，所以直线方程为

$$\frac{x-2}{4}=\frac{y-3}{-2}=\frac{z+4}{1}$$

(3) 取直线的方向向量 $\boldsymbol{s}=\boldsymbol{M_1M_2}=(5,-3,-2)$，所以直线方程为

$$\frac{x+1}{5}=\frac{y-0}{-3}=\frac{z-5}{-2}$$

(4) 直线的方向向量 $\boldsymbol{s}=(1,1,1)\times(0,2,-1)=(-3,1,2)$，所以直线方程为

$$\frac{x-3}{-3}=\frac{y-0}{1}=\frac{z+1}{2}$$

8. 求点 $M(5,4,2)$ 到直线 $L:\frac{x+1}{2}=\frac{y-3}{3}=\frac{z-1}{-1}$ 的距离和垂足的坐标.

解 由直线方程知点 $M_0(-1,3,1)$ 在直线上，则 $\boldsymbol{M_0M}=(6,1,1)$，且直线的方向向量 $\boldsymbol{s}=(2,3,-1)$，从而有

$$\boldsymbol{M_0M}\times\boldsymbol{s}=\begin{vmatrix}\boldsymbol{i} & \boldsymbol{j} & \boldsymbol{k}\\ 6 & 1 & 1\\ 2 & 3 & -1\end{vmatrix}=-4\boldsymbol{i}+8\boldsymbol{j}+16\boldsymbol{k}$$

则点 M 到直线 L 的距离为

$$d=\frac{|\boldsymbol{M_0M}\times\boldsymbol{s}|}{|\boldsymbol{s}|}=\frac{\sqrt{(-4)^2+8^2+16^2}}{\sqrt{2^2+3^2+(-1)^2}}=2\sqrt{6}$$

设垂足 $N(2t-1,3t+3,-t+1)$，则

$$\boldsymbol{MN}=(2t-6,3t-1,-t-1)$$

由 $\boldsymbol{MN}\perp\boldsymbol{s}$ 知，$\boldsymbol{MN}\cdot\boldsymbol{s}=0$，即

$$2(2t-6)+3(3t-1)-(-t-1)=0$$

解得 $t=1$，故垂足 $N(1,6,0)$.

9. 求平行于平面 $x+2y-2z=1$ 且与其距离为 2 的平面方程.

解 设 $M(x,y,z)$ 为所求平面上的任意点，由点 M 到平面 $x+2y-2z=1$ 的距离为 2，得

$$\frac{|x+2y-2z-1|}{\sqrt{1+4+4}}=2$$

即

$$|x+2y-2z-1|=6$$

即

$$x+2y-2z-1=\pm 6$$

故所求平面为 $x+2y-2z-7=0$ 及 $x+2y-2z+5=0$.

10. 求满足下列条件的平面方程.

(1) 过点 $(0,4,0)$ 和 $(0,0,-1)$ 且与平面 $y+z-2=0$ 的夹角为 $\frac{\pi}{3}$.

解法 1 设所求平面方程为 $Ax+By+Cz+D=0$，将点坐标代入平面方程，有

$$\begin{cases}4B+D=0\\ -C+D=0\end{cases}$$

解得 $B=-\frac{D}{4}$，$C=D$，代入平面方程，有 $Ax-\frac{D}{4}y+Dz+D=0$，则所求平面的法向量 $\boldsymbol{n}_1=\left(A,-\frac{D}{4},D\right)$. 已知平面的法向量 $\boldsymbol{n}_2=(0,1,1)$，由两平面夹角

为$\frac{\pi}{3}$,有

$$\cos\frac{\pi}{3}=\frac{|\boldsymbol{n}_1\cdot\boldsymbol{n}_2|}{|\boldsymbol{n}_1||\boldsymbol{n}_2|}=\frac{\left|-\frac{D}{4}+D\right|}{\sqrt{A^2+\frac{D^2}{16}+D^2}\cdot\sqrt{0^2+1^2+1^2}}$$

$$=\frac{\frac{3}{4}|D|}{\sqrt{2\left(A^2+\frac{17}{16}D^2\right)}}=\frac{1}{2}$$

解得$A^2=\frac{1}{16}D^2$,即$A=\pm\frac{1}{4}D$,故所求平面方程为

$$\frac{x}{\pm 4}+\frac{y}{4}-z=1$$

解法 2 设所求平面的截距式方程为$\frac{x}{a}+\frac{y}{4}+\frac{z}{-1}=1$,整理为一般方程,得

$$4x+ay-4az-4a=0$$

则由两平面的夹角为$\frac{\pi}{3}$,有

$$\cos\frac{\pi}{3}=\frac{|a-4a|}{\sqrt{4^2+a^2+(-4a)^2}\cdot\sqrt{0^2+1^2+1^2}}=\frac{3|a|}{\sqrt{2(16+17a^2)}}=\frac{1}{2}$$

得$a^2=16$,即$a=\pm 4$,则所求平面方程为$\frac{x}{\pm 4}+\frac{y}{4}-z=1$.

12. 求直线$\begin{cases}x+y+3z=0\\x-y-z=0\end{cases}$和平面$x-y-z+1=0$之间的夹角.

解 $$(1,1,3)\times(1,-1,-1)=(2,4,-2)$$

直线的方向向量可取$\boldsymbol{s}=(1,2,-1)$,平面法向量$\boldsymbol{n}=(1,-1,-1)$.设直线与平面夹角为θ,则有

$$\sin\theta=\frac{\boldsymbol{n}\cdot\boldsymbol{s}}{|\boldsymbol{n}||\boldsymbol{s}|}=\frac{1-2+1}{|\boldsymbol{n}||\boldsymbol{s}|}=0$$

得

$$\theta=0$$

15. 证明直线$L_1:\frac{x+3}{3}=\frac{y-1}{4}=\frac{z-5}{5}$与$L_2:\frac{x+1}{1}=\frac{y-2}{3}=\frac{z-5}{5}$相交,求其交点坐标以及经过$L_1$和$L_2$的平面方程.

解 两直线的交点一定既在L_1上又在L_2上,即应有

$$\begin{cases}\frac{x+3}{3}=\frac{y-1}{4}=\frac{z-5}{5}\\x+1=\frac{y-2}{3}=\frac{z-5}{5}\end{cases}$$

令

$$\frac{x+3}{3}=\frac{y-1}{4}=\frac{z-5}{5}=x+1=\frac{y-2}{3}=t$$

解得 $t=1$，得 $x=0, y=5, z=10$，故交点坐标为(0,5,10).

因为

$$(3,4,5)\times(1,3,5)=(5,-10,5)$$

故取经过 L_1, L_2 的平面法向量为 $\boldsymbol{n}=(1,-2,1)$.

因点(0,5,10)为 L_1 和 L_2 的交点，所以过该点以 $\boldsymbol{n}$ 为法向量的平面方程一定是过 L_1, L_2 的平面方程. 该平面的方程为

$$x-2(y-5)+(z-10)=0$$

即

$$x-2y+z=0$$

第四节　曲面与曲线

内容提要

1. 理解曲面、曲线的概念.

2. 了解常见的柱面、旋转面、锥面的几何特征，掌握常见的球面、椭球面、圆柱面、圆锥面、双曲面、抛物面的方程，并能画出这些曲面的图形.

3. 会求空间曲线在坐标面上的投影.

释疑解惑

【问 5-4-1】　曲面有参数方程吗？

答　曲面也有参数方程，曲线的参数方程通常是单参数的，而曲面的参数方程通常是双参数的.

例如，球面 $x^2+y^2+z^2=R^2$ 的参数方程为

$$\begin{cases} x=R\sin\varphi\cos\theta \\ y=R\sin\varphi\sin\theta \quad (0\leqslant\theta\leqslant 2\pi, 0\leqslant\varphi\leqslant\pi) \\ z=R\cos\varphi \end{cases}$$

【问 5-4-2】　如何求立体在坐标面上的投影区域？

答　求立体在坐标面的投影，可将立体看做由某些单层曲面及母线垂直于该坐标面的柱面所围成. 所以，只要求出这些曲面的交线在坐标面上的投影，即可得到投影区域的边界曲线.

例如，求由曲面 $z=\sqrt{x^2+y^2}$ 与 $z=\sqrt{1-x^2}$ 所围成的立体在三坐标面上

的投影区域.

① 在 xOy 平面的投影区域

对于其交线 $\begin{cases} z=\sqrt{x^2+y^2} \\ z=\sqrt{1-x^2} \end{cases}$，消去 z，则得在 xOy 面的投影曲线为 $2x^2+y^2=1, z=0$. 所以立体在 xOy 平面的投影区域为 $2x^2+y^2\leqslant 1$.

② 在 zOx 平面的投影区域

立体是由母线垂直于 zOx 平面的柱面 $z=\sqrt{1-x^2}$ 与两个单层曲面为 $y=\pm\sqrt{z^2-x^2}\,(z\geqslant 0)$ 所围成.

两单层曲面的交线为 $\begin{cases} z^2-x^2=0 \\ y=0 \end{cases}(z\geqslant 0)$，即 zOx 平面上的两直线为 $z=x, z=-x\,(z\geqslant 0)$.

柱面在 zOx 平面的投影曲线 $\begin{cases} z=\sqrt{1-x^2} \\ y=0 \end{cases}$，所以立体在 zOx 平面的投影区域为

$$\begin{cases} -x\leqslant z\leqslant \sqrt{1-x^2} \\ -\dfrac{1}{\sqrt{2}}\leqslant x\leqslant 0 \end{cases} \cup \begin{cases} x\leqslant z\leqslant \sqrt{1-x^2} \\ 0\leqslant x\leqslant \dfrac{1}{\sqrt{2}} \end{cases}$$

③ 在 yOz 平面的投影区域

立体由四个单层曲面 $x=\pm\sqrt{z^2-y^2}, x=\pm\sqrt{1-z^2}$ 所围成. 其交线在 yOz 平面上投影为 yOz 平面上的曲线 $z=\pm y, z=1$ 及 $2z^2-y^2=1\,(z\geqslant 0)$，投影区域由 D_1, D_2 两部分构成.

$$D_1:\begin{cases} \dfrac{1}{\sqrt{2}}\sqrt{1+y^2}\leqslant z\leqslant 1 \\ -1\leqslant y\leqslant 1 \end{cases}$$

$$D_2:\begin{cases} -y\leqslant z\leqslant \dfrac{1}{\sqrt{2}}\sqrt{1+y^2} \\ -1\leqslant y\leqslant 0 \end{cases} \cup \begin{cases} y\leqslant z\leqslant \dfrac{1}{\sqrt{2}}\sqrt{1+y^2} \\ 0\leqslant y\leqslant 1 \end{cases}$$

例题解析

【例 5-4-1】 试求平面 $2x-3y+6z-31=0$ 与球面 $x^2+y^2+z^2-2x+2y-4z=10$ 相交所得圆中心 Q 的坐标.

分析 点 Q 即为坐标原点在平面 $2x-3y+6z-31=0$ 上的投影.

解 球面方程可化为 $(x-1)^2+(y+1)^2+(z-2)^2=16$，过球心 $(1,-1,2)$ 且垂直于平面 $2x-3y+6z-31=0$ 的直线方程为

$$\frac{x-1}{2}=\frac{y+1}{-3}=\frac{z-2}{6}$$

此直线与平面的交点 Q 即为所求圆中心的坐标. 将上面方程组与 $2x-3y+6z-31=0$ 联立,即解出 Q 的坐标为 $\left(\frac{11}{7},-\frac{13}{7},\frac{26}{7}\right)$.

【例 5-4-2】 椭球面 S_1 是椭圆 $\frac{x^2}{4}+\frac{y^2}{3}=1$ 绕 x 轴旋转而成,圆锥面 S_2 是过点(4,0)且与椭圆 $\frac{x^2}{4}+\frac{y^2}{3}=1$ 相切的直线绕 x 轴旋转而成.

(1) 求 S_1 及 S_2 的方程;

(2) 求 S_1 及 S_2 之间的立体体积.

分析 S_1 及 S_2 为两个旋转面,方程可直接写出;所围立体的体积可利用定积分来计算.

解 (1) S_1 的方程为 $\frac{x^2}{4}+\frac{y^2+z^2}{3}=1$,过点(4,0)与 $\frac{x^2}{4}+\frac{y^2}{3}=1$ 相切的直线方程为 $y=\pm\left(\frac{1}{2}x-2\right)$,切点为 $\left(1,\pm\frac{3}{2}\right)$,所以 S_2 的方程为 $y^2+z^2=\left(\frac{1}{2}x-2\right)^2$.

(2) S_1 与 S_2 之间的体积等于一个底面半径为 $\frac{3}{2}$、高为 3 的椎体体积 $\left(\frac{9}{4}\pi\right)$ 与部分椭球体体积 V 之差,其中 $V=\frac{3}{4}\pi\int_1^2(4-x^2)\mathrm{d}x=\frac{5}{4}\pi$.

故所求体积为 $\frac{9}{4}\pi-\frac{5}{4}\pi=\pi$.

【例 5-4-3】 说明下列方程组表示的是怎样的曲线.

(1) $\begin{cases} y^2+x^2=4z \\ y=4 \end{cases}$; (2) $\begin{cases} z=\sqrt{4-x^2-y^2} \\ x^2+y^2-2y=0 \end{cases}$.

解 (1) $y^2+x^2=4z$ 表示一个旋转曲面,开口向上,$y=4$ 表示平行于 zOx 面的平面,所以方程组表示旋转曲面与平面的交线:平面 $y=4$ 上的一条抛物线(图 5-6).

(2) $z=\sqrt{4-x^2-y^2}$ 表示球面 $x^2+y^2+z^2=4$ 的上半部分,即以原点为球心,半径为 2 的上半球面. $x^2+y^2-2y=0$ 即 $x^2+(y-1)^2=1$ 表示一个母线平行于 z 轴的圆柱面,这个圆柱面半径为 1. 此方程表示该上半球面与圆柱面的交线(图 5-7).

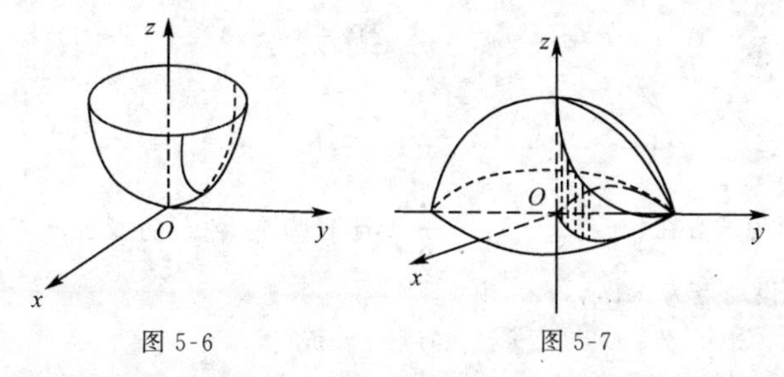

图 5-6　　图 5-7

【例5-4-4】 求直线$L:\frac{x-1}{1}=\frac{y}{2}=\frac{z-1}{1}$绕$y$轴旋转一周所得旋转曲面的方程.

解 L的参数方程为$\begin{cases}x=t+1\\y=2t\\z=t+1\end{cases}$.在旋转面上任取一点$P(x,y,z)$,过点$P$作平面垂直于$y$轴,则交$L$于点$P_1(x_1,y,z_1)$,即点$P$是由点$P_1$绕$y$轴旋转而得,故$P$与$P_1$到$y$轴的距离相等,即有

$$x^2+z^2=x_1^2+z_1^2$$

而点P_1在L上,$x_1=t+1,y=2t,z_1=t+1$,消去t就得

$$x_1=z_1=\frac{y}{2}+1$$

于是有

$$x^2+z^2=2\left(\frac{y}{2}+1\right)^2$$

即所求旋转曲面方程为 $\qquad 2x^2+2z^2=(y+2)^2$

习题精解

2. 求下列球面方程的球心坐标与半径.

(1)$x^2+y^2+z^2-4x-2y+6z=0$

解 (1) 球面方程可化为

$$(x-2)^2+(y-1)^2+(z+3)^2=14$$

球心坐标为$(2,1,-3)$,半径为$\sqrt{14}$.

3. 求满足下列条件的动点的轨迹方程,它们分别表示什么曲面?

(1) 动点到坐标原点与点$A(2,3,4)$的距离之比是$1:2$;

(2) 动点到点$A(1,2,3)$和点$B(2,-1,4)$的距离相等.

解 (1) 设动点为$M(x,y,z)$,由所给的条件得

$$2\mid OM\mid=\mid MA\mid$$

即

$$4(x^2+y^2+z^2)=(x-2)^2+(y-3)^2+(z-4)^2$$

化简为

$$\left(x+\frac{2}{3}\right)^2+(y+1)^2+\left(z+\frac{4}{3}\right)^2=\frac{116}{9}$$

曲面为球心在$\left(-\frac{2}{3},-1,-\frac{4}{3}\right)$,半径为$\frac{2}{3}\sqrt{29}$的球面.

(2) 设动点为$M(x,y,z)$.由

$$\mid AM\mid=\mid BM\mid$$

即

$$(x-1)^2+(y-2)^2+(z-3)^2=(x-2)^2+(y+1)^2+(z-4)^2$$

化简得平面方程

$$2x-6y+2z-7=0$$

4. 写出下列旋转曲面的方程：

(1) 曲线 $\begin{cases} x^2+z^2=1 \\ y=0 \end{cases}$ 绕 z 轴旋转一周；

(2) 曲线 $\begin{cases} y^2+\dfrac{z^2}{4}=1 \\ x=0 \end{cases}$ 绕 z 轴旋转一周.

解 (1) 将 x 换成 $\pm\sqrt{x^2+y^2}$ 代入方程得到球面

$$x^2+y^2+z^2=1$$

(2) 将 y 换成 $\pm\sqrt{x^2+y^2}$ 代入方程得到球面

$$x^2+y^2+\frac{z^2}{4}=1$$

即该旋转曲面为旋转椭球面.

8. 求下列曲线在 xOy 平面上的投影曲线方程：

(1) $\begin{cases} x^2+2y^2+z^2=8 \\ z=2 \end{cases}$ (2) $\begin{cases} z=x^2+y^2 \\ x+y+z=1 \end{cases}$

解 (1) 将 $z=2$ 代入 $x^2+2y^2+z^2=8$ 得

$$x^2+2y^2=4$$

为母线平行于 z 轴的柱面.

所求的投影曲线方程为

$$\begin{cases} x^2+2y^2=4 \\ z=0 \end{cases}$$

(2) 将 $z=1-x-y$ 代入 $z=x^2+y^2$ 得

$$x^2+y^2+x+y=1$$

为过该曲线母线平行于 z 轴的柱面.

所求的投影曲线方程为

$$\begin{cases} x^2+y^2+x+y=1 \\ z=0 \end{cases}$$

复习题五

1. 判断下列命题是否正确：

(1) 非零向量 $\boldsymbol{a}$ 满足 $|\boldsymbol{a}|\cdot\boldsymbol{a}=\boldsymbol{a}^2$；

(2) 非零向量 $\boldsymbol{a}$、$\boldsymbol{b}$ 满足 $(\boldsymbol{a}\cdot\boldsymbol{b})^2=\boldsymbol{a}^2\cdot\boldsymbol{b}^2$；

(3) 非零向量 $\boldsymbol{a}$、$\boldsymbol{b}$、$\boldsymbol{c}$ 满足 $(\boldsymbol{a}\cdot\boldsymbol{b})\boldsymbol{c}=\boldsymbol{a}(\boldsymbol{b}\cdot\boldsymbol{c})$；

(4) 若 $\boldsymbol{a}\cdot\boldsymbol{b}=\boldsymbol{a}\cdot\boldsymbol{c}$，且 $\boldsymbol{a}\neq\boldsymbol{0}$，则 $\boldsymbol{b}=\boldsymbol{c}$；

(5) $\boldsymbol{a}\times\boldsymbol{b}$ 的几何意义是：以 $\boldsymbol{a}$、$\boldsymbol{b}$ 为两邻边的平行四边形的面积；

(6) 若非零向量 $\boldsymbol{a}$、$\boldsymbol{b}$ 的方向余弦分别为 $\cos\alpha_1$、$\cos\beta_1$、$\cos\gamma_1$ 和 $\cos\alpha_2$、$\cos\beta 2$、$\cos\gamma_2$，则 $\boldsymbol{a}$、$\boldsymbol{b}$ 夹角的余弦为 $\cos(\widehat{\boldsymbol{a},\boldsymbol{b}})=\cos\alpha_1\cos\alpha_2+\cos\beta_1\cos\beta_2+\cos\gamma_1\cos\gamma_2$.

解 (1) 错；　(2) 错；

(3) 错；

例如，$\boldsymbol{a}=(1,2,3)$，$\boldsymbol{b}=(2,3,4)$，$\boldsymbol{c}=(3,4,5)$，则

$$(\boldsymbol{a}\cdot\boldsymbol{b})\boldsymbol{c}=(60,80,100)$$

$$\boldsymbol{a}(\boldsymbol{b}\cdot\boldsymbol{c})=(38,76,114)$$

$$(\boldsymbol{a}\cdot\boldsymbol{b})\boldsymbol{c}\neq\boldsymbol{a}(\boldsymbol{b}\cdot\boldsymbol{c})$$

(4) 错；

例如，$\boldsymbol{a}=(1,2,3)$，$\boldsymbol{b}=(2,3,4)$，$\boldsymbol{c}=(2,6,2)$，则 $\boldsymbol{a}\cdot\boldsymbol{b}=\boldsymbol{a}\cdot\boldsymbol{c}$，但是 $\boldsymbol{b}\neq\boldsymbol{c}$.

(5) 错；

$\boldsymbol{a}\times\boldsymbol{b}$ 是一个向量，它的方向垂直于 $\boldsymbol{a}$ 和 $\boldsymbol{b}$，它的模 $|\boldsymbol{a}\times\boldsymbol{b}|$ 是以 $\boldsymbol{a}$、$\boldsymbol{b}$ 为两邻边的平行四边形的面积.

(6) 对.

设 $\boldsymbol{e}_a=(\cos\alpha_1,\cos\beta_1,\cos\gamma_1)$，$\boldsymbol{e}_a$ 为与 $\boldsymbol{a}$ 方向一致的单位向量，$\boldsymbol{e}_b=(\cos\alpha_2,\cos\beta_2,\cos\gamma_2)$，$\boldsymbol{e}_b$ 为与 $\boldsymbol{b}$ 方向一致的单位向量，则

$$\cos(\boldsymbol{a},\boldsymbol{b})=\cos(\boldsymbol{e}_a,\boldsymbol{e}_b)=\frac{\boldsymbol{e}_a\cdot\boldsymbol{e}_b}{|\boldsymbol{e}_a|\cdot|\boldsymbol{e}_b|}$$

$$=\cos\alpha_1\cos\alpha_2+\cos\beta_1\cos\beta_2+\cos\gamma_1\cos\gamma_2$$

2. 向量 $\boldsymbol{a}$、$\boldsymbol{b}$ 满足什么条件，才能使下列等式成立：

(1) $|\boldsymbol{a}+\boldsymbol{b}|=|\boldsymbol{a}-\boldsymbol{b}|$；　　(2) $|\boldsymbol{a}+\boldsymbol{b}|=|\boldsymbol{a}|+|\boldsymbol{b}|$；

(3) $|\boldsymbol{a}+\boldsymbol{b}|=|\boldsymbol{a}|-|\boldsymbol{b}|$

解 (1) $|\boldsymbol{a}+\boldsymbol{b}|=\sqrt{(\boldsymbol{a}+\boldsymbol{b})\cdot(\boldsymbol{a}+\boldsymbol{b})}=\sqrt{|\boldsymbol{a}|^2+2\boldsymbol{a}\cdot\boldsymbol{b}+|\boldsymbol{b}|^2}$

$|\boldsymbol{a}-\boldsymbol{b}|=\sqrt{(\boldsymbol{a}-\boldsymbol{b})\cdot(\boldsymbol{a}-\boldsymbol{b})}=\sqrt{|\boldsymbol{a}|^2-2\boldsymbol{a}\cdot\boldsymbol{b}+|\boldsymbol{b}|^2}$

由 $|\boldsymbol{a}+\boldsymbol{b}|=|\boldsymbol{a}-\boldsymbol{b}|$，得

$$\sqrt{|\boldsymbol{a}|^2+2\boldsymbol{a}\cdot\boldsymbol{b}+|\boldsymbol{b}|^2}=\sqrt{|\boldsymbol{a}|^2-2\boldsymbol{a}\cdot\boldsymbol{b}+|\boldsymbol{b}|^2}$$

即 $\boldsymbol{a}\cdot\boldsymbol{b}=0$，所以 $\boldsymbol{a}\perp\boldsymbol{b}$.

(2) $|\boldsymbol{a}+\boldsymbol{b}|=\sqrt{(\boldsymbol{a}+\boldsymbol{b})\cdot(\boldsymbol{a}+\boldsymbol{b})}=\sqrt{|\boldsymbol{a}|^2+2\boldsymbol{a}\cdot\boldsymbol{b}+|\boldsymbol{b}|^2}$

由 $|\boldsymbol{a}+\boldsymbol{b}|=|\boldsymbol{a}|+|\boldsymbol{b}|$，得

$$\sqrt{|\boldsymbol{a}|^2+2\boldsymbol{a}\cdot\boldsymbol{b}+|\boldsymbol{b}|^2}=|\boldsymbol{a}|+|\boldsymbol{b}|$$

两端平方得 $\boldsymbol{a}\cdot\boldsymbol{b}=|\boldsymbol{a}||\boldsymbol{b}|$，即 $\cos\theta=1$，其中 θ 为向量 $\boldsymbol{a}$、$\boldsymbol{b}$ 的夹角，所以向量 $\boldsymbol{a}$ 与 $\boldsymbol{b}$ 同向.

(3) $|\boldsymbol{a}+\boldsymbol{b}|=\sqrt{(\boldsymbol{a}+\boldsymbol{b})\cdot(\boldsymbol{a}+\boldsymbol{b})}=\sqrt{|\boldsymbol{a}|^2+2\boldsymbol{a}\cdot\boldsymbol{b}+|\boldsymbol{b}|^2}$

由 $|\boldsymbol{a}+\boldsymbol{b}|=|\boldsymbol{a}|-|\boldsymbol{b}|$，得

$$\sqrt{|\boldsymbol{a}|^2+2\boldsymbol{a}\cdot\boldsymbol{b}+|\boldsymbol{b}|^2}=|\boldsymbol{a}|-|\boldsymbol{b}|$$

两端平方得 $\boldsymbol{a}\cdot\boldsymbol{b}=-|\boldsymbol{a}||\boldsymbol{b}|$，即 $\cos\theta=-1$，其中 θ 为向量 $\boldsymbol{a}$、$\boldsymbol{b}$ 的夹角，所以向量 $\boldsymbol{a}$ 与 $\boldsymbol{b}$ 反向，且 $|\boldsymbol{a}|\geqslant|\boldsymbol{b}|$.

3. 选择题

(1) 设有直线 $L_1: x-1=\dfrac{y-5}{-2}=z+8$ 和 $L_2:\begin{cases}x-y=6\\2y+z=3\end{cases}$，则 L_1 与 L_2 的夹角为(　　).

A. $\dfrac{\pi}{6}$　　B. $\dfrac{\pi}{4}$　　C. $\dfrac{\pi}{3}$　　D. $\dfrac{\pi}{2}$

(2) 设有直线 $L:\begin{cases}x+3y+2z+1=0\\2x-y-10z+3=0\end{cases}$，及平面 $\Pi: 4x-2y+z-2=0$，则直线 L(　　).

A. 平行于 Π　　B. 在 Π 上　　C. 垂直于 Π　　D. 与 Π 斜交

(3) 参数方程 $\begin{cases}x=3\sin t\\y=4\sin t\\z=5\cos t\end{cases}$ $(0\leqslant t\leqslant 2\pi)$ 表示的是(　　).

A. 球面　　B. 圆 $\begin{cases}x^2+y^2+z^2=25\\4x-3y=0\end{cases}$

C. 椭球面 $\dfrac{x^2}{3^2}+\dfrac{y^2}{4^2}+\dfrac{z^2}{5^2}=1$　　D. 柱面 $\dfrac{y^2}{4^2}+\dfrac{z^2}{5^2}=1$

(4) 曲面 $x^2+4y^2+z^2=4$ 与平面 $x+z=a$ 的交线在 xOy 平面上的投影方程是(　　).

A. $\begin{cases}(a-z)^2+4y^2+z^2=4\\x=0\end{cases}$　　B. $\begin{cases}x^2+4y^2+(a-x)^2=4\\z=0\end{cases}$

C. $\begin{cases}x^2+4y^2+(a-x)^2=4\\x=0\end{cases}$　　D. $(a-z)^2+4y^2+z^2=4$

解　(1) 直线 L_1 的方向向量 $\boldsymbol{s}_1=(1,-2,1)$. 直线 L_2 的方向向量 $\boldsymbol{s}_2=(1,-1,0)\times(0,2,1)=(-1,-1,2)$. L_1 与 L_2 夹角的余弦值为 $\cos\theta=\dfrac{\boldsymbol{s}_1\cdot\boldsymbol{s}_2}{|\boldsymbol{s}_1||\boldsymbol{s}_2|}=\dfrac{1}{2}$.

所以 $\theta=\dfrac{\pi}{3}$，故应选 C.

(2) 直线 L 的方向向量 $\boldsymbol{s}=(1,3,2)\times(2,-1,-10)=(-28,14,-7)$. 平面 Π 的法向量 $\boldsymbol{n}=(4,-2,1)$. 则 $\boldsymbol{s}$ 与 $\boldsymbol{n}$ 平行,故应选 C.

(3) 参数方程 $\begin{cases}x=3\sin t\\ y=4\sin t(0\leqslant t\leqslant 2\pi)\\ z=5\cos t\end{cases}$ 表示的是空间曲线,故应选 B.

(4) $x^2+4y^2+z^2=4$ 与 $x+z=a$ 联立,把 z 消掉,得到交线在 xOy 平面上的投影柱面 $x^2+4y^2+(a-x)^2=4$,则投影方程为 $\begin{cases}x^2+4y^2+(a-x)^2=4\\ z=0\end{cases}$.

故应选 B.

4. 用向量代数的方法证明:菱形的对角线互相垂直.

证明 设菱形的两邻边分别为 $\boldsymbol{a}$、$\boldsymbol{b}$,则由菱形的性质知 $|\boldsymbol{a}|=|\boldsymbol{b}|$. 且菱形的两条对角线分别为 $\boldsymbol{a}+\boldsymbol{b}$,$\boldsymbol{a}-\boldsymbol{b}$,且 $|\boldsymbol{a}+\boldsymbol{b}|\neq 0$,$|\boldsymbol{a}-\boldsymbol{b}|\neq 0$,$(\boldsymbol{a}+\boldsymbol{b})\cdot(\boldsymbol{a}-\boldsymbol{b})=\boldsymbol{a}^2-\boldsymbol{a}\cdot\boldsymbol{b}+\boldsymbol{a}\cdot\boldsymbol{b}-\boldsymbol{b}^2=|\boldsymbol{a}|^2-|\boldsymbol{b}|^2=0$. 因 $|\boldsymbol{a}+\boldsymbol{b}|\neq 0$,$|\boldsymbol{a}-\boldsymbol{b}|\neq 0$,故 $(\widehat{\boldsymbol{a}+\boldsymbol{b},\boldsymbol{a}-\boldsymbol{b}})=\frac{\pi}{2}$,所以菱形的对角线互相垂直.

5. 已知点 $A(1,0,0)$ 和 $B(0,2,1)$,试在 z 轴上求一点 C,使 $\triangle ABC$ 的面积最小.

解 设点 C 的坐标为 $(0,0,z)$,则 $\boldsymbol{AB}=(-1,2,1)$,$\boldsymbol{AC}=(-1,0,z)$

$$S_{\triangle ABC}=\frac{1}{2}|\boldsymbol{AB}\times\boldsymbol{AC}|=\frac{5z^2-2z+5}{2}$$

记
$$f(z)=5z^2-2z+5,f'(z)=10z-2=0$$
故
$$z=\frac{1}{5}$$

所以取 $C\left(0,0,\frac{1}{5}\right)$ 时,$\triangle ABC$ 的面积最小.

6. 求平行于平面 $2x+y+2z+5=0$ 且与三个坐标面所构成的四面体的体积为 1 的平面方程.

解 设所求平面的方程为 $2x+y+2z+D=0$,则其与三个坐标轴的交点分别为

$$A(-\frac{D}{2},0,0),B(0,-D,0),C(0,0,-\frac{D}{2})$$

则 $V=\frac{1}{3}\times\frac{1}{2}\left|(-\frac{D}{2})(-D)\right|\cdot\left|-\frac{D}{2}\right|=\frac{|D|^3}{24}=1$,得 $D=\pm 2\sqrt[3]{3}$,所以所求平面的方程为 $2x+y+2z\pm 2\sqrt[3]{3}=0$.

7. 求原点关于平面 $6x+2y-9z+121=0$ 的对称点.

解 设所求点的坐标为 (x,y,z),则其满足

$$\begin{cases} \dfrac{x}{6} = \dfrac{y}{2} = \dfrac{z}{-9} \\ 6 \cdot \dfrac{x}{2} + 2 \cdot \dfrac{y}{2} - 9 \cdot \dfrac{z}{2} + 121 = 0 \end{cases}$$

解上述方程组得 $x = -12, y = -4, z = 18$. 故所求点的坐标为$(-12, -4, 18)$.

8. 求点 $M_0(2,2,2)$ 关于直线 L:$\dfrac{x-1}{3} = \dfrac{y+4}{2} = \dfrac{z-3}{1}$ 的对称点 M 的坐标.

解 设点 M 的坐标是(x,y,z),则其满足

$$\begin{cases} (x-2, y-2, z-2) \cdot (3,2,1) = 0 \\ \dfrac{\dfrac{x+2}{2} - 1}{3} = \dfrac{\dfrac{y+2}{2} + 4}{2} = \dfrac{\dfrac{z+2}{2} - 3}{1} \end{cases}$$

解上述方程组得 $x = 6, y = -6, z = 6$,故点 M 的坐标为$(6, -6, 6)$.

9. 求点$(1,2,3)$到直线$\begin{cases} x + y - z = 1 \\ 2x + z = 3 \end{cases}$的最短距离.

解法 1 将直线化为参数方程 $x = t, y = 4 - 3t, z = 3 - 2t$. 则点$(1,2,3)$到直线上任一点$(t, 4-3t, 3-2t)$的距离为

$$\begin{aligned} d &= \sqrt{(t-1)^2 + (4-3t-2)^2 + (3-2t-3)^2} \\ &= \sqrt{14t^2 - 14t + 5} = \sqrt{14\left(t - \frac{1}{2}\right)^2 + \frac{3}{2}} \end{aligned}$$

当 $t = \dfrac{1}{2}$ 时,$d = \dfrac{\sqrt{6}}{2}$ 为最小值,故点到直线的距离为$\dfrac{\sqrt{6}}{2}$.

解法 2 将$\begin{cases} x + y - z = 1 \\ 2x + z = 3 \end{cases}$化成标准方程为$\dfrac{x - \frac{3}{2}}{1} = \dfrac{y + \frac{1}{2}}{-3} = \dfrac{z}{-2}$

则

$$d = \frac{\left| \left(1 - \frac{3}{2}, 2 + \frac{1}{2}, 3\right) \times (1, -3, -2) \right|}{|(1, -3, -2)|} = \frac{\sqrt{21}}{\sqrt{14}} = \frac{\sqrt{6}}{2}$$

10. 在求直线 L 与平面 Π 交点时,可将 L 的参数方程 $x = x_0 + mt, y = y_0 + nt, z = z_0 + pt$,代入 Π 的方程 $Ax + By + Cz + D = 0$,求出相应的 t 值. 试问在什么条件下,t 有惟一解、无穷多解或无解?并从几何上对所得结果加以说明.

解 当$(m,n,p) \cdot (A,B,C) \neq 0$ 时有惟一解,此时 L 与 Π 相交且只有一个交点.

当$(m,n,p) \cdot (A,B,C) = 0$ 且 $Ax_0 + By_0 + Cz_0 + D = 0$ 时,有无穷解,此时 L 在 Π 上.

当$(m,n,p) \cdot (A,B,C) = 0$ 且 $Ax_0 + By_0 + Cz_0 + D \neq 0$ 时无解,此时 $L \,/\!/\, \pi$ 且 L 不在 Π 上.

11. 求椭圆抛物面 $y^2+z^2=x$ 与平面 $x+2y-z=0$ 的交线在三个坐标平面上的投影曲线方程.

解 在 xOy 平面上的投影方程为 $\begin{cases} y^2+(x+2y)^2=x \\ z=0 \end{cases}$,

整理得

$$\begin{cases} x^2+4xy-x+5y^2=0 \\ z=0 \end{cases}$$

在 yOz 平面上的投影方程为 $\begin{cases} y^2+z^2=z-2y \\ x=0 \end{cases}$

整理得

$$\begin{cases} y^2+2y+z^2-z=0 \\ x=0 \end{cases}$$

在 xOz 平面上的投影方程为 $\begin{cases} \left(\dfrac{z-x}{2}\right)^2+z^2=x \\ y=0 \end{cases}$

整理得

$$\begin{cases} x^2-2xz-4x+5z^2=0 \\ y=0 \end{cases}$$

第六章　多元函数微分学及其应用

作为对一元函数微分学的推广与发展，多元函数微分学与一元函数微分学在基本概念、理论与方法上，有着许多相似的地方，同时也有着本质的不同，学习中应特别注意二者之间的差异. 本章的主要内容包括多元函数的定义，多元函数极限与连续的定义，多元函数的偏导数，全微分，以及复合函数的微分法、隐函数的微分法. 在应用方面，主要学习多元函数微分学在几何、极值和场论等方面的应用.

第一节　多元函数的基本概念

内容提要

1. 理解多元函数的概念，掌握二元函数极限的定义、性质及运算.

2. 理解多元函数连续性的概念，以及有界闭区域上连续函数的性质.

3. 以二维空间为例，了解 n 维空间中特殊点集的结构，包括邻域、开集、闭集、聚点的定义.

释疑解惑

【问 6-1-1】　在求二重极限时，动点 (x,y) 以任意方向趋于 (x_0,y_0) 时，极限存在且相等，能否说明 $\lim\limits_{\substack{x\to x_0\\y\to y_0}} f(x,y)$ 一定存在？

答　不能.

如，考虑极限 $\lim\limits_{\substack{x\to 0\\y\to 0}} \dfrac{xy}{x+y}$，当动点 (x,y) 沿直线 $y=kx\,(k\neq -1)$ 趋向定点 $(0,0)$ 时

$$\lim_{\substack{x\to 0\\y=kx\to 0}} \frac{xy}{x+y}=\lim_{x\to 0}\frac{x\cdot kx}{x+kx}=\lim_{x\to 0}\frac{kx}{1+k}=0 \quad (k\neq -1)$$

当 (x,y) 沿曲线 $y=x^2-x$ 趋向 $(0,0)$ 时

$$\lim_{\substack{x\to 0\\y=(x^2-x)\to 0}} \frac{xy}{x+y}=\lim_{x\to 0}\frac{x(x^2-x)}{x+(x^2-x)}=\lim_{x\to 0}\frac{x-1}{1}=-1$$

所以极限 $\lim\limits_{\substack{x\to 0\\y\to 0}} \dfrac{xy}{x+y}$ 不存在. 此例说明尽管在定义域内 (x,y) 沿任何射线方向趋

于(0,0)时极限存在且相等,但"任何方向"不能代替"任何方式",当动点(x,y)沿抛物线$y=x^2-x$趋向于(0,0)时极限就出现了另一个结果.

【问 6-1-2】 若$f(x,y)$在(x_0,y_0)处连续,$f(x,y_0)$在$x=x_0$处、$f(x_0,y)$在$y=y_0$处连续吗?

答 二者均连续.因为$f(x,y)$在(x_0,y_0)处连续,表明(x,y)以任意方向趋于(x_0,y_0)时,函数极限均为$f(x_0,y_0)$,当然包括(x,y)沿$y=y_0$,(x,y)沿$x=x_0$趋于(x_0,y_0)时的情形,所以$\lim\limits_{x\to x_0}f(x,y_0)=\lim\limits_{y\to y_0}f(x_0,y)=f(x_0,y_0)$,即$f(x,y_0)$在$x_0$处,$f(x_0,y)$在$y=y_0$处连续.

【问 6-1-3】 若$f(x,y_0)$在$x=x_0$处连续,$f(x_0,y)$在$y=y_0$处连续,能否推出$f(x,y)$在(x_0,y_0)处连续?

答 不能.

例如

$$f(x,y)=\begin{cases}\dfrac{xy}{x^2+y^2}, & x^2+y^2\neq 0\\ 0, & x^2+y^2=0\end{cases}$$

因为$f(x,0)\equiv 0$,$f(0,y)\equiv 0$,说明$f(x,0)$在$x=0$处,$f(0,y)$在$y=0$处连续,但由于$\lim\limits_{\substack{x\to 0\\ y\to 0}}\dfrac{xy}{x^2+y^2}$不存在,因此$f(x,y)$在(0,0)处不连续.

例题解析

【例 6-1-1】 求函数$z=\ln x^2(x+y)$的定义域.

分析 因对数函数的定义域为正数域,通过求解不等式可求出此函数的定义域.

解 根据对数函数的定义,应用$x^2(x+y)>0$,即$x+y>0$且$x\neq 0$.

注意:在求定义域过程中,若对函数变形,要注意是否扩大或缩小了定义域.如将函数化为$z=2\ln x+\ln(x+y)$,进而认为定义域为$x>0$且$x+y>0$,从而缩小了函数的定义域.

【例 6-1-2】 极限$\lim\limits_{\substack{x\to 0\\ y\to 0}}\dfrac{x^{\frac{1}{3}}y}{|x|+y^2}$是否存在?

分析 若$\lim\limits_{\substack{x\to x_0\\ y\to y_0}}f(x,y)=A$存在,则不论$(x,y)$沿任何途径趋于$(x_0,y_0)$,其极限都是$A$,若沿不同途径极限值不相同或不存在,则$\lim\limits_{\substack{x\to x_0\\ y\to y_0}}f(x,y)$不存在.

解 取路径$y=kx$,则

$$\lim_{\substack{x\to 0\\ y=kx\to 0}}\frac{x^{\frac{1}{3}}y}{|x|+y^2}=\lim_{x\to 0}\frac{kx^{\frac{4}{3}}}{|x|+k^2x^2}=0$$

取路径 $y = x^{\frac{1}{3}}$

$$\lim_{\substack{x\to 0\\ y=x^{\frac{1}{3}}\to 0}} \frac{x^{\frac{1}{3}}y}{|x|+y^2} = \lim_{x\to 0}\frac{x^{\frac{2}{3}}}{|x|+x^{\frac{2}{3}}} = 1$$

所以极限$\lim\limits_{\substack{x\to 0\\ y\to 0}} \dfrac{x^{\frac{1}{3}}y}{|x|+y^2}$不存在.

【例 6-1-3】　证明：$\lim\limits_{\substack{x\to\infty\\ y\to\infty}} \dfrac{x+y}{x^2+y^2-xy} = 0$.

分析　对函数进行适当缩放，并利用夹逼准则来证明.

证明　因为 $x^2+y^2 \geqslant 2|xy|$，所以

$$0 \leqslant \left|\frac{x+y}{x^2+y^2-xy}\right| \leqslant \frac{|x|+|y|}{2|xy|-|xy|} = \frac{|x|+|y|}{|xy|} = \frac{1}{|y|}+\frac{1}{|x|}$$

而$\lim\limits_{\substack{x\to\infty\\ y\to\infty}}\left(\dfrac{1}{|y|}+\dfrac{1}{|x|}\right) = 0$，可知原式成立.

【例 6-1-4】　若 $f\left(x+y,\dfrac{y}{x}\right) = x^2-y^2$，求 $f(x,y)$.

分析　通过变量代换，将 $f\left(x+y,\dfrac{y}{x}\right)$化作 $f(u,v)$ 的形式，进而求出 $f(x,y)$.

解　设 $x+y=u,\dfrac{y}{x}=v$，从中解出

$$x = \frac{u}{1+v}, y = \frac{uv}{1+v}$$

代入原式得

$$f(u,v) = \left(\frac{u}{1+v}\right)^2 - \left(\frac{uv}{1+v}\right)^2 = \frac{u^2(1-v)}{1+v}$$

所以

$$f(x,y) = \frac{x^2(1-y)}{1+y}$$

【例 6-1-5】　指出下列函数的间断情况：

(1)$z = \dfrac{1}{\sqrt{x^2+y^2}}$；　　(2)$u = \dfrac{z}{\sin x\sin y}$.

分析　通过讨论函数的定义域来判断.

解　(1) 函数只是在点(0,0) 处无定义，故点(0,0) 是该函数的间断点. 在其他点处该函数都连续.

(2) 在平面 $x = m\pi$ 和平面 $y = n\pi(m,n = 0, \pm 1, \pm 2, \cdots)$ 上，函数无定义，所以这些平面是该函数的间断面，在其他点处均连续.

习题精解

4. 已知函数 $f(x,y)=x^2+y^2-xy\tan\dfrac{x}{y}$,试求 $f(tx,ty)$.

解 $f(tx,ty)=t^2x^2+t^2y^2-t^2xy\tan\dfrac{x}{y}$

$$=t^2\left(x^2+y^2-xy\tan\frac{x}{y}\right)=t^2f(x,y)$$

6. 求下列各极限:

(1) $\lim\limits_{(x,y)\to(1,2)}\dfrac{x-y}{x^2+2y^2}$; (4) $\lim\limits_{(x,y)\to(0,0)}\dfrac{\arctan(x^2+y^2)}{\ln(1+x^2+y^2)}$;

(5) $\lim\limits_{(x,y)\to(0,0)}\dfrac{1-\cos(xy)}{x^2y^2}$.

解 (1) 因为 $\dfrac{x-y}{x^2+2y^2}$ 在点(1,2)处连续,所以

$$\lim_{(x,y)\to(1,2)}\frac{x-y}{x^2+2y^2}=\frac{1-2}{1+2\times4}=-\frac{1}{9}$$

(4) $\lim\limits_{(x,y)\to(0,0)}\dfrac{\arctan(x^2+y^2)}{\ln(1+x^2+y^2)}=\lim\limits_{(x,y)\to(0,0)}\dfrac{x^2+y^2}{x^2+y^2}=1$

这里用到了当 $u\to0$ 时,$\arctan u$ 与 u 是等价无穷小,以及 $\ln(1+u)$ 与 u 是等价无穷小的结果.

(5) $\lim\limits_{(x,y)\to(0,0)}\dfrac{1-\cos(xy)}{x^2y^2}=\lim\limits_{(x,y)\to(0,0)}\dfrac{\frac{1}{2}x^2y^2}{x^2y^2}=\dfrac{1}{2}$

7. 证明下列极限不存在:

(2) $\lim\limits_{(x,y)\to(0,0)}\dfrac{x^2-y^2}{x^2+y^2}$; (3) $\lim\limits_{(x,y)\to(0,0)}\dfrac{xy^2}{x^2+y^4}$.

解 (2) 动点 (x,y) 沿路径 $y=kx$ 趋于点(0,0)时

$$\lim_{\substack{x\to0\\y=kx\to0}}\frac{x^2-y^2}{x^2+y^2}=\lim_{x\to0}\frac{x^2-k^2x^2}{x^2+k^2x^2}=\frac{1-k^2}{1+k^2}$$

因为 k 取不同值时,上式极限不同,所以极限 $\lim\limits_{(x,y)\to(0,0)}\dfrac{x^2-y^2}{x^2+y^2}$ 不存在.

(3) 取 (x,y) 沿路径 $x=ky^2$ 趋于点(0,0),则有

$$\lim_{\substack{x=ky^2\to0\\y\to0}}\frac{xy^2}{x^2+y^4}=\lim_{y\to0}\frac{ky^4}{k^2y^4+y^4}=\frac{k}{k^2+1}$$

k 取不同值时,上式取不同的值,所以极限 $\lim\limits_{(x,y)\to(0,0)}\dfrac{xy^2}{x^2+y^4}$ 不存在.

第二节 偏导数与高阶偏导数

内容提要

1. 以二元函数为例，理解偏导数的定义. 函数 $z=f(x,y)$ 在点 (x_0,y_0) 处关于 x(或 y) 的偏导数，是函数在该点关于自变量 x(或 y) 的变化率，即

$$\left.\frac{\partial f}{\partial x}\right|_{\substack{x=x_0\\y=y_0}}=f_x(x_0,y_0)=\lim_{\Delta x\to 0}\frac{f(x_0+\Delta x,y_0)-f(x_0,y_0)}{\Delta x}$$

$$\left.\frac{\partial f}{\partial y}\right|_{\substack{x=x_0\\y=y_0}}=f_y(x_0,y_0)=\lim_{\Delta y\to 0}\frac{f(x_0,y_0+\Delta y)-f(x_0,y_0)}{\Delta y}$$

类推出二元以上函数的偏导数定义.

2. 了解偏导数的几何含义：偏导数 $f_x(x_0,y_0)$ 是曲面 $z=f(x,y)$ 与平面 $y=y_0$ 的交线在点 $(x_0,y_0,f(x_0,y_0))$ 处的切线对 x 轴的斜率. $f_y(x_0,y_0)$ 是曲面 $z=f(x,y)$ 与平面 $x=x_0$ 的交线在点 $(x_0,y_0,f(x_0,y_0))$ 处的切线对 y 轴的斜率.

3. 函数 $f(x,y)$ 在某点具有偏导数，并不能保证在该点连续，这与一元函数可导必连续是有区别的.

4. 理解高阶偏导数的定义，了解在二阶偏导数连续的条件下，混合二阶偏导数与求导次序无关.

释疑解惑

【问 6-2-1】 计算偏导数 $f_x(x_0,y_0)$，能否将 $y=y_0$ 先代入 $f(x,y)$ 中，再对 x 求导?

答 可以.

因为偏导数就是这样定义的. 记 $\varphi(x)=f(x,y_0)$，则

$$\begin{aligned}\varphi'(x_0)&=\lim_{\Delta x\to 0}\frac{\varphi(x_0+\Delta x)-\varphi(x_0)}{\Delta x}\\&=\lim_{\Delta x\to 0}\frac{f(x_0+\Delta x,y_0)-f(x_0,y_0)}{\Delta x}\\&=f'_x(x_0,y_0)\end{aligned}$$

例如，设 $f(x,y)=x^2\cos(1-y)+(y-1)\sin\sqrt{\dfrac{x-1}{y}}$，求 $f_x(2,1)$ 时，可用下面两种方法做.

解法 1 $f_x(x,y)=2x\cos(1-y)+\dfrac{y-1}{2\sqrt{y(x-1)}}\cos\sqrt{\dfrac{x-1}{y}}$

故

$$f_x(2,1)=4$$

解法 2 因为
$$f_x(x,1)=\frac{\mathrm{d}}{\mathrm{d}x}f(x,1)$$

而

$$f(x,1)=x^2$$

所以

$$f_x(x,1)=2x,\quad f_x(2,1)=4$$

【问 6-2-2】 多元函数的偏导数记号$\frac{\partial z}{\partial x}\left(\text{或}\frac{\partial z}{\partial y}\right)$能否理解为$\partial z$与$\partial x$之商(或$\partial z$与$\partial y$之商)?

答 不能.

一元函数的导数$\frac{\mathrm{d}y}{\mathrm{d}x}$可以理解为函数微分$\mathrm{d}y$与自变量微分$\mathrm{d}x$之商,可是在多元函数中$\frac{\partial z}{\partial x}$是一个整体记号,不能理解为$\partial z$与$\partial x$之商,$\partial z$,$\partial x$没有独立意义.

例如,设$z=xy$,则$\frac{\partial z}{\partial x}=y,\frac{\partial x}{\partial y}=-\frac{z}{y^2},\frac{\partial y}{\partial z}=\frac{1}{x}$,这时就有$\frac{\partial z}{\partial x}\cdot\frac{\partial x}{\partial y}\cdot\frac{\partial y}{\partial z}=-1$,而不是$\frac{\partial z}{\partial x}\cdot\frac{\partial x}{\partial y}\cdot\frac{\partial y}{\partial z}=1$.

例题解析

【例 6-2-1】 设函数$f(x,y)$在点(x_0,y_0)处偏导数存在,试求:

(1) $\lim\limits_{x\to 0}\frac{f(x_0+x,y_0)-f(x_0-x,y_0)}{x}$;

(2) $\lim\limits_{h\to 0}\frac{f(x_0+h,y_0)-f(x_0,y_0-h)}{h}$.

分析 利用偏导数的定义.

解 (1)
$$\begin{aligned}&\lim_{x\to 0}\frac{f(x_0+x,y_0)-f(x_0-x,y_0)}{x}\\&=\lim_{x\to 0}\left(\frac{f(x_0+x,y_0)-f(x_0,y_0)}{x}+\frac{f(x_0-x,y_0)-f(x_0,y_0)}{-x}\right)\\&=f_x(x_0,y_0)+f_x(x_0,y_0)=2f_x(x_0,y_0)\end{aligned}$$

(2)
$$\lim_{h\to 0}\frac{f(x_0+h,y_0)-f(x_0,y_0-h)}{h}$$
$$=\lim_{h\to 0}\left(\frac{f(x_0+h,y_0)-f(x_0,y_0)}{h}+\frac{f(x_0,y_0-h)-f(x_0,y_0)}{-h}\right)$$

$$= f_x(x_0, y_0) + f_y(x_0, y_0)$$

【例 6-2-2】　设 $T = 2\pi\sqrt{\dfrac{l}{g}}$，验证：$l\dfrac{\partial T}{\partial l} + g\dfrac{\partial T}{\partial g} = 0$.

分析　先求出$\dfrac{\partial T}{\partial l}$和$\dfrac{\partial T}{\partial g}$，再代入相应表达式即可.

证明　由已知条件可得

$$\frac{\partial T}{\partial l} = \frac{\pi}{\sqrt{gl}}$$

$$\frac{\partial T}{\partial g} = -\frac{\pi}{g}\sqrt{\frac{l}{g}}$$

所以

$$l\frac{\partial T}{\partial l} + g\frac{\partial T}{\partial g} = 0$$

【例 6-2-3】　设 f 具有一阶连续导数，$z = \int_0^{x^2 y} f(t, e^t)dt$. 试求$\dfrac{\partial^2 z}{\partial x \partial y}$.

分析　z 是变上限积分，求一阶导数时，需用变上限积分求导方法，考虑到 f 有一阶连续导数，故先对 y 求导.

解
$$\frac{\partial z}{\partial y} = x^2 \cdot f(x^2 y, e^{x^2 y})$$

$$\frac{\partial^2 z}{\partial x \partial y} = \frac{\partial^2 z}{\partial y \partial x} = 2xf(x^2 y, e^{x^2 y}) + 2x^3 y[f_1(x^2 y, e^{x^2 y}) + e^{x^2 y} f_2(x^2 y, e^{x^2 y})]$$

习题精解

6. 求曲线$\begin{cases} z = \dfrac{1}{4}(x^2 + y) \\ y = 4 \end{cases}$在点 $M_0(2,4,2)$ 处的切线与 Ox 轴正向所成的角度.

解　曲线$\begin{cases} z = \dfrac{1}{4}(x^2 + y) \\ y = 4 \end{cases}$在点 $M_0(2,4,2)$ 处的切线斜率为

$$\tan\alpha = \frac{\partial z}{\partial x}\bigg|_{M_0} = \frac{1}{2}x\bigg|_{M_0} = 1,$$

故 $\alpha = \dfrac{\pi}{4}$，即题设切线与 Ox 轴正向的夹角为$\dfrac{\pi}{4}$.

9. 求下列函数的二阶偏导数：

(3) $f(x, y) = y\cos(x + y)$

解
$$f_x(x, y) = -y\sin(x + y)$$
$$f_y(x, y) = \cos(x + y) - y\sin(x + y)$$

$$f_{xx}(x,y) = -y\cos(x+y)$$

$$f_{xy}(x,y) = -\sin(x+y) - y\cos(x+y)$$

$$f_{yy}(x,y) = -\sin(x+y) - \sin(x+y) - y\cos(x+y)$$
$$= -2\sin(x+y) - y\cos(x+y)$$

第三节　全微分及其应用

内容提要

1. 多元函数的全微分是讨论函数全增量时引出的概念. 以二元函数为例，如果函数 $z = f(x,y)$ 在点 (x,y) 处的全增量

$$\Delta z = f(x+\Delta x, y+\Delta y) - f(x,y)$$

可表示为
$$\Delta z = A\Delta x + B\Delta y + o(\rho)$$

其中 A、B 不依赖于 Δx、Δy，而仅与 x、y 有关，$\rho = \sqrt{(\Delta x)^2 + (\Delta y)^2}$，则称函数 $z = f(x,y)$ 在点 (x,y) 可微，$A\Delta x + B\Delta y$ 称为函数 $z = f(x,y)$ 在点 (x,y) 的全微分，记作 $\mathrm{d}z = A\Delta x + B\Delta y$.

2. 理解多元函数可微与连续、偏导数存在、偏导数连续的关系，即偏导数连续一定可微，可微必连续，可微偏导数一定存在，反之不然.

3. 会用全微分对较简单的函数作近似计算

释疑解惑

【问 6-3-1】 在“充分”、“必要”和“充分必要”三者中选择一个正确的填入下列空格中：

(1) $f(x,y)$ 在点 (x,y) 可微，是 $f(x,y)$ 在该点连续的__________条件；

(2) $z = f(x,y)$ 在点 (x,y) 的偏导数 z_x、z_y 存在，是 $f(x,y)$ 在该点可微的__________条件；

(3) $z = f(x,y)$ 的偏导数 z_x、z_y 在点 (x,y) 连续，是 $f(x,y)$ 在该点连续的__________条件；

(4) $z = f(x,y)$ 在点 (x,y) 可微，是偏导数 z_x、z_y 在该点连续的__________条件.

答　(1) 充分；(2) 必要；(3) 充分；(4) 必要. 具体理由可参看教材中的相关定理和结论.

例题解析

【例 6-3-1】 $f(x,y)$ 满足 $f_x(0,0) = 3$，$f_y(0,0) = 1$，$f(0,0) = 0$，则下列选项中正确的是(　　).

A. $\mathrm{d}f(0,0)=3\mathrm{d}x+\mathrm{d}y$

B. $f(x,y)$ 在点 $(0,0)$ 的某邻域内必有定义

C. 曲线 $\begin{cases} z=f(x,y) \\ y=0 \end{cases}$ 在点 $(0,0)$ 的切向量为 $\boldsymbol{i}+3\boldsymbol{k}$

D. $\lim\limits_{(x,y)\to(0,0)} f(x,y)=0$

解　由已知条件,仅需 $f(x,y)$ 在点 $(0,0)$ 以及在点 $(0,0)$ 的 x 轴方向、y 轴方向有定义,偏导存在即可,其他方向可以没有定义,故 B 被排除,A 与 D 也被排除. 所以若用排除法就应选 C.

由偏导数几何意义,

$$\tan\alpha=\left.\frac{\partial z}{\partial x}\right|_{(0,0)}=f_x(0,0)=3$$

从而 $\cos\alpha=\dfrac{1}{\sqrt{10}}$,$\cos\gamma=\sin\alpha=\dfrac{3}{\sqrt{10}}$,这里 α 与 γ 分别为曲线在点 $(0,0)$ 处的切线与 x 轴正向、与 z 轴正向的夹角,因为曲线 $\begin{cases} z=f(x,y) \\ y=0 \end{cases}$ 与 y 轴垂直,所以切向量的方向向量为 $\left(\dfrac{1}{\sqrt{10}},0,\dfrac{3}{\sqrt{10}}\right)$,即切向量为 $(1,0,3)$.

【例 6-3-2】　设 $f(x,y)=\begin{cases} (x^2+y^2)\sin\dfrac{1}{x^2+y^2}, & x^2+y^2\neq 0 \\ 0, & x^2+y^2=0 \end{cases}$.

求证:(1) 在点 $(0,0)$ 的邻域内有偏导数 $f_x(x,y)$、$f_y(x,y)$;

(2) 偏导数 $f_x(x,y)$ 和 $f_y(x,y)$ 在点 $(0,0)$ 处不连续;

(3) 函数 $f(x,y)$ 在点 $(0,0)$ 处可微.

分析　用二元函数偏导数的定义,以及连续与可微的概念讨论.

证明　(1) 当 $x^2+y^2\neq 0$ 时,有

$$f_x(x,y)=2x\sin\frac{1}{x^2+y^2}-\frac{2x}{x^2+y^2}\cos\frac{1}{x^2+y^2}$$

$$f_y(x,y)=2y\sin\frac{1}{x^2+y^2}-\frac{2y}{x^2+y^2}\cos\frac{1}{x^2+y^2}$$

当 $x^2+y^2=0$ 时,有

$$f_x(0,0)=\lim_{x\to 0}\frac{f(x,0)-f(0,0)}{x}=\lim_{x\to 0}x\sin\frac{1}{x^2}=0$$

$$f_y(0,0)=\lim_{y\to 0}\frac{f(0,y)-f(0,0)}{y}=\lim_{y\to 0}y\sin\frac{1}{y^2}=0$$

(2) 因为

$$\lim_{\substack{y=x\to 0}}\frac{2x}{x^2+y^2}\cos\frac{1}{x^2+y^2}=\lim_{x\to 0}\frac{1}{x}\cos\frac{1}{2x^2}$$

不存在，而

$$\lim_{\substack{y=x\to 0}} 2x\sin\frac{1}{x^2+y^2}=\lim_{x\to 0}2x\sin\frac{1}{2x^2}=0$$

所以 $\lim\limits_{(x,y)\to(0,0)} f_x(x,y)=\lim\limits_{(x,y)\to(0,0)}\left(2x\sin\frac{1}{x^2+y^2}-\frac{2x}{x^2+y^2}\cos\frac{1}{x^2+y^2}\right)$ 不存在，故 $f_x(x,y)$ 在点 $(0,0)$ 不连续.

同理 $f_y(x,y)$ 在点 $(0,0)$ 处也不连续.

(3) 因为 $\lim\limits_{(\Delta x,\Delta y)\to(0,0)}\dfrac{[f(\Delta x,\Delta y)-f(0,0)]-[f_x(0,0)\Delta x+f_y(0,0)\Delta y]}{\sqrt{\Delta x^2+\Delta y^2}}$

$$=\lim_{(\Delta x,\Delta y)\to(0,0)}\sqrt{\Delta x^2+\Delta y^2}\sin\frac{1}{\Delta x^2+\Delta y^2}=0$$

所以 $f(x,y)$ 在点 $(0,0)$ 处的全增量 $\Delta z=f(\Delta x,\Delta y)-f(0,0)$ 可写作

$$\Delta z=f_x(0,0)\Delta x+f_y(0,0)\Delta y+o(\sqrt{(\Delta x)^2+(\Delta y)^2})$$

即 $f(x,y)$ 在点 $(0,0)$ 处可微.

本题说明偏导数连续是函数可微的充分条件，而不是必要条件. 偏导数不连续，也可能可微.

【例 6-3-3】 求函数 $u=x^y y^z z^x$ 的全微分.

分析 求全微分可以先求对各个变量的偏导数分别乘以 $\mathrm{d}x,\mathrm{d}y,\mathrm{d}z$ 再相加.

解 先求偏导数，根据求导法则可以得到

$$\frac{\partial u}{\partial x}=yx^{y-1}y^z z^x+x^y y^z z^x\ln z=x^y y^z z^x\left(\frac{y}{x}+\ln z\right)$$

由对称性，得

$$\frac{\partial u}{\partial y}=x^y y^z z^x\left(\frac{z}{y}+\ln x\right),\frac{\partial u}{\partial z}=x^y y^z z^x\left(\frac{x}{z}+\ln y\right)$$

故

$$\mathrm{d}u=x^y y^z z^x\left[\left(\frac{y}{x}+\ln z\right)\mathrm{d}x+\left(\frac{z}{y}+\ln x\right)\mathrm{d}y+\left(\frac{x}{z}+\ln y\right)\mathrm{d}z\right]$$

习题精解

3. 设 $z=5x^2+y^2$，(x,y) 从 $(1,2)$ 变到 $(1.05,2.1)$，试比较 Δz 和 $\mathrm{d}z$ 的值.

解 $\mathrm{d}z=10x\mathrm{d}x+2y\mathrm{d}y$，$\mathrm{d}z\big|_{(1,2)}=10\Delta x+4\Delta y$

当 $\Delta x=0.05,\Delta y=0.1$ 时，$\mathrm{d}z\big|_{(1,2)}=0.5+0.4=0.9$

$\Delta z=f(1.05,2.1)-f(1,2)=5\times 1.05^2+2.1^2-5-4=0.922\,5$

4. 求函数 $z=\mathrm{e}^{xy}$ 在 $x=1$、$y=1$、$\Delta x=0.15$、$\Delta y=0.1$ 的全微分.

解

$$\mathrm{d}z=y\mathrm{e}^{xy}\mathrm{d}x+x\mathrm{e}^{xy}\mathrm{d}y$$

$$\mathrm{d}z\big|_{(1,1)}=\mathrm{e}\times 0.15+\mathrm{e}\times 0.1=0.25\mathrm{e}$$

5. 用全微分代替函数的增量，近似计算：

(1) $\tan 46^\circ \sin 29^\circ$；　　(2) $1.002 \times 2.003^2 \times 3.004^3$

解　(1) 令 $f(x,y) = \tan x \sin y$，要计算的值为 $f(46^\circ, 29^\circ)$. 取 $x = \frac{\pi}{4}, y = \frac{\pi}{6}, \Delta x = 1^\circ, \Delta y = -1^\circ$. 则

$$f_x\left(\frac{\pi}{4}, \frac{\pi}{6}\right) = \sec^2 x \sin y \Big|_{\left(\frac{\pi}{4}, \frac{\pi}{6}\right)} = 1$$

$$f_y\left(\frac{\pi}{4}, \frac{\pi}{6}\right) = \tan x \cos y \Big|_{\left(\frac{\pi}{4}, \frac{\pi}{6}\right)} = \frac{\sqrt{3}}{2}$$

应用公式

$$f(x+\Delta x, y+\Delta y) \approx f(x,y) + f_x(x,y)\Delta x + f_y(x,y)\Delta y$$

有

$$\begin{aligned}\tan 46^\circ \sin 29^\circ &= f(46^\circ, 29^\circ)\\ &\approx f\left(\frac{\pi}{4}, \frac{\pi}{6}\right) + f_x\left(\frac{\pi}{4}, \frac{\pi}{6}\right)\Delta x + f_y\left(\frac{\pi}{4}, \frac{\pi}{6}\right)\Delta y\\ &= \frac{1}{2} + 1 \times 1^\circ + \frac{\sqrt{3}}{2} \times (-1^\circ) = 0.502\,3\end{aligned}$$

(2) 令 $f(x,y,z) = xy^2z^3$，则要计算的值为 $f(1.002, 2.003, 3.004)$. 取 $x = 1, y = 2, z = 3, \Delta x = 0.002, \Delta y = 0.003, \Delta z = 0.004$. 则

$$f_x(1,2,3) = (y^2z^3)\big|_{(1,2,3)} = 108$$

$$f_y(1,2,3) = (2xyz^3)\big|_{(1,2,3)} = 108$$

$$f_z(1,2,3) = (3xy^2z^2)\big|_{(1,2,3)} = 108$$

应用公式

$$f(x+\Delta x, y+\Delta y, z+\Delta z) \approx f(x,y,z) + f_x(x,y,z)\Delta x + f_y(x,y,z)\Delta y + f_z(x,y,z)\Delta z$$

有

$$\begin{aligned}1.002 \times 2.003^2 \times 3.004^3 &= f(1.002, 2.003, 3.004)\\ &\approx f(1,2,3) + f_x(1,2,3)\Delta x + f_y(1,2,3)\Delta y + f_z(1,2,3)\Delta z\\ &= 108 + 108 \times 0.002 + 108 \times 0.003 + 108 \times 0.004\\ &= 108.972\end{aligned}$$

6. 有半径 $R = 5$ cm，高 $H = 20$ cm 的金属圆柱体 100 个，现需在圆柱体表面镀一层厚度为 0.05 cm 的镍，估计需要多少镍？（镍的密度约为 8.8 g/cm^3）

解　圆柱体的体积 $V = \pi R^2 H$.

圆柱体体积的增量，即所需镍的体积可应用公式 $\Delta V \approx V_R \Delta R + V_H \Delta H$ 来计算，其中 $R = 5, H = 20, \Delta R = 0.05, \Delta H = 0.1$，

$$V_R\big|_{(5,20)} = 2\pi RH\big|_{(5,20)} = 200\pi$$
$$V_H\big|_{(5,20)} = \pi R^2\big|_{(5,20)} = 25\pi$$
$$\Delta V \approx 200\pi \times 0.05 + 25\pi \times 0.1 = 39.27\ \text{cm}^3$$

所需镍的质量

$$\begin{aligned} M &= \Delta V \times \rho \times 100 \\ &= 39.27 \times 8.8 \times 100 \\ &= 34\,557.6\ \text{g} \end{aligned}$$

第四节　多元复合函数的微分法

内容提要

1. 多元复合函数求导法则

多元复合函数求导法则是一元函数微积分学中链式法则在多元函数中的推广，其复合形式远比一元函数复杂得多.下面给出有代表性的几种情形：

(1) 中间变量为多元函数：如 $z = f(u,v)$，$u = u(x,y)$，$v = v(x,y)$，则

$$\frac{\partial z}{\partial x} = \frac{\partial z}{\partial u}\cdot\frac{\partial u}{\partial x} + \frac{\partial z}{\partial v}\cdot\frac{\partial v}{\partial x}$$
$$\frac{\partial z}{\partial y} = \frac{\partial z}{\partial u}\cdot\frac{\partial u}{\partial y} + \frac{\partial z}{\partial v}\cdot\frac{\partial v}{\partial y}$$

(2) 中间变量为一元函数：如 $z = f(u,v)$，$u = u(t)$，$v = v(t)$，则

$$\frac{\mathrm{d}z}{\mathrm{d}t} = \frac{\partial z}{\partial u}\cdot\frac{\mathrm{d}u}{\mathrm{d}t} + \frac{\partial z}{\partial v}\cdot\frac{\mathrm{d}v}{\mathrm{d}t}$$

(3) 中间变量既有一元又有多元函数的情形：如 $z = f(u,v)$，$u = u(x,y)$，$v = v(x)$，则

$$\frac{\partial z}{\partial x} = \frac{\partial z}{\partial u}\cdot\frac{\partial u}{\partial x} + \frac{\partial z}{\partial v}\cdot\frac{\mathrm{d}v}{\mathrm{d}x}$$
$$\frac{\partial z}{\partial y} = \frac{\partial z}{\partial u}\cdot\frac{\partial u}{\partial y}$$

求多元复合函数高阶偏导数，本质上没有新的内容，只是对一阶偏导数再求偏导数.应注意一阶偏导数仍是复合函数，对它也必须用复合函数的求偏导公式.

2. 了解全微分形式不变性

3. 掌握由一个方程确定的隐函数的求导方法

以三元方程为例，由 $F(x,y,z) = 0$ 确定的函数 $z = z(x,y)$ 的偏导数

$$z_x = -\frac{F_x}{F_z},\ z_y = -\frac{F_y}{F_z}$$

会求由方程组确定的隐函数的导数与偏导数.注意在求导过程中区分自变

量与中间变量.

释疑解惑

【问 6-4-1】　设 $z=f(x,y,t)$, $x=x(s,t)$, $y=y(s,t)$ 均分别可微,则

$$\frac{\partial z}{\partial t}=\frac{\partial f}{\partial x}\cdot\frac{\partial x}{\partial t}+\frac{\partial f}{\partial y}\cdot\frac{\partial y}{\partial t}+\frac{\partial f}{\partial t}$$

试问:上式左端的 $\frac{\partial z}{\partial t}$ 与右端的 $\frac{\partial f}{\partial t}$ 意义是否相同?为什么?

答　$\frac{\partial z}{\partial t}$ 表示二元复合函数 $z=f(x(s,t),y(s,t),t)$ 对自变量 t 的偏导数.

$\frac{\partial f}{\partial t}$ 表示复合函数 $z=f(x(s,t),y(s,t),t)$ 的外层函数 $z=f(x,y,t)$ 对中间变量 t 的偏导数.

【问 6-4-2】　设 $F(x,y,z)=0$ 确定的隐函数 $z=z(x,y)$,隐函数求偏导公式为

$$\frac{\partial z}{\partial x}=-\frac{F_x}{F_z},\frac{\partial z}{\partial y}=-\frac{F_y}{F_z}$$

在求 F_x,F_y,F_z 时,是否应将 z 视为 x,y 的函数?

答　不可以.

F_x、F_y、F_z 是函数 $F(x,y,z)$ 对变量 x、y、z 的偏导数.相对于 F 而言,x,y,z 都是 F 的独立的自变量.

例题解析

【例 6-4-1】　设 $u=f(x,y,z)$ 有连续的一阶偏导数,又函数 $y=y(x)$ 及 $z=z(x)$ 分别由下列两式确定:

$$e^{xy}-xy=2 \text{ 和 } e^x=\int_0^{x-z}\frac{\sin t}{t}dt$$

求 $\frac{du}{dx}$.

解　由 $\frac{du}{dx}=\frac{\partial f}{\partial x}+\frac{\partial f}{\partial y}\cdot\frac{dy}{dx}+\frac{\partial f}{\partial z}\cdot\frac{dz}{dx}$ 可知,只需求出 $\frac{dy}{dx}$ 和 $\frac{dz}{dx}$.在 $e^{xy}-xy=2$ 两端对 x 求导,得

$$e^{xy}\left(y+x\frac{dy}{dx}\right)-\left(y+x\frac{dy}{dx}\right)=0$$

从而求出

$$\frac{dy}{dx}=-\frac{y}{x}$$

在 $e^x=\int_0^{x-z}\frac{\sin t}{t}dt$ 两端对 x 求导,得

$$e^x = \frac{\sin(x-z)}{x-z} \cdot \left(1 - \frac{dz}{dx}\right)$$

从而求出

$$\frac{dz}{dx} = 1 - \frac{e^x(x-z)}{\sin(x-z)}$$

将它们代入$\frac{du}{dx}$公式,得

$$\frac{du}{dx} = \frac{\partial f}{\partial x} - \frac{y}{x}\frac{\partial f}{\partial y} + \left[1 - \frac{e^x(x-z)}{\sin(x-z)}\right]\frac{\partial f}{\partial z}$$

【例 6-4-2】 设 $y = (\sin x)^{\ln x}$,求$\frac{dy}{dx}$.

解 令 $u = \sin x, v = \ln x$,则 $y = u^v$

$$\begin{aligned}\frac{dy}{dx} &= \frac{\partial y}{\partial u} \cdot \frac{du}{dx} + \frac{\partial y}{\partial v} \cdot \frac{dv}{dx} \\ &= vu^{v-1}\cos x + u^v(\ln u) \cdot \frac{1}{x} \\ &= u^v\left(\frac{v}{u}\cos x + \frac{1}{x}\ln u\right) \\ &= (\sin x)^{\ln x}\left[(\cot x)\ln x + \frac{1}{x}\ln \sin x\right]\end{aligned}$$

在一元函数微分法中此题可用对数求导法求解,引进偏导数后,可不必取对数.

【例 6-4-3】 设 $f(x,y), g(x,y)$ 有连续的二阶偏导数,令 $\varphi(x,y) = f(x, g(x^2, x^2))$,求$\frac{d\varphi}{dx}$.

分析 用复合函数求导的链式法则,并注意到经过中间变量复合后,φ是x的一元函数,故所求的为全导数.

解 由复合函数链式法则,有

$$\frac{d\varphi}{dx} = f'_1 + f'_2 \cdot \frac{dg(x^2, x^2)}{dx}$$

其中

$$\frac{dg(x^2, x^2)}{dx} = g'_1 \cdot \frac{d(x^2)}{dx} + g'_2 \cdot \frac{d(x^2)}{dx} = 2x(g'_1 + g'_2)$$

则

$$\frac{d\varphi}{dx} = f'_1 + 2xf'_2 \cdot (g'_1 + g'_2)$$

注意解此题时要正确理解函数的复合关系,$\varphi = f(u,v), u = x, v = g(x^2, x^2)$,而其中一个中间变量函数 $v = g(x^2, x^2)$ 又是一个多元复合函数,但整体函数只是二层复合函数.

习题精解

4. 求下列函数的偏导数：

(1) $z = f(x^2 + y)$，其中 f 可微，求 $\frac{\partial z}{\partial x}, \frac{\partial z}{\partial y}$；

(2) $z = f(x^2 - y^2, \cos(xy))$，其中 f 具有一阶连续偏导数，求 $\frac{\partial z}{\partial x}, \frac{\partial z}{\partial y}$；

(3) $z = f(e^y, x^2 - y)$，其中 f 具有一阶连续偏导数，求 $\frac{\partial z}{\partial x}, \frac{\partial z}{\partial y}$；

(4) $z = f(\sin x, \cos y, e^{x+y})$，其中 f 具有一阶连续偏导数，求 $\frac{\partial z}{\partial x}, \frac{\partial z}{\partial y}$.

解 (1)
$$\frac{\partial z}{\partial x} = 2xf'(x^2 + y)$$
$$\frac{\partial z}{\partial y} = f'(x^2 + y)$$

(2)
$$\frac{\partial z}{\partial x} = 2xf'_1 - y\sin(xy)f'_2$$
$$\frac{\partial z}{\partial y} = -2yf'_1 - x\sin(xy)f'_2$$

(3)
$$\frac{\partial z}{\partial x} = 2xf'_2$$
$$\frac{\partial z}{\partial y} = e^y f'_1 - f'_2$$

(4)
$$\frac{\partial z}{\partial x} = \cos xf'_1 + e^{x+y}f'_3$$
$$\frac{\partial z}{\partial y} = -\sin yf'_2 + e^{x+y}f'_3$$

5. 分别用 a、b、c 表示一长方体的三条边长，若 a、b 均以 2 cm/s 的速率增加，c 以 3 cm/s 的速率减少. 当 $a = 1$ cm，$b = c = 2$ cm 时，求下列量的变化率：

(1) 体积 V；(2) 表面积 S；(3) 对角线长度 l.

解 由已知条件可知
$$\frac{\mathrm{d}a}{\mathrm{d}t} = \frac{\mathrm{d}b}{\mathrm{d}t} = 2, \frac{\mathrm{d}c}{\mathrm{d}t} = -3$$

(1)
$$V = abc$$
$$\frac{\mathrm{d}V}{\mathrm{d}t} = bc\frac{\mathrm{d}a}{\mathrm{d}t} + ac\frac{\mathrm{d}b}{\mathrm{d}t} + ab\frac{\mathrm{d}c}{\mathrm{d}t}$$
$$\left.\frac{\mathrm{d}V}{\mathrm{d}t}\right|_{(1,2,2)} = 8 + 4 - 6 = 6\mathrm{cm}^3/\mathrm{s}$$

(2)
$$S = 2(ab + bc + ac)$$

$$\frac{\mathrm{d}S}{\mathrm{d}t}=2\left[(b+c)\frac{\mathrm{d}a}{\mathrm{d}t}+(a+c)\frac{\mathrm{d}b}{\mathrm{d}t}+(a+b)\frac{\mathrm{d}c}{\mathrm{d}t}\right]$$

$$\left.\frac{\mathrm{d}S}{\mathrm{d}t}\right|_{(1,2,2)}=2(8+6-9)=10\ \mathrm{cm}^2/\mathrm{s}$$

(3) $$l=\sqrt{a^2+b^2+c^2}$$

$$\frac{\mathrm{d}l}{\mathrm{d}t}=\frac{1}{\sqrt{a^2+b^2+c^2}}\left(a\frac{\mathrm{d}a}{\mathrm{d}t}+b\frac{\mathrm{d}b}{\mathrm{d}t}+c\frac{\mathrm{d}c}{\mathrm{d}t}\right)$$

$$\left.\frac{\mathrm{d}l}{\mathrm{d}t}\right|_{(1,2,2)}=\frac{1}{3}(2+4-6)=0$$

8. 设函数 $z=z(x,y)$ 是由方程 $x\mathrm{e}^{x-y-z}=x-y+2z$ 所确定的函数，求 $\left.\frac{\partial z}{\partial x}\right|_{(0,2,1)}$.

解 令 $F(x,y,z)=x\mathrm{e}^{x-y-z}-x+y-2z$，则

$$\frac{\partial z}{\partial x}=-\frac{F_x}{F_z}=-\frac{(x+1)\mathrm{e}^{x-y-z}-1}{-x\mathrm{e}^{x-y-z}-2}=\frac{(x+1)\mathrm{e}^{x-y-z}-1}{x\mathrm{e}^{x-y-z}+2}$$

$$\left.\frac{\partial z}{\partial x}\right|_{(0,2,1)}=\frac{\mathrm{e}^{-3}-1}{2}$$

9. 求下列函数的混合二阶偏导数 $\frac{\partial^2 u}{\partial x\partial y}$，其中 φ 有二阶连续偏导数：

(1) $u=\varphi(\xi,\eta)$，$\xi=x+y$，$\eta=x-y$.

(2) $u=\varphi(\xi,\eta)$，$\xi=\frac{x}{y}$，$\eta=\frac{y}{x}$.

(3) $u=\varphi(\xi,\eta)$，$\xi=x^2+y^2+z^2$，$\eta=xyz$.

解 (1) $$\frac{\partial u}{\partial x}=\varphi_1+\varphi_2$$

$$\frac{\partial^2 u}{\partial x\partial y}=[\varphi_{11}\cdot 1+\varphi_{12}\cdot(-1)]+[\varphi_{21}\cdot 1+\varphi_{22}\cdot(-1)]=\varphi_{11}-\varphi_{22}$$

(2) $$\frac{\partial u}{\partial x}=\varphi_1\cdot\frac{1}{y}+\varphi_2\cdot\left(-\frac{y}{x^2}\right)=\frac{1}{y}\varphi_1-\frac{y}{x^2}\varphi_2$$

$$\frac{\partial^2 u}{\partial x\partial y}=\varphi_1\cdot\left(-\frac{1}{y^2}\right)+\frac{1}{y}\left[\varphi_{11}\cdot\left(-\frac{x}{y^2}\right)+\varphi_{12}\frac{1}{x}\right]-\frac{\varphi_2}{x^2}-\frac{y}{x^2}\left[\varphi_{21}\left(-\frac{x}{y^2}\right)+\varphi_{22}\frac{1}{x}\right]$$

$$=-\frac{\varphi_1}{y^2}-\frac{x}{y^3}\varphi_{11}-\frac{\varphi_2}{x^2}+\frac{2}{xy}\varphi_{12}-\frac{y}{x^3}\varphi_{22}$$

(3) $$\frac{\partial u}{\partial x}=\varphi_1\cdot 2x+\varphi_2\cdot yz=2x\varphi_1+yz\varphi_2$$

$$\frac{\partial^2 u}{\partial x\partial y}=2x[\varphi_{11}2y+\varphi_{12}xz]+z\varphi_2+yz(2y\varphi_{21}+xz\varphi_{22})$$

$$= 4xy\varphi_{11} + z\varphi_2 + xyz^2\varphi_{22} + (2x^2z + 2y^2z)\varphi_{12}$$

10. 求下列隐函数 $z = z(x,y)$ 的二阶偏导数$\dfrac{\partial^2 z}{\partial x^2}$.

(1)$z^2 + xy + y^2 = 3$； (2)$z^3 - 3xyz = a^3$

解 (1)
$$\frac{\partial z}{\partial x} = -\frac{F_x}{F_z} = -\frac{y}{2z}$$

$$\frac{\partial^2 z}{\partial x^2} = -\frac{-2y\dfrac{\partial z}{\partial x}}{4z^2} = -\frac{y^2}{4z^3}$$

(2)
$$\frac{\partial z}{\partial x} = -\frac{F_x}{F_z} = -\frac{-3yz}{3z^2 - 3xy} = \frac{yz}{z^2 - xy}$$

$$\frac{\partial^2 z}{\partial x^2} = \frac{y\dfrac{\partial z}{\partial x}(z^2 - xy) - \left(2z\dfrac{\partial z}{\partial x} - y\right)yz}{(z^2 - xy)^2} = \frac{-2xy^3z}{(z^2 - xy)^3}$$

11. 若 $F(x-y, y-z, z-x) = 0$,求$\dfrac{\partial z}{\partial x},\dfrac{\partial z}{\partial y}$,其中 F 有连续的偏导数.

解 方程左右两边同时对 x 求偏导,并注意到 z 是 x,y 的二元函数,则

$$F_1' + F_2' \cdot \left(-\frac{\partial z}{\partial x}\right) + F_3'\left(\frac{\partial z}{\partial x} - 1\right) = 0$$

得

$$\frac{\partial z}{\partial x} = \frac{F_3' - F_1'}{F_3' - F_2'}$$

方程左右两边同时对 y 求偏导,则

$$F_1' \cdot (-1) + F_2' \cdot \left(1 - \frac{\partial z}{\partial y}\right) + F_3' \cdot \frac{\partial z}{\partial y} = 0$$

得

$$\frac{\partial z}{\partial y} = \frac{F_1' - F_2'}{F_3' - F_2'}$$

12. 求由下列方程组确定的隐函数的导数或偏导数:

(1)$\begin{cases} xu - yv = 0 \\ yu + xv = 1 \end{cases}$,求$\dfrac{\partial u}{\partial x},\dfrac{\partial u}{\partial y},\dfrac{\partial v}{\partial x},\dfrac{\mathrm{d}v}{\mathrm{d}y}$;

(2)$\begin{cases} x + y + z = 0 \\ x^2 + y^2 + z^2 = 1 \end{cases}$,求$\dfrac{\mathrm{d}y}{\mathrm{d}x},\dfrac{\mathrm{d}z}{\mathrm{d}x}$.

解 (1) 方程左右两边同时对 x 求偏导

$$\begin{cases} u + xu_x - yv_x = 0 \\ yu_x + v + xv_x = 0 \end{cases}$$

$$u_x = -\frac{\begin{vmatrix} u & -y \\ v & x \end{vmatrix}}{\begin{vmatrix} x & -y \\ y & x \end{vmatrix}} = -\frac{xu + vy}{x^2 + y^2}, v_x = -\frac{\begin{vmatrix} x & u \\ y & v \end{vmatrix}}{\begin{vmatrix} x & -y \\ y & x \end{vmatrix}} = -\frac{xv - uy}{x^2 + y^2}$$

同理

$$u_y = \frac{xv - yu}{x^2 + y^2}, v_y = -\frac{ux + yv}{x^2 + y^2}$$

(2) 方程左右两边同时对 x 求导

$$\begin{cases} 1 + \dfrac{dy}{dx} + \dfrac{dz}{dx} = 0 \\ x + y\dfrac{dy}{dx} + z\dfrac{dz}{dx} = 0 \end{cases}$$

$$\frac{dy}{dx} = \frac{\begin{vmatrix} -1 & 1 \\ -x & z \end{vmatrix}}{\begin{vmatrix} 1 & 1 \\ y & z \end{vmatrix}} = \frac{x - z}{z - y}$$

$$\frac{dz}{dx} = \frac{\begin{vmatrix} 1 & -1 \\ y & -x \end{vmatrix}}{\begin{vmatrix} 1 & 1 \\ y & z \end{vmatrix}} = \frac{y - x}{z - y}$$

第五节　偏导数的几何应用

内容提要

1. 空间曲线在点(x_0, y_0, z_0)处的切线与法平面方程

设曲线方程为$x = \varphi(t), y = \psi(t), z = \omega(t)$,点$(x_0, y_0, z_0)$对应$t = t_0$,则切线方程:

$$\frac{x - x_0}{\varphi'(t)} = \frac{y - y_0}{\psi'(t_0)} = \frac{z - z_0}{w'(t_0)}$$

法平面方程:

$$\varphi'(t)(x - x_0) + \psi'(t_0)(y - y_0) + w'(t_0)(z - z_0) = 0$$

若空间曲线以一般形式$\begin{cases} F(x,y,z) = 0 \\ G(x,y,z) = 0 \end{cases}$给出,可选择 x, y, z 中一合适变量作为参数.如选取 x 为参变量,将曲线视为 $x = x(x), y = y(x), z = z(x)$,并用隐函数求导法求出切向量$(1, y'(x_0), z'(x_0))$.

2. 曲面在点(x_0, y_0, z_0)处的切平面方程与法线方程

设曲面方程为 $F(x,y,z) = 0$,则

切平面方程

$$F_x(M_0)(x - x_0) + F_y(M_0)(y - y_0) + F_z(M_0)(z - z_0) = 0$$

法线方程

$$\frac{x - x_0}{F_x(M_0)} = \frac{y - y_0}{F_y(M_0)} = \frac{z - z_0}{F_z(M_0)}$$

释疑解惑

【问 6-5-1】　已知曲线 $S: z=f(x,y)$ 在点 $M_0(x_0,y_0,z_0)$ 处的切平面方程为

$$f_x(x_0,y_0)(x-x_0)+f_y(x_0,y_0)(y-y_0)=z-z_0$$

此切平面的左端实际上是函数 $z=f(x,y)$ 在点 (x_0,y_0) 处的全微分. 试问函数 $z=f(x,y)$ 在点 (x_0,y_0) 处的全微分的几何意义是什么？

答　若函数 $z=f(x,y)$ 在 (x_0,y_0) 处可微，则曲面 $z=f(x,y)$ 在 (x_0,y_0,z_0) 处存在切平面，且在 (x_0,y_0,z_0) 附近可用切平面近似代替曲面. $z=f(x,y)$ 在点 (x_0,y_0) 处的全微分，在几何上表示曲面 $z=f(x,y)$ 在点 (x_0,y_0,z_0) 处的切平面上点的竖坐标的增量.

【问 6-5-2】　设空间曲线 $L:\begin{cases}F(x,y,z)=0\\G(x,y,z)=0\end{cases}$

则方程组

$$\begin{cases}F_x\mathrm{d}x+F_y\mathrm{d}y+F_z\mathrm{d}z=0\\G_x\mathrm{d}x+G_y\mathrm{d}y+G_z\mathrm{d}z=0\end{cases}$$

有什么几何意义？

答　方程组的解 $\dfrac{\mathrm{d}z}{\mathrm{d}x},\dfrac{\mathrm{d}y}{\mathrm{d}x}$ 构成了曲线 $L:\begin{cases}F(x,y,z)=0\\G(x,y,z)=0\end{cases}$ 的切线方向向量 $\boldsymbol{s}=\left(1,\dfrac{\mathrm{d}y}{\mathrm{d}x},\dfrac{\mathrm{d}z}{\mathrm{d}x}\right)$，或 $\boldsymbol{s}=(\mathrm{d}x,\mathrm{d}y,\mathrm{d}z)$.

向量 (F_x,F_y,F_z) 和 (G_x,G_y,G_z) 分别表示曲面 $S_1: F(x,y,z)=0$ 和 S_2：$G(x,y,z)=0$ 的法向量，因而方程组 $\begin{cases}F_x\mathrm{d}x+F_y\mathrm{d}y+F_z\mathrm{d}z=0\\G_x\mathrm{d}x+G_y\mathrm{d}y+G_z\mathrm{d}z=0\end{cases}$ 表示在曲线 L 上点 (x,y,z) 处的切线分别和该点处曲面 S_1 与 S_2 的法线垂直.

例题解析

【例 6-5-1】　求过直线 $\begin{cases}x+2y+z-1=0\\x-y-2z+3=0\end{cases}$，且与曲线 $\begin{cases}x^2+y^2=\dfrac{1}{2}z^2\\x+y+2z=4\end{cases}$ 在点 $(1,-1,2)$ 处的切线平行的平面方程.

解　过直线的平面束方程为

$$x+2y+z-1+\lambda(x-y-2z+3)=0$$

即

$$(1+\lambda)x+(2-\lambda)y+(1-2\lambda)z+3\lambda-1=0$$

平面法向量

$$\boldsymbol{n}=(1+\lambda,2-\lambda,1-2\lambda)$$

现求曲线$\begin{cases} x^2+y^2=\dfrac{1}{2}z^2 \\ x+y+2z=4 \end{cases}$在点(1，－1,2)处切线的方向向量.

两式两端对 x 求导

$$\begin{cases} 2x+2y\cdot\dfrac{\mathrm{d}y}{\mathrm{d}x}=z\cdot\dfrac{\mathrm{d}z}{\mathrm{d}x} \\ 1+\dfrac{\mathrm{d}y}{\mathrm{d}x}+2\dfrac{\mathrm{d}z}{\mathrm{d}x}=0 \end{cases}$$

得

$$\frac{\mathrm{d}y}{\mathrm{d}x}=\frac{-4x-z}{4y+z},\frac{\mathrm{d}z}{\mathrm{d}x}=\frac{-2y+2x}{4y+z}$$

把(1，－1,2)代入得

$$\frac{\mathrm{d}y}{\mathrm{d}x}=3,\frac{\mathrm{d}z}{\mathrm{d}x}=-2$$

即

$$\boldsymbol{s}=(1,3,-2)$$

由题设知

$$\boldsymbol{n}\cdot\boldsymbol{s}=0$$

即 $1\cdot(1+\lambda)+3(2-\lambda)-2(1-2\lambda)=0\Rightarrow\lambda=-\dfrac{5}{2}$，故平面方程为

$$3x-9y-12z+17=0$$

【例 6-5-2】 求曲线 l：$\begin{cases} 2x^2+3y^2+z^2=9 \\ z^2=3x^2+y^2 \end{cases}$ 在点 $M_0(1,-1,2)$ 处的切线与法平面方程.

分析 求曲线已知点 M_0 处的切线，关键需求出切线的方向向量 $\boldsymbol{s}$，注意到 $\boldsymbol{s}$ 与曲面 $2x^2+3y^2+z^2=9$ 及曲面 $z^2=3x^2+y^2$ 在点 M_0 的法向量都垂直.

解 设 l 切线的方向向量为$\boldsymbol{s}$，在点 M_0 处曲面 $2x^2+3y^2+z^2=9$ 和 $z^2=3x^2+y^2$ 的法线向量$\boldsymbol{n}_1$ 与$\boldsymbol{n}_2$ 分别是

$$\boldsymbol{n}_1=(4x,6y,2z)\Big|_{M_0}=(4,-6,4)$$

$$\boldsymbol{n}_2=(6x,2y,-2z)\Big|_{M_0}=(6,-2,-4)$$

由 $\boldsymbol{s}\perp\boldsymbol{n}_1$ 及 $\boldsymbol{s}\perp\boldsymbol{n}_2$，故可取

$$\boldsymbol{s}=\begin{vmatrix} \boldsymbol{i} & \boldsymbol{j} & \boldsymbol{k} \\ 4 & -6 & 4 \\ 6 & -2 & -4 \end{vmatrix}=32\boldsymbol{i}+40\boldsymbol{j}+28\boldsymbol{k}$$

也可取 $\boldsymbol{s}=(8,10,7)$

于是得切线方程为

$$\frac{x-1}{8}=\frac{y+1}{10}=\frac{z-2}{7}$$

法平面方程为　$8(x-1)+10(y+1)+7(z-2)=0$

习题精解

2. 求曲线 $x=t,y=t^2,z=t^3$ 上平行于平面 $x+2y+z=4$ 的切线方程.

解　曲线的切向量 $\boldsymbol{s}=(1,2t,3t^2)$，平面 $x+2y+z=4$ 的法向量 $\boldsymbol{n}=(1,2,1)$，由于 $\boldsymbol{s}$ 与 $\boldsymbol{n}$ 垂直，故 $\boldsymbol{s}\cdot\boldsymbol{n}=0$，即有 $1+4t+3t^2=0$. 解得 $t=-\frac{1}{3},t=-1$，从而得到切点 $M_1\left(-\frac{1}{3},\frac{1}{9},-\frac{1}{27}\right)$ 和 $M_2(-1,1,-1)$，因而切线方程为

$$\frac{x+\frac{1}{3}}{1}=\frac{y-\frac{1}{9}}{-\frac{2}{3}}=\frac{z+\frac{1}{27}}{\frac{1}{3}}$$

和

$$\frac{x+1}{1}=\frac{y-1}{-2}=\frac{z+1}{3}$$

4. 证明曲面 $F(nx-lz,ny-mz)=0$ 在任一点处的切平面都平行于直线

$$\frac{x+1}{l}=\frac{y-2}{m}=\frac{z-3}{n}$$

其中 F 为可导函数.

证明　只须证明曲面任一点处的法向量都垂直 $\boldsymbol{s}=(l,m,n)$.

令　$$G(x,y,z)=F(nx-lz,ny-mz)$$

曲面法向量为

$$\begin{aligned}\boldsymbol{n}=(G_x,G_y,G_z)&=(F_1\cdot n,F_2\cdot n,F_1\cdot(-l)+F_2\cdot(-m))\\&=(nF_1,nF_2,-lF_1-mF_2)\end{aligned}$$

$$\boldsymbol{n}\cdot\boldsymbol{s}=nlF_1+nmF_2-lnF_1-mnF_2=0$$

可见 $\boldsymbol{n}\perp\boldsymbol{s}$，从而得证.

5. 证明曲面 $x^{\frac{2}{3}}+y^{\frac{2}{3}}+z^{\frac{2}{3}}=a^{\frac{2}{3}}$ 上任意点处的切平面与坐标轴的截距的平方和恒为常数.

证明　曲面 $x^{\frac{2}{3}}+y^{\frac{2}{3}}+z^{\frac{2}{3}}=a^{\frac{2}{3}}$ 上任意点 (x_0,y_0,z_0) 处的切平面方程为

$$\frac{2}{3}x_0^{-\frac{1}{3}}(x-x_0)+\frac{2}{3}y_0^{-\frac{1}{3}}(y-y_0)+\frac{2}{3}z_0^{-\frac{1}{3}}(z-z_0)=0$$

化为截距式可知其在 x 轴、y 轴、z 轴上的截距分别为

$$d_x=x_0^{\frac{1}{3}}(x_0^{\frac{2}{3}}+y_0^{\frac{2}{3}}+z_0^{\frac{2}{3}})=a^{\frac{2}{3}}x_0^{\frac{1}{3}}$$

$$d_y=y_0^{\frac{1}{3}}(x_0^{\frac{2}{3}}+y_0^{\frac{2}{3}}+z_0^{\frac{2}{3}})=a^{\frac{2}{3}}y_0^{\frac{1}{3}}$$

$$d_z = z_0^{\frac{1}{3}}(x_0^{\frac{2}{3}} + y_0^{\frac{2}{3}} + z_0^{\frac{2}{3}}) = a^{\frac{2}{3}} z_0^{\frac{1}{3}}$$

则得

$$d_x^2 + d_y^2 + d_z^2 = a^{\frac{4}{3}}(x_0^{\frac{2}{3}} + y_0^{\frac{2}{3}} + z_0^{\frac{2}{3}}) = a^2$$

7. 求旋转椭球面 $3x^2 + y^2 + z^2 = 16$ 在点$(-1,-2,3)$处的切平面与 xOy 平面的夹角余弦.

解 椭球面 $3x^2 + y^2 + z^2 = 16$ 在点$(-1,-2,3)$处的法向量为

$$\boldsymbol{n}_1 = (6x,2y,2z)\Big|_{(-1,-2,3)} = (-6,-4,6)$$

xOy 平面的法向量

$$\boldsymbol{n}_2 = (0,0,1)$$

它们的夹角余弦

$$\cos\theta = \frac{|\boldsymbol{n}_1 \cdot \boldsymbol{n}_2|}{|\boldsymbol{n}_1|\cdot|\boldsymbol{n}_2|} = \frac{6}{2\sqrt{22}} = \frac{3}{22}\sqrt{22}$$

第六节　多元函数的极值

内容提要

1. 根据二元函数取得极值的必要条件和充分条件，掌握求二元函数的极值的方法. 即通过解方程组

$$f_x(x,y) = 0, f_y(x,y) = 0$$

求出函数的驻点(x_0,y_0)，再用充分条件加以判断驻点是否为极值点.

设　　$A = f_{xx}(x_0,y_0), B = f_{xy}(x_0,y_0), C = f_{yy}(x_0,y_0)$

$AC - B^2 > 0$，且 $A > 0$，则(x_0,y_0)为极小值点；

$AC - B^2 > 0$，且 $A < 0$，则(x_0,y_0)为极大值点；

$AC - B^2 < 0$，(x_0,y_0)不是极值点；

$AC - B^2 = 0$，(x_0,y_0)是否为极值点，需另作讨论.

2. 掌握求条件极值的拉格朗日乘数法. 如求函数 $f(x,y,z)$ 在约束条件 $h(x,y,z) = 0$ 下的极值，首先建立拉格朗日函数

$$L(x,y,z) = f(x,y,z) + \lambda h(x,y,z)$$

通过解联立方程组

$$\begin{cases} L_x(x,y,z) = f_x(x,y,z) + \lambda h_x(x,y,z) = 0 \\ L_y(x,y,z) = f_y(x,y,z) + \lambda h_y(x,y,z) = 0 \\ L_z(x,y,z) = f_z(x,y,z) + \lambda h_z(x,y,z) = 0 \\ h(x,y,z) = 0 \end{cases}$$

解出 x,y,z，便得到函数 $f(x,y,z)$ 的可能极值点.

3. 掌握求解有界闭区域上，连续函数的最大、最小值方法，能解决一些简单的应用问题.

释疑解惑

【问 6-6-1】　如果二元函数 $z=f(x,y)$ 在点 (x_0,y_0) 取得极值，能否肯定一元函数 $z=f(x,y_0)$ 及 $z=f(x_0,y)$ 在点 (x_0,y_0) 也取得极值？反之，是否成立？

答　如果 $z=f(x,y)$ 在点 (x_0,y_0) 取得极大值，那么在 (x_0,y_0) 的某一去心邻域内的一切点 (x,y) 有不等式 $f(x_0,y_0)>f(x,y)$ 成立，因而在点 x_0 的某去心邻域中不等式 $f(x_0,y_0)>f(x,y_0)$ 成立，所以一元函数 $z=f(x,y_0)$ 在点 (x_0,y_0) 也必取得极大值，同理 $z=f(x_0,y)$ 在点 (x_0,y_0) 也取得极大值.

类似的，若 $z=f(x,y)$ 在点 (x_0,y_0) 取得极小值，则 $z=f(x,y_0)$ 及 $z=f(x_0,y)$ 在点 (x_0,y_0) 也必取得极小值.

反之，并不成立，例如函数 $f(x,y)=x^2+y^2-6xy$，一元函数 $f(x,0)=x^2$ 在 $(0,0)$ 处取得极小值 0，一元函数 $f(0,y)=y^2$ 在 $(0,0)$ 处也取得极小值 0，但二元函数 $f(x,y)$ 在 $(0,0)$ 处达不到极小值，因在直线 $y=x$ 上，在点 $x=0$ 的去心邻域内 $f(x,x)=-4x^2<0$，故 $f(0,0)=0$ 不是 $f(x,y)=x^2+y^2-6xy$ 的极小值.

【问 6-6-2】　如果函数 $u=f(x,y)$ 在 $\varphi(x,y)=0$ 的约束条件下在点 (x_0,y_0) 处取得极值，那么 $f'_x(x_0,y_0)=0$ 与 $f'_y(x_0,y_0)=0$ 是否成立？为什么？

答　不一定成立. 例如函数 $z=x^2+y^2$ 在约束条件 $x+y-1=0$ 下，在点 $\left(\frac{1}{2},\frac{1}{2}\right)$ 处取得极小值 $\frac{1}{2}$，但 $f'_x\left(\frac{1}{2},\frac{1}{2}\right)=2x\Big|_{x=\frac{1}{2}}=1$，$f'_y\left(\frac{1}{2},\frac{1}{2}\right)=2y\Big|_{y=\frac{1}{2}}=1$，它们都不等于零.

【问 6-6-3】　用拉格朗日乘数法求解条件极值有哪些困难？

答　用拉格朗日乘数法求解条件极值的方法是固定的. 一般只需求得驻点后，由问题的实际背景判断是否为最值，而不要求用充分条件去验证它. 难点常出现在解联立方程组的过程.

依极值必要条件得到的方程组一般都是非线性的，解法的技巧性较高，需视具体方程组的特征采用特殊的处理方法. 下面举例说明常见的解题技巧.

例如，求函数 $u=xyz$ 在约束条件 $\frac{1}{x}+\frac{1}{y}+\frac{1}{z}=\frac{1}{a}$ $(x>0,y>0,z>0,a>0)$ 下的极值.

解　设拉格朗日函数为

$$F(x,y,z,\lambda)=xyz+\lambda\left(\frac{1}{x}+\frac{1}{y}+\frac{1}{z}-\frac{1}{a}\right)$$

令

$$\begin{cases} F'_x = yz - \dfrac{\lambda}{x^2} = 0 & (1) \\ F'_y = xz - \dfrac{\lambda}{y^2} = 0 & (2) \\ F'_z = xy - \dfrac{\lambda}{z^2} = 0 & (3) \\ F'_\lambda = \dfrac{1}{x} + \dfrac{1}{y} + \dfrac{1}{z} - \dfrac{1}{a} = 0 & (4) \end{cases}$$

以下仅就解此方程组的方法进行讨论,不具体求出极值.

方法 1 注意到前三个方程的第一项是 x,y,z 三个变量中两个的乘积,如果各方程乘以相应缺少的那个变量,那么就都成为 xyz,再消项,即

(1) $\times x$ 得 $\quad xyz - \dfrac{\lambda}{x} = 0 \qquad (5)$

或(2) $\times y$ 得 $\quad xyz - \dfrac{\lambda}{y} = 0 \qquad (6)$

或(3) $\times z$ 得 $\quad xyz - \dfrac{\lambda}{z} = 0 \qquad (7)$

式(5) + 式(6) + 式(7) 得 $\quad 3xyz - \lambda\left(\dfrac{1}{x} + \dfrac{1}{y} + \dfrac{1}{z}\right) = 0 \qquad (8)$

把式(4) 代入,得 $xyz = \dfrac{\lambda}{3a}$

再把它分别代入式(5) ~ 式(7) 便得

$$x = y = z = 3a$$

方法 2 把式(1) 和式(2) 式改写为

$$yz = \frac{\lambda}{x^2}, \quad xz = \frac{\lambda}{y^2}$$

因 x,y,z 都不等于 0,两式相除,立即消去 λ 及 z,得到

$$y = x$$

同理对式(2) 与式(3) 作类似处理,得到 $y = z$,从而

$$x = y = z$$

再代入式(4),便得 $x = y = z = 3a$.

方法 3 先解出 λ. 把式(4) 代入式(8),得

$$\lambda = 3axyz$$

再把 λ 分别代入式(1) ~ 式(3) 便得 $x = y = z = 3a$.

方法 4 由于这个问题的特殊性,从目标函数的构成及约束条件看,三个变量 x,y,z 呈轮换对称,由此必然有 $x = y = z$,再代入约束条件就得

$$x = y = z = 3a$$

例题解析

【例 6-6-1】 确定 a,b 的值，使 $\int_0^1 (ax+b-x^2)^2\,dx$ 有极小值.

分析 $\int_0^1 (ax+b-x^2)^2\,dx$ 实际上是以 a,b 为自变量的二元函数.

解 设

$$f(a,b)=\int_0^1 (ax+b-x^2)^2\,dx$$

$$=\int_0^1 (a^2x^2+b^2+x^4+2abx-2ax^3-2bx^2)\,dx$$

$$=\frac{1}{3}a^2+b^2+\frac{1}{5}+ab-\frac{1}{2}a-\frac{2}{3}b$$

$$f'_a(a,b)=\frac{2}{3}a+b-\frac{1}{2}$$

$$f'_b(a,b)=2b+a-\frac{2}{3}$$

令 $f'_a(a,b)=0, f'_b(a,b)=0$，即

$$\begin{cases}\dfrac{2}{3}a+b-\dfrac{1}{2}=0\\[2mm] 2b+a-\dfrac{2}{3}=0\end{cases}$$

解得唯一驻点 $a=1,b=-\frac{1}{6}$. 因 $f''_{aa}(a,b)=\frac{2}{3}, f''_{ab}(a,b)=1, f''_{bb}(a,b)=2$

$$B^2-AC=1-\frac{2}{3}\cdot 2=-\frac{1}{3}<0$$

故 $f(a,b)$ 在点 $\left(1,-\frac{1}{6}\right)$ 处有极值，又因 $f''_{aa}\left(1,-\frac{1}{6}\right)>0$，故知 $f(a,b)$ 在点 $\left(1,-\frac{1}{6}\right)$ 处达到极小值 $\frac{1}{180}$.

【例 6-6-2】 试求在圆锥 $Rz=h\sqrt{x^2+y^2}$ 和平面 $z=h$ 所围锥体内所作出的底平面平行于 xOy 平面的最大长方体体积之值.($R>0,h>0$ 为常数).

分析 (图 6-1)问题为求 $V_0=xy(h-z)$ 在约束条件 $h\sqrt{x^2+y^2}-Rz=0$ 下的条件极值问题.

解 设拉格朗日函数

$$L(x,y,z,\lambda)=xy(h-z)+\lambda(h\sqrt{x^2+y^2}-Rz)$$

求解方程组

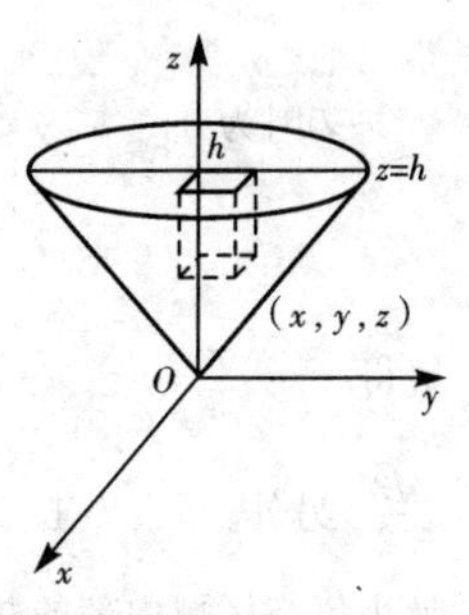

图 6-1

$$\begin{cases} L_x = y(h-z)+\lambda \dfrac{hx}{\sqrt{x^2+y^2}} = 0 \\ L_y = x(h-z)+\lambda \dfrac{hy}{\sqrt{x^2+y^2}} = 0 \\ L_z = -xy - R\lambda = 0 \\ h\sqrt{x^2+y^2} - Rz = 0 \end{cases} \quad (*)$$

由前两个方程的对称性，可知必有 $x = y$，再由后两个方程和第二个方程，解得 $x = y = \frac{\sqrt{2}}{3}R, z = \frac{2}{3}h$. 由问题的实际意义可知，所求的最大长方体的体积为

$$V_{\max} = 4V_0 = \frac{8R^2h}{27}$$

解此题的关键是在第一卦限的锥面上任取一点(x,y,z)，并以它为一个顶点作位于第一卦限且各面都平行于坐标平面的长方体. 设其体积为 V_0，则所求体积 $V = 4V_0$，显然约束条件为(x,y,z) 满足锥面方程. 另外在求方程组(*)时，要用到方程的对称性，以解得 $x = y$.

【例 6-6-3】 设 $f(x,y) = \sin x + \cos y + \cos(x-y)$，求 $f(x,y)$ 在区域 D：$0 \leqslant x \leqslant \frac{\pi}{2}, 0 \leqslant y \leqslant \frac{\pi}{2}$ 内的最大值和最小值.

分析 这是求有界闭区域上的最大值与最小值问题. 可先求出区域内的驻点及驻点处的函数值，再与边界上函数的最大值、最小值加以比较.

解 求解函数 $f(x,y)$ 在区域 D 内的驻点

$$\begin{cases} f_x = \cos x - \sin(x-y) = 0 \\ f_y = -\sin y + \sin(x-y) = 0 \end{cases}$$

解得

$$\sin y = \cos x = \sin\left(\frac{\pi}{2} - x\right)$$

又因为 $0 \leqslant x, y \leqslant \frac{\pi}{2}$，故有 $y = \frac{\pi}{2} - x$

$$0 = f_x = \cos x - \sin\left(2x - \frac{\pi}{2}\right) = \cos x + \cos 2x$$

解得 $x = \frac{\pi}{3}, y = \frac{\pi}{6}$，即驻点为 $\left(\frac{\pi}{3}, \frac{\pi}{6}\right)$. 函数在驻点处的值 $f\left(\frac{\pi}{3}, \frac{\pi}{6}\right) = 3\frac{\sqrt{3}}{2}$，另外，在边界上 $f(x,y)$ 的最小值为 0，最大值为 $1+\sqrt{2}$，将边界上的最大、最小值与区域内部的驻点处的函数值进行比较，知函数 $f(x,y)$ 在区域 D 上的最大值为$\frac{3}{2}\sqrt{3}$，最小值为 0.

注：在求函数在某区域上的最值时，要考虑到函数的不可导点、驻点及边界点.

【例 6-6-4】　设 $z=z(x,y)$ 是由 $x^2-6xy+10y^2-2yz-z^2+18=0$ 确定的函数，求 $z=z(x,y)$ 的极值点和极值.

分析　这是无条件极值问题，用隐函数微分法求出驻点.

解　在方程 $x^2-6xy+10y^2-2yz-z^2+18=0$ 两边分别对 x 和 y 求偏导，得

$$2x-6y-2y\frac{\partial z}{\partial x}-2z\frac{\partial z}{\partial x}=0$$

$$-6x+20y-2z-2y\frac{\partial z}{\partial y}-2z\frac{\partial z}{\partial y}=0$$

令 $\begin{cases}\dfrac{\partial z}{\partial x}=0\\ \dfrac{\partial z}{\partial y}=0\end{cases}$ 得 $\begin{cases}x-3y=0\\ -3x+10y-z=0\end{cases}$，故 $\begin{cases}x=3y\\ z=y\end{cases}$

将上式代入原方程，可得

$$\begin{cases}x=9\\ y=3\\ z=3\end{cases}\quad 或 \quad \begin{cases}x=-9\\ y=-3\\ z=-3\end{cases}$$

由于

$$2-2y\frac{\partial^2 z}{\partial x^2}-2\left(\frac{\partial z}{\partial x}\right)^2-2z\frac{\partial^2 z}{\partial x^2}=0$$

$$-6-2\frac{\partial z}{\partial x}-2y\frac{\partial^2 z}{\partial x\partial y}-2\frac{\partial z}{\partial y}\cdot\frac{\partial z}{\partial x}-2z\frac{\partial^2 z}{\partial x\partial y}=0$$

$$20-2\frac{\partial z}{\partial y}-2\frac{\partial z}{\partial y}-2y\frac{\partial^2 z}{\partial y^2}-2\left(\frac{\partial z}{\partial y}\right)^2-2z\frac{\partial^2 z}{\partial y^2}=0$$

所以 $A=\left.\dfrac{\partial^2 z}{\partial x^2}\right|_{(9,3,3)}=\dfrac{1}{6}$，$B=\left.\dfrac{\partial^2 z}{\partial x\partial y}\right|_{(9,3,3)}=-\dfrac{1}{2}$，$C=\left.\dfrac{\partial^2 z}{\partial y^2}\right|_{(9,3,3)}=\dfrac{5}{3}$

故 $AC-B^2=\dfrac{1}{36}>0$，又 $A=\dfrac{1}{6}>0$，所以 $(9,3)$ 是 $z=z(x,y)$ 的极小值点，极小值为 $z(9,3)=3$.

类似地，由 $A=\left.\dfrac{\partial^2 z}{\partial x^2}\right|_{(-9,-3,-3)}=-\dfrac{1}{6}$，$B=\left.\dfrac{\partial^2 z}{\partial x\partial y}\right|_{(-9,-3,-3)}=\dfrac{1}{2}$，$C=\left.\dfrac{\partial^2 z}{\partial y^2}\right|_{(-9,-3,-3)}=-\dfrac{5}{3}$ 可知 $AC-B^2=\dfrac{1}{36}$，又 $A=-\dfrac{1}{6}<0$，从而点 $(-9,-3)$ 是 $z=z(x,y)$ 的极大值点，极大值为 $z(-9,-3)=-3$.

值得注意的是，本题中函数的极大值小于极小值，这是因为极值是函数的局部性态，它与最大值、最小值概念不同，极大值有可能会小于极小值.

习题精解

1. 求下列函数的极值：

(4) $f(x,y)=xy+\dfrac{50}{x}+\dfrac{20}{y}$

解 $$f_x=y-\frac{50}{x^2},f_y=x-\frac{20}{y^2}$$

令 $f_x=0,f_y=0$，解得 $x=5,y=2$.

$$f_{xx}=2\cdot\frac{50}{x^3}=\frac{100}{x^3},f_{xy}=1,f_{yy}=2\cdot\frac{20}{y^3}=\frac{40}{y^3}$$

可知

$$A=f_{xx}(5,2)=\frac{4}{5},B=f_{xy}(5,2)=1,c=f_{yy}(5,2)=5$$

由 $AC-B^2=3>0$，且 $A=\dfrac{4}{5}>0$，可知$(5,2)$是函数 $z=z(x,y)$ 的极小值点，极小值为

$$z(5,2)=10+\frac{50}{5}+\frac{20}{2}=30$$

2. 求由下列所确定的隐函数 $z=z(x,y)$ 的极值：

(1) $x^2+y^2+z^2-2x+4y-6z-11=0$

(2) $2x^2+2y^2+z^2-8xy-z-6=0$

解 (1) 先求驻点

$$\begin{cases}2x+2z\cdot z_x-6z_x=2\\2y+2z\cdot z_y-6z_y=-4\end{cases}$$

因为 $z_x=z_y=0$，所以 $x=1,y=-2$. 代入原方程，解得 $z=8,z=-2$. 对方程组再次求偏导

$$\begin{cases}z_x^2+z\cdot z_{xx}-3z_{xx}=-1\\z_y\cdot z_x+z\cdot z_{xy}-3z_{xy}=0\\z_y^2+z\cdot z_{yy}-3z_{yy}=-1\end{cases}$$

得

$$A=z_{xx}=-\frac{1}{z-3},B=0,C=-\frac{1}{z-3}$$

$$AC-B^2=\frac{1}{(z-3)^2}>0$$

当 $z=8$ 时，$A<0$，故 $z=8$ 为极大值；

当 $z=-2$ 时，$A>0$，故 $z=-2$ 为极小值.

(2) 首先求驻点

$$\begin{cases}4x+2z\cdot z_x-8y-z_x=0\\4y+2z\cdot z_y-8x-z_y=0\end{cases}\qquad(*)$$

由于 $z_x=z_y=0$，得

$$\begin{cases}4x-8y=0\\4y-8x=0\end{cases}，即\begin{cases}x=0\\y=0\end{cases}$$

代入原方程解得 $z=3$，$z=-2$．对方程组（$*$）两边再次求偏导

$$\begin{cases}4+2z_x^2+2z\cdot z_{xx}-z_{xx}=0\\2z_xz_y-8+(2z-1)z_{xy}=0\\4+2z_y^2+2z\cdot z_{yy}-z_{yy}=0\end{cases}$$

解得

$$A=z_{xx}=\frac{4}{1-2z},B=z_{xy}=\frac{8}{2z-1},C=z_{yy}=\frac{4}{1-2z}$$

$$AC-B^2=\frac{-48}{(1-2z)^2}<0$$

所以函数无极值．

4. 在平面 $3x-2z=0$ 上求一点，使它与点 $A(1,0,1)$，$B(2,2,3)$ 的距离平方和最小．

解　设所求点为 $P(x,y,z)$，则 $|PA|^2+|PB|^2$ 为

$$\begin{aligned}d^2&=(x-1)^2+y^2+(z-1)^2+(x-2)^2+(y-2)^2+(z-3)^2\\&=2x^2-6x+5+2y^2-4y+4+2z^2-8z+10\end{aligned}$$

构造拉格朗日函数

$$L(x,y,z,\lambda)=2x^2-6x+5+2y^2-4y+4+2z^2-8z+10+\lambda(3x-2z)$$

解方程组
$$\begin{cases}L_x=4x-6+3\lambda=0\\L_y=4y-4=0\\L_z=4z-8-2\lambda=0\\3x-2z=0\end{cases}$$

得$\begin{cases}x=\dfrac{18}{13}\\y=1\\z=\dfrac{27}{13}\end{cases}$　即为所求．

5. 在曲面 $z=\sqrt{x^2+y^2}$ 上找一点，使它与点 $(1,\sqrt{2},3\sqrt{3})$ 的距离最短．

解　设所求点为 (x,y,z)．则

$$d^2=(x-1)^2+(y-\sqrt{2})^2+(z-3\sqrt{3})^2$$

构造拉格朗日函数

$$L(x,y,z,\lambda)=(x-1)^2+(y-\sqrt{2})^2+(z-3\sqrt{3})^2+\lambda(z-\sqrt{x^2+y^2})$$

解方程组 $\begin{cases} L_x = 2(x-1) - \lambda \dfrac{x}{\sqrt{x^2+y^2}} = 0 \\ L_y = 2(y-\sqrt{2}) - \lambda \dfrac{y}{\sqrt{x^2+y^2}} = 0 \\ L_z = 2(z-3\sqrt{3}) + \lambda = 0 \\ z = \sqrt{x^2+y^2} \end{cases}$

解得 $\begin{cases} x = 2 \\ y = 2\sqrt{2} \\ z = 2\sqrt{3} \end{cases}$ 即为所求.

6. 在椭球面 $x^2+y^2+\dfrac{z^2}{4}=1$ 的第一卦限部分上求一点,使椭球面在该点的切平面在三个坐标轴上的截距的平方和最小.

解 设所求点为 (x_0,y_0,z_0),则切平面方程为

$$2x_0(x-x_0)+2y_0(y-y_0)+\frac{z_0}{2}(z-z_0)=0$$

整理得

$$2x_0x+2y_0y+\frac{z_0}{2}z-2x_0^2-2y_0^2-\frac{z_0^2}{2}=0$$

即

$$2x_0x+2y_0y+\frac{z_0}{2}z=2$$

此平面在三坐标轴的截距分别为 $\dfrac{1}{x_0},\dfrac{1}{y_0},\dfrac{4}{z_0}$.

构造拉格朗日函数

$$L(x_0,y_0,z_0,\lambda)=\frac{1}{x_0^2}+\frac{1}{y_0^2}+\frac{16}{z_0^2}+\lambda\left(x_0^2+y_0^2+\frac{z_0^2}{4}-1\right)$$

解方程组 $\begin{cases} L_{x_0} = -\dfrac{2}{x_0^3} + 2x_0\lambda = 0 \\ L_{y_0} = -\dfrac{1}{y_0^3} + 2y_0\lambda = 0 \\ L_{z_0} = -\dfrac{32}{z_0^3} + \dfrac{z_0}{2}\lambda = 0 \\ x_0^2+y_0^2+\dfrac{z_0^2}{4}-1 = 0 \end{cases}$

解得 $\begin{cases} x_0 = \dfrac{1}{2} \\ y_0 = \dfrac{1}{2} \\ z_0 = \sqrt{2} \end{cases}$ 即为所求.

第七节　方向导数与梯度

内容提要

1. 了解函数 $z=f(x,y)$ 在点 $P_0(x_0,y_0)$，沿方向 $\boldsymbol{l}$ 的方向导数的定义：从点 $P_0(x_0,y_0)$ 出发，沿向量 $\boldsymbol{l}$ 方向引射线 L，$P(x_0+\Delta x,y_0+\Delta y)$ 为 L 上另一点，且 $P\in U(P_0)$，P_0 与 P 两点间距离 $\rho=\sqrt{\Delta x^2+\Delta y^2}$. 当点 P 沿着 L 趋向于 P_0 时，若 $\lim\limits_{\rho\to 0}\dfrac{\Delta z}{\rho}=\lim\limits_{\rho\to 0}\dfrac{f(x_0+\Delta x,y_0+\Delta y)-f(x_0,y_0)}{\rho}$ 存在，则称此极限为函数 $f(x,y)$ 在点 P_0 沿方向 $\boldsymbol{l}$ 的方向导数.

2. 掌握方向导数的计算方法. 若 $f(x,y)$ 在点 $P_0(x_0,y_0)$ 可微，则函数在该点沿任意方向 $\boldsymbol{l}=(\cos\alpha,\cos\beta)$ 的方向导数存在，且为

$$\left.\frac{\partial f}{\partial \boldsymbol{l}}\right|_{(x_0,y_0)}=f_x(x_0,y_0)\cos\alpha+f_y(x_0,y_0)\cos\beta$$

其中 $\cos\alpha$、$\cos\beta$ 为方向 $\boldsymbol{l}$ 的方向余弦.

3. 了解梯度的定义

$$\mathbf{grad}f=\left(\frac{\partial f}{\partial x},\frac{\partial f}{\partial y}\right)$$

梯度这个向量的方向是函数在该点处增加最快的方向，负梯度方向是函数在该点下降最快的方向，即方向导数取得最大值和最小值的两个方向，此时方向导数分别为 $|\mathbf{grad}f|$ 和 $-|\mathbf{grad}f|$.

释疑解惑

【问 6-7-1】　如何理解方向导数与梯度的概念？方向导数与梯度间有什么关系？梯度与等高线(面)间有什么关系？

答　方向导数 $\left.\dfrac{\partial f}{\partial l}\right|_{P_0}$ 反映了函数在 P_0 处沿 $\boldsymbol{l}$ 方向的变化率，实际上是单向导数，是由单侧极限定义的. 沿 x 轴正向的方向导数与偏导数 $\dfrac{\partial z}{\partial x}$ 有着本质的不同，偏导数是由双边极限定义的. 梯度是一个向量，它是使方向导数达到最大的方向，函数 $z=f(x,y)$ 在点 $P(x,y)$ 的梯度方向与过点 P 的等高线 $f(x,y)=c$ 在这点的法线的一个方向相同，且从数值较低的等高线指向数值较高的等高线.

【问 6-7-2】　函数在一点处沿任意方向的方向导数都存在，那么在该点处的偏导数是否存在？

答 不一定.

例如,函数 $z=\sqrt{x^2+y^2}$ 在点(0,0)处沿任何方向的方向导数都存在,因为由定义

$$\left.\frac{\partial z}{\partial l}\right|_{(0,0)}=\lim_{\rho\to0^+}\frac{z(\Delta x,\Delta y)-z(0,0)}{\rho}=\lim_{\rho\to0^+}\frac{\sqrt{\Delta x^2+\Delta y^2}-0}{\rho}=1$$

$$(\text{其中 }\rho=\sqrt{\Delta x^2+\Delta y^2})$$

但是

$$\begin{aligned}z_x(0,0)&=\lim_{\Delta x\to0}\frac{z(\Delta x,0)-z(0,0)}{\Delta x}\\&=\lim_{\Delta x\to0}\frac{\sqrt{(\Delta x)^2}-0}{\Delta x}=\lim_{\Delta x\to0}\frac{|\Delta x|}{\Delta x}\end{aligned}$$

所以 $z_x(0,0)$ 不存在,同理 $z_y(0,0)$ 不存在.

例题解析

【例 6-7-1】 求 $z=\ln(x^2+y^2)$ 在点 $P(x_0,y_0)$ 处且方向 $\boldsymbol{l}$ 垂直于其等高线的方向导数.

解 因为梯度向量垂直于等高线 $\ln(x^2+y^2)=c$,所以 $\boldsymbol{l}$ 的方向余弦等于梯度向量或负梯度向量的方向余弦,即

$$\cos\alpha=\pm\left.\frac{\frac{\partial z}{\partial x}}{|\mathbf{grad}z|}\right|_P,\quad \cos\beta=\pm\left.\frac{\frac{\partial z}{\partial y}}{|\mathbf{grad}z|}\right|_P$$

而

$$\left.\frac{\partial z}{\partial x}\right|_P=\frac{2x_0}{x_0^2+y_0^2},\quad \left.\frac{\partial z}{\partial y}\right|_P=\frac{2y_0}{x_0^2+y_0^2}$$

$$\left.|\mathbf{grad}z|\right|_P=\left.\sqrt{\left(\frac{\partial z}{\partial x}\right)^2+\left(\frac{\partial z}{\partial y}\right)^2}\right|_P=\frac{2}{\sqrt{x_0^2+y_0^2}}$$

于是

$$\cos\alpha=\pm\frac{x_0}{\sqrt{x_0^2+y_0^2}},\cos\beta=\pm\frac{y_0}{\sqrt{x_0^2+y_0^2}}$$

从而

$$\left.\frac{\partial z}{\partial l}\right|_P=\left.\frac{\partial z}{\partial x}\right|_P\cos\alpha+\left.\frac{\partial z}{\partial y}\right|_P\cos\beta=\pm\frac{2}{\sqrt{x_0^2+y_0^2}}$$

【例 6-7-2】 求函数 $u=\ln(x+\sqrt{y^2+z^2})$ 在点 $A(1,0,1)$ 处沿 A 指向点 $B(3,-2,2)$ 方向的方向导数.

分析 求出 $\boldsymbol{AB}$ 的方向余弦,按公式计算方向导数.

解 $\boldsymbol{AB}=(3-1,-2-0,2-1)=(2,-2,1)\triangleq\boldsymbol{l}$

$$l^{\circ}=(\cos\alpha,\cos\beta,\cos\gamma)=\frac{\boldsymbol{l}}{|\boldsymbol{l}|}=\left(\frac{2}{3},-\frac{2}{3},\frac{1}{3}\right)$$

$$\left.\frac{\partial u}{\partial x}\right|_{A}=\left.\frac{1}{x+\sqrt{y^2+z^2}}\right|_{(1,0,1)}=\frac{1}{2}$$

$$\left.\frac{\partial u}{\partial y}\right|_{A}=\left.\frac{1}{x+\sqrt{y^2+z^2}}\cdot\frac{y}{\sqrt{y^2+z^2}}\right|_{(1,0,1)}=0$$

$$\left.\frac{\partial u}{\partial z}\right|_{A}=\left.\frac{1}{x+\sqrt{y^2+z^2}}\cdot\frac{z}{\sqrt{y^2+z^2}}\right|_{(1,0,1)}=\frac{1}{2}$$

$$\left.\frac{\partial u}{\partial l}\right|_{A}=\left(\frac{\partial u}{\partial x}\cos\alpha+\frac{\partial u}{\partial y}\cos\beta+\frac{\partial u}{\partial z}\cos\gamma\right)_{A}$$

$$=\frac{1}{2}\cdot\frac{2}{3}+0\cdot\left(-\frac{2}{3}\right)+\frac{1}{2}\cdot\frac{1}{3}=\frac{1}{2}$$

注：由于方向导数是梯度向量在指定方向上的投影，故也可先求梯度，再求梯度与指定方向的单位向量的数量积.

【例 6-7-3】 一块半径为 10 cm 的圆形金属板，位于坐标原点处，此处有一热源，使金属板受热. 假设金属板上任意点处的温度与该点到原点的距离成反比，$k>0$ 为比例常数，今在点$(-3,4)$处放一只蚂蚁，问蚂蚁沿什么方向爬行才能最快到达较凉的地方？给这只蚂蚁设计一条逃命的路线.

分析　蚂蚁逃命方向与温度函数的梯度方向相反.

解　设 $T(x,y)$ 为金属板上任意一点(x,y)处的温度，由已知条件得

$$T(x,y)=\frac{k}{\sqrt{x^2+y^2}}$$

因为负梯度方向是函数值下降最快的方向，所以蚂蚁沿

$$-\mathbf{grad}T\,|_{(-3,4)}=\frac{k}{5^3}(-3,4)$$

方向爬行才能最快达到较凉的地方.

设蚂蚁逃跑路线为平面曲线 $\Gamma: x=x(t), y=y(t), t\geqslant 0$ 为参数，且当 $t=0$ 时，$x=-3, y=4$，为使蚂蚁沿温度下降最快的方向逃跑，曲线 Γ 上任一点(x,y)处切线方向向量$\left(\frac{\mathrm{d}x}{\mathrm{d}t},\frac{\mathrm{d}y}{\mathrm{d}t}\right)$与该点处圆板温度 T 的负梯度方向相同，即存在 $\lambda>0$ 时，

$$\left(\frac{\mathrm{d}x}{\mathrm{d}t},\frac{\mathrm{d}y}{\mathrm{d}t}\right)=-\lambda\,\mathbf{grad}\,T$$

解微分方程组

$$\begin{cases}\dfrac{\mathrm{d}x}{\mathrm{d}t}=\dfrac{\lambda kx}{(x^2+y^2)^{\frac{3}{2}}}\\[2ex]\dfrac{\mathrm{d}y}{\mathrm{d}t}=\dfrac{\lambda ky}{(x^2+y^2)^{\frac{3}{2}}}\end{cases}$$

消去上述微分方程组中的 $\mathrm{d}t$,并注意初始条件,则有

$$\begin{cases} \dfrac{\mathrm{d}y}{\mathrm{d}x} = \dfrac{y}{x} \\ y\big|_{x=-3} = 4 \end{cases}$$

这是一个可分离变量的微分方程,易知其解为

$$y = -\frac{4}{3}x$$

这就是蚂蚁逃跑的路线.

习题精解

2. 设 $f(x,y) = x^2 - xy + y^2$,求$\left.\dfrac{\partial f}{\partial l}\right|_{(1,1)}$,问在怎样的方向上此方向导数:(1) 有最大值,(2) 有最小值,(3) 等于 0.

解 $\quad \mathbf{grad}f(1,1) = (2x-y, -x+2y)\big|_{(1,1)} = (1,1)$

设 $\boldsymbol{l}^\circ = (\cos\alpha, \cos\beta)$,则

$$\frac{\partial f}{\partial l} = \mathbf{grad}f \cdot \boldsymbol{l}^\circ$$

$$\left.\frac{\partial f}{\partial l}\right|_{(1,1)} = \cos\alpha + \cos\beta$$

(1) 当 $\boldsymbol{l}^\circ = \dfrac{\mathbf{grad}f}{|\mathbf{grad}f|} = \left(\dfrac{1}{\sqrt{2}}, \dfrac{1}{\sqrt{2}}\right)$时,方向导数最大

$$\left.\frac{\partial f}{\partial l}\right|_{(1,1)} = |\mathbf{grad}f| = \sqrt{2}$$

(2) 当 $\boldsymbol{l}^\circ = -\dfrac{\mathbf{grad}f}{|\mathbf{grad}f|} = \left(-\dfrac{1}{\sqrt{2}}, -\dfrac{1}{\sqrt{2}}\right)$时,方向导数最小

$$\left.\frac{\partial f}{\partial l}\right|_{(1,1)} = -|\mathbf{grad}f| = -\sqrt{2}$$

(3) 当 $\boldsymbol{l}^\circ \perp \mathbf{grad}f(1,1)$,即$(\cos\alpha, \cos\beta)\cdot(1,1) = \cos\alpha + \cos\beta = 0$ 时

$$\left.\frac{\partial f}{\partial l}\right|_{(1,1)} = 0$$

3. 求函数 $u = \dfrac{x}{\sqrt{x^2+y^2+z^2}}$ 在点 $M(1,2,-2)$ 处沿曲线 $x = t, y = 2t^2, z = -2t^4$ 在此点的切线方向上的方向导数.

解 曲线 $x = t, y = 2t^2, z = -2t^4$ 的切线方向 $\boldsymbol{s} = (1, 4t, -8t^3)$,在点 $(1,2,-2)$ 处,$\boldsymbol{s} = (1,4,-8)$,$\boldsymbol{s}^\circ = \dfrac{\boldsymbol{s}}{|\boldsymbol{s}|} = \dfrac{1}{9}(1,4,-8)$,则函数 $u = \dfrac{x}{\sqrt{x^2+y^2+z^2}}$ 在点 $M(1,2,-2)$ 的方向导数为

$$\left.\frac{\partial u}{\partial \boldsymbol{s}}\right|_M = \left.\mathbf{grad}\, u\right|_M \cdot \boldsymbol{s}^\circ$$

$$= \left.\frac{1}{(x^2+y^2+z^2)^{\frac{3}{2}}}(y^2+z^2, -xy, -xz)\right|_M \cdot \boldsymbol{s}^\circ$$

$$= \frac{1}{27}(8, -2, 2) \cdot \frac{1}{9}(1, 4, -8)$$

$$= \frac{1}{243}(8-8-16) = -\frac{16}{243}$$

4. 求函数 $z = 1-\left(\frac{x^2}{a^2}+\frac{y^2}{b^2}\right)$ 在点 $\left(\frac{a}{\sqrt{2}}, \frac{b}{\sqrt{2}}\right)$ 处，沿曲线 $\frac{x^2}{a^2}+\frac{y^2}{b^2}=1$ 在这点的内法线的方向导数.

解　曲线 $\frac{x^2}{a^2}+\frac{y^2}{b^2}=1$ 的切线方向为

$$\boldsymbol{s} = (1, y')$$

因为 $\frac{2x}{a^2}+\frac{2y}{b^2}\cdot y' = 0$，故切线方向为 $\left(1, -\frac{b^2x}{a^2y}\right)$，则法线方向为

$$\boldsymbol{l} = \pm\left(\frac{b^2x}{a^2y}, 1\right)$$

在 $\left(\frac{a}{\sqrt{2}}, \frac{b}{\sqrt{2}}\right)$ 处的法线方向为 $\boldsymbol{l} = \pm\left(\frac{b}{a}, 1\right)$，其内法线方向可取为

$$\boldsymbol{l}' = (-b, -a)$$

函数的方向导数

$$\left.\frac{\partial z}{\partial l}\right|_{\left(\frac{a}{\sqrt{2}}, \frac{b}{\sqrt{2}}\right)} = \left.\left(-\frac{2x}{a^2}, -\frac{2y}{b^2}\right)\right|_{\left(\frac{a}{\sqrt{2}}, \frac{b}{\sqrt{2}}\right)} \cdot \boldsymbol{l}'^\circ$$

$$= \left(-\frac{\sqrt{2}}{a}, -\frac{\sqrt{2}}{b}\right)\cdot\left(-\frac{b}{\sqrt{a^2+b^2}}, -\frac{a}{\sqrt{a^2+b^2}}\right)$$

$$= \frac{\sqrt{2}}{\sqrt{a^2+b^2}}\left(\frac{b}{a}+\frac{a}{b}\right) = \frac{1}{ab}\sqrt{2(a^2+b^2)}$$

6. 设 $\boldsymbol{r} = (x, y, z)$，$f(\boldsymbol{r}) = \ln|\boldsymbol{r}|$，证明：$\mathbf{grad} f = \frac{\boldsymbol{r}}{|\boldsymbol{r}|^2}$.

证明　$f(r) = \ln\sqrt{x^2+y^2+z^2} = \frac{1}{2}\ln(x^2+y^2+z^2)$

$$\frac{\partial f}{\partial x} = \frac{x}{x^2+y^2+z^2}, \frac{\partial f}{\partial y} = \frac{y}{x^2+y^2+z^2}, \frac{\partial f}{\partial z} = \frac{z}{x^2+y^2+z^2}$$

$$\mathbf{grad} f = \frac{1}{x^2+y^2+z^2}(x, y, z) = \frac{\boldsymbol{r}}{|\boldsymbol{r}|^2}$$

复习题六

1. 单项选择题

(1) 设 k 为常数,极限 $\lim\limits_{(x,y)\to(0,0)}\dfrac{x^2\sin ky}{x^2+y^4}$(　　).

A. 等于 0　　B. 等于$\dfrac{1}{2}$

C. 不存在　　D. 存在与否与 k 的值无关

(2) $f(x,y)$ 在(x_0,y_0)处两个偏导数 $f_x(x_0,y_0)$,$f_y(x_0,y_0)$ 存在是 $f(x,y)$ 在该点连续的(　　).

A. 充分非必要条件　　B. 必要非充分条件

C. 充分且必要条件　　D. 既非充分也非必要条件

(3) 函数 $f(x,y)=\sqrt{|xy|}$ 在点$(0,0)$(　　).

A. 连续,但偏导数不存在　　B. 偏导数存在,但不可微

C. 可微　　D. 偏导数存在且连续

(4) 设函数 $z=f(x,y)$ 在(x_0,y_0)可微,且 $f_x(x_0,y_0)=0$,$f_y(x_0,y_0)=0$,则 $f(x,y)$ 在(x_0,y_0)处(　　).

A. 必有极值,可能是极大值,也可能是极小值

B. 必有极大值

C. 必有极小值

D. 可能有极值,也可能没有极值

(5) 在曲线 $x=t,y=-t^2,z=t^3$ 的所有切线中,与平面 $x+2y+z=4$ 平行的切线(　　).

A. 只有 1 条　　B. 只有 2 条

C. 至少 3 条　　D. 不存在

解　(1) 选 A.

因为$\left|\dfrac{x^2}{x^2+y^4}\right|\leqslant 1$,是有界变量,而 $\lim\limits_{(x,y)\to(0,0)}\sin ky=0$,是一无穷小量,所以 $\lim\limits_{(x,y)\to(0,0)}\dfrac{x^2\sin ky}{x^2+y^4}=0$.

(2) 选 D.

因为 $f(x,y)$ 在点(x_0,y_0)处偏导数存在与连续没有必然关系.

(3) 选 B.

因为$\lim\limits_{\Delta x\to 0}\dfrac{f(0+\Delta x,0)-f(0,0)}{\Delta x}=\lim\limits_{\Delta x\to 0}\dfrac{0-0}{\Delta x}=0$,即 $f_x(0,0)=0$

同理 $f_y(0,0)=0$,两个偏导数存在.

令 $\alpha=\Delta z-[f_x(0,0)\Delta x+f_y(0,0)\Delta y]=\sqrt{|\Delta x\cdot\Delta y|}$,$\rho=\sqrt{(\Delta x)^2+(\Delta y)^2}$,当$(\Delta x,\Delta y)$沿 $y=x$ 趋于$(0,0)$时,$\lim\limits_{\rho\to 0}\dfrac{\alpha}{\rho}=\lim\limits_{\rho\to 0}\dfrac{\sqrt{(\Delta x)^2}}{\sqrt{2(\Delta x)^2}}=\dfrac{1}{\sqrt{2}}\neq 0$,即 α 不是 ρ 的高阶无穷小,因此 $f(x,y)$ 在$(0,0)$点处不可微.

(4) 选 D.

因为(x_0,y_0)仅仅是 $f(x,y)$ 的驻点,而驻点未必是极值点.

(5) 选 B.

因为曲线切线的方向向量为 $\boldsymbol{s}=(1,-2t,3t^2)$,它与平面的法向量 $\boldsymbol{n}=(1,2,1)$ 垂直,故有 $\boldsymbol{s}\cdot\boldsymbol{n}=0$,即

$$1-4t+3t^2=0$$

此方程有且仅有两个不同实根,所以曲线的切线有且只有 2 条.

2. 计算下列极限:

(1) $\lim\limits_{(x,y)\to(0,0)}\dfrac{1-\cos(x^2+y^2)}{(x^2+y^2)(e^{x^2+y^2}-1)}$;　　(2) $\lim\limits_{\substack{x\to\infty\\y\to 1}}\left(1+\dfrac{1}{xy}\right)^{\frac{x^3y}{x^2+y^2}}$.

解 (1) $$\lim_{(x,y)\to(0,0)}\frac{1-\cos(x^2+y^2)}{(x^2+y^2)(e^{x^2+y^2}-1)}=\lim_{(x,y)\to(0,0)}\frac{\frac{1}{2}(x^2+y^2)^2}{(x^2+y^2)(x^2+y^2)}=\frac{1}{2}$$

(2) $$\lim_{\substack{x\to\infty\\y\to 1}}\left(1+\frac{1}{xy}\right)^{\frac{x^3y}{x^2+y^2}}=\lim_{\substack{x\to\infty\\y\to 1}}\left(1+\frac{1}{xy}\right)^{xy\cdot\frac{x^2}{x^2+y^2}}=e$$

3. 设 $z=F(u,v,w)$,$v=f(u,x)$,$x=g(u,w)$,其中 F,f,g 具有连续偏导数,求$\dfrac{\partial z}{\partial u}$.

解 函数 $z=F(u,f(u,g(u,w)),w)$,

$$\frac{\partial z}{\partial u}=\frac{\partial F}{\partial u}+\frac{\partial F}{\partial v}\cdot\left(\frac{\partial f}{\partial u}+\frac{\partial f}{\partial x}\cdot\frac{\partial g}{\partial u}\right)=\frac{\partial F}{\partial u}+\frac{\partial F}{\partial v}\cdot\frac{\partial f}{\partial u}+\frac{\partial F}{\partial v}\cdot\frac{\partial f}{\partial x}\cdot\frac{\partial g}{\partial u}$$

4. 设 $u(x,t)=\int_{x-t}^{x+t}f(z)\mathrm{d}z$,其中 $f(z)$ 是连续函数,求 u_x 和 u_t.

解
$$u(x,t)=\int_0^{x+t}f(z)\mathrm{d}z-\int_0^{x-t}f(z)\mathrm{d}z$$
$$u_x(x,t)=f(x+t)-f(x-t)$$
$$u_t(x,t)=f(x+t)+f(x-t)$$

5. 设 $f(x,y)=|x-y|\varphi(x,y)$,其中 $\varphi(x,y)$ 在点$(0,0)$连续,问 $\varphi(x,y)$ 在

什么条件下偏导数 $f_x(0,0)$ 和 $f_y(0,0)$ 存在？

解 $f_x(0,0)=\lim\limits_{\Delta x\to 0}\dfrac{f(\Delta x,0)-f(0,0)}{\Delta x}=\lim\limits_{\Delta x\to 0}\dfrac{|\Delta x|\varphi(\Delta x,0)-0}{\Delta x}$

要使上式极限存在，左、右极限都应存在且相等.

$$\lim_{\Delta x\to 0^-}\frac{|\Delta x|\varphi(\Delta x,0)}{\Delta x}=\lim_{\Delta x\to 0^-}\frac{-\Delta x\varphi(\Delta x,0)}{\Delta x}=-\varphi(0,0)$$

$$\lim_{\Delta x\to 0^+}\frac{|\Delta x|\varphi(\Delta x,0)}{\Delta x}=\lim_{\Delta x\to 0^+}\frac{\Delta x\varphi(\Delta x,0)}{\Delta x}=\varphi(0,0)$$

要使 $\varphi(0,0)=-\varphi(0,0)$，只能是 $\varphi(0,0)=0$，所以当 $\varphi(0,0)=0$ 时，$f_x(0,0)$ 存在，且 $f_x(0,0)=0$.

同理，当 $\varphi(0,0)=0$ 时，$f_y(0,0)$ 存在，且 $f_y(0,0)=0$.

6. 设 u 是 x、y、z 的函数，由方程 $u^2+z^2+y^2-x=0$ 决定，其中 $z=xy^2+y\ln y-y$，求 $\dfrac{\partial u}{\partial x}$，$\dfrac{\partial^2 u}{\partial x^2}$.

解 对方程组

$$\begin{cases}u^2+z^2+y^2-x=0\\ xy^2+y\ln y-y-z=0\end{cases}$$

两边同时对 x 求偏导，得

$$\begin{cases}2u\cdot\dfrac{\partial u}{\partial x}+2z\cdot\dfrac{\partial z}{\partial x}-1=0\\ y^2-\dfrac{\partial z}{\partial x}=0\end{cases}$$

解得

$$\frac{\partial u}{\partial x}=\frac{1-2zy^2}{2u}$$

$$\frac{\partial z}{\partial x}=y^2$$

则

$$\frac{\partial^2 u}{\partial x^2}=\frac{\left(-2y^2\dfrac{\partial z}{\partial x}\right)\cdot 2u-2(1-2zy^2)\dfrac{\partial u}{\partial x}}{4u^2}=-\frac{y^4}{u}-\frac{(1-2zy^2)^2}{4u^3}$$

7. 设 $f(x,y)=\int_0^{xy}\mathrm{e}^{-t^2}\mathrm{d}t$，　求 $\dfrac{x}{y}\dfrac{\partial^2 f}{\partial x^2}-2\dfrac{\partial^2 f}{\partial x\partial y}+\dfrac{y}{x}\dfrac{\partial^2 f}{\partial y^2}$.

解
$$\frac{\partial f}{\partial x}=y\mathrm{e}^{-(xy)^2},\ \frac{\partial f}{\partial y}=x\mathrm{e}^{-(xy)^2}$$

$$\frac{\partial^2 f}{\partial x^2}=y\mathrm{e}^{-(xy)^2}(-2xy^2)=-2xy^3\mathrm{e}^{-(xy)^2}$$

$$\frac{\partial^2 f}{\partial y^2}=x\mathrm{e}^{-(xy)^2}(-2x^2y)=-2x^3y\mathrm{e}^{-(xy)^2}$$

$$\frac{\partial^2 f}{\partial x\partial y}=\mathrm{e}^{-(xy)^2}+y\mathrm{e}^{-(xy)^2}\cdot(-2yx^2)=\mathrm{e}^{-(xy)^2}-2x^2y^2\mathrm{e}^{-(xy)^2}$$

所以

$$\frac{x}{y}\frac{\partial^2 f}{\partial x^2}-2\frac{\partial^2 f}{\partial x\partial y}+\frac{y}{x}\frac{\partial^2 f}{\partial y^2}=-2\mathrm{e}^{-(xy)^2}$$

8. 设 $y=y(x),z=z(x)$ 是由方程 $z=xf(x+y)$ 和 $F(x,y,z)=0$ 所确定的函数,其中 f 和 F 分别具有一阶连续导数和一阶连续偏导数.证明

$$\frac{\mathrm{d}z}{\mathrm{d}x}=\frac{(f+xf')F_y-xf'F_x}{F_y+xf'F_z}\quad(F_y+xf'F_z\neq 0)$$

证明
$$\begin{cases}F(x,y,z)=0\\ z-xf(x+y)=0\end{cases}$$

对上述两式关于 x 求导,得

$$\begin{cases}F_x+F_y\cdot y'+F_zz'=0\\ z'-f-xf'\cdot(1+y')=0\end{cases}$$

$$\begin{cases}F_y\cdot y'+F_zz'=-F_x\\ -xf'\cdot y'+z'=f+xf'\end{cases}$$

$$z'=\frac{\begin{vmatrix}F_y & -F_x\\ -xf' & f+xf'\end{vmatrix}}{\begin{vmatrix}F_y & F_z\\ -xf' & 1\end{vmatrix}}=\frac{(f+xf')F_y-xf'F_x}{F_y+xf'F_z}$$

9. 求曲线 $\begin{cases}x=\int_0^t \mathrm{e}^u\cos u\mathrm{d}u\\ y=2\sin t+\cos t\\ z=1+\mathrm{e}^{3t}\end{cases}$ 在 $t=0$ 对应点处的切线与法平面方程.

解 $x'(t)=\mathrm{e}^t\cos t,y'(t)=2\cos t-\sin t,z'(t)=3\mathrm{e}^{3t}$

$$x'(0)=1,y'(0)=2,z'(0)=3$$

所以切向量
$$\boldsymbol{s}=(1,2,3)$$

当 $t=0$ 时,$x(0)=0,y(0)=1,z(0)=2$,由此得

切线方程

$$\frac{x-0}{1}=\frac{y-1}{2}=\frac{z-2}{3}$$

法平面方程

$$x+2(y-1)+3(z-2)=0$$

10. 已知 x、y、z 为实数,且 $\mathrm{e}^x+y^2+|z|=3$,求证 $\mathrm{e}^xy^2|z|\leqslant 1$.

证明 若要证结论成立,只须证明函数 $f(x,y)=\mathrm{e}^xy^2(3-\mathrm{e}^x-y^2)$ 在区

域 $D=\{(x,y)\mid e^x+y^2\leqslant 3\}$ 上的最大值为 1 即可.

求 $f(x,y)$ 的驻点.

$$\begin{cases}\dfrac{\partial f}{\partial x}=e^xy^2(3-e^x-y^2)-e^{2x}y^2=0\\[2mm]\dfrac{\partial f}{\partial y}=2ye^x(3-e^x-y^2)-2e^xy^3=0\end{cases}$$

得驻点

$$\begin{cases}x=0\\y=1\end{cases}\quad 与\quad\begin{cases}x=0\\y=-1\end{cases}$$

在边界 $e^x+y^2=3$ 上,函数 $f(x,y)$ 的值为

$$f(x,y(x))=e^x(3-e^x)(3-e^x-3+e^x)=0$$

又

$$f(0,1)=1,f(0,-1)=1$$

所以 $f(x,y)$ 的最大值为 1,于是得证.

11. 求曲面 $x^2+y^2+z^2=4$ 过直线 $\begin{cases}4x+2y+3z=6\\2x+y=0\end{cases}$ 的切平面方程.

解 在方程组 $\begin{cases}4x+2y+3z=6\\2x+y=0\end{cases}$ 中消去 x,y,可得

$$z=2$$

从而可知直线在平面 $z=2$ 上.

又 $x^2+y^2+z^2=4$ 是以(0,0,0)为中心,以 2 为半径的球面,$z=2$ 恰是其切平面,因而过直线 $\begin{cases}4x+2y+3z=6\\2x+y=0\end{cases}$ 的切平面方程即为 $z=2$.

12. 设 $F(u,v)$ 具有一阶连续偏导数,试证:曲面 $F(nx-lz,ny-mz)=0$ 上任意一点的切平面都平行于直线 $\dfrac{x}{l}=\dfrac{y}{m}=\dfrac{z}{n}$.

证明 曲面 $F(nx-lz,ny-mz)=0$ 上任意一点的法向量为

$$\boldsymbol{n}=(F_x,F_y,F_z)=(nF_1,nF_2,-lF_1-mF_2)$$

又直线 $\dfrac{x}{l}=\dfrac{y}{m}=\dfrac{z}{n}$ 的切向量为

$$\boldsymbol{s}=(l,m,n)$$

于是

$$\boldsymbol{n}\cdot\boldsymbol{s}=nlF_1+mnF_2-nlF_1-nmF_2=0$$

所以 $\boldsymbol{n}$ 垂直于 $\boldsymbol{s}$,也就是曲面 $F(nx-lz,ny-mz)=0$ 上任意一点的切平面都平行于直线 $\dfrac{x}{l}=\dfrac{y}{m}=\dfrac{z}{n}$.

13. 函数 $u=\ln x+\ln y+3\ln z$ 在球面 $x^2+y^2+z^2=5r^2(x>0,y>0,z>0)$ 上的最大值，并证明：对任意正数 a、b、c，有

$$abc^3\leqslant 27\left(\frac{a+b+c}{5}\right)^5$$

解 建立拉格朗日函数

$$L(x,y,z,\lambda)=\ln x+\ln y+3\ln z-\lambda(x^2+y^2+z^2-5r^2)$$

令
$$\begin{cases}\dfrac{\partial L}{\partial x}=\dfrac{1}{x}-2\lambda x=0\\ \dfrac{\partial L}{\partial y}=\dfrac{1}{y}-2\lambda y=0\\ \dfrac{\partial L}{\partial z}=\dfrac{3}{z}-2\lambda z=0\\ \dfrac{\partial L}{\partial \lambda}=x^2+y^2+z^2-5r^2=0\end{cases}$$

解得驻点 $(r,r,\sqrt{3}r)$.

因为在第一卦限内球面 $x^2+y^2+z^2=5r^2$ 的三条边界线上，函数 $u(x,y,z)$ 均趋向于 $-\infty$，故最大值必在球面内部取得. 而 $(r,r,\sqrt{3}r)$ 是惟一驻点，故在该点处 $u(x,y,z)$ 取得最大值

$$\begin{aligned}u_{\max}&=u(r,r,\sqrt{3}r)=\ln r+\ln r+3\ln\sqrt{3}r\\&=\ln(3\sqrt{3}r^5)\end{aligned}$$

于是对任何 $x>0,y>0,z>0$，有

$$\ln x+\ln y+3\ln z\leqslant\ln(3\sqrt{3}r^5)$$

即

$$xyz^3\leqslant 3\sqrt{3}\left(\frac{x^2+y^2+z^2}{5}\right)^{5/2}$$

两边平方，并令 $x^2=a,y^2=b,z^2=c$，代入上式，即有

$$abc^3\leqslant 27\left(\frac{a+b+c}{5}\right)^5$$

14. 在椭球面 $2x^2+2y^2+z^2=1$ 上求一点，使 $f(x,y,z)=x^2+y^2+z^2$ 在该点沿 $\boldsymbol{l}=(1,-1,0)$ 方向的方向导数最大.

解
$$\mathbf{grad}\,f=(2x,2y,2z)$$

由题意可知 $\mathbf{grad}\,f\ /\!/\ \boldsymbol{l}$，故有 $\dfrac{2x}{1}=\dfrac{2y}{-1}=\dfrac{2z}{0}=\lambda$

解得

$$x=\frac{\lambda}{2},y=-\frac{\lambda}{2},z=0$$

代入椭球面方程 $2x^2+2y^2+z^2=1$ 得

$$\frac{\lambda^2}{2}+\frac{\lambda^2}{2}=1 \quad , \quad \lambda=\pm 1$$

若 $\boldsymbol{l}$ 方向与 $\mathbf{grad} f$ 同向，取点 $\left(\frac{1}{2},-\frac{1}{2},0\right)$.

第七章　多元数量值函数积分学

多元数量值函数积分学是定积分的推广，被积函数是多元函数，积分范围是在平面或空间的区域、曲线、曲面上展开的，内容丰富，包括二重积分、三重积分、对弧长的曲线积分、对面积的曲面积分. 它们与定积分有着类似的性质，在计算时要化作定积分或累次定积分. 在本章中，我们要掌握这些积分的性质和计算方法，并解决在几何、物理、力学等方面的一些应用问题.

第一节　多元数量值函数积分的概念与性质

内容提要

1. 从对非均匀分布的几何形体的质量问题的讨论，抽象出其数学结构的共性，揭示研究此类非均匀分布的量在几何形体上求和的数学方法.

2. 掌握多元数量值函数积分的概念

$$\int_{\Omega} f(M)\mathrm{d}\Omega = \lim_{d\to 0}\sum_{i=1}^{n} f(M_i)\Delta\Omega_i$$

当 Ω 分别为平面区域 D，空间区域 V，平面或空间区域的弧段 L，曲面 S 时，则得到二重积分 $\iint\limits_{D} f(x,y)\mathrm{d}\sigma$，三重积分 $\iiint\limits_{V} f(x,y,z)\mathrm{d}V$，对弧长的曲线积分 $\int_{L} f(x,y)\mathrm{d}s$、$\int_{L} f(x,y,z)\mathrm{d}s$，对面积的曲面积分 $\iint\limits_{S} f(x,y,z)\mathrm{d}S$.

3. 掌握多元数量值函数积分的线性性质、对积分区域的可加性质、比较性质、估值性质以及积分中值定理. 这些内容与定积分对应内容极为相似.

释疑解惑

【问 7-1-1】　在几何形体上积分的定义中，“$d\to 0$”可否用“各小几何形体 $\Delta\Omega_i$ 的度量的最大值趋于零”代替？

答　不可以.

因为各小几何形体 $\Delta\Omega_i$ 度量的最大值趋于零，并不能保证 $d\to 0$. 例如 Ω 为平面区域 D 时，虽然 $\Delta\sigma_i$ 很小，也不能保证 $\Delta\sigma_i$ 内两点间距离很小，从而不能保证任意两点函数值相差很小，即 $f(\xi_i,\eta_i)$ 在 $\Delta\sigma_i$ 内各点的函数值 $f(x,y)$ 相差可能会很大. 这样，当 $\Delta\sigma_i$ 趋于零时，积分和式 $\sum\limits_{i=1}^{n} f(\xi_i,\eta_i)\Delta\sigma_i$ 的极限也不一定存在.

例题解析

【例 7-1-1】 设 Ω 是可度量的有界闭几何形体，f 在 Ω 上连续，且 $f \geqslant 0$ 但 $f \not\equiv 0$，证明

$$\int_{\Omega} f \mathrm{d}\Omega > 0$$

分析 注意到 f 连续，且 $f \geqslant 0, f \not\equiv 0$，故可应用连续函数的局部保号性质及积分中值定理.

证明 因为 $f \geqslant 0$ 且 $f \not\equiv 0$，所以至少存在一点 $M_0 \in \Omega$，有 $f(M_0) > 0$. 又 f 为连续函数，则一定存在包含 M_0 的小几何形体 Ω_1，在 Ω_1 上均有 $f > 0$，则

$$\int_{\Omega_1} f \mathrm{d}\Omega = f(M_1) \cdot \Omega_1 > 0 \quad (M_1 \in \Omega_1)$$

记 $\Omega = \Omega_1 + \Omega_2$，则 $\int_{\Omega_2} f \mathrm{d}\Omega \geqslant 0$，从而

$$\int_{\Omega} f \mathrm{d}\Omega = \int_{\Omega_1} f \mathrm{d}\Omega + \int_{\Omega_2} f \mathrm{d}\Omega > 0$$

【例 7-1-2】 设 Ω 是可度量的有界闭几何形体，f 和 g 均在 Ω 上连续，且 g 在 Ω 上不变号，证明至少存在一点 $P \in \Omega$，使

$$\int_{\Omega} f \cdot g \mathrm{d}\Omega = f(P) \int_{\Omega} g \mathrm{d}\Omega$$

证明 不妨设 $g \geqslant 0$，于是有

$$mg \leqslant f \cdot g \leqslant Mg$$

这里 m 与 M 分别是 f 在 Ω 上的最小值与最大值，即 $m \leqslant f \leqslant M$，且有 $\int_{\Omega} g \mathrm{d}\Omega \geqslant 0$.

若 $\int_{\Omega} g \mathrm{d}\Omega = 0$，则由不等式

$$m \int_{\Omega} g \mathrm{d}\Omega \leqslant \int_{\Omega} f \cdot g \mathrm{d}\Omega \leqslant M \int_{\Omega} g \mathrm{d}\Omega$$

知 $\int_{\Omega} f \cdot g \mathrm{d}\Omega = 0$，从而所证结论等号成立.

若 $\int_{\Omega} g \mathrm{d}\Omega > 0$，则由前一不等式，有

$$m \leqslant \frac{\int_{\Omega} f \cdot g \mathrm{d}\Omega}{\int_{\Omega} g \mathrm{d}\Omega} \leqslant M$$

由于 f 在 Ω 上连续，故至少存在一点 $P \in \Omega$，使

$$f(P) = \frac{\int_{\Omega} f \cdot g \mathrm{d}\Omega}{\int_{\Omega} g \mathrm{d}\Omega}$$

因此

$$\int_{\Omega} f \cdot g\mathrm{d}\Omega = f(P)\int_{\Omega} g\,\mathrm{d}\Omega$$

习题精解

4. 设有一太阳灶，其聚光镜是旋转抛物面 S，设旋转轴是 z 轴，顶点在原点处. 已知聚光镜的口径是 4，深为 1，聚光镜将太阳能汇聚在灶上，已知聚光镜的能流（即单位面积传播的能量）是 z 的函数 $p = \dfrac{1}{\sqrt{1+z}}$，试用第一型曲面积分表示聚光镜汇聚的总能量 W.

解 由题设可知，聚光镜是由曲线 $\begin{cases} z = \dfrac{1}{4}y^2 \\ x = 0 \end{cases}$ 绕 z 轴旋转一周生成的，其曲面 S 为 $z = \dfrac{1}{4}(x^2+y^2)(0 \leqslant z \leqslant 1)$，如图 7-1 所示. 汇聚的总能量为

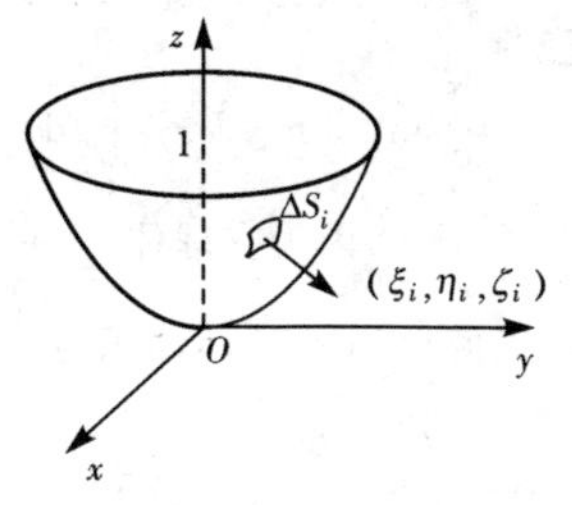

图 7-1

$$W = \lim_{d\to 0}\sum_{i=1}^{n} p(\xi_i,\eta_i,\zeta_i)\Delta S_i = \lim_{d\to 0}\sum_{i=1}^{n} \frac{1}{\sqrt{1+\zeta_i}}\Delta S_i$$

即

$$W = \iint_S \frac{1}{\sqrt{1+z}}\mathrm{d}S$$

5. 比较下列各对积分的大小：

(2) $I_1 = \iint_D (x+y)^2\mathrm{d}\sigma, I_2 = 2\iint_D (x^2+y^2)\mathrm{d}\sigma$，其中 D 为圆域 $x^2+y^2 \leqslant R^2$.

(3) $I_1 = \iint\limits_D (y^2-x^2)\mathrm{d}\sigma, I_2 = \iint\limits_D \sqrt{y^2-x^2}\mathrm{d}\sigma$，其中 D 为 $x^2+(y-2)^2 \leqslant 1$.

解 (2) 因为 $(x+y)^2 = x^2+y^2+2xy \leqslant 2(x^2+y^2)$，所以

$$I_1 \leqslant I_2$$

(3) 因为 $x^2+y^2-4y+4 \leqslant 1$，所以有 $y^2-x^2 \geqslant 2y^2-4y+3 = 2(y-1)^2+1$，因此得 $y^2-x^2 \geqslant 1$，从而有 $I_1 \geqslant I_2$.

6. 利用积分性质，估计下列积分值：

(2) $\iint\limits_D xy(x+y)\mathrm{d}x\mathrm{d}y$，其中 $D = \{(x,y) \mid 0 \leqslant x \leqslant 1,\ 0 \leqslant y \leqslant 1\}$；

(3) $\iint\limits_D \sin^2 x\sin^2 y\mathrm{d}\sigma$，其中 $D = \{(x,y) \mid 0 \leqslant x \leqslant \pi,\ 0 \leqslant y \leqslant \pi\}$；

(4) $\iiint\limits_V \ln(1+x^2+y^2+z^2)\mathrm{d}V$，其中 V 是球体，$x^2+y^2+z^2 \leqslant 1$ 部分；

(6)$\iint\limits_S \frac{1}{x^2+y^2+z^2}\mathrm{d}S$,其中 S 为柱面 $x^2+y^2=1$ 被平面 $z=0,z=1$ 所截下部分.

解 (2) 因为在区域 D 上 $0\leqslant x\leqslant 1,0\leqslant y\leqslant 1$,所以 $0\leqslant xy\leqslant 1,0\leqslant x+y\leqslant 2$,进一步可得 $0\leqslant xy(x+y)\leqslant 2$,于是$\iint\limits_D 0\mathrm{d}\sigma\leqslant\iint\limits_D xy(x+y)\mathrm{d}\sigma\leqslant\iint\limits_D 2\mathrm{d}\sigma$,即 $0\leqslant\iint\limits_D xy(x+y)\mathrm{d}\sigma\leqslant 2$.

(3) 因为 $0\leqslant\sin^2 x\leqslant 1,0\leqslant\sin^2 y\leqslant 1$,所以 $0\leqslant\sin^2 x\sin^2 y\leqslant 1$,于是$\iint\limits_D 0\mathrm{d}\sigma\leqslant\iint\limits_D\sin^2 x\sin^2 y\mathrm{d}\sigma\leqslant\iint\limits_D 1\mathrm{d}\sigma$,即 $0\leqslant\iint\limits_D\sin^2 x\sin^2 y\mathrm{d}\sigma\leqslant\pi^2$.

(4) 因为在球体 $x^2+y^2+z^2\leqslant 1$ 上,$\ln(1+x^2+y^2+z^2)$ 的最小值为 0,最大值为 $\ln 2$,球体体积为$\frac{4}{3}\pi$,所以

$$0\cdot\frac{4}{3}\pi\leqslant\iiint\limits_V\ln(1+x^2+y^2+z^2)\mathrm{d}V\leqslant(\ln 2)\cdot\frac{4}{3}\pi$$

即

$$0\leqslant\iiint\limits_V\ln(1+x^2+y^2+z^2)\mathrm{d}V\leqslant\frac{4}{3}\pi\ln 2$$

(6) 在柱面 $x^2+y^2=1(0\leqslant z\leqslant 1)$ 上,因为

$$\frac{1}{2}=\frac{1}{x^2+y^2+1}\leqslant\frac{1}{x^2+y^2+z^2}\leqslant\frac{1}{x^2+y^2}=1$$

又柱面面积为 2π,故有

$$\frac{1}{2}\cdot 2\pi\leqslant\iint\limits_S\frac{1}{x^2+y^2+z^2}\mathrm{d}S\leqslant 1\cdot 2\pi$$

即

$$\pi\leqslant\iint\limits_S\frac{1}{x^2+y^2+z^2}\mathrm{d}S\leqslant 2\pi$$

7. 指出下列积分值:

(1)$\int_L(x^2+y^2)\mathrm{d}s$,曲线 L 为下半圆 $y=-\sqrt{1-x^2}$.

解 注意到在 L 上 $x^2+y^2=1$,L 的弧长为 π,故有

$$\int_L(x^2+y^2)\mathrm{d}S=\int_L\mathrm{d}S=\pi$$

9. 设 $f(x,y)$ 是 $\mathbf{R}^2$ 上的连续函数,求 $\lim\limits_{\rho\to 0^+}\frac{1}{\pi\rho^2}\iint\limits_{(x-x_0)^2+(y-y_0)^2\leqslant\rho^2}f(x,y)\mathrm{d}\sigma$.

解 因为 $f(x,y)$ 为连续函数,由积分中值定理知,至少存在一点(ξ,η),使

$$\iint\limits_{(x-x_0)^2+(y-y_0)^2\leqslant\rho^2} f(x,y)\mathrm{d}\sigma = f(\xi,\eta)\pi\rho^2$$

于是 $\lim\limits_{\rho\to 0^+}\dfrac{1}{\pi\rho^2}\iint\limits_{(x-x_0)^2+(y-y_0)^2\leqslant\rho^2} f(x,y)\mathrm{d}\sigma = \lim\limits_{\rho\to 0^+}\dfrac{1}{\pi\rho^2}\pi\rho^2 f(\xi,\eta) = f(x_0,y_0).$

第二节　二重积分的计算

内容提要

1. 了解二重积分的物理意义

若 $\rho(x,y)$ 为平面薄片（所占区域 D 在 xOy 平面上）的面密度，则 $\iint\limits_D \rho(x,y)\mathrm{d}\sigma$ 表示该薄片的质量.

2. 掌握直角坐标系下二重积分的计算方法

二重积分的计算需化作两次定积分完成.

(1) 若 D 为 X- 型域 $\{(x,y)\mid \varphi_1(x)\leqslant y\leqslant\varphi_2(x), x\in[a,b]\}$

则
$$\iint\limits_D f(x,y)\mathrm{d}x\mathrm{d}y = \int_a^b \mathrm{d}x\int_{\varphi_1(x)}^{\varphi_2(x)} f(x,y)\mathrm{d}y$$

(2) 若 D 为 Y- 型域 $\{(x,y)\mid \varphi_1(y)\leqslant x\leqslant\varphi_2(y), y\in[c,d]\}$

则
$$\iint\limits_D f(x,y)\mathrm{d}x\mathrm{d}y = \int_c^d \mathrm{d}y\int_{\varphi_1(y)}^{\varphi_2(y)} f(x,y)\mathrm{d}x$$

(3) 若 D 既非 X- 型域，也非 Y- 型域，则可将 D 划分为若干个子区域，使每个子区域或为 X- 型域，或为 Y- 型域，分别利用上述公式计算，并将结果相加.

3. 掌握极坐标系下二重积分的计算

作变量代换 $x=r\cos\theta, y=r\sin\theta$，则有
$$\iint\limits_D f(x,y)\mathrm{d}\sigma = \iint\limits_D f(r\cos\theta, r\sin\theta)r\mathrm{d}r\mathrm{d}\theta$$

若 D 为 $r_1(\theta)\leqslant r\leqslant r_2(\theta), \alpha\leqslant\theta\leqslant\beta$，则
$$\iint\limits_D f(x,y)\mathrm{d}\sigma = \int_\alpha^\beta \mathrm{d}\theta\int_{r_1(\theta)}^{r_2(\theta)} f(r\cos\theta, r\sin\theta)r\mathrm{d}r$$

一般说来，当 D 为圆域，及与圆有关的区域，如圆环域、扇形域等，还有边界曲线用极坐标方程表示比较简单的区域，以及被积函数用极坐标表示比较简单时，如 $f(x,y)$ 中含 x^2+y^2，$\dfrac{y}{x}$ 等，可试用极坐标计算.

4. 了解二重积分的几何意义

当 $f(x,y)\geqslant 0$ 时，二重积分 $\iint\limits_D f(x,y)\mathrm{d}\sigma$ 表示以 xOy 平面上的区域 D 为底，

以曲面 $z=f(x,y)$ 为顶的曲顶柱体体积. 若 $f(x,y)\equiv 1$,则 $\iint\limits_D \mathrm{d}\sigma$ 表示区域 D 的面积.

5. 了解二重积分的换元法

设 $x=x(u,v)$, $y=y(u,v)$ 具有连续的偏导数,此变换把 uOv 平面上的闭区域 D' 一对一地变为 xOy 平面上的闭区域 D,且

$$J=\frac{\partial(x,y)}{\partial(u,v)}=\begin{vmatrix}\dfrac{\partial x}{\partial u} & \dfrac{\partial x}{\partial v}\\ \dfrac{\partial y}{\partial u} & \dfrac{\partial y}{\partial v}\end{vmatrix}\neq 0$$

则有

$$\iint\limits_D f(x,y)\mathrm{d}x\mathrm{d}y=\iint\limits_{D'} f(x(u,v),y(u,v))\mid J\mid \mathrm{d}u\mathrm{d}v$$

释疑解惑

【问 7-2-1】 二次积分 $\int_a^b \mathrm{d}x\int_{\varphi_1(x)}^{\varphi_2(x)} f(x,y)\mathrm{d}y$ 及 $\int_c^d \mathrm{d}y\int_{\psi_1(y)}^{\psi_2(y)} f(x,y)\mathrm{d}x$ 的积分上下限与积分区域 D 是什么关系?

答 二次积分 $\int_a^b \mathrm{d}x\int_{\varphi_1(x)}^{\varphi_2(x)} f(x,y)\mathrm{d}y$ 的积分区域是由曲线 $x=a$, $x=b$, $y=\varphi_1(x)$, $y=\varphi_2(x)$ 围成的区域;而二次积分 $\int_c^d \mathrm{d}y\int_{\psi_1(y)}^{\psi_2(y)} f(x,y)\mathrm{d}x$ 的积分区域是由曲线 $x=\psi_1(y)$, $x=\psi_2(y)$, $y=c$, $y=d$ 围成的区域.

【问 7-2-2】 交换二重积分的积分次序时,应注意哪些问题?

答 计算二重积分时,确定积分的先后次序非常重要. 次序选择得合理,有助于积分的计算;若次序选择得不当,可能使积分烦琐,甚至积不出来.

交换积分次序,首先要画出积分区域 D. 在二重积分 $\int_a^b \mathrm{d}x\int_{\varphi_1(x)}^{\varphi_2(x)} f(x,y)\mathrm{d}y$ 中,D 是由曲线 $y=\varphi_1(x)$(下面), $y=\varphi_2(x)$(上面), $x=a$(左面), $x=b$(右面)所围成. 在二重积分 $\int_c^d \mathrm{d}y\int_{\varphi_1(y)}^{\varphi_2(y)} f(x,y)\mathrm{d}x$ 中,D 是由曲线 $x=\varphi_1(y)$(左面), $x=\varphi_2(y)$(右面), $y=c$(下面), $y=d$(上面)所围成. 掌握这些特点,有助于正确画出 D 的图形,这是交换积分次序的关键,即使简单题目也应先将积分区域画出.

计算定积分时,还应注意积分下限未必一定小于上限. 但是重积分不同,由重积分化成二次定积分时,其上限一定不能小于下限. 当给定的二次积分出现下限大于上限的情况时,应将上、下限颠倒过来,同时改变二次积分的符号.

例如,交换二次积分 $\int_0^{2\pi} \mathrm{d}x\int_0^{\sin x} f(x,y)\mathrm{d}y$ 的顺序,可知在 $0\leqslant x\leqslant 2\pi$ 上, $y=$

$\sin x$ 有正有负，不恒大于零，于是有

$$\int_0^{2\pi}\mathrm{d}x\int_0^{\sin x}f(x,y)\mathrm{d}y=\int_0^{\pi}\mathrm{d}x\int_0^{\sin x}f(x,y)\mathrm{d}y-\int_{\pi}^{2\pi}\mathrm{d}x\int_{\sin x}^{0}f(x,y)\mathrm{d}y$$

此时积分区域 D 由 D_1 和 D_2 组成(图 7-2)，则有

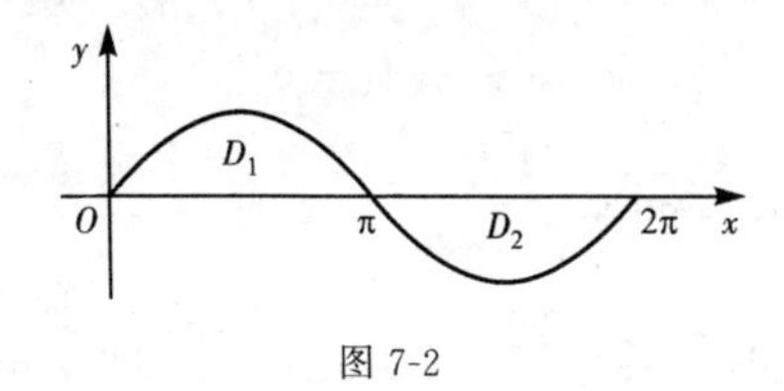

图 7-2

$$\begin{aligned}\int_0^{2\pi}\mathrm{d}x\int_0^{\sin x}f(x,y)\mathrm{d}y&=\iint_{D_1}f(x,y)\mathrm{d}x\mathrm{d}y-\iint_{D_2}f(x,y)\mathrm{d}x\mathrm{d}y\\&=\int_0^1\mathrm{d}y\int_{\arcsin y}^{\pi-\arcsin y}f(x,y)\mathrm{d}x-\int_{-1}^{0}\mathrm{d}y\int_{\pi-\arcsin y}^{2\pi+\arcsin y}f(x,y)\mathrm{d}x\end{aligned}$$

【问 7-2-3】 怎样正确利用积分区域和被积函数对称性来简化二重积分的计算？

答 利用对称性来简化重积分的计算是十分有效的，它类似于利用被积函数的奇偶性，在关于原点的对称区间上简化定积分的计算. 不过重积分的积分区域比定积分的积分区间复杂，在运用对称性时，需同时考虑被积函数和积分区域两个方面. 对于二重积分 $I=\iint\limits_D f(x,y)\mathrm{d}\sigma$，

(1) 如果 D 关于 y 轴对称，对于任一点 $(x,y)\in D$，若 $f(-x,y)=-f(x,y)$，即 $f(x,y)$ 是 x 的奇函数，则 $I=0$；若 $f(-x,y)=f(x,y)$，即 $f(x,y)$ 是 x 的偶函数，则 $I=2\iint\limits_{D_1}f(x,y)\mathrm{d}\sigma$，这里 $D_1=\{(x,y)\mid(x,y)\in D,x\geqslant 0\}$.

(2) 如果 D 关于 x 轴对称，对于任一点 $(x,y)\in D$，若 $f(x,-y)=-f(x,y)$，即 $f(x,y)$ 是 y 的奇函数，则 $I=0$；若 $f(x,-y)=f(x,y)$，即 $f(x,y)$ 是 y 的偶函数，则 $I=2\iint\limits_{D_2}f(x,y)\mathrm{d}\sigma$，这里 $D_2=\{(x,y)\mid(x,y)\in D,y\geqslant 0\}$.

(3) 如果 D 关于坐标原点对称，若 $f(-x,-y)=-f(x,y)$，则 $I=0$；若 $f(-x,-y)=f(x,y)$，则 $I=2\iint\limits_{D_1}f(x,y)\mathrm{d}\sigma=2\iint\limits_{D_2}f(x,y)\mathrm{d}\sigma$.

(4) 如果 D 关于 x 轴和 y 轴都对称，若 $f(-x,y)=f(x,y)$，且 $f(x,-y)=f(x,y)$，则 $I=4\iint\limits_{D_3}f(x,y)\mathrm{d}\sigma$，这里 $D_3=\{(x,y)\mid(x,y)\in D,x\geqslant 0,y\geqslant 0\}$.

上面这些结果，可以类似地推广到三重积分和第一型的曲线、曲面积分之

上.

例如,计算$\iint\limits_D (x^3 - x\cos x + x^2 + x^2 y - 2)\mathrm{d}\sigma$,其中$D: x^2 + y^2 \leqslant 1$.

解 D关于x轴、y轴以及$y = x$均对称,故将被积函数分项积分,有

$$\iint\limits_D (x^3 - x\cos x + x^2 y)\mathrm{d}\sigma = 0$$

$$\iint\limits_D 2\mathrm{d}\sigma = 2\iint\limits_D \mathrm{d}\sigma = 2\pi$$

$$\iint\limits_D x^2 \mathrm{d}\sigma = \frac{1}{2}\iint\limits_D (x^2 + y^2)\mathrm{d}\sigma = \frac{1}{2}\int_0^{2\pi}\mathrm{d}\theta\int_0^1 r^3 \mathrm{d}r = \frac{\pi}{4}$$

于是

$$\text{原式} = 0 + \frac{\pi}{4} - 2\pi = -\frac{7}{4}\pi$$

【问 7-2-4】 当二重积分的被积函数带有绝对值符号,或带有 max,min,sgn 等符号时,如何计算它的值?

答 一般可以把被积函数表示为分块函数来去掉这些符号,再利用积分对区域的可加性来分块计算,然后把计算结果相加.

例如,计算二重积分$\iint\limits_D [\sin x\sin y \cdot \max(x,y)]\mathrm{d}x\mathrm{d}y$,其中$D = \{(x,y) \mid 0 \leqslant x \leqslant \pi, 0 \leqslant y \leqslant \pi\}$.

解 如图 7-3 所示,因为被积函数含因式$\max(x,y)$,所以将D分为D_1和D_2,则

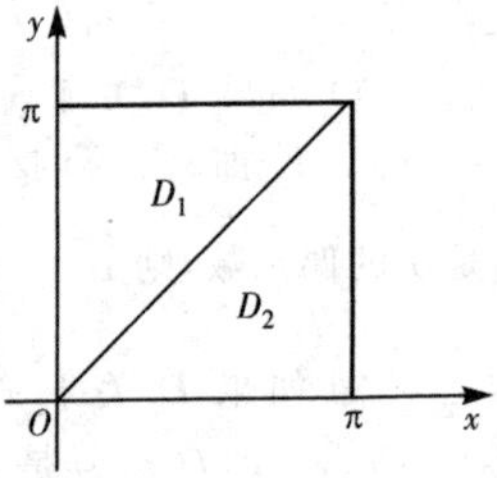

图 7-3

$$\begin{aligned}
I &= \iint\limits_{D_1} (\sin x\sin y) y\mathrm{d}x\mathrm{d}y + \iint\limits_{D_2} (\sin x\sin y) x\mathrm{d}x\mathrm{d}y \\
&= \int_0^\pi \mathrm{d}x\int_x^\pi y\sin x\sin y\mathrm{d}y + \int_0^\pi \mathrm{d}x\int_0^x x\sin x\sin y\mathrm{d}y \\
&= \int_0^\pi \sin x[-y\cos y + \sin y]_x^\pi \mathrm{d}x + \int_0^\pi x\sin x(-\cos y)\Big|_0^x \mathrm{d}x \\
&= \int_0^\pi \sin x(\pi + x\cos x - \sin x)\mathrm{d}x + \int_0^\pi (x\sin x - x\sin x\cos x)\mathrm{d}x \\
&= \int_0^\pi (\pi\sin x - \sin^2 x + x\sin x)\mathrm{d}x = \frac{5}{2}\pi
\end{aligned}$$

例题解析

【例 7-2-1】 计算$\int_1^3 dx\int_{x-1}^2 \sin y^2 dy$.

分析　由于$\sin y^2$的原函数不是初等函数,故需交换积分次序求解.根据题设,画出积分区域D,如图 7-4 所示.

解　交换积分次序,有

$$\int_1^3 dx\int_{x-1}^2 \sin y^2 dy = \int_0^2 \sin y^2 dy\int_1^{1+y} dx = \int_0^2 y\sin y^2 dy = \frac{1}{2}(1-\cos 4)$$

【例 7-2-2】 计算二重积分$\iint\limits_D |x^2+y^2-1|d\sigma$,其中$D=\{(x,y)\mid 0\leqslant x\leqslant 1,0\leqslant y\leqslant 1\}$.

分析　本题关键是处理$|x^2+y^2-1|$,按$|x^2+y^2-1|$要求将D分成两个区域,然后分别积分再相加.

解　设$D_1=\{(x,y)\mid 0\leqslant y\leqslant \sqrt{1-x^2},0\leqslant x\leqslant 1\}$,

$D_2=\{(x,y)\mid \sqrt{1-x^2}\leqslant y\leqslant 1,0\leqslant x\leqslant 1\}$(如图 7-5 所示)则

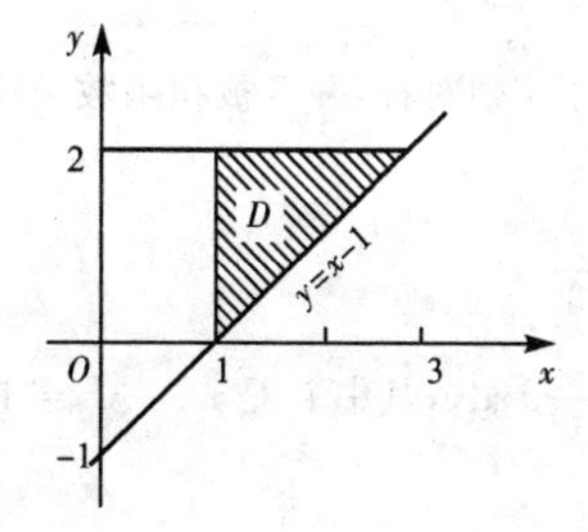

图 7-4

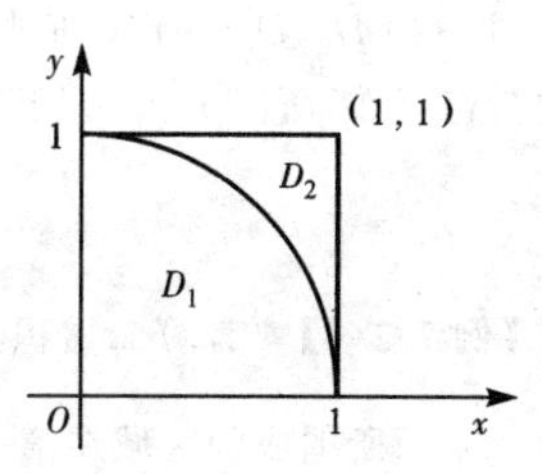

图 7-5

$$\iint\limits_D |x^2+y^2-1|d\sigma = \iint\limits_{D_1}(1-x^2-y^2)d\sigma + \iint\limits_{D_2}(x^2+y^2-1)d\sigma$$

由于
$$\iint\limits_{D_1}(1-x^2-y^2)d\sigma = \int_0^{\frac{\pi}{2}} d\theta\int_0^1 (1-r^2)r dr = \frac{\pi}{8}$$

$$\begin{aligned}\iint\limits_{D_2}(x^2+y^2-1)d\sigma &= \iint\limits_{D}(x^2+y^2-1)d\sigma - \iint\limits_{D_1}(x^2+y^2-1)d\sigma\\ &= \int_0^1 dx\int_0^1 (x^2+y^2-1)dy + \frac{\pi}{8}\\ &= -\frac{1}{3}+\frac{\pi}{8}\end{aligned}$$

故
$$\iint\limits_D |x^2+y^2-1|\,\mathrm{d}\sigma=-\frac{1}{3}+\frac{\pi}{4}$$

【例 7-2-3】 计算二重积分
$$\iint\limits_D y[1+x\mathrm{e}^{\frac{1}{2}(x^2+y^2)}]\mathrm{d}x\mathrm{d}y$$
D 由直线 $y=x, y=-1, x=1$ 围成.

分析 利用积分区域及被积函数的对称性简化计算.

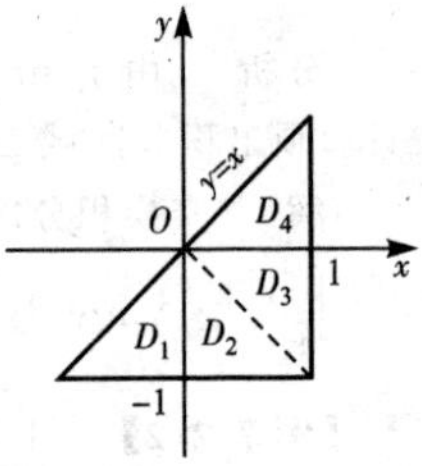

图 7-6

解 积分区域如图 7-6 所示.
$$I=\iint\limits_D y\mathrm{d}x\mathrm{d}y+\iint\limits_D xy\mathrm{e}^{\frac{1}{2}(x^2+y^2)}\mathrm{d}x\mathrm{d}y$$

而
$$I_1=\iint\limits_D y\mathrm{d}x\mathrm{d}y=\int_{-1}^{1}\mathrm{d}y\int_y^1 y\mathrm{d}x=-\frac{2}{3}$$
$$\begin{aligned}I_2&=\iint\limits_D xy\mathrm{e}^{\frac{1}{2}(x^2+y^2)}\mathrm{d}x\mathrm{d}y\\&=\iint\limits_{D_1+D_2} xy\mathrm{e}^{\frac{1}{2}(x^2+y^2)}\mathrm{d}x\mathrm{d}y+\iint\limits_{D_3+D_4} xy\mathrm{e}^{\frac{1}{2}(x^2+y^2)}\mathrm{d}x\mathrm{d}y\end{aligned}$$

注意到 D_1、D_2 关于 y 轴对称，D_3、D_4 关于 x 轴对称，并且被积函数关于 x 及 y 均为奇函数，所以 $I_2=0$，于是
$$\text{原式}=-\frac{2}{3}$$

【例 7-2-4】 计算二重积分 $\iint\limits_D \frac{1-x^2-y^2}{1+x^2+y^2}\mathrm{d}x\mathrm{d}y$，其中 D 是 $x^2+y^2=1$，$x=0$ 和 $y=0$ 所围成的区域在第一象限的部分.

解 利用极坐标：
$$\begin{aligned}\text{原式}&=\int_0^{\frac{\pi}{2}}\mathrm{d}\theta\int_0^1 r\cdot\frac{1-r^2}{1+r^2}\mathrm{d}r\\&=\frac{\pi}{2}\int_0^1 r\left(\frac{2}{1+r^2}-1\right)\mathrm{d}r\\&=\frac{\pi}{2}\left[\ln(1+r^2)-\frac{1}{2}r^2\right]_0^1\\&=\frac{\pi}{2}\left(\ln 2-\frac{1}{2}\right)\end{aligned}$$

【例 7-2-5】 利用二重积分的几何意义计算积分 $\iint\limits_D \sqrt{R^2-x^2-y^2}\,\mathrm{d}\sigma$，其中 $D=\{(x,y)\mid x^2+y^2\leqslant R^2\}$.

解 由于被积函数 $\sqrt{R^2-x^2-y^2}\geqslant 0$，则由二重积分的几何意义可知，所

求二重积分的值等于以 D 为底，$z=\sqrt{R^2-x^2-y^2}$ 为顶的曲顶柱体体积. 由图 7-7 知此柱体为半球体，则有

$$\iint_D \sqrt{R^2-x^2-y^2}\,\mathrm{d}\sigma=\frac{2}{3}\pi R^3$$

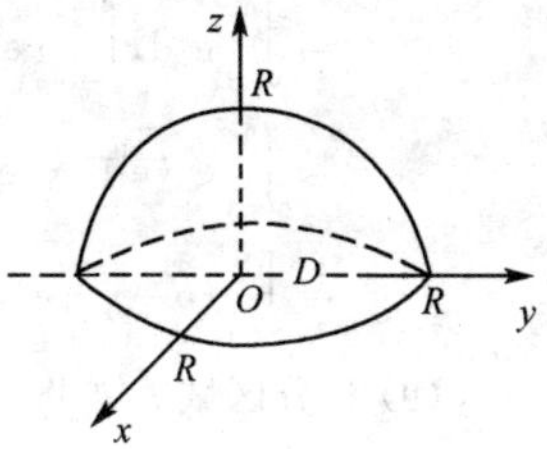

图 7-7

习题精解

2. 画出下列积分的积分区域，并计算积分值.

(3) $\int_0^1 \mathrm{d}y\int_y^{e^y}\sqrt{x}\,\mathrm{d}x$；　　(5) $\int_0^{\frac{\pi}{2}}\mathrm{d}x\int_0^{\cos x}e^{\sin x}\mathrm{d}y$.

解　(3) 原式 $=\int_0^1 \frac{2}{3}x^{\frac{3}{2}}\Big|_y^{e^y}\mathrm{d}y=\frac{2}{3}\int_0^1(e^{\frac{3}{2}y}-y^{\frac{3}{2}})\mathrm{d}y$

$$=\frac{2}{3}\left[\frac{2}{3}e^{\frac{3}{2}y}-\frac{2}{5}y^{\frac{5}{2}}\right]_0^1=\frac{2}{3}\left(\frac{2}{3}e^{\frac{3}{2}}-\frac{2}{3}-\frac{2}{5}\right)$$

$$=\frac{2}{3}\left(\frac{2}{3}e^{\frac{3}{2}}-\frac{16}{15}\right)=\frac{4}{9}\left(e^{\frac{3}{2}}-\frac{8}{5}\right)$$

(5) 原式 $=\int_0^{\frac{\pi}{2}}e^{\sin x}\cdot\cos x\mathrm{d}x=\int_0^{\frac{\pi}{2}}e^{\sin x}\mathrm{d}(\sin x)=e^{\sin x}\Big|_0^{\frac{\pi}{2}}=e-1$

3. 计算下列二重积分：

(7) $\iint_D x\cos y\mathrm{d}\sigma$，$D$ 是三顶点分别为 $(0,0)$，$(\pi,0)$ 和 (π,π) 的三角形闭区域；

(8) $\iint_D e^{x+y}\mathrm{d}\sigma$，$D$ 是由不等式 $|x|+|y|\leqslant 1$ 所确定的区域.

(9) $\iint_D \cos x\sqrt{1+\cos^2 x}\,\mathrm{d}\sigma$，其中 D 是由 $y=\sin x\left(0\leqslant x\leqslant\frac{\pi}{2}\right)$，$x=\frac{\pi}{2}$ 和 $y=0$ 围成.

解　(7) 积分区域 D 如图 7-8 所示.

$$\iint_D x\cos y\mathrm{d}\sigma=\int_0^{\pi}x\mathrm{d}x\int_0^x\cos y\mathrm{d}y=\int_0^{\pi}x\cdot\sin y\Big|_0^x\mathrm{d}x$$

$$=\int_0^{\pi}x\sin x\mathrm{d}x=-\int_0^{\pi}x\mathrm{d}\cos x$$

$$=-\left(x\cos\Big|_0^{\pi}-\int_0^{\pi}\cos\mathrm{d}x\right)$$

$$=\pi$$

(8) 积分区域 D 如图 7-9 所示.

$$\iint_D e^{x+y}\mathrm{d}\sigma$$

$$=\int_{-1}^{0}\mathrm{e}^{x}\mathrm{d}x\int_{-1-x}^{1+x}\mathrm{e}^{y}\mathrm{d}y+\int_{0}^{1}\mathrm{e}^{x}\mathrm{d}x\int_{x-1}^{1-x}\mathrm{e}^{y}\mathrm{d}y$$

$$=\int_{-1}^{0}\mathrm{e}^{x}(\mathrm{e}^{1+x}-\mathrm{e}^{-1-x})\mathrm{d}x+\int_{0}^{1}\mathrm{e}^{x}(\mathrm{e}^{1-x}-\mathrm{e}^{x-1})\mathrm{d}x$$

$$=\int_{-1}^{0}(\mathrm{e}^{2x+1}-\mathrm{e}^{-1})\mathrm{d}x+\int_{0}^{1}(\mathrm{e}-\mathrm{e}^{2x-1})\mathrm{d}x=\mathrm{e}-\frac{1}{\mathrm{e}}$$

(9) 积分区域 D 如图 7-10 所示.

$$\iint_{D}\cos x\sqrt{1+\cos^{2}x}\,\mathrm{d}\sigma$$

$$=\int_{0}^{\frac{\pi}{2}}\mathrm{d}x\int_{0}^{\sin x}\cos x\sqrt{1+\cos^{2}x}\,\mathrm{d}y$$

$$=\int_{0}^{\frac{\pi}{2}}\cos x\sqrt{1+\cos^{2}x}\,\mathrm{d}x\int_{0}^{\sin x}\mathrm{d}y$$

$$=-\int_{0}^{\frac{\pi}{2}}\cos x\sqrt{1+\cos^{2}x}\,\mathrm{d}\cos x$$

$$=-\frac{1}{2}\int_{0}^{\frac{\pi}{2}}\sqrt{1+\cos^{2}x}\,\mathrm{d}(\cos^{2}x+1)$$

$$=-\frac{1}{2}\cdot\frac{2}{3}(1+\cos^{2}x)^{\frac{3}{2}}\Big|_{0}^{\frac{\pi}{2}}$$

$$=-\frac{1}{3}(1-2\sqrt{2})$$

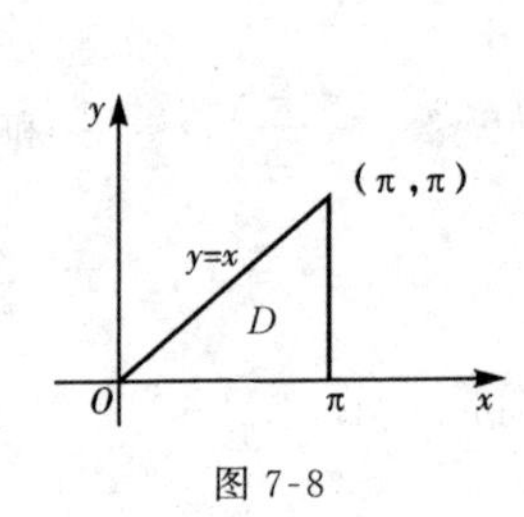

图 7-8

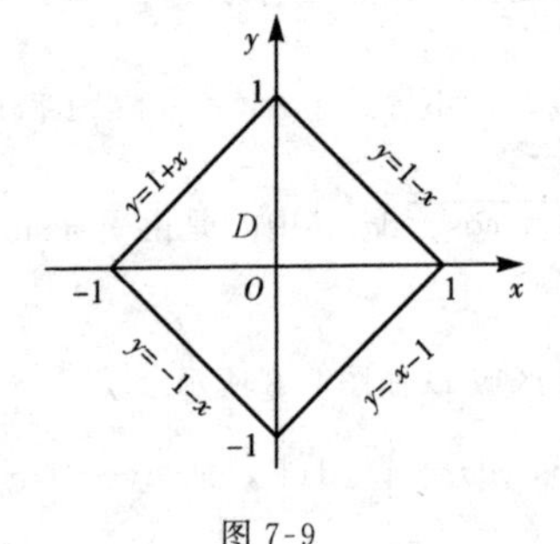

图 7-9

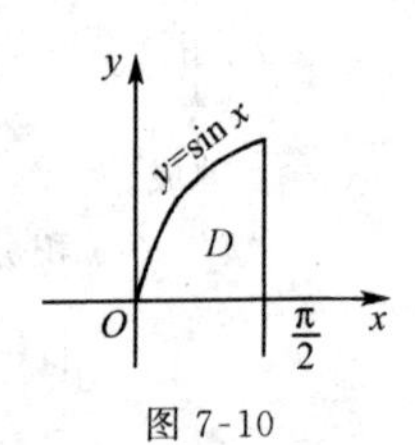

图 7-10

4. 交换下列二次积分的积分次序：

(2) $\int_{0}^{1}\mathrm{d}y\int_{\sqrt{y}}^{\sqrt{2y}}f(x,y)\mathrm{d}x$； (3) $\int_{0}^{1}\mathrm{d}y\int_{-\sqrt{1-y^{2}}}^{\sqrt{1-y^{2}}}f(x,y)\mathrm{d}x$.

解 (2) 积分区域如图 7-11 所示.

$$\int_{0}^{1}\mathrm{d}y\int_{\sqrt{y}}^{\sqrt{2y}}f(x,y)\mathrm{d}x=\int_{0}^{1}\mathrm{d}x\int_{\frac{x^{2}}{2}}^{x^{2}}f(x,y)\mathrm{d}y+\int_{1}^{\sqrt{2}}\mathrm{d}x\int_{\frac{x^{2}}{2}}^{1}f(x,y)\mathrm{d}y$$

(3) 由曲线 $x=-\sqrt{1-y^{2}}$，$x=\sqrt{1-y^{2}}$，$y=0$ 及 $y=1$ 所围积分区域 D

可以表为(图 7-12)：

$$D=\left\{(x,y)\ \middle|\ -1\leqslant x\leqslant 1,\ 0\leqslant y\leqslant \sqrt{1-x^2}\right\}$$

则
$$\int_0^1 \mathrm{d}y\int_{-\sqrt{1-y^2}}^{\sqrt{1-y^2}} f(x,y)\,\mathrm{d}x=\int_{-1}^{1}\mathrm{d}x\int_0^{\sqrt{1-x^2}} f(x,y)\,\mathrm{d}y$$

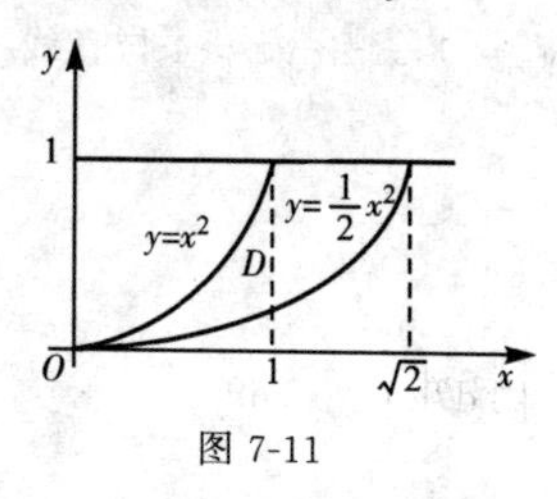

图 7-11

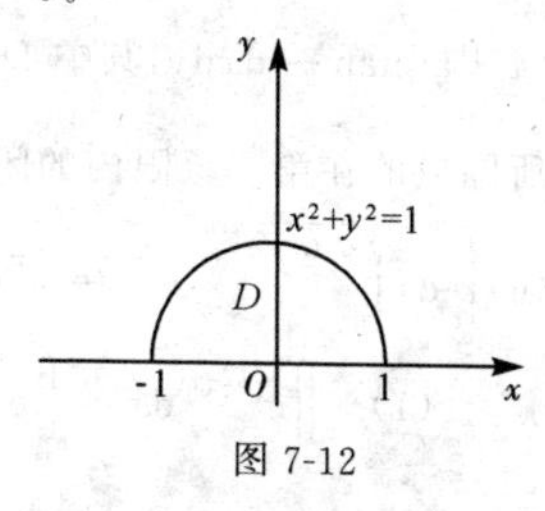

图 7-12

5. 交换积分次序并计算下列二重积分：

(1) $\int_0^1 \mathrm{d}y\int_{\sqrt{y}}^1 \sqrt{x^3+1}\,\mathrm{d}x$；　　(4) $\int_0^8 \mathrm{d}y\int_{\sqrt[3]{y}}^2 \mathrm{e}^{x^4}\,\mathrm{d}x$.

解　(1) 积分区域如图 7-13 所示. 交换积分次序计算，有

$$\begin{aligned}\int_0^1 \mathrm{d}y\int_{\sqrt{y}}^1 \sqrt{x^3+1}\,\mathrm{d}x&=\int_0^1 \mathrm{d}x\int_0^{x^2}\sqrt{x^3+1}\,\mathrm{d}y\\&=\int_0^1 x^2\sqrt{x^3+1}\,\mathrm{d}x=\frac{1}{3}\int_0^1\sqrt{x^3+1}\,\mathrm{d}(x^3+1)\\&=\frac{1}{3}\cdot\frac{2}{3}(x^3+1)^{\frac{3}{2}}\Big|_0^1\\&=\frac{2}{9}(2\sqrt{2}-1)\end{aligned}$$

(4) 积分区域如图 7-14 所示. 交换积分次序计算，有

$$\begin{aligned}\int_0^8 \mathrm{d}y\int_{\sqrt[3]{y}}^2 \mathrm{e}^{x^4}\,\mathrm{d}x&=\int_0^2 \mathrm{d}x\int_0^{x^3}\mathrm{e}^{x^4}\,\mathrm{d}y=\int_0^2 x^3\mathrm{e}^{x^4}\,\mathrm{d}x=\frac{1}{4}\int_0^2\mathrm{e}^{x^4}\,\mathrm{d}x^4\\&=\frac{1}{4}\mathrm{e}^{x^4}\Big|_0^2=\frac{1}{4}(\mathrm{e}^{16}-1)\end{aligned}$$

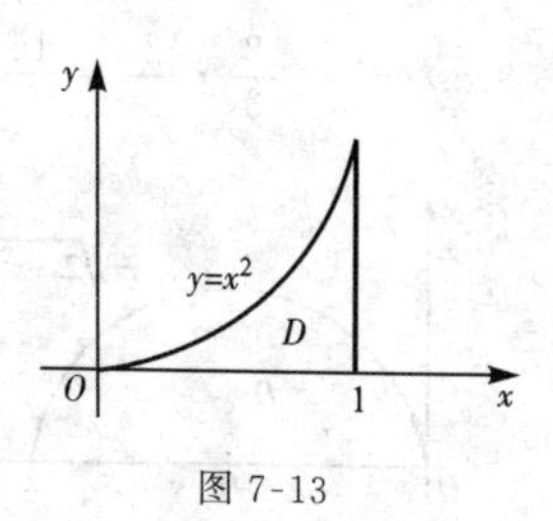

图 7-13

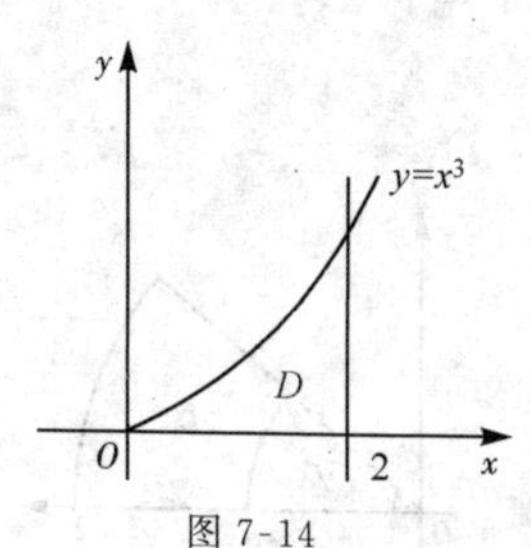

图 7-14

6. 利用极坐标计算下列二重积分：

(1)$\iint\limits_D e^{(x^2+y^2)}d\sigma$,$D$ 是由圆周 $x^2+y^2=4$ 所围成的闭区域；

(2)$\iint\limits_D \sin(x^2+y^2)\mathrm{d}\sigma, D=\{(x,y)\mid \pi\leqslant x^2+y^2\leqslant 2\pi\}$；

(4)$\iint\limits_D \arctan\dfrac{y}{x}\mathrm{d}x\mathrm{d}y$,其中 D 是圆 $x^2+y^2=1, x^2+y^2=4$ 与直线 $y=0, y=x$ 所围成的在第一象限内的闭区域；

(6)$\int_0^2\mathrm{d}x\int_0^{\sqrt{2x-x^2}}\sqrt{x^2+y^2}\,\mathrm{d}y$.

解 (1) $\iint\limits_D e^{x^2+y^2}\mathrm{d}\sigma=\iint\limits_D e^{r^2}\cdot r\mathrm{d}r\mathrm{d}\theta=\int_0^{2\pi}\mathrm{d}\theta\int_0^2 e^{r^2}\cdot r\mathrm{d}r$

$$=\frac{1}{2}\int_0^{2\pi}\mathrm{d}\theta\int_0^2 e^{r^2}\mathrm{d}r^2=\frac{1}{2}\cdot 2\pi\cdot e^{r^2}\Big|_0^2=\pi(e^4-1)$$

(2)$\iint\limits_D \sin(x^2+y^2)\mathrm{d}\sigma=\iint\limits_D \sin r^2\cdot r\mathrm{d}r\mathrm{d}\theta=\int_0^{2\pi}\mathrm{d}\theta\int_{\sqrt{\pi}}^{\sqrt{2\pi}}\sin r^2\cdot r\mathrm{d}r$

$$=\frac{1}{2}\int_0^{2\pi}\mathrm{d}\theta\int_{\sqrt{\pi}}^{\sqrt{2\pi}}\sin r^2\mathrm{d}r^2=\pi\left(-\cos r^2\Big|_{\sqrt{\pi}}^{\sqrt{2\pi}}\right)$$

$$=\pi(\cos\pi-\cos 2\pi)=-2\pi$$

(4) 积分区域 D 如图 7-15 所示.

$$\iint\limits_D \arctan\frac{y}{x}\mathrm{d}x\mathrm{d}y=\int_0^{\frac{\pi}{4}}\mathrm{d}\theta\int_1^2\arctan\frac{r\sin\theta}{r\cos\theta}\cdot r\mathrm{d}r$$

$$=\int_0^{\frac{\pi}{4}}\theta\mathrm{d}\theta\int_1^2 r\mathrm{d}r=\left(\frac{1}{2}\theta^2\Big|_0^{\frac{\pi}{4}}\right)\left(\frac{1}{2}r^2\Big|_1^2\right)=\frac{3}{64}\pi^2$$

(6) 积分区域如图 7-16 所示,在极坐标系下,曲线 $y=\sqrt{2x-x^2}$ 的方程为

$$r=2\cos\theta\left(0\leqslant\theta\leqslant\frac{\pi}{2}\right)$$

于是

$$\int_0^2\mathrm{d}x\int_0^{\sqrt{2x-x^2}}\sqrt{x^2+y^2}\,\mathrm{d}y=\int_0^{\frac{\pi}{2}}\mathrm{d}\theta\int_0^{2\cos\theta}r\cdot r\mathrm{d}r$$

$$=\frac{1}{3}\int_0^{\frac{\pi}{2}}8\cos^3\theta\mathrm{d}\theta=\frac{8}{3}\cdot\frac{2}{3}=\frac{16}{9}$$

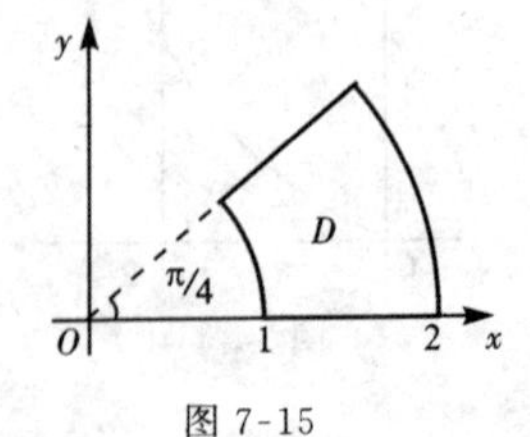

图 7-15

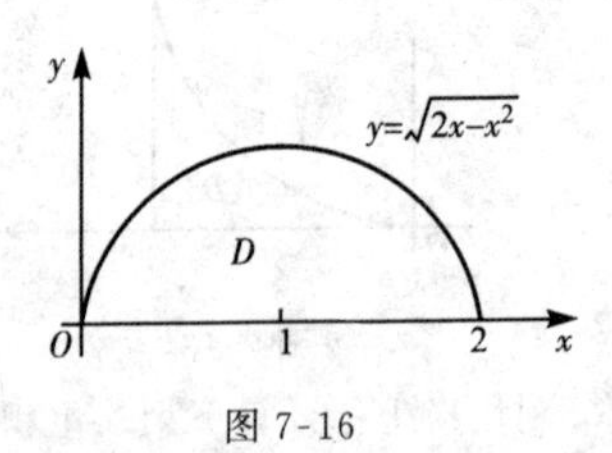

图 7-16

8. 求双曲线 $xy=a^2$ 与直线 $x+y=\frac{5}{2}a(a>0)$ 所围成的图形的面积.

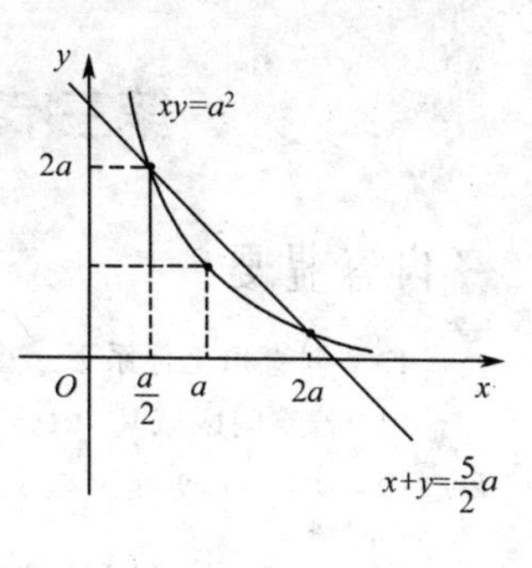

图 7-17

解　围成区域如图 7-17 所示，则围成图形的面积为

$$S=\iint_D \mathrm{d}\sigma=\int_{\frac{a}{2}}^{2a}\mathrm{d}x\int_{\frac{a^2}{x}}^{\frac{5}{2}a-x}\mathrm{d}y$$

$$=\int_{\frac{a}{2}}^{2a}\left(\frac{5}{2}a-x-\frac{a^2}{x}\right)\mathrm{d}x$$

$$=\left[\frac{5}{2}ax-\frac{1}{2}x^2-a^2\ln x\right]_{\frac{a}{2}}^{2a}$$

$$=\frac{15}{8}a^2-2a^2\ln 2$$

9. 利用二重积分计算下列各立体的体积：

(1) 由平面 $x=0,y=0,z=0,x=1,y=1$ 及 $2x+3y+z=6$ 所围立体；

(3) 由旋转抛物面 $z=1-x^2-y^2$ 与 xOy 平面所围立体.

解　(1) 立体示意图如图 7-18 所示. 所求体积为

$$V=\iint_D(6-2x-3y)\mathrm{d}x\mathrm{d}y=\int_0^1\mathrm{d}x\int_0^1(6-2x-3y)\mathrm{d}y$$

$$=\int_0^1\left(6-2x-\frac{3}{2}\right)\mathrm{d}x=\frac{7}{2}$$

(3) 立体示意图如图 7-19 所示. 所求体积为

$$V=\iint_D(1-x^2-y^2)\mathrm{d}x\mathrm{d}y=\int_0^{2\pi}\mathrm{d}\theta\int_0^1(1-r^2)r\mathrm{d}r$$

$$=2\pi\cdot\left(\frac{1}{2}r^2-\frac{1}{4}r^4\right)\Big|_0^1=\frac{\pi}{2}$$

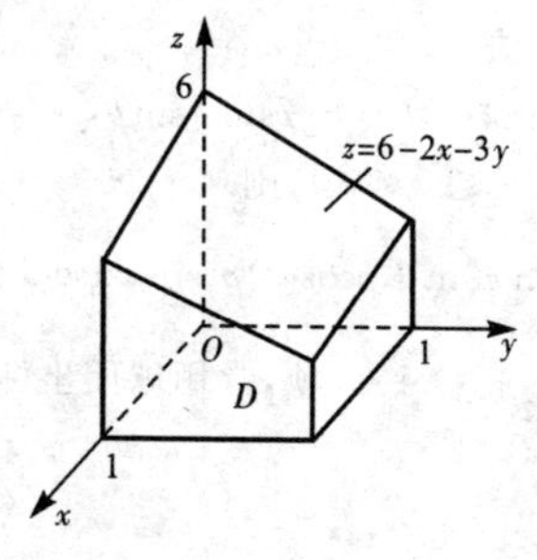

图 7-18

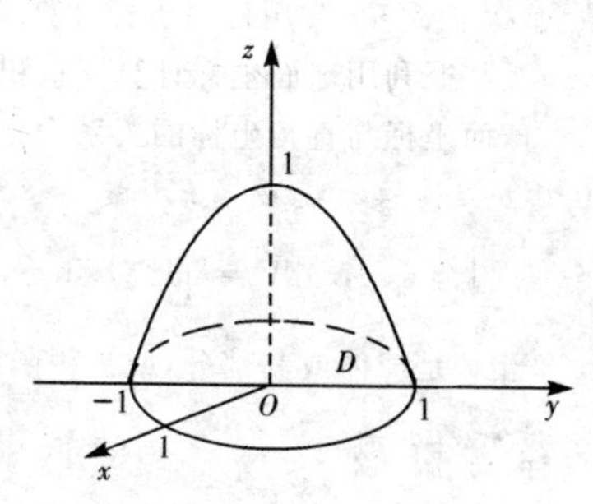

图 7-19

第三节 三重积分的计算

内容提要

1. 掌握直角坐标系下三重积分的计算方法

(1) 若空间区域 $V=\{(x,y,z)\mid z_1(x,y)\leqslant z\leqslant z_2(x,y),(x,y)\in D_{xy}\}$，而 $D_{xy}\{(x,y)\mid y_1(x)\leqslant y\leqslant y_2(x),a\leqslant x\leqslant b\}$，则

$$\iiint_V f(x,y,z)\mathrm{d}V=\iint_{D_{xy}}\mathrm{d}x\mathrm{d}y\int_{z_1(x,y)}^{z_2(x,y)}f(x,y,z)\mathrm{d}z$$
$$=\int_a^b\mathrm{d}x\int_{y_1(x)}^{y_2(x)}\mathrm{d}y\int_{z_1(x,y)}^{z_2(x,y)}f(x,y,z)\mathrm{d}z$$

这种积分法称为坐标面投影法.

(2) 若空间区域 V 在 z 轴上的投影区间是 $[c,d]$，过 $[c,d]$ 上任一点作垂直于 z 轴的平面，与 V 相交的截面为 D_z，则

$$\iiint_V f(x,y,z)\mathrm{d}V=\int_c^d\mathrm{d}z\iint_{D_z}f(x,y,z)\mathrm{d}x\mathrm{d}y$$

这种积分法称为截面法.

2. 掌握利用柱面坐标计算三重积分的方法

柱面坐标与直角坐标的关系为 $x=r\cos\theta,y=r\sin\theta,z=z(0\leqslant r<+\infty,0\leqslant\theta\leqslant 2\pi$ 或 $-\pi\leqslant\theta\leqslant\pi)$，则

$$\iiint_V f(x,y,z)\mathrm{d}V=\iiint_V f(r\cos\theta,r\sin\theta,z)r\mathrm{d}r\mathrm{d}\theta\mathrm{d}z$$

当 V 是旋转体或其部分，且在坐标面上的投影是圆域或其部分，或被积函数含 x^2+y^2 项，常用柱面坐标计算.

3. 掌握利用球面坐标计算三重积分的方法

球面坐标与直角坐标的关系为 $x=\rho\sin\varphi\cos\theta,y=\rho\sin\varphi\sin\theta,z=\rho\cos\varphi$，$(0\leqslant\rho<+\infty,0\leqslant\varphi\leqslant\pi,0\leqslant\theta\leqslant 2\pi$ 或 $-\pi\leqslant\theta\leqslant\pi)$，则

$$\iiint_V f(x,y,z)\mathrm{d}V=\iiint_V f(\rho\sin\varphi\cos\theta,\rho\sin\varphi\sin\theta,\rho\cos\varphi)\rho^2\sin\varphi\mathrm{d}\rho\mathrm{d}\varphi\mathrm{d}\theta$$

当 V 是球体或其部分，或被积函数含 $x^2+y^2+z^2$ 项，常用球面坐标计算.

释疑解惑

【问 7-3-1】 如何利用积分区域和被积函数的对称性来简化三重积分的计算？

答 与二重积分类似，三重积分的计算也可以利用积分区域和被积函数的

对称性来简化.

(1) 若 $f(-x,y,z)=-f(x,y,z)$,且 V 关于 yOz 平面对称;

$f(x,-y,z)=-f(x,y,z)$,且 V 关于 xOz 平面对称;

$f(x,y,-z)=-f(x,y,z)$,且 V 关于 xOy 平面对称;

则 $\iiint\limits_V f(x,y,z)\mathrm{d}V=0$.

(2) 若 $f(-x,y,z)=f(x,y,z)$,且 V 关于 yOz 平面对称,则

$$\iiint\limits_V f(x,y,z)\mathrm{d}V=2\iiint\limits_{V(x\geqslant 0)} f(x,y,z)\mathrm{d}V$$

同理对于 xOz,xOy 平面也有同样的结论.

(3) 若 $f(-x,y,z)=f(x,y,z)$,$f(x,-y,z)=f(x,y,z)$ 且 V 关于 yOz,xOz 平面对称,则

$$\iiint\limits_V f(x,y,z)\mathrm{d}V=4\iiint\limits_{V(x\geqslant 0,y\geqslant 0)} f(x,y,z)\mathrm{d}V$$

同理对于 xOz,xOy 平面也有同样的结论.

(4) 若 $f(-x,y,z)=f(x,y,z)$,$f(x,-y,z)=f(x,y,z)$,$f(x,y,-z)=f(x,y,z)$ 且 V 关于每个坐标平面对称,则

$$\iiint\limits_V f(x,y,z)\mathrm{d}V=8\iiint\limits_{V(x\geqslant 0,y\geqslant 0,z\geqslant 0)} f(x,y,z)\mathrm{d}V$$

【问 7-3-2】 设 $\Omega:x^2+y^2+z^2\leqslant R^2$;$\Omega_1:x^2+y^2+z^2\leqslant R^2,z\geqslant 0$;$\Omega_2:x^2+y^2+z^2\leqslant R^2,z\geqslant 0,x\geqslant 0,y\geqslant 0$,问下列各等式是否成立?

(1) $\iiint\limits_\Omega x\,\mathrm{d}V=0,\iiint\limits_\Omega z\,\mathrm{d}V=0$

(2) $\iiint\limits_{\Omega_1} x\mathrm{d}V=4\iiint\limits_{\Omega_2} x\mathrm{d}V,\iiint\limits_{\Omega_1} z\mathrm{d}V=4\iiint\limits_{\Omega_2} z\mathrm{d}V$

(3) $\iiint\limits_{\Omega_1} xy\,\mathrm{d}V=\iiint\limits_{\Omega_1} yz\,\mathrm{d}V=\iiint\limits_{\Omega_1} zx\,\mathrm{d}V=0$

答 (1) 两等式均成立.

因为积分区域 Ω 关于三个坐标面均对称,而被积函数一个是关于 x 的奇函数,一个是关于 z 的奇函数,故它们的积分值都是零.

(2) 第一个等式不成立,第二个等式成立.

因为在第一个等式中,Ω_1 关于 xOz 及 yOz 平面对称,而被积函数 $f(x,y,z)=x$ 是 Ω_1 中关于 x 的奇函数,其积分应为零,即 $\iiint\limits_{\Omega_1} x\mathrm{d}V=0$. 而 Ω_2 是 Ω_1 在第一卦限部分,其上自变量全部取正值,故有 $\iiint\limits_{\Omega_2} x\mathrm{d}V>0$. 显然 Ω_1 是 Ω_2 的 4 倍,但

$\iiint\limits_{\Omega_1} x\mathrm{d}V \neq 4\iiint\limits_{\Omega_2} x\mathrm{d}V$.

在第二个等式中，被积函数 $f(x,y,z)=z$，不出现 x 与 y，故是关于 x 和 y 的偶函数，而积分域 Ω_1 又对称于 xOz 平面与 yOz 平面，故有等式 $\iiint\limits_{\Omega_1} z\mathrm{d}V = 4\iiint\limits_{\Omega_2} z\mathrm{d}V$ 成立.

(3) 各等式都成立.

因为 Ω_1 关于 xOz 及 yOz 平面对称，xy，zx 是关于 x 的奇函数，yz 是关于 y 的奇函数，故各积分均为零.

【问 7-3-3】 什么是三重积分计算的“先二后一”法，在什么情况下用“先二后一”法较为便利？

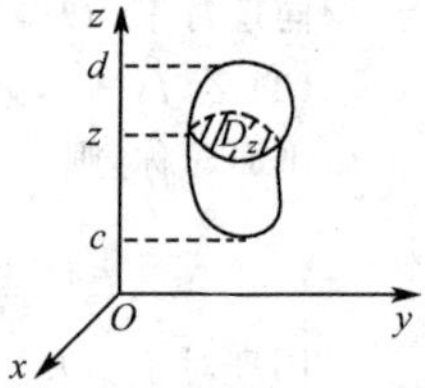

答 设区域 V 在 z 轴上的投影是区间 $[c,d]$，即 V 介于两平面 $z=c$，$z=d$ 之间. 过 $[c,d]$ 上任意一点 z 作垂直于 z 轴的平面，交 V 所得截面为 D_z（图 7-20）. 则

$$V=\{(x,y,z)\mid(x,y)\in D_z,c\leqslant z\leqslant d\}$$

图 7-20

于是

$$\iiint\limits_V f(x,y,z)\mathrm{d}x\mathrm{d}y\mathrm{d}z=\int_c^d \mathrm{d}z\iint\limits_{D_z} f(x,y,z)\mathrm{d}x\mathrm{d}y$$

在计算过程中，先把 z 视为常数，将 $f(x,y,z)$ 看做 x,y 的函数，在 D_z 上计算二重积分，其结果是 z 的函数. 然后再在 $[c,d]$ 上对 z 计算定积分. 这种积分顺序简称“先二后一”法，或称截面法.

可以看出，若 $f(x,y,z)$ 与 x、y 无关，或 $\iint\limits_{D_z} f(x,y,z)\mathrm{d}x\mathrm{d}y$ 易计算时，例如，V 是对称轴为 z 轴的旋转体，被积函数形如 $\varphi(x^2+y^2)$. 在这些情况下用“先二后一”法较为便利.

例如，计算 $\iiint\limits_V (x+y+z)\mathrm{d}V$，$V$ 由 $x^2+y^2\leqslant z^2$，$0\leqslant z\leqslant H$ 所确定.

解 由于 V 关于 yOz 平面及 xOz 平面对称，故

$$\iiint\limits_V x\mathrm{d}V=\iiint\limits_V y\mathrm{d}V=0$$

用“先二后一”法，D_z 为 $x^2+y^2\leqslant z^2$，得

$$\text{原式}=\iiint\limits_V z\mathrm{d}V=\int_0^H z\iint\limits_{D_z}\mathrm{d}x\mathrm{d}y=\pi\int_0^H z^3\mathrm{d}z=\frac{\pi}{4}H^4$$

又如，计算 $I=\iiint\limits_V (x^2+y^2)\mathrm{d}V$，$V$ 是由 yOz 平面上的曲线 $y=\sqrt{2z}$ 绕 z 轴旋转所得旋转面与平面 $z=1$ 及 $z=4$ 所围成的区域.

解 旋转面方程为 $x^2+y^2=2z$，D_z 为 $x^2+y^2\leqslant 2z,1\leqslant z\leqslant 4$，用"先二后一"法，得

$$I=\int_1^4 dz\iint_{D_z}(x^2+y^2)dxdy=\int_1^4 dz\int_0^{2\pi}d\theta\int_0^{\sqrt{2z}}r^3 dr$$

$$=2\pi\int_1^4 z^2 dz=42\pi$$

这个题若用"先一后二"法去做，先对 z 做单积分，再对 x、y 积分是较麻烦的.

例题解析

【例 7-3-1】 求 $I=\iiint\limits_V(x^2+y^2)dV$，其中 Ω 为曲线 $\begin{cases}y^2=2z\\x=0\end{cases}$ 绕 z 轴旋转一周的曲面与平面 $z=2$，$z=8$ 所围成的空间区域.

解 利用柱面坐标，如图 7-21 所示.

$$I=\iint_{D_1}dxdy\int_2^8(x^2+y^2)dz+\iint_{D_2}dxdy\int_{\frac{x^2+y^2}{2}}^8(x^2+y^2)dz$$

$$=\int_0^{2\pi}d\theta\int_0^2 r^3 dr\int_2^8 dz+\int_0^{2\pi}d\theta\int_2^4 r^3 dr\int_{\frac{r^2}{2}}^8 dz$$

$$=48\pi+288\pi=336\pi$$

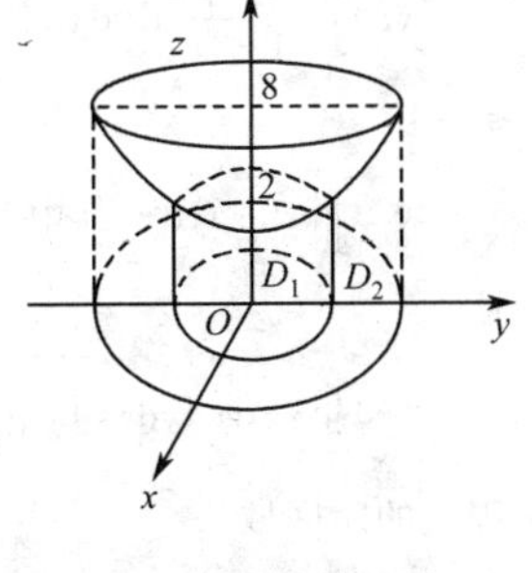

图 7-21

【例 7-3-2】 计算 $\iiint\limits_\Omega e^y dV$，$\Omega$ 是由 $x^2-y^2+z^2=1$，$y=0$ 及 $y=2$ 所围成的区域.

分析 由于被积函数只是 y 的函数，故可用"先二后一"法计算.

解

$$\iiint_\Omega e^y dV=\int_0^2 dy\iint_{D_y}e^y dxdz=\int_0^2 e^y dy\iint_{x^2+z^2\leqslant 1+y^2}dxdz$$

$$=\int_0^2 e^y\cdot\pi(1+y^2)dy=3\pi(e^2-1)$$

【例 7-3-3】 计算由曲面 $(x^2+y^2+z^2)^2=a^3 z$ 所围成的立体在第一卦限部分的体积($a>0$).

分析 注意到曲面方程的特点，可将其化为球面坐标的形式.

解 将 $x=\rho\sin\varphi\cos\theta$，$y=\rho\sin\varphi\sin\theta$，$z=\rho\cos\varphi$ 代入曲面方程，可得其球面坐标形式的方程为

$$\rho^4=a^3\rho\cos\varphi，即\ \rho^3=a^3\cos\varphi$$

该曲面所围立体在第一卦限部分为：$0\leqslant\rho\leqslant a\sqrt[3]{\cos\varphi}$，$0\leqslant\varphi\leqslant\frac{\pi}{2}$，$0\leqslant\theta\leqslant$

$\frac{\pi}{2}$. 于是所求体积

$$V=\iiint\limits_{V}\mathrm{d}V=\int_{0}^{\frac{\pi}{2}}\mathrm{d}\theta\int_{0}^{\frac{\pi}{2}}\mathrm{d}\varphi\int_{0}^{a\sqrt[3]{\cos\varphi}}\rho^{2}\sin\varphi\mathrm{d}\rho$$

$$=\frac{1}{3}a^{3}\cdot\frac{\pi}{2}\int_{0}^{\frac{\pi}{2}}\sin\varphi\cos\varphi\mathrm{d}\varphi=\frac{1}{12}\pi a^{3}$$

习题精解

2. 计算下列三重积分：

(1) $\iiint\limits_{V}xyz\,\mathrm{d}V$，其中 $V=\{(x,y,z)\mid 0\leqslant x\leqslant 1,0\leqslant y\leqslant 1,0\leqslant z\leqslant 1\}$；

(3) $\iiint\limits_{V}\frac{y\sin z}{1+x^{2}}\mathrm{d}x\mathrm{d}y\mathrm{d}z$，其中 $V=\{(x,y,z)\mid -1\leqslant x\leqslant 1,0\leqslant y\leqslant 2,0\leqslant z\leqslant\pi\}$；

(5) $\iiint\limits_{V}z\,\mathrm{d}x\mathrm{d}y\mathrm{d}z$，其中 V 是由平面 $x=1,y=1,z=0$ 及 $y=z$ 所围成的闭区域；

(6) $\iiint\limits_{V}yz\,\mathrm{d}x\mathrm{d}y\mathrm{d}z$，其中 V 是由平面 $z=0,z=y,y=1$ 及抛物柱面 $y=x^{2}$ 所围成的闭区域.

解 (1) $\iiint\limits_{V}xyz\,\mathrm{d}V=\int_{0}^{1}x\mathrm{d}x\int_{0}^{1}y\mathrm{d}y\int_{0}^{1}z\mathrm{d}z=(\frac{1}{2})^{3}=\frac{1}{8}$

(3) $\iiint\limits_{V}\frac{y\sin z}{1+x^{2}}\mathrm{d}x\mathrm{d}y\mathrm{d}z=\int_{-1}^{1}\frac{1}{1+x^{2}}\mathrm{d}x\int_{0}^{2}y\mathrm{d}y\int_{0}^{\pi}\sin z\mathrm{d}z$

$$=\arctan x\Big|_{-1}^{1}\cdot\frac{1}{2}y^{2}\Big|_{0}^{2}\cdot(-\cos z)\Big|_{0}^{\pi}=2\pi$$

(5) $\iiint\limits_{V}z\,\mathrm{d}x\mathrm{d}y\mathrm{d}z=\iint\limits_{D_{xy}}\mathrm{d}x\mathrm{d}y\int_{0}^{y}z\mathrm{d}z$

$$=\frac{1}{2}\iint\limits_{D_{xy}}z^{2}\Big|_{0}^{y}\mathrm{d}x\mathrm{d}y$$

$$=\frac{1}{2}\iint\limits_{D_{xy}}y^{2}\mathrm{d}x\mathrm{d}y$$

$$=\frac{1}{2}\int_{0}^{1}\mathrm{d}x\int_{0}^{1}y^{2}\mathrm{d}y=\frac{1}{6}$$

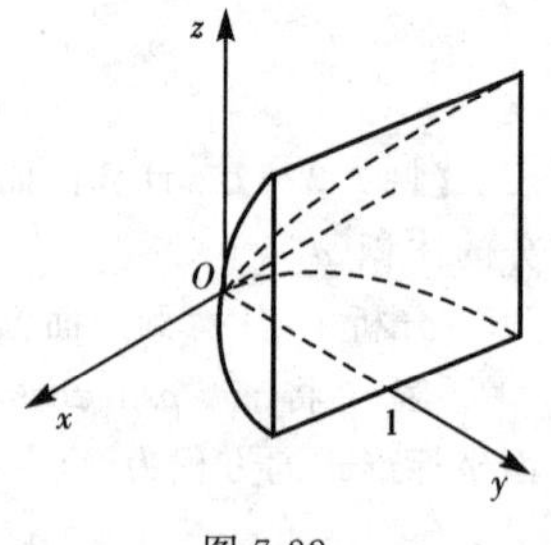

图 7-22

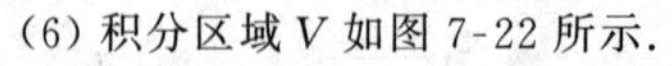
(6) 积分区域 V 如图 7-22 所示.

$$\iiint\limits_{V}yz\,\mathrm{d}x\mathrm{d}y\mathrm{d}z=\int_{-1}^{1}\mathrm{d}x\int_{x^{2}}^{1}y\mathrm{d}y\int_{0}^{y}z\mathrm{d}z$$

$$=\frac{1}{2}\int_{-1}^{1}\mathrm{d}x\int_{x^2}^{1}y^3\,\mathrm{d}y=\frac{1}{8}\int_{-1}^{1}(1-x^8)\mathrm{d}x=\frac{2}{9}$$

3. 利用柱面坐标计算下列三重积分：

(2) $\iiint\limits_V x^2\,\mathrm{d}V$，其中 $V=\{(x,y,z)\mid x^2+y^2\leqslant 1,0\leqslant z\leqslant\sqrt{4x^2+4y^2}\}$；

(4) $\iiint\limits_V z\,\mathrm{d}V$，其中 V 是由曲面 $z=\sqrt{4-x^2-y^2}$ 与 $x^2+y^2=3z$ 围成.

(5) $\iiint\limits_V z\sqrt{x^2+y^2}\,\mathrm{d}V$，其中 V 由柱面 $(x-1)^2+y^2=1$ 在第一卦限的部分与平面 $z=0,z=2,y=0$ 围成.

解 (2) V 的图形如图 7-23 所示.

$$\iiint\limits_V x^2\,\mathrm{d}V=\int_0^{2\pi}\mathrm{d}\theta\int_0^1 r^2\cos^2\theta\cdot r\mathrm{d}r\int_0^{2r}\mathrm{d}z=2\int_0^{2\pi}\cos^2\theta\mathrm{d}\theta\int_0^1 r^4\,\mathrm{d}r$$
$$=\frac{2}{5}\int_0^{2\pi}\frac{1+\cos 2\theta}{2}\mathrm{d}\theta=\frac{2}{5}\pi$$

(4) V 的图形如图 7-24 所示.

$$\iiint\limits_V z\,\mathrm{d}V=\int_0^{2\pi}\mathrm{d}\theta\int_0^{\sqrt{3}}r\mathrm{d}r\int_{\frac{r^2}{3}}^{\sqrt{4-r^2}}z\mathrm{d}z=\frac{2\pi}{2}\int_0^{\sqrt{3}}\left[r(4-r^2)-r\cdot\frac{r^4}{9}\right]\mathrm{d}r=\frac{13}{4}\pi$$

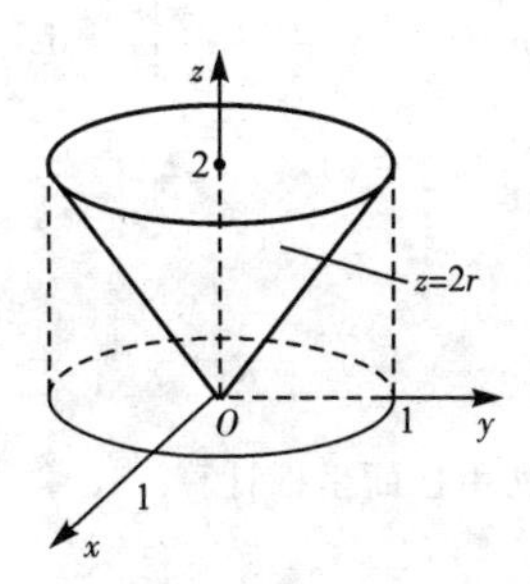

图 7-23

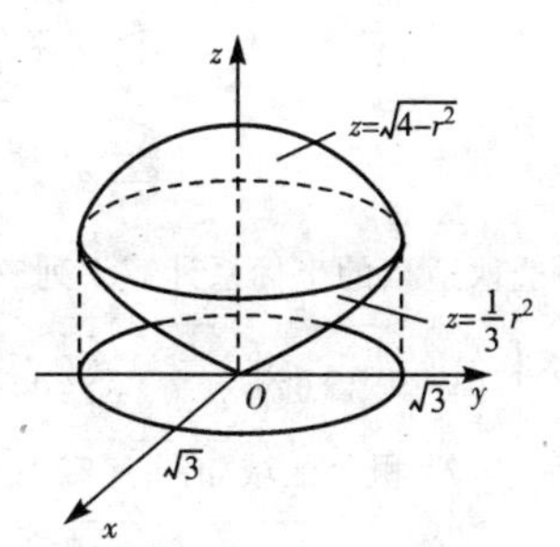

图 7-24

(5) V 的图形如图 7-25 所示.

$$\iiint\limits_V z\ \sqrt{x^2+y^2}\,\mathrm{d}V=\iint\limits_D\mathrm{d}x\mathrm{d}y\int_0^2 z\ \sqrt{x^2+y^2}\,\mathrm{d}z$$
$$=\frac{1}{2}\int_0^{\frac{\pi}{2}}\mathrm{d}\theta\int_0^{2\cos\theta}4r^2\,\mathrm{d}r$$
$$=\frac{2}{3}\int_0^{\frac{\pi}{2}}r^3\Big|_0^{2\cos\theta}\mathrm{d}\theta$$
$$=\frac{16}{3}\int_0^{\frac{\pi}{2}}\cos^3\theta\mathrm{d}\theta$$

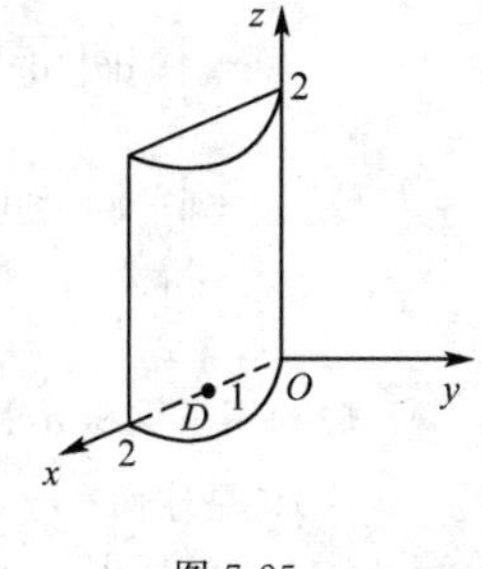

图 7-25

$$= \frac{16}{3}\int_0^{\frac{\pi}{2}}(1-\sin^2\theta)\mathrm{d}\sin\theta$$

$$= \frac{16}{3}(\sin\theta - \frac{1}{3}\sin^3\theta)\Big|_0^{\pi/2}$$

$$= \frac{32}{9}$$

4. 利用球面坐标计算下列三重积分：

(1) $\iiint\limits_V (x^2+y^2+z^2)\mathrm{d}V$，其中 $V=\{(x,y,z)\mid x^2+y^2+z^2\leqslant 1\}$；

(4) $\iiint\limits_V x\mathrm{e}^{(x^2+y^2+z^2)^2}\mathrm{d}V$，其中 V 是第一卦限中球面 $x^2+y^2+z^2=1$ 与球面 $x^2+y^2+z^2=4$ 之间的部分.

解 (1) $\iiint\limits_V (x^2+y^2+z^2)\mathrm{d}V = \int_0^{2\pi}\mathrm{d}\theta\int_0^{\pi}\mathrm{d}\varphi\int_0^1 \rho^2\cdot\rho^2\sin\varphi\,\mathrm{d}\rho$

$$= 2\pi\cdot 2\cdot\frac{1}{5} = \frac{4}{5}\pi$$

(4) $\iiint\limits_V x\mathrm{e}^{(x^2+y^2+z^2)^2}\mathrm{d}V = \int_0^{\frac{\pi}{2}}\mathrm{d}\theta\int_0^{\frac{\pi}{2}}\mathrm{d}\varphi\int_1^2 \rho\sin\varphi\cos\theta\cdot\mathrm{e}^{\rho^4}\cdot\rho^2\sin\varphi\mathrm{d}\rho$

$$= \int_0^{\frac{\pi}{2}}\sin^2\varphi\mathrm{d}\varphi\int_1^2\rho^3\mathrm{e}^{\rho^4}\mathrm{d}\rho = \frac{1}{4}\cdot\frac{\pi}{4}\int_1^2\mathrm{e}^{\rho^4}\mathrm{d}\rho^4$$

$$= \frac{\pi}{16}\mathrm{e}^{\rho^4}\Big|_1^2 = \frac{\pi}{16}(\mathrm{e}^{16}-\mathrm{e})$$

5. 选取适当的坐标系计算下列三重积分：

(2) $\int_0^1\mathrm{d}y\int_0^{\sqrt{1-y^2}}\mathrm{d}x\int_{x^2+y^2}^{\sqrt{x^2+y^2}}xyz\,\mathrm{d}z$.

解 (2) 积分区域如图 7-26 所示. 利用柱面坐标计算.

$$\int_0^1\mathrm{d}y\int_0^{\sqrt{1-y^2}}\mathrm{d}x\int_{x^2+y^2}^{\sqrt{x^2+y^2}}xyz\,\mathrm{d}z$$

$$= \int_0^{\frac{\pi}{2}}\mathrm{d}\theta\int_0^1\mathrm{d}r\int_{r^2}^{r} r^3\cos\theta\sin\theta z\,\mathrm{d}z$$

$$= \int_0^{\frac{\pi}{2}}\cos\theta\sin\theta\mathrm{d}\theta\int_0^1 r^3\,\mathrm{d}r\int_{r^2}^{r} z\mathrm{d}z$$

$$= \frac{1}{2}\cdot\frac{1}{2}\int_0^1 r^3(r^2-r^4)\mathrm{d}r = \frac{1}{96}$$

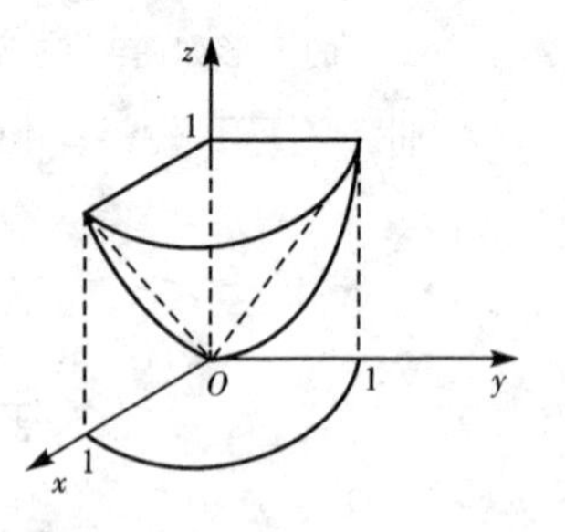

图 7-26

6. 利用三重积分求下列立体 V 的体积：

(2) V 是球面 $z=\sqrt{5-x^2-y^2}$ 与抛物面 $x^2+y^2=4z$ 所围的立体.

解 所围成的区域如图 7-27 所示.

$$V=\iiint_V \mathrm{d}V=\iint_D \mathrm{d}x\mathrm{d}y\int_{\frac{x^2+y^2}{4}}^{\sqrt{5-x^2-y^2}} \mathrm{d}z$$

$$=\frac{1}{2}\int_0^{2\pi}\mathrm{d}\theta\int_0^2\left(\sqrt{5-r^2}-\frac{r^2}{4}\right)\mathrm{d}r^2$$

$$=\pi\left[-\int_0^2\sqrt{5-r^2}\,\mathrm{d}(5-r^2)-\int_0^2\frac{r^2}{4}\mathrm{d}r^2\right]$$

$$=\pi\left[-\frac{2}{3}(5-r^2)^{\frac{3}{2}}\Big|_0^2-\frac{1}{4}\cdot\frac{1}{2}r^4\Big|_0^2\right]$$

$$=\pi\left(-\frac{2}{3}+\frac{2}{3}\cdot5\sqrt{5}-2\right)$$

$$=\frac{2}{3}\pi(5\sqrt{5}-4)$$

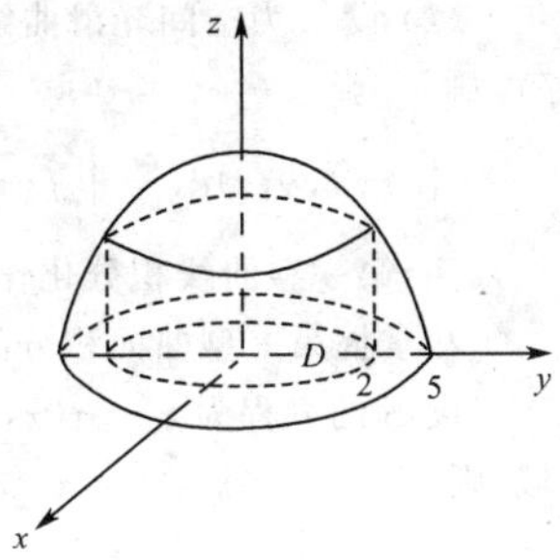

图 7-27

8. 设 $F(t)=\iiint\limits_{x^2+y^2+z^2\leqslant t^2} f(x^2+y^2+z^2)\mathrm{d}V$，其中 f 为可微函数，$t>0$，求 $F'(t)$.

解　利用球面坐标计算，得

$$F(t)=\iiint\limits_{x^2+y^2+z^2\leqslant t^2} f(x^2+y^2+z^2)\mathrm{d}V=\int_0^{2\pi}\mathrm{d}\theta\int_0^{\pi}\mathrm{d}\varphi\int_0^t f(\rho^2)\rho^2\sin\varphi\mathrm{d}\rho$$

$$=4\pi\int_0^t\rho^2 f(\rho^2)\mathrm{d}\rho$$

所以

$$F'(t)=4\pi t^2 f(t^2)$$

第四节　数量值函数的曲线与曲面积分的计算

内容提要

1. 掌握第一型曲线积分的计算方法

(1) 设 L 为平面光滑曲线，其参数方程为 $\begin{cases}x=x(t)\\y=y(t)\end{cases}(\alpha\leqslant t\leqslant\beta)$，则

$$\int_L f(x,y)\mathrm{d}s=\int_\alpha^\beta f(x(t),y(t))\sqrt{x'^2(t)+y'^2(t)}\,\mathrm{d}t$$

若 L 的方程为 $y=y(x)$，$a\leqslant x\leqslant b$，则

$$\int_L f(x,y)\mathrm{d}s=\int_a^b f(x,y(x))\sqrt{1+y'^2(x)}\,\mathrm{d}x$$

若 L 的方程为 $x=x(y)$，$c\leqslant y\leqslant d$，则

$$\int_L f(x,y)\mathrm{d}s=\int_c^d f(x(y),y)\sqrt{1+x'^2(y)}\,\mathrm{d}y$$

(2) 设 L 为空间光滑曲线，其方程为 $x=x(t),y=y(t),z=z(t)(\alpha\leqslant t\leqslant\beta)$，则

$$\int_L f(x,y,z)\mathrm{d}s=\int_\alpha^\beta f(x(t),y(t),z(t))\sqrt{x'^2(t)+y'^2(t)+z'^2(t)}\,\mathrm{d}t$$

注：第一型曲线积分化作定积分计算时，定积分下限一定要小于上限.

2. 掌握第一型曲面积分的计算方法

设 S 的方程为 $z=z(x,y),(x,y)\in D_{xy},D_{xy}$ 是 S 在 xOy 平面上的投影区域，则

$$\iint_S f(x,y,z)\mathrm{d}S=\iint_{D_{xy}} f(x,y,z(x,y))\sqrt{1+z_x^2+z_y^2}\,\mathrm{d}x\mathrm{d}y$$

当 $f(x,y,z)\equiv 1$ 时，得到曲面 S 的面积公式

$$S=\iint_S\mathrm{d}S=\iint_{D_{xy}}\sqrt{1+z_x^2+z_y^2}\,\mathrm{d}x\mathrm{d}y$$

释疑解惑

【问 7-4-1】 为什么把 $\int_L f(x,y)\mathrm{d}s$ 化作定积分计算时，定积分下限一定要小于上限？

答 在推导计算公式 $\int_L f(x,y)\mathrm{d}s=\int_\alpha^\beta f(x(t),y(t))\sqrt{x'^2(t)+y'^2(t)}\,\mathrm{d}t$ 时，由于 $\Delta s_i=\sqrt{x'^2(\tau_i)+y'^2(\tau_i)}\Delta t_i$ 是小弧段的长度，$\Delta s_i>0$，因而 $\Delta t_i>0$，即 $t_{i-1}<t_i$，亦即分割积分区间的分点必须由小到大排列，所以要求 $\alpha<\beta$，即定积分的下限一定要小于上限.

【问 7-4-2】 在计算 $\int_L x\mathrm{d}s$ 时，其中 L 为图 7-28 中 $A(0,a)$ 到 $B\left(\frac{a}{\sqrt{2}},-\frac{a}{\sqrt{2}}\right)$ 之间的一段劣弧，用下面的方法是否正确？

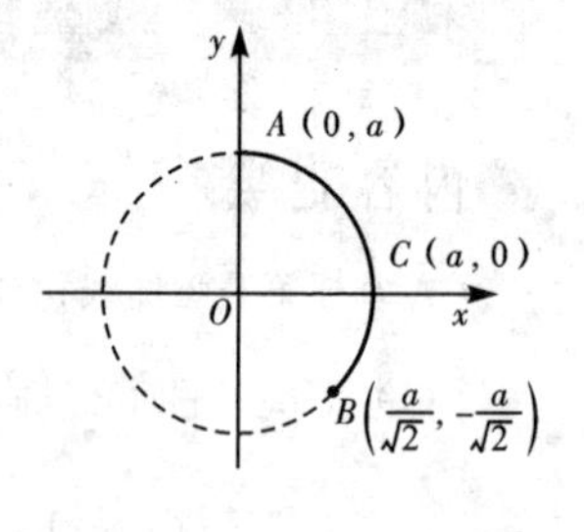

图 7-28

因为 $\overset{\frown}{AC}:y=\sqrt{a^2-x^2}$，$\overset{\frown}{CB}:y=-\sqrt{a^2-x^2}$，所以两段弧均有 $\mathrm{d}s=\dfrac{a\mathrm{d}x}{\sqrt{a^2-x^2}}$，故有

$$\int_{\overset{\frown}{AB}}x\mathrm{d}s=\int_0^{\frac{a}{\sqrt{2}}}\frac{ax}{\sqrt{a^2-x^2}}\mathrm{d}x=\left(1-\frac{1}{\sqrt{2}}\right)a^2$$

答 这种解法是错误的. 正确的解法是，将 L 分为 $\overset{\frown}{AC}$ 和 $\overset{\frown}{CB}$ 两段弧计算.

$$\int_{\overset{\frown}{AB}}x\mathrm{d}s=\int_{\overset{\frown}{AC}}x\mathrm{d}s+\int_{\overset{\frown}{CB}}x\mathrm{d}s$$

而
$$\int_{\overset{\frown}{AC}} x\,\mathrm{d}s = \int_0^a \frac{ax}{\sqrt{a^2-x^2}}\mathrm{d}x = a^2$$

$$\int_{\overset{\frown}{CB}} x\,\mathrm{d}s = \int_{\frac{a}{\sqrt{2}}}^a \frac{ax}{\sqrt{a^2-x^2}}\mathrm{d}x = \frac{a^2}{\sqrt{2}}$$

故
$$\int_L x\,\mathrm{d}s = \left(1+\frac{1}{\sqrt{2}}\right)a^2$$

比较这两种解法,可以看出错误解法的出错原因在于

$$\int_{\overset{\frown}{AB}} x\,\mathrm{d}s = \int_0^{\frac{a}{\sqrt{2}}} \frac{ax}{\sqrt{a^2-x^2}}\mathrm{d}x \text{ 掩盖了} \int_0^a \frac{ax}{\sqrt{a^2-x^2}}\mathrm{d}x + \int_a^{\frac{a}{\sqrt{2}}} \frac{ax}{\sqrt{a^2-x^2}}\mathrm{d}x$$

而$\int_a^{\frac{a}{\sqrt{2}}} \frac{ax}{\sqrt{a^2-x^2}}\mathrm{d}x = -\frac{a^2}{\sqrt{2}}$,这里下限大于上限,因而差了一个符号.

【问 7-4-3】　设圆周 $L: x^2+y^2=a^2$, D 是 L 所围成的区域,试问以下两式是否正确?

(1) $\iint\limits_D (x^2+y^2)\mathrm{d}\sigma = \iint\limits_D a^2\mathrm{d}\sigma = \pi a^4$;

(2) $\oint_L (x^2+y^2)\mathrm{d}s = \oint_L a^2\mathrm{d}s = 2\pi a^3$.

答　(1) 是错误的. 因为$\iint\limits_D (x^2+y^2)\mathrm{d}\sigma$是区域 D 上的二重积分,在 D 的内部,$x^2+y^2<a^2$,即在 D 上,x^2+y^2 不恒等于 a^2,被积函数中的 x^2+y^2 不能用 a^2 代替.

(2) 是正确的. 因为$\oint_L (x^2+y^2)\mathrm{d}s$是 L 上的第一类曲线积分,在 L 上,$x^2+y^2=a^2$,而被积函数定义在 L 上,故被积函数中的 x^2+y^2 可以用 a^2 代入计算.

【问 7-4-4】　在计算空间有界曲面 S 的面积时,如 S 可以表示 $z=z(x,y)$, $(x,y)\in D_{xy}$,除了用公式 $S=\iint\limits_S \mathrm{d}S = \iint\limits_{D_{xy}} \sqrt{1+z_x^2+z_y^2}\,\mathrm{d}x\mathrm{d}y$ 之外,是否还有别的方法?

答　对于某些特殊的曲面,也可以用曲线积分或定积分进行计算. 例如,当 $f(x,y)\geqslant 0$ 时,曲线积分$\int_L f(x,y)\mathrm{d}s$ 的几何意义是以 xOy 平面上的曲线 L 为准线,母线平行于 z 轴,高为 $z=f(x,y)$ 的柱面面积.

当曲面为旋转曲面时,有时用定积分计算也很方便. 例如,S 是平面曲线 $y=y(x)(a\leqslant x\leqslant b)$ 绕 x 轴旋转所得的旋转曲面的面积,这里 $y(x)\geqslant 0$,且在 $[a,b]$ 上有连续导数,则

$$S = 2\pi\int_a^b y(x)\sqrt{1+y'^2(x)}\,\mathrm{d}x$$

此公式由元素法推出，可参阅教材 3.5.2 节内容.

【问 7-4-5】 设 S 是圆柱面 $x^2+y^2=a^2$ 介于平面 $z=0$ 与 $z=h(h>0)$ 之间的部分，积分 $I=\iint\limits_S f(x,y,z)\mathrm{d}S$. 有人认为，$S$ 在 xOy 平面上的投影是圆周，其面积为零，因此积分 $I=0$. 这种说法正确与否？

答 这种说法不正确.

作第一型曲面积分时，可将 S 投影到坐标面上化作二重积分计算，但向哪个坐标面投影取决于 S 的表达式. 若向 xOy 平面投影，则要求 S 的方程是 $z=z(x,y)$ 的形式，但本题中 S 为柱面 $x^2+y^2=a^2$，不能表示为 $z=z(x,y)$ 的形式，因此计算 $\iint\limits_S f(x,y,z)\mathrm{d}S$ 不能将 S 向 xOy 平面投影. 正确的做法是将圆柱面分片向 yOz 平面（或 xOz 平面）投影. 如

$$S_1: x=\sqrt{a^2-y^2}, 0\leqslant z\leqslant h$$

$$S_2: x=-\sqrt{a^2-y^2}, 0\leqslant z\leqslant h$$

S_1 与 S_2 在 yOz 平面的投影域为 $D_{yz}:-a\leqslant y\leqslant a, 0\leqslant z\leqslant h$

$\mathrm{d}S=\sqrt{1+x_y^2+x_z^2}\,\mathrm{d}y\mathrm{d}z=\dfrac{a}{\sqrt{a^2-y^2}}\mathrm{d}y\mathrm{d}z$，于是

$$I=\iint\limits_{S_1} f(x,y,z)\mathrm{d}S+\iint\limits_{S_2} f(x,y,z)\mathrm{d}S$$

$$=\iint\limits_{D_{yz}}\left[f(\sqrt{a^2-y^2},y,z)+f(-\sqrt{a^2-y^2},y,z)\right]\frac{a}{\sqrt{a^2-y^2}}\mathrm{d}y\mathrm{d}z$$

例题解析

【例 7-4-1】 计算曲线积分 $\oint_c(2x^2+3y^2)\mathrm{d}s$，其中 c 为 $x^2+y^2=2(x+y)$.

分析 c 为 $(x-1)^2+(y-1)^2=2$，将其化为参数方程形式，然后计算.

解 c 的参数方程为 $x=1+\sqrt{2}\cos t, y=1+\sqrt{2}\sin t(0\leqslant t\leqslant 2\pi)$，则 $2x^2+3y^2=10+2\sqrt{2}(2\cos t+3\sin t)-\cos 2t, \mathrm{d}s=\sqrt{2}\,\mathrm{d}t$，于是

$$I=\int_0^{2\pi}\left[10+2\sqrt{2}(2\cos t+3\sin t)-\cos 2t\right]\sqrt{2}\,\mathrm{d}t$$

$$=10\sqrt{2}\int_0^{2\pi}\mathrm{d}t=20\sqrt{2}\pi$$

【例 7-4-2】 计算 $\int_c(x^2+y^2+z^2)\mathrm{d}s$，其中 c 是曲面 $x^2+y^2+z^2=\dfrac{9}{2}$ 与平面 $x+z=1$ 的交线.

分析 将 $z=1-x$ 代入 $x^2+y^2+z^2=\dfrac{9}{2}$，得

$$\frac{\left(x-\frac{1}{2}\right)^2}{2}+\frac{y^2}{4}=1,$$

由此写出 c 的参数方程.

解　曲线 c 的参数方程为

$$x=\frac{1}{2}+\sqrt{2}\cos\theta, y=2\sin\theta, z=\frac{1}{2}-\sqrt{2}\cos\theta \quad (0\leqslant\theta\leqslant 2\pi)$$

$$\mathrm{d}s=\sqrt{(-\sqrt{2}\sin\theta)^2+(2\cos\theta)^2+(\sqrt{2}\sin\theta)^2}\,\mathrm{d}\theta=2\mathrm{d}\theta$$

故

$$\int_c (x^2+y^2+z^2)\mathrm{d}s=\int_0^{2\pi}\frac{9}{2}\cdot 2\mathrm{d}\theta=18\pi$$

【例 7-4-3】　设 S 是半球面 $x^2+y^2+z^2=1$ $(z\geqslant 0)$ 上，以 $M_1(1,0,0)$，$M_2(0,0,1)$，$M_3\left(\frac{\sqrt{2}}{2},\frac{\sqrt{2}}{2},0\right)$ 三点为顶点的球面三角形区域（$\overset{\frown}{M_1M_2}$，$\overset{\frown}{M_2M_3}$，$\overset{\frown}{M_3M_1}$ 均为大圆弧）（图 7-29）试求曲面积分 $\iint_S (x^2+y^2)\mathrm{d}S$.

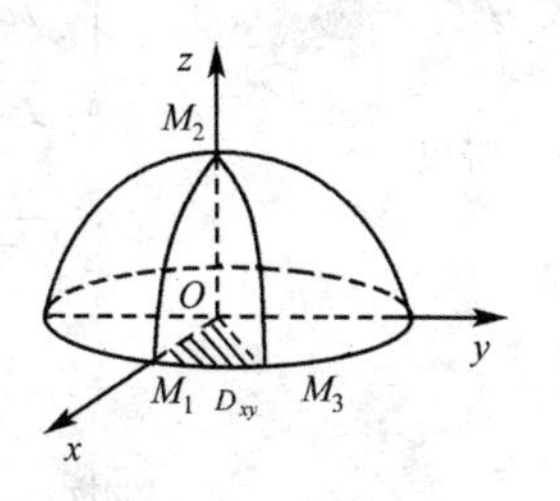

图 7-29

分析　由于曲面 S 向 xOy 平面投影较为简单，故将曲面 S 上的积分化作 xOy 平面投影域 D_{xy} 上的二重积分.

解

$$\iint_S (x^2+y^2)\mathrm{d}S=\iint_{D_{xy}}\frac{x^2+y^2}{\sqrt{1-x^2-y^2}}\mathrm{d}x\mathrm{d}y$$

$$=\int_0^{\frac{\pi}{4}}\mathrm{d}\theta\int_0^1\frac{r^2}{\sqrt{1-r^2}}\cdot r\mathrm{d}r=\frac{\pi}{6}$$

习题精解

1. 计算下列曲线积分：

(4) $\oint_L \mathrm{e}^{\sqrt{x^2+y^2}}\mathrm{d}s$，其中 L 是由直线 $y=x$，$y=0$ 和曲线 $x^2+y^2=a^2(x\geqslant 0, y\geqslant 0)$ 所围平面区域的边界；

(7) $\int_L \frac{\mathrm{d}s}{x^2+y^2+z^2}$，其中 L 为曲线 $x=\mathrm{e}^t\cos t$，$y=\mathrm{e}^t\sin t$，$z=\mathrm{e}^t(0\leqslant t\leqslant 2)$；

(8) $\int_L \sqrt{2y^2+z^2}\,\mathrm{d}s$，其中 L 为球面 $x^2+y^2+z^2=a^2(a>0)$ 与平面 $x=y$ 的交线.

解　(4)L 由三条曲线 c_1, c_2, c_3 组成(图7-30). c_1 的方程是 $y=0(0\leqslant x\leqslant a)$;$c_2$ 的方程是 $\begin{cases}x=a\cos t\\ y=a\sin t\end{cases}(0\leqslant t\leqslant \frac{\pi}{4})$;$c_3$ 的方程是 $y=x\left(0\leqslant x\leqslant \frac{\sqrt{2}}{2}a\right)$,于是

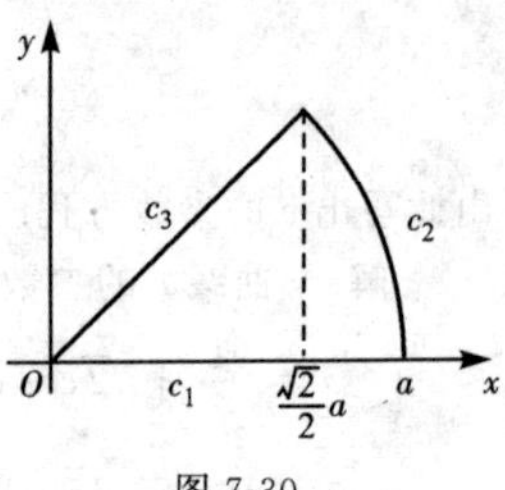

图 7-30

$$\int_{c_1} e^{\sqrt{x^2+y^2}}\,ds=\int_0^a e^x\,dx=e^a-1$$

$$\int_{c_2} e^{\sqrt{x^2+y^2}}\,ds=\int_0^{\frac{\pi}{4}} e^a\sqrt{a^2\sin^2 t+a^2\cos^2 t}\,dt=\frac{\pi}{4}ae^a$$

$$\int_{c_3} e^{\sqrt{x^2+y^2}}\,ds=\int_0^{\frac{\sqrt{2}}{2}a} e^{\sqrt{2}x}\cdot\sqrt{2}\,dx=e^a-1$$

所以

$$\int_L e^{\sqrt{x^2+y^2}}\,ds=(e^a-1)+\frac{\pi}{4}ae^a+(e^a-1)$$

$$=(\frac{\pi}{4}a+2)e^a-2$$

(7) 由

$$\frac{dx}{dt}=e^t\cos t-e^t\sin t=e^t(\cos t-\sin t)$$

$$\frac{dy}{dt}=e^t\sin t+e^t\cos t=e^t(\sin t+\cos t)$$

$$\frac{dz}{dt}=e^t$$

得

$$\left(\frac{dx}{dt}\right)^2+\left(\frac{dy}{dt}\right)^2+\left(\frac{dz}{dt}\right)^2=3e^{2t}$$

所以

$$\int_L\frac{ds}{x^2+y^2+z^2}=\int_0^2\frac{\sqrt{3e^{2t}}}{e^{2t}\cos^2 t+e^{2t}\sin^2 t+e^{2t}}dt$$

$$=\frac{\sqrt{3}}{2}\int_0^2 e^{-t}dt=\frac{\sqrt{3}}{2}(1-e^{-2})$$

(8) 因为 L 为球面 $x^2+y^2+z^2=a^2$ 与平面 $x=y$ 的交线,所以 $\sqrt{2y^2+z^2}=\sqrt{x^2+y^2+z^2}=a$,于是

$$\int_L\sqrt{2y^2+z^2}\,ds=\int_L a\,ds=a\cdot 2\pi a=2\pi a^2$$

2. 计算曲线 $L: x=e^{-t}\cos t, y=e^{-t}\sin t, z=e^{-t}(0<t<+\infty)$ 的弧长.

解　$L=\int_L ds=\int_0^{+\infty}\sqrt{(-e^{-t}\cos t-e^{-t}\sin t)^2+(-e^{-t}\sin t+e^{-t}\cos t)^2+(-e^{-t})^2}\,dt$

$$=\sqrt{3}\int_0^{+\infty}e^{-t}dt=-\sqrt{3}e^{-t}\Big|_0^{+\infty}=-\sqrt{3}(\lim_{t\to+\infty}e^{-t}-1)=\sqrt{3}$$

3. 有一铁丝为半圆形，$x=a\cos t, y=a\sin t(0\leqslant t\leqslant\pi)$，其上每一点的密度等于该点的纵坐标，求该铁丝的质量.

解　$m=\int_L a\sin t ds=\int_0^{\pi}a\sin t\sqrt{a^2}dt=a^2(-\cos t)\Big|_0^{\pi}=2a^2$

4. 计算下列曲面积分：

(1) $\iint\limits_S\left(2x+\frac{4}{3}y+z\right)dS$，其中 S 为平面 $\frac{x}{2}+\frac{y}{3}+\frac{z}{4}=1$ 在第一卦限的部分；

(2) $\iint\limits_S(2xy-2x^2-x+z)dS$，其中 S 为平面 $2x+2y+z=6$ 在第一卦限中的部分；

(4) $\oiint\limits_S(x^2+y^2)dS$，其中 S 是锥面 $z=\sqrt{x^2+y^2}$ 及平面 $z=1$ 所围成的区域的整个边界曲面；

(5) $\iint\limits_S(xy+yz+zx)dS$，其中 S 为锥面 $z=\sqrt{x^2+y^2}$ 被圆柱面 $x^2+y^2=2Rx(R>0)$ 所截下的部分.

解　(1) S 为 $z=4-2x-\frac{4}{3}y$，则有 $\sqrt{1+z_x^2+z_y^2}=\frac{\sqrt{61}}{3}$，由此得

$$\iint\limits_S\left(2x+\frac{4}{3}y+z\right)dS=\iint\limits_D\left(2x+\frac{4}{3}y+4-2x-\frac{4}{3}y\right)\cdot\frac{\sqrt{61}}{3}dxdy$$

$$=\frac{4}{3}\sqrt{61}\iint\limits_D dxdy=\left(\frac{4}{3}\sqrt{61}\right)\cdot\frac{1}{2}\cdot2\cdot3=4\sqrt{61}$$

(2) $dS=\sqrt{1+z_x^2+z_y^2}dxdy=\sqrt{1+(-2)^2+(-2)^2}dxdy=3dxdy$

$$I=\iint\limits_{D_{xy}}(2xy-2x^2-x+6-2x-2y)3dxdy$$

$$=3\int_0^3dx\int_0^{3-x}(6-3x-2x^2+2xy-2y)dy$$

$$=3\int_0^3(3x^3-10x^2+9)dx=-\frac{27}{4}$$

(4) S 是由锥面 S_1 和平面 S_2 面组成，它们在 xOy 平面的投影域都是 $D:x^2+y^2\leqslant1$.

对于曲面 S_1，$dS=\sqrt{1+\frac{x^2}{x^2+y^2}+\frac{y^2}{x^2+y^2}}dxdy=\sqrt{2}dxdy$

对于平面 S_2，$dS=\sqrt{1+0^2+0^2}dxdy=dxdy$，因此

$$\oiint_S (x^2+y^2)\mathrm{d}S = \iint_{S_1}(x^2+y^2)\mathrm{d}S + \iint_{S_2}(x^2+y^2)\mathrm{d}S$$
$$= \iint_D (x^2+y^2)\sqrt{2}\,\mathrm{d}x\mathrm{d}y + \iint_D (x^2+y^2)\mathrm{d}x\mathrm{d}y$$
$$= (\sqrt{2}+1)\int_0^{2\pi}\mathrm{d}\theta\int_0^1 r^3\,\mathrm{d}r$$
$$= \frac{1}{2}(\sqrt{2}+1)\pi$$

(5) 曲面 S 在 xOy 平面的投影区域为 $D:(x-R)^2+y^2\leqslant R^2$.

又有

$$\mathrm{d}S = \sqrt{\frac{x^2}{x^2+y^2}+\frac{y^2}{x^2+y^2}+1}\,\mathrm{d}x\mathrm{d}y = \sqrt{2}\,\mathrm{d}x\mathrm{d}y$$

因此

$$\iint_S (xy+yz+zx)\mathrm{d}S = \sqrt{2}\iint_D \left(xy+y\sqrt{x^2+y^2}+x\sqrt{x^2+y^2}\right)\mathrm{d}x\mathrm{d}y$$
$$= \sqrt{2}\int_{-\frac{\pi}{2}}^{\frac{\pi}{2}}\mathrm{d}\theta\int_0^{2R\cos\theta}[r^2\sin\theta\cos\theta + r^2\sin\theta + r^2\cos\theta]r\mathrm{d}r$$
$$= \sqrt{2}\int_{-\frac{\pi}{2}}^{\frac{\pi}{2}}(\sin\theta\cos\theta+\sin\theta+\cos\theta)\cdot\frac{1}{4}r^4\Big|_0^{2R\cos\theta}\mathrm{d}\theta$$
$$= 8\sqrt{2}R^4\int_0^{\pi}\cos^5\theta\mathrm{d}\theta$$
$$= \frac{64\sqrt{2}}{15}R^4$$

5. 求锥面 $z=\sqrt{x^2+y^2}$ 被平面 $z=2$ 所截下部分的曲面面积.

解 如图 7-31 所示,

$$= \iint_{D_{xy}}\sqrt{1+z_x^2+z_y^2}\,\mathrm{d}x\mathrm{d}y$$
$$= \iint_{D_{xy}}\sqrt{1+\left(\frac{x}{\sqrt{x^2+y^2}}\right)^2+\left(\frac{y}{\sqrt{x^2+y^2}}\right)^2}\,\mathrm{d}x\mathrm{d}y$$
$$= \iint_{D_{xy}}\sqrt{2}\,\mathrm{d}x\mathrm{d}y = 4\sqrt{2}\pi$$

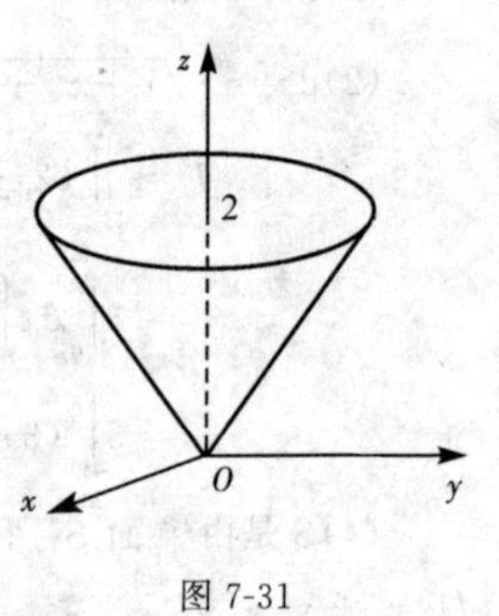

图 7-31

第五节 数量值函数积分在物理学中的典型应用

内容提要

本节包括应用二重积分、三重积分、第一型曲线积分及第一型曲面积分计算几何形体的质量、质心、转动惯量及引力等物理量.

分析方法采用微元法,即对于分布在几何形体Ω上的可加量Q,其微元若能表示为

$$dQ = f(M)d\Omega, M \in d\Omega$$

其中$d\Omega$为Ω的任意小量,$f(M)$是定义在Q上的连续函数,且当$d \to 0$时,$\Delta Q - f(M)d\Omega$是比d高阶的无穷小,则有

$$Q = \int_{\Omega} f(M)d\Omega$$

释疑解惑

【问 7-5-1】 在计算引力的时候需要注意什么?

答 在计算引力时要注意到,引力是向量,有模和方向.一般来说,即使两个力的方向相同,它们的模也不符合积分中所要求的可加性,所以在计算引力时通常要计算引力的各个分量.

例如:求内外半径分别为R_1、R_2,密度为μ(常数)的半球壳,对位于它的球心且质量为m的质点的引力.

解 取球心为坐标原点,半球壳在xOy面的上方.在如此选定的直角坐标系下,半球壳所占的空间区域Ω可用不等式

$$R_1^2 \leqslant x^2 + y^2 + z^2 \leqslant R_2^2, z \geqslant 0$$

表示.

错误解法:设所求引力为F,则引力微元为$dF = \dfrac{km\mu dV}{r^2}$,其中$r = \sqrt{x^2 + y^2 + z^2}$,$k$为引力常数.于是有

$$dF = \frac{km\mu dV}{x^2 + y^2 + z^2}$$

则

$$F = \iiint_V \frac{km\mu dV}{x^2 + y^2 + z^2}$$

利用球面坐标,有

$$F = km\mu \iiint_V \sin\varphi d\rho d\varphi d\theta$$

$$= km\mu\int_0^{2\pi}\mathrm{d}\theta\int_0^{\frac{\pi}{2}}\sin\varphi\mathrm{d}\varphi\int_{R_1}^{R_2}\mathrm{d}\rho$$
$$= -2\pi km\mu(R_2 - R_1)$$

故引力为

$$F = -2\pi km\mu(R_2 - R_1)$$

正确解法:所求引力设为 $F = \{F_x, F_y, F_z\}$,由于半球壳是均匀的且关于 z 轴对称,所以 $F_x = F_y = 0$.

在 Ω 上任取一直径很小的体积元 $\mathrm{d}V$,坐标为 (x,y,z) 的点是 $\mathrm{d}V$ 内的一点.将 $\mathrm{d}V$ 近似看作一个在点 (x,y,z) 处的质量为 $\mu\mathrm{d}V$ 的质点,它对原点处质量为 m 的质点的引力的大小,据万有引力定律,为 $\mathrm{d}F = \dfrac{km\mu\mathrm{d}V}{r^2}$,其中 $r = \sqrt{x^2 + y^2 + z^2}$,$k$ 为引力常数.引力的方向与向径 $r = \{x,y,z\}$ 的方向一致.引力在 z 轴上的投影为

$$\mathrm{d}F_z = \mathrm{d}F \cdot \frac{z}{r} = \frac{km\mu z\mathrm{d}V}{(x^2 + y^2 + z^2)^{\frac{3}{2}}}$$

于是

$$F_z = \iiint\limits_V \frac{km\mu z\mathrm{d}V}{(x^2 + y^2 + z^2)^{\frac{3}{2}}}$$

利用球面坐标计算此三重积分

$$F_z = km\mu\iiint\limits_V \cos\varphi\sin\varphi\mathrm{d}\rho\mathrm{d}\varphi\mathrm{d}\theta$$
$$= km\mu\int_0^{2\pi}\mathrm{d}\theta\int_0^{\frac{\pi}{2}}\cos\varphi\sin\varphi\mathrm{d}\varphi\int_{R_1}^{R_2}\mathrm{d}\rho$$
$$= \pi km\mu(R_2 - R_1)$$

故所求引力为

$$F = \{0, 0, \pi km\mu(R_2 - R_1)\}$$

例题解析

【例 7-5-1】 设有一半径为 R 的球体,P_0 是此球表面上的一个定点,球体上任意一点的密度与该点到 P_0 距离的平方成正比(比例常数 $k > 0$),求此球体的质心位置.

解 设所考虑的球体为 V,球心为 O_1,以定点 P_0 为原点,射线 P_0O_1 为正 z 轴建立直角坐标系,则球面方程为 $x^2 + y^2 + z^2 = 2Rz$.

设 V 的质心坐标为 (x_1, y_1, z_1),由对称性知 $x_1 = y_1 = 0$,

$$z_1 = \frac{\iiint\limits_V kz(x^2 + y^2 + z^2)\mathrm{d}V}{\iiint\limits_V k(x^2 + y^2 + z^2)\mathrm{d}V}$$

又

$$\iiint_V (x^2+y^2+z^2)\mathrm{d}V$$

$$= 4\int_0^{\frac{\pi}{2}} \mathrm{d}\theta \int_0^{\frac{\pi}{2}} \mathrm{d}\varphi \int_0^{2R\cos\varphi} r^4 \sin\varphi \mathrm{d}r$$

$$= \frac{32}{15}\pi R^5$$

而

$$\iiint_V z(x^2+y^2+z^2)\mathrm{d}V = 4\int_0^{\frac{\pi}{2}} \mathrm{d}\theta \int_0^{\frac{\pi}{2}} \mathrm{d}\varphi \int_0^{2R\cos\varphi} r^5 \sin\varphi\cos\varphi \mathrm{d}r$$

$$= \frac{64}{3}\pi R^6 \int_0^{\frac{\pi}{2}} \cos^7\varphi\sin\varphi \mathrm{d}\varphi$$

$$= \frac{8}{3}\pi R^6$$

故有

$$z_1 = \frac{5}{4}R$$

所以 V 的质心坐标为 $\left(0,0,\frac{5}{4}R\right)$.

【例 7-5-2】 设半径为 R 的非均匀球体上任一点的密度与球心到该点的距离成正比,若球体的质量为 m,求它对直径的转动惯量.

分析 首先应按照使球面方程简单的原则建立坐标系,再根据已知条件确定比例常数,最后按公式求转动惯量.

解 取球心为坐标原点建坐标系,设球体 V 为 $x^2+y^2+z^2 \leqslant R^2$,根据已知条件设球体密度为 $\mu(x,y,z) = k\sqrt{x^2+y^2+z^2}$,所以球体的质量为

$$m = \iiint_V k\sqrt{x^2+y^2+z^2}\mathrm{d}V = k\int_0^{2\pi}\mathrm{d}\theta\int_0^{\pi}\mathrm{d}\varphi\int_0^R \rho\cdot\rho^2\sin\varphi\mathrm{d}\rho$$

$$= 2k\pi\cdot 2\cdot\frac{1}{4}R^4 = k\pi R^4$$

从而 $k = \frac{m}{\pi R^4}$. 球体对 z 轴(即直径)的转动惯量为

$$I_z = \iiint_V (x^2+y^2)\mu(x,y,z)\mathrm{d}V = k\iiint_V (x^2+y^2)\sqrt{x^2+y^2+z^2}\mathrm{d}V$$

$$= k\int_0^{2\pi}\mathrm{d}\theta\int_0^{\pi}\mathrm{d}\varphi\int_0^R \rho^2\sin^2\varphi\cdot\rho\cdot\rho^2\sin\varphi\mathrm{d}\rho$$

$$= 2k\pi\int_0^{\pi}\sin^3\varphi\mathrm{d}\varphi\int_0^R \rho^5\mathrm{d}\rho$$

$$= 2k\pi\cdot\frac{4}{3}\cdot\frac{1}{6}R^6 = \frac{4}{9}mR^2$$

【例 7-5-3】 试求一均匀半圆周(其线密度 $\mu = 1$)对位于其圆心处的单位质量质点的引力.

分析 按照使圆周方程简单的原则建立坐标系,并将圆周任一处对该质点的引力按坐标轴方向进行分解.

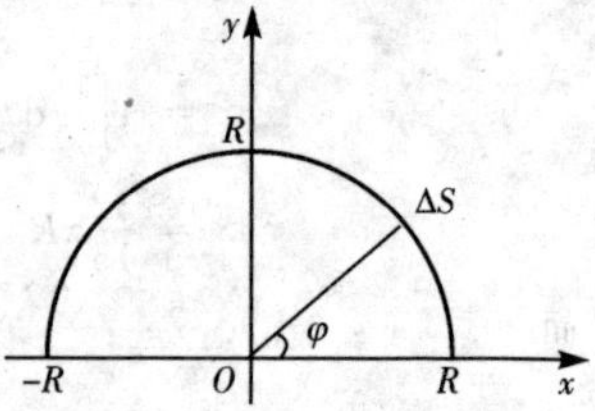

解 建立如图 7-32 所示坐标系,则半圆周 L 的方程为 $x = R\cos\varphi, y = R\sin\varphi, 0 \leqslant \varphi \leqslant \pi$,且 $ds = Rd\varphi$.

图 7-32

设半圆周对质点的引力为 $\boldsymbol{F} = (F_x, F_y)$,由对称性知,显然 $F_x = 0$.

$$F_y = \int_L \frac{K}{R^2} \cdot \sin\varphi ds \text{(}K\text{ 为引力常数)}$$

$$= \int_0^{\pi} \frac{K}{R^2} \cdot \sin\varphi \cdot Rd\varphi = \frac{2K}{R}$$

可见,半圆周对单位质点的引力大小为$\frac{2K}{R}$,方向与 y 轴正向相同.

习题精解

6. 球体 $x^2 + y^2 + z^2 \leqslant 2Rz (R > 0)$ 内,各点处的密度等于该点到坐标原点的距离平方,试求该球体的质心.

解 由对称性可知,该球体(图 7-33)的质心在 z 轴上,设其为$(0,0,\bar{z})$,则有

$$\bar{z} = \frac{\iiint\limits_V z(x^2 + y^2 + z^2)dV}{\iiint\limits_V (x^2 + y^2 + z^2)dV}$$

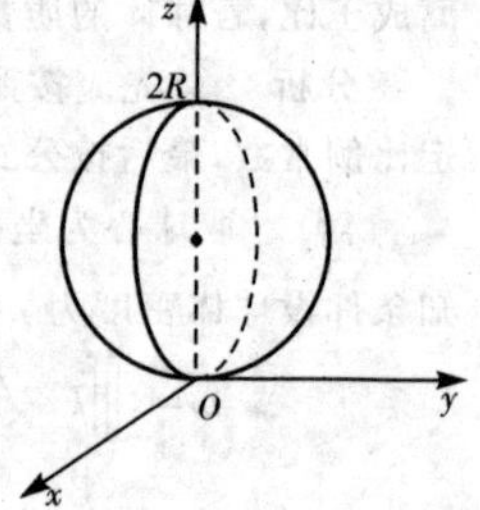

图 7-33

在球面坐标系下,球面 $x^2 + y^2 + z^2 = 2Rz$ 的方程为 $\rho = 2R\cos\varphi$,于是

$$\iiint\limits_V (x^2 + y^2 + z^2)dV = \int_0^{2\pi} d\theta \int_0^{\frac{\pi}{2}} d\varphi \int_0^{2R\cos\varphi} \rho^2 \cdot \rho^2 \sin\varphi d\rho$$

$$= 2\pi \int_0^{\frac{\pi}{2}} \sin\varphi \left[\frac{1}{5}\rho^5\right]_0^{2R\cos\varphi} d\varphi$$

$$= \frac{64\pi R^5}{5} \int_0^{\frac{\pi}{2}} \cos^5\varphi \sin\varphi d\varphi$$

$$= \frac{64\pi R^5}{5} \cdot \frac{1}{6} = \frac{32}{15}\pi R^5$$

$$\iiint\limits_V z(x^2+y^2+z^2)\mathrm{d}V=\int_0^{2\pi}\mathrm{d}\theta\int_0^{\frac{\pi}{2}}\mathrm{d}\varphi\int_0^{2R\cos\varphi}\rho^3\cos\varphi\cdot\rho^2\sin\varphi\mathrm{d}\rho$$

$$=2\pi\int_0^{\frac{\pi}{2}}\sin\varphi\cos\varphi\cdot\left[\frac{1}{6}\rho^6\right]_0^{2R\cos\varphi}\mathrm{d}\varphi$$

$$=\frac{1}{3}\pi\cdot 64R^6\int_0^{\frac{\pi}{2}}\sin\varphi\cos^7\varphi\mathrm{d}\varphi=\frac{8}{3}\pi R^6$$

所以
$$\bar{z}=\frac{\frac{8}{3}\pi R^6}{\frac{32}{15}\pi R^5}=\frac{5}{4}R$$

于是质心坐标为 $\left(0,0,\frac{5}{4}R\right)$

7. 设平面均匀薄片(面密度为1)由 $x+y=1$, $\frac{x}{3}+y=1$, $y=0$ 所围成,求此薄片对 x 轴的转动惯量.

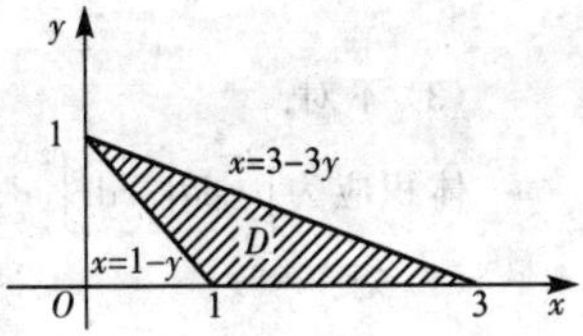

图 7-34

解 均匀薄片如图 7-34 所示.其对 x 轴的转动惯量为

$$\iint\limits_D y^2\mathrm{d}x\mathrm{d}y=\int_0^1\mathrm{d}y\int_{1-y}^{3-3y}y^2\mathrm{d}x=2\int_0^1 y^2(1-y)\mathrm{d}y=\frac{1}{6}$$

10. 求密度为常数 μ 的均匀锥面 $\frac{x^2}{a^2}+\frac{y^2}{a^2}-\frac{z^2}{b^2}=0(0\leqslant z\leqslant b)$ 对 z 轴的转动惯量.

解 因为 $z=\frac{b}{a}\sqrt{x^2+y^2}$, $\mathrm{d}S=\sqrt{1+z_x^2+z_y^2}\,\mathrm{d}x\mathrm{d}y=\frac{\sqrt{a^2+b^2}}{a}\mathrm{d}x\mathrm{d}y$

所以

$$I_z=\iint\limits_S\mu(x^2+y^2)\mathrm{d}S=\mu\iint\limits_D(x^2+y^2)\cdot\frac{\sqrt{a^2+b^2}}{a}\mathrm{d}x\mathrm{d}y$$

$$=\frac{\mu\sqrt{a^2+b^2}}{a}\int_0^{2\pi}\mathrm{d}\theta\int_0^a r^3\mathrm{d}r=\frac{\mu\sqrt{a^2+b^2}}{a}\cdot 2\pi\cdot\frac{1}{4}a^4$$

$$=\frac{\pi}{2}\mu a^3\sqrt{a^2+b^2}$$

复习题七

1. 判断下列结论是否正确:

(1) $\int_1^2\mathrm{d}y\int_{-2}^1 x^2\cos(x-y)\mathrm{d}x=\int_{-2}^1\mathrm{d}x\int_1^2 x^2\cos(x-y)\mathrm{d}y$;

(2) $\iint\limits_{1\leqslant x^2+y^2\leqslant 4}\sqrt{x^2+y^2}\,\mathrm{d}x\mathrm{d}y=\int_0^{2\pi}\mathrm{d}\theta\int_1^2 r\mathrm{d}r$;

(3) 积分$\int_0^{2\pi}\mathrm{d}\theta\int_0^2\mathrm{d}r\int_r^2\mathrm{d}z$表示由圆锥面$z=\sqrt{x^2+y^2}$和平面$z=2$围成的立体的体积;

(4) 积分$\iiint\limits_V \mu r^3\mathrm{d}z\mathrm{d}r\mathrm{d}\theta$表示密度为$\mu$的物体$V$关于$z$轴的转动惯量.

答 (1) 对.

因为积分区域是矩形:$1\leqslant y\leqslant 2,-2\leqslant x\leqslant 1$.

(2) 不对.

因为将直角坐标转换为极坐标时$\mathrm{d}x\mathrm{d}y=r\mathrm{d}r\mathrm{d}\theta$,故

$$\iint\limits_{1\leqslant x^2+y^2\leqslant 4}\sqrt{x^2+y^2}\,\mathrm{d}x\mathrm{d}y=\int_0^{2\pi}\mathrm{d}\theta\int_1^2 r^2\mathrm{d}r$$

(3) 不对.

体积应为$\int_0^{2\pi}\mathrm{d}\theta\int_0^2 r\mathrm{d}r\int_r^2\mathrm{d}z$.

(4) 对.

因为转动惯量为$I_z=\iiint\limits_V \mu(x^2+y^2)\mathrm{d}x\mathrm{d}y\mathrm{d}z$在柱面坐标系下恰为$\iiint\limits_V \mu r^3\mathrm{d}z\mathrm{d}r\mathrm{d}\theta$.

2. 填空题

(1) 设D是由$|x+y|=1$,$|x-y|=1$所围成的闭区域,则$\iint\limits_D\mathrm{d}x\mathrm{d}y=$______;

(2) 设$D:a\leqslant x\leqslant b,0\leqslant y\leqslant 1$,且$\iint\limits_D yf(x)\mathrm{d}x\mathrm{d}y=1$,则$\int_a^b f(x)\mathrm{d}x=$______.

(3) 若D是由$x+y=1$与两坐标轴围成的三角形域,且$\iint\limits_D f(x)\mathrm{d}x\mathrm{d}y=\int_0^1\varphi(x)\mathrm{d}x$,则$\varphi(x)=$______.

(4) 若$\int_0^1\mathrm{d}x\int_{x^2}^x f(x,y)\mathrm{d}y=\int_0^1\mathrm{d}y\int_{x_1(y)}^{x_2(y)}f(x,y)\mathrm{d}x$,则$(x_1(y),x_2(y))=$______.

(5) 积分$\iint\limits_{|x|+|y|\leqslant 1}(x+y)^2\mathrm{d}x\mathrm{d}y=$______.

(6) 积分$\iiint\limits_{x^2+y^2+z^2\leqslant 1}(x^2+y^2)\mathrm{d}V=$______.

(7) 设L为周长为a的椭圆$\frac{x^2}{4}+\frac{y^2}{3}=1$,则$\oint_L(2xy+3x^2+4y^2)\mathrm{d}s=$

__________.

(8) 设 S 为锥面 $z=\sqrt{x^2+y^2}$ 在柱体 $x^2+y^2\leqslant 2x$ 内的部分,则 $\iint\limits_S |y|\,\mathrm{d}S$ $=$ __________.

解 (1) 应填 2.

因为区域 D 如图 7-35 所示,而 $\iint\limits_D \mathrm{d}x\mathrm{d}y$ 表示其面积,则有 $\iint\limits_D \mathrm{d}x\mathrm{d}y=2$.

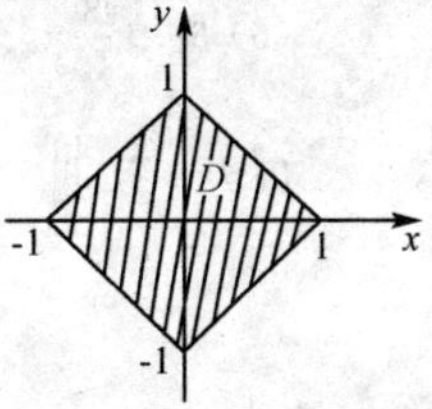

图 7-35

(2) 应填 2.

因为
$$\iint\limits_D yf(x)\mathrm{d}x\mathrm{d}y=\int_a^b f(x)\mathrm{d}x\int_0^1 y\mathrm{d}y=\frac{1}{2}\int_a^b f(x)\mathrm{d}x=1$$

所以
$$\int_a^b f(x)\mathrm{d}x=2$$

(3) 应填 $(1-x)f(x)$.

因为
$$\iint\limits_D f(x)\mathrm{d}x\mathrm{d}y=\int_0^1 f(x)\mathrm{d}x\int_0^{1-x}\mathrm{d}y=\int_0^1(1-x)f(x)\mathrm{d}x$$

所以
$$\varphi(x)=(1-x)f(x)$$

(4) 应填 $(y,\sqrt{y})$.

因为由 $\int_0^1\mathrm{d}x\int_{x^2}^x f(x,y)\mathrm{d}y$,可知积分区域如图 7-36 所示.

(5) 应填 $\frac{2}{3}$.

积分区域如图 7-37 所示,注意到积分区域与被积函数的对称性,有

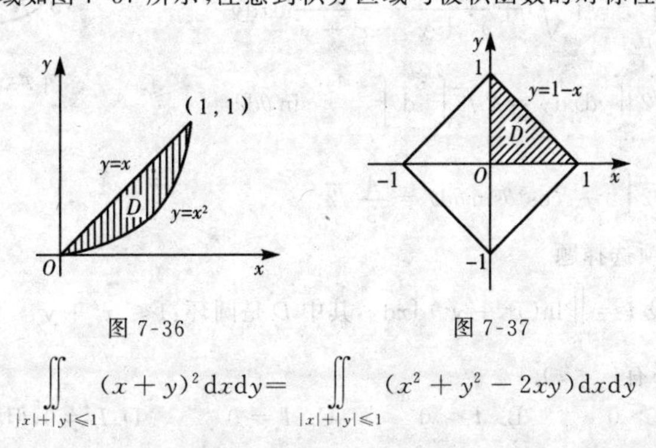

图 7-36 图 7-37

$$\iint\limits_{|x|+|y|\leqslant 1}(x+y)^2\mathrm{d}x\mathrm{d}y=\iint\limits_{|x|+|y|\leqslant 1}(x^2+y^2-2xy)\mathrm{d}x\mathrm{d}y$$

$$= 4\iint_D (x^2+y^2)\mathrm{d}x\mathrm{d}y = 8\int_0^1 \mathrm{d}x\int_0^{1-x} x^2\mathrm{d}y$$

$$= 8\int_0^1 (x^2-x^3)\mathrm{d}x = \frac{2}{3}$$

(6) 应填$\frac{8}{15}\pi$.

因为 $$\iiint_{x^2+y^2+z^2\leqslant 1} (x^2+y^2)\mathrm{d}V = \iint_D (x^2+y^2)\mathrm{d}x\mathrm{d}y\int_{-\sqrt{1-x^2-y^2}}^{\sqrt{1-x^2-y^2}}\mathrm{d}z$$

$$= 2\iint_D r^3\cdot\sqrt{1-r^2}\,\mathrm{d}r\mathrm{d}\theta$$

$$= \int_0^{2\pi}\mathrm{d}\theta\int_0^1 r^2\cdot\sqrt{1-r^2}\,\mathrm{d}r^2 = \frac{8}{15}\pi$$

(7) 应填 $12a$.

因为 $$\oint_L (2xy+3x^2+4y^2)\mathrm{d}s = 2\oint_L xy\,\mathrm{d}s + \oint_L (3x^2+4y^2)\mathrm{d}s$$

$$= 0+\oint_L 12\mathrm{d}s = 12a$$

这里注意到了 L 关于 y 轴对称，xy 是 x 的奇函数，故$\oint_L xy\,\mathrm{d}s = 0$，又被积函数中的$(x,y)$ 在椭圆$\frac{x^2}{4}+\frac{y^2}{3}=1$ 上，所以 $3x^2+4y^2=12$.

(8) 应填$\frac{4}{3}\sqrt{2}$.

S 如图 7-38 所示.

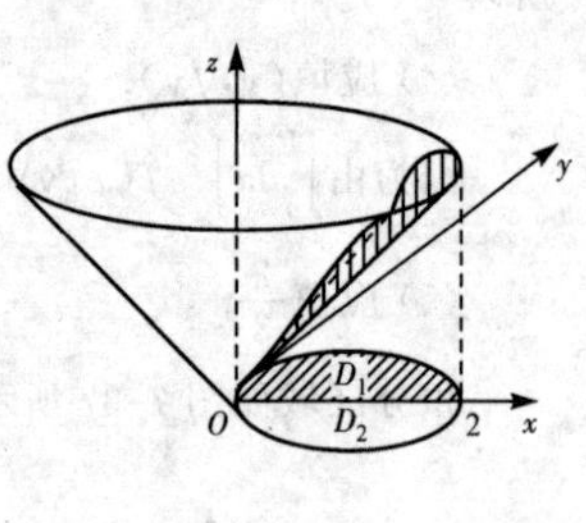

图 7-38

$$\iint_S |y|\,\mathrm{d}S$$

$$= \iint_{D_1+D_2} |y|\sqrt{1+\frac{x^2}{x^2+y^2}+\frac{y^2}{x^2+y^2}}\,\mathrm{d}x\mathrm{d}y$$

$$= 2\sqrt{2}\iint_{D_1} y\mathrm{d}x\mathrm{d}y = 2\sqrt{2}\int_0^{\frac{\pi}{2}}\mathrm{d}\theta\int_0^{2\cos\theta} r^2\sin\theta\mathrm{d}r$$

$$= 2\sqrt{2}\int_0^{\frac{\pi}{2}}\frac{8}{3}\cos^3\theta\sin\theta\mathrm{d}\theta = \frac{4}{3}\sqrt{2}$$

3. 单项选择题

(1) 设 $I=\iint_D \ln(x^2+y^2)\mathrm{d}x\mathrm{d}y$，其中 D 是圆环：$1\leqslant x^2+y^2\leqslant 4$ 所确定的闭区域，则必有(　　).

A. $I>0$　　B. $I<0$　　C. $I=0$　　D. $I\neq 0$，但符号不定

(2) 设 V：$-\sqrt{1-x^2-y^2} \leqslant z \leqslant 0$，记 $I_1 = \iiint\limits_V z e^{-x^2-y^2} dV, I_2 = \iiint\limits_V z^2 e^{-x^2-y^2} dV, I_3 = \iiint\limits_V z^3 e^{-x^2-y^2} dV$，$I_1, I_2, I_3$ 大小顺序是________.

A. $I_3 \leqslant I_1 \leqslant I_2$　　　　B. $I_2 \leqslant I_3 \leqslant I_1$

C. $I_3 \leqslant I_2 \leqslant I_1$　　　　D. $I_1 \leqslant I_3 \leqslant I_2$

解　(1) 选 A.

由于 $1 \leqslant x^2+y^2 \leqslant 4$，有 $\ln(x^2+y^2) > 0$. 根据二重积分的几何意义，I 表示以 D 为底，$z=\ln(x^2+y^2)$ 为顶的曲顶柱体体积，则 $I > 0$.

(2) 选 D.

因为 $-\sqrt{1-x^2-y^2} \leqslant z \leqslant 0$，知 $|z| \leqslant 1$，所以 $z e^{-x^2-y^2} \leqslant z^3 e^{-x^2-y^2} \leqslant 0$ 而 $z^2 e^{-x^2-y^2} \geqslant 0$，所以 $I_1 \leqslant I_3 \leqslant I_2$.

4. 交换累次积分的次序：

$$I = \int_0^1 dy \int_{1-\sqrt{1-y^2}}^{2-y} f(x,y) dx$$

解　积分区域是由曲线 $x = 1-\sqrt{1-y^2}$，$x+y=2$，$y=0$ 及 $y=1$ 围成(图 7-39).

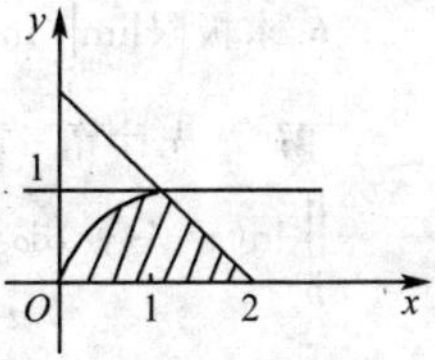

图 7-39

交换积分次序，有

$$I = \int_0^1 dx \int_0^{\sqrt{2x-x^2}} f(x,y) dy + \int_1^2 dx \int_0^{2-x} f(x,y) dy$$

5. 计算下列二重积分：

(1) 计算 $I = \int_0^1 dx \int_x^1 x^2 e^{-y^2} dy$；

(2) $\iint\limits_D \sin\sqrt{x^2+y^2}\, dxdy, D = \{(x,y) \mid \pi^2 \leqslant x^2+y^2 \leqslant 4\pi^2\}$；

(3) 计算 $I = \iint\limits_D |xy|\, dxdy$，其中 $D: x^2+y^2 \leqslant R^2$.

解　(1) 交换积分次序

$$\begin{aligned} I &= \int_0^1 dx \int_x^1 x^2 e^{-y^2} dy = \int_0^1 e^{-y^2} dy \int_0^y x^2 dx \\ &= \frac{1}{3}\int_0^1 y^3 e^{-y^2} dy = \frac{1}{6}\int_0^1 y^2 e^{-y^2} dy^2 \xlongequal{t=y^2} \frac{1}{6}\int_0^1 t e^{-t} dt \\ &= -\frac{1}{6}\int_0^1 t de^{-t} = -\frac{1}{6}\left[t e^{-t}\Big|_0^1 - \int_0^1 e^{-t} dt\right] \\ &= -\frac{1}{6}\left(\frac{1}{e}+\frac{1}{e}-1\right) = \frac{1}{6}\left(1-\frac{2}{e}\right) \end{aligned}$$

(2) 利用极坐标，有

$$I=\int_0^{2\pi}\mathrm{d}\theta\int_\pi^{2\pi} r\sin r\mathrm{d}r=-2\pi\int_\pi^{2\pi} r\mathrm{d}\cos r$$

$$=-2\pi\left(r\cos r\Big|_\pi^{2\pi}-\int_\pi^{2\pi}\cos r\mathrm{d}r\right)$$

$$=-2\pi\left(3\pi-\sin r\Big|_\pi^{2\pi}\right)$$

$$=-6\pi^2$$

(3) 设 $D_1=\{(x,y)\mid x^2+y^2\leqslant R^2, x\geqslant 0, y\geqslant 0\}$,则

$$I=\iint_D |xy|\mathrm{d}x\mathrm{d}y=4\iint_{D_1}xy\mathrm{d}x\mathrm{d}y=4\int_0^{\frac{\pi}{2}}\mathrm{d}\theta\int_0^R r^3\cos\theta\sin\theta\mathrm{d}r$$

$$=4\cdot\frac{R^4}{4}\int_0^{\frac{\pi}{2}}\cos\theta\sin\theta\mathrm{d}\theta=R^4\cdot\frac{1}{2}=\frac{1}{2}R^4$$

6. 求极限 $\lim\limits_{t\to 0}\iint\limits_D \ln(x^2+y^2)\mathrm{d}\sigma$,其中 $D=\{(x,y)\mid t^2\leqslant x^2+y^2\leqslant 1\}$.

解 先计算二重积分,利用极坐标

$$\iint_D \ln(x^2+y^2)\mathrm{d}\sigma=\int_0^{2\pi}\mathrm{d}\theta\int_t^1 r\ln r^2\mathrm{d}r=4\pi\int_t^1 r\ln r\mathrm{d}r$$

$$=2\pi\int_t^1\ln r\mathrm{d}r^2=2\pi\left(r^2\ln r\Big|_t^1-\int_t^1 r^2\cdot\frac{1}{r}\mathrm{d}r\right)$$

$$=2\pi\left(-t^2\ln t-\frac{1}{2}r^2\Big|_t^1\right)=2\pi\left(-t^2\ln t-\frac{1}{2}+\frac{1}{2}t^2\right)$$

则

$$\lim_{t\to 0}\iint_D \ln(x^2+y^2)\mathrm{d}\sigma=\lim_{t\to 0}2\pi\left(-t^2\ln t-\frac{1}{2}+\frac{1}{2}t^2\right)$$

$$=\lim_{t\to 0}2\pi\left(-\frac{\ln t}{\frac{1}{t^2}}-\frac{1}{2}\right)=-\pi$$

7. 证明:$\int_0^a\mathrm{d}x\int_0^x f(y)\mathrm{d}y=\int_0^a(a-x)f(x)\mathrm{d}x$.

证明 等式左端的积分区域如图 7-40 所示.交换积分次序,有

$$\int_0^a\mathrm{d}x\int_0^x f(y)\mathrm{d}y=\int_0^a\mathrm{d}y\int_y^a f(y)\mathrm{d}x$$

$$=\int_0^a f(y)(a-y)\mathrm{d}y$$

$$=\int_0^a(a-x)f(x)\mathrm{d}x$$

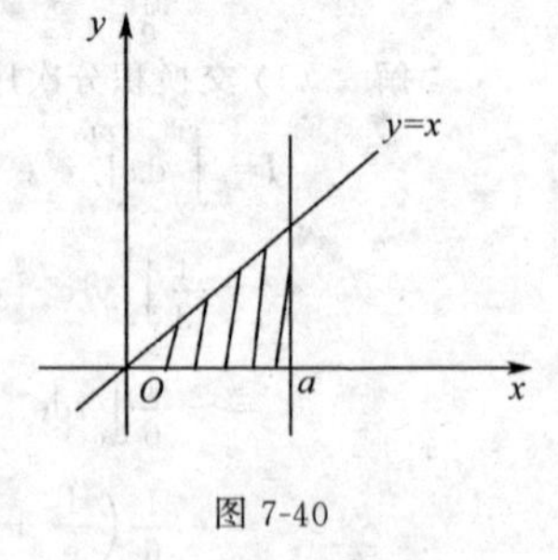

图 7-40

得证.

8. 计算下列三重积分

(1)$I=\iiint\limits_V \dfrac{\mathrm{d}x\mathrm{d}y\mathrm{d}z}{(1+x+y+z)^3}$，其中 V 由平面 $x+y+z=1, x=0, y=0$ 及 $z=0$ 围成；

(2)$I=\iiint\limits_V \sin z\mathrm{d}V$，其中 V 是由锥面 $z=\sqrt{x^2+y^2}$ 和平面 $z=\pi$ 围成；

(3)$I=\iiint\limits_V x\mathrm{e}^{\frac{x^2+y^2+z^2}{a^2}}\mathrm{d}V$，其中 $V=\{(x,y,z)\mid x^2+y^2+z^2\leqslant a^2, x,y,z\geqslant 0\}$.

解 (1)V 的图形如图 7-41 所示. 则

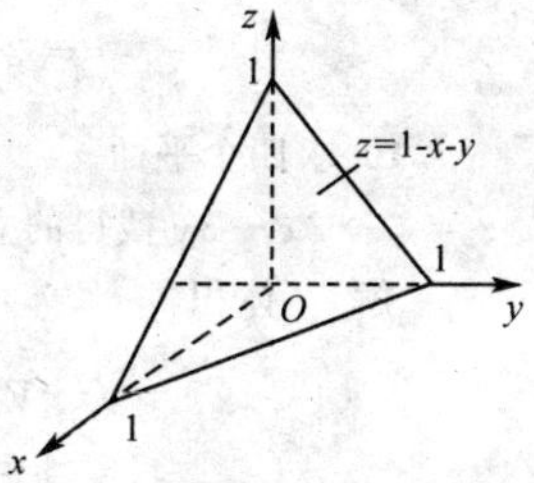

$$
\begin{aligned}
I&=\int_0^1\mathrm{d}x\int_0^{1-x}\mathrm{d}y\int_0^{1-x-y}\frac{\mathrm{d}z}{(1+x+y+z)^3}\\
&=-\frac{1}{2}\int_0^1\mathrm{d}x\int_0^{1-x}\frac{1}{(1+x+y+z)^2}\bigg|_0^{1-x-y}\mathrm{d}y\\
&=-\frac{1}{2}\int_0^1\mathrm{d}x\int_0^{1-x}\left[\frac{1}{4}-\frac{1}{(1+x+y)^2}\right]\mathrm{d}y\\
&=-\frac{1}{2}\int_0^1\left[\frac{1}{4}(1-x)+\frac{1}{2}-\frac{1}{1+x}\right]\mathrm{d}x\\
&=\frac{1}{2}\ln 2-\frac{5}{16}
\end{aligned}
$$

图 7-41

(2)

$$
\begin{aligned}
I&=\iint\limits_{D_{xy}}\mathrm{d}x\mathrm{d}y\int_{\sqrt{x^2+y^2}}^{\pi}\sin z\mathrm{d}z\\
&=\int_0^{2\pi}\mathrm{d}\theta\int_0^{\pi}r\mathrm{d}r\int_r^{\pi}\sin z\mathrm{d}z\\
&=2\pi\int_0^{\pi}r(1+\cos r)\mathrm{d}r\\
&=2\pi\left(\frac{1}{2}r^2\bigg|_0^{\pi}+\int_0^{\pi}r\mathrm{d}\sin r\right)\\
&=2\pi\left(\frac{1}{2}\pi^2+r\sin r\bigg|_0^{\pi}-\int_0^{\pi}\sin r\mathrm{d}r\right)\\
&=2\pi\left(\frac{1}{2}\pi^2-2\right)\\
&=\pi^3-4\pi
\end{aligned}
$$

(3) 利用球面坐标，有

$$
\begin{aligned}
I&=\int_0^{\frac{\pi}{2}}\mathrm{d}\theta\int_0^{\frac{\pi}{2}}\mathrm{d}\varphi\int_0^a\rho^3\sin^2\varphi\cos\theta\mathrm{e}^{\frac{\rho^2}{a^2}}\mathrm{d}\rho\\
&=\frac{1}{2}\int_0^{\frac{\pi}{2}}\cos\theta\mathrm{d}\theta\int_0^{\frac{\pi}{2}}\sin^2\varphi\mathrm{d}\varphi\int_0^a\rho^2\mathrm{e}^{\frac{\rho^2}{a^2}}\mathrm{d}\rho^2\\
&=\frac{\pi}{8}\cdot a^2\int_0^a\rho^2\mathrm{d}\mathrm{e}^{\frac{\rho^2}{a^2}}
\end{aligned}
$$

$$= \frac{\pi}{8}a^2(\rho^2 e^{\frac{\rho^2}{a^2}}\Big|_0^a - \int_0^a e^{\frac{\rho^2}{a^2}} d\rho^2)$$

$$= \frac{\pi}{8}a^4$$

9. 求空间曲线 $x = 3t$, $y = 3t^2$, $z = 2t^3$ 从 $O(0,0,0)$ 到 $A(3,3,2)$ 的长度.

解 曲线的长度

$$l = \int_L 1 ds = \int_0^1 \sqrt{3^2 + (6t)^2 + (6t^2)^2} dt$$

$$= 3\int_0^1 (1 + 2t^2) dt = 3(t + \frac{2}{3}t^3)\Big|_0^1 = 5$$

10. 求四个平面 $x = 0, y = 0, x = 1$ 及 $y = 1$ 所围成的柱体被平面 $z = 0$ 与 $z = 6 - 2x - 3y$ 截得的立体的体积.

解 体积

$$V = \iiint_V dV = \iint_{D_{xy}} dxdy \int_0^{6-2x-3y} dz$$

$$= \iint_{D_{xy}} (6 - 2x - 3y) dxdy$$

$$= \int_0^1 dx \int_0^1 (6 - 2x - 3y) dy$$

$$= \frac{7}{2}$$

11. 设函数 $f(x,y)$ 在$[a,b]$上连续,试用二重积分证明

$$\left[\int_a^b f(x) dx\right]^2 \leqslant (b-a)\int_a^b f^2(x) dx$$

证明 设 $D = \{(x,y) \mid a \leqslant x \leqslant b, a \leqslant y \leqslant b\}$,则

$$0 \leqslant \iint_D [f(x) - f(y)]^2 dxdy$$

$$= \int_a^b f^2(x) dx \int_a^b dy + \int_a^b f^2(y) dy \int_a^b dx - 2\int_a^b f(x) dx \int_a^b f(y) dy$$

$$= 2(b-a)\int_a^b f^2(x) dx - 2\left[\int_a^b f(x) dx\right]^2$$

由此立即得出欲证不等式.

12. 已知 $f(x)$ 为连续函数, 且 $f(0) = 0, f'(0) = 1$, 求 $\lim\limits_{R\to 0^+} \frac{1}{\pi R^4} \iiint_V f(\sqrt{x^2 + y^2 + z^2}) dV$,其中 $V = \{(x,y,z) \mid x^2 + y^2 + z^2 \leqslant R^2\}$.

解 利用球面坐标计算,得

$$\iiint_V f(\sqrt{x^2 + y^2 + z^2}) dV = \int_0^{2\pi} d\theta \int_0^{\pi} d\varphi \int_0^R f(\rho)\rho^2 \sin\varphi d\rho = 4\pi\int_0^R f(\rho)\rho^2 d\rho$$

则 $$\lim_{R\to 0^+}\frac{1}{\pi R^4}\iiint_V f(\sqrt{x^2+y^2+z^2})\mathrm{d}V=\lim_{R\to 0^+}\frac{4\int_0^R f(\rho)\rho^2\mathrm{d}\rho}{R^4}$$

$$=\lim_{R\to 0^+}\frac{4f(R)R^2}{4R^3}=\lim_{R\to 0^+}\frac{f(R)}{R}$$

$$=\lim_{R\to 0^+}\frac{f(R)-f(0)}{R-0}=f'(0)=1$$

13. 设均匀物体由曲面 $z=x^2+y^2$，$z=1$ 和 $z=2$ 围成，求其质心坐标.

解 由对称性知，质心在 z 轴上，设其为 $(0,0,\bar{z})$. 设该物体的密度为 μ，则

$$\bar{z}=\frac{\iiint_V z\mu\mathrm{d}V}{\iiint_V \mu\mathrm{d}V}=\frac{\iiint_V z\mathrm{d}V}{\iiint_V \mathrm{d}V}$$

又

$$\iiint_V \mathrm{d}V=\int_1^2\mathrm{d}z\iint_{D_z}\mathrm{d}x\mathrm{d}y=\pi\int_1^2 z\mathrm{d}z=\frac{3}{2}\pi$$

$$\iiint_V z\mathrm{d}V=\int_1^2 z\mathrm{d}z\iint_{D_z}\mathrm{d}x\mathrm{d}y=\pi\int_1^2 z^2\mathrm{d}z=\frac{7}{3}\pi$$

所以

$$\bar{z}=\frac{\frac{7}{3}\pi}{\frac{3}{2}\pi}=\frac{14}{9}$$

即质心坐标为

$$\left(0,0,\frac{14}{9}\right)$$

14. 一半径为 1 的半圆形薄片，其上各点处的密度等于该点到圆心的距离，求此薄片的质心坐标.（图 7-42）

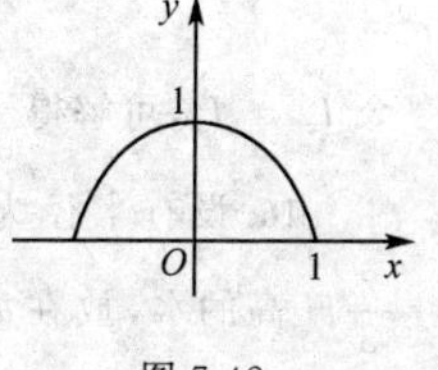

图 7-42

解 由对称性知质心在 y 轴上，设其为 $(0,\bar{y})$，则

$$\bar{y}=\frac{\iint_D y\sqrt{x^2+y^2}\mathrm{d}\sigma}{\iint_D \sqrt{x^2+y^2}\mathrm{d}\sigma}$$

又

$$\iint_D \sqrt{x^2+y^2}\mathrm{d}\sigma=\int_0^{\pi}\mathrm{d}\theta\int_0^1 r^2\mathrm{d}r=\frac{\pi}{3}$$

$$\iint_D y\sqrt{x^2+y^2}\,d\sigma = \int_0^{\pi} d\theta \int_0^1 r^3 \sin\theta dr = \frac{1}{4}\int_0^{\pi} \sin\theta d\theta$$

$$= -\frac{1}{4}\cos\theta\Big|_0^{\pi} = \frac{1}{2}$$

所以

$$\overline{y} = \frac{\frac{1}{2}}{\frac{1}{3}\pi} = \frac{3}{2\pi}$$

即质心的坐标为$\left(0,\frac{3}{2\pi}\right)$.

15. 设有立体 $V=\{(x,y,z)\mid x^2+y^2\leqslant R^2, |z|\leqslant H\}$，其密度为常数. 已知$V$关于$x$轴及$z$轴的转动惯量相等，试证明：

$$\frac{H}{R}=\frac{\sqrt{3}}{2}$$

证明　设V的密度为常数μ，它对z轴的转动惯量

$$I_z = \iiint_V \mu(x^2+y^2)dV = \mu\int_0^{2\pi} d\theta\int_0^R r^3 dr\int_{-H}^{H} dz = \mu\pi HR^4$$

V对x轴的转动惯量

$$I_x = \iiint_V \mu(y^2+z^2)dV = \mu\int_0^{2\pi} d\theta\int_0^R rdr\int_{-H}^{H}(r^2\sin^2\theta+z^2)dz$$

$$= 2\mu\int_0^{2\pi} d\theta\int_0^R \left(Hr^2\sin^2\theta+\frac{1}{3}H^3\right)rdr$$

$$= 2\mu\int_0^{2\pi}\left(\frac{1}{4}HR^4\sin^2\theta+\frac{1}{6}H^3R^2\right)d\theta$$

$$= 2\mu\pi R^2 H\left(\frac{R^2}{4}+\frac{H^2}{3}\right)$$

令 $I_z = I_x$，可解得　$\dfrac{H}{R}=\dfrac{\sqrt{3}}{2}$

16. 设有半径为R，高为H的圆柱形容器，盛有$\frac{2}{3}H$高的水，放在离心机上高速运转. 受离心力的作用，水面呈旋转抛物面状，问水刚要溢出容器时，液面的最低点在何处？

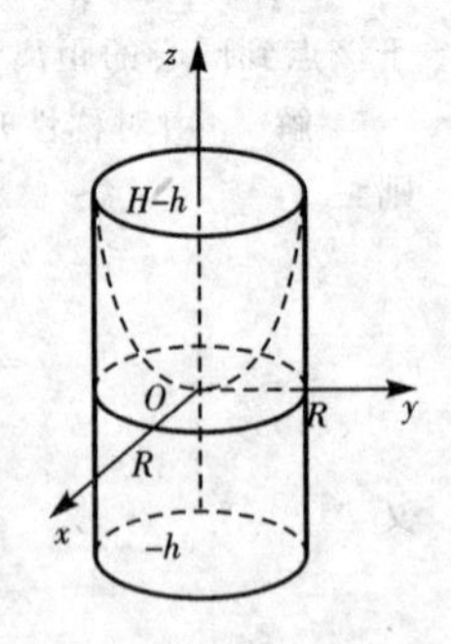

图 7-43

解　容器中水的体积为 $V=\frac{2}{3}\pi R^2 H$，建立如图7-43所示坐标系，水面为一旋转抛物面 $z=k(x^2+y^2)$，按题意有

$$\frac{2}{3}\pi R^2 H = \pi R^2 h + \iint_D k(x^2+y^2)\mathrm{d}x\mathrm{d}y$$

$$= \pi R^2 h + k\int_0^{2\pi}\mathrm{d}\theta\int_0^R r^2 \cdot r\mathrm{d}r$$

$$= \pi R^2 h + \frac{1}{2}k\pi R^4$$

于是有
$$\frac{2}{3}H = h + \frac{1}{2}kR^2$$

又从容器内水的剖面图(yOz 平面上)可知 $kR^2 = H - h$,因此

$$\frac{2}{3}H = h + \frac{1}{2}(H-h)$$

解得 $h = \frac{1}{3}H$(即液面距容器底部的最低点).

第八章　向量值函数的曲线积分与曲面积分

向量值函数的曲线积分、曲面积分是多元函数积分学的重要组成部分，在物理学和工程实践中有着广泛的应用. 本章的重点是理解向量值函数积分的概念，掌握其计算方法，了解它与数量值函数积分之间的区别与联系，掌握格林公式、高斯公式，并会利用平面曲线积分与路径无关的条件以及斯托克斯公式，了解向量场的散度和旋度概念，并会计算.

第一节　向量值函数在有向曲线上的积分

内容提要

1. 了解引入第二型曲线积分的物理背景，即变力沿曲线做功问题：

$$W = \lim_{d \to 0} \sum_{i=1}^{n} \boldsymbol{F}(\xi_i, \eta_i) \cdot \boldsymbol{e}_\tau(\xi_i, \eta_i) \Delta s_i = \int_L \boldsymbol{F}(x, y) \cdot \boldsymbol{e}_\tau(x, y) \mathrm{d}s$$

这类"和式"极限是向量数量积的和的极限，它与曲线弧的起点、终点有关，即与曲线的方向有关，这是与第一型曲线积分的显著差别.

2. 向量值函数 $\boldsymbol{A}(x,y) = P(x,y)\boldsymbol{i} + Q(x,y)\boldsymbol{j}$ 在平面有向曲线 L 上的积分是用 $\boldsymbol{A} \cdot \boldsymbol{e}_\tau$ 的第一型曲线积分定义的，即

$$\int_L \boldsymbol{A} \cdot \mathbf{ds} = \int_L \boldsymbol{A} \cdot \boldsymbol{e}_\tau \mathrm{d}s = \int_L P(x,y)\mathrm{d}x + Q(x,y)\mathrm{d}y$$

若 L 是空间曲线，$\boldsymbol{A}(x,y,z) = P(x,y,z)\boldsymbol{i} + Q(x,y,z)\boldsymbol{j} + R(x,y,z)\boldsymbol{k}$，则第二型曲线积分的坐标形式为

$$\int_L P(x,y,z)\mathrm{d}x + Q(x,y,z)\mathrm{d}y + R(x,y,z)\mathrm{d}z$$

3. 第二型曲线积分有别于第一型曲线积分的性质

设 L 为有向光滑曲线，则

$$\int_L P(x,y)\mathrm{d}x + Q(x,y)\mathrm{d}y = -\int_{L^-} P(x,y)\mathrm{d}x + Q(x,y)\mathrm{d}y$$

其中 L^- 是与 L 方向相反的有向曲线.

4. 两类曲线积分之间的关系

$$\int_L \boldsymbol{A} \cdot \mathbf{ds} = \int_L \boldsymbol{A} \cdot \boldsymbol{e}_\tau \mathrm{d}s$$

即　$\int_L P(x,y)\mathrm{d}x+Q(x,y)\mathrm{d}y=\int_L [P(x,y)\cos\alpha+Q(x,y)\cos\beta]\mathrm{d}s$

其中$\mathbf{A}=(P(x,y),Q(x,y))$，$\cos\alpha$、$\cos\beta$是曲线$L$在点$M(x,y)$处的切线正向的方向余弦，$\boldsymbol{e}_\tau=(\cos\alpha,\cos\beta)$，$\mathbf{d}\boldsymbol{s}=\boldsymbol{e}_\tau\mathrm{d}s=(\cos\alpha\mathrm{d}s,\cos\beta\mathrm{d}s)=(\mathrm{d}x,\mathrm{d}y)$.

5. 计算公式

(1) 参数式

若L:$x=x(t)$，$y=y(t)$，$t=\alpha$对应于L的起点，$t=\beta$对应于L的终点，则

$$\int_L P(x,y)\mathrm{d}x+Q(x,y)\mathrm{d}y$$
$$=\int_\alpha^\beta\{P[x(t),y(t)]x'(t)+Q[x(t),y(t)]y'(t)\}\mathrm{d}t$$

(2) 直角坐标

若L:$y=y(x)$，则视x为参数，$x=a$，$x=b$分别对应L的起点与终点，则有

$$\int_L P(x,y)\mathrm{d}x+Q(x,y)\mathrm{d}y$$
$$=\int_a^b\{P[x,y(x)]+Q[x,y(x)]y'(x)\}\mathrm{d}x$$

6. 上述内容是以平面曲线为例给出的，对于空间曲线可作相应的推广.

7. 与第一型曲线积分一样，第二型曲线积分是化为定积分计算，但确定积分上、下限时要注意：对于第一型曲线积分，下限要小于上限，而对于第二型曲线积分，积分下限对应于起点，上限对应于终点，上限不一定大于下限.

释疑解惑

【问 8-1-1】　两类曲线积分有何异同之处？

答　对弧长的曲线积分定义为

$$\int_L f(x,y)\mathrm{d}s=\lim_{d\to 0}\sum_{i=1}^n f(\xi_i,\eta_i)\Delta s_i$$

对坐标的曲线积分定义为

$$\int_L \boldsymbol{F}(x,y)\cdot\boldsymbol{e}_\tau(x,y)\mathrm{d}s=\lim_{d\to 0}\sum_{i=1}^n \boldsymbol{F}(\xi_i,\eta_i)\cdot\boldsymbol{e}_\tau(\xi_i,\eta_i)\Delta s_i$$

二者相同之处是：(1) 积分区域都是曲线，因此被积函数要受到曲线方程的约束.(2) 都定义为和的极限.

二者不同之处是：(1) 对坐标的曲线积分的值与曲线方向有关，而对弧长的曲线积分的值与曲线的方向无关，仅改变曲线方向并不能改变对弧长的曲线积分的值与符号.(2) 积分和的组成不同.对弧长的曲线积分的积分和是被积函数于小弧段上某一点的值乘以小弧段的长，其中Δs_i恒为正值；而对坐标的曲线积分的积分和是向量值函数$\boldsymbol{F}(x,y)$与有向小弧段$\mathbf{d}\boldsymbol{s}=\boldsymbol{e}_\tau\mathrm{d}s$在某一点的数量积

(其中 e_τ 为曲线 L 上任一点 M 处的单位切向量,其方向与曲线 L 的正向一致),它与 L 的方向有关.(3) 两类曲线积分的物理背景不同.凡考虑与曲线质量有关的一些物理量以及物质曲线的质量、质心、转动惯量等,常用对弧长的曲线积分表示;凡考虑在力场作用下沿有向曲线运动做功等与曲线方向有关的问题,则常用对坐标的曲线积分求解.

【问 8-1-2】 设 $\overset{\frown}{AB}$ 是圆周 $x^2+y^2=R^2$ 上以 $A(0,R)$ 为起点,$B\left(\frac{R}{\sqrt{2}},-\frac{R}{\sqrt{2}}\right)$ 为终点的有向弧,下列计算曲线积分 $\int_{\overset{\frown}{AB}} x\mathrm{d}y$ 的方法是否正确?

因 $x^2+y^2=R^2$,所以 $y=\sqrt{R^2-x^2}$,$\mathrm{d}y=\frac{-x}{\sqrt{R^2-x^2}}\mathrm{d}x$,故

$$\int_{\overset{\frown}{AB}} x\mathrm{d}y=\int_0^{\frac{R}{\sqrt{2}}} x\cdot\frac{-x}{\sqrt{R^2-x^2}}\mathrm{d}x \xlongequal{x=R\sin t} -\int_0^{\frac{\pi}{4}}\frac{R^2\sin^2 t\cdot R\cos t}{\sqrt{R^2-R^2\sin^2 t}}\mathrm{d}t$$

$$=-R^2\int_0^{\frac{\pi}{4}}\frac{1-\cos 2t}{2}\mathrm{d}t=\left(\frac{1}{4}-\frac{\pi}{8}\right)R^2$$

答 以上做法不正确.

在 $\left[\frac{R}{\sqrt{2}},R\right]$ 上 y 不是 x 的单值函数,如图 8-1 所示,$\overset{\frown}{AC}$ 的方程为 $y=\sqrt{R^2-x^2}$,$\mathrm{d}y=\frac{-x}{\sqrt{R^2-x^2}}\mathrm{d}x$;$\overset{\frown}{CB}$ 的方程为 $y=-\sqrt{R^2-x^2}$,$\mathrm{d}y=\frac{x}{\sqrt{R^2-x^2}}\mathrm{d}x$.

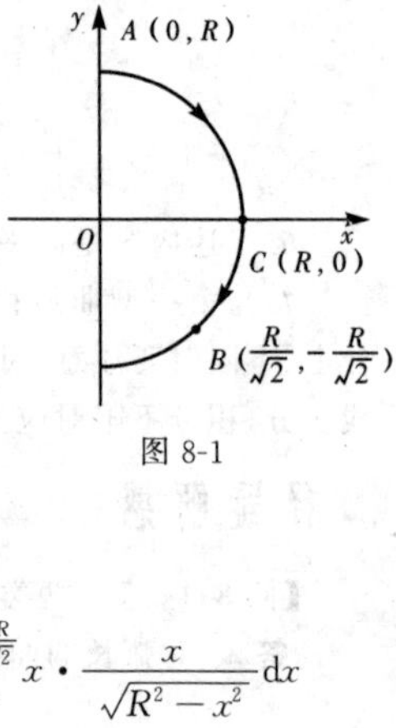

图 8-1

正确的做法为

$$\int_{\overset{\frown}{AB}} x\mathrm{d}y=\int_{\overset{\frown}{AC}} x\mathrm{d}y+\int_{\overset{\frown}{CB}} x\mathrm{d}y=\int_0^R x\cdot\frac{-x}{\sqrt{R^2-x^2}}\mathrm{d}x+\int_R^{\frac{R}{\sqrt{2}}} x\cdot\frac{x}{\sqrt{R^2-x^2}}\mathrm{d}x$$

$$=-\frac{\pi R^2}{4}-\frac{\pi R^2}{8}-\frac{R^2}{4}=-\frac{R^2}{8}(3\pi+2)$$

若选 y 作为参数,则 $\overset{\frown}{AB}$ 为 $x=\sqrt{R^2-y^2}$.

$$\int_{\overset{\frown}{AB}} x\mathrm{d}y=\int_R^{-\frac{R}{\sqrt{2}}}\sqrt{R^2-y^2}\,\mathrm{d}y \xlongequal{y=R\sin t}\int_{\frac{\pi}{2}}^{-\frac{\pi}{4}}\sqrt{R^2-R^2\sin^2 t}\cdot R\cos t\mathrm{d}t$$

$$=R^2\int_{\frac{\pi}{2}}^{-\frac{\pi}{4}}\frac{1+\cos 2t}{2}\mathrm{d}t=-\frac{R^2}{8}(3\pi+2)$$

若选圆弧中心角 θ 作为参数,即有 $x=R\cos\theta$,$y=R\sin\theta$,则

$$\int_{\overset{\frown}{AB}} x\mathrm{d}y=R^2\int_{\frac{\pi}{2}}^{-\frac{\pi}{4}}\cos^2\theta\mathrm{d}\theta=\frac{R^2}{2}\int_{\frac{\pi}{2}}^{-\frac{\pi}{4}}(1+\cos 2\theta)\mathrm{d}\theta=-\frac{R^2}{8}(3\pi+2)$$

通过本题的讨论可以看到,选择适当的参数对计算曲线积分是很重要的.

【问 8-1-3】 计算曲线积分时,如何建立曲线的参数方程?

答 常用的方法有两种.

方法 1 是从曲线 L 的方程组中消去一个变量,将空间曲线 L 的问题转化到平面上考虑.例如,曲线 L:

$$\begin{cases} x^2+y^2+z^2=\dfrac{9}{2} \\ x+z=1 \end{cases}$$

将 $z=1-x$ 代入 $x^2+y^2+z^2=\dfrac{9}{2}$ 可得

$$\begin{cases} \dfrac{\left(\dfrac{x-1}{2}\right)^2}{2}+\dfrac{y^2}{4}=1 & (1) \\ z+x=1 & (2) \end{cases}$$

令 $\left(\dfrac{x-1}{2}\right)=\sqrt{2}\cos\theta,\left(\dfrac{y}{2}\right)=\sin\theta$,则可知 L 的参数方程为

$$\begin{cases} x=2\sqrt{2}\cos\theta+1 \\ y=2\sin\theta \\ z=-2\sqrt{2}\cos\theta \end{cases}$$

方法 2 是根据曲线上有关几何量之间的数量关系建立参数方程,即在曲线 L 上任取一点 $M(x,y,z)$,将 x、y、z 用一个几何量表示出来.例如,L 是曲线 $\begin{cases} x^2+y^2+z^2=1 \\ y=x \end{cases}$ $(z\geqslant 0)$ 上从 $A(0,0,1)$ 到 $B\left(\dfrac{1}{2},\dfrac{1}{2},\dfrac{\sqrt{2}}{2}\right)$ 的一段,由方程组的几何意义知,L 是球面 $x^2+y^2+z^2=1$ 与平面 $y=x$ 的交线.设 $M(x,y,z)$ 是 L 上任一点,OM 与 xOy 平面夹角为 θ,则有

$$x=\cos\theta\cos\frac{\pi}{4}=\frac{\sqrt{2}}{2}\cos\theta,y=\cos\theta\sin\frac{\pi}{4}=\frac{\sqrt{2}}{2}\cos\theta,z=\sin\theta$$

A 对应于 $\theta=\dfrac{\pi}{2}$,B 对应于 $\theta=\dfrac{\pi}{4}$,故得参数方程为

$$\begin{cases} x=\dfrac{\sqrt{2}}{2}\cos\theta \\ y=\dfrac{\sqrt{2}}{2}\cos\theta \\ z=\sin\theta \end{cases} \quad \left(\frac{\pi}{4}\leqslant\theta\leqslant\frac{\pi}{2}\right)$$

例题解析

【例 8-1-1】 计算曲线积分 $I=\int_L yz\,\mathrm{d}x+3xz\,\mathrm{d}y-xy\,\mathrm{d}z$,其中 L 是由点 $A(0,1,1)$ 到点 $B(1,-2,3)$ 的线段.

分析 先写出$\overset{\frown}{AB}$的方程,再将其化为参数方程.

解 由已知得向量$\boldsymbol{AB}=(1,-3,2)$,L的方程为

$$\frac{x-0}{1}=\frac{y-1}{-3}=\frac{z-1}{2}$$

其参数方程为$x=t,y=1-3t,z=1+2t$,起点对应于$t=0$,终点对应于$t=1$,故

$$\begin{aligned}I&=\int_0^1[(1-3t)\cdot(1+2t)+3t(1+2t)\cdot(-3)-2t(1-3t)]\mathrm{d}t\\&=\int_0^1(1-12t-18t^2)\mathrm{d}t=-11\end{aligned}$$

【例 8-1-2】 计算$\int_L y^2\mathrm{d}x$,其中L是曲线上$x^2+y^2=a^2(y\geqslant 0)$从$A(a,0)$到$B(-a,0)$的一段弧.

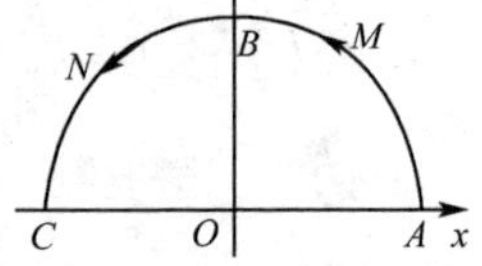

图 8-2

分析 如图 8-2 所示.此题可选择不同的量作为参变量.

(1) 把x作为参变量,则$L:y=\sqrt{a^2-x^2}$,x由a到$-a$;

(2) 把y作为参变量,此时$x=\pm\sqrt{a^2-y^2}$,所以需将L分段表示为$L=\overset{\frown}{AMB}+\overset{\frown}{BNC}$. $\overset{\frown}{AMB}:x=\sqrt{a^2-y^2}$,其中$y$由0到$a$;$\overset{\frown}{BNC}:x=-\sqrt{a^2-y^2}$,其中$y$由$a$到0.

(3) 把L写成用圆心角作为参变量的参数方程:$L:\begin{cases}x=a\cos\theta\\y=a\sin\theta\end{cases}$,$\theta$由0到$\pi$.

解法 1 $\int_L y^2\mathrm{d}x=\int_a^{-a}(a^2-x^2)\mathrm{d}x=\left(a^2x-\frac{1}{3}x^3\right)\Big|_a^{-a}=-\frac{4}{3}a^3$

解法 2
$$\begin{aligned}\int_L y^2\mathrm{d}x&=\int_{\overset{\frown}{AMB}}y^2\mathrm{d}x+\int_{\overset{\frown}{BNC}}y^2\mathrm{d}x\\&=\int_0^a y^2\mathrm{d}(\sqrt{a^2-y^2})+\int_a^0 y^2\mathrm{d}(-\sqrt{a^2-y^2})\\&=\int_0^a\frac{-y^3}{\sqrt{a^2-y^2}}\mathrm{d}y+\int_a^0\frac{y^3}{\sqrt{a^2-y^2}}\mathrm{d}y=2\int_0^a\frac{-y^3}{\sqrt{a^2-y^2}}\mathrm{d}y\\&\xlongequal{y=\sin t}-2a^3\int_0^{\frac{\pi}{2}}\sin^3t\mathrm{d}t=-2a^3\times\frac{2}{3}=-\frac{4}{3}a^3\end{aligned}$$

解法 3
$$\begin{aligned}\int_L y^2\mathrm{d}x&=\int_0^{\pi}(a\sin\theta)^2\mathrm{d}(a\cos\theta)\\&=a^3\int_0^{\pi}(1-\cos^2\theta)\mathrm{d}(\cos\theta)\\&=a^3(\cos\theta-\frac{1}{3}\cos^3\theta)\Big|_0^{\pi}=-\frac{4}{3}a^3\end{aligned}$$

小结　对坐标的曲线积分可以化为定积分来计算，只要将积分路径的方程连同微分 $\mathrm{d}x$ 和 $\mathrm{d}y$ 的表达式代入积分中即可将其化为定积分，但这时需要注意以下几点：

(1) 适当选取参变量，使转化后的定积分简单易算.

(2) 积分路径的显函数表达式必须是唯一的，否则就应将积分路径进行分段，使每一段的表达式唯一，然后利用积分路径的可累加性进行计算.

(3) 化为定积分后，定积分的下限对应积分弧段起点处的参数值，定积分的上限对应积分弧段终点处的参数值，下限未必小于上限.

【例 8-1-3】　计算 $I=\int_L y^2\mathrm{d}x+z^2\mathrm{d}y+x^2\mathrm{d}z$，$L$ 为 $x^2+y^2+z^2=R^2$ 与 $x^2+y^2=Rx(z\geqslant 0,R>0)$ 的交线(图 8-3) 从 z 轴正向往负向看去，L 取逆时针方向.

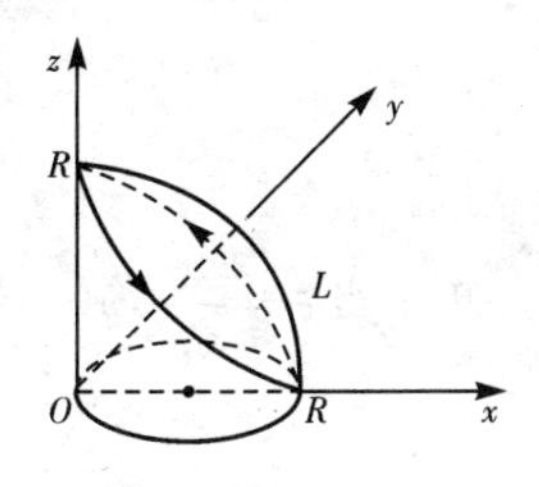

图 8-3

分析　本例的关键在于写出 L 的参数方程表达式.

解　由圆柱面方程得 $\left(x-\dfrac{R}{2}\right)^2+y^2=\dfrac{R^2}{4}$. 令 $x=\dfrac{R}{2}+\dfrac{R}{2}\cos\theta$，$y=\dfrac{R}{2}\sin\theta$，代入球面方程得

$$z=\sqrt{R^2-\left(\frac{R}{2}+\frac{R}{2}\cos\theta\right)^2-\frac{R^2}{4}\sin^2\theta}=R\sin\frac{\theta}{2}$$

L 的参数方程为

$$\begin{cases}x=\dfrac{R}{2}+\dfrac{R}{2}\cos\theta\\[2mm] y=\dfrac{R}{2}\sin\theta\\[2mm] z=R\sin\dfrac{\theta}{2}\end{cases}$$

起点对应于 $\theta=0$，终点对应于 $\theta=2\pi$. 于是

$$\int_L y^2\mathrm{d}x=\int_0^{2\pi}\frac{R^2}{4}\sin^2\theta\left(-\frac{R}{2}\sin\theta\right)\mathrm{d}\theta=0$$

$$\int_L z^2\mathrm{d}y=\int_0^{2\pi}R^2\sin^2\frac{\theta}{2}\cdot\frac{R}{2}\cos\theta\mathrm{d}\theta=\frac{R^3}{4}\int_0^{2\pi}(1-\cos\theta)\cos\theta\mathrm{d}\theta=-\frac{\pi}{4}R^3$$

$$\int_L x^2\mathrm{d}z=\int_0^{2\pi}\left(\frac{R}{2}+\frac{R}{2}\cos\theta\right)^2\cdot\frac{R}{2}\cos\frac{\theta}{2}\mathrm{d}\theta=0$$

故

$$\int_L y^2\mathrm{d}x+z^2\mathrm{d}y+x^2\mathrm{d}z=0-\frac{\pi}{4}R^3+0=-\frac{\pi}{4}R^3$$

【例 8-1-4】　质点在变力 $\boldsymbol{F}=yz\boldsymbol{i}+zx\boldsymbol{j}+xy\boldsymbol{k}$ 的作用下，由原点沿直线运动到椭球面 $\dfrac{x^2}{a^2}+\dfrac{y^2}{b^2}+\dfrac{z^2}{c^2}=1$ 上第一卦限的点 $P(\xi,\eta,\zeta)$，问 ξ、η、ζ 取何值时，力

F 做功最大?最大值是多少?

解 从原点 $O(0,0,0)$ 到点 $P(\xi,\eta,\zeta)$ 的直线方程为 $x=\xi t,y=\eta t,z=\zeta t(0\leqslant t\leqslant 1)$,当质点沿$\overline{OP}$ 运动到点 $P(\xi,\eta,\zeta)$ 时,力 **F** 所做的功为

$$W=\int_{\overline{OP}}\boldsymbol{F}\cdot \mathrm{d}\boldsymbol{s}=\int_{\overline{OP}}yz\,\mathrm{d}x+zx\,\mathrm{d}y+xy\,\mathrm{d}z$$
$$=\int_0^1(\xi\eta\zeta+\xi\eta\zeta+\xi\eta\zeta)t^2\,\mathrm{d}t=\xi\eta\zeta$$

由于(ξ,η,ζ) 在椭球面上,故$\dfrac{\xi^2}{a^2}+\dfrac{\eta^2}{b^2}+\dfrac{\zeta^2}{c^2}=1$.解条件极值问题

$$\begin{cases}\max\xi\eta\zeta\\ \dfrac{\xi^2}{a^2}+\dfrac{\eta^2}{b^2}+\dfrac{\zeta^2}{c^2}=1\end{cases}$$

得到,当 $\xi=\dfrac{a}{\sqrt{3}},\eta=\dfrac{b}{\sqrt{3}},\zeta=\dfrac{c}{\sqrt{3}}$ 时做功最大,最大值为

$$W_{\max}=\frac{\sqrt{3}}{9}abc$$

习题精解

1. 计算下列曲线积分:

(1)$\int_L y^2\,\mathrm{d}x+x^2\,\mathrm{d}y$,其中 L 是椭圆周 $x=a\cos t,y=b\sin t$ 的上半部分,顺时针方向;

(4)$\int_L xy^2\,\mathrm{d}x+y(x-y)\,\mathrm{d}y$,$L$ 是由原点经点 $P(0,2)$ 到点 $Q(2,2)$ 的折线;

(7)$\oint_L\dfrac{(x+y)\,\mathrm{d}x-(x-y)\,\mathrm{d}y}{x^2+y^2}$,其中 L 是圆周 $x^2+y^2=a^2$,取逆时针方向.

解 (1) 起点对应于 $t=\pi$,终点对应于 $t=0$,于是

$$\int_L y^2\,\mathrm{d}x+x^2\,\mathrm{d}y=\int_\pi^0[b^2\sin^2t(-a\sin t)+a^2\cos^2t\cdot b\cos t]\mathrm{d}t$$
$$=ab^2\int_\pi^0(1-\cos^2t)\mathrm{d}\cos t+a^2b\int_\pi^0(1-\sin^2t)\mathrm{d}\sin t$$
$$=\frac{4}{3}ab^2$$

(4)L 由 L_1 和 L_2 组成,如图 8-4 所示.

$$\int_{L_1}xy^2\,\mathrm{d}x+y(x-y)\,\mathrm{d}y=\int_0^2(-y^2)\,\mathrm{d}y=-\frac{8}{3}$$

$$\int_{L_2}xy^2\,\mathrm{d}x+y(x-y)\,\mathrm{d}y=\int_0^2 2^2x\,\mathrm{d}x=8$$

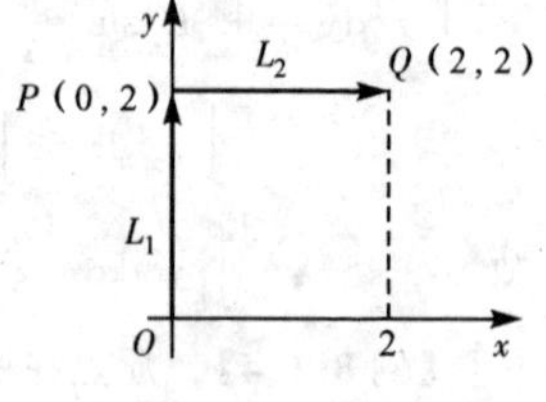

图 8-4

所以 $\int_L xy^2\mathrm{d}x+y(x-y)\mathrm{d}y=-\frac{8}{3}+8=\frac{16}{3}$

(7) 圆周 $x^2+y^2=a^2$ 的参数方程是

$$\begin{cases}x=a\cos t\\ y=a\sin t\end{cases}$$

则

$$\oint_L\frac{(x+y)\mathrm{d}x-(x-y)\mathrm{d}y}{x^2+y^2}=\frac{1}{a^2}\oint_L(x+y)\mathrm{d}x-(x-y)\mathrm{d}y$$

$$=\frac{1}{a^2}\int_0^{2\pi}[a(\cos t+\sin t)(-a\sin t)-a(\cos t-\sin t)\cdot a\cos t]\mathrm{d}t$$

$$=\frac{1}{a^2}\int_0^{2\pi}(-a^2)\mathrm{d}t=-2\pi$$

2. 计算下列曲线积分：

(2) $\int_L\frac{x\mathrm{d}x+y\mathrm{d}y+z\mathrm{d}z}{\sqrt{x^2+y^2+z^2-x-y+2z}}$，其中 L 是从点(1,1,1)到点(4,4,4)的直线段.

解　(2) L 的方程为 $\frac{x-1}{4-1}=\frac{y-1}{4-1}=\frac{z-1}{4-1}$，化为参数方程为 $x=1+3t,y=1+3t,z=1+3t$，起点对应于 $t=0$，终点对应于 $t=1$，于是

$$\int_L\frac{x\mathrm{d}x+y\mathrm{d}y+z\mathrm{d}z}{\sqrt{x^2+y^2+z^2-x-y+2z}}=\int_0^1\frac{9(1+3t)\mathrm{d}t}{\sqrt{3}(1+3t)}=3\sqrt{3}$$

3. 设有力场 $\boldsymbol{F}=y\boldsymbol{i}-x\boldsymbol{j}+(x+y+z)\boldsymbol{k}$，求：

(1) 质点由 $A(a,0,0)$ 沿曲线 $L:x=a\cos t,y=a\sin t,z=\frac{b}{2\pi}t$，到 $B(a,0,b)$，场力 $\boldsymbol{F}$ 做的功.

解　(1) 起点 $t=0$，终点 $t=2\pi$，则有

$$W=\int_L y\mathrm{d}x-x\mathrm{d}y+(x+y+z)\mathrm{d}z$$

$$=\int_0^{2\pi}\left[a\sin t(-a\sin t)-a\cos t\cdot a\cos t+\left(a\cos t+a\sin t+\frac{b}{2\pi}t\right)\cdot\frac{b}{2\pi}\right]\mathrm{d}t$$

$$=\int_0^{2\pi}\left[(-a^2)+\frac{b}{2\pi}\left(a\cos t+a\sin t+\frac{b}{2\pi}t\right)\right]\mathrm{d}t$$

$$=-2\pi a^2+\frac{b^2}{2}$$

4. 计算 $\int_L\frac{\mathrm{d}x+\mathrm{d}y}{|x|+|y|}$，其中 L 为点 $A(0,-1)$ 到点 $B(1,0)$，再到点 $C(0,1)$ 的折线段.

解　如图 8-5 所示. 折线段 $\overline{AB}+\overline{BC}$ 的方程为

$$|x|+|y|=1,\ (x\geqslant 0)$$

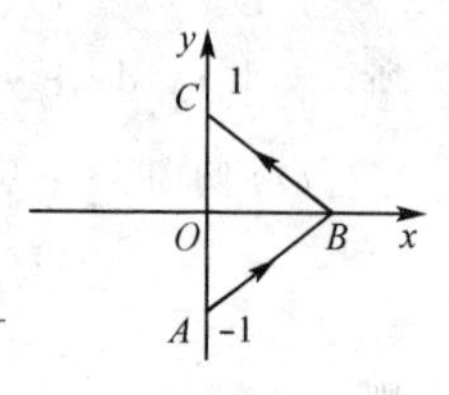

图 8-5

由于曲线积分的被积函数满足曲线方程，所以有

$$\int_L \frac{\mathrm{d}x+\mathrm{d}y}{|x|+|y|}=\int_L \frac{\mathrm{d}x+\mathrm{d}y}{1}$$

线段$\overline{AB}$的方程为 $y=x-1$；线段$\overline{BC}$的方程为 $y=-x+1$，所以

$$\int_L \frac{\mathrm{d}x+\mathrm{d}y}{|x|+|y|}=\int_L \frac{\mathrm{d}x+\mathrm{d}y}{1}$$

$$=\int_0^1 (1+1)\mathrm{d}x+\int_1^0 (1-1)\mathrm{d}x=2$$

5. 计算曲线积分$\oint_L (z-y)\mathrm{d}x+(x-z)\mathrm{d}y+(x-y)\mathrm{d}z$，$L$ 为椭圆周 $\begin{cases}x^2+y^2=1\\ x-y+z=2\end{cases}$，且从 z 轴正方向看去，L 取顺时针方向.

解 L 的参数方程为$\begin{cases}x=\cos t\\ y=\sin t\\ z=2-\cos t+\sin t\end{cases}$，$t$ 从 2π 变到 0，于是

$$\text{原式}=\int_{2\pi}^0 [(2-\cos t)(-\sin t)+(\cos t-2+\cos t-\sin t)\cos t+(\cos t-\sin t)(\sin t+\cos t)]\mathrm{d}t$$

$$=\int_0^{2\pi}(2\sin t+2\cos t-2\cos 2t-1)\mathrm{d}t$$

$$=0+0-0-2\pi=-2\pi$$

第二节　向量值函数在有向曲面上的积分

内容提要

1. 了解引入第二型曲面积分的物理背景，即流体通过曲面流向指定一侧的流量计算问题：

$$\Phi=\lim_{d\to 0}\sum_{i=1}^n \boldsymbol{v}(\xi_i,\eta_i,\zeta_i)\cdot \boldsymbol{n}_0(\xi_i,\eta_i,\zeta_i)\Delta S_i$$

$$=\lim_{d\to 0}\sum_{i=1}^n [P(\xi_i,\eta_i,\zeta_i)\cos\alpha_i+Q(\xi_i,\eta_i,\zeta_i)\cos\beta_i+R(\xi_i,\eta_i,\zeta_i)\cos\gamma_i]\Delta S_i$$

$$=\iint_S [P(x,y,z)\cos\alpha+Q(x,y,z)\cos\beta+R(x,y,z)\cos\gamma]\mathrm{d}S$$

这种“和式”的极限与曲面 S 的侧有关，这是与第一型曲面积分的显著区别. 曲面的侧可由其上的法向量的方向来确定.

2. 设 S 是取定了侧向的光滑有向曲面，向量值函数 $\mathbf{A}(x,y,z)=P(x,y,z)\boldsymbol{i}+Q(x,y,z)\boldsymbol{j}+R(x,y,z)\boldsymbol{k}$，其中 P,Q,R 在 S 上有界，$\mathbf{dS}=\boldsymbol{n}_0\mathrm{d}S=(\mathrm{d}y\mathrm{d}z,\mathrm{d}z\mathrm{d}x,\mathrm{d}x\mathrm{d}y)=(\cos\alpha\mathrm{d}S,\cos\beta\mathrm{d}S,\cos\gamma\mathrm{d}S)$，则第二型曲面积分为

$$\iint_S \mathbf{A}\cdot\mathbf{dS}=\iint_S \mathbf{A}\cdot\boldsymbol{n}_0\mathrm{d}S=\iint_S P\mathrm{d}y\mathrm{d}z+Q\mathrm{d}z\mathrm{d}x+R\mathrm{d}x\mathrm{d}y$$

其中 $\boldsymbol{n}_0$ 为 S 的单位法向量，即 $\boldsymbol{n}_0=(\cos\alpha,\cos\beta,\cos\gamma)$.

3. 当有向曲面 S 变为相反的侧向 S^- 时，第二型曲面积分要变号，即

$$\iint_S \mathbf{A}\cdot\mathbf{dS}=-\iint_{S^-}\mathbf{A}\cdot\mathrm{d}\boldsymbol{S}$$

这一性质有别于第一型曲面积分.

4. 两类曲面积分的关系

$$\iint_S P\mathrm{d}y\mathrm{d}z+Q\mathrm{d}z\mathrm{d}x+R\mathrm{d}x\mathrm{d}y=\iint_S(P\cos\alpha+Q\cos\beta+R\cos\gamma)\mathrm{d}S$$

5. 计算方法

设 S 的方程为 $z=z(x,y)$，$(x,y)\in D_{xy}$，D_{xy} 是 S 在 xOy 平面上的投影区域，则

$$\iint_S R(x,y,z)\mathrm{d}x\mathrm{d}y=\pm\iint_{D_{xy}}R(x,y,z(x,y))\mathrm{d}x\mathrm{d}y$$

其中“±”的取法是：当 S 为上侧时取“+”，当 S 为下侧时取“−”.

类似地有

$$\iint_S P(x,y,z)\mathrm{d}y\mathrm{d}z=\pm\iint_{D_{yz}}P(x(y,z),y,z)\mathrm{d}y\mathrm{d}z$$

$$\iint_S Q(x,y,z)\mathrm{d}z\mathrm{d}x=\pm\iint_{D_{zx}}Q(x,y(z,x),z)\mathrm{d}z\mathrm{d}x$$

6. 第二型曲面积分 $\iint_S R(x,y,z)\mathrm{d}x\mathrm{d}y$ 在形式上与二重积分 $\iint_D f(x,y)\mathrm{d}x\mathrm{d}y$ 接近，但二者有本质不同. 在曲面积分中 S 是空间曲面，被积函数是三元函数，而二重积分中 D 是平面区域，被积函数是二元函数，不要混淆.

释疑解惑

【问 8-2-1】 两类曲面积分有何异同之处？

答 对面积的曲面积分定义为 $\iint_S f(x,y,x)\mathrm{d}S=\lim\limits_{d\to 0}\sum\limits_{i=1}^{n}f(\xi_i,\eta_i,\zeta_i)\Delta S_i$

对坐标的曲面积分定义为

$$\iint_S \boldsymbol{A}(x,y,z)\cdot\boldsymbol{e}_n(x,y,z)\mathrm{d}S$$

$$= \lim_{d\to 0}\sum_{i=1}^{n}\boldsymbol{A}(\xi_i,\eta_i,\zeta_i)\cdot \boldsymbol{e}_n(\xi_i,\eta_i,\zeta_i)\Delta S_i$$

二者相同之处是:(1) 积分区域都是曲面,因此被积函数要受到曲面方程的约束.(2) 都定义为和的极限.

二者不同之处是:(1) 对面积的曲面积分的值与曲面的方向无关,而对坐标的曲面积分的值与曲面的方向有关.(2) 积分和的构成不同:对面积的曲面积分是被积函数在小曲面 ΔS_i 上某一点的值乘以该小曲面的面积 ΔS_i,其中 ΔS_i 恒为正数;而对坐标的曲面积分的积分和是被积函数在小曲面 ΔS_i 上某一点的值乘以小曲面 ΔS_i 在坐标面上的投影,这些投影可能是正数,也可能是负数.(3) 两类曲面积分物理背景不同,凡考虑与曲面质量有关的一些物理量,如物质曲面的质量、质心、重心、转动惯量等一些物理量常用对面积的曲面积分表示,而凡考虑与曲面方向有关的物理量,如计算通过曲面一侧的流量问题等,常用对坐标的曲面积分求解.

【问 8-2-2】 计算$\iint\limits_{S}P(x,y,z)\mathrm{d}y\mathrm{d}z+Q(x,y,z)\mathrm{d}z\mathrm{d}x+R(x,y,z)\mathrm{d}x\mathrm{d}y$时,一般需把 S 用不同的方程表示,分别计算 S 在三个坐标面上投影域内的二重积分.是否可把三种类型的积分,都转化为同一坐标平面内的二重积分呢?

答 可以.

设 S 的方程是 $F(x,y,z)=0$,则在(x,y,z) 处的单位向量为

$$\boldsymbol{n}_0=\frac{\pm 1}{\sqrt{F_x^2+F_y^2+F_z^2}}(F_x,F_y,F_z)$$
$$=(\cos\alpha,\cos\beta,\cos\gamma)$$

根据两类曲面积分的关系及隐函数求偏导公式,有

$$\iint\limits_{S}P\,\mathrm{d}y\mathrm{d}z+Q\mathrm{d}z\mathrm{d}x+R\mathrm{d}x\mathrm{d}y=\iint\limits_{S}(P\cos\alpha+Q\cos\beta+R\cos\gamma)\mathrm{d}S$$
$$=\iint\limits_{S}\left(P\frac{\cos\alpha}{\cos\gamma}+Q\frac{\cos\beta}{\cos\gamma}+R\right)\cos\gamma\mathrm{d}S$$
$$=\iint\limits_{S}\left(P\cdot\frac{F_x}{F_z}+Q\cdot\frac{F_y}{F_z}+R\right)\mathrm{d}x\mathrm{d}y$$
$$=\iint\limits_{S}[P\cdot(-z_x)+Q\cdot(-z_y)+R]\mathrm{d}x\mathrm{d}y$$

类似地,还有

$$\iint\limits_{S}P\,\mathrm{d}y\mathrm{d}z+Q\mathrm{d}z\mathrm{d}x+R\mathrm{d}x\mathrm{d}y$$
$$=\iint\limits_{S}[P+Q(-x_y)+R(-x_z)]\mathrm{d}y\mathrm{d}z$$

$$=\iint\limits_{S}[P(-y_x)+Q+R(-y_z)]\mathrm{d}z\mathrm{d}x$$

这种方法称为“合一投影法”.

【问 8-2-3】　在第一型曲面积分计算时，如果 S 关于某一坐标面具有对称性，被积函数关于某一积分变量具有奇偶性，往往可以简化计算，这些方法是否可以照搬到第二型曲面积分计算中？

答　不可以.

因为第二型曲面积分与曲面的方向有关，在考虑曲面对称性时，还要考虑曲面的侧，且要顾及被积函数的对称性.

例如，设 S 是上半球面 $z=\sqrt{1-x^2-y^2}$（取上侧），由于 S 关于 yOz 平面对称，x 关于 x 是奇函数，因而第一型曲面积分 $\iint\limits_{S}x\,\mathrm{d}S=0$，但是对于第二型曲面积分 $\iint\limits_{S}x\,\mathrm{d}y\mathrm{d}z=0$ 却不成立.

事实上，若把 S 分为前侧 S_1 和后侧 S_2 两部分，其方程分为

$$x=\sqrt{1-y^2-z^2}\text{ 和 }x=-\sqrt{1-y^2-z^2}$$

则有

$$\begin{aligned}\iint\limits_{S}x\,\mathrm{d}y\mathrm{d}z&=\iint\limits_{S_1}x\mathrm{d}y\mathrm{d}z+\iint\limits_{S_2}x\mathrm{d}y\mathrm{d}z\\&=\iint\limits_{D_{yz}}\sqrt{1-y^2-z^2}\,\mathrm{d}y\mathrm{d}z-\iint\limits_{D_{yz}}\left(-\sqrt{1-y^2-z^2}\right)\mathrm{d}y\mathrm{d}z\\&=2\iint\limits_{D_{yz}}\sqrt{1-y^2-z^2}\,\mathrm{d}y\mathrm{d}z=\frac{2}{3}\pi\end{aligned}$$

又 x^2 关于 x 是偶函数，则有

$$\iint\limits_{S}x^2\,\mathrm{d}S=2\iint\limits_{S_1}x^2\,\mathrm{d}S$$

而

$$\begin{aligned}\iint\limits_{S}x^2\,\mathrm{d}y\mathrm{d}z&=\iint\limits_{S_1}x^2\,\mathrm{d}y\mathrm{d}z+\iint\limits_{S_2}x^2\,\mathrm{d}y\mathrm{d}z\\&=\iint\limits_{D_{yz}}\left(\sqrt{1-y^2-z^2}\right)^2\mathrm{d}y\mathrm{d}z-\iint\limits_{D_{yz}}\left(-\sqrt{1-y^2-z^2}\right)^2\mathrm{d}y\mathrm{d}z=0\end{aligned}$$

【问 8-2-4】　设 S 是平面 $x+y+z=a$ 被坐标面所截在第一卦限部分，易知 S 的面积为 $\frac{\sqrt{3}}{2}a^2$. 下面两个曲面积分的解法是否正确？

(1) $\iint\limits_{S}(x+y+z)\mathrm{d}S=a\iint\limits_{S}\mathrm{d}S=a\times(S\text{ 的面积})=\frac{\sqrt{3}}{2}a^3$；

(2) $\iint\limits_{S}(x+y+z)\mathrm{d}x\mathrm{d}y=a\iint\limits_{S}\mathrm{d}x\mathrm{d}y=a\times(S\text{ 的面积})=\frac{\sqrt{3}}{2}a^3$.

答 第一个积分是对的，它是第一型(对面积的)曲面积分.第二个积分是第二型(对坐标的)曲面积分，解法不对.错误有二，其一是必须指明 S 的侧，是上侧还是下侧?其二 $\mathrm{d}x\mathrm{d}y$ 是 $\mathrm{d}S$ 在 xOy 平面上的投影，$\iint\limits_S \mathrm{d}x\mathrm{d}y \neq S$ 的面积.

正确解法是：

若 S 取上侧，则

$$\iint\limits_S (x+y+z)\mathrm{d}x\mathrm{d}y = a\iint\limits_S \mathrm{d}x\mathrm{d}y = a\iint\limits_{D_{xy}} \mathrm{d}x\mathrm{d}y = \frac{1}{2}a^3$$

若 S 取下侧，则

$$\iint\limits_S (x+y+z)\mathrm{d}x\mathrm{d}y = a\iint\limits_S \mathrm{d}x\mathrm{d}y = -a\iint\limits_{D_{xy}} \mathrm{d}x\mathrm{d}y = -\frac{1}{2}a^3$$

例题解析

【例 8-2-1】 计算曲面积分$\iint\limits_S x^2\mathrm{d}y\mathrm{d}z + y^2\mathrm{d}z\mathrm{d}x + z^2\mathrm{d}x\mathrm{d}y$，其中 S 是长方体 Ω 的整个表面的外侧，$\Omega = \{(x,y,z) \mid 0 \leqslant x \leqslant a, 0 \leqslant y \leqslant b, 0 \leqslant z \leqslant c\}$.

解 把有向曲面 S 分成以下六部分：

$S_1: z = c\,(0 \leqslant x \leqslant a, 0 \leqslant y \leqslant b)$取上侧；

$S_2: z = 0\,(0 \leqslant x \leqslant a, 0 \leqslant y \leqslant b)$取下侧；

$S_3: x = a\,(0 \leqslant y \leqslant b, 0 \leqslant z \leqslant c)$取前侧；

$S_4: x = 0\,(0 \leqslant y \leqslant b, 0 \leqslant z \leqslant c)$取后侧；

$S_5: y = b\,(0 \leqslant x \leqslant a, 0 \leqslant z \leqslant c)$取右侧；

$S_6: y = 0\,(0 \leqslant x \leqslant a, 0 \leqslant z \leqslant c)$取左侧.

则除了 S_3, S_4 之外，其余四片曲面在 yOz 面上的投影为零，因此有

$$\begin{aligned}\iint\limits_S x^2\mathrm{d}y\mathrm{d}z &= \iint\limits_{S_3} x^2\mathrm{d}y\mathrm{d}z + \iint\limits_{S_4} x^2\mathrm{d}y\mathrm{d}z \\ &= \iint\limits_{D_{yz}} a^2\mathrm{d}y\mathrm{d}z - \iint\limits_{D_{yz}} 0^2\mathrm{d}y\mathrm{d}z \\ &= a^2bc\end{aligned}$$

类似地可得 $$\iint\limits_S y^2\mathrm{d}z\mathrm{d}x = b^2ac, \iint\limits_S z^2\mathrm{d}x\mathrm{d}y = c^2ab$$

于是有 $$\iint\limits_S x^2\mathrm{d}y\mathrm{d}z + y^2\mathrm{d}z\mathrm{d}x + z^2\mathrm{d}x\mathrm{d}y = abc\,(a+b+c)$$

【例 8-2-2】 计算 $I = \iint\limits_S yx^3\mathrm{d}y\mathrm{d}z + xy^3\mathrm{d}z\mathrm{d}x + z^2\mathrm{d}x\mathrm{d}y$，其中 S 是旋转抛物面 $z = x^2 + y^2$ 的外侧在 $z \leqslant 1$ 的部分.

解 由于 S 的投影区域均关于 z 轴对称,所以根据轮换对称性,有

$$I = 2\iint_S yx^3\,\mathrm{d}y\mathrm{d}z + \iint_S z^2\,\mathrm{d}x\mathrm{d}y,$$

S 在 yOz 面上的投影区域 D_{yz}:

$$y^2 \leqslant z \leqslant 1$$

S 在 xOy 面上的投影区域 D_{xy}:

$$x^2 + y^2 \leqslant 1$$

S 可分为前后两部分:S_1 为 $x = \sqrt{z - y^2}$,S_2 为 $x = -\sqrt{z - y^2}$.

$$\begin{aligned}\iint_S yx^3\,\mathrm{d}y\mathrm{d}z &= \iint_{S_1} yx^3\,\mathrm{d}y\mathrm{d}z + \iint_{S_2} yx^3\,\mathrm{d}y\mathrm{d}z \\ &= \iint_{D_{yz}} y(\sqrt{z-y^2})^3\,\mathrm{d}y\mathrm{d}z - \iint_{D_{yz}} y(-\sqrt{z-y^2})^3\,\mathrm{d}y\mathrm{d}z \\ &= 2\iint_{D_{yz}} y(\sqrt{z-y^2})^3\,\mathrm{d}y\mathrm{d}z\end{aligned}$$

记 $f(y,z) = y(\sqrt{z-y^2})^3$,则 $f(-y,z) = -y(\sqrt{z-y^2})^3 = -f(y,z)$,又区域 D_{yz} 关于 z 轴对称,所以

$$\iint_{D_{yz}} y(\sqrt{z-y^2})^3\,\mathrm{d}y\mathrm{d}z = 0$$

而

$$\begin{aligned}\iint_S z^2\,\mathrm{d}x\mathrm{d}y &= -\iint_{D_{xy}} (x^2+y^2)^2\,\mathrm{d}x\mathrm{d}y \\ &= -\int_0^{2\pi}\mathrm{d}\theta\int_0^1 r^5\,\mathrm{d}r = -\frac{\pi}{3}\end{aligned}$$

所以

$$I = 2\iint_S yx^3\,\mathrm{d}y\mathrm{d}z + \iint_S z^2\,\mathrm{d}x\mathrm{d}y = 0 - \frac{\pi}{3} = -\frac{\pi}{3}$$

【例 8-2-3】 计算曲面积分

$$I = \iint_S \frac{1}{\sqrt{x^2+y^2+z^2}}(xz\,\mathrm{d}y\mathrm{d}z + yz\,\mathrm{d}z\mathrm{d}x + z^2\,\mathrm{d}x\mathrm{d}y)$$

其中 S 为半球面 $z = \sqrt{R^2 - x^2 - y^2}$ 的上侧.

分析 先利用曲面 S 的方程,代入被积函数化简被积表达式得

$$I = \iint_S \frac{1}{R}(xz\,\mathrm{d}y\mathrm{d}z + yz\,\mathrm{d}z\mathrm{d}x + z^2\,\mathrm{d}x\mathrm{d}y)$$

计算此积分可用三种方法:① 分别计算三个积分;② 利用投影法化为一个二重积分;③ 补上一个圆面,利用下节的高斯公式,化为三重积分计算. 本例只给出前两种解法.

解法 1 设 $I_1 = \iint_S xz\,\mathrm{d}y\mathrm{d}z$,$I_2 = \iint_S yz\,\mathrm{d}z\mathrm{d}x$,$I_3 = \iint_S z^2\,\mathrm{d}x\mathrm{d}y$

对于 I_3，曲面 $S: z = \sqrt{R^2 - x^2 - y^2}$，取上侧，则有

$$I_3 = \iint\limits_{D_{xy}} (R^2 - x^2 - y^2)\mathrm{d}x\mathrm{d}y = \int_0^{2\pi}\mathrm{d}\theta\int_0^R (R^2 - r^2) r\mathrm{d}r = \frac{1}{2}\pi R^4$$

对于 I_1，S 可分为前后两部分：

$$S_1 \text{ 为 } x = \sqrt{R^2 - y^2 - z^2}, S_2 \text{ 为 } x = -\sqrt{R^2 - y^2 - z^2}$$

$$\begin{aligned} I_1 &= \iint\limits_{S_1} xz\,\mathrm{d}y\mathrm{d}z + \iint\limits_{S_2} xz\,\mathrm{d}y\mathrm{d}z \\ &= \iint\limits_{D_{yz}} z\sqrt{R^2 - y^2 - z^2}\,\mathrm{d}y\mathrm{d}z - \iint\limits_{D_{yz}} (-z\sqrt{R^2 - y^2 - z^2})\mathrm{d}y\mathrm{d}z \\ &= 2\iint\limits_{D_{yz}} z\sqrt{R^2 - y^2 - z^2}\,\mathrm{d}y\mathrm{d}z = 2\int_0^{\pi}\mathrm{d}\theta\int_0^R r\sin\theta\sqrt{R^2 - r^2}\,r\mathrm{d}r \\ &= 4\int_0^R r^2\sqrt{R^2 - r^2}\,\mathrm{d}r = \frac{1}{4}\pi R^4 \end{aligned}$$

同理可得 $$I_2 = \frac{1}{4}\pi R^4$$

故 $$I = \frac{1}{R}(I_1 + I_2 + I_3) = \pi R^3$$

解法 2 利用转换公式

$$\mathrm{d}y\mathrm{d}z = \frac{\cos\alpha}{\cos\gamma}\mathrm{d}x\mathrm{d}y = (-z_x)\mathrm{d}x\mathrm{d}y = \frac{x\mathrm{d}x\mathrm{d}y}{\sqrt{R^2 - x^2 - y^2}} = \frac{x}{z}\mathrm{d}x\mathrm{d}y$$

$$\mathrm{d}z\mathrm{d}x = \frac{\cos\beta}{\cos\gamma}\mathrm{d}x\mathrm{d}y = (-z_y)\mathrm{d}x\mathrm{d}y = \frac{y\mathrm{d}x\mathrm{d}y}{\sqrt{R^2 - x^2 - y^2}} = \frac{y}{z}\mathrm{d}x\mathrm{d}y$$

所以
$$\begin{aligned} I &= \frac{1}{R}\iint\limits_S xz\,\mathrm{d}y\mathrm{d}z + yz\,\mathrm{d}z\mathrm{d}x + z^2\,\mathrm{d}x\mathrm{d}y \\ &= \frac{1}{R}\iint\limits_S (x^2 + y^2 + z^2)\,\mathrm{d}x\mathrm{d}y = \frac{1}{R}\iint\limits_S R^2\,\mathrm{d}x\mathrm{d}y \\ &= R\iint\limits_{D_{xy}}\mathrm{d}x\mathrm{d}y = \pi R^3 \end{aligned}$$

【例 8-2-4】 设速度场 $\boldsymbol{V} = \left(\frac{x}{R^3}, \frac{y}{R^3}, \frac{z}{R^3}\right)$，其中 $r = \sqrt{x^2 + y^2 + z^2}$，求流体通过 S 流向外侧的流量，S 为球面 $x^2 + y^2 + z^2 = R^2$.

分析 求流量就是计算第二型曲面积分

$$\Phi = \oiint\limits_S \boldsymbol{V}\cdot\mathbf{d}\boldsymbol{S} = \oiint\limits_S \frac{x}{R^3}\mathrm{d}y\mathrm{d}z + \frac{y}{R^3}\mathrm{d}z\mathrm{d}x + \frac{z}{R^3}\mathrm{d}x\mathrm{d}y$$

可先利用曲面 S 的方程 $x^2 + y^2 + z^2 = R^2$ 化简被积函数，另外本题也可用第一型曲面积分计算. 以下提供的就是这种解法.

解　由于 S 取外侧，故球面 $x^2+y^2+z^2=R^2$ 上任一点 (x,y,z) 处指向外侧的法向量为 (x,y,z)，其方向余弦为

$$\cos\alpha=\frac{x}{\sqrt{x^2+y^2+z^2}}=\frac{x}{R},\qquad \cos\beta=\frac{y}{\sqrt{x^2+y^2+z^2}}=\frac{y}{R}$$

$$\cos\gamma=\frac{z}{\sqrt{x^2+y^2+z^2}}=\frac{z}{R}$$

故

$$\begin{aligned}\Phi&=\oint\!\!\!\oint_S\frac{x}{R^3}\mathrm{d}y\mathrm{d}z+\frac{y}{R^3}\mathrm{d}z\mathrm{d}x+\frac{z}{R^3}\mathrm{d}x\mathrm{d}y\\&=\oint\!\!\!\oint_S\left(\frac{x}{R^3}\cos\alpha+\frac{y}{R^3}\cos\beta+\frac{z}{R^3}\cos\gamma\right)\mathrm{d}S\\&=\oint\!\!\!\oint_S\frac{x^2+y^2+z^2}{R^4}\mathrm{d}S=\oint\!\!\!\oint_S\frac{R^2}{R^4}\mathrm{d}S=\frac{1}{R^2}\oint\!\!\!\oint_S\mathrm{d}S\\&=\frac{1}{R^2}\cdot 4\pi R^2=4\pi\end{aligned}$$

习题精解

1. 计算下列曲面积分：

(2) $\iint\limits_S z^2\mathrm{d}x\mathrm{d}y$，其中 S 为锥面 $z=\sqrt{x^2+y^2}$ 下侧在 $0\leqslant z\leqslant 1$ 的部分；

(3) $\iint\limits_S(-3xyz)\mathrm{d}x\mathrm{d}y$，其中 S 是球面 $x^2+y^2+z^2=1$ 外侧在 $x\geqslant 0,y\geqslant 0$ 的部分；

(4) $\oint\!\!\!\oint\limits_S\frac{\mathrm{e}^z\mathrm{d}x\mathrm{d}y}{\sqrt{x^2+y^2}}$，其中 S 是锥面 $z=\sqrt{x^2+y^2}$ 及平面 $z=1,z=2$ 所围成的立体表面的外侧.

解　(2) $\iint\limits_S z^2\mathrm{d}x\mathrm{d}y=-\iint\limits_{D_{xy}}(x^2+y^2)\mathrm{d}x\mathrm{d}y=-\int_0^{2\pi}\mathrm{d}\theta\int_0^1 r^3\mathrm{d}r=-\frac{\pi}{2}$

(3) 如图 8-6 所示，S 由 $S_1:z=\sqrt{1-x^2-y^2}$ 及 $S_2:z=-\sqrt{1-x^2-y^2}$ 组成.

$$\begin{aligned}\text{原式}&=\iint\limits_{S_1}(-3xyz)\mathrm{d}x\mathrm{d}y+\iint\limits_{S_2}(-3xyz)\mathrm{d}x\mathrm{d}y\\&=\iint\limits_{D_{xy}}(-3xy)\sqrt{1-x^2-y^2}\,\mathrm{d}x\mathrm{d}y-\\&\quad\iint\limits_{D_{xy}}(-3xy)(-\sqrt{1-x^2-y^2})\mathrm{d}x\mathrm{d}y\\&=-6\iint\limits_{D_{xy}}xy\sqrt{1-x^2-y^2}\,\mathrm{d}x\mathrm{d}y\end{aligned}$$

$$=-6\int_0^{\frac{\pi}{2}}\mathrm{d}\theta\int_0^1 r^2\cos\theta\sin\theta\ \sqrt{1-r^2}\cdot r\mathrm{d}r$$

$$=-3\int_0^1 r^3\ \sqrt{1-r^2}\,\mathrm{d}r \overset{r=\sin t}{=\!=\!=} -3\int_0^{\frac{\pi}{2}}\sin^3 t\cos^2 t\mathrm{d}t$$

$$=-3\int_0^{\frac{\pi}{2}}(\sin^3 t-\sin^5 t)\mathrm{d}t=-3\left(\frac{2}{3}-\frac{2\cdot 4}{3\cdot 5}\right)=-\frac{2}{5}$$

(4) 题设立体及其表面外侧如图 8-7 所示.

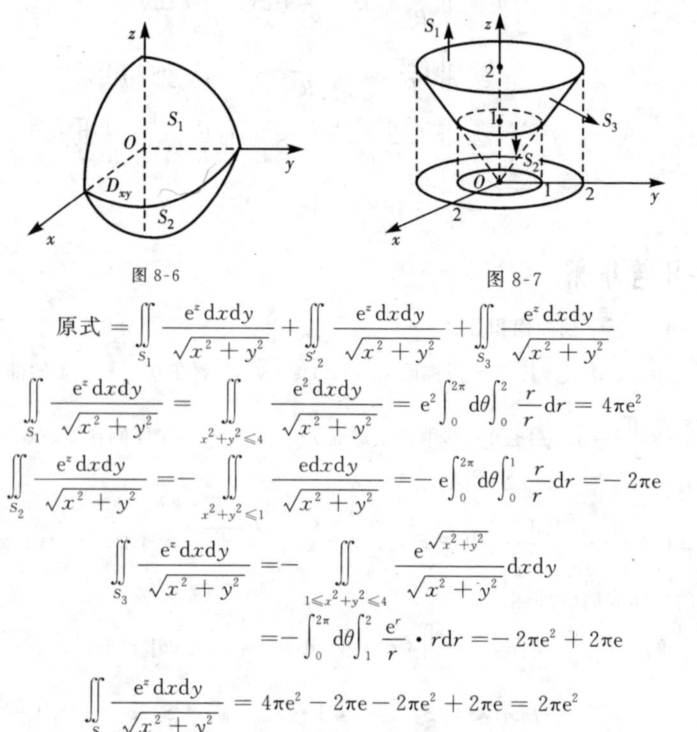

图 8-6　　图 8-7

$$原式=\iint\limits_{S_1}\frac{\mathrm{e}^z\mathrm{d}x\mathrm{d}y}{\sqrt{x^2+y^2}}+\iint\limits_{S'_2}\frac{\mathrm{e}^z\mathrm{d}x\mathrm{d}y}{\sqrt{x^2+y^2}}+\iint\limits_{S_3}\frac{\mathrm{e}^z\mathrm{d}x\mathrm{d}y}{\sqrt{x^2+y^2}}$$

$$\iint\limits_{S_1}\frac{\mathrm{e}^z\mathrm{d}x\mathrm{d}y}{\sqrt{x^2+y^2}}=\iint\limits_{x^2+y^2\leqslant 4}\frac{\mathrm{e}^2\mathrm{d}x\mathrm{d}y}{\sqrt{x^2+y^2}}=\mathrm{e}^2\int_0^{2\pi}\mathrm{d}\theta\int_0^2\frac{r}{r}\mathrm{d}r=4\pi\mathrm{e}^2$$

$$\iint\limits_{S_2}\frac{\mathrm{e}^z\mathrm{d}x\mathrm{d}y}{\sqrt{x^2+y^2}}=-\iint\limits_{x^2+y^2\leqslant 1}\frac{\mathrm{e}\mathrm{d}x\mathrm{d}y}{\sqrt{x^2+y^2}}=-\mathrm{e}\int_0^{2\pi}\mathrm{d}\theta\int_0^1\frac{r}{r}\mathrm{d}r=-2\pi\mathrm{e}$$

$$\iint\limits_{S_3}\frac{\mathrm{e}^z\mathrm{d}x\mathrm{d}y}{\sqrt{x^2+y^2}}=-\iint\limits_{1\leqslant x^2+y^2\leqslant 4}\frac{\mathrm{e}^{\sqrt{x^2+y^2}}}{\sqrt{x^2+y^2}}\mathrm{d}x\mathrm{d}y$$

$$=-\int_0^{2\pi}\mathrm{d}\theta\int_1^2\frac{\mathrm{e}^r}{r}\cdot r\mathrm{d}r=-2\pi\mathrm{e}^2+2\pi\mathrm{e}$$

所以

$$\iint\limits_S\frac{\mathrm{e}^z\mathrm{d}x\mathrm{d}y}{\sqrt{x^2+y^2}}=4\pi\mathrm{e}^2-2\pi\mathrm{e}-2\pi\mathrm{e}^2+2\pi\mathrm{e}=2\pi\mathrm{e}^2$$

2. 计算曲面积分 $I=\iint\limits_S z\mathrm{d}x\mathrm{d}y+x\mathrm{d}y\mathrm{d}z+y\mathrm{d}z\mathrm{d}x$，其中 S 是柱面 $x^2+y^2=1$ 被平面 $z=0$ 及 $z=3$ 所截得的在第一卦限内的部分的前侧

解

$$\iint\limits_S z\mathrm{d}x\mathrm{d}y=0$$

$$\iint\limits_S x\mathrm{d}y\mathrm{d}z=\iint\limits_{D_{yz}}\sqrt{1-y^2}\,\mathrm{d}y\mathrm{d}z=\int_0^3\mathrm{d}z\int_0^1\sqrt{1-y^2}\,\mathrm{d}y=\frac{3}{4}\pi$$

类似地

$$\iint\limits_S y\mathrm{d}z\mathrm{d}x=\frac{3}{4}\pi$$

所以 $$I = 0 + \frac{3}{4}\pi + \frac{3}{4}\pi = \frac{3}{2}\pi$$

3. 计算曲面积分

$$I = \iint_S (-x)\mathrm{d}y\mathrm{d}z + (z+1)\mathrm{d}z\mathrm{d}x$$

其中 S 是圆柱面 $x^2 + z^2 = 1$ 被平面 $y + z = 1$ 和 $y = 0$ 所截得部分的外侧(图 8-8).

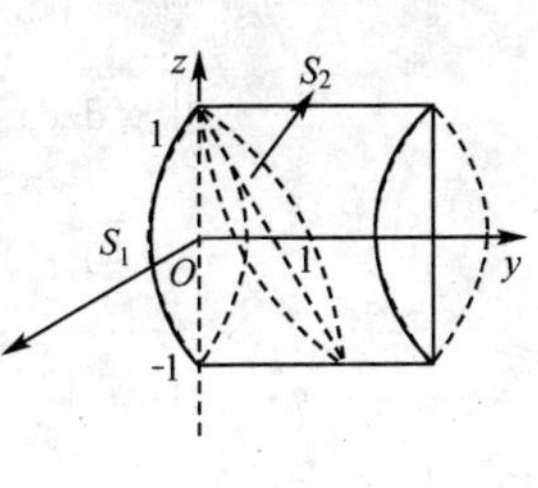

图 8-8

解 $$I = \iint_S (-x)\mathrm{d}y\mathrm{d}z + \iint_S (z+1)\mathrm{d}z\mathrm{d}x$$

$$\iint_S (z+1)\mathrm{d}z\mathrm{d}x = 0$$

对于 $\iint_S (-x)\mathrm{d}y\mathrm{d}z$，$S$ 可分为前后两部分：S_1 为 $x = \sqrt{1-z^2}$，S_2 为 $x = -\sqrt{1-z^2}$.

$$\begin{aligned}
\iint_S (-x)\mathrm{d}y\mathrm{d}z &= \iint_{S_1} (-x)\mathrm{d}y\mathrm{d}z + \iint_{S_2} (-x)\mathrm{d}y\mathrm{d}z \\
&= -\iint_{D_{yz}} \sqrt{1-z^2}\,\mathrm{d}y\mathrm{d}z - \iint_{D_{yz}} (\sqrt{1-z^2})\mathrm{d}y\mathrm{d}z \\
&= -2\iint_{D_{yz}} \sqrt{1-z^2}\,\mathrm{d}y\mathrm{d}z \\
&= -2\int_{-1}^{1} \sqrt{1-z^2}\,\mathrm{d}z\int_0^{1-z} \mathrm{d}y \\
&= -2\int_{-1}^{1} \sqrt{1-z^2}\,(1-z)\mathrm{d}z \\
&= -2\int_{-1}^{1} \sqrt{1-z^2}\,\mathrm{d}z \\
&= -4\int_0^1 \sqrt{1-z^2}\,\mathrm{d}z \\
&\xlongequal{z = \sin t} -4\int_0^{\frac{\pi}{2}} \cos^2 t\mathrm{d}t \\
&= -4 \cdot \frac{1}{2} \cdot \frac{\pi}{2} = -\pi
\end{aligned}$$

故 $$I = \iint_S (-x)\mathrm{d}y\mathrm{d}z + \iint_S (z+1)\mathrm{d}z\mathrm{d}x = -\pi + 0 = -\pi$$

4. 设 S 是平面 $x + y + z = 1, x = 0, y = 0, z = 0$ 所围立体表面的外侧，计算：(3) $\oiint_S y^3\mathrm{d}z\mathrm{d}x$.

解 如图 8-9 所示. 令 S_1：zOx 面，S_2：yOz 面，S_3：xOy 面，S_4：ABC 面. 则

$$\oint\!\!\!\!\oint_S y^3\,\mathrm{d}z\mathrm{d}x = \iint_{S_1} y^3\,\mathrm{d}z\mathrm{d}x + \iint_{S_2} y^3\,\mathrm{d}z\mathrm{d}x + \iint_{S_3} y^3\,\mathrm{d}z\mathrm{d}x + \iint_{S_4} y^3\,\mathrm{d}z\mathrm{d}x$$

$$= 0+0+0+\iint_{D_{zx}} (1-x-z)^3\,\mathrm{d}x\mathrm{d}z$$

$$= \int_0^1 \mathrm{d}x\int_0^{1-x} (1-x-z)^3\,\mathrm{d}z$$

$$= -\frac{1}{4}\int_0^1 (1-x-z)^4\Big|_0^{1-x}\mathrm{d}x$$

$$= \frac{1}{4}\int_0^1 (1-x)^4\,\mathrm{d}x = \frac{1}{20}$$

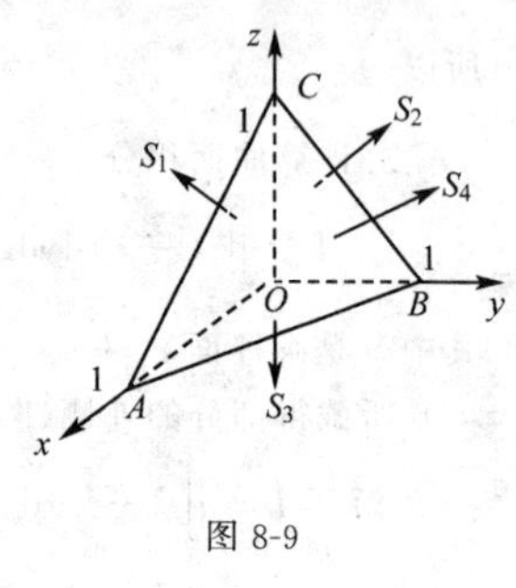

图 8-9

5. 计算曲面积分 $I=\iint_S (x^2+y^2)\,\mathrm{d}z\mathrm{d}x + z\,\mathrm{d}x\mathrm{d}y$，其中 S 为锥面 $z=\sqrt{x^2+y^2}$ 上满足 $x\geqslant 0, y\geqslant 0, z\leqslant 1$ 的那一部分的下侧(图 8-10).

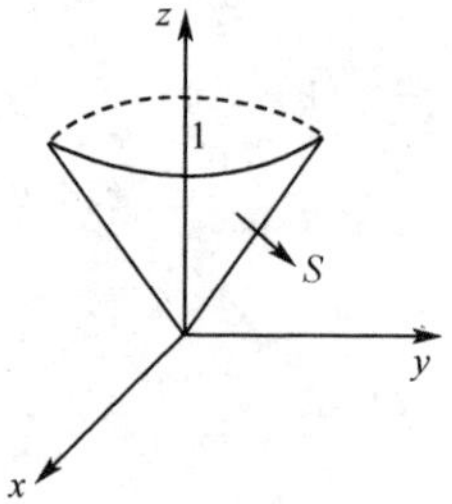

解

$$\iint_S (x^2+y^2)\,\mathrm{d}z\mathrm{d}x = \iint_{D_{zx}} z^2\,\mathrm{d}z\mathrm{d}x = \int_0^1 z^2\,\mathrm{d}z\int_0^z \mathrm{d}x = \frac{1}{4}$$

$$\iint_S z\,\mathrm{d}x\mathrm{d}y = -\iint_{D_{xy}} \sqrt{x^2+y^2}\,\mathrm{d}x\mathrm{d}y = -\int_0^{\frac{\pi}{2}}\mathrm{d}\theta\int_0^1 r\cdot r\mathrm{d}r = -\frac{\pi}{6}$$

图 8-10

因此

$$I=\iint_S (x^2+y^2)\,\mathrm{d}z\mathrm{d}x + \iint_S z\,\mathrm{d}x\mathrm{d}y = \frac{1}{4}-\frac{\pi}{6}$$

第三节　重积分、曲线积分、曲面积分之间的联系

内容提要

1. 格林公式(Green)

设 xOy 平面上的有界闭区域 D 是分段光滑的曲线 L 围成，函数 $P(x,y)$ 及 $Q(x,y)$ 在 D 上有一阶连续偏导数，则有

$$\oint_L P(x,y)\,\mathrm{d}x + Q(x,y)\,\mathrm{d}y = \iint_D \left(\frac{\partial Q}{\partial x}-\frac{\partial P}{\partial y}\right)\mathrm{d}x\mathrm{d}y$$

其中 L 是 D 的正方向边界曲线.

说明:D 可以是单连通区域,也可以是复连通区域.

2. 高斯公式(Gauss)

设空间有界闭区域 V 是由分片光滑的封闭曲面 S 围成,函数 $P(x,y,z)$,$Q(x,y,z)$,$R(x,y,z)$ 都在 V 上有一阶连续偏导数,则有

$$\oiint_S P\,dydz + Q dzdx + R dxdy = \iiint_V \left(\frac{\partial P}{\partial x} + \frac{\partial Q}{\partial y} + \frac{\partial R}{\partial z}\right) dV$$

其 S 取外侧.

3. 斯托克斯公式(Stokes)

设 L 是分段光滑的空间有向闭曲线,S 是以 L 为边界的分片光滑的有向曲面,L 的正向与 S 的法向量成右手系,函数 $P(x,y,z)$,$Q(x,y,z)$ 及 $R(x,y,z)$ 在包含曲面 S 的某一空间区域内有一阶连续偏导数,则有

$$\oint_L P\,dx + Q dy + R dz$$
$$= \iint_S \left(\frac{\partial R}{\partial y} - \frac{\partial Q}{\partial z}\right) dydz + \left(\frac{\partial P}{\partial z} - \frac{\partial R}{\partial x}\right) dzdx + \left(\frac{\partial Q}{\partial x} - \frac{\partial P}{\partial y}\right) dxdy$$

或写做

$$\oint_L P\,dx + Q dy + R dz = \iint_S \begin{vmatrix} dydz & dzdx & dxdy \\ \dfrac{\partial}{\partial x} & \dfrac{\partial}{\partial y} & \dfrac{\partial}{\partial z} \\ P & Q & R \end{vmatrix}$$

$$= \iint_S \begin{vmatrix} \cos\alpha & \cos\beta & \cos\gamma \\ \dfrac{\partial}{\partial x} & \dfrac{\partial}{\partial y} & \dfrac{\partial}{\partial z} \\ P & Q & R \end{vmatrix} dS$$

其中 $\cos\alpha, \cos\beta, \cos\gamma$ 为 S 法向量的方向余弦.

4. 格林公式揭示了平面区域 D 上二重积分与其边界的第二型曲线积分之间的关系.定积分的牛顿-莱布尼兹公式 $\int_a^b F'(x)dx = F(b) - F(a)$,揭示了区间 $[a,b]$ 上定积分与其"边界"即端点上原函数之间的关系.因而可以说,格林公式是牛顿-莱布尼兹公式在二重积分情形下的推广.高斯公式揭示了三重积分与其表面上第二型曲面积分的关系,因此高斯公式也可看做牛顿-莱布尼兹公式在三重积分情形下的推广.斯托克斯公式是格林公式在空间的推广,也可以看做牛顿-莱布尼兹公式在曲面积分情形下的推广.

释疑解惑

【问 8-3-1】　格林公式有何用处?应用时应注意什么?

答　格林公式无论在理论上还是实际应用中都有重要作用.它是场论中三

大公式之一，在物理学、数学等很多学科都有重要作用，比如应用格林公式可得到曲线积分与路径无关的条件；在实用上，用它可推出封闭曲线围成区域的面积公式 $S=\frac{1}{2}\oint_L x\mathrm{d}y-y\mathrm{d}x$，还可用它简化计算，例如，当计算沿封闭曲线的第二类曲线积分时，利用格林公式往往能使被积函数简化，且使积分易于计算. 其次，即使是沿非闭合曲线的第二类曲线积分，也可选取适当的辅助线使曲线闭合，间接使用格林公式使计算便捷.

应用格林公式时应注意：

(1) 函数 $P(x,y)$，$Q(x,y)$ 在 D 上具有一阶连续偏导数；

(2) 利用格林公式转换得到的二重积分应易于计算.

【问 8-3-2】 用下面的方法计算曲线积分 $I=\oint_L \frac{-y}{(x+1)^2+y^2}\mathrm{d}x+\frac{x+1}{(x+1)^2+y^2}\mathrm{d}y$，是否正确？其中 L 是以原点(0,0)为圆心，半径为 2 的圆周，取逆时针方向. 因为 $\frac{\partial Q}{\partial x}=\frac{\partial P}{\partial y}=\frac{y^2-(x+1)^2}{[(x+1)^2+y^2]^2}$，所以由格林公式得 $I=$

$$\oint_L \frac{-y}{(x+1)^2+y^2}\mathrm{d}x+\frac{x+1}{(x+1)^2+y^2}\mathrm{d}y=\iint_D\left(\frac{\partial Q}{\partial x}-\frac{\partial P}{\partial y}\right)\mathrm{d}x\mathrm{d}y=0$$

答 不正确.

点 $(-1,0)$ 在由曲线 L 所围的区域 D 上，在该点 $P=\frac{-y}{(x+1)^2+y^2}$ 和 $Q=\frac{x+1}{(x+1)^2+y^2}$ 没有定义，不满足格林公式条件，故不能用格林公式来做. 正确的做法如下：

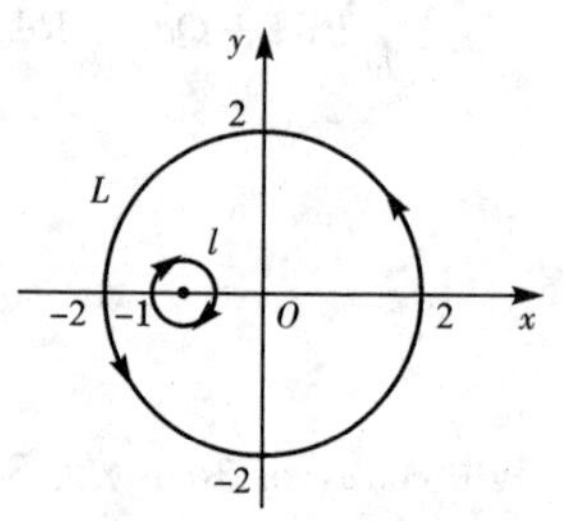

图 8-11

作一闭曲线 l：$x+1=\delta\cos\theta$，$y=\delta\sin\theta$，$\theta\in[0,2\pi]$，$\delta>0$，δ 充分小，使 l 包含在 L 之内（图 8-11），l 取顺时针方向. 在 l 和 L 围成的区域 D_1 上，P、Q 满足格林公式的条件，于是由格林公式得

$$\begin{aligned}0&=\iint_{D_1}\left(\frac{\partial Q}{\partial x}-\frac{\partial P}{\partial y}\right)\mathrm{d}x\mathrm{d}y\\&=\oint_L \frac{-y}{(x+1)^2+y^2}\mathrm{d}x+\frac{x+1}{(x+1)^2+y^2}\mathrm{d}y+\\&\quad\oint_l \frac{-y}{(x+1)^2+y^2}\mathrm{d}x+\frac{x+1}{(x+1)^2+y^2}\mathrm{d}y\end{aligned}$$

即
$$I=\oint_{l^-}\frac{-y}{(x+1)^2+y^2}\mathrm{d}x+\frac{x+1}{(x+1)^2+y^2}\mathrm{d}y$$

$$= \int_0^{2\pi} \frac{[-\delta\sin\theta(-\delta\sin\theta)+\delta\cos\theta(\delta\cos\theta)]}{\delta^2}\mathrm{d}\theta = 2\pi$$

其中，l^- 表示与 l 方向相反的小圆周.

【问 8-3-3】　设 S 是球面 $x^2+y^2+z^2=a^2$ 的外侧，用下面方法计算曲面积分 $I=\oint\!\!\!\oint_S xz^2\mathrm{d}y\mathrm{d}z+yx^2\mathrm{d}z\mathrm{d}x+zy^2\mathrm{d}x\mathrm{d}y$，是否正确？

解　应用高斯公式求解

$$I=\iiint_V\left(\frac{\partial P}{\partial x}+\frac{\partial Q}{\partial y}+\frac{\partial R}{\partial z}\right)\mathrm{d}V=\iiint_V(x^2+y^2+z^2)\mathrm{d}V$$

$$=\iiint_V a^2\mathrm{d}V=a^2\cdot\frac{4}{3}\pi a^3=\frac{4\pi a^5}{3}$$

答　解法不对.应用高斯公式是正确的，错误出在 $\iiint_V(x^2+y^2+z^2)\mathrm{d}V=\iiint_V a^2\mathrm{d}V$，因为三重积分的被积函数 $x^2+y^2+z^2$ 定义在球体 $x^2+y^2+z^2\leqslant a^2$ 上，而不是在球面 S 上，不能用 a^2 替代 $x^2+y^2+z^2$，正确解法应该是：

利用球面坐标，有

$$I=\iiint_V(x^2+y^2+z^2)\mathrm{d}V=\int_0^{2\pi}\mathrm{d}\theta\int_0^{\pi}\mathrm{d}\varphi\int_0^a\rho^2\cdot\rho^2\sin\varphi\mathrm{d}\rho$$

$$=\frac{4}{5}\pi a^5$$

【问 8-3-4】　应用斯托克斯公式计算空间曲线积分时，应注意些什么？

答　将曲线积分 $\oint_L P\mathrm{d}x+Q\mathrm{d}y+R\mathrm{d}z$ 转化为曲面积分时，需要找到某个以 L 为边界的曲面 S，使得 $P(x,y,z)$，$Q(x,y,z)$ 和 $R(x,y,z)$ 在 S 上有一阶连续偏导数，例如，对曲线积分

$\oint_L \dfrac{(x+z)\mathrm{d}x+(z-y)\mathrm{d}y+\mathrm{d}z}{x^2+y^2}$，$L$ 是 xOy 平面上单位圆周 $x^2+y^2=1$，取逆时针方向，就不能直接用斯托克斯公式，因为任何一个以 L 为边界的曲面，总要和 z 轴相交，在交点 $x=0$，$y=0$ 处，P、Q、R 均无定义.

若积分曲线 L 为一个平面和一个曲面的交线，用斯托克斯公式计算则可能简单些，因为转化成曲面积分时，与曲面的形状无关，此时若将 S 选为平面，则 S 的法向量的方向余弦 $\cos\alpha$，$\cos\beta$，$\cos\gamma$ 为确定常数.

另外，应注意曲面 S 的侧与 L 的正方向符合右手法则.

【问 8-3-5】　闭路上的曲线积分通常要用格林公式化作二重积分来计算，反过来有没有二重积分化为曲线积分来计算更为方便的例子？

答　有.特别是当二重积分的积分域边界用参数方程表示时，化二重积分

为曲线积分计算比较方便.

例如,求星形线 $x=a\cos^3 t, y=a\sin^3 t$ 在第一象限的弧与两个坐标轴围成图形的形心.本题可用下面方法计算:

如图 8-12 所示,记此图形区域为 D,边界曲线 L 为正向,L 是由 L_1、L_2 和 L_3 三段弧组成.由对称性可知,形心的两个坐标相等,记为$(\bar{x},\bar{x})$,则

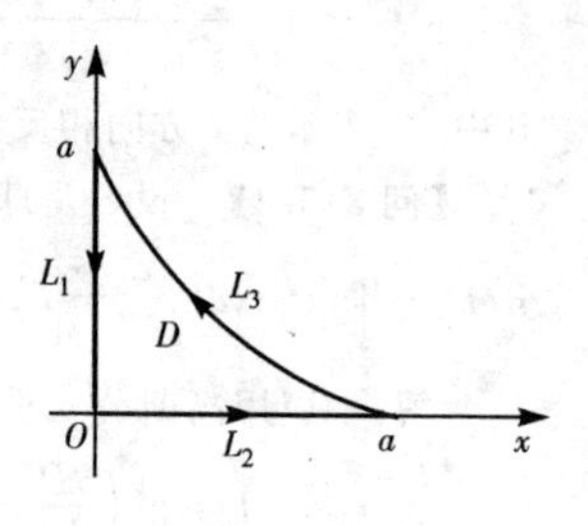

图 8-12

$$\bar{x}=\frac{\iint\limits_D x\,\mathrm{d}\sigma}{\iint\limits_D \mathrm{d}\sigma}$$

由格林公式,得

$$\begin{aligned}\iint\limits_D x\,\mathrm{d}\sigma &= \frac{1}{2}\oint_L x^2\,\mathrm{d}y \\ &= \frac{1}{2}\left[\int_{L_1} x^2\,\mathrm{d}y+\int_{L_2} x^2\,\mathrm{d}y+\int_{L_3} x^2\,\mathrm{d}y\right] \\ &= \frac{1}{2}\int_{L_3} x^2\,\mathrm{d}y=\frac{1}{2}\int_0^{\frac{\pi}{2}} a^2\cos^6 t\cdot 3a\sin^2 t\cos t\,\mathrm{d}t \\ &= \frac{3}{2}a^3\int_0^{\frac{\pi}{2}}(\cos^7 t-\cos^9 t)\,\mathrm{d}t \\ &= \frac{3}{2}a^3\left(\frac{2\cdot 4\cdot 6}{3\cdot 5\cdot 7}-\frac{2\cdot 4\cdot 6\cdot 8}{3\cdot 5\cdot 7\cdot 9}\right)=\frac{8a^3}{105}\end{aligned}$$

$$\begin{aligned}\iint\limits_D \mathrm{d}\sigma &= \oint_L x\,\mathrm{d}y=\int_{L_1} x\mathrm{d}y+\int_{L_2} x\mathrm{d}y+\int_{L_3} x\mathrm{d}y=\int_{L_3} x\mathrm{d}y \\ &= \int_0^{\frac{\pi}{2}} a\cos^3 t\cdot 3a\sin^2 t\cos t\,\mathrm{d}t=3a^2\int_0^{\frac{\pi}{2}}(\cos^4 t-\cos^6 t)\,\mathrm{d}t \\ &= 3a^2\left(\frac{1\cdot 3}{2\cdot 4}\cdot\frac{\pi}{2}-\frac{1\cdot 3\cdot 5}{2\cdot 4\cdot 6}\cdot\frac{\pi}{2}\right)=\frac{3}{32}\pi a^2\end{aligned}$$

故 $\bar{x}=\frac{8a^3}{105}\Big/\frac{3\pi a^2}{32}=\frac{256a}{315\pi}$,质心为$\left(\frac{256a}{315\pi},\frac{256a}{315\pi}\right)$.

例题解析

【例 8-3-1】 利用格林公式计算曲线积分$\int_L(12xy-\cos y)\mathrm{d}x+(x\sin y-y^3)\mathrm{d}y$,其中 L 是由 $O(0,0)$ 经 $y=\sin x$ 到 $A(2\pi,0)$ 的弧段.

解 $\frac{\partial Q}{\partial x}-\frac{\partial P}{\partial y}=\sin y-12x-\sin y=-12x$

由于L不是闭合曲线，补上线段$\overline{ABO}$，此时L与$\overline{ABO}$构成两个区域，分别记为D_1,D_2，并将L分为L_1和L_2两段(图8-13)，则

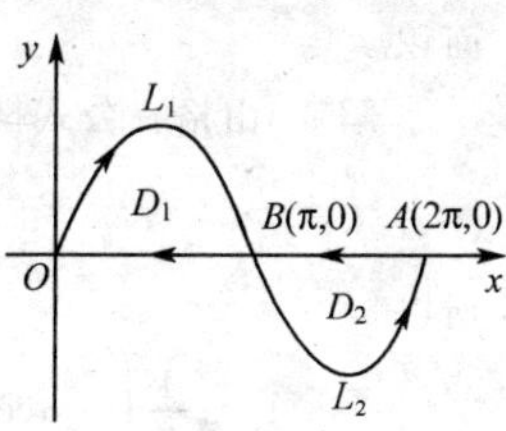

图 8-13

$$\int_L (12xy-\cos y)\mathrm{d}x+(x\sin y-y^3)\mathrm{d}y$$

$$=\int_{L_1+\overline{BO}} (12xy-\cos y)\mathrm{d}x+(x\sin y-y^3)\mathrm{d}y$$

$$+\int_{L_2+\overline{AB}} (12xy-\cos y)\mathrm{d}x+(x\sin y-y^3)\mathrm{d}y$$

$$-\int_{\overline{ABO}} (12xy-\cos y)\mathrm{d}x+(x\sin y-y^3)\mathrm{d}y$$

$$=-\iint_{D_1}(-12x)\mathrm{d}x\mathrm{d}y+\iint_{D_2}(-12x)\mathrm{d}x\mathrm{d}y-\int_{2\pi}^{0}(-1)\mathrm{d}x$$

$$=12\int_0^{\pi}\mathrm{d}x\int_0^{\sin x}x\mathrm{d}y-12\int_{\pi}^{2\pi}\mathrm{d}x\int_{\sin x}^{0}x\mathrm{d}y-2\pi=-26\pi$$

【例8-3-2】　设平面区域$D=\{(x,y)\mid x^2+y^2\leqslant 1,x\geqslant 0,y\geqslant 0\}$，$L$为$D$的正向边界，证明：

(1)$\oint_L xe^{\sin y}\mathrm{d}y-ye^{-\sin x}\mathrm{d}x=\oint_L xe^{-\sin y}\mathrm{d}y-ye^{\sin x}\mathrm{d}x$

(2)$\oint_L xe^{\sin y}\mathrm{d}y-ye^{-\sin x}\mathrm{d}x\geqslant\frac{1}{2}\pi$

分析　由于曲线积分满足格林公式条件，故可将曲线积分化为D上的二重积分.

解　(1) $\oint_L xe^{\sin y}\mathrm{d}y-ye^{-\sin x}\mathrm{d}x=\iint_D(e^{\sin y}+e^{-\sin x})\mathrm{d}\sigma$

$$\oint_L xe^{-\sin y}\mathrm{d}y-ye^{\sin x}\mathrm{d}x=\iint_D(e^{-\sin y}+e^{\sin x})\mathrm{d}\sigma$$

因为D关于直线$y=x$对称，所以

$$\iint_D(e^{\sin y}+e^{-\sin x})\mathrm{d}\sigma=\iint_D(e^{-\sin y}+e^{\sin x})\mathrm{d}\sigma$$

故得证.

(2) 由(1)知

$$\oint_L xe^{\sin y}\mathrm{d}y-ye^{-\sin x}\mathrm{d}x=\iint_D(e^{\sin y}+e^{-\sin x})\mathrm{d}\sigma=\iint_D(e^{\sin x}+e^{-\sin x})\mathrm{d}\sigma$$

$$\geqslant\iint_D 2\mathrm{d}\sigma=2\cdot\frac{1}{4}\pi\cdot 1^2=\frac{1}{2}\pi$$

【例8-3-3】　利用曲线积分，求星形线$x=a\cos^3 t,y=a\sin^3 t$所围成的图形

面积.

解 由格林公式推导出的封闭曲线的面积公式为

$$A=\frac{1}{2}\oint_L x\mathrm{d}y-y\mathrm{d}x$$

所以

$$\begin{aligned}A&=\frac{1}{2}\int_0^{2\pi}[a\cos^3 t\cdot 3a\sin^2 t\cos t-a\sin^3 t(-3a\cos^2 t\sin t)]\mathrm{d}t\\&=\frac{3}{2}a^2\int_0^{2\pi}\sin^2 t\cos^2 t\mathrm{d}t\\&=\frac{3}{8}a^2\int_0^{2\pi}\sin^2 2t\mathrm{d}t=\frac{3}{8}a^2\int_0^{2\pi}\frac{1-\cos 4t}{2}\mathrm{d}t\\&=\frac{3}{16}a^2\left(t-\frac{1}{4}\sin 4t\right)\Big|_0^{2\pi}=\frac{3}{8}\pi a^2\end{aligned}$$

【例 8-3-4】 计算曲面积分 $I=\iint\limits_S xz\mathrm{d}y\mathrm{d}z-\sin x\mathrm{d}x\mathrm{d}y$,其中曲面 S 是 $z=x^2+y^2(0\leqslant z\leqslant 1)$ 的下侧.

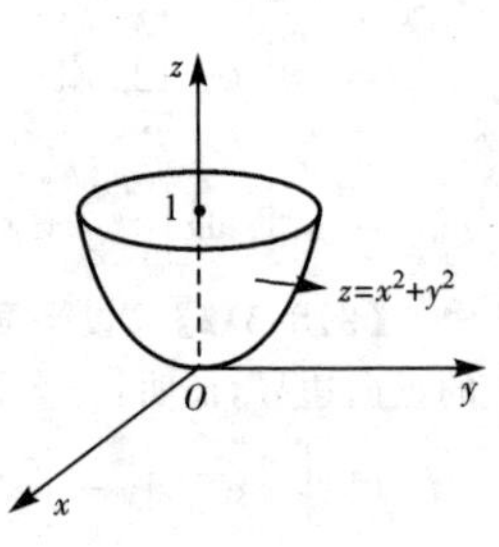

图 8-14

分析 考虑到 $\dfrac{\partial P}{\partial x}+\dfrac{\partial Q}{\partial y}+\dfrac{\partial R}{\partial z}=z$ 较简单,可加一平面区域构成闭曲面,间接应用高斯公式.

解 设 $S_1:z=1(x^2+y^2\leqslant 1)$ 取上侧(图 8-14),则应用高斯公式有

$$\begin{aligned}I&=\oiint\limits_{S+S_1}xz\mathrm{d}y\mathrm{d}z-\sin x\mathrm{d}x\mathrm{d}y-\iint\limits_{S_1}xz\mathrm{d}y\mathrm{d}z-\sin x\mathrm{d}x\mathrm{d}y\\&=\iiint\limits_V z\mathrm{d}V-\iint\limits_{x^2+y^2\leqslant 1}(-\sin x)\mathrm{d}x\mathrm{d}y\end{aligned}$$

又 $\sin x$ 关于 x 是奇函数,$x^2+y^2\leqslant 1$ 关于 y 轴对称.

故 $\iint\limits_{x^2+y^2\leqslant 1}\sin x\mathrm{d}x\mathrm{d}y=0$,所以,利用柱面坐标有

$$I=\iiint\limits_V z\mathrm{d}V=\int_0^{2\pi}\mathrm{d}\theta\int_0^1 r\mathrm{d}r\int_{r^2}^1 z\mathrm{d}z=2\pi\cdot\frac{1}{2}\int_0^1 r(1-r^4)\mathrm{d}r=\frac{\pi}{3}$$

【例 8-3-5】 计算曲面积分 $I=\iint\limits_S x^2\mathrm{d}y\mathrm{d}z+y^2\mathrm{d}z\mathrm{d}x+z^2\mathrm{d}x\mathrm{d}y$,其中 S 为球面 $(x-a)^2+(y-b)^2+(z-c)^2=R^2$ 的外侧.

解 曲面 S 的参数方程为:

$$\begin{cases}x=a+\rho\sin\varphi\cos\theta\\y=b+\rho\sin\varphi\sin\theta\\z=c+\rho\cos\varphi\end{cases}$$

利用高斯公式,有

$$I = 2\iiint_V (x+y+z)\mathrm{d}V$$

$$= 2\int_0^{2\pi}\mathrm{d}\theta\int_0^{\pi}\sin\varphi\mathrm{d}\varphi\int_0^R[(a+b+c)+\rho\sin\varphi\cos\theta+\rho\sin\varphi\sin\theta+\rho\cos\varphi]\rho^2\mathrm{d}\rho$$

$$= 2\int_0^{2\pi}\mathrm{d}\theta\int_0^{\pi}\sin\varphi\mathrm{d}\varphi\int_0^R(a+b+c)\rho^2\mathrm{d}\rho$$

$$= 2\theta\Big|_0^{2\pi}\cdot(-\cos\varphi)\Big|_0^{\pi}\cdot(a+b+c)\frac{\rho^3}{3}\Big|_0^R$$

$$= \frac{8}{3}\pi R^3(a+b+c)$$

【例 8-3-6】　计算曲线积分

$$\oint_L (z-y)\mathrm{d}x+(x-z)\mathrm{d}y+(x-y)\mathrm{d}z$$

其中 L 是曲线
$$\begin{cases}x^2+y^2=1\\x-y+z=2\end{cases}$$
从 z 轴正向往负向看,L 的方向是顺时针.

分析　本题属于空间曲线积分且 L 为封闭曲线,故有两种方法.第一种是由斯托克斯公式将曲线积分转化为曲面积分;第二种是将曲线 L 用参数方程表示.

解法 1　设在平面 $x-y+z=2$ 上由曲线 L 所围成的有向曲面记为 S,取下侧,则 S 在 xOy 面上的投影域 $D_{xy}=x^2+y^2\leqslant 1$.

令 $P(x,y,z)=z-y, Q(x,y,z)=x-z, R(x,y,z)=x-y$. 根据斯托克斯公式,有

$$\text{原式}=\iint_S\begin{vmatrix}\mathrm{d}y\mathrm{d}z & \mathrm{d}z\mathrm{d}x & \mathrm{d}x\mathrm{d}y\\ \dfrac{\partial}{\partial x} & \dfrac{\partial}{\partial y} & \dfrac{\partial}{\partial z}\\ z-y & x-z & x-y\end{vmatrix}$$

$$=\iint_S 2\mathrm{d}x\mathrm{d}y=-2\iint_{D_{xy}}\mathrm{d}x\mathrm{d}y=-2\pi$$

解法 2　将 L 写成参数方程式形式 $\begin{cases}x=\cos\theta\\y=\sin\theta\\z=2-\cos\theta+\sin\theta\end{cases}$,$\theta$ 由 2π 变到 0.

于是原式 $=\int_{2\pi}^0[-2(\sin\theta+\cos\theta)+4\cos^2\theta-1]\mathrm{d}\theta=-2\pi$

【例 8-3-7】　计算曲线积分 $\oint_L (y^2-z^2)\mathrm{d}x+(z^2-x^2)\mathrm{d}y+(x^2-y^2)\mathrm{d}z$,其中 L 是平面 $x+y+z=\frac{3}{2}$ 截立方体 $V=\{(x,y,z)\mid 0\leqslant x\leqslant 1, 0\leqslant y\leqslant 1, 0\leqslant$

$z \leqslant 1\}$ 的表面所得的截痕，如果从 x 轴正向看去，L 取逆时针方向(图 8-15).

分析　如果直接作曲线积分，需要在 6 条路径上进行，显然较麻烦，由于 L 在平面 $x+y+z=\dfrac{3}{2}$，上，故可考虑用斯托克斯公式计算.

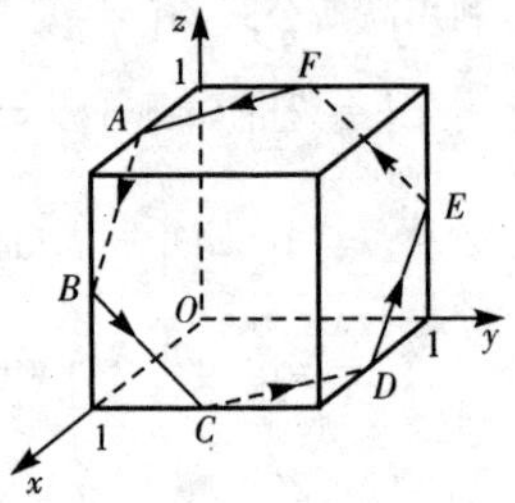

解　平面 $x+y+z=\dfrac{3}{2}$ 的法向量可取做 $\boldsymbol{n}=(1,1,1)$，故其方向余弦

$$\cos\alpha=\cos\beta=\cos\gamma=\frac{1}{\sqrt{3}}$$

图 8-15

又正六边形 $ABCDEF$ 的面积 $S=6\cdot\dfrac{1}{2}\left(\dfrac{\sqrt{2}}{2}\right)^2\sin\dfrac{\pi}{3}=\dfrac{3\sqrt{3}}{4}$，由斯托克斯公式，得

$$\oint_L(y^2-z^2)\mathrm{d}x+(z^2-x^2)\mathrm{d}y+(x^2-y^2)\mathrm{d}z$$

$$=\iint_S\begin{vmatrix}\cos\alpha & \cos\beta & \cos\gamma\\ \dfrac{\partial}{\partial x} & \dfrac{\partial}{\partial y} & \dfrac{\partial}{\partial z}\\ y^2-z^2 & z^2-x^2 & x^2-y^2\end{vmatrix}\mathrm{d}S$$

$$=-\frac{4}{\sqrt{3}}\iint_S(x+y+z)\mathrm{d}S=-\frac{4}{\sqrt{3}}\cdot\frac{3}{2}S=-\frac{9}{2}$$

习题精解

1. 利用格林公式，计算下列曲线积分：

(2)　$\oint_L(x^2y\cos x+2xy\sin x-y^2\mathrm{e}^x)\mathrm{d}x+(x^2\sin x-2y\mathrm{e}^x)\mathrm{d}y$，其中 L 为正向星形线 $x^{2/3}+y^{2/3}=a^{2/3}(a>0)$.

解　(2) 由格林公式，有

$$原式=\iint_D(2x\sin x+x^2\cos x-2y\mathrm{e}^x-x^2\cos x-2x\sin x+2y\mathrm{e}^x)\mathrm{d}x\mathrm{d}y=0$$

4. 利用格林公式，计算曲线积分 $\oint_L(x^3+2y)\mathrm{d}x+(4x-3y^2)\mathrm{d}y$，$L$：椭圆 $\dfrac{x^2}{a^2}+\dfrac{y^2}{b^2}=1$ 正向闭路.

解　由格林公式，有

$$原式=\iint_D(4-2)\mathrm{d}x\mathrm{d}y=2\iint_D\mathrm{d}x\mathrm{d}y=2S$$

其中 S 为椭圆$\frac{x^2}{a^2}+\frac{y^2}{b^2}=1$的面积，根据教材本节例 8-11 可知 $S=\pi ab$，所以原式 $=2\pi ab$.

5. 计算曲线积分$\int_L(e^x\sin y-my)dx+(e^x\cos y-m)dy$，其中 L 是从点$(a,0)$经上半圆周 $y=\sqrt{ax-x^2}\ (a>0)$ 到点$(0,0)$的一段弧.

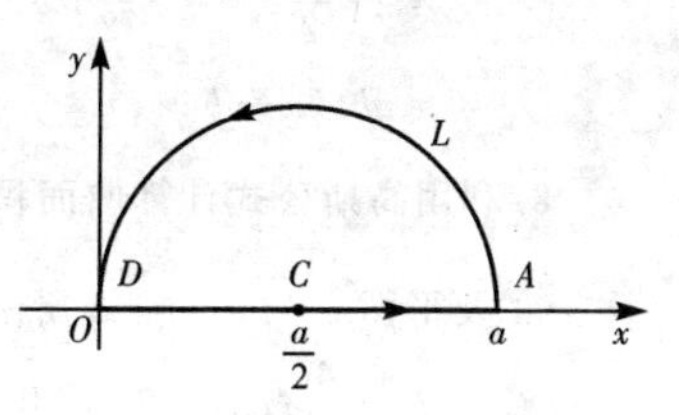

图 8-16

解　作线段 C（图 8-16 中的$\overline{OA}$），则

$$\text{原式}=\oint_{L+C}(e^x\sin y-my)dx+(e^x\cos y-m)dy-\int_C(e^x\sin y-my)dx+(e^x\cos y-m)dy$$

$$=\iint_D(e^x\cos y-e^x\cos y+m)dxdy-\int_0^a 0dx$$

$$=m\iint_D dxdy=\frac{1}{8}\pi ma^2$$

6. 利用高斯公式计算下列曲面积分：

(2) $I=\oiint_S 4xz\,dydz-y^2dzdx+yz\,dxdy$，其中 S 是平面 $x=0,y=0,z=0,x=1,y=1,z=1$ 所围成的立体的整个表面，取外侧.

(3) $I=\oiint_S x\,dydz+y\,dzdx+z\,dxdy$，其中 S 界于 $z=0$ 和 $z=3$ 之间的圆柱体 $x^2+y^2\leqslant 9$ 的整个表面的外侧.

(4) $I=\oiint_S x^2dydz+y^2dzdx+z^2dxdy$，其中 S 为长方体 $V=\{(x,y,z)\mid 0\leqslant x\leqslant a,0\leqslant y\leqslant b,0\leqslant z\leqslant c\}$ 整个表面的外侧.

解　(2)
$$I=\iiint_V(4z-2y+y)dV=\int_0^1dz\int_0^1(4z-y)dy\int_0^1dx$$
$$=\int_0^1(4z-\frac{1}{2})dz=2-\frac{1}{2}=\frac{3}{2}$$

(3)
$$I=\iiint_V 3dxdydz=3\cdot\pi\cdot 3^2\cdot 3=81\pi$$

(4)
$$I=\iiint_V(2x+2y+2z)dV=2\int_0^a dx\int_0^b dy\int_0^c(x+y+z)dz$$
$$=2\int_0^a dx\int_0^b\left[(x+y)c+\frac{1}{2}c^2\right]dy$$
$$=2\int_0^a\left(cxy+\frac{1}{2}cy^2+\frac{1}{2}c^2y\right)\Big|_0^b dx$$

$$= 2\int_0^a \left(cxb + \frac{1}{2}cb^2 + \frac{1}{2}c^2 b\right)\mathrm{d}x$$

$$= 2\left(\frac{1}{2}bcx^2 + \frac{1}{2}cb^2 x + \frac{1}{2}c^2 bx\right)\Big|_0^a$$

$$= abc(a + b + c)$$

8. 利用高斯公式计算曲面积分$\oiint\limits_S (x-y)\mathrm{d}x\mathrm{d}y + xz\mathrm{d}y\mathrm{d}z$,其中$S$是柱面$x^2 + y^2 = 1$及平面$z = 0, z = 3$所围成的空间闭区域的整个边界曲面的外侧.

解 $I = \iiint\limits_V z\mathrm{d}x\mathrm{d}y\mathrm{d}z = \iint\limits_{D_{xy}} \mathrm{d}x\mathrm{d}y\int_0^3 z\mathrm{d}z = \frac{9}{2}\iint\limits_{D_{xy}} \mathrm{d}x\mathrm{d}y = \frac{9}{2}\pi$

9. 利用高斯公式计算曲面积分

$$\iint\limits_S x\mathrm{d}y\mathrm{d}z + y\mathrm{d}z\mathrm{d}x + z\mathrm{d}x\mathrm{d}y$$

其中S为椭球面$\frac{x^2}{a^2} + \frac{y^2}{b^2} + \frac{z^2}{c^2} = 1$的下半部分下侧(图 8-17).

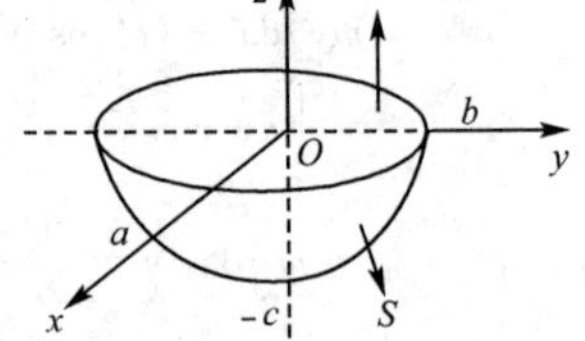

图 8-17

解 补平面S_1:xOy面,取上侧.

$$原式 = \iint\limits_{S+S_1} x\mathrm{d}y\mathrm{d}z + y\mathrm{d}z\mathrm{d}x + z\mathrm{d}x\mathrm{d}y - \iint\limits_{S_1} x\mathrm{d}y\mathrm{d}z + y\mathrm{d}z\mathrm{d}x + z\mathrm{d}x\mathrm{d}y$$

$$= \iiint\limits_V (1+1+1)\mathrm{d}V - 0$$

$$= 3\iiint\limits_V \mathrm{d}V$$

$$= 3\int_{-c}^0 \pi ab\left(1 - \frac{z^2}{c^2}\right)\mathrm{d}z$$

$$= \frac{3\pi ab}{c^2}\int_0^{-c} (c^2 - z^2)\mathrm{d}z$$

$$= \frac{3\pi ab}{c^2}\left(c^2 z - \frac{1}{3}z^3\right)\Big|_0^{-c}$$

$$= \frac{3\pi ab}{c^2} \cdot \frac{2}{3}c^3$$

$$= 2\pi abc$$

10. 计算曲面积分$\iint\limits_S \frac{ax\mathrm{d}y\mathrm{d}z + (z+a)^2\mathrm{d}x\mathrm{d}y}{(x^2+y^2+z^2)^{1/2}}$,其中$S$是下半球面$z = -\sqrt{a^2 - x^2 - y^2}$的上侧,$a$为大于零的常数.

解 由于S上的点满足$x^2 + y^2 + z^2 = a^2$,因此

$$\iint_S \frac{ax\mathrm{d}y\mathrm{d}z+(z+a)^2\mathrm{d}x\mathrm{d}y}{(x^2+y^2+z^2)^{1/2}}$$
$$=\frac{1}{a}\iint_S ax\mathrm{d}y\mathrm{d}z+(z+a)^2\mathrm{d}x\mathrm{d}y$$

补平面片 $S_1: z=0(x^2+y^2\leqslant a^2)$，方向取下侧，则有

$$原式=\frac{1}{a}\oiint_{S+S_1} ax\mathrm{d}y\mathrm{d}z+(z+a)^2\mathrm{d}x\mathrm{d}y-\frac{1}{a}\iint_{S_1} ax\mathrm{d}y\mathrm{d}z+(z+a)^2\mathrm{d}x\mathrm{d}y$$
$$=-\frac{1}{a}\iiint_V(a+2z+2a)\mathrm{d}V+\frac{1}{a}\iint_{x^2+y^2\leqslant a^2} a^2\mathrm{d}x\mathrm{d}y$$
$$=-\frac{3}{2}\pi a^3+\pi a^3=-\frac{\pi}{2}a^3$$

第四节　平面曲线积分与路径无关的条件

内容提要

1. 平面曲线积分与路径无关是一个重要概念，它的物理背景是保守场（如重力场）的特征在数学上的反映.

2. 设平面区域 D 是一个单连通域，函数 $P(x,y)$ 和 $Q(x,y)$ 在 D 内有一阶连续偏导数，则$\oint_L P\mathrm{d}x+Q\mathrm{d}y$ 的值在 D 内与路径无关（只与起点，终点有关）（或沿 D 内任意闭曲线的曲线积分为零）的充要条件是$\frac{\partial Q}{\partial x}=\frac{\partial P}{\partial y}$ 在 D 内处处成立.

释疑解惑

【问 8-4-1】　设函数 $f(x)$ 在 $(-\infty,+\infty)$ 内具有一阶连续导数，L 是上半平面 $(y>0)$ 内的有向分段光滑曲线，其起点为 (a,b)，终点为 (c,d)，记

$$I=\int_L \frac{1}{y}[1+y^2f(xy)]\mathrm{d}x+\frac{x}{y^2}[y^2f(xy)-1]\mathrm{d}y$$

(1) 证明：曲线积分 I 与路径 L 无关.

(2) 问当 a、b、c、d 满足何种关系时，I 的值为$\frac{c}{d}-\frac{a}{b}$.

(1) **证明**　因为上半平面 $D(y>0)$ 是单连通区域，令 $P(x,y)=\frac{1}{y}[1+y^2f(xy)]$，$Q(x,y)=\frac{x}{y^2}[y^2f(xy)-1]$，则 $P(x,y)$，$Q(x,y)$ 在 D 上均具有一阶连续偏导数. 且$\frac{\partial P}{\partial y}=f(xy)-\frac{1}{y^2}+xyf'(xy)=\frac{\partial Q}{\partial x}$在 D 内恒成立. 故在上半平面 $(y>0)$ D 内曲线积分 I 与路径无关.

(2) **解** 选取积分路径 L 为由 (a,b) 经 (c,b) 到点 (c,d) 的折线,则

$$I=\int_a^c \frac{1}{b}[1+b^2f(bx)]\mathrm{d}x+\int_b^d \frac{c}{y^2}[y^2f(cy)-1]\mathrm{d}y$$
$$=\frac{c-a}{b}+\int_a^c bf(bx)\mathrm{d}x+\int_b^d cf(cy)\mathrm{d}y+\frac{c}{d}-\frac{c}{b}$$
$$=\frac{c}{d}-\frac{a}{b}+\int_{ab}^{bc}f(t)\mathrm{d}t+\int_{bc}^{cd}f(t)\mathrm{d}t$$
$$=\frac{c}{d}-\frac{a}{b}+\int_{ab}^{cd}f(t)\mathrm{d}t$$

要使 $I=\frac{c}{d}-\frac{a}{b}$,此时 $\int_{ab}^{cd}f(t)\mathrm{d}t=0$,只需 $ab=cd$ 即可.

例题解析

【例 8-4-1】 计算 $I=\int_L(x^2+2xy)\mathrm{d}x+(x^2+y^4)\mathrm{d}y$,其中 L 为由点 $O(0,0)$ 到点 $B(1,1)$ 的曲线 $y=\sin\frac{\pi}{2}x$.

分析 这是一道第二类曲线积分的题目,它的基本方法是转化为定积分.由于积分曲线的参数方程是正弦函数,考虑到被积函数的特点,曲线积分化为定积分后不是很容易求出结果.若记 $P(x,y)=x^2+2xy$,$Q(x,y)=x^2+y^4$,则 $P(x,y)$,$Q(x,y)$ 在整个平面上具有一阶连续偏导数,且 $\frac{\partial P}{\partial y}=\frac{\partial Q}{\partial x}$ 在整个实平面上处处成立.故该曲线积分与路径无关,只依赖积分曲线的起点和终点.因此选择一条特殊的曲线 $y=x$,起点为 $O(0,0)$,终点为 $B(1,1)$.

解 记 $P(x,y)=x^2+2xy$,$Q(x,y)=x^2+y^4$,由于 $\frac{\partial P}{\partial y}=2x=\frac{\partial Q}{\partial x}$,故曲线积分 $I=\int_L(x^2+2xy)\mathrm{d}x+(x^2+y^4)\mathrm{d}y$ 与路径无关,取路径 $y=x$,其中 x 从 0 到 1,则

$$I=\int_L(x^2+2xy)\mathrm{d}x+(x^2+y^4)\mathrm{d}y$$
$$=\int_0^1(x^2+2x\cdot x)\mathrm{d}x+(x^2+x^4)\mathrm{d}x$$
$$=\frac{4}{3}+\frac{1}{5}=\frac{23}{15}$$

【例 8-4-2】 设 $f(u)$ 有连续导数,且 $\int_0^4 f(u)\mathrm{d}u=a\neq 0$,$L$ 为半圆周 $y=\sqrt{2x-x^2}$,起点为 $O(0,0)$,终点为 $B(2,0)$.计算 $I=\int_L f(x^2+y^2)(x\mathrm{d}x+y\mathrm{d}y)$.

解 $P=xf(x^2+y^2)$,$Q=yf(x^2+y^2)$

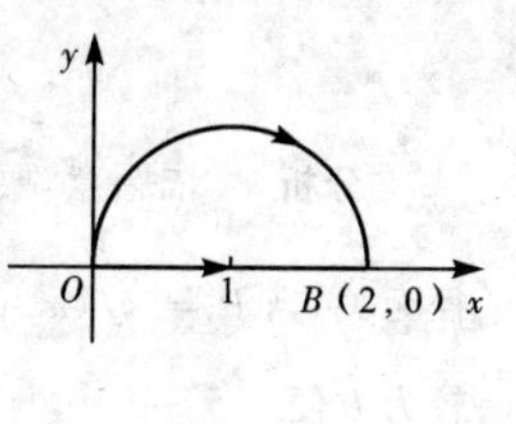

图 8-18

由$\dfrac{\partial Q}{\partial x}=\dfrac{\partial P}{\partial y}=2xyf'(x^2+y^2)$知，积分与路径无关，选择直线段路径$\overline{OB}$：$\begin{cases}x=x\\y=0\end{cases}$（图 8-18），

则
$$I=\int_{\overline{OB}}f(x^2+y^2)(x\mathrm{d}x+y\mathrm{d}y)$$
$$=\int_0^2 f(x^2)x\mathrm{d}x$$
$$\xlongequal{x^2=u}\int_0^4\frac{1}{2}f(u)\mathrm{d}u=\frac{a}{2}$$

【例 8-4-3】　计算曲线积分 $I=\int_L\dfrac{x\mathrm{d}y-y\mathrm{d}x}{x^2+y^2}$，其中 L 是从点 $A(1,1)$ 沿直线至点 $B(-1,0)$，再沿星形线 $x^{\frac{2}{3}}+y^{\frac{2}{3}}=1$ 经点 $E(0,-1)$ 至点 $C(1,0)$.

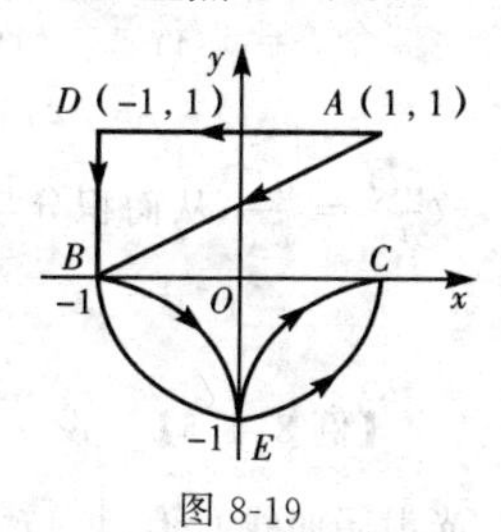

图 8-19

解法 1　由$\dfrac{\partial Q}{\partial x}=\dfrac{y^2-x^2}{(x^2+y^2)^2}=\dfrac{\partial P}{\partial y}$知

在不含(0,0)的区域内，积分与路径无关.

取积分路径$\overline{AD}$，$\overline{DB}$，$\overset{\frown}{BEC}$（图 8-19）

$\overline{AD}$：$\begin{cases}x=x\\y=1\end{cases}$，$\overline{DB}$：$\begin{cases}x=-1\\y=y\end{cases}$，

$\overset{\frown}{BEC}$：$\begin{cases}x=\cos t\\y=\sin t\end{cases}$，$(\pi\leqslant t\leqslant 2\pi)$

则 $I=\int_1^{-1}\dfrac{-\mathrm{d}x}{1+x^2}+\int_1^0\dfrac{-\mathrm{d}y}{1+y^2}+\int_\pi^{2\pi}(\cos^2 t+\sin^2 t)\mathrm{d}t$

$=-\left(-\dfrac{\pi}{4}-\dfrac{\pi}{4}\right)-\left(0-\dfrac{\pi}{4}\right)+2\pi-\pi=\dfrac{7\pi}{4}$

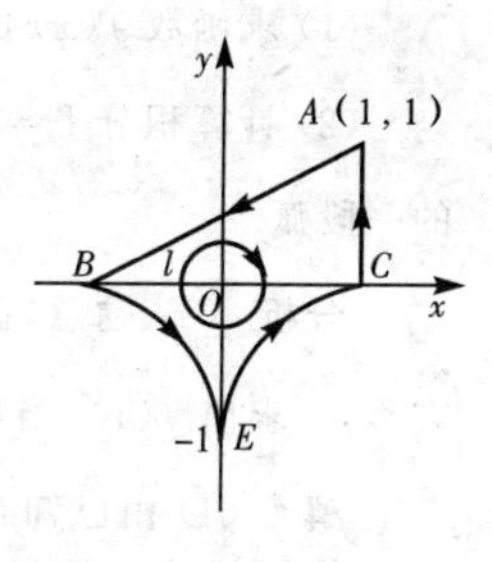

图 8-20

解法 2　连接$\overline{CA}$，（图 8-20）作半径为 δ 的小圆 l：$x^2+y^2=\delta^2$（δ 充分小）使小圆与原路径不相交，由格林公式

$$\oint_{\overline{ABECA}+l}=\iint_D\left(\frac{\partial Q}{\partial x}-\frac{\partial P}{\partial y}\right)\mathrm{d}x\mathrm{d}y=\iint_D 0\mathrm{d}x\mathrm{d}y=0$$

故　$\int_L\dfrac{x\mathrm{d}y-y\mathrm{d}x}{x^2+y^2}=\oint_{l^-}-\int_{\overline{CA}}$

$$=\int_0^{2\pi}\frac{\delta^2}{\delta^2}\mathrm{d}t-\int_0^1\frac{\mathrm{d}y}{1+y^2}=2\pi-\frac{\pi}{4}=\frac{7\pi}{4}$$

其中 l^- 表示逆时针方向，$\overline{CA}$：$\begin{cases}x=1\\y=y\end{cases}$

【例 8-4-4】　设在 $D=\{(x,y)\mid y>0\}$ 内，$f(x,y)$ 有连续偏导数，且对任意 $t>0$，有 $f(tx,ty)=t^{-2}f(x,y)$，证明：对 D 内任意分段光滑的有向简单闭曲线 L，都有

$$\oint_L yf(x,y)\mathrm{d}x - xf(x,y)\mathrm{d}y = 0$$

分析　依题意,要证 $\oint_L yf(x,y)\mathrm{d}x - xf(x,y)\mathrm{d}y = 0$,只要证积分与路径无关,当 $P = yf(x,y), Q = -xf(x,y)$ 有连续偏导数时,利用$\frac{\partial Q}{\partial x} = \frac{\partial P}{\partial y}$ 证明较为方便.

证明　$\frac{\partial Q}{\partial x} - \frac{\partial P}{\partial y} = \frac{\partial}{\partial x}(-xf(x,y)) - \frac{\partial}{\partial y}(yf(x,y))$

$= -[2f(x,y) + yf'_2(x,y) + xf'_1(x,y)]$

由已知 $f(tx,ty) = t^{-2}f(x,y), t > 0$

两边对 t 求导得

$$xf'_1(tx,ty) + yf'_2(tx,ty) = -2t^{-3}f(x,y)$$

令 $t = 1$,得　$xf'_1(x,y) + yf'_2(x,y) = -2f(x,y)$

即　$$2f(x,y) + yf'_2(x,y) + xf'_1(x,y) = 0$$

故$\frac{\partial Q}{\partial x} = \frac{\partial P}{\partial y}$,从而积分与路径无关,即有

$$\oint_L yf(x,y)\mathrm{d}x - xf(x,y)\mathrm{d}y = 0$$

【例 8-4-5】　设 $x > 0$ 时 $f(x)$ 可微,且 $f(1) = 2$,对半平面 $x > 0$ 内任何光滑闭曲线 C 有:$\oint_C 4x^3 y\mathrm{d}x + xf(x)\mathrm{d}y = 0$.

(1) 求函数 $f(x)$ 的表达式;

(2) 计算积分 $I = \int_l 4x^3 y\mathrm{d}x + xf(x)\mathrm{d}y$,其中 l 是从点 $A(1,0)$ 到点 $B(2,3)$ 的一段弧.

分析　依题意,积分与路径无关,从而有$\frac{\partial Q}{\partial x} = \frac{\partial P}{\partial y}$,得到关于 $f(x)$ 的微分方程,可求出 $f(x)$;当积分与路径无关时,积分 I 可选择简单路径计算.

解　(1) 由已知有$\frac{\partial Q}{\partial x} = \frac{\partial P}{\partial y}$,即

$$4x^3 = xf'(x) + f(x)$$

$f'(x) + \frac{1}{x}f(x) = 4x^2$ 为一阶线性微分方程,可求得其通解

$$f(x) = \mathrm{e}^{-\int\frac{1}{x}\mathrm{d}x}\left[\int 4x^2 \cdot \mathrm{e}^{\int\frac{1}{x}\mathrm{d}x}\mathrm{d}x + c\right]$$

$$= x^3 + \frac{c}{x}$$

由 $f(1) = 2$,得 $c = 1$,所以,$f(x) = x^3 + \frac{1}{x}$

(2) 选择折线：$\overline{AC}$：$\begin{cases} x = x \\ y = 0 \end{cases}$，$\overline{CB}$：$\begin{cases} x = 2 \\ y = y \end{cases}$（图 8-21），则

$$I = \int_1^2 0 \cdot \mathrm{d}x + \int_0^3 2 \cdot \left(2^3 + \frac{1}{2}\right)\mathrm{d}y = 51$$

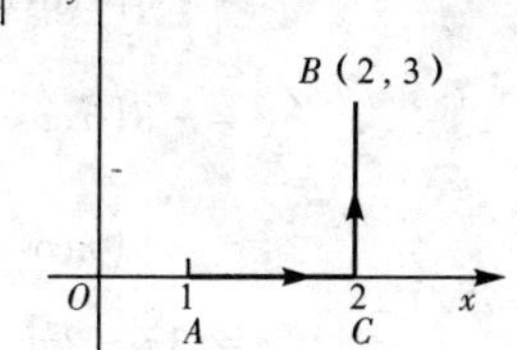

图 8-21

习题精解

1. 验证下列曲线积分在 xOy 平面内与路径无关，并计算积分值：

(4) $\displaystyle\int_{(-1,0)}^{(0,1)} \mathrm{e}^x[\mathrm{e}^y(x-y+2)+y]\mathrm{d}x + \mathrm{e}^x[\mathrm{e}^y(x-y)+1]\mathrm{d}y$

解　(4) 由于 $\dfrac{\partial Q}{\partial x} = \mathrm{e}^x[\mathrm{e}^y(x-y)+1] + \mathrm{e}^x \cdot \mathrm{e}^y$

$$\begin{aligned}\frac{\partial P}{\partial y} &= \mathrm{e}^x[\mathrm{e}^y(x-y+2) - \mathrm{e}^y + 1] \\ &= \mathrm{e}^x[\mathrm{e}^y(x-y)+1] + \mathrm{e}^x \cdot \mathrm{e}^y\end{aligned}$$

即 $\dfrac{\partial Q}{\partial x} = \dfrac{\partial P}{\partial y}$，所以积分与路径无关.

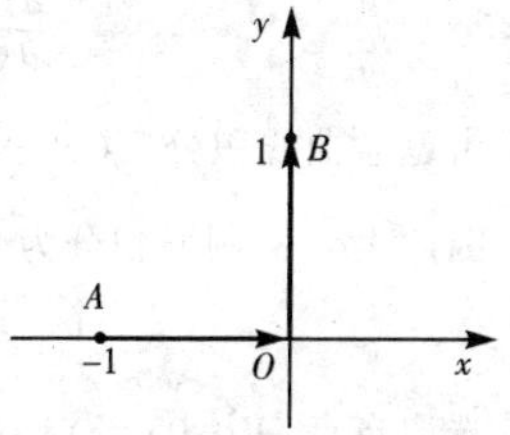

图 8-22

取如图 8-22 所示折线 AOB 为积分路径，得

$$\begin{aligned}I &= \int_{-1}^0 (x\mathrm{e}^x + 2\mathrm{e}^x)\mathrm{d}x + \int_0^1 (1 - y\mathrm{e}^y)\mathrm{d}y \\ &= 1 + 0 = 1\end{aligned}$$

2. 计算曲线积分 $I = \displaystyle\int_L (x^3 + \sin y)\mathrm{d}x + (x\cos y + y^2)\mathrm{d}y$，其中 L 从原点 $O(0,0)$ 沿曲线 $y = x^{3/2}$ 到点 $B(1,1)$.

解　由于 $\dfrac{\partial Q}{\partial x} = \cos y = \dfrac{\partial P}{\partial y}$，所以积分与路径无关. 选取从点 $O(0,0)$ 到点 $A(1,0)$，再到点 $B(1,1)$ 的折线为积分路径，则有

$$\begin{aligned}I &= \int_0^1 x^3\mathrm{d}x + \int_0^1 (\cos y + y^2)\mathrm{d}y \\ &= \frac{1}{4} + \sin 1 + \frac{1}{3} = \sin 1 + \frac{7}{12}\end{aligned}$$

3. 计算曲线积分 $I = \displaystyle\int_L (2xy + 3x\sin x)\mathrm{d}x + (x^2 - y\mathrm{e}^y)\mathrm{d}y$，其中 L 是从 $O(0,0)$ 沿摆线 $x = t - \sin t, y = 1 - \cos t$ 到点 $A(\pi, 2)$ 的一段弧.

解　由于 $\dfrac{\partial Q}{\partial x} = 2x = \dfrac{\partial P}{\partial y}$，所以积分与路径无关. 选取从 $O(0,0)$ 到点 $B(\pi,0)$，再到点 $A(\pi,2)$ 的折线为积分路径，则有

$$\int_0^\pi 3x\sin x\mathrm{d}x + \int_0^2 (\pi^2 - y\mathrm{e}^y)\mathrm{d}y$$

$$=-3\int_0^{\pi}x\mathrm{d}(\cos x)+2\pi^2-\int_0^2 y\mathrm{d}(\mathrm{e}^y)$$

$$=-3\left(x\cos x\Big|_0^{\pi}-\int_0^{\pi}\cos x\mathrm{d}x\right)+2\pi^2-\left(y\mathrm{e}^y\Big|_0^2-\int_0^2\mathrm{e}^y\mathrm{d}y\right)$$

$$=-3\left(\pi\cos\pi-\sin x\Big|_0^{\pi}\right)+2\pi^2-\left(2\mathrm{e}^2-\mathrm{e}^y\Big|_0^2\right)$$

$$=3\pi+2\pi^2-\mathrm{e}^2-1$$

4. 已知曲线积分$\int_L(x^4+4xy^3)\mathrm{d}x+(6x^{\lambda-1}y^2-5y^4)\mathrm{d}y$与路径无关,试确定常数$\lambda$的值,并计算积分值$\int_{(0,0)}^{(1,2)}(x^4+4xy^3)\mathrm{d}x+(6x^{\lambda-1}y^2-5y^4)\mathrm{d}y$.

解 令$P(x,y)=x^4+4xy^3$,$Q(x,y)=6x^{\lambda-1}y^2-5y^4$.则

$$\frac{\partial P}{\partial y}=12xy^2,\frac{\partial Q}{\partial x}=6y^2(\lambda-1)x^{\lambda-2}$$

由题意曲线积分$\int_L(x^4+4xy^3)\mathrm{d}x+(6x^{\lambda-1}y^2-5y^4)\mathrm{d}y$与路径无关,得$\frac{\partial P}{\partial y}=\frac{\partial Q}{\partial x}$.因此$\lambda=3$,则原积分为

$$\int_{(0,0)}^{(1,2)}(x^4+4xy^3)\mathrm{d}x+(6x^2y^2-5y^4)\mathrm{d}y$$

选取自点$O(0,0)$经点$B(1,0)$至点$A(1,2)$的折线段作为积分路径,则

$$I=\int_0^1 x^4\mathrm{d}x+\int_0^2(6y^2-5y^4)\mathrm{d}y=\frac{1}{5}x^5\Big|_0^1+(2y^3-y^5)\Big|_0^2=-\frac{79}{5}$$

第五节 场论简介

内容提要

1. 向量场的散度

向量场$\boldsymbol{A}=\boldsymbol{A}(M)$在点$M$处的散度是一个数量,它表示在点$M$处通量对体积的变化率,即"源头强度",其计算公式$\mathrm{div}\boldsymbol{A}=\frac{\partial P}{\partial x}+\frac{\partial Q}{\partial y}+\frac{\partial R}{\partial z}$.

高斯公式也可写做:$\iiint_V \mathrm{div}\boldsymbol{A}(M)\mathrm{d}V=\iint_S \boldsymbol{A}\cdot\mathbf{d}\boldsymbol{S}$

2. 向量场的旋度

向量场$\boldsymbol{A}=\boldsymbol{A}(M)$在点$M$处的旋度是一个向量,向量场在点$M$沿该向量方向的环量密度最大,其最大值就是旋度的模.旋度的计算公式为

$$\mathbf{rot}\boldsymbol{A}=\begin{vmatrix}\boldsymbol{i} & \boldsymbol{j} & \boldsymbol{k}\\ \frac{\partial}{\partial x} & \frac{\partial}{\partial y} & \frac{\partial}{\partial z}\\ P & Q & R\end{vmatrix}$$

斯托克斯公式也可写做

$$\oint_L \boldsymbol{A} \cdot \mathbf{d}\boldsymbol{S} = \iint_S \mathbf{rot}\boldsymbol{A} \cdot \mathbf{d}\boldsymbol{S}$$

3. 几类特殊的场

(1) 散度处处为零的场称为无源场；

(2) 旋度处处为零向量的场称为无旋场；

(3) 既是无源场，又是无旋场的向量场称为调和场；

(4) 若存在函数 $u = u(M)$，使得向量场 $\boldsymbol{A} = \mathbf{grad}u = \left(\frac{\partial u}{\partial x}, \frac{\partial u}{\partial y}, \frac{\partial u}{\partial z}\right)$，则称 $\boldsymbol{A}$ 是一个有势场.

例题解析

【例 8-5-1】 证明向量场 $\boldsymbol{A} = (y\cos xy)\boldsymbol{i} + (x\cos xy)\boldsymbol{j} + \sin z\boldsymbol{k}$ 是无旋场.

分析 只要证明向量场 $\boldsymbol{A}$ 的旋度 $\mathbf{rot}\boldsymbol{A} = \mathbf{0}$ 即可.

解 由 $\mathbf{rot}\boldsymbol{A} = \begin{vmatrix} \boldsymbol{i} & \boldsymbol{j} & \boldsymbol{k} \\ \frac{\partial}{\partial x} & \frac{\partial}{\partial y} & \frac{\partial}{\partial z} \\ y\cos xy & x\cos xy & \sin z \end{vmatrix} = 0\boldsymbol{i} + 0\boldsymbol{j} + 0\boldsymbol{k} = \mathbf{0}$

可知 $\boldsymbol{A}$ 是无旋场.

【例 8-5-2】 证明向量场 $\boldsymbol{A} = -2y\boldsymbol{i} - 2x\boldsymbol{j}$ 为平面调和场.

分析 证明 $\mathrm{div}\boldsymbol{A} = 0$，$\mathbf{rot}\boldsymbol{A} = \mathbf{0}$ 即可.

证明 由 $\mathrm{div}\boldsymbol{A} = \frac{\partial P}{\partial x} + \frac{\partial Q}{\partial y} = \frac{\partial}{\partial x}(-2y) + \frac{\partial}{\partial y}(-2x) = 0$

$$\mathbf{rot}\boldsymbol{A} = \begin{vmatrix} \boldsymbol{i} & \boldsymbol{j} & \boldsymbol{k} \\ \frac{\partial}{\partial x} & \frac{\partial}{\partial y} & \frac{\partial}{\partial z} \\ -2y & -2x & 0 \end{vmatrix} = \mathbf{0}$$

可知 $\boldsymbol{A}$ 是平面调和场.

【例 8-5-3】 设向量场 $\boldsymbol{A} = (y^2 + z, z^2 + x, x^2 + y)$，求 $\boldsymbol{A}$ 在点 $M(1,1,1)$ 处的最大环量密度的大小和方向.

分析 $\boldsymbol{A}$ 在点 M 处的最大环量密度的大小和方向是 $\boldsymbol{A}$ 在点 M 处旋度的模与方向.

解
$$\mathbf{rot}\boldsymbol{A} = \begin{vmatrix} \boldsymbol{i} & \boldsymbol{j} & \boldsymbol{k} \\ \frac{\partial}{\partial x} & \frac{\partial}{\partial y} & \frac{\partial}{\partial z} \\ y^2 + z & z^2 + x & x^2 + y \end{vmatrix}_M$$
$$= [(1-2z)\boldsymbol{i} + (1-2x)\boldsymbol{j} + (1-2y)\boldsymbol{k}]_M$$

$$= -\boldsymbol{i} - \boldsymbol{j} - \boldsymbol{k}$$

$$|\,\mathbf{rot}\boldsymbol{A}\,| = \sqrt{(-1)^2 + (-1)^2 + (-1)^2} = \sqrt{3}$$

故所求最大环量密度为$\sqrt{3}$,其方向与向量$(-1,-1,-1)$相同.

【例 8-5-4】 已知流体的流速为$\boldsymbol{v} = xy\boldsymbol{i} + yz\boldsymbol{j} + xz\boldsymbol{k}$,求由平面$z = 1$,$x = 0$,$y = 0$和锥面$z^2 = x^2 + y^2$所围成的立体在第一卦限的部分向外流出的流量(通量).

解 由对坐标的曲面积分的物理意义可知,流量为

$$\iint_S \boldsymbol{v} \cdot \mathbf{d}\boldsymbol{S} = \iint_S \boldsymbol{v} \cdot \boldsymbol{e}_n \mathrm{d}s$$

其中$\boldsymbol{e}_n$为曲面S的外法向量的单位向量.

$$\begin{aligned}\Phi &= \iint_S \boldsymbol{v}\boldsymbol{e}_n \cdot \mathrm{d}S = \iint_S (xy\cos\alpha + yz\cos\beta + zx\cos\gamma)\mathrm{d}S \\ &= \iint_S xy\,\mathrm{d}y\mathrm{d}z + yz\,\mathrm{d}z\mathrm{d}x + zx\,\mathrm{d}x\mathrm{d}y \\ &= \iiint_V (x + y + z)\mathrm{d}x\mathrm{d}y\mathrm{d}z \\ &= \int_0^{\frac{\pi}{2}} \mathrm{d}\theta \int_0^1 r\mathrm{d}r \int_0^1 [r(\cos\theta + \sin\theta) + z]\mathrm{d}z \\ &= \frac{2}{3} + \frac{\pi}{8}\end{aligned}$$

习题精解

1. 求向量场$\boldsymbol{A} = (2x - z, x^2 y, -xz^2)$通过立方体$0 \leqslant x \leqslant a$,$0 \leqslant y \leqslant a$,$0 \leqslant z \leqslant a$的全表面流向外侧的通量.

解 由高斯公式有通量

$$\begin{aligned}\Phi &= \oiint_S \boldsymbol{A} \cdot \mathrm{d}\boldsymbol{S} = \oiint_S (2x - z)\mathrm{d}y\mathrm{d}z + x^2 y\mathrm{d}z\mathrm{d}x - xz^2\mathrm{d}x\mathrm{d}y \\ &= \iiint_V (2 + x^2 - 2xz)\mathrm{d}V = 2a^3 + \int_0^a \mathrm{d}x \int_0^a \mathrm{d}z \int_0^a (x^2 - 2xz)\mathrm{d}y \\ &= 2a^3 + a\int_0^a (ax^2 - a^2 x)\mathrm{d}x = 2a^3 - \frac{a^5}{6}\end{aligned}$$

3. 设曲线L是圆锥面$z = 2 - \sqrt{x^2 + y^2}$与平面$z = 1$的交线,其方向与z轴正向成右手系,求向量场$\boldsymbol{A} = (x - z)\boldsymbol{i} + (x^3 + yz)\boldsymbol{j} - 3xy^2\boldsymbol{k}$沿曲线$L$按上述指定方向的环量.

解 曲线L的参数方程为$x = \cos t$,$y = \sin t$,$z = 1$,所求环量

$$\Gamma = \oint_L (x - z)\mathrm{d}x + (x^3 + yz)\mathrm{d}y - 3xy^2\mathrm{d}z$$

$$= \int_0^{2\pi} [(\cos t - 1)(-\sin t) + (\cos^3 t + \sin t)\cos t + 0]\mathrm{d}t$$

$$= \int_0^{2\pi} (\cos^4 t + \sin t)\mathrm{d}t = 4\int_0^{\frac{\pi}{2}} \cos^4 t\mathrm{d}t + 0$$

$$= 4 \cdot \frac{1 \cdot 3}{2 \cdot 4} \cdot \frac{\pi}{2} = \frac{3}{4}\pi$$

4. 求下列向量场的散度

(3) $\boldsymbol{A} = (xy, \cos(xy), \cos(xz))$；

(4) $x(y-z)\boldsymbol{i} + y(z-x)\boldsymbol{j} + z(x-y)\boldsymbol{k}$

解　(3) $\operatorname{div}\boldsymbol{A} = y - x\sin(xy) - x\sin(xz)$

(4) $\operatorname{div}\boldsymbol{A} = (y-z) + (z-x) + (x-y) = 0$

5. 求下列向量场的旋度：

(1) $\boldsymbol{A} = (z + \sin y, x\cos y - z, 0)$

解　(1) $\mathbf{rot}\,\boldsymbol{A} = \begin{vmatrix} \boldsymbol{i} & \boldsymbol{j} & \boldsymbol{k} \\ \frac{\partial}{\partial x} & \frac{\partial}{\partial y} & \frac{\partial}{\partial z} \\ z + \sin y & x\cos y - z & 0 \end{vmatrix}$

$$= (0+1)\boldsymbol{i} + (1-0)\boldsymbol{j} + (\cos y - \cos y)\boldsymbol{k}$$

$$= (1,1,0)$$

6. 求向量场 $\boldsymbol{A} = (4xyz, -xy^2, x^2yz)$ 在点 $(1,-1,2)$ 处的散度与旋度.

解　$\operatorname{div}\boldsymbol{A}(1,-1,2) = (4yz - 2xy + x^2y)\Big|_{(1,-1,2)} = -7$

$$\mathbf{rot}\,\boldsymbol{A} = \begin{vmatrix} \boldsymbol{i} & \boldsymbol{j} & \boldsymbol{k} \\ \frac{\partial}{\partial x} & \frac{\partial}{\partial y} & \frac{\partial}{\partial z} \\ 4xyz & -xy^2 & x^2yz \end{vmatrix}$$

$$= ((x^2z - 0), (4xy - 2xyz), (-y^2 - 4xz))$$

$$\mathbf{rot}\,\boldsymbol{A}(1,-1,2) = (2,0,-9)$$

7. 证明对于任意具有二阶连续偏导数的数量函数 $u = u(x,y,z)$ 以及向量场 $\boldsymbol{A}(x,y,z)$，有 $\mathbf{rot}(\mathbf{grad}u) = 0$，$\operatorname{div}(\mathbf{rot}\boldsymbol{A}) = 0$.

解
$$\mathbf{grad}u = \left(\frac{\partial u}{\partial x}, \frac{\partial u}{\partial y}, \frac{\partial u}{\partial z}\right)$$

$$\mathbf{rot}(\mathbf{grad}u) = \begin{vmatrix} \boldsymbol{i} & \boldsymbol{j} & \boldsymbol{k} \\ \frac{\partial}{\partial x} & \frac{\partial}{\partial y} & \frac{\partial}{\partial z} \\ \frac{\partial u}{\partial x} & \frac{\partial u}{\partial y} & \frac{\partial u}{\partial z} \end{vmatrix}$$

$$= \left(\frac{\partial^2 u}{\partial z\partial y} - \frac{\partial^2 u}{\partial y\partial z}\right)\boldsymbol{i} - \left(\frac{\partial^2 u}{\partial z\partial x} - \frac{\partial^2 u}{\partial x\partial z}\right)\boldsymbol{j} + \left(\frac{\partial^2 u}{\partial y\partial x} - \frac{\partial^2 u}{\partial x\partial y}\right)\boldsymbol{k}$$

$$= 0\boldsymbol{i} - 0\boldsymbol{j} + 0\boldsymbol{k}$$
$$= \boldsymbol{0}$$

$$\mathbf{rot A} = \left(\frac{\partial R}{\partial y} - \frac{\partial Q}{\partial z}, \frac{\partial P}{\partial z} - \frac{\partial R}{\partial x}, \frac{\partial Q}{\partial x} - \frac{\partial P}{\partial y}\right)$$

$$\begin{aligned} \mathrm{div}(\mathbf{rot A}) &= \frac{\partial}{\partial x}\left(\frac{\partial R}{\partial y} - \frac{\partial Q}{\partial z}\right) + \frac{\partial}{\partial y}\left(\frac{\partial P}{\partial z} - \frac{\partial R}{\partial x}\right) + \frac{\partial}{\partial z}\left(\frac{\partial Q}{\partial x} - \frac{\partial P}{\partial y}\right) \\ &= \frac{\partial^2 R}{\partial x \partial y} - \frac{\partial^2 Q}{\partial x \partial z} + \frac{\partial^2 P}{\partial y \partial z} - \frac{\partial^2 R}{\partial y \partial x} + \frac{\partial^2 Q}{\partial z \partial x} - \frac{\partial^2 P}{\partial z \partial y} \\ &= 0 \end{aligned}$$

8. 设 $\mathbf{A} = (axz + x^2, by + xy^2, z - z^2 + cxz - 2xyz)$，试确定常数 a,b,c，使 $\mathbf{A}$ 成为一个无源场.

解
$$\begin{aligned} \mathrm{div}\,\mathbf{A} &= (az + 2x) + (b + 2xy) + (1 - 2z + cx - 2xy) \\ &= (2 + c)x + (a - 2)z + b + 1 \end{aligned}$$

令 $\mathrm{div}\,\mathbf{A} = 0$，则有
$$2 + c = 0, a - 2 = 0, b + 1 = 0$$
即
$$a = 2, b = -1, c = -2$$

复习题八

1. 填空：

(1) 设 L 是圆周 $x^2 + y^2 = R^2$（取正向），则曲线积分 $\oint_L (xy - 2y)\mathrm{d}x + (x^2 - x)\mathrm{d}y =$ __________.

(2) 设 $F(x,y)$ 是可微函数，则曲线积分 $\int_L F(x,y)(y\mathrm{d}x + x\mathrm{d}y)$ 与路径无关的充要条件是__________.

(3) 向量场 $\mathbf{A}(x,y,z) = (xy^2, ye^z, x\ln(1+z^2))$ 在点 $(1,1,0)$ 处的散度 $\mathrm{div}\mathbf{A}$ = __________，旋度 $\mathbf{rot A}$ = __________.

(4) 设数量场 $u = \ln\sqrt{x^2 + y^2 + z^2}$，则 $\mathrm{div}(\mathbf{grad}u) =$ __________.

答 (1) 应填 πR^2.

利用格林公式

$$\begin{aligned} \text{原式} &= \iint\limits_{x^2+y^2 \leqslant R^2} (2x - 1 - x + 2)\mathrm{d}x\mathrm{d}y \\ &= \iint\limits_{x^2+y^2 \leqslant R^2} (x + 1)\mathrm{d}x\mathrm{d}y = 0 + \pi R^2 = \pi R^2 \end{aligned}$$

(2) 应填 $xF_x - yF_y = 0$.

根据曲线积分与路径无关的充要条件，有

$$\frac{\partial}{\partial x}[xF(x,y)] = \frac{\partial}{\partial y}[yF(x,y)]$$

化简则得 $$xF_x = yF_y$$

(3) 应填 $\mathrm{div}\boldsymbol{A} = 2, \mathbf{rot}\boldsymbol{A} = (-1,0,-2)$.

因为 $$\mathrm{div}\boldsymbol{A} = \left(y^2 + e^z + \frac{2xz}{1+z^2}\right)\Bigg|_{(1,1,0)} = 1+1+0 = 2$$

$$\mathbf{rot}\boldsymbol{A} = \begin{vmatrix} \boldsymbol{i} & \boldsymbol{j} & \boldsymbol{k} \\ \dfrac{\partial}{\partial x} & \dfrac{\partial}{\partial y} & \dfrac{\partial}{\partial z} \\ xy^2 & ye^z & x\ln(1+z^2) \end{vmatrix} = -ye^z\boldsymbol{i} - \ln(1+z^2)\boldsymbol{j} - 2xy\boldsymbol{k}$$

所以 $$\mathbf{rot}\boldsymbol{A}(1,1,0) = (-1,0,-2)$$

(4) 应填 $\dfrac{1}{x^2+y^2+z^2}$.

因为 $$\mathbf{grad}u = \frac{x\boldsymbol{i} + y\boldsymbol{j} + z\boldsymbol{k}}{x^2+y^2+z^2}$$

所以 $$\mathrm{div}(\mathbf{grad}u) = \frac{\partial}{\partial x}\left(\frac{x}{x^2+y^2+z^2}\right) + \frac{\partial}{\partial y}\left(\frac{y}{x^2+y^2+z^2}\right) + \frac{\partial}{\partial z}\left(\frac{z}{x^2+y^2+z^2}\right) = \frac{1}{x^2+y^2+z^2}$$

2. 选择题:

(1) 曲线积分 $I = \oint_L \dfrac{-y\mathrm{d}x + x\mathrm{d}y}{4x^2+y^2}$,其中 L 是椭圆 $4x^2+y^2=1$,并取正向,则 I 的值为( ).

A. -2π B. 2π C. 0 D. π

(2) 已知曲线积分 $\dfrac{(x+ay)\mathrm{d}x + y\mathrm{d}y}{(x+y)^2}$ 与路径无关,则 a 等于( ).

A. 2 B. 1 C. 0 D. -1

(3) 若 S 为球面 $x^2+y^2+z^2=1$ 的外侧,S_1 为 S 在第一卦限部分的外侧,则积分 $\oiint_S x^2\mathrm{d}y\mathrm{d}z + y^2\mathrm{d}z\mathrm{d}x + z^2\mathrm{d}x\mathrm{d}y$ 等于______.

A. $8\iint_{S_1} x^2\mathrm{d}y\mathrm{d}z + y^2\mathrm{d}z\mathrm{d}x + z^2\mathrm{d}x\mathrm{d}y$ B. $4\iint_{S_1} x^2\mathrm{d}y\mathrm{d}z + y^2\mathrm{d}z\mathrm{d}x + z^2\mathrm{d}x\mathrm{d}y$

C. $2\iint_{S_1} x^2\mathrm{d}y\mathrm{d}z + y^2\mathrm{d}z\mathrm{d}x + z^2\mathrm{d}x\mathrm{d}y$ D. 0

答 (1) 选 D.

因为 $I = \oint_L -y\mathrm{d}x + x\mathrm{d}y = \iint\limits_{4x^2+y^2\leqslant 1} (1+1)\mathrm{d}x\mathrm{d}y = \pi$

(2) 选 A.

因为 $\dfrac{\partial}{\partial x}\left(\dfrac{y}{(x+y)^2}\right) = \dfrac{\partial}{\partial y}\left(\dfrac{x+ay}{(x+y)^2}\right)$

即
$$\frac{-2y(x+y)}{(x+y)^4}=\frac{a(x+y)^2-2(x+ay)(x+y)}{(x+y)^4}$$

解得
$$a=2$$

(3) 选 D.

由高斯公式知

$$\begin{aligned}
\text{原式}&=\iiint_V(2x+2y+2z)\mathrm{d}V\\
&=2\int_0^{2\pi}\mathrm{d}\theta\int_0^{\pi}\mathrm{d}\varphi\int_0^1(\rho\sin\varphi\sin\theta+\rho\sin\varphi\cos\theta+\rho\cos\varphi)\rho^2\sin\varphi\mathrm{d}\rho\\
&=\frac{1}{2}\int_0^{2\pi}\mathrm{d}\theta\int_0^{\pi}(\sin\varphi\sin\theta+\sin\varphi\cos\theta+\cos\varphi)\sin\varphi\mathrm{d}\varphi\\
&=\frac{1}{2}\int_0^{2\pi}\left[\int_0^{\pi}\frac{1-\cos 2\varphi}{2}(\sin\theta+\cos\theta)\mathrm{d}\varphi+\int_0^{\pi}\sin\varphi\mathrm{d}(\sin\varphi)\right]\mathrm{d}\theta\\
&=\frac{1}{4}\pi\int_0^{2\pi}(\sin\theta+\cos\theta)\mathrm{d}\theta\\
&=\frac{1}{4}\pi(-\cos\theta+\sin\theta)\Big|_0^{2\pi}\\
&=0
\end{aligned}$$

3. 计算曲线积分 $I=\int_L\sin y\mathrm{d}x+\sin x\mathrm{d}y$，$L$ 是由点 $A(0,\pi)$ 到点 $B(\pi,0)$ 的直线段.

解 $\overline{AB}$ 的方程是 $y=\pi-x$

$$I=\int_0^{\pi}[\sin(\pi-x)+(\sin x)\cdot(-1)]\mathrm{d}x=\int_0^{\pi}0\mathrm{d}x=0$$

4. 计算曲线积分

$$I=\int_L(12xy+\mathrm{e}^y)\mathrm{d}x-(\cos y-x\mathrm{e}^y)\mathrm{d}y$$

其中 L 为由点 $A(-1,1)$ 沿抛物线 $y=x^2$ 到点 $O(0,0)$，再沿 x 轴到点 $B(2,0)$.

解 如图 8-23 所示，令 $L_1: y=x^2$，x 从 -1 到 0 的曲线；$L_2: y=0$，x 从 0 到 2 的直线段；$L_3: x=0$，y 从 0 到 1 的直线段；$L_4: y=1$，x 从 0 到 -1 的直线段，显然 L 由 L_1 和 L_2 组成. 其中

$$\int_{L_2}(12xy+\mathrm{e}^y)\mathrm{d}x-(\cos y-x\mathrm{e}^y)\mathrm{d}y=\int_0^2\mathrm{d}x=2$$

$$\begin{aligned}
&\int_{L_1}(12xy+\mathrm{e}^y)\mathrm{d}x-(\cos y-x\mathrm{e}^y)\mathrm{d}y\\
&=\int_{L_1+L_3+L_4}(12xy+\mathrm{e}^y)\mathrm{d}x-(\cos y-x\mathrm{e}^y)\mathrm{d}y-\\
&\quad\int_{L_3}(12xy+\mathrm{e}^y)\mathrm{d}x-(\cos y-x\mathrm{e}^y)\mathrm{d}y-
\end{aligned}$$

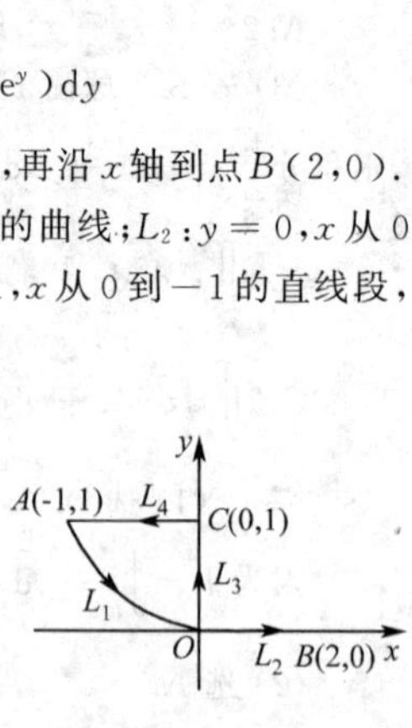

图 8-23

$$\int_{L_4}(12xy+e^y)dx-(\cos y-xe^y)dy$$
$$=\iint_D(e^y-12x-e^y)dxdy-\int_0^1(-\cos y)dy-\int_0^{-1}(12x+e)dx$$
$$=-12\int_{-1}^0 dx\int_{x^2}^1 xdy+\sin y\Big|_0^1-(6x^2+ex)\Big|_0^{-1}$$
$$=\sin 1-3+e$$

因此
$$I=\int_{L_1+L_2}(12xy+e^y)dx-(\cos y-xe^y)dy$$
$$=2+\sin 1-3+e=\sin 1+e-1$$

5. 在过点 $O(0,0)$ 和点 $A(\pi,0)$ 的曲线族 $y=a\sin x(a>0)$ 中，求一条曲线 L，使得沿该曲线从点 O 到点 A 的曲线积分 $\int_L(1+y^3)dx+(2x+y)dy$ 的值最小.

解
$$I=\int_L(1+y^3)dx+(2x+y)dy$$
$$=\int_0^\pi[1+a^3\sin^3 x+(2x+a\sin x)\cdot a\cos x]dx$$
$$=\int_0^\pi\left[1+a^3\sin^3 x+2ax\cos x+\frac{a^2}{2}\sin 2x\right]dx$$
$$=\int_0^\pi dx-a^3\int_0^\pi(1-\cos^2 x)d(\cos x)+$$
$$2a\int_0^\pi xd(\sin x)+\frac{a^2}{4}\int_0^\pi\sin 2xd(2x)$$
$$=\pi+\frac{4}{3}a^3-4a$$

求驻点 $I'=4a^2-4=4(a-1)(a+1)=0$，得驻点 $a_1=1$，$a_2=-1$(舍)，且当 $a=1$ 时，$I''=8>0$，可知 $a=1$ 为极小值点，也是函数的最小值点. 即当 $a=1$ 时，积分 $\int_L(1+y^3)dx+(2x+y)dy$ 的值最小，此时曲线 L 为 $y=\sin x$.

6. 设函数 $f(x)$ 有连续的导数，且曲线积分 $\int_L[e^{-x}-f(x)]ydx+f(x)dy$ 与路径无关，求 $f(x)$.

解 由于积分与路径无关，故有
$$f'(x)=e^{-x}-f(x)$$
这是一阶线性微分方程，解得
$$f(x)=e^{-\int dx}\left[\int e^{-x}e^{\int dx}dx+c\right]$$
即
$$f(x)=e^{-x}(x+c)$$

7. 设 $f(x)$ 有连续的二阶导数，且 $f(1)=f'(1)=1$，

$$\oint_L \left[\frac{y^2}{x}+xf\left(\frac{y}{x}\right)\right]\mathrm{d}x+\left[y-xf'\left(\frac{y}{x}\right)\right]\mathrm{d}y=0$$

其中 L 是任意一个不与 y 轴相交的简单光滑闭曲线，求 $f(x)$.

解　由题设可知

$$\frac{\partial}{\partial y}\left[\frac{y^2}{x}+xf\left(\frac{y}{x}\right)\right]=\frac{\partial}{\partial x}\left[y-xf'\left(\frac{y}{x}\right)\right]$$

即

$$\frac{2y}{x}+f'\left(\frac{y}{x}\right)=-f'\left(\frac{y}{x}\right)+\frac{y}{x}f''\left(\frac{y}{x}\right)$$

令 $u=\dfrac{y}{x}$，得

$$uf''(u)-2f'(u)=2u$$

即

$$\left(\frac{f'(u)}{u^2}\right)'=\frac{2}{u^2}$$

故

$$\frac{f'(u)}{u^2}=-\frac{2}{u}+c_1$$

$$f'(u)=-2u+c_1u^2$$

由 $f'(1)=1$，解得 $c_1=3$，故

$$f'(u)=-2u+3u^2$$

则

$$f(u)=-u^2+u^3+c_2$$

又由 $f(1)=1$，知 $c_2=1$

故有

$$f(u)=u^3-u^2+1$$

所以

$$f(x)=x^3-x^2+1$$

8. 设函数 $Q(x,y)$ 在 xOy 面上具有一阶连续偏导数，曲线积分 $\int_L 2xy\mathrm{d}x+Q(x,y)\mathrm{d}y$ 与路径无关，且对任意实数 t，恒有

$$\int_{(0,0)}^{(t,1)}2xy\mathrm{d}x+Q(x,y)\mathrm{d}y=\int_{(0,0)}^{(1,t)}2xy\mathrm{d}x+Q(x,y)\mathrm{d}y,$$

求函数 $Q(x,y)$.

解　根据题设，曲线积分与路径无关，因而有

$$\frac{\partial Q}{\partial x}=\frac{\partial}{\partial y}(2xy)=2x,$$

于是 $Q(x,y)=x^2+\varphi(y)$，其中 $\varphi(y)$ 是待定函数.

取以原点 O 为起点，点 $B(t,1)$ 为终点，折线 OAB 为积分曲线(图 8-24)，得

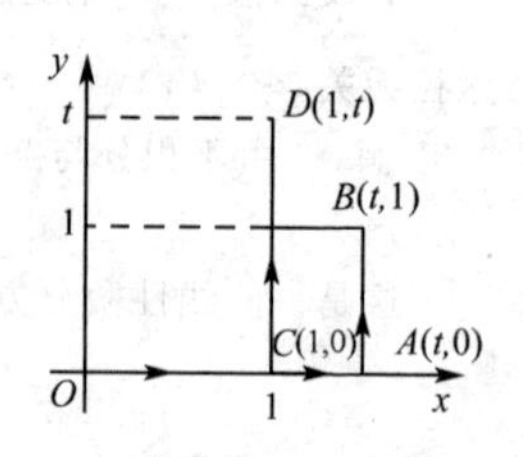

图 8-24

$$\int_{(0,0)}^{(t,1)}2xy\mathrm{d}x+Q(x,y)\mathrm{d}y=\int_0^t 0\mathrm{d}x+\int_0^1 Q(t,y)\mathrm{d}y$$

$$= \int_0^1 [t^2 + \varphi(y)]\mathrm{d}y = t^2 + \int_0^1 \varphi(y)\mathrm{d}y$$

再取以原点 O 为起点，点 $D(1,t)$ 为终点，折线 OCD 为积分曲线，得

$$\int_{(0,0)}^{(1,t)} 2xy\mathrm{d}x + Q(x,y)\mathrm{d}y = \int_0^1 0\mathrm{d}x + \int_0^t Q(1,y)\mathrm{d}y$$

$$= \int_0^t [1^2 + \varphi(y)]\mathrm{d}y = t + \int_0^t \varphi(y)\mathrm{d}y$$

由题设条件，得

$$t^2 + \int_0^1 \varphi(y)\mathrm{d}y = t + \int_0^t \varphi(y)\mathrm{d}y$$

上式两边对 t 求导，得

$$2t = 1 + \varphi(t)$$

故

$$\varphi(t) = 2t - 1$$

从而

$$\varphi(y) = 2y - 1$$

故

$$Q(x,y) = x^2 + 2y - 1$$

9. 计算曲线积分 $I = \oint_L (y^2 - z^2)\mathrm{d}x + (z^2 - x^2)\mathrm{d}y + (x^2 - y^2)\mathrm{d}z$ 其中 L 是 $x^2 + y^2 + z^2 = 1$ 与三个坐标面第一卦限的交线，取逆时针方向(沿此方向前进时，球面三角形总在左方)．

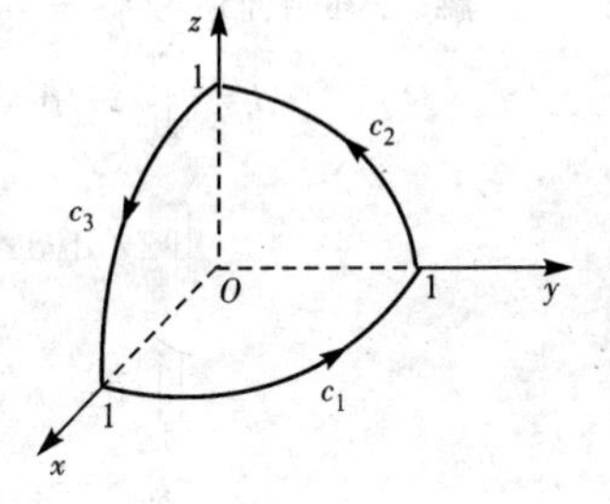

图 8-25

解 L 如图 8-25 所示．由对称性，只要计算在 c_1 上积分的三倍即可．c_1 的方程是 $\begin{cases} x = \cos t \\ y = \sin t \\ z = 0 \end{cases}$，则有

$$\int_{c_1} (y^2 - z^2)\mathrm{d}x + (z^2 - x^2)\mathrm{d}y + (x^2 - y^2)\mathrm{d}z$$

$$= \int_0^{\frac{\pi}{2}} [\sin^2 t \cdot (-\sin t) - \cos^2 t \cdot \cos t]\mathrm{d}t$$

$$= -\int_0^{\frac{\pi}{2}} (\sin^3 t + \cos^3 t)\mathrm{d}t = -\frac{4}{3}$$

所以

$$I = 3 \cdot \left(-\frac{4}{3}\right) = -4$$

10. 计算$\iint\limits_S (y^2-z)\mathrm{d}y\mathrm{d}z+(z^2-x)\mathrm{d}z\mathrm{d}x+(x^2-y)\mathrm{d}x\mathrm{d}y$，其中$S$是锥面$z=\sqrt{x^2+y^2}\ (0\leqslant z\leqslant h)$的下侧.

解 这里$\dfrac{\partial P}{\partial x}+\dfrac{\partial Q}{\partial y}+\dfrac{\partial R}{\partial z}=0$. 设$S_1$为$z=h$，取上侧，$V$为由$S$与$S_1$所围成的空间区域，则由高斯公式知

$$\iint\limits_{S+S_1}(y^2-z)\mathrm{d}y\mathrm{d}z+(z^2-x)\mathrm{d}z\mathrm{d}x+(x^2-y)\mathrm{d}x\mathrm{d}y=\iiint\limits_V\left(\frac{\partial P}{\partial x}+\frac{\partial Q}{\partial y}+\frac{\partial R}{\partial z}\right)\mathrm{d}V=0$$

从而$\iint\limits_S(y^2-z)\mathrm{d}y\mathrm{d}z+(z^2-x)\mathrm{d}z\mathrm{d}x+(x^2-y)\mathrm{d}x\mathrm{d}y=-\iint\limits_{S_1}(x^2-y)\mathrm{d}x\mathrm{d}y$

$$\iint\limits_{S_1}(x^2-y)\mathrm{d}x\mathrm{d}y=\int_0^{2\pi}\mathrm{d}\theta\int_0^h(r^2\cos^2\theta-r\sin\theta)\cdot r\mathrm{d}r=\frac{\pi}{4}h^4$$

故
$$\iint\limits_S(y^2-z)\mathrm{d}y\mathrm{d}z+(z^2-x)\mathrm{d}z\mathrm{d}x+(x^2-y)\mathrm{d}x\mathrm{d}y=-\frac{\pi}{4}h^4$$

11. 计算曲面积分$I=\iint\limits_S 2x^3\mathrm{d}y\mathrm{d}z+2y^3\mathrm{d}z\mathrm{d}x+3(z^2-1)\mathrm{d}x\mathrm{d}y$，其中$S$是曲面$z=1-x^2-y^2\ (z\geqslant 0)$上侧.

解 补平面块$S_1:z=0\ (x^2+y^2\leqslant 1)$，取下侧，利用高斯公式，有

$$\begin{aligned}I=&\oiint\limits_{S+S_1}2x^3\mathrm{d}y\mathrm{d}z+2y^3\mathrm{d}z\mathrm{d}x+3(z^2-1)\mathrm{d}x\mathrm{d}y-\\&\oiint\limits_{S_1}2x^3\mathrm{d}y\mathrm{d}z+2y^3\mathrm{d}z\mathrm{d}x+3(z^2-1)\mathrm{d}x\mathrm{d}y\\=&\iiint\limits_V(6x^2+6y^2+6z)\mathrm{d}V-3\iiint\limits_{x^2+y^2\leqslant 1}\mathrm{d}x\mathrm{d}y\\=&6\int_0^1\mathrm{d}z\iint\limits_{x^2+y^2\leqslant 1-z}(x^2+y^2+z)\mathrm{d}x\mathrm{d}y-3\pi\\=&3\pi\int_0^1(1-z^2)\mathrm{d}z-3\pi=2\pi-3\pi=-\pi\end{aligned}$$

12. 计算曲面积分$\oiint\limits_S\dfrac{x}{r^3}\mathrm{d}y\mathrm{d}z+\dfrac{y}{r^3}\mathrm{d}z\mathrm{d}x+\dfrac{z}{r^3}\mathrm{d}x\mathrm{d}y$，其中$r=\sqrt{x^2+y^2+z^2}$，$S$为球面$x^2+y^2+z^2=a^2$，取外侧.

解
$$\begin{aligned}&\oiint\limits_S\frac{x}{r^3}\mathrm{d}y\mathrm{d}z+\frac{y}{r^3}\mathrm{d}z\mathrm{d}x+\frac{z}{r^3}\mathrm{d}x\mathrm{d}y\\=&\frac{1}{a^3}\oiint\limits_S x\mathrm{d}y\mathrm{d}z+4\mathrm{d}z\mathrm{d}x+z\mathrm{d}x\mathrm{d}y\end{aligned}$$

$$= \frac{1}{a^3} \iiint\limits_{x^2+y^2+z^2 \leqslant a^2} (1+1+1)\mathrm{d}V$$

$$= \frac{3}{a^3} \cdot \frac{4}{3}\pi a^3 = 4\pi$$

13. 计算$\oiint\limits_S \boldsymbol{F} \cdot \boldsymbol{e}_n \mathrm{d}S$,其中$\boldsymbol{F}(x,y,z) = (x,y,z)$,$S$是曲面(图 8-26)(一立方体去掉一个小立方体剩下的立体的表面)的外侧.

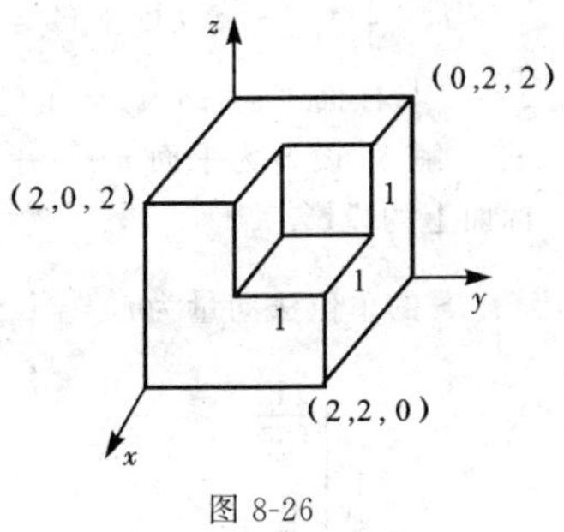

图 8-26

解 利用高斯公式

$$\oiint\limits_S \boldsymbol{F} \cdot \boldsymbol{e}_n \mathrm{d}S$$

$$= \oiint\limits_S x\mathrm{d}y\mathrm{d}z + y\mathrm{d}z\mathrm{d}x + z\mathrm{d}x\mathrm{d}y$$

$$= \iiint\limits_V (1+1+1)\mathrm{d}V$$

$$= 3 \cdot (2^3 - 1^3) = 21$$

14. 利用斯托克斯公式,计算曲线积分$\oint_L (y-z)\mathrm{d}x+(z-x)\mathrm{d}y+(x-y)\mathrm{d}z$,$L$ 是椭圆$x^2+y^2=a^2$,$\dfrac{x}{a}+\dfrac{z}{b}=1(a、b>0)$从 z 轴正向往负向看去,L 为逆时针方向.

解

$$\oint_L (y-z)\mathrm{d}x+(z-x)\mathrm{d}y+(x-y)\mathrm{d}z$$

$$= \iint\limits_S \begin{vmatrix} \mathrm{d}y\mathrm{d}z & \mathrm{d}z\mathrm{d}x & \mathrm{d}x\mathrm{d}y \\ \dfrac{\partial}{\partial x} & \dfrac{\partial}{\partial y} & \dfrac{\partial}{\partial z} \\ y-z & z-x & x-y \end{vmatrix}$$

$$= -2\iint\limits_S \mathrm{d}y\mathrm{d}z + \mathrm{d}z\mathrm{d}x + \mathrm{d}x\mathrm{d}y$$

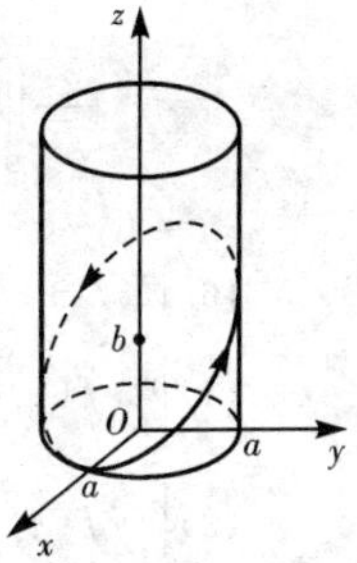

图 8-27

因为 S 在 xOy 平面投影为圆域 $x^2+y^2 \leqslant a^2$,如图 8-27 所示,所以

$$\iint\limits_S \mathrm{d}x\mathrm{d}y = \pi a^2$$

又 S 在 yOz 平面投影为椭圆域$\dfrac{y^2}{a^2}+\dfrac{(z-b)^2}{b^2} \leqslant 1$,故有

$$\iint\limits_S \mathrm{d}y\mathrm{d}z = \pi ab$$

再由 S 在 zOx 平面投影为一线段,故

$$\iint_S dzdx = 0$$

综上可知

$$\oint_L (y-z)dx+(z-x)dy+(x-y)dz=-2\pi a(a+b)$$

15. 利用斯托克斯公式计算

$I=\oint_L (y^2-z^2)dx+(2z^2-x^2)dy+(3x^2-y^2)dz$,其中 L 是平面 $x+y+z=2$ 与柱面 $|x|+|y|=1$ 的交线,从 z 轴正向往负向看去,L 为逆时针方向.

解 设 S 为平面 $x+y+z=2$ 上 L 所围成部分的上侧,D 为 S 在 xOy 坐标面上的投影.

S 的单位法向量为 $\boldsymbol{n}_0=\left(\frac{1}{\sqrt{3}},\frac{1}{\sqrt{3}},\frac{1}{\sqrt{3}}\right)$,于是由斯托克斯公式,有

$$I=\iint_S \begin{vmatrix} \frac{1}{\sqrt{3}} & \frac{1}{\sqrt{3}} & \frac{1}{\sqrt{3}} \\ \frac{\partial}{\partial x} & \frac{\partial}{\partial y} & \frac{\partial}{\partial z} \\ y^2-z^2 & 2z^2-x^2 & 3x^2-y^2 \end{vmatrix} dS$$

$$=\frac{1}{\sqrt{3}}\iint_S (-2y-4z-2z-6x-2x-2y)dS$$

$$=-\frac{2}{\sqrt{3}}\iint_S (4x+2y+3z)dS=-\frac{2}{\sqrt{3}}\iint_S (x-y+6)dS$$

$$=-\frac{2}{\sqrt{3}}\iint_D (x-y+6)\ \sqrt{1+1^2+1^2}\,dxdy=-2\iint_D (x-y+6)dxdy$$

$$=0+0-12\cdot 2=-24$$

16. 设 $f(x)$ 是正值连续函数,$D=x^2+y^2\leqslant 1$,L 是 D 的正向边界,证明:

(1) $\oint_L xf(y)dy-\frac{y}{f(x)}dx=\oint_L -yf(x)dx+\frac{x}{f(y)}dy$

(2) $\oint_L xf(y)dy-\frac{y}{f(x)}dx\geqslant 2\pi$

证明 (1) 由格林公式,得

$$左端=\iint_D \left(f(y)+\frac{1}{f(x)}\right)dxdy$$

$$右端=\iint_D \left(\frac{1}{f(y)}+f(x)\right)dxdy$$

由对称性可知,左端 = 右端

(2) $\oint_L xf(y)dy-\frac{y}{f(x)}dx=\iint_D \left(f(y)+\frac{1}{f(x)}\right)dxdy$, 再次由对称性,得

$\iint\limits_{D} f(y)\mathrm{d}x\mathrm{d}y = \iint\limits_{D} f(x)\mathrm{d}x\mathrm{d}y$，于是

$$\oint_L xf(y)\mathrm{d}y - \frac{y}{f(x)}\mathrm{d}x = \iint\limits_D \left(f(x) + \frac{1}{f(x)}\right)\mathrm{d}x\mathrm{d}y \geqslant 2\iint\limits_D \mathrm{d}x\mathrm{d}y = 2\pi$$

17. 设空间区域 V 是由曲面 $z = a^2 - x^2 - y^2 (a > 0)$ 与平面 $z = 0$ 围成，其体积为 V，S 为区域 V 的表面，取外侧，证明

$$\oiint\limits_S x^2 yz^2 \mathrm{d}y\mathrm{d}z - xy^2 z^2 \mathrm{d}z\mathrm{d}x + (z + xyz^2)\mathrm{d}x\mathrm{d}y = V$$

解 利用高斯公式

$$\begin{aligned}
&\oiint\limits_S x^2 yz^2 \mathrm{d}y\mathrm{d}z - xy^2 z^2 \mathrm{d}z\mathrm{d}x + (z + xyz^2)\mathrm{d}x\mathrm{d}y \\
&= \iiint\limits_V (2xyz^2 - 2xyz^2 + 1 + 2xyz)\mathrm{d}V \\
&= \iiint\limits_V \mathrm{d}V + 2\iiint\limits_V xyz\,\mathrm{d}V = V + 2\iiint\limits_V xyz\,\mathrm{d}V
\end{aligned}$$

由于 V 关于 yOz 平面对称，xyz 是关于 x 的奇函数，故 $\iiint\limits_V xyz\,\mathrm{d}V = 0$，从而得证.

第九章　无穷级数

无穷级数作为函数的一种表达形式,是数值计算和函数逼近的重要工具.级数与数列有着密切的联系,数列的极限是建立级数理论的基础.级数作为无限项的“和”是通过有限项的部分和 S_n 的极限来认识的.无穷项的“和”的性质与有限项和之间有着本质的差别,不能将有限项和的运算性质不加分析地用于无穷级数.研究级数主要掌握级数收敛与发散的概念,敛散性的判别方法,幂级数收敛域的求法,幂级数的性质,函数展成幂级数,傅里叶级数的概念,收敛定理以及将函数展成傅里叶级数.

第一节　常数项无穷级数的概念与基本性质

内容提要

1. 理解数项级数的基本概念

数项级数表达式为:$u_1+u_2+\cdots+u_n+\cdots=\sum\limits_{n=1}^{\infty}u_n$,其中 u_n 为通项,前 n 项和 $S_n=u_1+u_2+\cdots+u_n$,余和 $r_n=u_{n+1}+u_{n+2}+\cdots$.若级数 $\sum\limits_{n=1}^{\infty}u_n$ 的部分和数列 $\{S_n\}$ 收敛于 S,则称该级数收敛且和为 S,否则称该级数发散.

数项级数 $\sum\limits_{n=1}^{\infty}u_n$ 收敛的充要条件是 $\lim\limits_{n\to\infty}S_n=S$ 或 $\lim\limits_{n\to\infty}r_n=0$.

2. 掌握数项级数的性质

性质 1　设 k 为任意一个不等于零的常数,若级数 $\sum\limits_{n=1}^{\infty}u_n$ 收敛,则级数 $\sum\limits_{n=1}^{\infty}ku_n$ 也收敛,并且有 $\sum\limits_{n=1}^{\infty}ku_n=k\sum\limits_{n=1}^{\infty}u_n$;若级数 $\sum\limits_{n=1}^{\infty}u_n$ 发散,则级数 $\sum\limits_{n=1}^{\infty}ku_n$ 也发散.即级数的每一项同乘一个不为零的常数后,不改变其敛散性.

性质 2　如果级数 $\sum\limits_{n=1}^{\infty}u_n=S$,$\sum\limits_{n=1}^{\infty}v_n=\sigma$,则

$$\sum_{n=1}^{\infty}(u_n\pm v_n)=\sum_{n=1}^{\infty}u_n\pm\sum_{n=1}^{\infty}v_n=S\pm\sigma$$

性质 3　在级数中去掉、增加或改变有限项后,级数的敛散性不变.

性质 4　对收敛的级数任意添加括号后所得级数仍收敛且其和不变.

性质 5 级数$\sum_{n=1}^{\infty}u_n$收敛的必要条件是$\lim_{n\to\infty}u_n=0$.

因此，在判别级数$\sum_{n=1}^{\infty}u_n$的敛散性时，首先检查通项u_n当$n\to\infty$时是否趋于零，若不为零，则该级数$\sum_{n=1}^{\infty}u_n$一定发散. 而且从上述级数性质可知，级数的性质本质上是极限的性质而非加法的性质.

3. 熟练掌握等比级数的敛散性

$$\sum_{n=1}^{\infty}aq^{n-1}=\begin{cases}\dfrac{a}{1-q}, & |q|<1\\ \text{发散}, & |q|\geqslant 1\end{cases}$$

释疑解惑

【问 9-1-1】 若级数加括号后收敛，原级数必然收敛吗？

答 不一定.

例如级数$(-1+1)+(-1+1)+(-1+1)+\cdots=0+0+0+\cdots$为收敛级数，去掉括号后的级数为$-1+1-1+1+\cdots$，由于$\lim_{n\to\infty}(-1)^n$不存在，可知级数$-1+1-1+1+\cdots$发散.

【问 9-1-2】 若级数$\sum_{n=1}^{\infty}u_n$收敛，则$\lim_{n\to\infty}u_n=0$；反之，若$\lim_{n\to\infty}u_n=0$，则级数$\sum_{n=1}^{\infty}u_n$一定收敛吗？

答 反之不成立.

例如$\lim_{n\to\infty}\dfrac{1}{n}=0$，但是级数$\sum_{n=1}^{\infty}\dfrac{1}{n}$却发散.

【问 9-1-3】 将任意一个收敛级数$\sum_{n=1}^{\infty}u_n$的项重新排列后得到的新级数$\sum_{n=1}^{\infty}u_n'$是否仍收敛且其和不变呢？

答 不一定.

例如，可证明级数$\sum_{n=1}^{\infty}\dfrac{(-1)^{n+1}}{n}$是收敛的，设其和为$S$，即

$$1-\frac{1}{2}+\frac{1}{3}-\frac{1}{4}+\frac{1}{5}-\frac{1}{6}+\frac{1}{7}-\frac{1}{8}+\frac{1}{9}-\cdots=S \tag{1}$$

两端同乘因子$\dfrac{1}{2}$，得

$$\frac{1}{2}-\frac{1}{4}+\frac{1}{6}-\frac{1}{8}+\frac{1}{10}-\frac{1}{12}+\cdots=\frac{S}{2}$$

或 $$0+\frac{1}{2}+0-\frac{1}{4}+0+\frac{1}{6}+0-\frac{1}{8}+0+\frac{1}{10}+\cdots=\frac{S}{2} \qquad (2)$$

将式(1)＋式(2)(对应项相加)，得

$$1+0+\frac{1}{3}-\frac{1}{2}+\frac{1}{5}+0+\frac{1}{7}-\frac{1}{4}+\frac{1}{9}+0+\cdots=\frac{3}{2}S$$

从而 $$1+\frac{1}{3}-\frac{1}{2}+\frac{1}{5}+\frac{1}{7}-\frac{1}{4}+\frac{1}{9}+\cdots=\frac{3}{2}S$$

而这个级数正是第一个级数 $\sum\limits_{n=1}^{\infty}\frac{(-1)^{n+1}}{n}$ 的项重新排列后的级数，两者虽然都收敛，但其和却不同. 可见关于有限项和的加法交换律对无限项和不成立.

【问 9-1-4】 如何利用级数部分和数列 $\{S_n\}$ 的极限是否存在，判断级数 $\sum\limits_{n=1}^{\infty}u_n$ 收敛或发散？

答 一般来说，化简 S_n 较为困难，但对于某些级数，可试用下面方法：一种方法是将通项 u_n 拆成适当的和或差的形式，以便前后项相抵消而将 S_n 化为简单形式，从而求出 $\{S_n\}$ 的极限；另一种方法是利用等比级数的敛散性. 下面举两个例子说明.

例 1 讨论级数 $\sum\limits_{n=1}^{\infty}\frac{n}{(n+1)!}$ 的敛散性.

解 $u_n=\frac{n}{(n+1)!}=\frac{(n+1)-1}{(n+1)!}=\frac{1}{n!}-\frac{1}{(n+1)!}$，因此有

$$S_n=\left(\frac{1}{1!}-\frac{1}{2!}\right)+\left(\frac{1}{2!}-\frac{1}{3!}\right)+\cdots+\left[\frac{1}{n!}-\frac{1}{(n+1)!}\right]=1-\frac{1}{(n+1)!}$$

因此 $\lim\limits_{n\to\infty}S_n=1$，即原级数收敛且收敛于 1.

例 2 讨论级数 $\sum\limits_{n=1}^{\infty}\left[\frac{1}{n(n+1)}+\frac{3}{2^n}\right]$ 的敛散性.

解 $u_n=\frac{1}{n(n+1)}+\frac{3}{2^n}=\frac{(n+1)-n}{n(n+1)}+\frac{3}{2^n}=\frac{1}{n}-\frac{1}{n+1}+\frac{3}{2^n}$

所以 $$S_n=\left(1-\frac{1}{2}+\frac{3}{2}\right)+\left(\frac{1}{2}-\frac{1}{3}+\frac{3}{2^2}\right)+\cdots+\left(\frac{1}{n}-\frac{1}{n+1}+\frac{3}{2^n}\right)$$
$$=\left(1-\frac{1}{2}+\frac{1}{2}-\frac{1}{3}+\cdots\frac{1}{n}-\frac{1}{n+1}\right)+\left(\frac{3}{2}+\frac{3}{2^2}+\cdots+\frac{3}{2^n}\right)$$
$$=1-\frac{1}{n+1}+\frac{\frac{3}{2}-\frac{3}{2^{n+1}}}{1-\frac{1}{2}}$$

因此 $\lim\limits_{n\to\infty}S_n=1-0+3=4$，即原级数收敛且收敛于 4.

例 3 讨论级数 $\sum\limits_{n=1}^{\infty}\frac{1}{n^2+4n+3}$ 的敛散性.

解 $u_n = \frac{1}{n^2+4n+3} = \frac{1}{(n+1)(n+3)} = \frac{1}{2}\left(\frac{1}{n+1} - \frac{1}{n+3}\right)$，则有

$$S_n = \frac{1}{2}\left[\left(\frac{1}{2}-\frac{1}{4}\right)+\left(\frac{1}{3}-\frac{1}{5}\right)+\left(\frac{1}{4}-\frac{1}{6}\right)+\cdots+\left(\frac{1}{n+1}-\frac{1}{n+3}\right)\right]$$
$$= \frac{1}{2}\left(\frac{1}{2}+\frac{1}{3}-\frac{1}{n+3}\right)$$

因此$\lim\limits_{n\to\infty} S_n = \frac{5}{12}$，即原级数收敛且收敛于$\frac{5}{12}$.

【问 9-1-5】 两个发散级数逐项相加所得的级数是否仍为发散级数？若一个级数收敛，一个级数发散，结论又如何呢？

答 两个发散级数逐项相加所得的级数可能收敛也可能发散.

例如级数$\sum\limits_{n=1}^{\infty}(-1)^n$和$\sum\limits_{n=1}^{\infty}(-1)^{n-1}$都是发散级数，而逐项相加得级数$\sum\limits_{n=1}^{\infty}[(-1)^n+(-1)^{n-1}] = \sum\limits_{n=1}^{\infty}0$为收敛级数；但发散级数$\sum\limits_{n=1}^{\infty}[1+(-1)^n]$和$\sum\limits_{n=1}^{\infty}[1+(-1)^{n-1}]$逐项相加得$\sum\limits_{n=1}^{\infty}[1+(-1)^n+1+(-1)^{n-1}] = \sum\limits_{n=1}^{\infty}2$仍为发散级数.

若收敛级数$\sum\limits_{n=1}^{\infty}u_n$与发散级数$\sum\limits_{n=1}^{\infty}v_n$逐项相加，则所得级数$\sum\limits_{n=1}^{\infty}w_n = \sum\limits_{n=1}^{\infty}(u_n+v_n)$必发散.

事实上，假设$\sum\limits_{n=1}^{\infty}w_n$收敛，则由$v_n = w_n - u_n$及收敛级数的基本性质可知，级数$\sum\limits_{n=1}^{\infty}v_n$必收敛，与题设相矛盾，故$\sum\limits_{n=1}^{\infty}w_n$必发散.

例题解析

【例 9-1-1】 讨论下列级数的敛散性，若收敛，求其和.

(1) $\frac{1}{2}+\frac{2}{3}+\cdots+\frac{n}{n+1}+\cdots$；

(2) $\sum\limits_{n=1}^{\infty}\frac{(\ln 2)^n}{2^n}$.

分析 本节主要根据级数收敛的定义和性质来判断级数敛散性.

解 (1) 因$\lim\limits_{n\to\infty}u_n = \lim\limits_{n\to\infty}\frac{n}{n+1} = 1 \neq 0$，所以级数发散.

(2) 此级数是公比为q的等比级数，且$|q| = \frac{\ln 2}{2} < 1$，所以级数收敛，其和

为
$$S=\frac{\frac{\ln 2}{2}}{1-\frac{\ln 2}{2}}=\frac{\ln 2}{2-\ln 2}$$

【例 9-1-2】 判别下列命题是否正确?若不正确,请举出反例;若正确,请给出证明.

(1) 数列$\{u_n\}$与级数$\sum\limits_{n=1}^{\infty}u_n$同时收敛或同时发散;

(2) 设$u_n>0,n=1,2,\cdots,\sum\limits_{n=1}^{\infty}(-1)^{n+1}u_n$收敛,则$\sum\limits_{n=1}^{\infty}(u_{2n-1}-u_{2n})$收敛;

(3) 若$\sum\limits_{n=1}^{\infty}(u_n+v_n)$收敛,则$\sum\limits_{n=1}^{\infty}u_n$和$\sum\limits_{n=1}^{\infty}v_n$同时收敛.

解 (1) 命题不正确.

例如,数列$\left\{\frac{1}{n}\right\}$是收敛的,但级数$\sum\limits_{n=1}^{\infty}\frac{1}{n}$是发散的.

(2) 命题正确.

因为$\sum\limits_{n=1}^{\infty}(u_{2n-1}-u_{2n})$是由$\sum\limits_{n=1}^{\infty}(-1)^{n+1}u_n$每两项加括号后所得级数,由性质4,因为$\sum\limits_{n=1}^{\infty}(-1)^{n+1}u_n$收敛,所以$\sum\limits_{n=1}^{\infty}(u_{2n-1}-u_{2n})$也收敛.

(3) 命题不正确.

例如,$\sum\limits_{n=1}^{\infty}[1+(-1)]$收敛,而$\sum\limits_{n=1}^{\infty}1$和$\sum\limits_{n=1}^{\infty}(-1)$是发散的.

习题精解

3. 用定义判别下列级数的敛散性,并对收敛级数求其和.

(4) $\sum\limits_{n=1}^{\infty}\ln\frac{n}{n+1}$.

解 $S_n=\ln\frac{1}{2}+\ln\frac{2}{3}+\cdots+\ln\frac{n}{n+1}=\ln\left(\frac{1}{2}\cdot\frac{2}{3}\cdot\cdots\cdot\frac{n}{n+1}\right)=\ln\frac{1}{n+1}$,因此$\lim\limits_{n\to\infty}S_n=-\infty$,故原级数发散.

4. 利用级数的性质判别下列级数的敛散性,并对收敛级数求其和.

(4) $\sum\limits_{n=1}^{\infty}\frac{2^n+1}{3^n}$.

解 由于$u_n=\frac{2^n+1}{3^n}=\left(\frac{2}{3}\right)^n+\left(\frac{1}{3}\right)^n$,且$\sum\limits_{n=1}^{\infty}\left(\frac{2}{3}\right)^n$是公比为$q=\frac{2}{3}$的等比级数($|q|<1$),可知级数$\sum\limits_{n=1}^{\infty}\left(\frac{2}{3}\right)^n$收敛于$\frac{2}{3}\Big/\left(1-\frac{2}{3}\right)=2$;同理可知

$\sum_{n=1}^{\infty}\left(\frac{1}{3}\right)^n$ 收敛于$\frac{1}{2}$，故级数$\sum_{n=1}^{\infty}\frac{2^n+1}{3^n}$收敛且收敛于$2+\frac{1}{2}=\frac{5}{2}$.

5. 确定使下列级数收敛的 x 的范围：

(1) $\sum_{n=1}^{\infty}\frac{1}{(1+x)^n}$；　　(2) $\sum_{n=1}^{\infty}(\ln x)^n$.

解　(1) $\sum_{n=1}^{\infty}\frac{1}{(1+x)^n}$ 是等比级数，其收敛范围应为 $\left|\frac{1}{x+1}\right|<1$ 或 $|1+x|>1$，即 $x>0$ 或 $x<-2$.

(2) $\sum_{n=1}^{\infty}(\ln x)^n$ 是等比级数，其收敛范围应为 $|\ln x|<1$，即$\frac{1}{e}<x<e$.

7. 已知$\sum_{n=1}^{\infty}\frac{1}{n^2}=\frac{\pi^2}{6}$，求级数$\sum_{n=1}^{\infty}\frac{1}{(2n-1)^2}$的和.

解

$$\sum_{n=1}^{\infty}\frac{1}{n^2}=\sum_{n=1}^{\infty}\frac{1}{(2n-1)^2}+\sum_{n=1}^{\infty}\frac{1}{(2n)^2}=\sum_{n=1}^{\infty}\frac{1}{(2n-1)^2}+\frac{1}{4}\sum_{n=1}^{\infty}\frac{1}{n^2}$$

所以

$$\sum_{n=1}^{\infty}\frac{1}{(2n-1)^2}=\frac{3}{4}\sum_{n=1}^{\infty}\frac{1}{n^2}=\frac{3}{4}\cdot\frac{\pi^2}{6}=\frac{\pi^2}{8}$$

第二节　正项级数敛散性的判别法

内容提要

1. 了解正项级数$\sum_{n=1}^{\infty}u_n$ 收敛的充要条件是其部分和数列$\{S_n\}$有上界.

2. 掌握正项级数敛散性的判别法

(1) 比较判别法

设有两个正项级数$\sum_{n=1}^{\infty}u_n$与$\sum_{n=1}^{\infty}v_n$，对任意的自然数 n，有 $u_n\leqslant v_n$（或当 n 充分大后，总有 $u_n\leqslant kv_n$，k 为大于零的常数），如果$\sum_{n=1}^{\infty}v_n$ 收敛，则$\sum_{n=1}^{\infty}u_n$ 也收敛；如果$\sum_{n=1}^{\infty}u_n$ 发散，则$\sum_{n=1}^{\infty}v_n$ 也发散.

比较判别法的极限形式：设$\sum_{n=1}^{\infty}u_n$ 与$\sum_{n=1}^{\infty}v_n$ 为两个正项级数（其中 $v_n\neq 0$，$n=1,2,\cdots$），若$\lim_{n\to\infty}\frac{u_n}{v_n}=l$，则

① 当 $0<l<+\infty$ 时，两个级数同时收敛或同时发散；

② 当 $l=0$ 时，若 $\sum_{n=1}^{\infty} v_n$ 收敛，则 $\sum_{n=1}^{\infty} u_n$ 也收敛；若 $\sum_{n=1}^{\infty} u_n$ 发散，则 $\sum_{n=1}^{\infty} v_n$ 也发散；

③ 当 $l=+\infty$ 时，若 $\sum_{n=1}^{\infty} v_n$ 发散，则 $\sum_{n=1}^{\infty} u_n$ 也发散；若 $\sum_{n=1}^{\infty} u_n$ 收敛，则 $\sum_{n=1}^{\infty} v_n$ 也收敛.

(2) 比值判别法

对于正项级数 $\sum_{n=1}^{\infty} u_n$，如果 $\lim_{n\to\infty} \frac{u_{n+1}}{u_n} = \rho$，则

① 当 $\rho < 1$ 时，级数 $\sum_{n=1}^{\infty} u_n$ 收敛；

② 当 $\rho > 1$ 或 $\rho = +\infty$ 时，级数 $\sum_{n=1}^{\infty} u_n$ 发散.

(3) 根值判别法

设级数 $\sum_{n=1}^{\infty} u_n$ 为正项级数，如果 $\lim_{n\to\infty} \sqrt[n]{u_n} = \rho$，则

① 当 $\rho < 1$ 时，级数 $\sum_{n=1}^{\infty} u_n$ 收敛；

② 当 $\rho > 1$ 或 $\rho = +\infty$ 时，级数 $\sum_{n=1}^{\infty} u_n$ 发散.

注：以上 3 个判别法均为充分条件.

3. 熟练掌握 p- 级数的敛散性.

对 p- 级数 $\sum_{n=1}^{\infty} \frac{1}{n^p}$，当 $p \leqslant 1$ 时发散；当 $p > 1$ 时收敛.

释疑解惑

【问 9-2-1】　用比较判别法判定正项级数敛散性的关键是什么？

答　应用比较判别法判定正项级数敛散性时，关键是寻找恰当的用于比较的标准级数. 一般说来，若同一问题中，如果已知一个正项级数 $\sum_{n=1}^{\infty} v_n$ 的敛散性，而判定另一正项级数 $\sum_{n=1}^{\infty} u_n$ 的敛散性时，则可将 $\sum_{n=1}^{\infty} v_n$ 作为标准级数，只须证明 n 充分大以后，总成立 $u_n \leqslant kv_n$（或 $u_n \geqslant kv_n$）即可，其中 k 为大于零的常数.

例 1　级数 $\sum_{n=1}^{\infty} a_n$ 收敛（$a_n \geqslant 0$），判别下列级数的敛散性.

(1) $\sum_{n=1}^{\infty} \frac{a_n}{1+a_n}$；　　(2) $\sum_{n=1}^{\infty} \frac{\sqrt{a_n}}{n}$.

解 (1) 由于$\frac{a_n}{1+a_n} \leqslant a_n$,又$\sum_{n=1}^{\infty} a_n$收敛,故$\sum_{n=1}^{\infty} \frac{a_n}{1+a_n}$收敛.

(2) 由于$\frac{\sqrt{a_n}}{n} = \sqrt{a_n} \cdot \frac{1}{n} \leqslant \frac{1}{2}\left(a_n + \frac{1}{n^2}\right)$,又$\sum_{n=1}^{\infty} a_n$与$\sum_{n=1}^{\infty} \frac{1}{n^2}$均收敛,则有$\sum_{n=1}^{\infty} \frac{1}{2}\left(a_n + \frac{1}{n^2}\right)$必收敛,故级数$\sum_{n=1}^{\infty} \frac{\sqrt{a_n}}{n}$收敛.

例 2 设正项级数$\sum_{n=1}^{\infty} a_n$收敛,问级数$\sum_{n=1}^{\infty} a_n^2$是否也收敛?反之,若级数$\sum_{n=1}^{\infty} a_n^2$收敛,那么级数$\sum_{n=1}^{\infty} a_n$的情况又如何呢?为什么?

答 对正项级数$\sum_{n=1}^{\infty} a_n$而言,若$\sum_{n=1}^{\infty} a_n$收敛,则$\sum_{n=1}^{\infty} a_n^2$必收敛;反之,若$\sum_{n=1}^{\infty} a_n^2$收敛,则$\sum_{n=1}^{\infty} a_n$可能收敛也可能发散.

事实上,由于$\sum_{n=1}^{\infty} a_n$收敛,所以$\lim\limits_{n\to\infty} a_n = 0$,因此当$n$足够大以后,例如从$N$开始,总有$0 \leqslant a_n \leqslant 1$,进而有$0 \leqslant a_n^2 \leqslant a_n$,故由比较判别法知$\sum_{n=N}^{\infty} a_n^2$必收敛.

反之,由$\sum_{n=1}^{\infty} a_n^2$收敛并不能推出$\sum_{n=1}^{\infty} a_n$收敛.

例如$\sum_{n=1}^{\infty} a_n^2 = \sum_{n=1}^{\infty} \frac{1}{n^2}$收敛,而$\sum_{n=1}^{\infty} a_n = \sum_{n=1}^{\infty} \frac{1}{n}$却发散;又如$\sum_{n=1}^{\infty} a_n^2 = \sum_{n=1}^{\infty} \frac{1}{n^4}$收敛,且$\sum_{n=1}^{\infty} a_n = \sum_{n=1}^{\infty} \frac{1}{n^2}$也收敛.

例 3 设正项级数$\sum_{n=1}^{\infty} u_n$和$\sum_{n=1}^{\infty} v_n$都发散,问级数$\sum_{n=1}^{\infty} \max\{u_n, v_n\}$与$\sum_{n=1}^{\infty} \min\{u_n, v_n\}$一定都发散吗?

答 $\sum_{n=1}^{\infty} \max\{u_n, v_n\}$一定发散,但级数$\sum_{n=1}^{\infty} \min\{u_n, v_n\}$可能收敛也可能发散.

首先,$\sum_{n=1}^{\infty} \max\{u_n, v_n\}$一定发散,因为$\max\{u_n, v_n\} \geqslant u_n$,又级数$\sum_{n=1}^{\infty} u_n$发散,所以由比较判别法知$\sum_{n=1}^{\infty} \max\{u_n, v_n\}$一定发散.

其次,级数$\sum_{n=1}^{\infty} \min\{u_n, v_n\}$可能收敛也可能发散.例如级数$\sum_{n=1}^{\infty} u_n = 1+0+1$

$+0+\cdots$ 和 $\sum\limits_{n=1}^{\infty}v_n=0+1+0+1+\cdots$ 均为发散级数，而 $\sum\limits_{n=1}^{\infty}\min\{u_n,v_n\}=\sum\limits_{n=1}^{\infty}0=0$ 收敛；又如级数 $\sum\limits_{n=1}^{\infty}u_n=1+1+1+1+\cdots$ 和 $\sum\limits_{n=1}^{\infty}v_n=2+2+2+2+\cdots$ 均为发散级数，而 $\sum\limits_{n=1}^{\infty}\min\{u_n,v_n\}=\sum\limits_{n=1}^{\infty}1$ 发散.

例 4 设 $u_n>0$，且数列 $\{nu_n\}$ 有界，问级数 $\sum\limits_{n=1}^{\infty}u_n^2$ 一定收敛吗？

答 级数 $\sum\limits_{n=1}^{\infty}u_n^2$ 一定收敛.

由于数列 $\{nu_n\}$ 有界，即存在常数 $M>0$，使得 $nu_n\leqslant M$，进而 $u_n\leqslant\dfrac{M}{n}$，也即 $u_n^2\leqslant\dfrac{M^2}{n^2}$，又级数 $\sum\limits_{n=1}^{\infty}\dfrac{M^2}{n^2}=M^2\sum\limits_{n=1}^{\infty}\dfrac{1}{n^2}$ 收敛，因此级数 $\sum\limits_{n=1}^{\infty}u_n^2$ 收敛.

例 5 设 $a_1=2,a_{n+1}=\dfrac{1}{2}\left(a_n+\dfrac{1}{a_n}\right)(n=1,2,\cdots)$，证明

(1) $\lim\limits_{n\to\infty}a_n$ 存在；

(2) 级数 $\sum\limits_{n=1}^{\infty}\left(\dfrac{a_n}{a_{n+1}}-1\right)$ 收敛.

证明 (1) 因为 $a_{n+1}=\dfrac{1}{2}(a_n+\dfrac{1}{a_n})\geqslant\sqrt{a_n\cdot\dfrac{1}{a_n}}=1$

$$a_{n+1}-a_n=\frac{1}{2}\left(a_n+\frac{1}{a_n}\right)-a_n=\frac{1-a_n^2}{2a_n}\leqslant 0$$

所以 $\{a_n\}$ 是单调递减有下界的数列，所以 $\lim\limits_{n\to\infty}a_n$ 存在.

(2) 由(1) 知

$$0\leqslant\frac{a_n}{a_{n+1}}-1=\frac{a_n-a_{n+1}}{a_{n+1}}\leqslant a_n-a_{n+1}$$

令 $S_n=\sum\limits_{i=1}^{n}(a_i-a_{i+1})=a_1-a_{n+1}$，因 $\lim\limits_{n\to\infty}a_{n+1}$ 存在，故 $\lim\limits_{n\to\infty}S_n$ 存在，所以 $\sum\limits_{n=1}^{\infty}(a_n-a_{n+1})$ 收敛，故由比较判别法知级数 $\sum\limits_{n=1}^{\infty}\left(\dfrac{a_n}{a_{n+1}}-1\right)$ 收敛.

【问 9-2-2】 怎样用比较判别法的极限形式判别正项级数的敛散性？

答 这里仅考虑通项 $u_n\to 0(n\to\infty)$ 的情形，即 $\{u_n\}$ 是无穷小. 因为若 $u_n\nrightarrow 0(n\to\infty)$，则由级数收敛的必要条件知级数 $\sum\limits_{n=1}^{\infty}u_n$ 发散.

当用 p- 级数作为标准级数，判别正项级数 $\sum\limits_{n=1}^{\infty}u_n$ 敛散性时，如果 $\lim\limits_{n\to\infty}\dfrac{u_n}{\frac{1}{n^p}}=$

$\lim\limits_{n\to\infty}\dfrac{u_n}{\left(\dfrac{1}{n}\right)^p}=l\neq 0$，则$\sum\limits_{n=1}^{\infty}u_n$和$\sum\limits_{n=1}^{\infty}\dfrac{1}{n^p}$具有相同的敛散性，此时$u_n$是$\dfrac{1}{n}$的$p$阶无穷小，可见只须求出$p$，使$u_n$与$\dfrac{1}{n^p}$为同阶无穷小或等价无穷小$(n\to\infty)$，即可判定级数$\sum\limits_{n=1}^{\infty}u_n$的敛散性.

例 1 判定级数$\sum\limits_{n=1}^{\infty}\dfrac{n^2}{2n^3-n^2+1}$的敛散性.

解 由于 $\lim\limits_{n\to\infty}\dfrac{n^2}{2n^3-n^2+1}\Big/\dfrac{1}{n}=\lim\limits_{n\to\infty}\dfrac{n^3}{2n^3-n^2+1}=\dfrac{1}{2}$，

又级数$\sum\limits_{n=1}^{\infty}\dfrac{1}{n}$发散，则由比较判别法极限形式知原级数必发散.

例 2 判别级数$\sum\limits_{n=1}^{\infty}2^n\sin\dfrac{\pi}{3^n}$的敛散性.

解 由于$\lim\limits_{n\to\infty}\dfrac{2^n\sin\dfrac{\pi}{3^n}}{\left(\dfrac{2}{3}\right)^n}=\lim\limits_{n\to\infty}\dfrac{\sin\dfrac{\pi}{3^n}}{\dfrac{\pi}{3^n}}\cdot\pi=\pi$，又级数$\sum\limits_{n=1}^{\infty}\left(\dfrac{2}{3}\right)^n$收敛，则由比较判别法极限形式知原级数收敛.

例 3 判别级数$\sum\limits_{n=1}^{\infty}\ln\left(1+\dfrac{1}{n^\lambda}\right)\Big/n^2$的敛散性$(\lambda>0)$.

解 由于 $u_n=\ln\left(1+\dfrac{1}{n^\lambda}\right)\Big/n^2\sim\dfrac{1}{n^\lambda}\Big/n^2=\dfrac{1}{n^{\lambda+2}}(n\to\infty)$，

又$\lambda>0$，即$\lambda+2>2>1$，故级数$\sum\limits_{n=1}^{\infty}\dfrac{1}{n^{\lambda+2}}$收敛，则由比较判别法极限形式知原级数必收敛.

例 4 判定级数$\sum\limits_{n=1}^{\infty}\dfrac{1}{\sqrt{n+1}}\ln\dfrac{n+1}{n}$的敛散性.

解 当$n\to\infty$时，$\dfrac{1}{\sqrt{n+1}}\sim\dfrac{1}{n^{\frac{1}{2}}}$，$\ln\dfrac{n+1}{n}=\ln\left(1+\dfrac{1}{n}\right)\sim\dfrac{1}{n}$，从而$u_n=\dfrac{1}{\sqrt{n+1}}\ln\dfrac{n+1}{n}$与$\dfrac{1}{n^{\frac{3}{2}}}$等价. 取比较级数一般项$v_n=\dfrac{1}{n^{\frac{3}{2}}}$，则有

$$\lim_{n\to\infty}\frac{\dfrac{1}{\sqrt{n+1}}\ln\dfrac{n+1}{n}}{\dfrac{1}{n^{\frac{3}{2}}}}=1$$

即$\dfrac{1}{\sqrt{n+1}}\ln\dfrac{n+1}{n}$是$\dfrac{1}{n}$的$\dfrac{3}{2}$阶无穷小，故原级数收敛.

【问 9-2-3】 比值判别法和根值判别法相比，各有什么优缺点？

答 这两个判别法的优点都是使用简单、方便，缺点是 $\rho=1$ 时，两种判别法都失效. 但它们之间又有差别，可证明，如果 $\lim\limits_{n\to\infty}\dfrac{u_{n+1}}{u_n}=\rho$，则 $\lim\limits_{n\to\infty}\sqrt[n]{u_n}=\rho$，即若用比值判别法能判别出级数的敛散性，用根值判别法也可判别出. 但当 $\lim\limits_{n\to\infty}\dfrac{u_{n+1}}{u_n}$ 不存在时，$\lim\limits_{n\to\infty}\sqrt[n]{u_n}$ 却可能存在. 例如级数 $\sum\limits_{n=1}^{\infty}2^{-n-(-1)^n}$，因为

$$\frac{u_{n+1}}{u_n}=2^{-1+2(-1)^n}=\begin{cases}2, & \text{当 } n \text{ 为偶数}\\ \dfrac{1}{8}, & \text{当 } n \text{ 为奇数}\end{cases}$$

故 $\lim\limits_{n\to\infty}\dfrac{u_{n+1}}{u_n}$ 不存在，比值判别法不能使用，但 $\lim\limits_{n\to\infty}\sqrt[n]{u_n}=\dfrac{1}{2}$，由根值判别法知该级数收敛. 因此，一般说来比值判别法应用起来稍显方便，而根值判别法应用范围更为广些.

【问 9-2-4】 设 $a_n>0,b_n>0,\dfrac{a_{n+1}}{a_n}\leqslant\dfrac{b_{n+1}}{b_n}(n=1,2,\cdots)$，且级数 $\sum\limits_{n=1}^{\infty}b_n$ 收敛，要证级数 $\sum\limits_{n=1}^{\infty}a_n$ 收敛，有人做出如下证明：

因 $\sum\limits_{n=1}^{\infty}b_n$ 收敛，所以 $\lim\limits_{n\to\infty}\dfrac{b_{n+1}}{b_n}<1$，从而 $\lim\limits_{n\to\infty}\dfrac{a_{n+1}}{a_n}<1$，由比值判别法知正项级数 $\sum\limits_{n=1}^{\infty}a^n$ 收敛，上述证明对吗？

答 不对.

因为比值判别法是充分条件，它的逆命题不一定成立. 即由正项级数 $\lim\limits_{n\to\infty}b_n$ 收敛，不能得出 $\lim\limits_{n\to\infty}\dfrac{b_{n+1}}{b_n}$ 存在且小于 1 的结论. 而由 $\lim\limits_{n\to\infty}\dfrac{b_{n+1}}{b_n}$ 存在，也不能得出 $\lim\limits_{n\to\infty}\dfrac{a_{n+1}}{a_n}$ 存在的结论，正确证明如下：

由条件知 $\dfrac{a_{n+1}}{b_{n+1}}\leqslant\dfrac{a_n}{b_n}\leqslant\cdots\leqslant\dfrac{a_1}{b_1}$，于是得 $a_n\leqslant\dfrac{a_1}{b_1}b_n(n=1,2,\cdots)$，又 $\sum\limits_{n=1}^{\infty}b_n$ 收敛，由比较判别法知 $\sum\limits_{n=1}^{\infty}a_n$ 收敛.

【问 9-2-5】 对于正项级数 $\sum\limits_{n=1}^{\infty}u_n$，如何根据一般项的特点选择相应的判别法？

答 首先考察 $\lim\limits_{n\to\infty}u_n\begin{cases}\neq 0 & \text{级数发散}\\ =0 & \text{需进一步判定}\end{cases}$，然后根据一般项的如下特点

选择相应的判别法：

1. 一般项中含有 $n!$或 n 的乘积形式，通常选用比值判别法；

2. 一般项中含有以 n 为指数幂的因子，通常采用根值判别法；

3. 一般项中含有形如 n^{α}（α 可以不是整数）的因子，通常采用比较判别法或比较判别法极限形式；

4. 若上述判别法均失效，可采用定义，考察部分和数列极限 $\lim\limits_{n\to\infty}S_n$ 是否存在来判别.

例 1　判别级数 $\sum\limits_{n=1}^{\infty}\left[\cos n+\left(\dfrac{\ln 2}{2}\right)^n\right]$ 的敛散性.

解　由于 $\lim\limits_{n\to\infty}u_n=\lim\limits_{n\to\infty}\left[\cos n+\left(\dfrac{\ln 2}{2}\right)^n\right]$ 不存在，故原级数发散.

例 2　判别级数 $\sum\limits_{n=1}^{\infty}\dfrac{1\cdot 3\cdots(2n-1)}{4\cdot 7\cdots(3n+1)}$ 的敛散性.

解　此题适用于比值判别法来判定.

$$\lim_{n\to\infty}\frac{u_{n+1}}{u_n}=\lim_{n\to\infty}\frac{1\cdot 3\cdots(2n+1)}{4\cdot 7\cdots(3n+4)}\cdot\frac{4\cdot 7\cdots(3n+1)}{1\cdot 3\cdots(2n-1)}=\lim_{n\to\infty}\frac{2n+1}{3n+4}=\frac{2}{3}<1,$$

故原级数收敛.

例 3　判别级数 $\sum\limits_{n=1}^{\infty}2^{-n-(-1)^n}$ 的敛散性.

解　此题适用于根值判别法来判定.

$\lim\limits_{n\to\infty}\sqrt[n]{u_n}=\lim\limits_{n\to\infty}2^{-1-\frac{(-1)^n}{n}}=\dfrac{1}{2}<1$，故原级数收敛.

例 4　判定级数 $\sum\limits_{n=1}^{\infty}\dfrac{n}{3n^3+4n^2-7}$ 的敛散性.

解　此题用比较判别法较为适宜.

$\lim\limits_{n\to\infty}\dfrac{n}{3n^3+4n^2-7}\Big/\dfrac{1}{n^2}=\dfrac{1}{3}$，又级数 $\sum\limits_{n=1}^{\infty}\dfrac{1}{n^2}$ 收敛，故原级数收敛.

例 5　判定级数 $\sum\limits_{n=1}^{\infty}\dfrac{3^n+n^4}{3^n\cdot n^4}$ 的敛散性.

解　原级数可改写为 $\sum\limits_{n=1}^{\infty}\left(\dfrac{1}{n^4}+\dfrac{1}{3^n}\right)$，又级数 $\sum\limits_{n=1}^{\infty}\dfrac{1}{n^4}$ 与 $\sum\limits_{n=1}^{\infty}\dfrac{1}{3^n}$ 均收敛，故原级数收敛.

例 6　判定级数 $\sum\limits_{n=1}^{\infty}\arctan\dfrac{1}{n^2+n+1}$ 敛散性.

解　由于

$$u_n=\arctan\frac{1}{n(n+1)+1}=\arctan(n+1)-\arctan n$$

$$\left(\text{注}:\tan(\alpha-\beta)=\frac{\tan\alpha-\tan\beta}{1+\tan\alpha\tan\beta}\right)$$

$$\begin{aligned}S_n&=u_1+u_2+\cdots+u_n\\&=(\arctan 2-\arctan 1)+(\arctan 3-\arctan 2)+\cdots+\\&\quad(\arctan(n+1)-\arctan n)\\&=\arctan(n+1)-\frac{\pi}{4}\end{aligned}$$

则 $\lim\limits_{n\to\infty}S_n=\frac{\pi}{2}-\frac{\pi}{4}=\frac{\pi}{4}$,故原级数必收敛.

例题解析

【例 9-2-1】 判别下列级数的敛散性:

(1) $\sum\limits_{n=1}^{\infty}\frac{\sin^2\frac{n\pi}{4}}{3^n}$;(2) $\sum\limits_{n=1}^{\infty}\frac{n^3}{7^n}$;(3) $\sum\limits_{n=1}^{\infty}\frac{n\cos^2\frac{n\pi}{3}}{4^n}$;(4) $\sum\limits_{n=1}^{\infty}\left(\frac{na}{n+1}\right)^n(a>0)$.

解 (1) 由于 $\frac{\sin^2\frac{n\pi}{4}}{3^n}\leqslant\frac{1}{3^n}$,又级数 $\sum\limits_{n=1}^{\infty}\frac{1}{3^n}$ 收敛,故原级数必收敛.

(2) 由于 $\lim\limits_{n\to\infty}\frac{u_{n+1}}{u_n}=\lim\limits_{n\to\infty}\frac{(n+1)^3}{7^{n+1}}\cdot\frac{7^n}{n^3}=\frac{1}{7}<1$,故原级数必收敛.

(3) 由于 $\frac{n\cos^2\frac{n\pi}{3}}{4^n}\leqslant\frac{n}{4^n}$,又 $\lim\limits_{n\to\infty}\frac{u_{n+1}}{u_n}=\lim\limits_{n\to\infty}\frac{(n+1)}{4^{n+1}}\cdot\frac{4^n}{n}=\frac{1}{4}<1$,则级数 $\sum\limits_{n=1}^{\infty}\frac{n}{4^n}$ 收敛,进而有原级数收敛.

(4) 由于 $\lim\limits_{n\to\infty}\sqrt[n]{u_n}=\lim\limits_{n\to\infty}\frac{na}{n+1}=a$,则当 $0<a<1$ 时,原级数收敛;当 $a>1$ 时,原级数发散;当 $a=1$ 时,由于

$$\lim_{n\to\infty}u_n=\lim_{n\to\infty}\left(\frac{n}{n+1}\right)^n=\lim_{n\to\infty}\frac{1}{\left(1+\frac{1}{n}\right)^n}=\frac{1}{\mathrm{e}}\neq 0$$

故当 $a=1$ 时,原级数也发散.

【例 9-2-2】 若正项级数 $\sum\limits_{n=1}^{\infty}a_n$ 与 $\sum\limits_{n=1}^{\infty}b_n$ 收敛.

证明:(1) $\sum\limits_{n=1}^{\infty}\sqrt{a_nb_n}$ 收敛; (2) $\sum\limits_{n=1}^{\infty}\sqrt{a_n}/n^2$ 收敛.

证明 (1) 由于 $\sqrt{a_nb_n}\leqslant\frac{1}{2}(a_n+b_n)$,又级数 $\sum\limits_{n=1}^{\infty}a_n$ 与 $\sum\limits_{n=1}^{\infty}b_n$ 均收敛,则级数 $\sum\limits_{n=1}^{\infty}\frac{1}{2}(a_n+b_n)$ 必收敛,进而由比较判别法知正项级数 $\sum\limits_{n=1}^{\infty}\sqrt{a_nb_n}$ 必收敛.

(2) 由于 $\frac{\sqrt{a_n}}{n^2} \leqslant \frac{1}{2}(a_n + \frac{1}{n^4})$，且 $\sum_{n=1}^{\infty} a_n$ 与 $\sum_{n=1}^{\infty} \frac{1}{n^4}$ 均收敛，则级数 $\sum_{n=1}^{\infty} \frac{1}{2}(a_n + \frac{1}{n^4})$ 收敛，从而有级数 $\sum_{n=1}^{\infty} \sqrt{a_n}/n^2$ 必收敛.

【例 9-2-3】 设级数 $\sum_{n=1}^{\infty} a_n$ 与 $\sum_{n=1}^{\infty} b_n$ 均收敛，且 $a_n \leqslant c_n \leqslant b_n$，证明：级数 $\sum_{n=1}^{\infty} c_n$ 收敛.

证明 由于 $a_n \leqslant c_n \leqslant b_n$，则 $0 \leqslant c_n - a_n \leqslant b_n - a_n$，又级数 $\sum_{n=1}^{\infty} a_n$ 与 $\sum_{n=1}^{\infty} b_n$ 均收敛，则级数 $\sum_{n=1}^{\infty}(b_n - a_n)$ 必收敛，故由比较判别法知 $\sum_{n=1}^{\infty}(c_n - a_n)$ 收敛，又由于 $c_n = (c_n - a_n) + a_n$，而 $\sum_{n=1}^{\infty}(c_n - a_n)$ 与 $\sum_{n=1}^{\infty} a_n$ 均收敛，因此级数 $\sum_{n=1}^{\infty} c_n$ 收敛.

【例 9-2-4】 若正项级数 $\sum_{n=1}^{\infty}\left(\frac{1}{b}\right)^n$ 收敛，且 $a > b > 0$，证明级数 $\sum_{n=1}^{\infty} \frac{1}{a^n - b^n}$ 收敛.

证明 由于 $0 < b < a$，则 $0 < \left(\frac{1}{a}\right)^n < \left(\frac{1}{b}\right)^n$，又 $\sum_{n=1}^{\infty}\left(\frac{1}{b}\right)^n$ 收敛，则 $\sum_{n=1}^{\infty}\left(\frac{1}{a}\right)^n$ 也收敛. 又

$$\lim_{n\to\infty} \frac{1}{a^n}\bigg/\frac{1}{a^n - b^n} = \lim_{n\to\infty} \frac{a^n - b^n}{a^n} = \lim_{n\to\infty}\left[1 - \left(\frac{b}{a}\right)^n\right] = 1$$

所以级数 $\sum_{n=1}^{\infty} \frac{1}{a^n - b^n}$ 收敛.

【例 9-2-5】 已知正项级数 $\sum_{n=1}^{\infty} a_n$ 发散，证明 $\sum_{n=1}^{\infty} \frac{a_n}{S_n^2}$ 收敛，其中 $S_n = a_1 + a_2 + \cdots + a_n$.

分析 由于级数的一般项抽象，故应考虑从级数收敛的定义入手寻求证明.

证明 $$\frac{a_n}{S_n^2} = \frac{S_n - S_{n-1}}{S_n^2} < \frac{S_n - S_{n-1}}{S_n \cdot S_{n-1}} = \frac{1}{S_{n-1}} - \frac{1}{S_n}\ (n \geqslant 2\ 时)$$

而级数 $\sum_{n=2}^{\infty}\left(\frac{1}{S_{n-1}} - \frac{1}{S_n}\right)$ 的部分和 $\sigma_n = \frac{1}{a_1} - \frac{1}{S_{n+1}} \xrightarrow{n\to\infty} \frac{1}{a_1}$（由于正项级数 $\sum_{n=1}^{\infty} a_n$ 发散，故 $\lim_{n\to\infty} S_n = +\infty$，$\lim_{n\to\infty}\frac{1}{S_{n+1}} = 0$），由比较判别法知 $\sum_{n=2}^{\infty} \frac{a_n}{S_n^2}$ 收敛，再由级数收敛性质知 $\sum_{n=1}^{\infty} \frac{a_n}{S_n^2}$ 收敛.

习题精解

1. 用比较判别法判断下列级数的敛散性：

(1) $\sum\limits_{n=1}^{\infty}\frac{1}{3n-2}$；　(2) $\sum\limits_{n=1}^{\infty}\frac{1}{(n+1)(n+4)}$；　(3) $\sum\limits_{n=1}^{\infty}\sin\frac{\pi}{2^n}$；

(4) $\sum\limits_{n=1}^{\infty}\frac{1}{\sqrt{n^2+n}}$；　(5) $\sum\limits_{n=1}^{\infty}\frac{n+1}{n^3+4n}$；　(6) $\sum\limits_{n=1}^{\infty}\left(1-\cos\frac{1}{n}\right)$；

(7) $\sum\limits_{n=1}^{\infty}\frac{n+1}{n^2}$；　(8) $\sum\limits_{n=1}^{\infty}\frac{3+\cos n}{3^n}$；　(9) $\sum\limits_{n=1}^{\infty}\sin\frac{1}{\sqrt{n}}$.

解　(1) 由于 $\lim\limits_{n\to\infty}\frac{1}{3n-2}/\frac{1}{n}=\frac{1}{3}$，又 $\sum\limits_{n=1}^{\infty}\frac{1}{n}$ 发散，故 $\sum\limits_{n=1}^{\infty}\frac{1}{3n-2}$ 发散.

(2) 由于 $\lim\limits_{n\to\infty}\frac{1}{(n+1)(n+4)}/\frac{1}{n^2}=1$，又 $\sum\limits_{n=1}^{\infty}\frac{1}{n^2}$ 收敛，故 $\sum\limits_{n=1}^{\infty}\frac{1}{(n+1)(n+4)}$ 收敛.

(3) $u_n=\sin\frac{\pi}{2^n}\sim\frac{\pi}{2^n}(n\to\infty)$，又 $\sum\limits_{n=1}^{\infty}\frac{\pi}{2^n}$ 收敛，故 $\sum\limits_{n=1}^{\infty}\sin\frac{\pi}{2^n}$ 收敛.

(4) 由于 $\lim\limits_{n\to\infty}\frac{1}{\sqrt{n^2+n}}\Big/\frac{1}{n}=1$，又 $\sum\limits_{n=1}^{\infty}\frac{1}{n}$ 发散，故 $\sum\limits_{n=1}^{\infty}\frac{1}{\sqrt{n^2+n}}$ 发散.

(5) 由于 $\lim\limits_{n\to\infty}\frac{n+1}{n^3+4n}\Big/\frac{1}{n^2}=1$，又 $\sum\limits_{n=1}^{\infty}\frac{1}{n^2}$ 收敛，故 $\sum\limits_{n=1}^{\infty}\frac{n+1}{n^3+4n}$ 收敛.

(6) $u_n=1-\cos\frac{1}{n}\sim\frac{1}{2}\cdot\frac{1}{n^2}(n\to\infty)$，又 $\sum\limits_{n=1}^{\infty}\frac{1}{2}\cdot\frac{1}{n^2}=\frac{1}{2}\sum\limits_{n=1}^{\infty}\frac{1}{n^2}$ 收敛，故 $\sum\limits_{n=1}^{\infty}\left(1-\cos\frac{1}{n}\right)$ 收敛.

(7) $u_n=\frac{n+1}{n^2}>\frac{n}{n^2}=\frac{1}{n}$，又级数 $\sum\limits_{n=1}^{\infty}\frac{1}{n}$ 发散，故级数 $\sum\limits_{n=1}^{\infty}\frac{n+1}{n^2}$ 发散.

(8) $u_n=\frac{3+\cos n}{3^n}\leqslant\frac{4}{3^n}$，又 $\sum\limits_{n=1}^{\infty}\frac{4}{3^n}$ 收敛，故级数 $\sum\limits_{n=1}^{\infty}\frac{3+\cos n}{3^n}$ 收敛.

(9) $u_n=\sin\frac{1}{\sqrt{n}}\sim\frac{1}{\sqrt{n}}(n\to\infty)$，又 $\sum\limits_{n=1}^{\infty}\frac{1}{\sqrt{n}}$ 发散，故级数 $\sum\limits_{n=1}^{\infty}\sin\frac{1}{\sqrt{n}}$ 发散.

2. 用比值判别法判别下列级数的敛散性：

(1) $\sum\limits_{n=1}^{\infty}\frac{3^n}{ne^n}$；　(2) $\sum\limits_{n=1}^{\infty}n\tan\frac{\pi}{2^{n+1}}$；

(3) $\sum\limits_{n=1}^{\infty}\frac{1\cdot 3\cdots(2n-1)}{n!}$；　(4) $\sum\limits_{n=1}^{\infty}\frac{x^n}{(1+x)(1+x^2)\cdots(1+x^n)}\ (x\geqslant 0)$；

(5) $\sum_{n=1}^{\infty} e^{-n} n!$;　　(6) $\sum_{n=1}^{\infty} \frac{(n+2)!}{n!10^n}$.

解　(1) $\lim_{n\to\infty} \frac{u_{n+1}}{u_n} = \lim_{n\to\infty} \frac{\frac{3^{n+1}}{(n+1)e^{n+1}}}{\frac{3^n}{ne^n}} = \lim_{n\to\infty} \frac{3n}{e(n+1)} = \frac{3}{e} > 1$,故原级数发散.

(2) $\lim_{n\to\infty} \frac{u_{n+1}}{u_n} = \lim_{n\to\infty} \frac{(n+1)\tan \frac{\pi}{2^{n+2}}}{n\tan \frac{\pi}{2^{n+1}}} = \lim_{n\to\infty} \frac{n+1}{2n} = \frac{1}{2} < 1$,故原级数收敛.

(3) $\lim_{n\to\infty} \frac{u_{n+1}}{u_n} = \lim_{n\to\infty} \frac{\frac{1\cdot 3\cdots(2n+1)}{(n+1)!}}{\frac{1\cdot 3\cdots(2n-1)}{n!}} = \lim_{n\to\infty} \frac{2n+1}{n+1} = 2 > 1$,故原级数发散.

(4) $\lim_{n\to\infty} \frac{u_{n+1}}{u_n} = \lim_{n\to\infty} \frac{x}{1+x^{n+1}} = \begin{cases} x & 0 \leqslant x < 1 \\ \frac{1}{2} & x = 1 \\ 0 & x > 1 \end{cases}$,故对任意的 $x \geqslant 0$,均有原级数收敛.

(5) $\lim_{n\to\infty} \frac{u_{n+1}}{u_n} = \lim_{n\to\infty} \frac{e^{-(n+1)}(n+1)!}{e^{-n}n!} = \lim_{n\to\infty} \frac{n+1}{e} = +\infty$,故原级数发散.

(6) $\lim_{n\to\infty} \frac{u_{n+1}}{u_n} = \lim_{n\to\infty} \frac{\frac{(n+3)!}{(n+1)!10^{n+1}}}{\frac{(n+2)!}{n!10^n}} = \lim_{n\to\infty} \frac{n+3}{10(n+1)} = \frac{1}{10} < 1$,故原级数收敛.

3. 用根值判别法判断下列级数的敛散性:

(1) $\sum_{n=1}^{\infty} \frac{1}{(2n+1)^n}$;　　(2) $\sum_{n=1}^{\infty} \frac{2+(-1)^n}{2^n}$.

解　(1) $\lim_{n\to\infty} \sqrt[n]{u_n} = \lim_{n\to\infty} \frac{1}{2n+1} = 0 < 1$,故原级数收敛.

(2) $\lim_{n\to\infty} \sqrt[n]{u_n} = \lim_{n\to\infty} \sqrt[n]{\frac{2+(-1)^n}{2^n}} = \frac{1}{2} < 1$,故原级数收敛.

4. 用适当的方法判别下列级数的敛散性:

(1) $\sum_{n=1}^{\infty} \frac{1}{n\sqrt{n+1}}$;　　(2) $\sum_{n=1}^{\infty} \frac{1}{\sqrt{n}} \sin \frac{2}{\sqrt{n}}$;

(3) $\sum_{n=1}^{\infty} \frac{(n!)^2}{(2n)!}$;　　(4) $\sum_{n=1}^{\infty} \frac{1}{4^n}\left(1+\frac{1}{n}\right)^{n^2}$;

(5) $\sum\limits_{n=1}^{\infty} \dfrac{3^n}{1+e^n}$； (6) $\sum\limits_{n=1}^{\infty} \dfrac{n^4}{n!}$.

解 (1) 由于 $\lim\limits_{n\to\infty} \dfrac{1}{n\sqrt{n+1}} \Big/ \dfrac{1}{n^{3/2}} = 1$，且级数 $\sum\limits_{n=1}^{\infty} \dfrac{1}{n^{3/2}}$ 收敛，则原级数收敛.

(2) 由于 $u_n = \dfrac{1}{\sqrt{n}} \sin \dfrac{2}{\sqrt{n}} \sim \dfrac{1}{\sqrt{n}} \cdot \dfrac{2}{\sqrt{n}} = \dfrac{2}{n} (n \to \infty)$，且级数 $\sum\limits_{n=1}^{\infty} \dfrac{2}{n}$ 发散，则原级数发散.

(3) $\lim\limits_{n\to\infty} \dfrac{u_{n+1}}{u_n} = \lim\limits_{n\to\infty} \dfrac{[(n+1)!]^2}{(2n+2)!} \Big/ \dfrac{(n!)^2}{(2n)!} = \lim\limits_{n\to\infty} \dfrac{n+1}{2(2n+1)} = \dfrac{1}{4} < 1$，则原级数收敛.

(4) $\lim\limits_{n\to\infty} \sqrt[n]{u_n} = \lim\limits_{n\to\infty} \sqrt[n]{\dfrac{1}{4^n}\left(1+\dfrac{1}{n}\right)^{n^2}} = \lim\limits_{n\to\infty} \dfrac{1}{4}\left(1+\dfrac{1}{n}\right)^n = \dfrac{e}{4} < 1$，则原级数收敛.

(5) $\lim\limits_{x\to\infty} \dfrac{3^n}{1+e^n} \Big/ \left(\dfrac{3}{e}\right)^n = 1$，且级数 $\sum\limits_{n=1}^{\infty} \left(\dfrac{3}{e}\right)^n$ 发散，则原级数发散.

(6) $\lim\limits_{n\to\infty} \dfrac{u_{n+1}}{u_n} = \lim\limits_{n\to\infty} \dfrac{(n+1)^4}{(n+1)!} / \dfrac{n^4}{n!} = \lim\limits_{n\to\infty} \left(\dfrac{n+1}{n}\right)^4 \cdot \dfrac{1}{n+1} = 0 < 1$，则原级数收敛.

5. 若级数 $\sum\limits_{n=1}^{\infty} u_n^2$ 和 $\sum\limits_{n=1}^{\infty} v_n^2$ 都收敛，证明级数 $\sum\limits_{n=1}^{\infty} |u_n v_n|$ 与 $\sum\limits_{n=1}^{\infty} (u_n + v_n)^2$ 均收敛.

证明 ① 因为 $|u_n v_n| \leqslant \dfrac{u_n^2 + v_n^2}{2}$，而 $\sum\limits_{n=1}^{\infty} \dfrac{u_n^2 + v_n^2}{2} = \dfrac{1}{2}\left(\sum\limits_{n=1}^{\infty} u_n^2 + \sum\limits_{n=1}^{\infty} v_n^2\right)$ 收敛，故级数 $\sum\limits_{n=1}^{\infty} |u_n v_n|$ 收敛.

② 因为 $(u_n + v_n)^2 \leqslant 2(u_n^2 + v_n^2)$，而 $\sum\limits_{n=1}^{\infty} 2(u_n^2 + v_n^2)$ 收敛，故 $\sum\limits_{n=1}^{\infty} (u_n + v_n)^2$ 收敛.

6. 利用级数收敛的必要条件证明：

(1) $\lim\limits_{n\to\infty} \dfrac{n^n}{(n!)^2} = 0$.

证明 考虑级数 $\sum\limits_{n=1}^{\infty} \dfrac{n^n}{(n!)^2}$，因为 $\lim\limits_{n\to\infty} \dfrac{u_{n+1}}{u_n} = \lim\limits_{n\to\infty} \dfrac{\left(1+\dfrac{1}{n}\right)^n}{n+1} = 0 < 1$，所以级数 $\sum\limits_{n=1}^{\infty} \dfrac{n^n}{(n!)^2}$ 收敛，由级数收敛的必要条件知 $\lim\limits_{n\to\infty} \dfrac{n^n}{(n!)^2} = 0$.

第三节　任意项级数敛散性的判别法

内容提要

1. 掌握莱布尼兹判别法

若交错级数 $\sum_{n=1}^{\infty}(-1)^{n+1}u_n(u_n>0)$ 满足条件：

(1) 数列 $\{u_n\}$ 单调减少，即 $u_{n+1}\leqslant u_n(n=1,2,\cdots)$；

(2) $\lim_{n\to\infty}u_n=0$，

则交错级数 $\sum_{n=1}^{\infty}(-1)^{n+1}u_n$ 收敛，且其和 S 满足 $0\leqslant S\leqslant u_1$，余和 r_n 的绝对值 $|r_n|\leqslant u_{n+1}$.

2. 理解绝对收敛与条件收敛的概念

设任意项级数 $\sum_{n=1}^{\infty}u_n$，若 $\sum_{n=1}^{\infty}|u_n|$ 收敛，则称原级数 $\sum_{n=1}^{\infty}u_n$ 绝对收敛；若 $\sum_{n=1}^{\infty}|u_n|$ 发散，而 $\sum_{n=1}^{\infty}u_n$ 收敛，则称 $\sum_{n=1}^{\infty}u_n$ 条件收敛.

释疑解惑

【问 9-3-1】　当交错级数 $\sum_{n=1}^{\infty}(-1)^{n+1}u_n$ 不满足莱布尼兹判别法中的条件 $u_{n+1}\leqslant u_n$ 时，那么它是否一定发散呢？

答　不一定.

当条件 $u_{n+1}\leqslant u_n$ 不满足时，级数可能收敛，也可能发散.

如，交错级数 $\sum_{n=2}^{\infty}\frac{(-1)^n}{\sqrt{n}+(-1)^n}$，它不满足 $u_{n+1}\leqslant u_n$，由于 $\frac{(-1)^n}{\sqrt{n}+(-1)^n}=$

$$\frac{(-1)^n[\sqrt{n}-(-1)^n]}{n-1}=\frac{(-1)^n\sqrt{n}}{n-1}-\frac{1}{n-1}$$

可知该级数可表示为一个条件收敛级数 $\sum_{n=2}^{\infty}\frac{(-1)^n\sqrt{n}}{n-1}$ 与一个发散的调和级数 $\sum_{n=2}^{\infty}\frac{1}{n-1}$ 之差，因此原级数 $\sum_{n=2}^{\infty}\frac{(-1)^n}{\sqrt{n}+(-1)^n}$ 发散.

又如，交错级数 $\sum_{n=2}^{\infty}\frac{(-1)^n}{\sqrt{n+(-1)^n}}$，它不满足 $u_{n+1}\leqslant u_n$，但可证明它是收敛的，因为

$$S_{2n}=\left(\frac{1}{\sqrt{3}}-\frac{1}{\sqrt{2}}\right)+\left(\frac{1}{\sqrt{5}}-\frac{1}{\sqrt{4}}\right)+\cdots+\left(\frac{1}{\sqrt{2n+1}}-\frac{1}{\sqrt{2n}}\right)$$

是单调减少的数列，且

$$S_{2n}=-\frac{1}{\sqrt{2}}+\left(\frac{1}{\sqrt{3}}-\frac{1}{\sqrt{4}}\right)+\cdots+\left(\frac{1}{\sqrt{2n-1}}-\frac{1}{\sqrt{2n}}\right)+\frac{1}{\sqrt{2n+1}}>-\frac{1}{\sqrt{2}}$$

知 S_{2n} 有下界，故 $\lim\limits_{n\to\infty}S_{2n}$ 存在，记为 S，又 $\lim\limits_{n\to\infty}u_{2n+1}=0$，从而

$$\lim_{n\to\infty}S_{2n+1}=\lim_{n\to\infty}(S_{2n}+u_{2n+1})=S,$$

因此 $\lim\limits_{n\to\infty}S_n=S$，即该级数收敛.

所以莱布尼兹判别法仅是一个充分性判别法.

【问 9-3-2】 如何判别任意项级数 $\sum\limits_{n=1}^{\infty}u_n$ 是绝对收敛，条件收敛还是发散？

答 首先应用比值判别法或根值判别法判别绝对值级数 $\sum\limits_{n=1}^{\infty}|u_n|$ 的敛散性. 若 $\rho<1$，则原级数 $\sum\limits_{n=1}^{\infty}u_n$ 绝对收敛；若 $\rho>1$，原级数 $\sum\limits_{n=1}^{\infty}u_n$ 发散（因为 $u_n\not\to 0$）；若 $\rho=1$ 时，可应用比较判别法判别绝对值级数 $\sum\limits_{n=1}^{\infty}|u_n|$ 的敛散性. 若收敛，则原级数绝对收敛；若 $\sum\limits_{n=1}^{\infty}|u_n|$ 发散，再应用莱布尼兹判别法或级数收敛定义判别 $\sum\limits_{n=1}^{\infty}u_n$ 的敛散性，若收敛，则原级数 $\sum\limits_{n=1}^{\infty}u_n$ 条件收敛.

例 1 判别级数 $\sum\limits_{n=2}^{\infty}\dfrac{(-1)^n}{[n+(-1)^n]^3}$ 的敛散性（包括绝对收敛或条件收敛）.

解 对于交错级数，先要讨论其是否绝对收敛，为此先讨论绝对值级数

$$\sum_{n=2}^{\infty}\left|\frac{(-1)^n}{[n+(-1)^n]^3}\right|=\sum_{n=2}^{\infty}\frac{1}{[n+(-1)^n]^3}$$

是否收敛，宜采用比较判别法. 由于

$$\lim_{n\to\infty}\frac{1}{[n+(-1)^n]^3}\Big/\frac{1}{n^3}=\lim_{n\to\infty}\frac{n^3}{[n+(-1)^n]^3}=\lim_{n\to\infty}\frac{1}{[1+(-1)^n/n]^3}=1$$

且级数 $\sum\limits_{n=2}^{\infty}\dfrac{1}{n^3}$ 收敛，故绝对值级数收敛，所以级数 $\sum\limits_{n=2}^{\infty}\dfrac{(-1)^n}{[n+(-1)^n]^3}$ 绝对收敛.

例 2 判别级数 $\sum\limits_{n=3}^{\infty}(-1)^n\dfrac{\ln n}{n}$ 的敛散性（包括绝对收敛或条件收敛）.

解 考虑绝对值级数

$$\sum_{n=3}^{\infty}\left|(-1)^n\frac{\ln n}{n}\right|=\sum_{n=3}^{\infty}\frac{\ln n}{n}$$

由于$\lim\limits_{n\to\infty}\frac{\ln n}{n}\Big/\frac{1}{n}=\lim\limits_{n\to\infty}\ln n=+\infty$,且级数$\sum\limits_{n=1}^{\infty}\frac{1}{n}$发散,则原级数不绝对收敛.

又$\sum\limits_{n=3}^{\infty}(-1)^n\frac{\ln n}{n}=\sum\limits_{n=3}^{\infty}(-1)^n u_n$,且

$$\lim_{n\to\infty}u_n=\lim_{n\to\infty}\frac{\ln n}{n}=\lim_{x\to+\infty}\frac{\ln x}{x}=\lim_{x\to+\infty}\frac{1}{x}=0,$$

设$f(x)=\frac{\ln x}{x}$,$u_n=f(n)$,$f'(x)=\frac{1-\ln x}{x^2}<0$,$x\in(e,+\infty)$,易知$f(x)$在$(e,+\infty)$上单调递减,故$u_n=f(n)$也单调递减,即$u_{n+1}\leqslant u_n$,满足莱布尼兹判别法两条件,所以原级数收敛,结合前面的讨论,可知原级数条件收敛.

例3 讨论级数$\sum\limits_{n=1}^{\infty}(-1)^n\frac{n}{(n+1)^{p+1}p^{n+1}}(p>0)$是绝对收敛,条件收敛还是发散.

解 考虑绝对值级数$\sum\limits_{n=1}^{\infty}\left|(-1)^n\frac{n}{(n+1)^{p+1}p^{n+1}}\right|=\sum\limits_{n=1}^{\infty}\frac{n}{(n+1)^{p+1}p^{n+1}}$,

$$\lim_{n\to\infty}\frac{|u_{n+1}|}{|u_n|}=\lim_{n\to\infty}\frac{n+1}{n}\cdot\left(\frac{n+1}{n+2}\right)^{p+1}\cdot\frac{1}{p}=\frac{1}{p}$$

当$\frac{1}{p}<1$即$p>1$时,原级数绝对收敛;当$\frac{1}{p}>1$即$p<1$时,原级数发散;当$\frac{1}{p}=1$即$p=1$时,原级数为$\sum\limits_{n=1}^{\infty}(-1)^n\frac{n}{(n+1)^2}$,其绝对值级数为$\sum\limits_{n=1}^{\infty}\frac{n}{(n+1)^2}$,由于$\lim\limits_{n\to\infty}\frac{\frac{n}{(n+1)^2}}{\frac{1}{n}}=1$,而$\sum\limits_{n=1}^{\infty}\frac{1}{n}$发散,由比较判别法的极限形式知$\sum\limits_{n=1}^{\infty}\frac{n}{(n+1)^2}$发散,故原级数$\sum\limits_{n=1}^{\infty}(-1)^n\frac{n}{(n+1)^2}$不绝对收敛. 但对$\sum\limits_{n=1}^{\infty}(-1)^n\frac{n}{(n+1)^2}$,由于$\frac{n}{(n+1)^2}\to0(n\to\infty)$,又$\left[\frac{x}{(x+1)^2}\right]'=\frac{1-x}{(x+1)^3}<0$ ($x>1$时),即$\frac{n}{(n+1)^2}$单调减少,由莱布尼兹判别法知级数$\sum\limits_{n=1}^{\infty}(-1)^n\frac{n}{(n+1)^2}$条件收敛.

【问 9-3-3】 无穷级数与数列之间有什么关系?

答 无穷级数与数列之间有着密切的联系.数列的极限是建立级数理论的基础.级数作为无限项的和,是通过有限项和的极限(即部分和数列的极限)来认识的.

反过来,也可利用级数的理论来讨论数列的极限问题.

例 求$\lim\limits_{n\to\infty}\dfrac{2^n n!}{n^n}$.

解 考查$\sum\limits_{n=1}^{\infty}\dfrac{2^n n!}{n^n}$的敛散性,由于

$$\lim_{n\to\infty}\frac{2^{n+1}(n+1)!}{(n+1)^{n+1}}\cdot\frac{n^n}{2^n\cdot n!}=\lim_{n\to\infty}\frac{2}{\left(1+\frac{1}{n}\right)^n}=\frac{2}{\mathrm{e}}<1$$

则级数$\sum\limits_{n=1}^{\infty}\dfrac{2^n n!}{n^n}$收敛,故$\lim\limits_{n\to\infty}\dfrac{2^n n!}{n^n}=0$.

【问 9-3-4】 若级数$\sum\limits_{n=1}^{\infty}u_n$收敛,并且$\lim\limits_{n\to\infty}\dfrac{u_n}{v_n}=1$,能否断定级数$\sum\limits_{n=1}^{\infty}v_n$也收敛?

答 不一定.

我们知道,对于正项级数,比较判别法的极限形式就是$\lim\limits_{n\to\infty}\dfrac{u_n}{v_n}=l,0<l<+\infty$,则$\sum\limits_{n=1}^{\infty}u_n$与$\sum\limits_{n=1}^{\infty}v_n$同时收敛或同时发散.本题中$\sum\limits_{n=1}^{\infty}u_n$与$\sum\limits_{n=1}^{\infty}v_n$未说明是否为正项级数,在此条件下是否还能由$\sum\limits_{n=1}^{\infty}u_n$收敛断定$\sum\limits_{n=1}^{\infty}v_n$收敛呢?事实上,这样的结论已不成立.比如

$$\sum_{n=1}^{\infty}u_n=\sum_{n=1}^{\infty}\left(\frac{(-1)^n}{\sqrt{n}}+\frac{1}{n}\right),\sum_{n=1}^{\infty}v_n=\sum_{n=1}^{\infty}\frac{(-1)^n}{\sqrt{n}}$$

且
$$\lim_{n\to\infty}\frac{u_n}{v_n}=\lim_{n\to\infty}\left(\frac{(-1)^n}{\sqrt{n}}+\frac{1}{n}\right)\Big/\frac{(-1)^n}{\sqrt{n}}=\lim_{n\to\infty}1+\frac{(-1)^n}{\sqrt{n}}=1$$

符合$\lim\limits_{n\to\infty}\dfrac{u_n}{v_n}=1$的要求,级数$\sum\limits_{n=1}^{\infty}u_n$发散,而$\sum\limits_{n=1}^{\infty}v_n$收敛.

注意:对于正项级数的比较判别法的极限形式不能用于任意项级数.

【问 9-3-5】 判别下列命题是否正确.

(1) 若级数$\sum\limits_{n=1}^{\infty}u_n^2$与$\sum\limits_{n=1}^{\infty}v_n^2$均收敛,则级数$\sum\limits_{n=1}^{\infty}(u_n+v_n)^2$收敛.

(2) 若级数$\sum\limits_{n=1}^{\infty}|u_n v_n|$收敛,则级数$\sum\limits_{n=1}^{\infty}u_n^2$与$\sum\limits_{n=1}^{\infty}v_n^2$均收敛.

(3) 若正项级数$\sum\limits_{n=1}^{\infty}u_n$发散,则$u_n\geqslant\dfrac{1}{n}$.

(4) 若级数$\sum\limits_{n=1}^{\infty}u_n$收敛,且$u_n\geqslant v_n(n=1,2,\cdots)$,则级数$\sum\limits_{n=1}^{\infty}v_n$也收敛.

答 (1) 结论正确.

由于$(u_n+v_n)^2=u_n^2+v_n^2+2u_nv_n$,$2u_nv_n\leqslant u_n^2+v_n^2$,则$(u_n+v_n)^2\leqslant 2u_n^2+2v_n^2$,

又 $\sum_{n=1}^{\infty}(u_n+v_n)^2$ 为正项级数，故由比较判别法知 $\sum_{n=1}^{\infty}(u_n+v_n)^2$ 收敛.

(2) 结论不一定成立.

例如 $u_n=0$，则对任意的 v_n 均满足条件，结论显然不一定成立.

(3) 结论不一定成立.

例如 $u_n=\frac{1}{n}-\frac{1}{n^2}$，则级数 $\sum_{n=1}^{\infty}u_n=\sum_{n=1}^{\infty}\frac{1}{n}-\sum_{n=1}^{\infty}\frac{1}{n^2}$，由于级数 $\sum_{n=1}^{\infty}u_n$ 为发散级数与收敛级数之和，故必发散，满足条件但结论不成立.

(4) 结论不一定成立.

例如 $u_n=0, v_n=-1$，满足 $u_n\geqslant v_n$，且 $\sum_{n=1}^{\infty}u_n=0$ 收敛但 $\sum_{n=1}^{\infty}v_n$ 发散.

要注意的是，只有正项级数比较判别法才成立.

例题解析

【例 9-3-1】 设正项数列 $\{a_n\}$ 单调减少，且 $\sum_{n=1}^{\infty}(-1)^n a_n$ 发散，试问 $\sum_{n=1}^{\infty}\left(\frac{1}{a_n+1}\right)^n$ 是否收敛?并说明理由.

分析 级数 $\sum_{n=1}^{\infty}\left(\frac{1}{a_n+1}\right)^n$ 为正项级数，由通项表达式可试用根值判别法.

解 由于数列 $\{a_n\}$ 单调减少又 $a_n>0$，可知其极限 $\lim\limits_{n\to\infty}a_n$ 存在，记为 a. 由极限的保号性定理知 $a\geqslant 0$. 若 $a=0$，则由莱布尼兹判别法知 $\sum_{n=1}^{\infty}(-1)^n a_n$ 必收敛，这与已知 $\sum_{n=1}^{\infty}(-1)^n a_n$ 发散矛盾，故 $a>0$. 于是

$$\lim_{n\to\infty}\sqrt[n]{\left(\frac{1}{a_n+1}\right)^n}=\lim_{n\to\infty}\frac{1}{a_n+1}=\frac{1}{a+1}<1,$$

由根值判别法知，$\sum_{n=1}^{\infty}\left(\frac{1}{a_n+1}\right)^n$ 收敛.

【例 9-3-2】 讨论 $\sum_{n=1}^{\infty}(-1)^n\frac{a^n}{n^p}(p>0)$ 的敛散性，其中 $a\neq 0$.

分析 当级数通项 u_n 中含有参数时，其敛散性通常与参数取值有关，应讨论参数的取值范围.

解 由比值判别法，$\lim\limits_{n\to\infty}\left|\frac{u_{n+1}}{u_n}\right|=\lim\limits_{n\to\infty}\frac{\frac{|a|^{n+1}}{(n+1)^p}}{\frac{|a|^n}{n^p}}=|a|$.

当$0<|a|<1$时，原级数绝对收敛；当$|a|>1$时，原级数发散；当$a=1$时，原级数为$\sum_{n=1}^{\infty}\frac{(-1)^n}{n^p}$，其绝对值级数为$\sum_{n=1}^{\infty}\frac{1}{n^p}$，当$p>1$时，原级数$\sum_{n=1}^{\infty}\frac{(-1)^n}{n^p}$绝对收敛，当$0<p\leqslant 1$时，由莱布尼兹判别法知$\sum_{n=1}^{\infty}\frac{(-1)^n}{n^p}$条件收敛；当$a=-1$时，原级数为$\sum_{n=1}^{\infty}\frac{1}{n^p}$，当$p>1$时收敛，$0<p\leqslant 1$时发散.

【例 9-3-3】 设级数$\sum_{n=1}^{\infty}a_n^2$收敛，试判断级数$\sum_{n=1}^{\infty}(-1)^n\frac{|a_n|}{\sqrt{n^2+\lambda}}$的敛散性$(\lambda>0)$.

分析 为了与已知条件$\sum_{n=1}^{\infty}a_n^2$收敛联系起来，再考虑到所给级数的通项的绝对值$\frac{|a_n|}{\sqrt{n^2+\lambda}}$为两项之积.

解 由于$\left|(-1)^n\frac{|a_n|}{\sqrt{n^2+\lambda}}\right|\leqslant\frac{1}{2}\left(a_n^2+\frac{1}{n^2+\lambda}\right)$，而级数$\sum_{n=1}^{\infty}a_n^2$与$\sum_{n=1}^{\infty}\frac{1}{n^2+\lambda}$均收敛，故原级数收敛且绝对收敛.

【例 9-3-4】 证明：若$\lim\limits_{n\to\infty}\left(\frac{b_n}{b_{n+1}}-1\right)=c>0$，则级数$\sum_{n=1}^{\infty}(-1)^n b_n\ (b_n>0)$收敛.

证明 设$|u_n|=|(-1)^n b_n|=b_n$，由于$\lim\limits_{n\to\infty}\left(\frac{b_n}{b_{n+1}}-1\right)=c>0$，则$\lim\limits_{n\to\infty}\frac{b_n}{b_{n+1}}=1+c>1$，也即$\lim\limits_{n\to\infty}\frac{b_{n+1}}{b_n}=\frac{1}{1+c}<1$，由比值判别法可知级数$\sum_{n=1}^{\infty}b_n$收敛，故原级数绝对收敛.

习题精解

1. 判别下列级数是绝对收敛，条件收敛还是发散：

(1) $\sum_{n=1}^{\infty}(-1)^{n-1}\frac{n}{(n+1)^2}$；

(2) $\sum_{n=1}^{\infty}\frac{\alpha^n}{n!}$（$\alpha$为常数）；

(3) $\sum_{n=1}^{\infty}(-1)^n\frac{1}{n(n+1)}$；

(4) $\sum_{n=1}^{\infty}(-1)^n\left(\frac{2n+100}{3n+5}\right)^n$；

(5) $\sum_{n=2}^{\infty}(-1)^n\frac{n}{n+1}$；

(6) $\sum_{n=1}^{\infty}\frac{(-1)^{n-1}}{\pi^{n+1}}\sin\frac{\pi}{n+1}$；

(7) $\sum_{n=1}^{\infty}(-1)^n\frac{1}{\ln(n+1)}$；

(8) $\sum_{n=1}^{\infty}(-1)^{n-1}\frac{2^n}{n}$.

解　(1) $\lim\limits_{n\to\infty}\dfrac{n}{(n+1)^2}\Big/\dfrac{1}{n}=1$，又级数$\sum\limits_{n=1}^{\infty}\dfrac{1}{n}$发散，则原级数不绝对收敛.

但$u_n=\dfrac{n}{(n+1)^2}\to 0(n\to\infty)$，又$\left[\dfrac{x}{(x+1)^2}\right]'=\dfrac{1-x}{(x+1)^3}<0(x>1)$，即$u_n$单调递减，故原级数条件收敛.

(2) 因为$\lim\limits_{n\to\infty}\dfrac{|u_{n+1}|}{|u_n|}=\lim\limits_{n\to\infty}\dfrac{|\alpha|}{n+1}=0<1$，故可知原级数绝对收敛.

(3) 因为$\lim\limits_{n\to\infty}|u_n|\Big/\dfrac{1}{n^2}=\lim\limits_{n\to\infty}\dfrac{1}{n(n+1)}\Big/\dfrac{1}{n^2}=1$，而级数$\sum\limits_{n=1}^{\infty}\dfrac{1}{n^2}$收敛，故原级数绝对收敛.

(4) 由于$\lim\limits_{n\to\infty}\sqrt[n]{|u_n|}=\lim\limits_{n\to\infty}\dfrac{2n+100}{3n+5}=\dfrac{2}{3}<1$，故原级数绝对收敛.

(5) 由于$\lim\limits_{n\to\infty}\dfrac{n}{n+1}=1$，可知$\lim\limits_{n\to\infty}(-1)^n\dfrac{n}{n+1}$不存在，故原级数发散.

(6) $|u_n|\leqslant\dfrac{1}{\pi^{n+1}}$，又$\sum\limits_{n=1}^{\infty}\dfrac{1}{\pi^{n+1}}$收敛，故原级数绝对收敛.

(7) $\lim\limits_{n\to\infty}\dfrac{1}{\ln(n+1)}/\dfrac{1}{n}=\infty$，又级数$\sum\limits_{n=1}^{\infty}\dfrac{1}{n}$发散，则$\sum\limits_{n=1}^{\infty}\dfrac{1}{\ln(n+1)}$发散. $u_n=\dfrac{1}{\ln(n+1)}$单调减少，$u_n=\dfrac{1}{\ln(n+1)}\to 0(n\to\infty)$，故$\sum\limits_{n=1}^{\infty}(-1)^n\dfrac{1}{\ln(n+1)}$条件收敛.

(8) $\lim\limits_{n\to\infty}\dfrac{2^n}{n}=\lim\limits_{x\to+\infty}\dfrac{2^x}{x}=\lim\limits_{x\to+\infty}2^x\ln 2=+\infty$，则$\lim\limits_{n\to\infty}(-1)^{n-1}\dfrac{2^n}{n}\neq 0$，故原级数发散.

3. (单项选择) 设$u_n=(-1)^n\ln\left(1+\dfrac{1}{\sqrt{n}}\right)$，则级数(　　).

A. $\sum\limits_{n=1}^{\infty}u_n$与$\sum\limits_{n=1}^{\infty}u_n^2$都收敛　　B. $\sum\limits_{n=1}^{\infty}u_n$与$\sum\limits_{n=1}^{\infty}u_n^2$都发散

C. $\sum\limits_{n=1}^{\infty}u_n$收敛而$\sum\limits_{n=1}^{\infty}u_n^2$发散　　D. $\sum\limits_{n=1}^{\infty}u_n$发散而$\sum\limits_{n=1}^{\infty}u_n^2$收敛

解　$u_n^2=\ln^2\left(1+\dfrac{1}{\sqrt{n}}\right)\sim\left(\dfrac{1}{\sqrt{n}}\right)^2=\dfrac{1}{n}$，故$\sum\limits_{n=1}^{\infty}u_n^2$发散，但$|u_n|=\ln\left(1+\dfrac{1}{\sqrt{n}}\right)$单调减少且趋于零，故$\sum\limits_{n=1}^{\infty}u_n$收敛，选 C.

第四节　幂级数

内容提要

1. 理解函数项级数以及函数项级数的收敛域、发散域、和函数等概念. 掌握函数项级数 $\sum_{n=1}^{\infty}u_n(x)$ 收敛于和函数 $S(x)$ 的充要条件是其部分和的极限 $\lim_{n\to\infty}S_n(x)=S(x)$，或余和的极限 $\lim_{n\to\infty}r_n(x)=0$.

2. 理解幂级数的概念

形如 $\sum_{n=0}^{\infty}a_n(x-x_0)^n=a_0+a_1(x-x_0)+\cdots+a_n(x-x_0)^n+\cdots$ 的函数项级数称为 $(x-x_0)$ 的幂级数，其中 $a_0,a_1,\cdots$ 都是常数，称为幂级数的系数，而 $x_0=0$ 的幂级数 $\sum_{n=0}^{\infty}a_nx^n$ 称为 x 的幂级数.

3. 理解阿贝尔定理

如果幂级数 $\sum_{n=0}^{\infty}a_nx^n$ 在 $x=x_0(x_0\neq 0)$ 时收敛，则对于满足不等式 $|x|<|x_0|$ 的一切 x，幂级数 $\sum_{n=0}^{\infty}a_nx^n$ 绝对收敛；如果幂级数 $\sum_{n=0}^{\infty}a_nx^n$ 在 $x=x_0$ 时发散，则对于满足不等式 $|x|>|x_0|$ 的一切 x，幂级数 $\sum_{n=1}^{\infty}a_nx^n$ 发散.

4. 理解幂级数的收敛半径概念，并会求幂级数的收敛半径和收敛域.

在幂级数 $\sum_{n=0}^{\infty}a_nx^n$ 中，若 $\lim_{n\to\infty}\left|\frac{a_{n+1}}{a_n}\right|=\rho$，则收敛半径为 $R=\frac{1}{\rho}$（当 $\rho=0$ 时，$R=+\infty$；当 $\rho=+\infty$ 时，$R=0$）.

再考虑在 $x=x_0\pm R$ 处 $\sum_{n=0}^{\infty}a_nx^n$ 的敛散性，便得到 $\sum_{n=0}^{\infty}a_nx^n$ 的收敛域.

5. 掌握幂级数的代数运算和分析运算

(1) 代数运算

设幂级数 $\sum_{n=0}^{\infty}a_nx^n$ 和 $\sum_{n=0}^{\infty}b_nx^n$ 的收敛半径分别为 R_1 和 R_2，记 $R=\min\{R_1,R_2\}$，则

① 加减法运算　$\sum_{n=0}^{\infty}a_nx^n\pm\sum_{n=0}^{\infty}b_nx^n=\sum_{n=0}^{\infty}(a_n\pm b_n)x^n,x\in(-R,R)$

② 乘法运算　$\left(\sum_{n=0}^{\infty}a_nx^n\right)\cdot\left(\sum_{n=0}^{\infty}b_nx^n\right)=\sum_{n=0}^{\infty}c_nx^n,x\in(-R,R)$，其中

$c_n=\sum_{k=0}^{n}a_kb_{n-k}$.

(2) 分析运算

设幂级数 $\sum_{n=0}^{\infty}a_nx^n$ 的收敛半径为 R，和函数为 $S(x)$，收敛域为 I，则和函数 $S(x)$ 具有下列性质：

性质 1 幂级数 $\sum_{n=0}^{\infty}a_nx^n$ 的和函数 $S(x)$ 在收敛域 I 上连续.

性质 2 幂级数 $\sum_{n=0}^{\infty}a_nx^n$ 的和函数 $S(x)$ 在收敛域 I 上可积，并有逐项积分公式

$$\int_0^x S(x)\mathrm{d}x=\int_0^x\left(\sum_{n=0}^{\infty}a_nx^n\right)\mathrm{d}x=\sum_{n=0}^{\infty}\int_0^x a_nx^n\mathrm{d}x=\sum_{n=0}^{\infty}\frac{a_n}{n+1}x^{n+1}$$

逐项积分后所得的幂级数和原级数有相同的收敛半径.

性质 3 幂级数的和函数 $S(x)$ 在收敛区间 $(-R,R)$ 内可导，且有逐项求导公式

$$S'(x)=\left(\sum_{n=0}^{\infty}a_nx^n\right)'=\sum_{n=0}^{\infty}(a_nx^n)'=\sum_{n=1}^{\infty}na_nx^{n-1}$$

逐项求导后得到的幂级数和原级数有相同的收敛半径.

6. 理解并掌握函数的幂级数展开定理

设函数 $f(x)$ 在包含 x_0 的某区间 I 内具有任意阶导数，则 $f(x)$ 在该区间内能展开为泰勒级数

$$f(x)=\sum_{n=0}^{\infty}\frac{f^{(n)}(x_0)}{n!}(x-x_0)^n$$

的充分必要条件是 $f(x)$ 的泰勒公式中的余项 $R_n(x)$ 当 $n\to\infty$ 时的极限为零，即

$$\lim_{n\to\infty}R_n(x)=\lim_{n\to\infty}\frac{f^{(n+1)}(\xi)}{(n+1)!}(x-x_0)^{n+1}=0,\xi\text{ 在 }x_0\text{ 与 }x\text{ 之间},x\in I$$

7. 熟练掌握下面几个初等函数的幂级数展开式，并能利用这些展开式，结合幂级数的四则运算、分析性质、变量代换等方法，将一些较简单的函数展开为幂级数. 常见的幂级数展开式如下：

(1) $\mathrm{e}^x=1+x+\frac{x^2}{2!}+\cdots+\frac{x^n}{n!}+\cdots=\sum_{n=0}^{\infty}\frac{x^n}{n!}\quad x\in(-\infty,+\infty)$；

(2) $\sin x=x-\frac{x^3}{3!}+\frac{x^5}{5!}-\cdots+(-1)^n\frac{x^{2n+1}}{(2n+1)!}+\cdots$

$$=\sum_{n=0}^{\infty}(-1)^n\frac{x^{2n+1}}{(2n+1)!}\quad x\in(-\infty,+\infty);$$

(3) $\cos x=1-\frac{x^2}{2!}+\frac{x^4}{4!}-\cdots+(-1)^n\frac{x^{2n}}{(2n)!}+\cdots$

$$= \sum_{n=0}^{\infty}(-1)^n \frac{x^{2n}}{(2n)!} \quad x \in (-\infty, +\infty);$$

(4)$\ln(1+x) = x - \frac{x^2}{2} + \frac{x^3}{3} - \cdots + (-1)^{n-1}\frac{x^n}{n} + \cdots$

$$= \sum_{n=1}^{\infty}(-1)^{n-1}\frac{x^n}{n} \quad (-1 < x \leqslant 1);$$

(5)$(1+x)^{\alpha} = 1 + \alpha x + \frac{\alpha(\alpha-1)}{2!}x^2 + \cdots + \frac{\alpha(\alpha-1)\cdots(\alpha-n+1)}{n!}x^n + \cdots$

$(|x| < 1)$;

(6)$\frac{1}{1+x} = 1 - x + x^2 - \cdots + (-1)^n x^n + \cdots = \sum_{n=0}^{\infty}(-1)^n x^n$

$(|x| < 1)$;

(7)$\frac{1}{1-x} = 1 + x + x^2 + \cdots + x^n + \cdots = \sum_{n=0}^{\infty} x^n \quad (|x| < 1)$.

释疑解惑

【问 9-4-1】 设幂级数 $\sum_{n=0}^{\infty} a_n x^n$ 的收敛半径 $R_1 = 1$，要求幂级数 $\sum_{n=0}^{\infty}\frac{a_n}{n!}x^n$ 的收敛半径 R_2，有人求解如下：由 $R_1 = 1$，有 $\lim_{n\to\infty}\left|\frac{a_{n+1}}{a_n}\right| = 1$，设 $b_n = \frac{a_n}{n!}$，于是

$$\lim_{n\to\infty}\left|\frac{b_{n+1}}{b_n}\right| = \lim_{n\to\infty}\frac{1}{n+1}\left|\frac{a_{n+1}}{a_n}\right| = 0$$

所以 $R_2 = +\infty$，对吗？

答　结论正确，但解法不对.

因为 $\lim_{n\to\infty}\left|\frac{a_{n+1}}{a_n}\right|$ 存在且是 ρ 为幂级数 $\sum_{n=0}^{\infty} a_n x^n$ 收敛半径 $R = \frac{1}{\rho}$ 的充分条件. 因此由 $R_1 = 1$，不一定能得出 $\lim_{n\to\infty}\left|\frac{a_{n+1}}{a_n}\right| = 1$ 的结果. 正确的解法是：

任取 $x_0 \in (-1,1)(x_0 \neq 0)$，由已知条件可知 $\sum_{n=0}^{\infty} a_n x_0^n$ 收敛，于是 $\lim_{n\to\infty} a_n x_0^n = 0$. 因此 $\{a_n x_0^n\}$ 有界. 即存在某常数 $M > 0$，有 $|a_n x_0^n| < M$，从而对于 $x \in (-\infty, +\infty)$，有

$$\left|\frac{a_n x^n}{n!}\right| = \left|\frac{a_n x_0^n}{n!}\left(\frac{x}{x_0}\right)^n\right| \leqslant M \cdot \frac{1}{n!}\left|\frac{x}{x_0}\right|^n$$

又因为

$$\lim_{n\to\infty}\frac{\frac{M}{(n+1)!}\left|\frac{x}{x_0}\right|^{n+1}}{\frac{M}{n!}\left|\frac{x}{x_0}\right|^n} = \lim_{n\to\infty}\frac{1}{n+1}\cdot\left|\frac{x}{x_0}\right| = 0 < 1$$

所以级数$\sum_{n=0}^{\infty}\left|\frac{x}{x_0}\right|^n$收敛，由比较判别法可知，级数$\sum_{n=0}^{\infty}\frac{a_nx^n}{n!}$绝对收敛，即$R_2=+\infty$.

【问 9-4-2】 求幂级数的收敛半径有些什么规律可循?

答　首先由幂级数$\sum_{n=0}^{\infty}a_n(x-x_0)^n$的收敛特点知：若收敛半径为$R$，则幂级数在$(x_0-R,x_0+R)$内绝对收敛；在$(-\infty,x_0-R)\cup(x_0+R,+\infty)$内发散. 因此若已知幂级数在点$x_1$条件收敛，则$x_1$一定是收敛区间的两个端点之一，收敛半径$R=|x_1-x_0|$. 若幂级数在点$x_2$绝对收敛，则$x_2$一定在收敛区间$(x_0-R,x_0+R)$内或收敛区间的两个端点上，收敛半径$R\geqslant|x_2-x_0|$. 若幂级数在点$x_3$发散，则$x_3$一定在$(-\infty,x_0-R)\cup(x_0+R,+\infty)$内或收敛区间的两个端点上，收敛半径$R\leqslant|x_3-x_0|$.

其次设幂级数$\sum_{n=0}^{\infty}a_nx^n$收敛半径为$R$，幂级数$\sum_{n=0}^{\infty}\frac{a_n}{n+1}x^{n+1}$是由原幂级数$\sum_{n=0}^{\infty}a_nx^n$逐项积分所得的幂级数，故收敛半径仍为$R$. 幂级数$\sum_{n=1}^{\infty}na_nx^{n-1}$是由原幂级数$\sum_{n=0}^{\infty}a_nx^n$逐项求导所得的幂级数，故收敛半径仍为$R$.

另外设幂级数$\sum_{n=0}^{\infty}a_nx^n$的收敛半径为$R$，对幂级数$\sum_{n=0}^{\infty}a_nx^{2n}=\sum_{n=0}^{\infty}a_n(x^2)^n$在$|x^2|<R$即$|x|<\sqrt{R}$内绝对收敛，因此$\sum_{n=0}^{\infty}a_nx^{2n}$收敛半径为$\sqrt{R}$，同理$\sum_{n=0}^{\infty}a_nx^{3n}$的收敛半径为$\sqrt[3]{R}$.

例 1　设幂级数$\sum_{n=1}^{\infty}a_nx^n$的收敛半径为 4，求下列幂级数的收敛区间：

(1) $\sum_{n=1}^{\infty}na_n(x-1)^{n+1}$；　(2) $\sum_{n=1}^{\infty}na_n(x-1)^{2n+1}$.

解　(1)

$$\begin{aligned}\sum_{n=1}^{\infty}na_n(x-1)^{n+1}&=(x-1)^2\sum_{n=1}^{\infty}na_n(x-1)^{n-1}\\&=(x-1)^2\Big(\sum_{n=1}^{\infty}a_n(x-1)^n\Big)'\end{aligned}$$

由幂级数收敛性可知，$\sum_{n=1}^{\infty}na_n(x-1)^{n+1}$与$\sum_{n=1}^{\infty}a_n(x-1)^n$及$\sum_{n=1}^{\infty}a_nx^n$具有相同的收敛半径 4，因而其收敛区间为$(-3,5)$.

(2) $\sum_{n=1}^{\infty}na_n(x-1)^{2n+1}=(x-1)^3\sum_{n=1}^{\infty}na_n[(x-1)^2]^{n-1}$，由上面的讨论知，

$\sum_{n=1}^{\infty} na_n t^{n-1}$ 与 $\sum_{n=1}^{\infty} a_n x^n$ 具有相同的收敛半径 4，则 $\sum_{n=1}^{\infty} na_n (x-1)^{2n+1}$ 的收敛半径为 $\sqrt{4}=2$，所以其收敛区间为 $(-1,3)$.

例 2　求 $\sum_{n=1}^{\infty} a_n (x-3)^n$ 的收敛域，其中 $x=0$ 时收敛，$x=6$ 时发散.

解　考察 $\sum_{n=1}^{\infty} a_n t^n$，由题设 $t=-3$ 时收敛知，收敛半径 $R\geqslant 3$，又由 $t=3$ 时级数发散知，$R\leqslant 3$. 因此收敛半径 $R=3$，所以 $\sum_{n=1}^{\infty} a_n t^n$ 的收敛域为 $[-3,3)$，故幂级数 $\sum_{n=1}^{\infty} a_n (x-3)^n$ 的收敛域为 $[0,6)$.

【问 9-4-3】　如何求幂级数的和函数？

答　求幂级数的和函数，并不是容易之事，因为许多幂级数的和函数未必是初等函数，但对一些简单的幂级数，可通过变量代换、对级数实施代数运算或分析运算等方法，将已知级数 $\sum_{n=0}^{\infty} a_n x^n$ 化为常见的初等函数相应的幂级数展开形式，从而求出和函数.

下面举例说明：

例 1　求幂级数 $\sum_{n=1}^{\infty} n(n+1)x^n$ 的和函数.

解　由 $\lim\limits_{n\to\infty}\left|\dfrac{a_{n+1}}{a_n}\right| = \lim\limits_{n\to\infty}\dfrac{(n+1)(n+2)}{n(n+1)}=1$，知收敛半径 $R=1$，易知级数在 $x=\pm 1$ 处均发散，因此收敛域为 $(-1,1)$.

令 $S(x)=\sum_{n=1}^{\infty} n(n+1)x^n = x\sum_{n=1}^{\infty} n(n+1)x^{n-1} = x\varphi(x)$，问题转化为求 $\sum_{n=1}^{\infty} n(n+1)x^{n-1}$ 的和函数 $\varphi(x)$. 注意到

$$\varphi(x)=\sum_{n=1}^{\infty} n(n+1)x^{n-1} = \sum_{n=1}^{\infty}(n+1)(x^n)' = \sum_{n=1}^{\infty}(x^{n+1})''$$
$$=\Big(\sum_{n=1}^{\infty} x^{n+1}\Big)'' = \left(\frac{x^2}{1-x}\right)'' = \frac{2}{(1-x)^3},$$

其中 $x\in(-1,1)$，因此 $S(x)=x\varphi(x)=\dfrac{2x}{(1-x)^3}$，其中 $x\in(-1,1)$.

例 2　求幂级数 $\sum_{n=0}^{\infty}\dfrac{n+1}{n!}x^n$ 的和函数.

解　由 $\lim\limits_{n\to\infty}\left|\dfrac{a_{n+1}}{a_n}\right| = \lim\limits_{n\to\infty}\dfrac{\dfrac{n+2}{(n+1)!}}{\dfrac{n+1}{n!}}=0$，知收敛半径 $R=+\infty$，收敛域为

$(-\infty,+\infty)$.

令 $S(x)=\sum_{n=0}^{\infty}\frac{n+1}{n!}x^n$,两边积分,得

$$\int_0^x S(x)\mathrm{d}x=\int_0^x\left(\sum_{n=0}^{\infty}\frac{n+1}{n!}x^n\right)\mathrm{d}x=\sum_{n=0}^{\infty}\int_0^x\frac{n+1}{n!}x^n\mathrm{d}x$$

$$=\sum_{n=0}^{\infty}\frac{x^{n+1}}{n!}=x\sum_{n=0}^{\infty}\frac{x^n}{n!}=x\mathrm{e}^x,$$

两边再求导,得

$$S(x)=(x\mathrm{e}^x)'=(1+x)\mathrm{e}^x,x\in(-\infty,+\infty).$$

例 3 求幂级数 $\sum_{n=0}^{\infty}(-1)^n\frac{n+1}{(2n+1)!}x^{2n+1}$ 的和函数.

解 易求得收敛域为 $(-\infty,+\infty)$.

令 $S(x)=\sum_{n=0}^{\infty}(-1)^n\frac{n+1}{(2n+1)!}x^{2n+1}$,两边积分,得

$$\int_0^x S(x)\mathrm{d}x=\int_0^x\left[\sum_{n=0}^{\infty}(-1)^n\frac{n+1}{(2n+1)!}x^{2n+1}\right]\mathrm{d}x$$

$$=\sum_{n=0}^{\infty}\int_0^x(-1)^n\frac{n+1}{(2n+1)!}x^{2n+1}\mathrm{d}x$$

$$=\sum_{n=0}^{\infty}(-1)^n\frac{n+1}{(2n+1)!}\frac{x^{2n+2}}{2n+2}$$

$$=\frac{x}{2}\sum_{n=0}^{\infty}(-1)^n\frac{x^{2n+1}}{(2n+1)!}=\frac{x}{2}\sin x$$

两边再求导,得

$$S(x)=\left(\frac{x}{2}\sin x\right)'=\frac{1}{2}(x\cos x+\sin x),x\in(-\infty,+\infty)$$

例 4 求幂级数 $\frac{x^4}{2\cdot 4}+\frac{x^6}{2\cdot 4\cdot 6}+\frac{x^8}{2\cdot 4\cdot 6\cdot 8}+\cdots$ 的和函数.

解 易求得收敛域为 $(-\infty,+\infty)$.

令 $S(x)=\frac{x^4}{2\cdot 4}+\frac{x^6}{2\cdot 4\cdot 6}+\frac{x^8}{2\cdot 4\cdot 6\cdot 8}+\cdots$,则有

$$S'(x)=\frac{x^3}{2}+\frac{x^5}{2\cdot 4}+\frac{x^7}{2\cdot 4\cdot 6}+\cdots=x\left(\frac{x^2}{2}+\frac{x^4}{2\cdot 4}+\frac{x^6}{2\cdot 4\cdot 6}+\cdots\right)$$

$$=x\left[\frac{x^2}{2}+S(x)\right]$$

因此 $S(x)$ 是初值问题 $\begin{cases}S'(x)=\frac{x^3}{2}+xS(x)\\ S(0)=0\end{cases}$ 的解,这是一个一阶线性微分方

程，解得 $$S(x)=-\frac{x^2}{2}+e^{\frac{x^2}{2}}-1, x\in(-\infty,+\infty)$$

【问 9-4-4】 如何将函数展开成幂级数?

答 将初等函数展开为幂级数通常有两种方法，即直接法和间接法.

(1) 直接法

① 求出 $f(x)$ 在 x_0 处的函数值 $f(x_0)$ 及各阶导数值 $f^{(n)}(x_0)(n=1,2,\cdots)$，求出泰勒系数 $a_n=\frac{f^{(n)}(x_0)}{n!}(n=1,2,\cdots)$，写出 $f(x)$ 的泰勒级数

$$f(x_0)+f'(x_0)(x-x_0)+\frac{f''(x_0)}{2!}(x-x_0)^2+\cdots+\frac{f^{(n)}(x_0)}{n!}(x-x_0)^n+\cdots$$

② 求出上述泰勒级数的收敛域 I.

③ 设 $R_n(x)$ 是 $f(x)$ 的泰勒公式的余项，若 $\lim\limits_{n\to\infty}R_n(x)=\lim\limits_{n\to\infty}\frac{f^{(n+1)}(\xi)}{(n+1)!}(x-x_0)^{n+1}=0$，其中 ξ 在 x_0 与 x 之间，$x\in I$，则

$$f(x)=f(x_0)+f'(x_0)(x-x_0)+\frac{f''(x_0)}{2!}(x-x_0)^2+\cdots+\frac{f^{(n)}(x_0)}{n!}(x-x_0)^n+\cdots \quad x\in I$$

(2) 间接法是利用已知函数的展开式、幂级数的四则运算、逐项求导、逐项积分和变量代换等方法，将所给函数展开为幂级数. 根据函数幂级数展开式的唯一性知，它与直接展开法得到的结果是一致的.

例 1 将 $f(x)=\frac{1}{x^2-x}$ 展开成 $x-3$ 的幂级数.

解 由于 $f(x)=\frac{1}{x(x-1)}=\frac{1}{x-1}-\frac{1}{x}$，而

$$\frac{1}{x-1}=\frac{1}{2+(x-3)}=\frac{1}{2}\cdot\frac{1}{1+\frac{x-3}{2}}=\frac{1}{2}\sum_{n=0}^{\infty}(-1)^n\left(\frac{x-3}{2}\right)^n=\sum_{n=0}^{\infty}(-1)^n\frac{(x-3)^n}{2^{n+1}}$$

其中 $\left|\frac{x-3}{2}\right|<1$，即 $x\in(1,5)$；

$$\frac{1}{x}=\frac{1}{3+(x-3)}=\frac{1}{3}\frac{1}{1+\frac{x-3}{3}}=\frac{1}{3}\sum_{n=0}^{\infty}(-1)^n\left(\frac{x-3}{3}\right)^n=\sum_{n=0}^{\infty}(-1)^n\frac{(x-3)^n}{3^{n+1}}$$

其中$\left|\dfrac{x-3}{3}\right|<1$，即$x\in(0,6)$，因此

$$f(x)=\sum_{n=0}^{\infty}(-1)^n\frac{(x-3)^n}{2^{n+1}}-\sum_{n=0}^{\infty}(-1)^n\frac{(x-3)^n}{3^{n+1}}$$

$$=\sum_{n=0}^{\infty}(-1)^n\left(\frac{1}{2^{n+1}}-\frac{1}{3^{n+1}}\right)(x-3)^n,x\in(1,5)$$

例 2 将$f(x)=\arctan x$展开成x的幂级数.

解 注意到$f(x)=\arctan x$的导数$\dfrac{1}{1+x^2}$可展为x的幂级数，即有

$$f'(x)=\frac{1}{1+x^2}=\sum_{n=0}^{\infty}(-1)^nx^{2n}\quad(|x|<1)$$

两边积分，得

$$f(x)=f(x)-f(0)=\int_0^x f'(x)\mathrm{d}x=\int_0^x\left(\sum_{n=0}^{\infty}(-1)^nx^{2n}\right)\mathrm{d}x$$

$$=\sum_{n=0}^{\infty}\int_0^x(-1)^nx^{2n}\mathrm{d}x=\sum_{n=0}^{\infty}(-1)^n\frac{x^{2n+1}}{2n+1}$$

又上述级数$\sum\limits_{n=0}^{\infty}(-1)^n\dfrac{x^{2n+1}}{2n+1}$在两个端点$x=\pm1$处收敛，因此

$$\arctan x=\sum_{n=0}^{\infty}(-1)^n\frac{x^{2n+1}}{2n+1},x\in[-1,1]$$

注意：通过逐项积分或逐项求导后的级数在$\pm R$处的敛散性需重新检验.

例 3 将$f(x)=\ln(2x^2-x+1)$展成为$x-4$的幂级数.

解 由于$f(x)=\ln(2x^2-x+1)=\ln[(2x+1)(x-1)]=\ln(2x+1)+\ln(x-1)$，又

$$\ln(2x+1)=\ln[2(x-4)+9]=\ln 9+\ln\left[\frac{2(x-4)}{9}+1\right]$$

$$=2\ln 3+\sum_{n=1}^{\infty}\frac{(-1)^{n-1}}{n}\left[\frac{2(x-4)}{9}\right]^n$$

其中$\dfrac{2(x-4)}{9}\in(-1,1]$，也即$x\in(-0.5,8.5]$；

$$\ln(x-1)=\ln(x-4+3)=\ln 3+\ln\left(1+\frac{x-4}{3}\right)$$

$$=\ln 3+\sum_{n=1}^{\infty}\frac{(-1)^{n-1}}{n}\left[\frac{(x-4)}{3}\right]^n$$

其中$\dfrac{(x-4)}{3}\in(-1,1]$，也即$x\in(-1,7]$，因此

$$f(x)=2\ln 3+\sum_{n=1}^{\infty}\frac{(-1)^{n-1}}{n}\left[\frac{2(x-4)}{9}\right]^n+\ln 3+\sum_{n=1}^{\infty}\frac{(-1)^{n-1}}{n}\left[\frac{(x-4)}{3}\right]^n$$

$$= 3\ln 3 + \sum_{n=1}^{\infty} \frac{(-1)^{n-1}}{n}\left[\left(\frac{2}{9}\right)^n + \left(\frac{1}{3}\right)^n\right](x-4)^n, \quad x \in (-0.5, 7]$$

例 4 设 $f(x) = g'(x)$，其中 $g(x) = \begin{cases} \dfrac{e^x - 1}{x} & x \neq 0 \\ 1 & x = 0 \end{cases}$，将 $f(x)$ 展开成 x 的幂级数.

解 因 $\dfrac{e^x - 1}{x} = \dfrac{1}{x}\left(\sum\limits_{n=0}^{\infty} \dfrac{x^n}{n!} - 1\right) = \dfrac{1}{x}\sum\limits_{n=1}^{\infty} \dfrac{x^n}{n!} = \sum\limits_{n=1}^{\infty} \dfrac{x^{n-1}}{n!}$，$x \in (-\infty, 0) \cup (0, +\infty)$，又 $\left(\sum\limits_{n=1}^{\infty} \dfrac{x^{n-1}}{n!}\right)\Big|_{x=0} = 1$，故 $g(x) = \sum\limits_{n=1}^{\infty} \dfrac{x^{n-1}}{n!}$，$x \in (-\infty, +\infty)$，因此 $f(x) = g'(x) = \sum\limits_{n=2}^{\infty} \dfrac{n-1}{n!} x^{n-2} = \sum\limits_{n=0}^{\infty} \dfrac{n+1}{(n+2)!} x^n$，$x \in (-\infty, +\infty)$.

【问 9-4-5】 如何利用幂级数求常数项级数的和？

答 常数项级数求和主要有以下三种方法：

(1) 直接求部分和极限 $\lim\limits_{n\to\infty} S_n$，从而得到级数的和 $\sum\limits_{n=1}^{\infty} u_n = \lim\limits_{n\to\infty} S_n$；

(2) 借助于幂级数的和函数；

(3) 借助于函数的傅里叶级数展开式.

一般来说，只有特别简单的情况才能直接计算部分和，从而得到级数的和；当级数通项中含有某个数的 n 次幂作为因子时用方法 2，而能够借助于傅里叶级数展开式的不易找规律，往往是将某个函数展开后，发现其系数具有某种特性，才知道可以得到某个常数项级数之和，详见第五节.

例 1 求级数 $\sum\limits_{n=0}^{\infty} \dfrac{n+1}{2^n}$ 的和.

解 设 $S(x) = \sum\limits_{n=0}^{\infty} (n+1)x^n$，则 $\sum\limits_{n=0}^{\infty} \dfrac{n+1}{2^n} = S\left(\dfrac{1}{2}\right)$，又

$$S(x) = \sum_{n=0}^{\infty} (x^{n+1})' = \left(\sum_{n=0}^{\infty} x^{n+1}\right)' = \left(\frac{x}{1-x}\right)' = \frac{1}{(1-x)^2}, x \in (-1, 1)$$

则

$$\sum_{n=0}^{\infty} \frac{n+1}{2^n} = S\left(\frac{1}{2}\right) = 4$$

例 2 求级数 $\sum\limits_{n=0}^{\infty} \dfrac{n+1}{n!}$ 的和.

解 由 $\sum\limits_{n=0}^{\infty} \dfrac{x^n}{n!} = e^x (-\infty < x < +\infty)$，得 $\sum\limits_{n=0}^{\infty} \dfrac{1}{n!} = e$，则

$$\sum_{n=0}^{\infty} \frac{n+1}{n!} = \sum_{n=0}^{\infty} \frac{n}{n!} + \sum_{n=0}^{\infty} \frac{1}{n!} = \sum_{n=1}^{\infty} \frac{1}{(n-1)!} + \sum_{n=0}^{\infty} \frac{1}{n!}$$

$$= \sum_{n=0}^{\infty} \frac{1}{n!} + \sum_{n=0}^{\infty} \frac{1}{n!} = 2\mathrm{e}$$

例 3　设 $I_n = \int_0^{\frac{\pi}{4}} \sin^n x \cos x \mathrm{d}x (n = 0,1,2,\cdots)$，求 $\sum_{n=0}^{\infty} I_n$.

解　$I_n = \int_0^{\frac{\pi}{4}} \sin^n x \cos x \mathrm{d}x = \left. \frac{\sin^{n+1} x}{n+1} \right|_0^{\frac{\pi}{4}} = \frac{1}{n+1}\left(\frac{\sqrt{2}}{2}\right)^{n+1}$，令 $S(x) = \sum_{n=0}^{\infty} \frac{x^{n+1}}{n+1}$，则 $S(0) = 0$ 且 $\sum_{n=0}^{\infty} I_n = S\left(\frac{\sqrt{2}}{2}\right)$，又

$$S'(x) = \left(\sum_{n=0}^{\infty} \frac{x^{n+1}}{n+1}\right)' = \sum_{n=0}^{\infty} \left(\frac{x^{n+1}}{n+1}\right)' = \sum_{n=0}^{\infty} x^n = \frac{1}{1-x}$$

其中 $x \in (-1,1)$，$S(x) - S(0) = \int_0^x S'(t)\mathrm{d}t = \int_0^x \frac{1}{1-t}\mathrm{d}t = -\ln(1-x)$，其中 $x \in [-1,1)$，因此

$$\sum_{n=0}^{\infty} I_n = S\left(\frac{\sqrt{2}}{2}\right) = -\ln\left(1 - \frac{\sqrt{2}}{2}\right) = \ln(2+\sqrt{2})$$

例 4　求级数 $\sum_{n=2}^{\infty} \frac{1}{(n^2-1)2^n}$ 的和.

解　令 $S = \sum_{n=2}^{\infty} \frac{1}{(n^2-1)2^n}$，先将其分解为

$$S = \frac{1}{2}\sum_{n=2}^{\infty}\left(\frac{1}{n-1} - \frac{1}{n+1}\right)\frac{1}{2^n} = \frac{1}{4}\sum_{n=2}^{\infty} \frac{1}{n-1}\left(\frac{1}{2}\right)^{n-1} - \sum_{n=2}^{\infty} \frac{1}{n+1}\left(\frac{1}{2}\right)^{n+1}$$

$$= \frac{1}{4}\sum_{n=1}^{\infty} \frac{1}{n}\left(\frac{1}{2}\right)^n - \sum_{n=3}^{\infty} \frac{1}{n}\left(\frac{1}{2}\right)^n$$

直接利用函数 $\ln(1+x)$ 的幂级数展开式得

$$\sum_{n=1}^{\infty} \frac{1}{n}\left(\frac{1}{2}\right)^n = -\sum_{n=1}^{\infty} \frac{(-1)^{n-1}}{n}\left(-\frac{1}{2}\right)^n = -\ln\left(1 - \frac{1}{2}\right) = \ln 2$$

$$\sum_{n=3}^{\infty} \frac{1}{n}\left(\frac{1}{2}\right)^n = \sum_{n=1}^{\infty} \frac{1}{n}\left(\frac{1}{2}\right)^n - \sum_{n=1}^{2} \frac{1}{n}\left(\frac{1}{2}\right)^n = \ln 2 - \left(\frac{1}{2} + \frac{1}{8}\right)$$

因此

$$S = \frac{1}{4}\sum_{n=1}^{\infty} \frac{1}{n}\left(\frac{1}{2}\right)^n - \sum_{n=3}^{\infty} \frac{1}{n}\left(\frac{1}{2}\right)^n$$

$$= \frac{1}{4}\ln 2 - \ln 2 + \left(\frac{1}{2} + \frac{1}{8}\right) = \frac{5}{8} - \frac{3}{4}\ln 2$$

例题解析

【例 9-4-1】　求幂级数 $\sum_{n=1}^{\infty} \frac{1}{3^n} x^{2n}$ 的收敛域.

分析　由于幂级数中 x 的指数为 $2n$，缺奇数次幂，因而其收敛域的计算不

能使用公式法.

解
$$\lim_{n\to\infty}\frac{\left|\frac{1}{3^{n+1}}x^{2n+2}\right|}{\left|\frac{1}{3^n}x^{2n}\right|}=\frac{1}{3}x^2$$

当$\frac{1}{3}x^2<1$即$x\in(-\sqrt{3},\sqrt{3})$时幂级数收敛;

当$\frac{1}{3}x^2>1$即$x\in(-\infty,-\sqrt{3})\cup(\sqrt{3},+\infty)$时,由于$\lim\limits_{n\to\infty}\frac{x^{2n}}{3^n}\neq 0$,得幂级数发散;

当$x=\pm\sqrt{3}$时,级数为$\sum\limits_{n=1}^{\infty}1$发散,故幂级数收敛域为$(-\sqrt{3},\sqrt{3})$.

【例 9-4-2】 求$\sum\limits_{n=0}^{\infty}(-1)^n\frac{n^2-n+1}{2^n}$的和.

分析 将$\sum\limits_{n=0}^{\infty}(-1)^n\frac{n^2-n+1}{2^n}$变形为$\sum\limits_{n=2}^{\infty}n(n-1)\left(-\frac{1}{2}\right)^n+\sum\limits_{n=0}^{\infty}\left(-\frac{1}{2}\right)^n$,对后者可直接用等比级数求和公式得出结果,对前者则需求出其对应的幂级数$\sum\limits_{n=1}^{\infty}n(n-1)x^n$的和函数.

解
$$\sum_{n=0}^{\infty}\frac{(-1)^n(n^2-n+1)}{2^n}=\sum_{n=2}^{\infty}n(n-1)\left(-\frac{1}{2}\right)^n+\sum_{n=0}^{\infty}\left(-\frac{1}{2}\right)^n$$

其中
$$\sum_{n=0}^{\infty}\left(-\frac{1}{2}\right)^n=\frac{1}{1+\frac{1}{2}}=\frac{2}{3}$$

设
$$S(x)=\sum_{n=2}^{\infty}n(n-1)x^{n-2}\quad x\in(-1,1)$$

则
$$\int_0^x\left[\int_0^x S(x)\mathrm{d}x\right]\mathrm{d}x=\sum_{n=2}^{\infty}x^n=\frac{x^2}{1-x}$$

故
$$S(x)=\left(\frac{x^2}{1-x}\right)''=\frac{2}{(1-x)^3}$$

所以
$$\sum_{n=2}^{\infty}n(n-1)x^n=\frac{2x^2}{(1-x)^3}\quad x\in(-1,1)$$

$$\sum_{n=2}^{\infty}n(n-1)\left(-\frac{1}{2}\right)^n=\frac{4}{27}$$

于是
$$\sum_{n=0}^{\infty}\frac{(-1)^n(n^2-n+1)}{2^n}=\frac{4}{27}+\frac{2}{3}=\frac{22}{27}$$

【例 9-4-3】 (选择题)若$\sum\limits_{n=1}^{\infty}a_n(x-1)^n$在$x=-1$处收敛,则此级数在$x=$

2 处(　　).

A. 条件收敛　　B. 绝对收敛

C. 发散　　D. 收敛性不能确定

解　由于 $\sum_{n=1}^{\infty} a_n(x-1)^n$ 在 $x=-1$ 处收敛,故收敛半径 $R \geqslant |-1-1|=2$,又 $x=2$ 处与中心点 $x=1$ 的距离 $|2-1|=1<2$,故级数在 $x=2$ 处绝对收敛,故选 B.

习题精解

1. 求下列级数的收敛半径与收敛域:

(1) $\sum_{n=1}^{\infty}(-1)^{n-1}\frac{x^n}{n}$;　(2) $\sum_{n=1}^{\infty}(-1)^n\frac{2^n}{\sqrt{n}}x^n$;

(3) $\sum_{n=1}^{\infty}\frac{x^n}{n!}$;　(4) $\sum_{n=1}^{\infty}\frac{(x-3)^n}{n^2}$;

(5) $\sum_{n=1}^{\infty}\frac{x^{2n-1}}{3^n}$;　(6) $\sum_{n=1}^{\infty}\frac{(x-2)^{2n}}{n\cdot 4^n}$.

解　(1) $\lim_{n\to\infty}\left|\frac{a_{n+1}}{a_n}\right|=\lim_{n\to\infty}\frac{1}{n+1}\Big/\frac{1}{n}=1$,故幂级数收敛半径为 1. 当 $x=1$ 时,级数 $\sum_{n=1}^{\infty}(-1)^{n-1}\frac{1}{n}$ 收敛;当 $x=-1$ 时,级数 $\sum_{n=1}^{\infty}-\frac{1}{n}$ 发散,故幂级数收敛域为$(-1,1]$.

(2) $\lim_{n\to\infty}\left|\frac{a_{n+1}}{a_n}\right|=\lim_{n\to\infty}\frac{2^{n+1}}{\sqrt{n+1}}\Big/\frac{2^n}{\sqrt{n}}=2$,故幂级数收敛半径为$\frac{1}{2}$. 当 $x=\frac{1}{2}$ 时,级数 $\sum_{n=1}^{\infty}(-1)^{n-1}\frac{1}{\sqrt{n}}$ 收敛;当 $x=-\frac{1}{2}$ 时,级数 $\sum_{n=1}^{\infty}\frac{1}{\sqrt{n}}$ 发散,故幂级数收敛域为$(-1/2,1/2]$.

(3) $\lim_{n\to\infty}\left|\frac{a_{n+1}}{a_n}\right|=\lim_{n\to\infty}\frac{1}{(n+1)!}\Big/\frac{1}{n!}=0$,故幂级数收敛半径为 $+\infty$,收敛域为$(-\infty,+\infty)$.

(4) 令 $t=x-3$,则原级数改写为 $\sum_{n=1}^{\infty}\frac{t^n}{n^2}$. 又 $\lim_{n\to\infty}\left|\frac{a_{n+1}}{a_n}\right|=\lim_{n\to\infty}\frac{1}{(n+1)^2}\Big/\frac{1}{n^2}=1$,故幂级数 $\sum_{n=1}^{\infty}\frac{t^n}{n^2}$ 的收敛半径为 1. 当 $t=1$ 时,级数 $\sum_{n=1}^{\infty}\frac{1}{n^2}$ 收敛;当 $t=-1$ 时,级数 $\sum_{n=1}^{\infty}\frac{(-1)^n}{n^2}$ 收敛,故幂级数 $\sum_{n=1}^{\infty}\frac{t^n}{n^2}$ 的收敛域为$[-1,1]$,即 $x-3\in[-1,1]$,也即 $x\in[2,4]$,因此原级数的收敛域为$[2,4]$.

(5) $\lim\limits_{n\to\infty}\left|\dfrac{x^{2n+1}}{3^{n+1}}\Big/\dfrac{x^{2n-1}}{3^n}\right|=\dfrac{x^2}{3}<1$,则$-\sqrt{3}<x<\sqrt{3}$,故幂级数收敛半径为$\sqrt{3}$.当$x=\sqrt{3}$时,级数$\sum\limits_{n=1}^{\infty}\dfrac{1}{\sqrt{3}}$发散;当$x=-\sqrt{3}$时,级数$\sum\limits_{n=1}^{\infty}-\dfrac{1}{\sqrt{3}}$发散,故幂级数收敛域为$(-\sqrt{3},\sqrt{3})$.

(6) 令$t=x-2$,则原级数改写为$\sum\limits_{n=1}^{\infty}\dfrac{t^{2n}}{n\cdot 4^n}$.又

$$\lim_{n\to\infty}\left|\frac{t^{2n+2}}{(n+1)\cdot 4^{n+1}}\Big/\frac{t^{2n}}{n\cdot 4^n}\right|=\frac{t^2}{4}<1,$$

即$-2<t<2$,故幂级数$\sum\limits_{n=1}^{\infty}\dfrac{t^{2n}}{n\cdot 4^n}$的收敛半径为2.当$t=\pm 2$时,级数$\sum\limits_{n=1}^{\infty}\dfrac{1}{n}$发散,则幂级数$\sum\limits_{n=1}^{\infty}\dfrac{t^{2n}}{n\cdot 4^n}$的收敛域为$(-2,2)$,即$x-2\in(-2,2)$,也即$x\in(0,4)$,因此原级数收敛域为$(0,4)$.

3. 将下列函数展开成x的幂级数,并求其收敛域:

(1)$\cosh x=\dfrac{e^x+e^{-x}}{2}$; (2)$\sin\dfrac{x}{2}$;

(3)$\cos^2 x$; (4)$\ln(3-2x)$;

(5) $\dfrac{1}{2x+3}$; (6) $\dfrac{1}{1+x^2}$;

(7)$x\ln(1+x)$.

解 (1)$\cosh x=\dfrac{e^x+e^{-x}}{2}$,又$e^x=\sum\limits_{n=0}^{\infty}\dfrac{x^n}{n!}$,$x\in(-\infty,+\infty)$,则

$$\begin{aligned}\cosh x&=\frac{e^x+e^{-x}}{2}=\frac{1}{2}\left(\sum_{n=0}^{\infty}\frac{x^n}{n!}+\sum_{n=0}^{\infty}\frac{(-x)^n}{n!}\right)\\&=\frac{1}{2}\sum_{n=0}^{\infty}\frac{1+(-1)^n}{n!}x^n\\&=\sum_{n=0}^{\infty}\frac{x^{2n}}{(2n)!},x\in(-\infty,+\infty)\end{aligned}$$

(2) 由$\sin x=\sum\limits_{n=1}^{\infty}(-1)^{n-1}\dfrac{x^{2n-1}}{2n-1}$,得

$$\begin{aligned}\sin\frac{x}{2}&=\sum_{n=1}^{\infty}(-1)^{n-1}\frac{1}{2n-1}\left(\frac{x}{2}\right)^{2n-1}\\&=\sum_{n=1}^{\infty}(-1)^{n-1}\frac{x^{2n-1}}{(2n-1)2^{2n-1}},x\in(-\infty,+\infty)\end{aligned}$$

(3)$\cos^2 x=\dfrac{1+\cos 2x}{2}$,又$\cos x=\sum\limits_{n=0}^{\infty}(-1)^n\dfrac{x^{2n}}{(2n)!}$,$x\in(-\infty,+\infty)$,则

$$\cos 2x = \sum_{n=0}^{\infty}(-1)^n \frac{(2x)^{2n}}{(2n)!}, x \in (-\infty, +\infty)$$

进而

$$\cos^2 x = \frac{1+\cos 2x}{2} = \frac{1}{2}\left(1+\sum_{n=0}^{\infty}(-1)^n \frac{(2x)^{2n}}{(2n)!}\right)$$

$$= 1+\sum_{n=1}^{\infty}(-1)^n \frac{(2x)^{2n}}{2(2n)!}, x \in (-\infty, +\infty)$$

(4) $\ln(3-2x) = \ln 3 + \ln(1-\frac{2}{3}x)$，又

$$\ln(1+x) = \sum_{n=1}^{\infty}(-1)^{n-1}\frac{x^n}{n}, x \in (-1,1],$$

则

$$\ln\left(1-\frac{2}{3}x\right) = \sum_{n=1}^{\infty}(-1)^{n-1}\left(-\frac{2}{3}x\right)^n \frac{1}{n}$$

$$= -\sum_{n=1}^{\infty}\frac{2^n x^n}{n \cdot 3^n}, -\frac{2}{3}x \in (-1,1]$$

也即 $x \in [-\frac{3}{2}, \frac{3}{2})$，进而

$$\ln(3-2x) = \ln 3 + \ln\left(1-\frac{2}{3}x\right) = \ln 3 - \sum_{n=1}^{\infty}\frac{2^n x^n}{n \cdot 3^n}, x \in [-\frac{3}{2}, \frac{3}{2})$$

(5) $\frac{1}{2x+3} = \frac{1}{3} \cdot \frac{1}{1+\frac{2}{3}x}$，又 $\frac{1}{1-x} = \sum_{n=0}^{\infty}x^n, |x|<1$，则有

$$\frac{1}{1+\frac{2}{3}x} = \sum_{n=0}^{\infty}\left(-\frac{2}{3}x\right)^n, \left|-\frac{2}{3}x\right|<1$$

也即 $|x|<\frac{3}{2}$，进而

$$\frac{1}{2x+3} = \frac{1}{3} \cdot \frac{1}{1+\frac{2}{3}x} = \frac{1}{3}\sum_{n=0}^{\infty}\left(-\frac{2}{3}x\right)^n$$

$$= \sum_{n=0}^{\infty}\frac{(-1)^n 2^n}{3^{n+1}}x^n, x \in \left(-\frac{3}{2}, \frac{3}{2}\right)$$

(6) $\frac{1}{1+x^2} = \frac{1}{1-(-x^2)} = \sum_{n=0}^{\infty}(-x^2)^n = \sum_{n=0}^{\infty}(-1)^n x^{2n}$，其中 $|-x^2|<1$，也即 $x \in (-1,1)$；

(7) 由 $\ln(1+x) = \sum_{n=1}^{\infty}(-1)^{n-1}\frac{x^n}{n}$，其中 $x \in (-1,1]$，可得

$$x\ln(1+x)=\sum_{n=1}^{\infty}(-1)^{n-1}\frac{x^{n+1}}{n},\quad x\in(-1,1]$$

4. 求级数的收敛域及和函数：

(1) $\sum\limits_{n=0}^{\infty}\frac{x^{2n+1}}{2n+1}$； (2) $\sum\limits_{n=1}^{\infty}nx^{n}$； (3) $\sum\limits_{n=1}^{\infty}\frac{1}{n\cdot 2^{n}}x^{n}$； (4) $\sum\limits_{n=0}^{\infty}\frac{x^{n+2}}{n!}$.

解 (1) $$\lim_{n\to\infty}\left|\frac{x^{2n+3}}{2n+3}\Big/\frac{x^{2n+1}}{2n+1}\right|=x^{2}$$

当 $x^2<1$ 时，$\sum\limits_{n=0}^{\infty}\frac{x^{2n+1}}{2n+1}$ 收敛.

当 $x=1$ 时，级数 $\sum\limits_{n=0}^{\infty}\frac{1}{2n+1}$ 发散；当 $x=-1$ 时，级数 $\sum\limits_{n=0}^{\infty}\frac{-1}{2n+1}$ 发散，则 $\sum\limits_{n=0}^{\infty}\frac{x^{2n+1}}{2n+1}$ 的收敛域为 $(-1,1)$.

设 $S(x)=\sum\limits_{n=0}^{\infty}\frac{x^{2n+1}}{2n+1}, x\in(-1,1)$，等式两边对 x 求导可得

$$S'(x)=\left(\sum_{n=0}^{\infty}\frac{x^{2n+1}}{2n+1}\right)'=\sum_{n=0}^{\infty}\left(\frac{x^{2n+1}}{2n+1}\right)'=\sum_{n=0}^{\infty}x^{2n}=\frac{1}{1-x^{2}}$$

等式两边积分可得

$$S(x)=S(x)-0=\int_0^x\frac{1}{1-t^2}\mathrm{d}t=\frac{1}{2}\int_0^x\left(\frac{1}{1+t}+\frac{1}{1-t}\right)\mathrm{d}t=\frac{1}{2}\ln\frac{1+x}{1-x}$$

故 $S(x)=\frac{1}{2}\ln\frac{1+x}{1-x}, x\in(-1,1)$.

(2) $\lim\limits_{n\to\infty}\left|\frac{a_{n+1}}{a_n}\right|=\lim\limits_{n\to\infty}\frac{n+1}{n}=1$，则幂级数收敛半径为 1，当 $x=1$ 时级数 $\sum\limits_{n=1}^{\infty}n$ 发散；当 $x=-1$ 时，级数 $\sum\limits_{n=1}^{\infty}n(-1)^n$ 发散，则幂级数收敛域为 $(-1,1)$.

设 $S(x)=\sum\limits_{n=1}^{\infty}nx^{n}, x\in(-1,1)$，则

$$S(x)=x\sum_{n=1}^{\infty}nx^{n-1}=x\sum_{n=1}^{\infty}(x^n)'=x\left(\sum_{n=1}^{\infty}x^n\right)'$$
$$=x\left(\frac{x}{1-x}\right)'=\frac{x}{(1-x)^2}, x\in(-1,1)$$

(3) 易知 $\sum\limits_{n=1}^{\infty}\frac{x^n}{n\cdot 2^n}=\sum\limits_{n=1}^{\infty}\frac{1}{n}\left(\frac{x}{2}\right)^n$，故先求 $\sum\limits_{n=1}^{\infty}\frac{t^n}{n}$ 的和函数.

$\lim\limits_{n\to\infty}\left|\frac{a_{n+1}}{a_n}\right|=\lim\limits_{n\to\infty}\frac{n}{n+1}=1$，收敛半径为 1. 当 $t=1$ 时 $\sum\limits_{n=1}^{\infty}\frac{1}{n}$ 发散；当 $t=-1$ 时 $\sum\limits_{n=1}^{\infty}(-1)^n\frac{1}{n}$ 收敛，则 $\sum\limits_{n=1}^{\infty}\frac{t^n}{n}$ 收敛域为 $[-1,1)$.

设 $S(t)=\sum\limits_{n=1}^{\infty}\frac{t^n}{n},t\in[-1,1)$,则

$$S'(t)=\left(\sum_{n=1}^{\infty}\frac{t^n}{n}\right)'=\sum_{n=1}^{\infty}t^{n-1}=\frac{1}{1-t}$$

等式两边积分可得

$$S(t)-S(0)=\int_0^t\frac{1}{1-u}\mathrm{d}u=-\ln(1-t)$$

故 $S(t)=-\ln(1-t),t\in[-1,1)$. 因此

$$\sum_{n=1}^{\infty}\frac{x^n}{n\cdot 2^n}=S\left(\frac{x}{2}\right)=-\ln\left(1-\frac{x}{2}\right)=\ln 2-\ln(2-x)$$

其中$\frac{x}{2}\in[-1,1)$ 即 $x\in[-2,2)$.

(4) 易知$\sum\limits_{n=0}^{\infty}\frac{x^{n+2}}{n!}$ 的收敛域为$(-\infty,+\infty)$.

设 $S(x)=\sum\limits_{n=0}^{\infty}\frac{x^{n+2}}{n!}=x^2\sum\limits_{n=0}^{\infty}\frac{x^n}{n!}=x^2\mathrm{e}^x$,故 $S(x)=x^2\mathrm{e}^x,x\in(-\infty,+\infty)$.

7. 将函数 $f(x)=\frac{1}{x^2+3x+2}$ 展开成$(x+4)$的幂级数.

解

$$\frac{1}{x^2+3x+2}=\frac{1}{x+1}-\frac{1}{x+2}=\frac{1}{2}\cdot\frac{1}{1-\frac{x+4}{2}}-\frac{1}{3}\cdot\frac{1}{1-\frac{x+4}{3}}$$

$$=\frac{1}{2}\sum_{n=0}^{\infty}\left(\frac{x+4}{2}\right)^n-\frac{1}{3}\sum_{n=0}^{\infty}\left(\frac{x+4}{3}\right)^n$$

$$=\sum_{n=0}^{\infty}\left(\frac{1}{2^{n+1}}-\frac{1}{3^{n+1}}\right)(x+4)^n,x\in(-6,-2)$$

8. 利用幂级数展开式求下列各数或积分的近似值.

(1)ln 1.2(精确到 0.0001);　　(3)$\int_0^{0.5}\frac{\arctan x}{x}\mathrm{d}x$.

解　(1) 由于 $\ln(1+x)=\sum\limits_{n=1}^{\infty}(-1)^{n-1}\frac{x^n}{n}$,其中 $x\in(-1,1]$,则

$$\ln 1.2=\ln(1+0.2)=\sum_{n=1}^{\infty}(-1)^{n-1}\frac{0.2^n}{n}=0.2-\frac{0.2^2}{2}+\frac{0.2^3}{3}-\frac{0.2^4}{4}+\cdots$$

因为$\frac{0.2^4}{4}=0.02$,$\frac{0.2^3}{3}\approx 0.002\,7$,$\frac{0.2^4}{4}\approx 0.000\,4$,且$\frac{0.2^5}{5}\approx 0.000\,064<0.000\,1$,因此

$$\ln 1.2\approx 0.2-\frac{0.2}{2}+\frac{0.2^3}{3}-\frac{0.2^4}{4}$$

$$\approx 0.2-0.02+0.002\,7-0.000\,4=0.182\,3$$

(3) 由于 $\arctan x = \sum_{n=0}^{\infty}(-1)^n \frac{x^{2n+1}}{2n+1}$，其中 $x \in [-1,1]$，所以

$$\begin{aligned}
\int_0^{0.5} \frac{\arctan x}{x}\mathrm{d}x &= \int_0^{0.5}\left(\sum_{n=0}^{\infty}(-1)^n \frac{x^{2n}}{2n+1}\right)\mathrm{d}x \\
&= \sum_{n=0}^{\infty}\int_0^{0.5}(-1)^n \frac{x^{2n}}{2n+1}\mathrm{d}x \\
&= \sum_{n=0}^{\infty}(-1)^n \cdot \frac{x^{2n+1}}{(2n+1)^2}\Bigg|_0^{0.5} \\
&= \sum_{n=0}^{\infty}(-1)^n \cdot \frac{\left(\frac{1}{2}\right)^{2n+1}}{(2n+1)^2} \\
&= \frac{1}{2} - \frac{1}{9}\cdot\frac{1}{2^3} + \frac{1}{25}\cdot\frac{1}{2^5} - \cdots + \\
&\quad (-1)^n \frac{1}{(2n+1)^2}\cdot\frac{1}{2^{2n+1}} + \cdots
\end{aligned}$$

因为$\frac{1}{9}\cdot\frac{1}{2^3} \approx 0.013\ 9$，$\frac{1}{25}\cdot\frac{1}{2^5} \approx 0.001\ 3$，$\frac{1}{49}\cdot\frac{1}{2^7} \approx 0.000\ 2 < 0.001$

所以$\int_0^{0.5} \frac{\arctan x}{x}\mathrm{d}x \approx \frac{1}{2} - \frac{1}{9}\cdot\frac{1}{2^3} + \frac{1}{25}\cdot\frac{1}{2^5} \approx 0.487\ 4 \approx 0.487$.

第五节　傅里叶级数

内容提要

1. 了解傅里叶级数研究的背景：用简单的周期函数（正弦和余弦函数）的叠加，近似表示一般的周期函数.

2. 理解并掌握狄利克雷收敛定理

设函数 $f(x)$ 是周期为 $2l$ 的周期函数，在$[-l,l]$上满足条件：

(1) 连续或只有有限个第一类间断点；

(2) 只有有限个单调区间.

则 $f(x)$ 的傅里叶级数收敛，并且 x 为 $f(x)$ 的连续点时，收敛于 $f(x)$；当 x 为 $f(x)$ 的间断点时，收敛于$\frac{f(x-0)+f(x+0)}{2}$；特别当 $x=\pm l$ 时，收敛于$\frac{1}{2}[f(-l+0)+f(l-0)]$，其中傅里叶系数

$$a_n = \frac{1}{l}\int_{-l}^{l} f(x)\cos\frac{n\pi x}{l}\mathrm{d}x \quad (n=0,1,2,\cdots)$$

$$b_n = \frac{1}{l}\int_{-l}^{l} f(x)\sin\frac{n\pi x}{l}\mathrm{d}x \quad (n=1,2,\cdots)$$

特别地，当 $f(x)$ 是以 $2l$ 为周期的奇函数时，函数展成正弦级数

$$\sum_{n=1}^{\infty} b_n \sin\frac{n\pi x}{l}$$

其中
$$b_n = \frac{2}{l}\int_0^l f(x)\sin\frac{n\pi x}{l}\mathrm{d}x \quad (n=1,2,\cdots)$$

当 $f(x)$ 是以 $2l$ 为周期的偶函数时，函数展成余弦级数

$$\frac{a_0}{2}+\sum_{n=1}^{\infty} a_n \cos\frac{n\pi x}{l}$$

其中
$$a_n = \frac{2}{l}\int_0^l f(x)\cos\frac{n\pi x}{l}\mathrm{d}x \quad (n=0,1,2,\cdots)$$

3. 掌握通过周期延拓，将定义在 $[-l,l]$ 上的函数展开为傅里叶级数的方法.

4. 掌握通过奇延拓或偶延拓将定义在 $[0,l]$ 上的函数展开为正弦级数或余弦级数的方法.

注：当 $l=\pi$ 时，便得以 2π 为周期的函数的相应的傅里叶级数.

释疑解惑

【问 9-5-1】 当将函数 $f(x)$ 展开成傅里叶级数 $\frac{a_0}{2}+\sum\limits_{n=1}^{\infty}\left(a_n\cos\frac{n\pi x}{l}+b_n\sin\frac{n\pi x}{l}\right)$ 后，有人写出如下表达式

$$f(x)=\frac{a_0}{2}+\sum_{n=1}^{\infty}\left(a_n\cos\frac{n\pi x}{l}+b_n\sin\frac{n\pi x}{l}\right)$$

对于 $f(x)$ 定义域中的任意一点 x，上面的等式一定成立吗？

答　不一定.

狄立克雷收敛定理告诉我们，满足定理条件的函数 $f(x)$ 的傅里叶级数总是收敛的，即其和函数 $S(x)$ 总是存在的，但 $S(x)$ 与 $f(x)$ 并不一定处处相等. 只有在 $f(x)$ 的连续点处，傅里叶级数才收敛于 $f(x)$；当 $f(x)$ 有间断点时，在间断点 x 处，$S(x)\neq f(x)$，而是 $S(x)=\frac{f(x+0)+f(x-0)}{2}$，所以只有 $f(x)$ 在整个定义域内处处连续时，才有

$$f(x)=\frac{a_0}{2}+\sum_{n=1}^{\infty}\left(a_n\cos\frac{n\pi x}{l}+b_n\sin\frac{n\pi x}{l}\right)$$

【问 9-5-2】 函数 $f(x)$ 定义在 $[0,l]$ 上，则它既可以展开为正弦级数，也可以展开为余弦级数，那么是否可以说：函数的傅里叶级数展开式不是唯一确定的？

答　不完全是这样的，要视具体问题而定.

如果 $f(x)$ 本身就是以 $2l$ 为周期的周期函数，那么由傅里叶系数计算公式知，$f(x)$ 的展开式是唯一确定的.

如果 $f(x)$ 的定义域是某有界区间，例如，它是 $[0,l]$ 上的函数，若将 $f(x)$ 展开为傅里叶级数，首先施行周期延拓，使其扩展为定义在 $(-\infty,+\infty)$ 上的周期函数 $F(x)$，在得到 $F(x)$ 的傅里叶展开式后，再将其自变量限制在 $[0,l]$ 上，就得到 $f(x)$ 在 $[0,l]$ 上的傅里叶级数展开式.

$f(x)$ 在 $[0,l]$ 上的展开式是否唯一，取决于 $f(x)$ 延拓成的周期函数 $F(x)$ 的周期有多长. 如果 $F(x)$ 的周期就是 l，那么 $F(x)$ 在一个周期 $[0,l]$ 上的表达式就是 $f(x)$，用傅里叶系数公式计算，只能唯一确定各系数值，因此，这时 $f(x)$ 在 $[0,l]$ 上的展开式就是唯一确定的；如果 $F(x)$ 的周期大于 l，比如周期为 $2l$，那么需先在 $(-l,0)$ 上补充 $f(x)$ 的定义，再将新的函数延拓为以 $2l$ 为周期的函数，然后做傅里叶展开. 由于如何在 $(-l,0)$ 上补充定义，实际上是带有主观随意性的(常用的方法是奇延拓和偶延拓)，这样就会得到不同的展开式，此时可以说 $f(x)$ 在 $[0,l]$ 上的傅里叶级数展开式不唯一.

例题解析

【例 9-5-1】 将 $f(x)=\begin{cases}-x, & -\pi\leqslant x<0\\ x, & 0\leqslant x\leqslant\pi\end{cases}$ 展开为傅里叶级数.

分析 这是一个定义在 $[-\pi,\pi]$ 上的函数，应将 $f(x)$ 延拓成周期为 2π 的函数 $F(x)$，将 $F(x)$ 展为傅里叶级数，再将 x 限制在 $[-\pi,\pi]$ 上，就得到 $f(x)$ 的傅里叶级数.

解 $a_0=\dfrac{2}{\pi}\displaystyle\int_0^{\pi}f(x)\mathrm{d}x=\dfrac{2}{\pi}\int_0^{\pi}x\mathrm{d}x=\pi$

$$a_n=\frac{2}{\pi}\int_0^{\pi}f(x)\cos nx\,\mathrm{d}x=\frac{2}{\pi}\int_0^{\pi}x\cos nx\,\mathrm{d}x$$

$$=\frac{2}{n^2\pi}(\cos n\pi-1)$$

$$=\begin{cases}-\dfrac{4}{n^2\pi}, & n=1,3,5,\cdots\\ 0, & n=2,4,6,\cdots\end{cases}$$

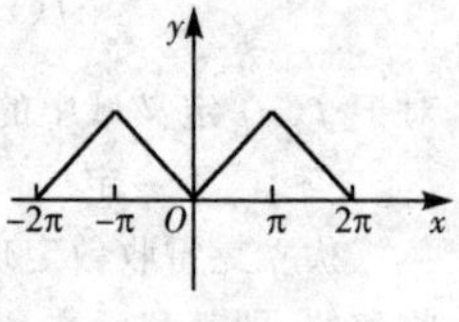

图 9-1

又 $f(x)$ 是偶函数，故有 $b_n=0(n=1,2,\cdots)$.

注意延拓后的函数处处连续(图 9-1)，所以

$$f(x)=\frac{\pi}{2}-\frac{4}{\pi}\sum_{n=1}^{\infty}\frac{\cos(2n-1)x}{(2n-1)^2}\quad x\in[-\pi,\pi].$$

【例 9-5-2】 将函数 $f(x)=x-x^2(0\leqslant x\leqslant 1)$ 分别展成正弦级数和余弦级数.

分析 为将 $f(x)$ 分别展成正弦级数和余弦级数，只需对其进行奇延拓和

偶延拓.

解　① 将 $f(x)$ 奇延拓，且周期为 $2l=2$(图 9-2)，则

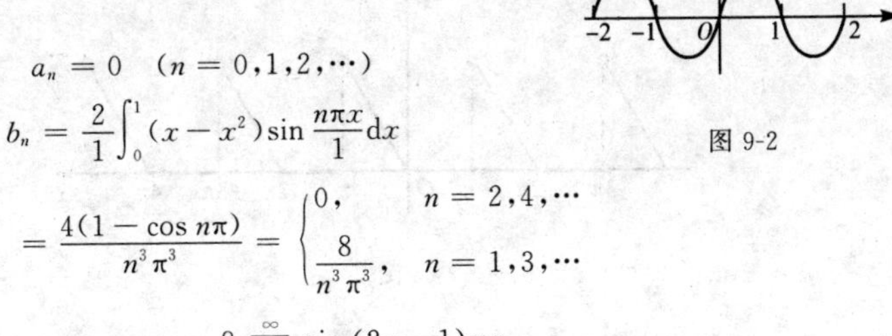

图 9-2

$$a_n = 0 \quad (n=0,1,2,\cdots)$$

$$b_n = \frac{2}{1}\int_0^1 (x-x^2)\sin\frac{n\pi x}{1}\mathrm{d}x$$

$$= \frac{4(1-\cos n\pi)}{n^3\pi^3} = \begin{cases} 0, & n=2,4,\cdots \\ \dfrac{8}{n^3\pi^3}, & n=1,3,\cdots \end{cases}$$

所以
$$f(x) = \frac{8}{\pi^3}\sum_{n=1}^{\infty}\frac{\sin(2n-1)\pi x}{(2n-1)^3} \quad x\in[0,1]$$

② 对 $f(x)$ 作偶延拓，且周期为 $2l=2$(图 9-3)，则

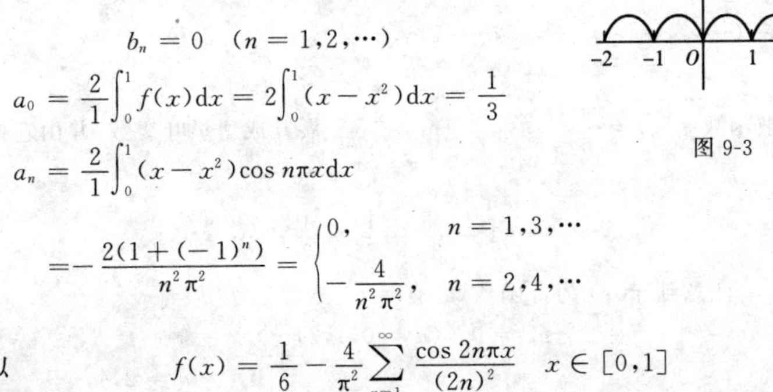

图 9-3

$$b_n = 0 \quad (n=1,2,\cdots)$$

$$a_0 = \frac{2}{1}\int_0^1 f(x)\mathrm{d}x = 2\int_0^1 (x-x^2)\mathrm{d}x = \frac{1}{3}$$

$$a_n = \frac{2}{1}\int_0^1 (x-x^2)\cos n\pi x\mathrm{d}x$$

$$= -\frac{2(1+(-1)^n)}{n^2\pi^2} = \begin{cases} 0, & n=1,3,\cdots \\ -\dfrac{4}{n^2\pi^2}, & n=2,4,\cdots \end{cases}$$

所以
$$f(x) = \frac{1}{6} - \frac{4}{\pi^2}\sum_{n=1}^{\infty}\frac{\cos 2n\pi x}{(2n)^2} \quad x\in[0,1]$$

习题精解

2. 将下列周期为 2π 的函数 $f(x)$ 展开成傅里叶级数，其中 $f(x)$ 在$[-\pi,\pi)$上的表达式为

(1) $f(x) = \begin{cases} 0 & -\pi \leqslant x < 0 \\ x & 0 \leqslant x < \pi \end{cases}$.

解　$a_0 = \dfrac{1}{\pi}\displaystyle\int_{-\pi}^{\pi} f(x)\mathrm{d}x = \dfrac{\pi}{2}$；

$$a_n = \frac{1}{\pi}\int_{-\pi}^{\pi} f(x)\cos nx\mathrm{d}x = \frac{1}{\pi}\int_{-\pi}^{\pi} x\cos nx\mathrm{d}x = \frac{(-1)^n-1}{n^2\pi}(n=1,2,\cdots);$$

$$b_n = \frac{1}{\pi}\int_{-\pi}^{\pi} f(x)\sin nx\mathrm{d}x = \frac{1}{\pi}\int_{-\pi}^{\pi} x\sin nx\mathrm{d}x = \frac{(-1)^{n+1}}{n} \quad (n=1,2,\cdots),$$

$f(x)$ 的图形如图 9-4 所示，则

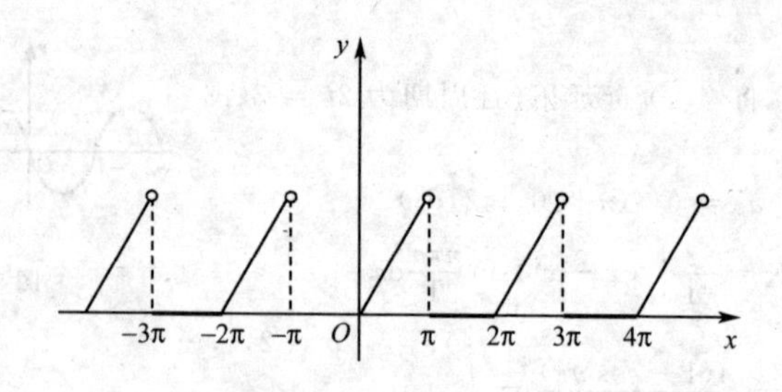

图 9-4

$$f(x)=\frac{a_0}{2}+\sum_{n=1}^{\infty}(a_n\cos nx+b_n\sin nx)$$
$$=\frac{\pi}{4}+\sum_{n=1}^{\infty}\left(\frac{(-1)^n-1}{n^2\pi}\cos nx+\frac{(-1)^{n+1}}{n}\sin nx\right)$$

其中 $x\in(-\infty,+\infty),x\neq(2k+1)\pi,k=0,\pm1,\pm2,\cdots$.

4. 把函数 $f(x)=\begin{cases}-\frac{\pi}{4}, & -\pi\leqslant x<0\\ \frac{\pi}{4}, & 0\leqslant x\leqslant\pi\end{cases}$ 展开成傅里叶级数,并由它推出

$$\frac{\pi}{4}=1-\frac{1}{3}+\frac{1}{5}-\frac{1}{7}+\cdots$$

解 注意到 $f(x)$ 为奇函数,故有

$$a_n=0\quad(n=0,1,2,\cdots)$$

$$b_n=\frac{2}{\pi}\int_0^{\pi}\frac{\pi}{4}\sin nx\,\mathrm{d}x=\frac{1-(-1)^n}{2n}=\begin{cases}0, & n=2,4,\cdots\\ \frac{1}{n}, & n=1,3,\cdots\end{cases}$$

所以
$$f(x)=\sum_{n=1}^{\infty}\frac{\sin(2n-1)x}{2n-1}\quad(-\pi<x<\pi,x\neq0)$$

上式中令 $x=\frac{\pi}{2}$,得

$$\frac{\pi}{4}=1-\frac{1}{3}+\frac{1}{5}-\frac{1}{7}+\cdots$$

5. 将下列周期函数展开成傅里叶级数,下面仅给出函数在一个周期内的表达式

(2) $f(x)=\begin{cases}x & -1\leqslant x<0\\ 1 & 0\leqslant x<\frac{1}{2}\\ -1 & \frac{1}{2}\leqslant x<1\end{cases}$.

解 $f(x)$ 的周期为 $2l=2$,即 $l=1$,且

$$a_0=\int_{-1}^{1}f(x)\mathrm{d}x=\int_{-1}^{0}x\mathrm{d}x+\int_{0}^{\frac{1}{2}}1\mathrm{d}x+\int_{\frac{1}{2}}^{1}-1\mathrm{d}x=-\frac{1}{2};$$

$$a_n=\int_{-1}^{1}f(x)\cos n\pi x\mathrm{d}x=\frac{1-(-1)^n}{n^2\pi^2}+\frac{2}{n\pi}\sin\frac{n\pi}{2}(n=1,2,\cdots);$$

$$b_n=\int_{-1}^{1}f(x)\sin n\pi x\mathrm{d}x=\frac{1-2\cos\frac{n\pi}{2}}{n\pi}(n=1,2,\cdots),$$

$f(x)$ 的图形如图 9-5 所示，则

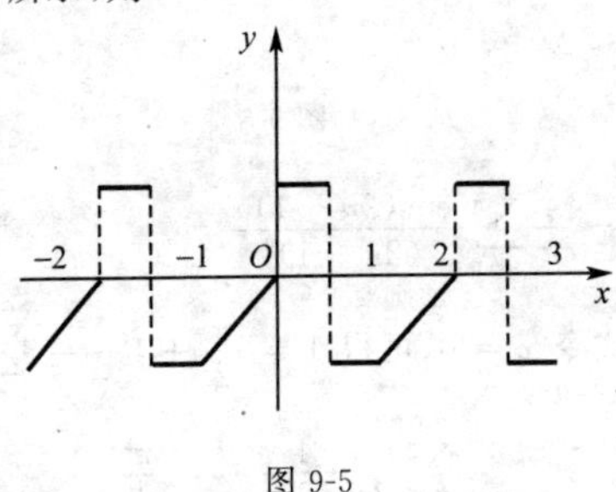

图 9-5

$$f(x)=\frac{a_0}{2}+\sum_{n=1}^{\infty}(a_n\cos n\pi x+b_n\sin n\pi x)$$

$$=-\frac{1}{4}+\sum_{n=1}^{\infty}\left(\left[\frac{(-1)^n-1}{n^2\pi^2}+\frac{2}{n\pi}\sin\frac{n\pi}{2}\right]\cos n\pi x+\frac{1-2\cos\frac{n\pi}{2}}{n\pi}\sin n\pi x\right)$$

其中 $x\in(-\infty,+\infty),x\neq 2k+\frac{1}{2},x\neq 2k,k=0,\pm 1,\pm 2,\cdots$.

8. 把 $f(x)=x+1,x\in[0,\pi]$ 展开成余弦级数，并求常数项级数 $\sum\limits_{n=1}^{\infty}\frac{1}{(2n-1)^2}$ 的和.

解　对 $f(x)$ 作偶延拓，则

$$b_n=0(n=1,2,\cdots)$$

$$a_0=\frac{2}{\pi}\int_0^{\pi}f(x)\mathrm{d}x=\frac{2}{\pi}\int_0^{\pi}(x+1)\mathrm{d}x=\pi+2$$

$$a_n=\frac{2}{\pi}\int_0^{\pi}f(x)\cos nx\mathrm{d}x=\frac{2}{n^2\pi}(\cos n\pi-1)=\begin{cases}0, & n=2,4,\cdots\\ -\frac{4}{n^2\pi}, & n=1,3,\cdots\end{cases}$$

$f(x)$ 的图形如图 9-6 所示，因此

$$f(x)=\frac{a_0}{2}+\sum_{n=1}^{\infty}a_n\cos nx=\frac{\pi}{2}+1+\sum_{n=1}^{\infty}-\frac{4}{(2n-1)^2\pi}\cos(2n-1)x$$

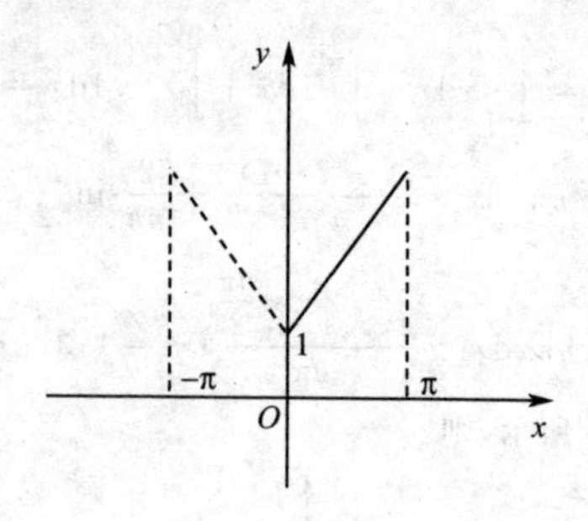

图 9-6

$$=\frac{\pi}{2}+1-\frac{4}{\pi}\sum_{n=1}^{\infty}\frac{\cos(2n-1)x}{(2n-1)^2}$$

其中 $x\in[0,\pi]$. 上式令 $x=0$,可得 $1=\frac{\pi}{2}+1-\frac{4}{\pi}\sum\limits_{n=1}^{\infty}\frac{1}{(2n-1)^2}$,因此可得

$$\sum_{n=1}^{\infty}\frac{1}{(2n-1)^2}=\frac{\pi^2}{8}$$

复习题九

1. 填空题

(1) 数项级数 $\sum\limits_{n=1}^{\infty}\frac{1}{(2n-1)(2n+1)}$ 的和为________;

(2) 级数 $\sum\limits_{n=1}^{\infty}(-1)^n\frac{1}{n^p}$,当________时绝对收敛;当________时条件收敛;

(3) 设幂级数 $\sum\limits_{n=1}^{\infty}a_n(x+1)^n$ 在 $x=3$ 处条件收敛,则该幂级数的收敛半径为________;

(4) 在 $y=2^x$ 的关于 x 的幂级数展开式中,x^n 项的系数是________.

解 (1) 应填 $\frac{1}{2}$.

因为通项

$$u_n=\frac{1}{(2n-1)(2n+1)}=\frac{1}{2}\frac{(2n+1)-(2n-1)}{(2n-1)(2n+1)}=\frac{1}{2}\left(\frac{1}{2n-1}-\frac{1}{2n+1}\right)$$

$$S_n=\frac{1}{2}\left(1-\frac{1}{2n+1}\right)\xrightarrow{n\to\infty}\frac{1}{2}$$

故

$$\sum_{n=1}^{\infty}\frac{1}{(2n-1)(2n+1)}=\frac{1}{2}.$$

(2) 原级数对应的绝对值级数为$\sum\limits_{n=1}^{\infty}\frac{1}{n^p}$,当$p>1$时原级数$\sum\limits_{n=1}^{\infty}(-1)^n\frac{1}{n^p}$绝对收敛;当$0<p\leqslant 1$时,级数$\sum\limits_{n=1}^{\infty}\frac{1}{n^p}$发散,但由莱布尼兹判别法知原级数$\sum\limits_{n=1}^{\infty}(-1)^n\frac{1}{n^p}$收敛,故为条件收敛,所以在两个空中应依次填入$p>1$和$0<p\leqslant 1$.

(3) 幂级数$\sum\limits_{n=1}^{\infty}a_n(x+1)^n$在$x=3$处条件收敛,故$x=3$为收敛区间右端点,而收敛中心$x_0=-1$,故收敛半径$R=3-(-1)=4$.

(4) $y=2^x$的关于x的幂级数展开式中,x^n的系数是

$$\frac{f^{(n)}(0)}{n!}=\left.\frac{2^x\ln^n 2}{n!}\right|_{x=0}=\frac{\ln^n 2}{n!}$$

2. 选择题

(1) 设α为常数,则级数$\sum\limits_{n=1}^{\infty}\left(\frac{\sin n\alpha}{n^2}-\frac{1}{\sqrt{n}}\right)$(　　).

A. 发散　　B. 绝对收敛　　C. 条件收敛　　D. 敛散性与α取值有关

(2) 设$0\leqslant a_n<\frac{1}{n}(n=1,2,\cdots)$,则下列级数中肯定收敛的是(　　).

A. $\sum\limits_{n=1}^{\infty}a_n$　　B. $\sum\limits_{n=1}^{\infty}(-1)^n a_n$　　C. $\sum\limits_{n=1}^{\infty}\sqrt{a_n}$　　D. $\sum\limits_{n=1}^{\infty}(-1)^n a_n^2$

(3) 若级数$\sum\limits_{n=1}^{\infty}a_n$与$\sum\limits_{n=1}^{\infty}b_n$都发散,则(　　).

A. $\sum\limits_{n=1}^{\infty}(a_n+b_n)$发散　　B. $\sum\limits_{n=1}^{\infty}a_nb_n$发散

C. $\sum\limits_{n=1}^{\infty}(|a_n|+|b_n|)$发散　　D. $\sum\limits_{n=1}^{\infty}(a_n^2+b_n^2)$发散

(4) 设常数$a>0$,正项级数$\sum\limits_{n=1}^{\infty}a_n$收敛,则级数$\sum\limits_{n=1}^{\infty}(-1)^n\frac{\sqrt{a_{2n-1}}}{\sqrt{n^2+a}}$(　　).

A. 条件收敛　　B. 绝对收敛　　C. 发散　　D. 敛散性不能确定

解　(1) 应选 A.

由于$\left|\frac{\sin n\alpha}{n^2}\right|\leqslant\frac{1}{n^2}$,故$\sum\limits_{n=1}^{\infty}\frac{\sin n\alpha}{n^2}$绝对收敛,而$\sum\limits_{n=1}^{\infty}\frac{1}{\sqrt{n}}=\sum\limits_{n=1}^{\infty}\frac{1}{n^{\frac{1}{2}}}$为$p$-级数,$p=\frac{1}{2}<1$,发散,故原级数$\sum\limits_{n=1}^{\infty}\left(\frac{\sin n\alpha}{n^2}-\frac{1}{\sqrt{n}}\right)$发散.

(2) 由$0\leqslant a_n<\frac{1}{n}$,得$0\leqslant a_n^2<\frac{1}{n^2}$,故$\sum\limits_{n=1}^{\infty}(-1)^n a_n^2$绝对收敛,D 正确.

取 $a_n=\frac{1}{2n}$,则 $0<\frac{1}{2n}<\frac{1}{n}$,但 $\sum_{n=1}^{\infty}\frac{1}{2n}$ 发散,$\sum_{n=1}^{\infty}\sqrt{a_n}=\sum_{n=1}^{\infty}\frac{1}{\sqrt{2n}}$ 也发散,故 A 与 C 都不一定成立.

取 $a_n=\begin{cases}\frac{1}{2n}, & n\text{ 为偶数}\\ 0, & n\text{ 为奇数}\end{cases}$,则 $0\leqslant a_n<\frac{1}{n}$,但 $\sum_{n=1}^{\infty}(-1)^n a_n=\frac{1}{2}+\frac{1}{4}+\frac{1}{6}+\cdots$ 发散,故 B 不一定成立.

(3) 取 $\sum_{n=1}^{\infty}b_n=\sum_{n=1}^{\infty}(-a_n)$ 发散,但 $\sum_{n=1}^{\infty}(a_n+b_n)=\sum_{n=1}^{\infty}(a_n-a_n)=0$ 收敛,故 A 不一定正确.

取 $\sum_{n=1}^{\infty}a_n=1+0+1+0+\cdots$ 和 $\sum_{n=1}^{\infty}b_n=0+1+0+1+\cdots$ 都发散,但 $\sum_{n=1}^{\infty}a_nb_n=0$ 收敛,故 B 不一定正确.

取 $\sum_{n=1}^{\infty}a_n=\sum_{n=1}^{\infty}\frac{1}{n}=\sum_{n=1}^{\infty}b_n$ 发散,但 $\sum_{n=1}^{\infty}(a_n^2+b_n^2)=\sum_{n=1}^{\infty}\left(\frac{1}{n^2}+\frac{1}{n^2}\right)$ 收敛,故 D 不一定正确.

C 正确.因为 $\sum_{n=1}^{\infty}a_n$ 与 $\sum_{n=1}^{\infty}b_n$ 都发散,故 $\sum_{n=1}^{\infty}|a_n|$ 与 $\sum_{n=1}^{\infty}|b_n|$ 都发散.而正项级数发散时,部分和一定无上界,即 $\sum_{n=1}^{\infty}|a_n|$ 与 $\sum_{n=1}^{\infty}|b_n|$ 的部分和 S_n 和 σ_n 都无上界,因此 $\sum_{n=1}^{\infty}(|a_n|+|b_n|)$ 部分和 $S_n+\sigma_n$ 也无上界,所以 $\sum_{n=1}^{\infty}(|a_n|+|b_n|)$ 一定发散.

(4) 因为 $\sum_{k=1}^{n}a_{2k-1}\leqslant\sum_{k=1}^{2n-1}a_k$,且正项级数 $\sum_{n=1}^{\infty}a_n$ 收敛,所以 $\sum_{n=1}^{\infty}a_{2n-1}$ 收敛,又因为

$$\left|(-1)^n\frac{\sqrt{a_{2n-1}}}{\sqrt{n^2+a}}\right|\leqslant\frac{1}{2}\left(a_{2n-1}+\frac{1}{n^2+a}\right)$$

所以原级数绝对收敛,故选 B.

3. 判别下列级数的敛散性:

(1) $\sum_{n=1}^{\infty}\frac{a^n}{1+a^{2n}}\quad(a>0)$;　　(2) $\sum_{n=1}^{\infty}\frac{4^n}{5^n-3}$;

(3) $\sum_{n=2}^{\infty}(\sqrt[n]{e}-1)$;　　(4) $\sum_{n=1}^{\infty}\int_0^{\frac{\pi}{n}}\frac{\sin x}{1+x}dx$.

解　(1) 当 $a<1$ 时,$\frac{a^n}{1+a^{2n}}<a^n$,而 $\sum_{n=1}^{\infty}a^n$ 是等比级数且公比 $a<1$,故收

敛,由比较判别法知原级数收敛;

当 $a=1$ 时,$\frac{a^n}{1+a^{2n}}=\frac{1}{2}\xrightarrow{n\to\infty}\!\!\!\!\!\!/\ \ 0$,由级数收敛的必要条件知原级数发散;

当 $a>1$ 时,$\frac{a^n}{1+a^{2n}}<\frac{a^n}{a^{2n}}=\left(\frac{1}{a}\right)^n$,而 $\sum\limits_{n=1}^{\infty}\left(\frac{1}{a}\right)^n$ 是公比 $\frac{1}{a}<1$ 的等比级数,故收敛,由比较判别法知原级数收敛.

(2) 由于 $\lim\limits_{n\to\infty}\dfrac{\frac{4^n}{5^n-3}}{\frac{4^n}{5^n}}=1$,而 $\sum\limits_{n=1}^{\infty}\left(\frac{4}{5}\right)^n$ 为公比 $\left|\frac{4}{5}\right|<1$ 的等比级数,故收敛,由比较判别法知原级数收敛.

(3) 由于 $\lim\limits_{n\to\infty}\dfrac{e^{\frac{1}{n}}-1}{\frac{1}{n}}=1$,而 $\sum\limits_{n=1}^{\infty}\frac{1}{n}$ 发散,故由比较判别法知 $\sum\limits_{n=2}^{\infty}(\sqrt[n]{e}-1)$ 发散.

(4) $\int_0^{\frac{\pi}{n}}\frac{\sin x}{1+x}dx<\int_0^{\frac{\pi}{n}}\sin x dx=-\cos x\Big|_0^{\frac{\pi}{n}}=1-\cos\frac{\pi}{n}\sim\frac{\pi^2}{2n^2}(n\to\infty)$,而 $\sum\limits_{n=1}^{\infty}\frac{\pi^2}{2n^2}=\frac{\pi^2}{2}\sum\limits_{n=1}^{\infty}\frac{1}{n^2}$ 收敛,由比较判别法知原级数收敛.

4. 判别下列级数的敛散性,若收敛,是绝对收敛,还是条件收敛:

(1) $\sum\limits_{n=1}^{\infty}\dfrac{n^3\sin\frac{n\pi}{3}}{2^n}$; (2) $\sum\limits_{n=1}^{\infty}\frac{(-1)^n}{\sqrt{n}}\sin\frac{1}{\sqrt{n}}$;

(3) $\sum\limits_{n=1}^{\infty}(-1)^n\frac{n^{100}}{2^n}$; (4) $\sum\limits_{n=1}^{\infty}(-1)^{n-1}\left(\frac{n}{n+1}\right)^n$.

解 (1) $\left|\dfrac{n^3\sin\frac{n\pi}{3}}{2^n}\right|\leqslant\frac{n^3}{2^n}$,$\lim\limits_{n\to\infty}\dfrac{\frac{(n+1)^3}{2^{n+1}}}{\frac{n^3}{2^n}}=\frac{1}{2}<1$,故 $\sum\limits_{n=1}^{\infty}\frac{n^3}{2^n}$ 收敛,故原级数绝对收敛.

(2) $\frac{1}{\sqrt{n}}\sin\frac{1}{\sqrt{n}}\sim\frac{1}{n}$,故 $\sum\limits_{n=1}^{\infty}\frac{1}{\sqrt{n}}\sin\frac{1}{\sqrt{n}}$ 发散,但原级数为交错级数,$u_n=\frac{1}{\sqrt{n}}\sin\frac{1}{\sqrt{n}}$ 单调减少且趋于零,故原级数条件收敛.

(3) $\left|(-1)^n\frac{n^{100}}{2^n}\right|=\frac{n^{100}}{2^n}$,$\lim\limits_{n\to\infty}\dfrac{\frac{(n+1)^{100}}{2^{n+1}}}{\frac{n^{100}}{2^n}}=\frac{1}{2}<1$,故 $\sum\limits_{n=1}^{\infty}\frac{n^{100}}{2^n}$ 收敛,所以原级数绝对收敛.

(4) $\left(\frac{n}{n+1}\right)^n=\left(\frac{1}{1+\frac{1}{n}}\right)^n\xrightarrow{n\to\infty}\frac{1}{e}\neq 0$,故由级数收敛的必要条件知原级数发散.

5. 一个收敛级数与一个发散级数逐项相加所得级数一定发散,两个发散级数逐项相加所得的级数可能收敛,这两个结论是否正确?为什么?

答 正确.

用反证法证明.设 $\sum_{n=1}^{\infty}u_n$ 收敛,$\sum_{n=1}^{\infty}v_n$ 发散,假设 $\sum_{n=1}^{\infty}(u_n+v_n)$ 收敛,则由级数的性质,$\sum_{n=1}^{\infty}v_n=\sum_{n=1}^{\infty}(u_n+v_n)-\sum_{n=1}^{\infty}u_n$ 收敛,这与 $\sum_{n=1}^{\infty}v_n$ 发散矛盾,于是得证.

又设 $\sum_{n=1}^{\infty}u_n$ 发散,则 $\sum_{n=1}^{\infty}(-1)u_n$ 也发散,而 $\sum_{n=1}^{\infty}u_n+\sum_{n=1}^{\infty}(-1)u_n=0$ 收敛,所以两个发散级数逐项相加所得的级数可能收敛.

6. 若级数 $\sum_{n=1}^{\infty}u_n$ 收敛,和为 S,问级数 $\sum_{n=1}^{\infty}(u_n+u_{n+1})$ 是否收敛?若收敛求其和.

解 设级数 $\sum_{n=1}^{\infty}u_n$ 前 n 项和为 S_n,即 $\lim\limits_{n\to\infty}S_n=S$.又设 $\sum_{n=1}^{\infty}u_{n+1}$ 的前 n 项和为 σ_n,则

$$\sigma_n=u_2+u_3+\cdots+u_{n+1}=(S_n-u_1+u_{n+1})\xrightarrow{n\to\infty}S-u_1$$

所以 $\sum_{n=1}^{\infty}(u_n+u_{n+1})$ 也收敛,其和为

$$\sum_{n=1}^{\infty}(u_n+u_{n+1})=\sum_{n=1}^{\infty}u_n+\sum_{n=1}^{\infty}u_{n+1}=2S-u_1.$$

7. 下列命题是否正确?若正确,请给予证明;若不正确,请举出反例.

(1) 若级数 $\sum_{n=1}^{\infty}u_n$ 发散,则级数 $\sum_{n=1}^{\infty}u_n^2$ 也发散;

(2) 若 $u_n>0$ 且数列 $\{nu_n\}$ 有界,则级数 $\sum_{n=1}^{\infty}u_n^2$ 必收敛;

(3) 若正项级数 $\sum_{n=1}^{\infty}u_n$ 和 $\sum_{n=1}^{\infty}v_n$ 都发散,则级数 $\sum_{n=1}^{\infty}\max\{u_n,v_n\}$ 和 $\sum_{n=1}^{\infty}\min\{u_n,v_n\}$ 都发散.

解 (1) 不正确

例如 $\sum_{n=1}^{\infty}u_n=\sum_{n=1}^{\infty}\frac{1}{n}$ 发散,而 $\sum_{n=1}^{\infty}u_n^2=\sum_{n=1}^{\infty}\frac{1}{n^2}$ 收敛.

(2) 正确

由于数列$\{nu_n\}$有界,即存在$M>0$,使$u_n<\dfrac{M}{n}$,$u_n^2<\dfrac{M^2}{n^2}$,而$\sum\limits_{n=1}^{\infty}\dfrac{M^2}{n^2}$收敛,因此$\sum\limits_{n=1}^{\infty}u_n^2$收敛.

(3) $\sum\limits_{n=1}^{\infty}\max\{u_n,v_n\}$发散,因为$\max\{u_n,v_n\}\geqslant u_n$,而$\sum\limits_{n=1}^{\infty}u_n$发散,所以$\sum\limits_{n=1}^{\infty}\max\{u_n,v_n\}$发散,$\sum\limits_{n=1}^{\infty}\min\{u_n,v_n\}$可能收敛,也可能发散.

例如$\sum\limits_{n=1}^{\infty}u_n=1+0+1+0+\cdots$和$\sum\limits_{n=1}^{\infty}v_n=0+1+0+1+\cdots$都发散,而$\sum\limits_{n=1}^{\infty}\min\{u_n,v_n\}=\sum\limits_{n=1}^{\infty}0=0$收敛.

又如$\sum\limits_{n=1}^{\infty}u_n=1+1+\cdots$,$\sum\limits_{n=1}^{\infty}v_n=2+2+\cdots$都发散,而$\sum\limits_{n=1}^{\infty}\min\{u_n,v_n\}=\sum\limits_{n=1}^{\infty}1$发散.

8. 设级数$\sum\limits_{n=1}^{\infty}a_n$与$\sum\limits_{n=1}^{\infty}c_n$都收敛,且$a_n\leqslant b_n\leqslant c_n(n=1,2,\cdots)$,试证级数$\sum\limits_{n=1}^{\infty}b_n$收敛.

证明 由于$0\leqslant c_n-b_n\leqslant c_n-a_n$,$\sum\limits_{n=1}^{\infty}c_n$与$\sum\limits_{n=1}^{\infty}a_n$收敛,$\sum\limits_{n=1}^{\infty}(c_n-a_n)$收敛.由比较判别法知$\sum\limits_{n=1}^{\infty}(c_n-b_n)$收敛,故$\sum\limits_{n=1}^{\infty}b_n=\sum\limits_{n=1}^{\infty}[c_n-(c_n-b_n)]=\sum\limits_{n=1}^{\infty}c_n-\sum\limits_{n=1}^{\infty}(c_n-b_n)$收敛.

9. 设$a_1=2$,$a_{n+1}=\dfrac{1}{2}\left(a_n+\dfrac{1}{a_n}\right)(n=1,2,\cdots)$,证明

(1) $\lim\limits_{n\to\infty}a_n$存在;

(2) 级数$\sum\limits_{n=1}^{\infty}\left(\dfrac{a_n}{a_{n+1}}-1\right)$收敛.

证明 (1) $a_{n+1}=\dfrac{1}{2}\left(a_n+\dfrac{1}{a_n}\right)\geqslant\sqrt{a_n\cdot\dfrac{1}{a_n}}=1$,即数列$\{a_n\}$有下界1.

$a_{n+1}-a_n=\dfrac{1}{2}\left(a_n+\dfrac{1}{a_n}\right)-a_n=\dfrac{1-{a_n}^2}{2a_n}\leqslant 0$,即$\{a_n\}$单调减少,故$\lim\limits_{n\to\infty}a_n$存在.

(2) 由于$\dfrac{a_n}{a_{n+1}}-1=\dfrac{a_n-a_{n+1}}{a_{n+1}}\leqslant a_n-a_{n+1}$,而级数$\sum\limits_{n=1}^{\infty}(a_n-a_{n+1})$的前$n$项和

$S_n = a_1 - a_{n+1}$，由于$\lim\limits_{n\to\infty} a_{n+1}$存在. 故$S_n$的极限存在. 即级数$\sum\limits_{n=1}^{\infty}(a_n - a_{n+1})$收敛，由比较判别法知$\sum\limits_{n=1}^{\infty}\left(\frac{a_n}{a_{n+1}} - 1\right)$收敛.

10. 求下列幂级数的收敛域及和函数：

(1) $\sum\limits_{n=1}^{\infty} n(n+2)x^n$； (2) $\sum\limits_{n=1}^{\infty} n(x-1)^n$.

解 (1) 易知收敛域为$(-1,1)$

因为
$$\sum_{n=1}^{\infty} x^n = \frac{x}{1-x}$$

两边求导，得
$$\sum_{n=1}^{\infty} nx^{n-1} = \left(\frac{x}{1-x}\right)' = \frac{1}{(1-x)^2}$$

两边同乘x，得
$$\sum_{n=1}^{\infty} nx^n = \frac{x}{(1-x)^2}$$

两边再求导，得
$$\sum_{n=1}^{\infty} n^2 x^{n-1} = \left[\frac{x}{(1-x)^2}\right]' = \frac{1+x}{(1-x)^3}$$

两边再同乘x，得
$$\sum_{n=1}^{\infty} n^2 x^n = \frac{x(1+x)}{(1-x)^3}$$

所以
$$S(x) = \sum_{n=1}^{\infty} n(n+2)x^n = \sum_{n=1}^{\infty} n^2 x^n + 2\sum_{n=1}^{\infty} nx^n$$
$$= \frac{x(1+x)}{(1-x)^3} + \frac{2x}{(1-x)^2} = \frac{x(3-x)}{(1-x)^3} \quad (-1 < x < 1)$$

(2) 易知收敛域为$(0,2)$，令
$$S(x) = \sum_{n=1}^{\infty} n(x-1)^n = (x-1)\sum_{n=1}^{\infty} n(x-1)^{n-1} = (x-1)S_1(x)$$

其中
$$S_1(x) = \sum_{n=1}^{\infty} n(x-1)^{n-1}$$

两边积分，得$\int_1^x S_1(x)\mathrm{d}x = \sum\limits_{n=1}^{\infty}(x-1)^n = \dfrac{x-1}{1-(x-1)} = \dfrac{x-1}{2-x}$

两边求导，得
$$S_1(x) = \left(\frac{x-1}{2-x}\right)' = \frac{1}{(2-x)^2}$$

所以
$$S(x) = \frac{x-1}{(2-x)^2} \quad x \in (0,2)$$

11. 求数列级数的和$\sum\limits_{n=0}^{\infty} \dfrac{n+1}{2^n \cdot n!}$.

解 考虑幂级数$\sum\limits_{n=0}^{\infty} \dfrac{n+1}{2^n \cdot n!} x^n$，收敛域为$(-\infty, +\infty)$

令 $$S(x)=\sum_{n=0}^{\infty}\frac{n+1}{2^n\cdot n!}x^n$$

两边积分,得 $\int_0^x S(x)\mathrm{d}x=\sum_{n=0}^{\infty}\frac{1}{2^n\cdot n!}x^{n+1}=x\sum_{n=0}^{\infty}\frac{\left(\frac{x}{2}\right)^n}{n!}=x\mathrm{e}^{\frac{x}{2}}$

两边求导,得 $$S(x)=(x\mathrm{e}^{\frac{x}{2}})'=\left(1+\frac{x}{2}\right)\mathrm{e}^{\frac{x}{2}}$$

所以 $$S(1)=\sum_{n=1}^{\infty}\frac{n+1}{2^n\cdot n!}=\left(1+\frac{1}{2}\right)\mathrm{e}^{\frac{1}{2}}=\frac{3}{2}\mathrm{e}^{\frac{1}{2}}$$

12. 将函数 $f(x)=x\mathrm{e}^x$ 展为 $x-1$ 的幂级数.

解
$$\begin{aligned}x\mathrm{e}^x&=\mathrm{e}[(x-1)\mathrm{e}^{x-1}+\mathrm{e}^{x-1}]\\&=\mathrm{e}\left[(x-1)\sum_{n=0}^{\infty}\frac{(x-1)^n}{n!}+\sum_{n=0}^{\infty}\frac{(x-1)^n}{n!}\right]\\&=\mathrm{e}\left[\sum_{n=0}^{\infty}\frac{(x-1)^{n+1}}{n!}+\sum_{n=0}^{\infty}\frac{(x-1)^n}{n!}\right]\\&=\mathrm{e}\left[\sum_{n=0}^{\infty}\frac{(x-1)^{n+1}}{n!}+1+\sum_{n=1}^{\infty}\frac{(x-1)^n}{n!}\right]\\&=\mathrm{e}\left[\sum_{n=0}^{\infty}\frac{(x-1)^{n+1}}{n!}+1+\sum_{n=0}^{\infty}\frac{(x-1)^{n+1}}{(n+1)!}\right]\\&=\mathrm{e}\left\{1+\sum_{n=0}^{\infty}\left[\frac{1}{n!}+\frac{1}{(n+1)!}\right](x-1)^{n+1}\right\},x\in(-\infty,+\infty)\end{aligned}$$

13. 将函数 $f(x)=\frac{x-1}{4-x}$ 在 $x_0=1$ 处展为幂级数,并求 $f^{(n)}(1)$.

解
$$\begin{aligned}f(x)&=(x-1)\cdot\frac{1}{4-x}=(x-1)\cdot\frac{1}{3}\cdot\frac{1}{1-\frac{x-1}{3}}\\&=\frac{1}{3}(x-1)\sum_{n=0}^{\infty}\left(\frac{x-1}{3}\right)^n=\sum_{n=0}^{\infty}\frac{1}{3^{n+1}}(x-1)^{n+1}\end{aligned}$$

其中 $|x-1|<3$,即 $-2<x<4$.

由于 $f(x)$ 的幂级数 $\sum_{n=0}^{\infty}a_n(x-1)^n$ 的系数 $a_n=\frac{f^{(n)}(1)}{n!}$,所以

$$\frac{f^{(n)}(1)}{n!}=\frac{1}{3^n}\text{ 即 }f^{(n)}(1)=\frac{n!}{3^n}$$

14. 将函数 $f(x)=\arctan\frac{1+x}{1-x}$ 展为 x 的幂级数,并求数项级数 $\sum_{n=0}^{\infty}\frac{(-1)^n}{2n+1}$ 的和.

解 $f'(x)=\frac{1}{1+x^2}=\sum_{n=0}^{\infty}(-1)^n x^{2n}$, $|x|<1$,故有

$$f(x)-f(0)=\int_0^x f'(x)\mathrm{d}x=\int_0^x\Big[\sum_{n=0}^{\infty}(-1)^n x^{2n}\Big]\mathrm{d}x$$

$$=\sum_{n=0}^{\infty}\int_0^x(-1)^n x^{2n}\mathrm{d}x=\sum_{n=0}^{\infty}\frac{(-1)^n}{2n+1}x^{2n+1}$$

而 $f(0)=\arctan 1=\dfrac{\pi}{4}$，$f(x)$ 在 $x=1$ 无定义，且级数 $\sum\limits_{n=0}^{\infty}\dfrac{(-1)^n}{2n+1}x^{2n+1}$ 在 $x=-1$ 处收敛，故收敛域为 $-1\leqslant x<1$. 于是

$$\arctan\frac{1+x}{1-x}=\frac{\pi}{4}+\sum_{n=0}^{\infty}\frac{(-1)^n}{2n+1}x^{2n+1}\quad(-1\leqslant x<1)$$

令 $x=-1$，得 $\quad\arctan 0=\dfrac{\pi}{4}+\sum\limits_{n=0}^{\infty}\dfrac{(-1)^n}{2n+1}\cdot(-1)$

所以
$$\sum_{n=0}^{\infty}\frac{(-1)^n}{2n+1}=\frac{\pi}{4}.$$

15. 将函数 $f(x)=\begin{cases}1, & 0\leqslant x<\dfrac{1}{2}\\ -1, & \dfrac{1}{2}\leqslant x\leqslant 1\end{cases}$ 分别展开为正弦级数和余弦级数.

解 ① 为将 $f(x)$ 展开为正弦级数，需对 $f(x)$ 作奇延拓，取周期为 $2l=2$，$l=1$，则

$$a_n=0\quad(n=0,1,2,\cdots)$$

$$b_n=2\int_0^1 f(x)\sin n\pi x\mathrm{d}x=2\Big[\int_0^{\frac{1}{2}}\sin n\pi x\mathrm{d}x+\int_{\frac{1}{2}}^1(-\sin n\pi x)\mathrm{d}x\Big]$$

$$=\frac{2}{n\pi}\Big[1+(-1)^n-2\cos\frac{n\pi}{2}\Big]\quad(n=1,2,\cdots)$$

所以 $f(x)=\dfrac{2}{\pi}\sum\limits_{n=1}^{\infty}\dfrac{1}{n}\Big(1+(-1)^n-2\cos\dfrac{n\pi}{2}\Big)\sin n\pi x\quad x\in(0,\dfrac{1}{2})\cup(\dfrac{1}{2},1)$

② 为将 $f(x)$ 展开为余弦级数，需对 $f(x)$ 作偶延拓，周期为 $2l=2$，$l=1$，则

$$b_n=0\quad(n=1,2,\cdots)$$

$$a_0=2\int_0^1 f(x)\mathrm{d}x=2\Big(\int_0^{\frac{1}{2}}\mathrm{d}x+\int_{\frac{1}{2}}^1(-1)\mathrm{d}x\Big)=0$$

$$a_n=2\int_0^1 f(x)\cos n\pi x\mathrm{d}x=2\Big[\int_0^{\frac{1}{2}}\cos n\pi x\mathrm{d}x+\int_{\frac{1}{2}}^1(-\cos n\pi x)\mathrm{d}x\Big]$$

$$=\frac{4}{n\pi}\sin\frac{n\pi}{2}\quad(n=1,2,\cdots)$$

所以
$$f(x)=\frac{4}{\pi}\sum_{n=1}^{\infty}\frac{1}{n}\sin\frac{n\pi}{2}\cos n\pi x\quad x\in\Big[0,\frac{1}{2}\Big)\cup\Big(\frac{1}{2},1\Big]$$